中国互联网发展报告
2009

中国互联网协会
中国互联网络信息中心 编

電子工業出版社
Publishing House of Electronics Industry
北京·BEIJING

内 容 简 介

《中国互联网发展报告》（2009）综合反映了 2008 年中国互联网行业的发展状况，采用理论分析和案例展示相结合的撰写方式，对互联网发展环境和资源及各行业、各领域的发展状况进行了全面研究和深入分析，特别记载了奥运会等重大事件中互联网的影响和作用，增加了英文目录和专业词汇附录，是互联网领域具有重要参考和收藏价值的文献，不仅对政府部门、国内外互联网界专业人士掌握行业发展状况与前沿趋势，对互联网行业进行系统研究、分析、统计、投资有直接帮助，而且对通信、信息行业以及传统领域的各行各业应用互联网有重要的参考价值。

图书在版编目（CIP）数据

中国互联网发展报告. 2009 / 中国互联网协会，中国互联网络信息中心编. —北京：电子工业出版社，2009.9

ISBN 978-7-121-09453-8

Ⅰ. 中… Ⅱ. ①中…②中… Ⅲ. 因特网－调查报告－中国－2009 Ⅳ. TP393.4

中国版本图书馆 CIP 数据核字（2009）第 152377 号

责任编辑：赵　娜
印　　刷：涿州市京南印刷厂
装　　订：涿州市桃园装订有限公司
出版发行：电子工业出版社
　　　　　北京市海淀区万寿路 173 信箱　邮编 100036
开　　本：787 × 1 092　1/16　印张：36　字数：916 千字
印　　次：2009 年 9 月第 1 次印刷
定　　价：1280.00 元

《中国互联网发展报告》
编辑委员会名单

刘正荣　国务院新闻办网络局副局长

鲁向东　中国移动通信集团公司副总裁、中国互联网协会副理事长

马　宁　中国互联网协会副秘书长

马化腾　腾讯公司董事会主席兼首席执行官、中国互联网协会副理事长

马　云　阿里巴巴集团董事局主席兼首席执行官、中国互联网协会副理事长

钱华林　中国科学院计算机网络信息中心研究员、中国互联网协会副理事长

申江婴　《中国网友报》总编辑

石现升　中国互联网协会秘书长助理

舒　骏　华为技术有限公司副总裁、中国互联网协会副理事长

王恩海　中国互联网络信息中心互联网发展研究部高级研究顾问

王秀军　工业和信息化部通信保障局局长、中国互联网协会副理事长

王自强　国家版权局版权管理司司长、中国互联网协会常务理事

吴建平　中国教育和科研计算机网网络中心主任、中国互联网协会副理事长

熊四皓　工业和信息化部通信保障局副局长、中国互联网协会副秘书长

许　勤　国家发展和改革委员会高技术产业司司长

杨小伟　中国电信集团公司副总经理、中国互联网协会副理事长

张朝阳　搜狐公司董事局主席兼首席执行官、中国互联网协会副理事长

赵　波　工业和信息化部电子信息司副司长

赵法如　中国互联网协会

赵小凡　工业和信息化部软件服务业司司长

周锡生　新华社副社长兼新华网总裁、中国互联网协会副理事长

左迅生　中国联合网络通信集团有限公司副总经理、中国互联网协会副理事长

总编辑

黄澄清

副总编辑

毛　伟　侯自强　钱华林

执行主编

赵法如　王恩海

撰稿人（按姓名拼音排序）

曹华平　陈建功　池大治　丁　利　杜庆令　范　锋　郭黎明　何世平
侯自强　胡　欣　纪玉春　焦绪录　寇晓伟　雷紫东　黎　文　李　佳
李光皓　李　雪　李　原　李　政　梁立华　刘伯超　刘　辉　刘　鑫
卢咸开　秘蓉新　莫　扬　钱海英　乔亲旺　秦　英　沈　志　石　瑾
孙蔚敏　孙小宁　孙永革　汪　勇　王　斌　王恩海　王明华　王　彦
王　莹　王营康　温森浩　吴晨生　吴小林　肖　云　徐　娜　徐　原
闫　伟　严　波　杨坚争　姚正凡　于凤霞　余周军　袁春阳　云晓春
张宏宾　张魁林　张　丽　张荣显　张胜利　张小林　赵　慧　赵慧斌
赵　耀　赵志云　郑礼雄　周洪艳　周勇林　周　镇　朱秀梅　朱秀敏
朱　志　祝建华

前　言

为真实记录上一年度中国互联网行业的发展状况，中国互联网协会和中国互联网络信息中心（CNNIC）联合每年组织编撰出版一卷《中国互联网发展报告》（以下简称“报告”），本卷为自2002年以来的第七卷。

2008年是中国互联网发展历程中不寻常、不平凡的一年。一年来，中国网民数、宽带网民数及国家顶级域名数（.CN）均跃居全球第一位，网络基础设施和基础资源得到快速发展，各种网络应用以及各类专业网络信息服务继续保持快速发展的态势，而且云计算等新技术也开始落地生根，掀开了互联网应用发展的新篇章。尤其是在对汶川地震和北京奥运会等年度重大事件的报道中，互联网发挥了不可替代的重要作用，正如胡锦涛总书记所说：“互联网已成为思想文化信息的集散地和社会舆论的放大器。”网络媒体已正式成为中国社会的主流媒体。本卷《报告》综合反映了 2008 年中国互联网行业的总体发展状况，继续对互联网各领域、各业务的发展状况进行全面总结和深入分析，旨在客观、真实地记录中国互联网行业的发展轨迹，为政府、互联网企业和专业人士提供及时有效的重要参考。

为保持连续性，《报告》继续沿用去年的结构框架，共五篇，32 章，8 个附录。内容方面，《报告》遵循科学、严谨、客观和实事求是的原则，重点对2008年中国互联网的发展环境、资源、重点业务和应用、主要细分行业和重点领域的发展状况进行了总结和分析。“应用篇”继续强调基于互联网的现代服务业这一特色，覆盖了电子商务、电子政务、搜索引擎、即时通信、网络视频、网络音乐、网络游戏、网络广告和博客等重要互联网应用和业务的发展，展示了财经网站、网络招聘、网络教育和网络出版等专业网络信息服务的发展概况，并增加了对SNS，SaaS等新应用的研究和分析；为了突出互联网主流媒体地位的提升，专设“互联网与北京奥运会”一章，论述奥运会与互联网价值提升的相互关系，为今年报告的特有内容。

本年度《报告》的编写工作得到了政府、科研机构和企业等社会各界的关心、支持和参与，来自工业和信息化部、农业部、新闻出版总署、中国科学院、工业和信息化部电信研究院、国家计算机网络应急技术处理协调中心、国家信息中心、中国互联网协会、中国互联网络信息中心（CNNIC）、上海理工大学、中国香港城市大学、中国澳门大学和中国电子信息产业发展研究院等诸多单位和研究机构的专家和研究人员共七十多人参与了本《报告》的编写工作，保障了《报告》的质量和水平。在此，编辑部谨向为本《报告》贡献了精彩篇章的各位撰稿人，向支持本《报告》编写出版工作的各有关单位和社会各界表示诚挚的谢意。

鉴于我们的力量和水平还很有限，本卷《报告》中难免会存在一些缺陷甚至错误，恳请广大专家和读者予以批评指正，以便于在今后的编撰工作中不断改进，不断地提升《中国互联网发展报告》的质量和价值。如有任何意见、建议或咨询其他问题，请与我们联系，电话（传真）：010-66030171。

《中国互联网发展报告》编辑部

2009 年 7 月

目　录

第一篇　综 述 篇

第二篇 环 境 篇

第三篇　资　源　篇

第四篇　应用篇——基于互联网的现代服务业

第五篇 附 录 篇

Content

Part One Overview

Part Two Environment

Part Three Resources

Part Four Application——Internet Based Modern Service Industry

Part Five Appendix

第一篇

综述篇

2008 年中国互联网发展综述

2008 年国际互联网发展综述

2008 年中国互联网络发展状况

第 1 章　2008 年中国互联网发展综述

1.1　2008 年中国互联网发展概况

根据中国互联网络信息中心（CNNIC）的统计数据，截至 2008 年年底我国网民规模已达到 2.98 亿，中国网民规模超过美国，成为全球第一，较 2007 年增长了 41.9%，如图 1.1 所示。互联网普及率达到 22.6%，略低于全球平均水平（23.5%），如图 1.2 所示。

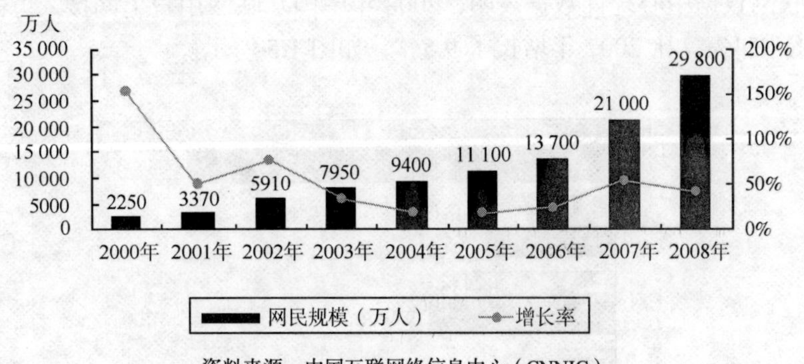

资料来源：中国互联网络信息中心（CNNIC）

图1.1　2000—2008年中国网民规模与增长率

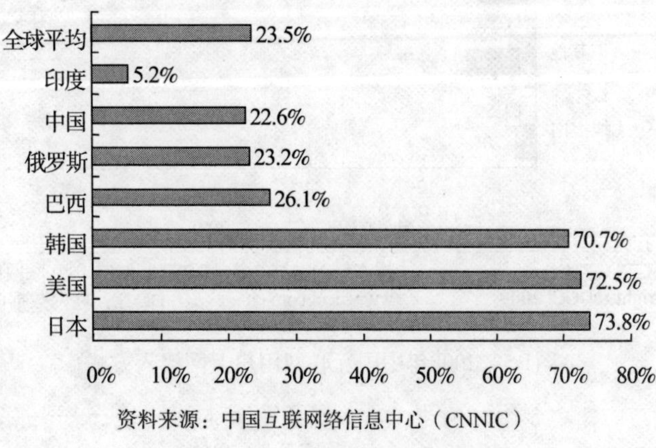

资料来源：中国互联网络信息中心（CNNIC）

图1.2　部分国家的互联网普及率

2008 年中国农村网民规模达到 8460 万人，较 2007 年增长了 3198 万，增长率超过 60%，如图 1.3 所示。

宽带[1]网民达到 2.7 亿，较 2007 年增长一个多亿。互联网宽带接入端口数达到 10 372.1 万个，其中 xDSL 端口数 8672.7 万个，比 2007 年年末增长了 22%，如图 1.4 所示。

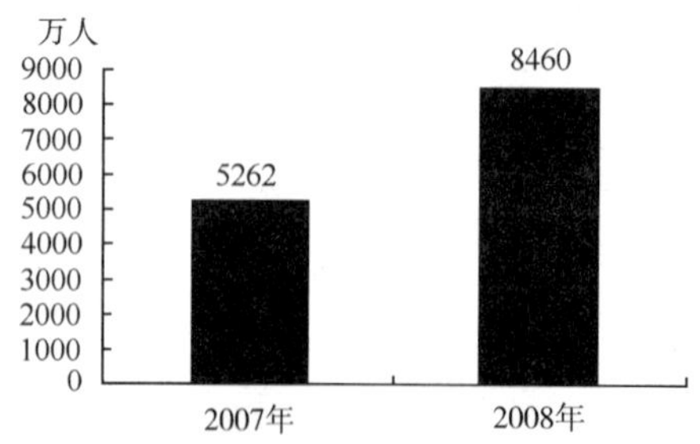

图1.3　2007—2008年中国农村网民规模对比

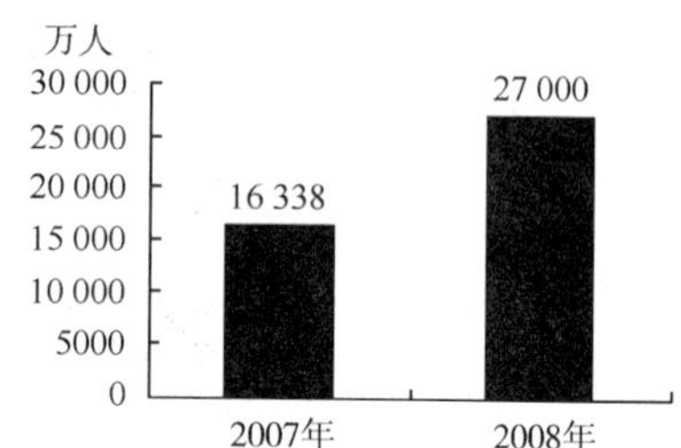

图1.4　2007—2008年中国宽带网民规模对比

DCCI 互联网数据中心统计数据表明，2008 年中国互联网用户上网接入方式中 ADSL 的使用最多，达到 54%，比 2007 年增长了 9.5%，如图 1.5 所示。

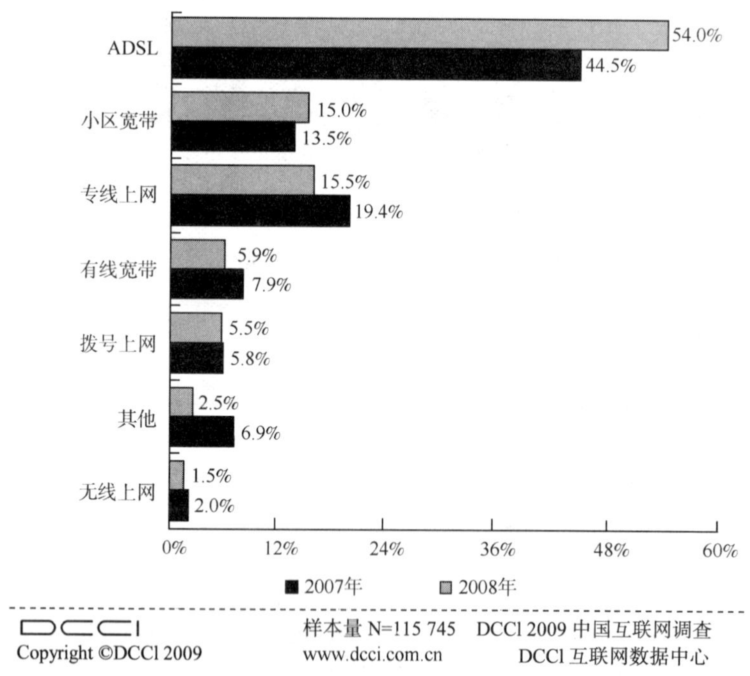

图1.5　2008年中国互联网用户上网接入方式

[1] 此处对“宽带”的界定并不以传输速率作为判断标准，而是以接入方式为判断标准。宽带接入方式包括 xDSL，CABLE MODEM，光纤接入，电力线上网和以太网等。

使用手机上网的网民达到 1.176 亿人，较 2007 年增长一倍多，如图 1.6 和图 1.7 所示。

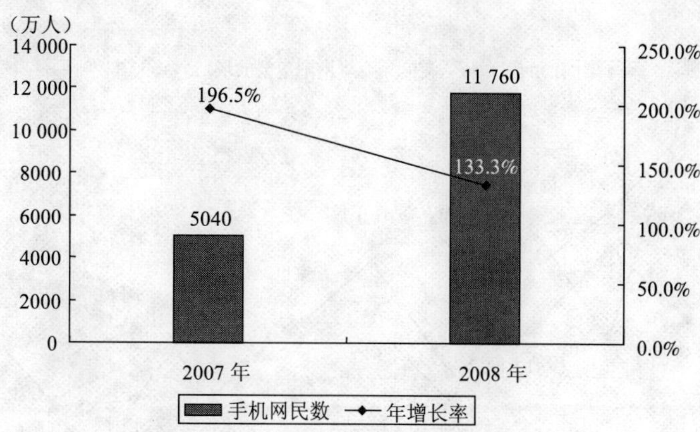

资料来源：中国互联网络信息中心（CNNIC）

图1.6　2007—2008年手机上网网民规模对比

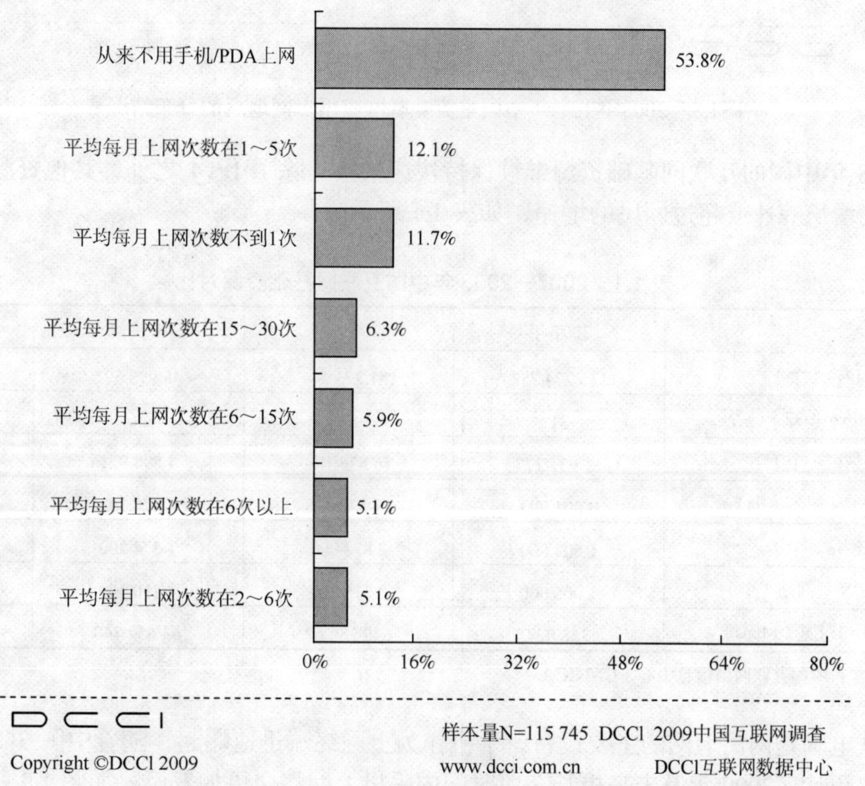

图1.7　2008年中国互联网用户通过手机或PDA上网的具体状况与频率

图 1.8 给出了 2008 年上半年中国主流互联网应用上网地点的分布情况。

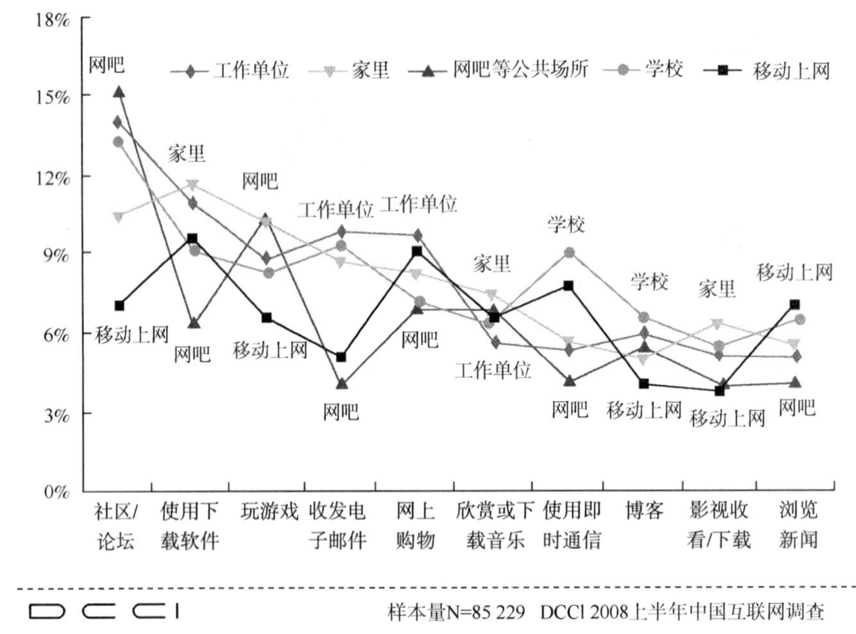

图1.8 2008年上半年中国主流互联网应用上网地点的分布情况

2008 年中国的互联网基础资源继续保持快速增长，除了 IPv4 之外，其他资源的增速基本与网民增长等速或超过网民的增速，如表 1.1 所示。

表 1.1 2007—2008 年中国互联网基础资源对比

	2007 年	2008 年	增长量	增长率
IPv4（个）	135 274 752	181 273 344	45 998 592	34.0%
IPv6（/32）	31	57	26	83.9%
域名（个）	11 931 277	16 826 198	4 894 921	41.0%
其中 CN 域名（个）	9 001 993	13 572 326	4 570 333	50.8%
网站（个）	1 503 800	2 878 000	1 374 200	91.4%
其中.CN 下网站（个）	1 006 000	2 216 400	1 210 400	120.3%
国际出口带宽（Mbps）	368 927	640 286.67	63 659 740	73.6%

资料来源：中国互联网络信息中心（CNNIC）

台式电脑是网民上网的主要设备，手机作为上网终端迅速崛起，随着中国 3G 应用的发展，可以预计，2009 年及未来更长一段时间内手机上网将会更加普及，如图 1.9 所示。

DCCI 互联网数据中心 Netmonitor2009 网络监测数据显示：2008 年中国互联网用户人均月访问不重复的网站个数达 75.2 个。中国互联网用户访问网站的行为日趋多元化。全年人均月访问网站时长 51.5 小时。中国互联网用户月均 PV 总量达 5466.1 亿页，人均月页面浏览数为 2236.9 页。受 2008 年度雪灾、地震、奥运和金融危机波及等大事件影响，访问程度加深。

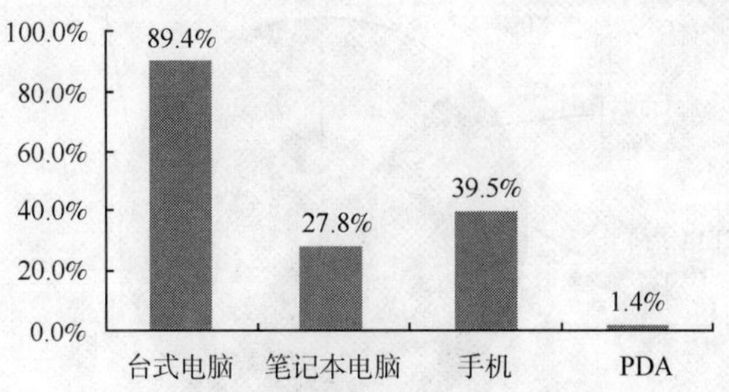

资料来源：中国互联网络信息中心（CNNIC）

图1.9　网民上网设备

2008 年中国互联网经济规模达到 540 亿（不包括电信接入和移动增值），年增长率达 49%，预计今后几年，年增长率仍然将维持 30%以上。在细分市场份额中，占据前三位的分别是网络游戏、网络营销和电子商务，如图 1.10 和图 1.11 所示。

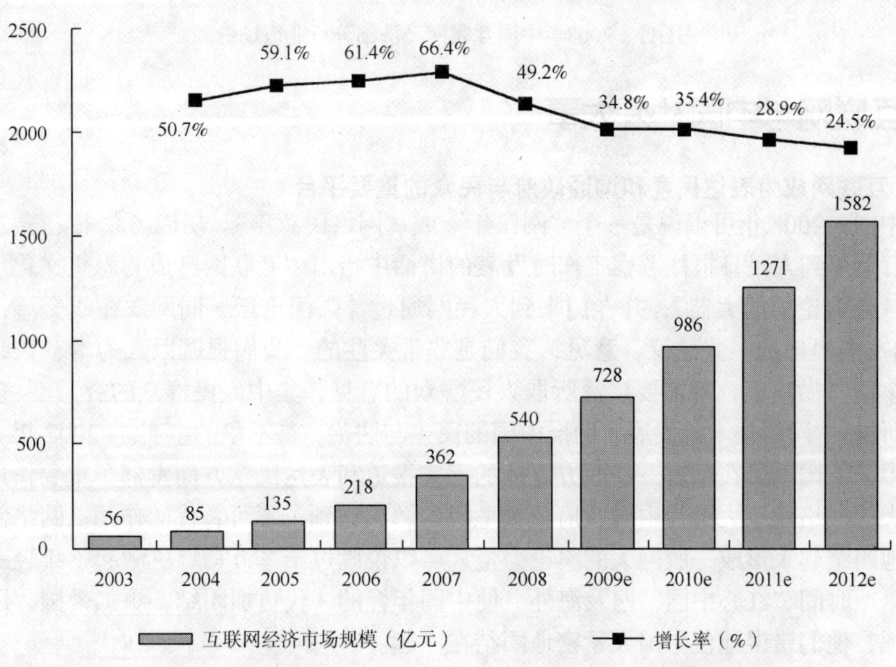

图1.10　2003—2012年中国互联网市场规模

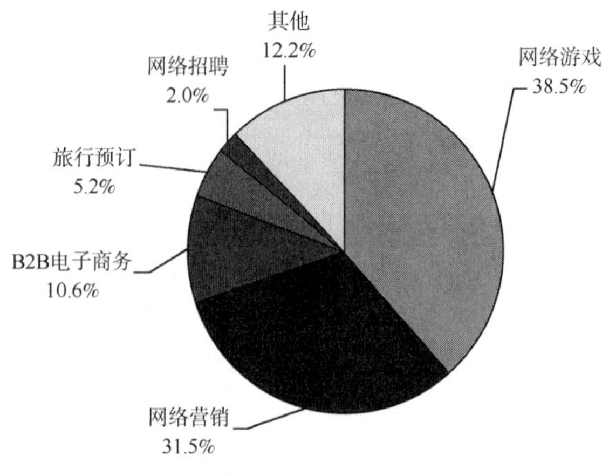

注1：2008年中国互联网经济市场规模为540亿元
注2：互联网经济市场规模只包括运营商收入，不包括渠道商和代理商收入
注3：网络营销包括品牌网络广告和搜索引擎广告
注4：总体规模不包括移动增值行业；其他行业包括电子邮箱、域名主机、数字软件、在线音乐和网站社区等

图1.11　2008年中国互联网经济细分行业市场份额

1.2　互联网与中国社会大事

1．互联网成为表达民意和沟通政府与民众的重要平台

在中国，2008 年可以说是一个“网民年”或“网络民意年”。胡锦涛总书记于 2008 年 6 月 20 日上午到人民日报社考察工作时发表的讲话中指出“互联网已成为思想文化信息的集散地和社会舆论的放大器”，并专门来到人民网通过《强国论坛》同网友在线交流，胡锦涛说：“网友们提出的一些建议、意见，我们是非常关注的。我们强调以人为本、执政为民，因此做事情、做决策，都需要广泛听取人民群众的意见，集中人民群众的智慧。”正如温家宝总理所说：“网络技术的发展，助推中国的民主与法治，是不争的事实。”2008 年一系列重大事件中，中国网民在反击一些西方媒体的不实报道和表达民意方面发挥了重要作用。

巨大的网络舆论力量为中国政府公关危机的解决起到了不可替代的作用。网络使中国网民空前地团结起来形成一股巨大的舆论力量，可以说胜过千军万马，更激起了年轻一代的爱国之风，一时间“红心中国”遍及海外，使中国年轻的一代更加团结，更加爱国，以致西方媒体惊呼，他们错误地使中国人紧密地团结在一起。

网络传播具有快捷性、立体化、双向互动性、整合性和全球性的特点，这使得网络舆论能够快速产生并且迅速传播，产生影响力。

2．奥运会互联网新媒体大展示

2008 北京奥运会在奥运会历史上首次采用包括网络媒体在内的各种新媒体（5 种视频媒体平台）进行全方位报道：互联网网络视频共享（播客）、互联网 P2P 流媒体（广播、点播）、手机电视（移动互联网电视，CMMB 广播）、公交移动电视和户外电视屏以及 IPTV。互联网新媒体提供交互性和个性化服务，包括各种 Web2.0 社区交互业务：网络社区、论坛、贴吧、群组、博客和播客。央视网获得奥运新媒体转播权，通过开放授权的形式，联合了业内八家网站进行奥运转播，实现了对所有用户主流覆盖。覆盖的受众为 2.44 亿，相当于中国网民的 95%。北京奥运会还建立了第一个官方 IPv6 奥运网站：ipv6.beijing2008.cn。

3．网络视频的发展与管理成为业界的热点

网络视频在 2008 年取得飞快发展。北京奥运会期间，央视网开设全部 28 个大项的直播频道，全程转播 3800 小时赛事，此外还提供 5000 个小时的奥运视频内容点播，是四年前雅典奥运会网络转播规模的 50 倍。央视网与九家商业网站、一百六十多家广电系统网站、中央及地方新闻网站及北京奥组委官方网站和两家移动电信营运商（中国移动、中国联通）签署协议，组建了新媒体传播联盟。

4．建设文明、诚信的互联网依旧是业界的当务之急

2008 年初香港艺人陈冠希与若干女星的淫秽照片在香港的讨论区中发布，立刻蔓延到内地网络，互联网行业发展中积淀的种种弊端，已严重影响到业界的声誉和公信力，被称为“艳照门事件”。为此，主管部门及时提出建设“实用可信、公平有序、守法自律、充满活力”的诚信互联网。

5．国务院机构改革，推行大部制

我国新成立的工业和信息化部将加速推动工业信息化的进程，基于互联网的现代服务业将受到更多重视，得到蓬勃发展。

6．运营商重组后 3G 牌照发放

2008 年 5 月，工业和信息化部、国家发改委和财政部三部委联合发布《关于深化电信体制改革的通告》，提出电信重组方案，并于 2008 年年底基本完成重组，2009 年 1 月正式为三家运营商发放 3G 牌照。自此我国形成了中国电信、中国联通和中国移动三大全业务运营商三足鼎立的格局。

7．金融危机冲击

2008 年美国次贷危机愈演愈烈，逐渐演变为金融危机，进而冲击实体经济，发展成为蔓延全球的经济危机，也波及到通信产业。

纵观产业链，通信设备商和终端商遭受的冲击最大。金融危机对终端制造企业的影响最为直接。与设备商和终端商相比，运营商遭受的影响相对微弱。

一直保持高速增长的网络媒体从 2008 年下半年开始出现下滑，2009 年第一季度首次出现低谷。而主要靠风险资本追捧和支撑的社交网站和视频类网站，由于还没有找到成熟的盈利模式而面临着资金断链，市场重新洗牌的危机加重。

8．汶川地震

2008 年“5・12”汶川地震震惊了中国和世界，互联网对汶川地震报道的迅速及传播的海量信息，满足了民众对信息公开的需求，稳定了公众的情绪，并产生了极大的动员能力，为全国抗震救灾工作的顺利开展发挥了重要作用，网络媒体正式成为中国社会的主流媒体。

1.3　中国互联网新技术发展情况

1.3.1　浏览器

2008 年，微软的 Windows 系统全球市场份额 15 年来首次跌破 90%，在全球 Windows

市场，其主要竞争对手是谷歌的 Chrome、Opera 和 Firefox。Linux 的市场份额虽然还不足 1%，但仍有很大发展潜力。2008 年年底，一款名为“Ubuntu”的 Linux 系统用户已近千万。

在我国情况不同，本土的浏览器以其优异的性能得到快速发展，从 IE 夺取了不少市场份额。以 2008 年第四季度有效使用时间市场份额计，前三名为：IE 61.5%（126 亿小时）、傲游 Maxthon 15.2%（34.2 亿小时）、腾讯 TT 8.4%（18.3 亿小时），合计 85.1%。而后起之秀 360 安全浏览器增长迅速，有效使用时间市场份额已达 3.6%（7.9 亿小时），环比增长 548%，覆盖人数 1785 万人，如图 1.12 所示。

iUserTracker-2008 年 12 月浏览器软件月度覆盖人数

	网民到达率	月度覆盖人数（万人）
Internet Explorer	96.16%	18 282
Maxthon	22.31%	4241
腾讯 TT	15.15%	2881
Mozlio Firefox	10.12%	1924
360 安全浏览器	9.39%	1785
世界之窗	7.43%	1412
GreenBrowser	3.19%	606
谷歌浏览器	2.94%	560
Opera	2.27%	432
世界阅览器	1.43%	271

0 4000 8000 12 000 16 000 20 000

■月度覆盖人数（万人）

Source: iUserTracker, 2008.12，基于对 10 万多名样本的长期网络行为监测，代表 2.1 亿中国家庭及工作单位（不含网吧等公共上网地点）网民的整体上网属性数据。

 www.iresearch.com.cn

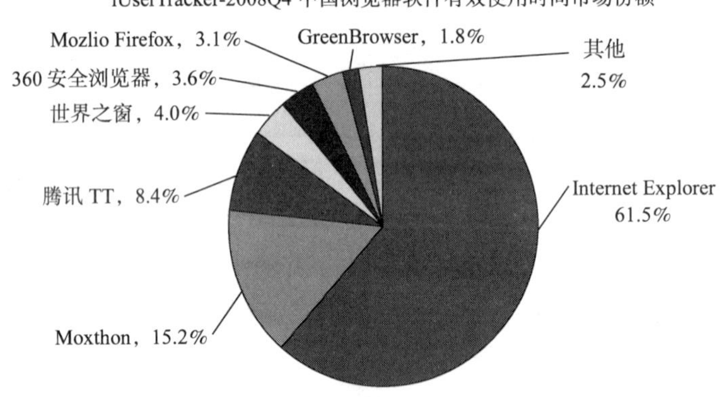

Source: iUserTracker, 2008.12，基于对 10 万多名样本的长期网络行为监测，代表 2.1 亿中国家庭及工作单位（不含网吧等公共上网地点）网民的整体上网属性数据。

 www.iresearch.com.cn

图1.12　浏览器软件2008年12月月度覆盖人数及第四季度有效使用时间市场份额

手机浏览器市场竞争激烈，主要浏览器包括 Opera Mini 和 Opera Mobile、苹果 iPhone 内置的 Safari、RIM（黑莓）、谷歌 Chrome Lite、微软 IE 移动版等。UCWEB 是 2008 年我国发展最快的手机浏览器，激活用户达 6000 万。这实际上是客户端软件，使用该手机不仅可以浏览 WAP 网站，而且可以访问 HTTP 网站并提供页面格式转换，还提供视频格式转换使得用手机可以收看优酷等 Flash 格式视频。

1.3.2 视频播放软件

2008 年，我国互联网视频播放软件市场国产软件居领先地位，暴风影音用户达 1.05 亿，网民到达率为 55.6%，第四季度有效使用时间达 7 亿小时，市场份额为 59.1%。而 Windows Media Player 和 Realplayer 份额则呈下降趋势。虽然 Windows Media Player 的用户到达率为 44.4%，但其有效使用时间市场份额仅为 5%，如图 1.13 所示。

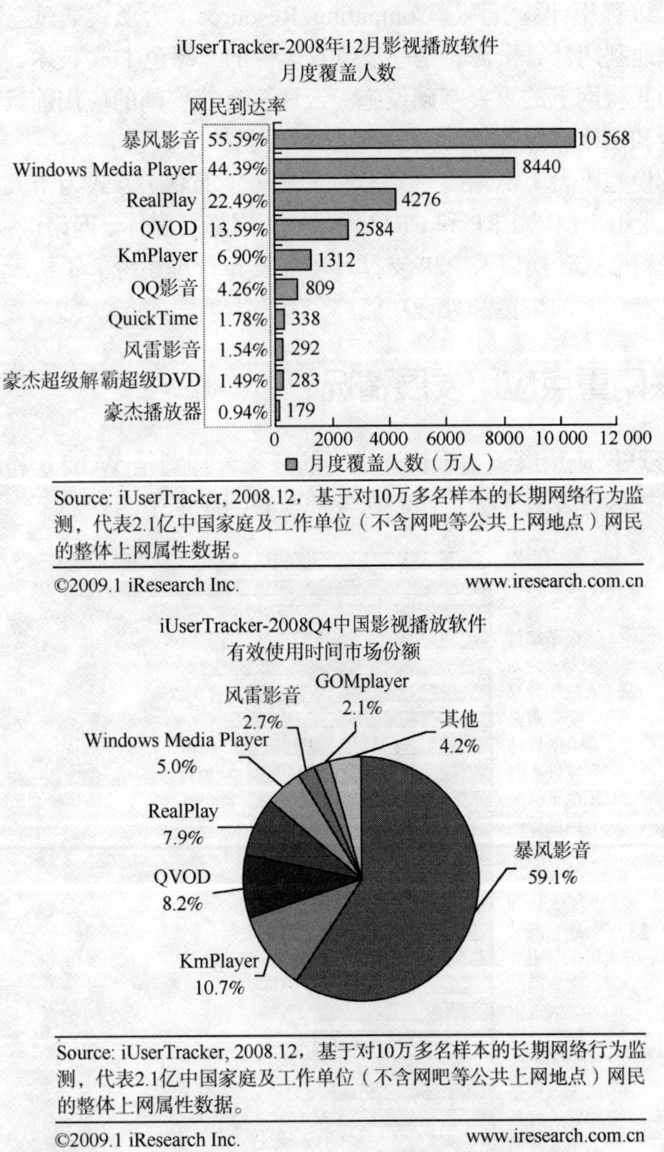

图1.13　影视播放软件2008年12月月度覆盖人数及第四季度有效使用时间市场份额

1.3.3 云计算

2008 年以来，云计算（Cloud Computing）不仅是国际 IT 业界前沿概念，而且开始在中国落地生根，具有广阔的市场空间。2008 年年初，IBM 与无锡市政府合作建立了无锡软件园云计算中心，开始了云计算在中国的商业应用。越来越多的 IT 供应商将中国作为云计算业务发展的热点区域。

云计算是一项新技术，更是一项在业务模式方面的创新，由分布式计算和网格计算等技术演化发展而来，并融合了近年来的热点技术如虚拟化和 Web2.0 等，是服务器虚拟化技术和基础设施即服务（Infrastructure as a Service，IaaS）的结合。云计算将多个数据中心的计算资源虚拟化之后，以租用计算资源（Computing Resource）为形式通过互联网向用户提供服务，能够更有效率地利用计算资源，是一项节省能源的“绿色 IT”技术，为互联网应用开辟了新天地，将成为互联网上的重要基础设施。云计算有着广阔的应用前景，将在发展基于互联网的现代服务业和网络新媒体等方面发挥重要作用。

云计算在基础设施平台（IAAS）上以软件即服务（SaaS）方式为个人消费者和企业用户提供服务，如为企业用户提供 ERP 和 CRM 系统，为网络新媒体、网络电视台提供视频处理、挖掘、检索、协议和格式转换以及 P2P 支撑环境和发布管理系统。手机云计算可以为手机提供计算力，使其具有强大的浏览和处理功能。

1.4 中国互联网重点应用发展情况

2008 年我国互联网应用继续呈现快速发展的势头，特别是 Web2.0 和网络新媒体应用如博客、视频共享和社区等发展尤为迅速，在各种互联网应用中名列前茅。

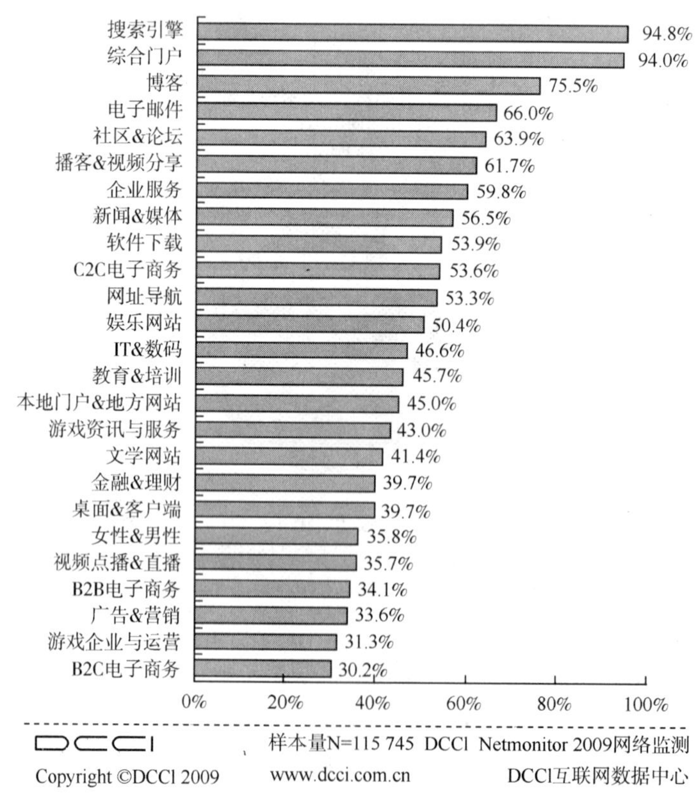

图1.14 2008年中国互联网热点应用领域媒介月均受众到达率统计

如图 1.14 所示，2008 年中国互联网热点应用领域媒介月均受众到达率统计方面，博客、社区和视频共享已经和搜索、综合门户及电子邮件一起进入前六名。从季度有效浏览时间来看，如图 1.15 所示，博客、视频共享和社区名列前茅。

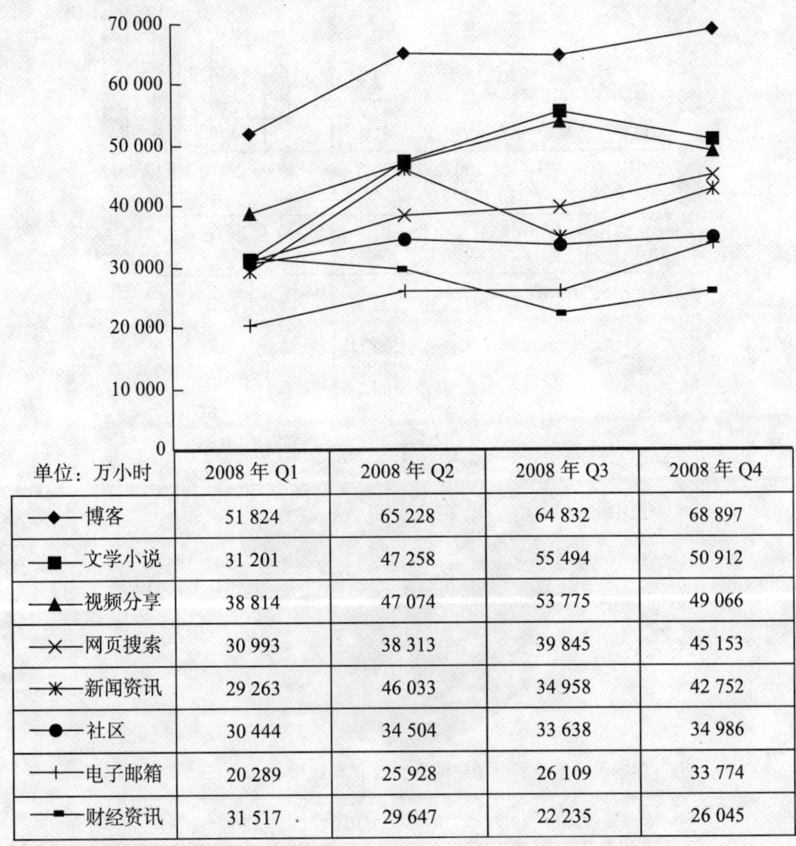

单位：万小时	2008 年 Q1	2008 年 Q2	2008 年 Q3	2008 年 Q4
博客	51 824	65 228	64 832	68 897
文学小说	31 201	47 258	55 494	50 912
视频分享	38 814	47 074	53 775	49 066
网页搜索	30 993	38 313	39 845	45 153
新闻资讯	29 263	46 033	34 958	42 752
社区	30 444	34 504	33 638	34 986
电子邮箱	20 289	25 928	26 109	33 774
财经资讯	31 517	29 647	22 235	26 045

Source: iUserTracker, 2008.12，基于对 10 万多名样本的长期网络行为监测，代表 2.1 亿中国家庭及工作单位（不含网吧等公共上网地点）网民的整体上网属性数据。

图1.15　2008年主要网络服务季度有效浏览时间

1.4.1　互联网搜索市场

2008 年我国互联网搜索市场进入调整期，增速放缓。市场规模为 50.2 亿，年增长率 73%。百度加谷歌市场占有率超过 90%，广告业务仍然是主体业务，运营商追寻搜索与社区及电子商务结合的业务，如图 1.16 所示。

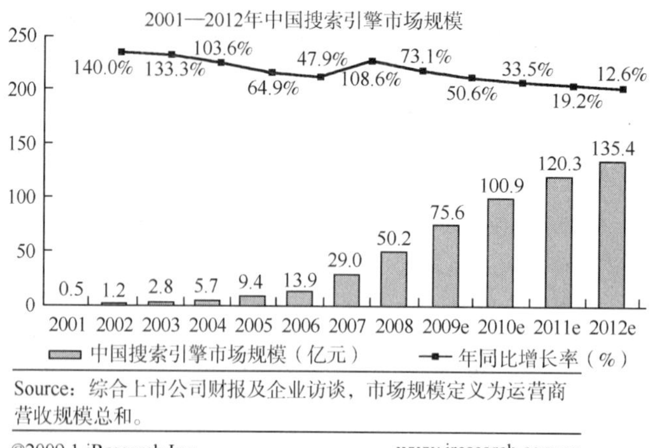

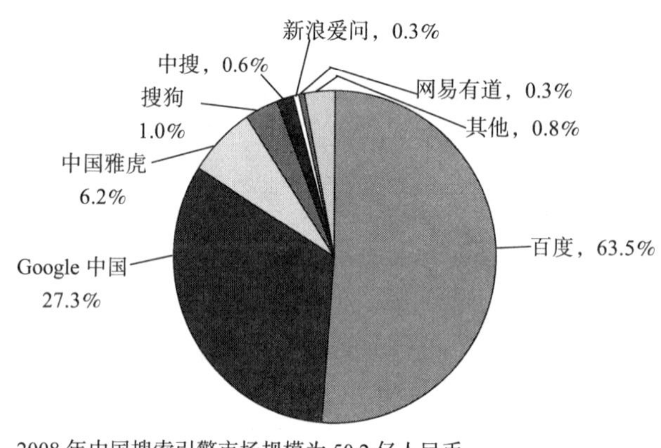

图1.16　2008年中国搜索市场规模增长情况和营收份额

1.4.2　播客/视频共享

2008 年，在奥运会推动下，中国视频分享网站有效浏览时间快速增长，但在奥运会后出现了下滑局面。主要专门视频网站有效浏览时间变化情况，如图 1.17 所示。

上述专门视频共享网站的发展目前存在两个主要问题：一是盈利模式，目前视频共享网站主要依靠广告收入以及风险投资的支持，远不能维持良性循环，金融危机的扩展对广告和风险投资均有影响。视频共享网站面临严冬，受金融危机影响最大。二是自制内容不足，面临知识产权问题。视频共享网站由网民自制上传的内容在数量上和质量上均远远不能满足需求，主要依靠播放电视连续剧和电影吸引网民，这就产生了版权问题。

2008 年综合门户（如新浪、搜狐等）和主流媒体网站（如央视网、新华网等）都开通了播客/视频共享业务，大有后来居上之势，在奥运会期间发挥了重大作用。

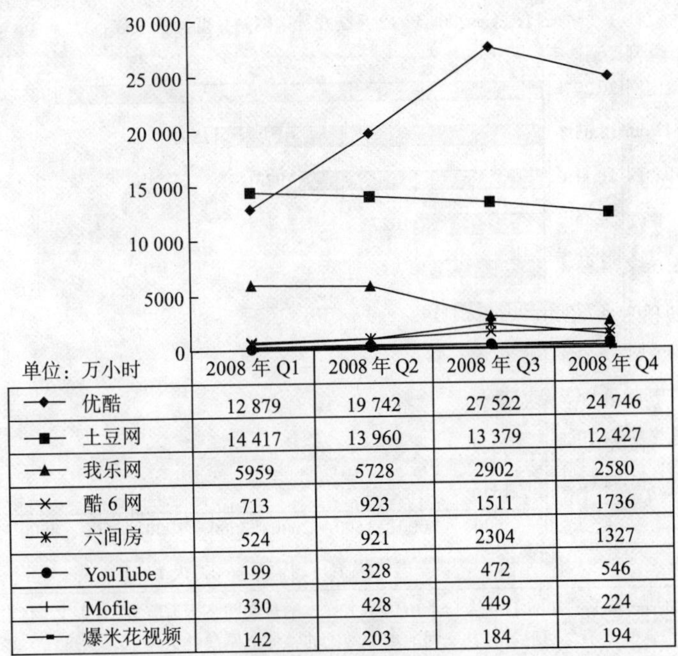

单位：万小时	2008 年 Q1	2008 年 Q2	2008 年 Q3	2008 年 Q4
优酷	12 879	19 742	27 522	24 746
土豆网	14 417	13 960	13 379	12 427
我乐网	5959	5728	2902	2580
酷 6 网	713	923	1511	1736
六间房	524	921	2304	1327
YouTube	199	328	472	546
Mofile	330	428	449	224
爆米花视频	142	203	184	194

Source: iUserTracker, 2008.12，基于对 10 万多名样本的长期网络行为监测，代表 2.1 亿中国家庭及工作单位（不含网吧等公共上网地点）网民的整体上网属性数据。

图1.17　2008年中国视频分享垂直网站季度有效浏览时间

1.4.3　社区和交友网络

以 BBS 和新闻组为基础应用的论坛类网络社区在 2008 年取得了高速的发展，已经超过即时通信，成为仅次于电子邮箱的互联网基本应用。网络社区的开放性、互动性和共享性深得广大网民的喜爱，逐渐成为网民表达思想、展示自我、获取信息、与其他网民互动互通以及建立社交圈子的主要平台。

社区网络进一步发展出现社区电子商务。社区中用户根据自己的兴趣爱好聚合成众多圈子，同圈子内的用户在一定程度上具有类似的需求倾向，有利于进行产品的精准推广。如基于论坛形成的车友会和本友会等，有共同需求的用户会在相关社区中询问、交流相关信息，企业在这样的平台上进行电子商务，推广方面更具针对性，而且往往可以引发用户的团购行为。而社区用户众口相传，也利于商品口碑传播。

2008 年，中国 SNS 市场发展迅速，国外的 SNS 网站 Myspace 本土化迅速，Facebook 开通中文网站，国内的校内、51 等也加大发展力度；同时各种 SNS 网站纷纷出现。SNS 专注于人际关系的构建，论坛、博客、视频等成为构建人际关系的平台或媒介。2008 年 12 月，校内网覆盖人数达 3857 万人，居第一位。但是出现了一个后起之秀——开心网，其覆盖人数近 2000 万，而有效浏览时间的市场份额达 32.8%，并且增速迅猛，大有超过校内网之势，并因此受到风险投资的青睐，如图 1.18 所示。

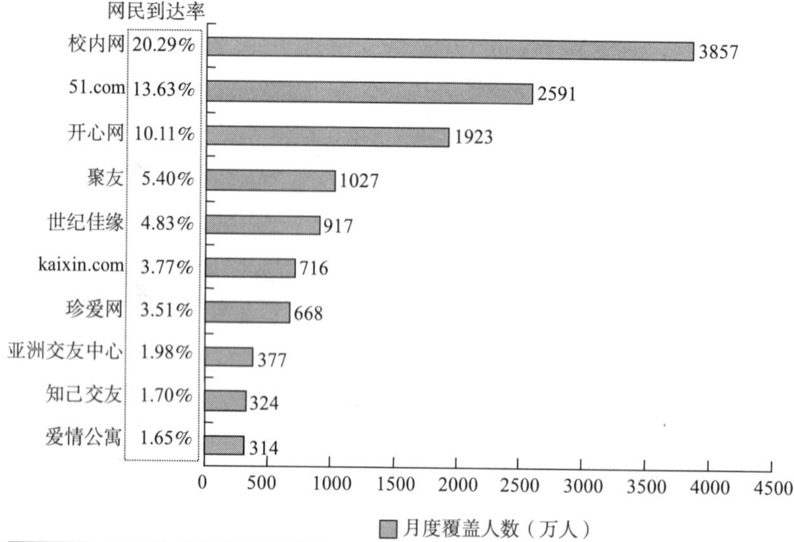

Source: iUserTracker, 2008.12，基于对 10 万多名样本的长期网络行为监测，代表 2.1 亿中国家庭及工作单位（不含网吧等公共上网地点）网民的整体上网属性数据。

iUserTracker-2008Q4 中国交友社区网站有效浏览时间市场份额

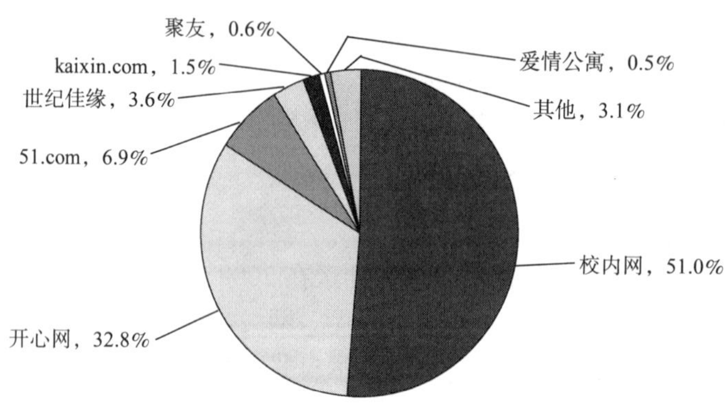

Source: iUserTracker, 2008.12，基于对 10 万多名样本的长期网络行为监测，代表 2.1 亿中国家庭及工作单位（不含网吧等公共上网地点）网民的整体上网属性数据。

图1.18 交友社区网站2008年12月月度覆盖人数及第四季度有效浏览时间市场份额

1.4.4 即时通信

腾讯 QQ 稳居即时通信市场首位，2008 年 12 月，其覆盖人数达 1.76 亿，网民到达率为 92.7%，第四季度有效使用时间为 50.5 亿小时，市场份额达 87%。MSN 的覆盖人数为 4027 万，排名第四，有效使用时间市场份额为 4%，位居第二，如图 1.19 所示。

iUserTracker-2008 年 12 月即时通信软件月度覆盖人数

网民到达率
腾讯 QQ 92.70%
阿里旺旺-淘宝版 34.05%
飞信 26.89%
MSN 21.18%
Skypc 5.25%
百度 Hi 4.58%
新浪 UC 4.38%
阿里旺旺-贸易遥版 4.02%
腾讯 TM 2.21%
飞鸽传书 2.11%

0　4000　6000　12 000　16 000　20 000

月度覆盖人数（万人）

Source: iUserTracker, 2008.12，基于对 10 万多名样本的长期网络行为监测，代表 2.1 亿中国家庭及工作单位（不含网吧等公共上网地点）网民的整体上网属性数据。

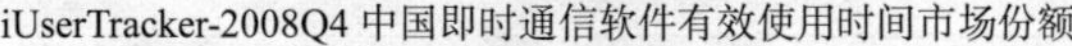
iUserTracker-2008Q4 中国即时通信软件有效使用时间市场份额

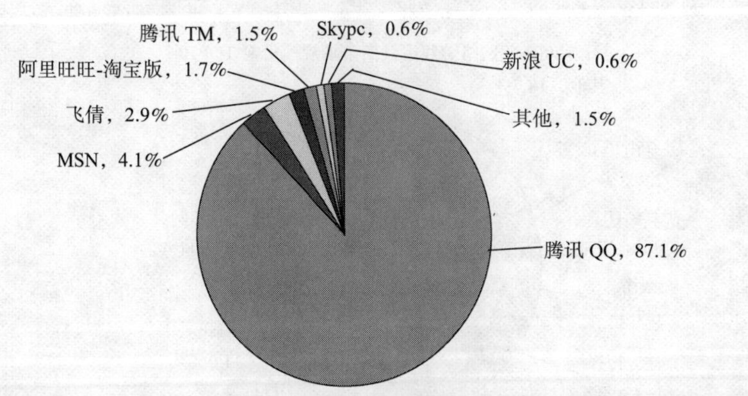

Source: iUserTracker, 2008.12，基于对 10 万多名样本的长期网络行为监测，代表 2.1 亿中国家庭及工作单位（不含网吧等公共上网地点）网民的整体上网属性数据。

图1.19　即时通信软件2008年12月月度覆盖人数及第四季度有效使用时间市场份额

即时通信市场走向细分，致力于一些专门领域的即时通信得到快速发展。如与移动通信结合的飞信，第四季度有效使用时间上升至 1.7 亿小时，市场份额位居第三；而与电子商务结合的阿里旺旺，第四季度有效使用时间达 0.9 亿小时，排名第四。

1.4.5　网络游戏

中国游戏产业年会发布的《2008 年中国游戏产业调查报告》显示，2008 年，中国网络游戏用户数已达 4936 万，其中，付费网络游戏用户超过 3000 万，比 2007 年增加了 1/3 以上；

网络游戏市场实际销售收入为 183 亿元人民币，比 2007 年猛增了 76%；手机网络游戏市场运营收入达 1.5 亿元人民币，比 2007 年增长了 1/4。

2008 年各游戏运营商之间差距缩小。一些门户网站进入网络游戏领域，取得良好业绩，其中网易、腾讯和搜狐已经进入前 10 名，如图 1.20 所示。

2003—2012 年中国网络游戏市场规模

1500
1000
500
0
66.5% 44.1% 60.0% 77.7% 52.2% 49.7% 37.3% 28.8% 24.7%
20.0 33.3 48.0 76.8 136.5 207.8 311 427 550 686
2003 2004 2005 2006 2007 2008 2009e 2010e 2011e 2012e
市场规模（亿） 增长率

Source: 综合上市公司财报，企业及专家访谈，根据艾瑞统计预测模型核算及双倍数据。

©2009.1 iResearch Inc. www.iresearch.com.cn

2008 年网络游戏运营商市场规模份额 TOP10

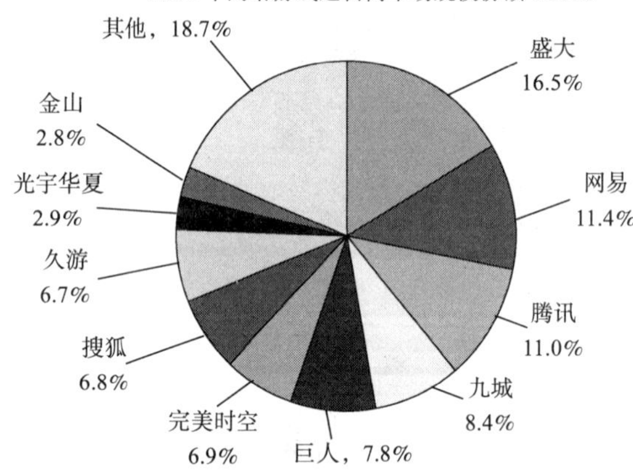

注：2008 年中国网络游戏市场规模为 207.8 亿元

Source: 综合上市公司财报，企业及专家访谈，根据艾瑞统计预测模型核算及双倍数据。

©2009.1 iResearch Inc. www.iresearch.com.cn

图1.20 中国网络游戏市场规模及网络游戏运营商市场份额

1.5 中国互联网新媒体发展情况

2008 年是我国主流媒体进军网络新媒体成功取得显著进展的一年，从以央视为代表的电视媒体和新华社到报业集团都加入了这一行列。

中央电视台新媒体的发展主要体现在央视网的建设上。央视网是全国广电系统体制改革的一个试点。央视网的发展始于 2006 年，同年 4 月，中央电视台网络传播中心/央视国际网络有限公司正式成立。两年多来，央视网正着力打造以图文为基础，以视频为核心，以互动为特色的国家重点新闻网站。借北京奥运会的契机，央视网的网络视频传播能力大幅提升。在互动方面，央视网尝试将互联网特色与电视特色相结合，抓住社区化发展大趋势，建立搜视社区，为中央电视台的电视剧、名栏目、动画片、记录片和电视人建立网上互动空间，并在此基础上整合新闻资源推出新闻社区。在重大活动报道中，央视网充分运用台网联动模式，全面服务、延伸、拓展电视，将电视节目资源和广告资源延伸到网络平台，运用新的网络技术在新的平台上创建新的传播形态和品牌，充分运用博客、播客、论坛、投票和评选等新技术，为电视提供互动支持以及差异化传播。

2008 年年底，央视网日均访问量达到 1.24 亿次， 5 月 12 日—5 月 21 日汶川地震期间日平均访问量达 2.06 亿次，8 月 8 日—8 月 24 日奥运期间日均访问量达到 3.01 亿次。视频访问量提升迅速，2008 年春晚观看人数最高时达到 480 万；2008 年北京奥运会期间，视频直播累计观看人次达到 1.53 亿次，视频点播累计观看人次达到 2.37 亿次，奥运开幕式当日访问量达到 5.06 亿次。央视网的播客平台日均访问量达 600 万，日均网民上传视频 1000 条，作品累计数量达到 20 余万件。独立访问者数量增长也很快，奥运会开幕时的独立访问者数量达 2748 万。央视网的网民来自全球 140 多个国家及地区，海外网民的比例已经达到 15%～20%。

央视网的服务器达 2000 台，带宽 33G，覆盖 10 个节点城市，共 15 个国内分发节点和 1 个欧洲镜像站点。

在制作能力方面，央视网建设了一整套节目采集、收录、编辑、制作、存储、编目和发布的视频制播平台，系统存储容量已经达到 250T，存储了近 5 万小时的高质量精品视频内容，日节目制作能力达到 500 小时。

央视网建立了自主知识产权的 P2P 网络直播平台，该平台可以同时承载 800 万人在线观看网络直播；合作建立了 FLV 流媒体点播平台，可以同时支撑 10 万人在线点播访问。

2008 年奥运会期间，中央电视台共有 9 个电视频道不延时直播、录播奥运赛事 1944 场，时长 2715 小时，央视网作为全球首次唯一全程视频直播奥运会开闭幕式以及全部赛事的新媒体机构，为 28 个奥运比赛大项开通 28 个不延时直播频道，直播了奥运会所有赛事的每一场比赛，时长累计 3800 小时；在每场比赛结束后，以最快的速度制作点播赛事节目 9732 段，总时长 4013 小时。网络转播规模大大超过电视转播，成为全球唯一对奥运赛事进行全程直播点播的新媒体机构。央视网试验性推出了“网络电视奥运台”，开设了 62 个直播频道、30 个轮播频道，实现了边看边聊互动直播功能，日均页面访问量达到 3.01 亿次，人均访问停留时长达到 1022 秒。开幕式当天，网络电视奥运台流量达到 1.5 亿次，边看边聊在线人数近 7 万人。

央视网成功地构建了合法有序的奥运会传播秩序，奥运会开幕后，国际奥委会监控结果显示，全球发现的 4066 个盗播链接中，90%来自海外，与之前预测的中国大陆地区会出现大规模盗版侵权现象完全相反。之所以达到这样的效果，一方面是因为央视网成功组织了奥运史上最大规模的联合传播，更加方便网民通过不同渠道收看奥运会；另一方面，央视网通过建设 IP 地址信息库、数字版权管理平台（DRM）等技术手段有效防止版权外溢；通过政府监管和行业自律，实施反盗版行动。

报业同样加速进军新媒体，其基本思路是“一套体系、两座平台、三个应用系统”。“一套体系”即网络安全和标准体系，“两座平台”即把报社内部的网络平台和互联网平台结合。

新华社也在致力于开拓新媒体市场，利用拥有中国媒体行业最大的多文种多媒体数据库的优势，从手机短信拓展到手机视频、网络视频、列车多媒体、航空和巴士视频，在宽频网上开办在线浏览、网络下载、手机定制等一系列业务；通过数字出版、网络传输、屏幕播放的方式，逐步建立起各类新媒体屏幕联播网。

1.6 中国网络资本发展情况

2008 年，中国经济形势经历了从过热到趋冷的剧烈转变。在经济形势转变的背景下，投资市场募资形势也经历大幅波动，募集完成基金规模呈现先扬后抑的态势。2008 年募集完成基金 117 支，募集规模 199.17 亿美元。募集完成基金中，基金数量从第二季度的 52 支下降至第四季度的 8 支，下跌幅度达 84.6%。首轮募集完成基金和开始募集基金也表现出相似的趋势，基金数量分别在第二和第三季度达到顶峰后迅速回落。相比中资基金的上升势头，2007 年火热一时的中外合资基金却遭遇发展瓶颈，如图 1.21 所示。

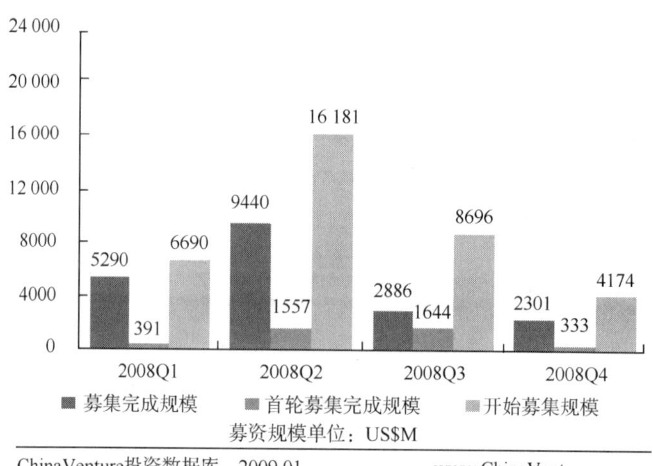

图1.21　2008年中国创业投资及私募股权投资市场募集基金规模

中资基金占募集完成基金总数的 60.7%，尽管募集规模无法与外资相提并论，但是市场主导地位已有所显现。2007 年 VC、PE 基金令人瞩目的收益，成为本土 GP 争相募集基金的原因之一。在严峻形势下，中资基金开始募集规模不降反升，目标规模为外资的 2.3 倍。

我国的风险投资市场上，目前仍然在积极活动的都是在近两年成功募集到新基金的，如红杉中国连续两支总金额高达 7.5 亿美元的基金以及首支 10 亿元的人民币基金，德同资本 3.55 亿美元的二期基金，金沙江创投两支共 5.8 亿美元的基金，霸菱亚洲第四支 15.2 亿美元的私募基金，麦顿投资 3.2 亿美元的二期基金等。大部分基金不过才投资了基金总数的 15%，充足的资金使得他们在严冬中仍然充满信心。

2008 年互联网行业仍然是创投市场投资规模最高的行业，投资案例数量为 102 起，投资金额 8.34 亿美元。互联网细分行业中，网络游戏受到资本关注，投资案例数量达 22 起，投资金额 1.66 亿美元。

受金融危机影响，中国企业境外资本市场 IPO 进程严重受阻。与 2007 年不同，2008 年中国仅有两家互联网企业在境外上市：国内网游开发及运营商网龙和内地最大数字音乐平台之一——A8 电媒音乐。

尽管受金融危机影响 2008 年 VC、PE 通过并购退出的规模与 2007 年相比有较大幅度下降，但也增加了不少并购机会。主要并购事件有：新浪合并分众户外数字媒体，巨人收购 51.com，CNET 中国收购我爱打折网（55BBS），Monster 收购中华英才网，澳洲电讯收购泡泡网，金山软件收购深圳招商卓尔公司和 Sky Profit 公司等。

不少 VC 表示未来一年在互联网领域已经有了明确的投资对象。金融危机对互联网企业投融资产生一定影响，但也带来了机会。大浪淘沙消除泡沫，投资者将更理性，创业者更务实。精明的投资人会支持优秀的创新者，互联网的创新精神将造就一批新的成功者在即将到来的春天大放异彩。

1.7 中国网络安全状况

1.7.1 网络病毒、木马感染传播情况

2008 年，中国新增计算机病毒、木马数量呈爆炸式增长，总数量已突破千万，而网页挂马、漏洞攻击成为黑客获利的主要渠道。

据金山毒霸“云安全”中心监测数据显示，2008 年，金山毒霸共截获新增病毒、木马 13 899 717 个，比 2007 年增长了 48 倍；全国共有 69 738 785 台计算机感染病毒，比 2007 年增长了 40%。

2008 年，病毒和木马异常活跃。大量病毒通过网页挂马方式利用 realplay，adobe flash 和 IE 漏洞进行传播，其主要运作模式是：下载器对抗安全软件—关闭安全软件然后下载大量盗号木马到用户电脑—盗取用户网游的账号发送到黑客的数据库。从危害来看，主要是网游盗号类木马，其次是远程控制类木马。

病毒发展有三大显著特征：病毒制造的模块化，专业化以及病毒“运营”模式的互联网化。

1.7.2 网民信息网络安全状况

中国互联网络信息中心发布的《2008 年中国网民信息网络安全状况研究报告》指出：96.1%的网民个人计算机中装有信息安全软件，其中 70.5%的网民选择使用单一品牌的套装安全软件产品，即至少包含杀毒、防火墙两项功能的安全软件产品；28%的网民使用过在线查毒服务，其中近 1/3 的用户还使用了在线杀毒服务。这些数据充分说明了我国网民对网络信息安全的高度重视。但尚未安装安全软件的网民数量超过 1000 万，大量上网人群的信息安全存在隐患。

74%的网民表示愿意使用免费杀毒软件，这说明免费杀毒软件对于绝大多数网民具有较

大的吸引力。

近半数网民从未听说或关注过第三方机构颁发的网站诚信标示，我国互联网急需建立完善的诚信体系。信息安全成为一个社会问题。

1.7.3 云安全

病毒制造的模块化、专业化机械化生产以及病毒“运营”模式的互联网化导致病毒数量的爆炸式增长，反病毒厂商传统的人工收集以及鉴定方法已经无法应对迅猛增长的病毒，云安全应运而生。

市场研究公司 Gartner 称，安全软件将从 PC 转向云计算，基于云计算的代理计算机能够提供过去在本地执行的安全服务，如强制进行身份识别，防止数据丢失，入侵检测，网络接入控制和安全漏洞管理等。在云计算中提供大规模可升级的处理、存储和带宽的能力将要求以新的方式和由新的服务提供商向用户提供安全控制和功能。

2008 年，在我国瑞星、趋势科技和金山都推出了云安全（Cloud Security）服务。趋势科技称其云安全已经在全球建立了 5 个数据中心，可以支持每天 50 亿条点击查询，每天手机分析 2.5 亿样本。相同的分析工作，过去需要一天的运算时间，改用云安全计算后，只需几秒钟。瑞星的云安全计划主要内容是，将用户和瑞星技术平台通过互联网紧密相连，组成一个庞大的木马/恶意软件监测、查杀网络病毒，瑞星卡卡 6.0“自动在线诊断”模块，是其云安全计划的核心之一。而金山毒霸 2009 依托于“云安全”技术，实现了病毒库病毒样本数量增加 5 倍，日最大病毒处理能力提高 100 倍，紧急病毒响应时间缩短到 1 小时以内，给用户带来了更好的安全体验。金山毒霸“云安全”包括智能化客户端、集群式服务端和开放的平台三个层次。

1.8 中国移动互联网发展概况

2008 年 5 月，工业和信息化部、国家发改委和财政部三部委以联合发布《关于深化电信体制改革的通告》，提出电信重组方案：鼓励中国电信收购联通 CDMA 网（包括资产和用户），联通与网通合并，卫通的基础电信业务并入中国电信，中国铁通并入中国移动。公告还指出，改革重组将与发放 3G 牌照相结合，重组完成后发放三张 3G 牌照。到 2008 年年底重组已经基本完成。2009 年 1 月正式为三个运营商发 3G 牌照。自此我国形成了三大全业务运营商三足鼎立的格局，竞争的焦点将是移动互联网。

目前我国移动互联网主要使用 WAP 协议，用户可以在 WAP 移动互联网上得到几乎全部的互联网体验。主要门户网站都开通了 WAP 手机板，如新浪、搜狐、腾讯、央视国际和新华网等，专门的 WAP 网站有 3G 门户和空中网等。用户可以通过 Hao123 导航门户方便找到进入所需要的网站浏览网页（新闻、财经、小说、体育等）、看博客和写博客等。在搜索方面，百度和谷歌等均有手机版。有些网站如网易、雅虎等已经开通用手机查阅邮件。在手机游戏方面有当乐和手游等。手机视频可以提供广播、点播和视频共享等各种业务，如 3G 门户的 GGLive 可以提供流畅的视频广播和点播业务，而秀蛙可以通过手机上传提供视频共享业务。2008 年北京奥运会期间中国移动和央视网等都开通了手机电视。此外，在移动互联网上用户还可以得到从地图位置搜索、车辆违规查询到在线翻译等各种服务。

尽管我国推迟了 3G 网络部署，我国移动互联网应用的发展并不落后，很多发达国家在 3G 网络上提供的移动互联网业务在我国的 GPRS/EDGE 网上都已经实现。目前我国的 GPRS/EDGE 网络有良好覆盖，200 多元的手机就具有 WAP2.0 上网功能。中国互联网络信息中心（CNNIC）报告调查数据显示，2008 年年底使用手机上网的网民较 2007 年翻了一番还多，达到 1.17 亿。今后若干年内对于低收入人群、边远农村地区用户，WAP 手机上网将是主要上网手段，因此，发展窄带移动互联网对于提高我国互联网普及率，消除数字鸿沟，发展网络文化和网络新媒体，发展基于互联网的现代服务业等具有重要作用。

二代移动通信 GPRS/EDGE 可以支持手机以 WAP 协议上移动互联网，但只能支持少量用户。3G/HSPA 的大规模部署不仅可以支持笔记本电脑以 HTTP 协议上网，更重要的是可以支持大量手机上移动互联网，开启移动互联网新时代。

目前我国有 20 000 个 WAP 网站，而 HTTP 网站有两百多万个，要充分发挥手机移动互联网的作用必须使手机能浏览 HTTP 网站。"门户加客户端"模式的成功出现改变了这一状况，这将对移动互联网发展产生重大影响。"门户网站"具有导航、协议和格式转换能力。下载安装其客户端软件，不仅可以浏览 WAP 网站，还可以登录访问浏览 HTTP 网站，以适合手机的格式观看。不仅可以收看 WAP 的视频节目，还可以收看 HTTP 视频共享网站的视频内容，可以支持各种 Web2.0 应用，基本克服了此前手机上网的主要问题。UCWEB 是我国最成功的"门户网站"，2008 年其安装激活的被称为"浏览器"的客户端软件已经达到 6000 万。

这种模式将更多的计算力从手机移到网络上，随着移动互联网用户和宽带视频业务增多，对"门户网站"的协议转换、格式转换和内容存储能力需求将急剧增加，解决方法是采用云计算平台。

面向消费者服务的移动互联网摆脱不了互联网的游戏规则，包月将是主要的收费模式。2009 年三大运营商将就移动互联网的接入展开激烈竞争，包月接入价格将下降到大多数用户可以接受的合理水平，这必将促进移动互联网的大发展。

（中国科学院　侯自强）

第 2 章　2008 年国际互联网发展综述

2008 年是国际互联网蓬勃发展的一年，互联网在全球得到更广泛的应用。同时，2008 年又是国际互联网风起云涌的一年，从微软洽购雅虎到金融风暴的巨大冲击，无不给互联网行业烙上了 2008 年特有的印记，并带来深远影响。

2.1　国际互联网发展概况

2008 年全球网民规模达 15.7 亿，较上年增长 19.3%；域名数量达到 1.77 亿，增长率为 16%；新增 IP 地址近 2 亿个。但无论从互联网普及率还是网络资源分配情况来看，互联网发展的整体态势仍不平衡，欧洲、北美和澳大利亚等地区互联网发展相对较为成熟，非洲互联网发展水平则明显落后于其他地区。

2.1.1　网民规模及互联网普及率

如表 2.1 和图 2.1 所示，根据互联网全球统计网的数据，截至 2008 年 12 月 31 日，全球网民数量超过 15.7 亿，约占全球总人口的 23.5%。从网民的绝对数量看，亚洲居首位，超过 6.5 亿；欧洲居其次，网民数量达到 3.9 亿；北美洲位列第三，接近 2.47 亿。在各大地区中，北美洲互联网普及率最高，达到 73.1%，大洋洲和欧洲分别以 59.9%和 48.5%位列二、三。尽管非洲在 2000—2008 年间互联网用户增长了 1100.0%，但其互联网普及率仍然远低于全球平均水平，仅为 5.6%。

表 2.1　全球互联网应用情况统计

各大地区	人口数量	网民数量	普及率	占全球网民数量比例	互联网使用增长率 2000—2008
非洲	975 330 899	54 171 500	5.6%	3.4%	1100.0%
亚洲	3 780 819 792	650 361 843	17.2%	41.3%	469.0%
欧洲	803 903 540	390 141 073	48.5%	24.8%	271.2%
中东	196 767 614	45 861 346	23.3%	2.9%	1296.2%
北美洲	337 572 949	246 822 936	73.1%	15.7%	128.3%
拉美/加勒比海	581 249 892	166 360 735	28.6%	10.6%	820.7%
大洋洲/澳大利亚	34 384 384	20 593 751	59.9%	1.3%	170.2%
合计	6 710 029 070	1 574 313 184	23.5%	100.0%	336.1%

资料来源：互联网全球统计网

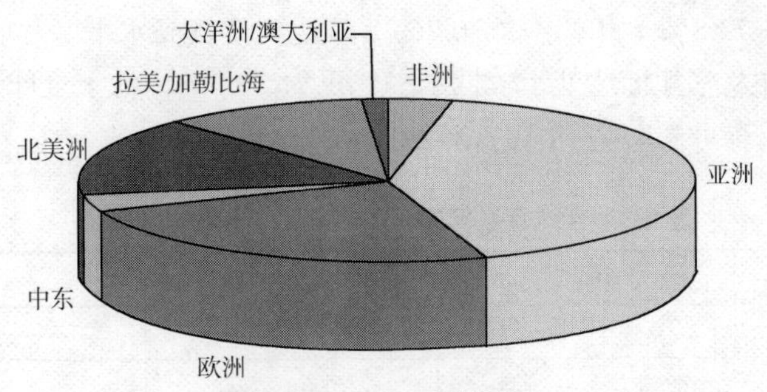

资料来源：互联网全球统计网

图2.1　各大地区网民占全球网民的比例

从各国的情况看，如表 2.2 所示，截至 2009 年 3 月底的统计数据显示，中国网民数量已经超过美国，达到 2.98 亿，成为全球第一；美国位居第二，网民数量为 2.27 亿；日本位居第三，网民数量为 9400 万；之后依次是印度、巴西、德国、英国、法国等。互联网用户数量前 20 名的国家拥有世界上 76.8%的网民。

表 2.2　全球互联网用户最多的 20 个国家/地区

名次	国家/地区	网民数量	人口数量	普及率	占全球网民数量比例
1	中国	298 000 000	1 330 044 605	22.4%	18.7%
2	美国	227 190 989	304 228 257	74.7%	14.2%
3	日本	94 000 000	127 288 419	73.8%	5.9%
4	印度	81 000 000	1 147 995 898	7.1%	5.1%
5	巴西	67 510 400	196 342 587	34.4%	4.2%
6	德国	55 221 183	82 369 548	67.0%	3.5%
7	英国	43 753 600	60 943 912	71.8%	2.7%
8	法国	40 858 353	62 150 775	65.7%	2.6%
9	俄罗斯	38 000 000	140 702 094	27.0%	2.4%
10	韩国	36 794 800	48 379 392	76.1%	2.3%
11	西班牙	28 552 604	40 491 051	70.5%	1.8%
12	意大利	28 388 926	58 145 321	48.8%	1.8%
13	墨西哥	27 400 000	109 955 400	24.9%	1.7%
14	土耳其	26 500 000	75 793 836	35.0%	1.7%
15	印度尼西亚	25 000 000	237 512 355	10.5%	1.6%
16	加拿大	23 999 500	33 212 696	72.3%	1.5%
17	伊朗	23 000 000	65 875 223	34.9%	1.4%
18	越南	20 993 374	86 116 559	24.4%	1.3%
19	波兰	20 020 362	38 500 696	52.2%	1.3%
20	阿根廷	20 000 000	40 481 998	49.4%	1.3%
合计		1 226 184 091	4 286 530 622	28.6%	76.8%

*统计截止日期：2009 年 3 月 31 日。数据来源：互联网全球统计网。

根据互联网全球统计网的数据，截至 2008 年 6 月，全球互联网普及率超过 50%的国家或地区达到 47 个。美国（72.3%）、英国（68.6%）、德国（63.8%）等西方主要发达国家以及我们的邻国日本（73.8%）和韩国（70.7%）都达到了较高水平。尽管中国拥有世界上最多的网民，互联网普及率却仍然处于较低水平，仅为 19.0%，低于全球平均水平 4.5 个百分点。全球互联网普及率最高的 20 个国家和地区，如表 2.3 所示。

表 2.3　全球互联网普及率最高的 20 个国家/地区

名次	国家/地区	普及率	网民数
1	格陵兰	92.3%	52 000
2	荷兰	90.1%	15 000 000
3	挪威	87.7%	4 074 100
4	安提瓜和巴布达	85.9%	60 000
5	冰岛	84.8%	258 000
6	加拿大	84.3%	28 000 000
7	新西兰	80.5%	3 360 000
8	澳大利亚	79.4%	16 355 388
9	瑞典	77.4%	7 000 000
10	福克兰群岛	76.5%	1900
11	日本	73.8%	94 000 000
12	葡萄牙	72.9%	7 782 760
13	美国	72.3%	220 141 969
14	百慕大群岛	72.1%	48 000
15	卢森堡	71.0%	345 000
16	韩国	70.7%	34 820 000
17	法罗群岛	69.9%	34 000
18	中国香港	69.5%	4 878 713
19	瑞士	69.0%	5 230 351
20	丹麦	68.6%	3 762 500

*统计截止日期：2008 年 6 月 30 日。资料来源：互联网全球统计网

2.1.2　互联网域名和地址资源分配情况

1. 全球域名注册情况

如图 2.2 和图 2.3 所示，根据域名服务提供商 VeriSign 公布的统计数据，2008 年全球新增域名 2400 万，在所有顶级域名（TLD）下注册的域名达到 1.77 亿，较 2007 年增长 16%。其中，通用顶级域名（gTLD）下注册的域名增加了 1100 万，达 1.06 亿，增幅为 12%；国家和地区顶级域名（ccTLD）下注册的域名增加了 1300 万，达 7110 万，增幅为 22%。

值得指出的是，2008 年 ccTLD 域名增幅一反常态地超过了 gTLD，这主要得益于.cn 的爆发式增长。过去一年.cn 域名增幅达 51%，数量已经超过.de，成为全球第二大顶级域名。截至 2008 年年底，全球使用最多的 5 个顶级域名分别为.com，.cn，.de，.net 和.org；域名数量前十名的 ccTLD 依次是.cn，.de，.uk，.nl，.eu，.ar，.it，.br，.us 和.au。

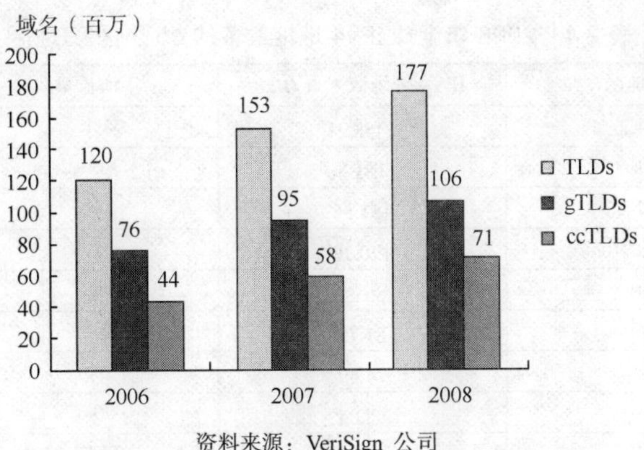

图2.2　2006—2008年全球域名数量

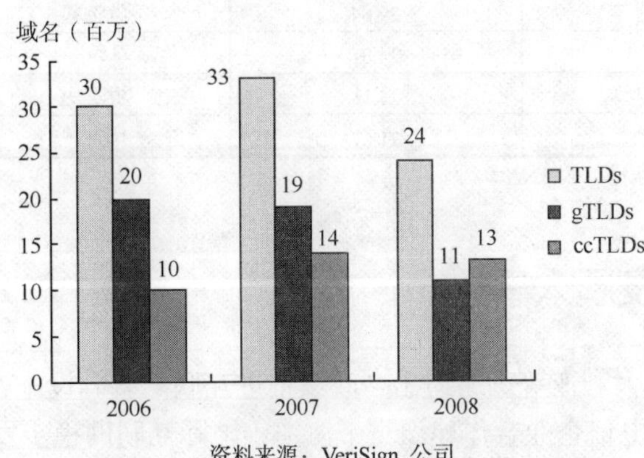

图2.3　2006—2008年全球域名数量增长情况

2．IP 地址分配情况

互联网地址指派机构 IANA 的数据显示，在 2008 年年初全世界还剩下 11.22 亿个 IPv4 地址可用，当年全世界共消耗了 1.97 亿个 IPv4 地址，还剩下约 9.25 亿个 IPv4 地址可用，占总量的 24.7%。按照现有每年约 2 亿个的 IPv4 地址消耗及年约 19%的消耗增速，全球剩余 IPv4 地址将于 2010—2012 年前后耗尽。如表 2.4 所示，从全球 IPv4 地址分配情况看，2008 年美国依然高居首位，占据了正在使用的 IPv4 地址中的 50.08%；中国新增 IPv4 地址 4650 万个，总数达 1.8 亿，超过日本跃居第二；日本以 1.5 亿位居第三；俄罗斯则成为增长速度最快的国家，年增长率达 36%。表 2.4 列出了 2008 年全球 IPv4 地址最多的 15 个国家和地区。

与 IPv4 地址即将耗尽的情况不同，目前 IPv6 的使用量仅占总数的 0.027%。相关机构的数据显示，目前欧美国家在 IPv6 地址分配上暂时走在前列。值得关注的是，2008 年 5 月美国在 IPv6 上突然发力，当月申请 IPv6 地址数量相当于 14 354 个/32，其全球排名因此从 4 月的第 11 位骤增至首位。与此同时，2008 年 5 月中国的 IPv6 地址拥有量由全球第 16 位下降到第 19 位，远远落后于美、德、法、日等国（有关中国 IPv6 的更多描述见本报告第 11 章）。

表 2.4　2008 年全球 IPv4 地址最多的 15 个国家/地区

排名	国家/地区	IPV4 地址数（百万）	年增长率	2007 年排名
1	美国	1458.21	4%	1
2	中国	181.8	34%	3
3	日本	151.56	7%	2
4	欧盟公用	120.29	0%	4
5	英国	86.31	3%	5
6	德国	81.75	13%	7
7	加拿大	74.49	2%	6
8	法国	68.04	0%	8
9	韩国	66.82	14%	9
10	澳大利亚	36.26	8%	10
11	巴西	29.75	27%	12
12	意大利	29.64	23%	11
13	中国台湾	24.01	21%	16
14	俄罗斯	23.18	36%	18
15	西班牙	21.67	6%	14

资料来源：互联网地址指派机构（IANA）

2.2　国际互联网发展大事件

2008 年，法国和澳大利亚等国纷纷出台政策推进互联网基础设施建设，美国、英国、日本和印度等多个国家的电信企业合作建设宽带海缆，国际互联网稳步发展。同时，微软洽购雅虎，雅虎和 eBay 先后大规模裁员，国际互联网领域大事不断，成为世人关注的焦点。

2.2.1　各国政府、企业积极推动互联网基础设施建设

1．各国政府纷纷推出宽带发展计划

2008 年 4 月，澳大利亚政府投资 88 亿美元建设覆盖全国的高速宽带网络，希望能够让 98%的澳大利亚家庭获得最低 12Mbps 的网络带宽。9 月，芬兰出台新的宽带发展计划，拟于 2015 年年底前普及 100Mbps 宽带。10 月，法国政府公布“2012 数字法国”计划，将推出涉及宽带接入服务、3G 牌照拍卖、数字电视转换等的 154 项举措，进一步推进法国互联网、移动电话和广播业务的发展。同月，英国政府提出“数字不列颠”行动计划，内容涉及高速移动网络和固定宽带建设等问题，以保持英国在创新、投资和数字、通信领域的优势。12 月，葡萄牙政府同意将发展宽带作为其经济复苏计划的一部分。

2．业界联合建设海底光缆

2008 年 2 月，美国谷歌、印度 Bharti Airtel、日本 KDDI、马来西亚 Global Transit、中国香港太平洋宽带以及新加坡电信 6 家电信和互联网公司发表联合声明，计划投资 3 亿美元建设连接美国和日本的跨太平洋宽带海缆系统“Unity”，以满足亚洲和美国之间日益增长的数据和互联网流量需求。“Unity”长达 6200 英里，预计将于 2010 年第一季度投入运营，届时跨太平洋光缆容量将提高约 20%。

2008 年 5 月，包括美国 AT&T、英国 BT、印度 Bharti Airtel 和南非 MTN Group 等在内的全球 16 家电信公司签署协议，将联合建设名为“欧洲印度网关（EIG）”的高带宽海底光缆传输系统。该系统将耗资 7 亿美元，计划于 2010 年第二季度投入运行。届时，总长达 1.5 万千米的光缆将连接北美、亚欧及非洲 3 个大陆，并在 13 个国家和地区登录，将大幅提高光缆经由地区的传输容量及传输多样性。

2.2.2　业界发展动态

1. 微软启动正版增值计划

2008 年 10 月 20 日起，微软在中国推出两个重要更新——Windows 正版增值计划通知 WGA 和 Office 正版增值计划通知 OGA。按照这两个通知，盗版 XP 专业版用户的桌面背景每隔 1 小时将变成纯黑色，盗版 Office 用户软件上将被永久添加视觉标记。对此，国内媒体和用户反映强烈，更有律师向公安部举报微软此举涉嫌破坏计算机信息系统犯罪；同时也有评论认为此举有助于打击盗版和保护正版用户的权益，是一项积极的举措。

2. 谷歌推出 Android 手机操作系统并参与 WiMax 网络服务

2007 年年底，谷歌推出开源手机操作系统 Android，并于 2008 年 9 月联合电信运营商 T-Mobile 推出第一款基于 Android 平台的手机产品 G1，正式进入智能手机市场。开源和免费的政策为 Android 赢得了不少手机制造商的支持。除 G1 的制造商宏达电外，多普达、摩托罗拉、三星、LG 和宏基等纷纷表示将推出 Android 手机。与此同时，2008 年 5 月谷歌宣布将向美国 WiMax 无线宽带技术服务商 Clearwire 投资 5 亿美元，以使更多 Android 手机用户能够使用 WiMax 服务，从而带动其移动互联网业务的增长。

3. 谷歌发布 Chrome 浏览器

2008 年谷歌的业务拓展不仅体现在手机领域，还于 9 月推出了自己的网页浏览器 Chrome，引起市场极大关注。Chrome 延续了谷歌一贯的设计理念，具有简洁、高效的特点。但由于处于起步阶段，研发相对比较粗糙，Chrome 在插件兼容性等方面存在一些问题。截至 2008 年年底，其市场份额为 1%左右。

4. 雅虎推行开放战略

为了更好地发挥雅虎产品和平台的力量，2008 年雅虎开始推行开放战略，对第三方开放其所有平台和数据，并鼓励外部开发者提供各类应用程序，以增强雅虎的社交功能。雅虎应用程序平台发布后立即引起外界关注，不到 6 周就吸引了 4000 余名开发者。12 月，雅虎对电子邮件和我的雅虎等多项服务进行升级，其开放战略进入消费产品领域。

5. 金融危机袭击互联网业

2008 年，由美国开始的金融危机愈演愈烈。在金融风暴的强袭下，曾经如火如荼的互联网行业如今已是寒意袭人：门户网站和网络游戏等在美国纳斯达克上市的互联网公司首先遭遇股价跳水，开始回收股票；互联网企业由于经营陷入困境，纷纷提出裁员减薪措施，国外的雅虎、eBay 和谷歌都宣布裁员来应对金融风暴，国内的“六间房”、搜房网、悠视网等也纷纷大幅裁员，九九中国音乐网、家居用品购物网、舍取家居网更是由于风险投资撤资纷纷宣布倒闭。业内人士认为，由于中小网站资金链紧张，估计 2009 年的生存环境会更加恶劣。

2.3 国际互联网主要应用发展情况

2008 年全球互联网应用继续朝着多元化的方向发展，网络社区、电子商务、网络游戏和数字音乐发展迅速，网络视频获得了更加广泛的应用，搜索引擎等传统应用则向纵深方向发展，提供更加智能化的服务，满足用户更深层次的需求。

2.3.1 搜索引擎

尼尔森在线的统计显示，2008 年搜索引擎仍然是网民使用率最高的一项互联网应用，使用率达到 85.9%。根据 comScore 2008 年 7 月的数据（如图 2.4 所示），在全球搜索市场上，谷歌占据着绝对的主导地位，其市场份额达到 64.1%，遥遥领先于其他竞争者；之后依次是雅虎、百度和微软。具体来讲，在欧美大部分国家，谷歌拥有绝对优势，占据了 60%以上的市场份额；在中国、俄罗斯、韩国，本土搜索引擎百度、Yandex 和 Naver 分别占据着本国市场的主导地位；而在日本，雅虎则以 51.2%的市场份额成为市场的领导者。

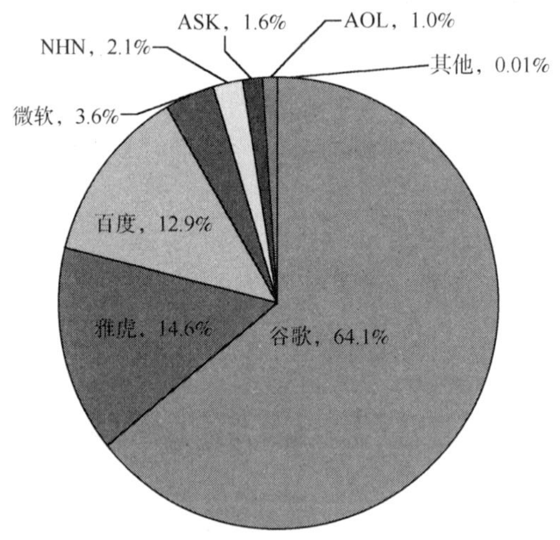

资料来源：尼尔森在线

图2.4 2008年7月全球搜索市场份额分布情况

2008 年，谷歌和雅虎等搜索巨头在搜索引擎智能化方面做了多种努力。在个性化搜索方面，谷歌推出了 SearchWiki 定制功能，允许用户改变搜索结果排名，删除搜索结果，并对搜索结果发表评论。针对多数小网站搜索功能不足的情况，谷歌推出了“站点搜索”，帮助他们建立基于自己的搜索服务。而针对跨国企业内部多语言搜索的需求，谷歌则推出了跨语言搜索服务器。在垂直搜索方面，谷歌与 YouTube 联手推出的 GAudi 音频搜索服务，允许用户像搜索文字那样在 YouTube 网站中搜索音视频。雅虎则在其 BOSS 平台中推出了“垂直透镜”功能，允许开发者通过 BOSS 平台打造自己的垂直搜索引擎。同时，搜索引擎开始涉足医疗、环保和自然灾害等领域，提供更加人性化的服务。通过对用户搜索行为的分析，谷歌在美国推出了“谷歌流感趋势”预警系统，实践证明，其与美国疾病控制和预防中心的报告具有很高的相关性。谷歌还与联合国环境规划署合作推出了环保卫星地图服务，用户可以通过该服务观察全球 200 个环境热点地区发生的变化。北京奥运期间，谷歌和雅虎分别推出了各具特色的奥运信息搜索服务。而在我国南方雨雪冰冻灾害、“5・12”地震期间，谷歌还推出了“春运交通图”、“地震形势图”和“亲人搜索”等多项服务。

与此同时，2008 年各大搜索引擎公司在移动互联网领域动作频频，加紧抢占移动搜索市场。谷歌在移动搜索领域引入整合搜索，将互联网网页、WAP 网页、图片、地图、天气或资讯等不同形态的信息呈现在整合的移动搜索结果页面上。在印度推出了语音搜索服务，力争占领庞大的印度市场。雅虎则与 T-Mobile 结成战略伙伴，为其数以百万计的欧洲用户提供独家移动搜索服务；在其手机搜索软件 oneSearch 中增加了语音搜索功能；在美国及欧洲推出 Yahoo! Go 3.0 程序。移动搜索市场已经成为兵家之必争之地。

2.3.2　网络社区

近两年来，网络社区应用日益普及，截至 2008 年 6 月，其全球用户数量已增至 5.8 亿，同比增长 25%。其中，亚太地区用户数量达 2 亿，增长了 23%；欧洲为 1.65 亿，增长了 35%；拉美地区为 5325 万，增长了 33%；中东和非洲地区为 3020 万，增长了 66%；由于北美市场相对成熟，同期用户数仅增长了 9%，达 1.31 亿。

从各网站看，Facebook 发展最为迅速，从 2007 年 6 月到 2008 年 6 月一年，其用户增长了 153%，达 1.32 亿，成为全球用户最多的社交网站。Hi5 用户增长了 100%，达 5637 万；Friendster 增长了 50%，达 3708 万；Orkut 增长了 41%，达 3403 万。相比之下，Myspace 用户增长趋缓，仅从 1.14 亿增至 1.18 亿，增幅为 3%。

2008 年 5 月，MySpace 推出“Data Availability”，允许用户同雅虎、eBay 和其他公司运营的网站共享个人资料数据，网络社区在开放性上迈出了一大步。随后 Facebook 和谷歌分别推出了类似产品“Facebook Connect”和“Friend Connect”。通过这些产品，用户可以在不同网站使用同一好友列表，并保持自己社交活动的一致性。

同时，手机在网络社区的发展中扮演着越来越重要的角色。尼尔森在线的数据显示，在英国，约有 23%的移动互联网用户（200 万人）通过手机访问网络社区，美国的这一比例为 19%（1060 万人）。与 2007 年相比，英国和美国通过手机访问网络社区的用户分别增长了 249%和 156%。

2.3.3　电子商务

2008 年电子商务在全球蓬勃发展，成为各国零售企业创造利润的巨大商业平台。相关报告显示，美国 2008 年网络零售额为 1410 亿美元，较 2007 年增长了 13%；法国 2008 年网络零售额达 200 亿欧元，较 2007 年激增 29%；日本在线购物市场 2008 会计年度（截至 2009 年 3 月底）销售额达 6.22 万亿日元，增幅为 22%。同时，网络购物正逐渐成为人们重要的消费方式。2008 年美国网民的网络购物比例为 71%，韩国为 60.6%，英国为 57%，丹麦为 59%，荷兰为 56%，德国为 53%，法国为 40%。

在金融危机背景下，电子商务发展的机遇与挑战并存。一方面，由于消费市场低迷，2008 年 10 月美国网络购物支出比 2007 年同期仅增长 1%，创下了自 2001 年以来的最低增速。电子商务平台 eBay 公司 10 月宣布全球裁员 10%，其 2008 年第 4 季度财报显示，该季度 eBay 的净营收为 20.4 亿美元，比去年同期下滑 7%；净利润为 3.67 亿美元，比去年同期下滑 31%。

另一方面，研究显示，由于购买力下降，消费者更倾向于廉价、便捷的网络购物。2008 年圣诞节期间，英国的网上零售额同比增长了 39.9%。与 eBay 形成鲜明对比，亚马逊凭借低廉的价格及日益丰富的商品和服务，在 2008 年第 4 季度实现了 67 亿美元的净销售额，同比增长 18%；其净利润达 2.25 亿美元，同比增长 9%。

2.3.4 网络视频

自 YouTube 诞生的 5 年来，网络视频获得了越来越广泛的应用。comScore 的数据显示，2008 年 12 月，美国网络视频用户已经达到 1.5 亿；网民共浏览视频 143 亿段，平均每人观看视频 96 段。2009 年 1 月，英国网络视频用户接近 2960 万，同比增长 10%；网民共观看视频 40 亿段，合计观看视频节目总长达 2.8 亿小时。美国调研机构 ABI Research 预测，随着宽带的普及和网速的大幅提升，到 2013 年全球通过 Web 访问视频的人数将增长 3 倍，至少达到 10 亿人。

目前，YouTube 在网络视频市场上独占鳌头。在美国，YouTube 2008 年 12 月的访问量近 59 亿，占美国网络视频总访问量的 41%左右；福克斯互动媒体位居第二，访问量约 4.45 亿，不足 YouTube 的 1/13；之后依次是雅虎（3.3 亿）、Viacom Digital（2.9 亿）、微软（2.48 亿）等。在英国，2009 年 1 月 YouTube 访问量达到 20 亿，占英国网络视频总访问量的 50%左右，而包括英国广播公司（BBC）在内的五大电视广播公司所占的份额仅为 2.5%。

随着 NBC 环球和新闻集团共同投资的专业视频网站 Hulu 于 2008 年 3 月正式上线，并在此后快速成长，专业版权内容受到前所未有的关注。2008 年 10 月，Hulu 用户近 2400 万人，较 7 月翻了一番。到 12 月，其访问量已经超过 2.4 亿次，成为美国第六大视频网站。与此同时，YouTube 也开始积极吸纳版权内容。2008 年 10 月，YouTube 和美国哥伦比亚广播公司达成合作，在网站上播出全长度的老电视剧；11 月，YouTube 宣布与好莱坞电影公司米高梅合作推出免费的完整版在线电影服务。

当前网络视频的影响力日益扩大，已经不再是单纯的大众娱乐平台，其功能更加多元化。在奥巴马赢得美国大选的过程中，YouTube 上的 1800 段视频发挥了不容忽视的作用。当选之后，奥巴马每周例行的视频讲话也都被上传到 YouTube 上，以此加强总统与民众间的交流。奥巴马因此被媒体称为“YouTube 总统”和“2.0 版总统”。同时，网络视频还在北京奥运会中发挥了重要作用。美国全国广播公司（NBC）的数据显示，北京奥运会期间，有 1000 万用户观看了 600 万小时的奥运会报道，观看数量达到 5600 万次。BBC 的数据也显示，在美国游泳选手菲尔普斯赢得第七枚金牌和英国运动员瑞贝卡获得第二枚金牌的时段，BBC 网站的浏览量一度达到 300 万，创下历史新高。

虽然网络视频获得了广泛的应用，投资额也已超过 80 亿美元，但至今仍没有一家企业实现盈利。即便是全球最大的视频网站 YouTube，其 2008 年的销售额也仅有 2 亿美元。到目前为止，网络视频企业主要靠在视频和电影中插播广告获利，寻找更加有效的盈利模式是这些企业共同面对的问题。

2.3.5 网络游戏

全球网络游戏市场在 2008 年获得了飞速发展。虽然在金融危机的影响下，美国 PC 游戏的销售额在 2008 年下降了 14%，网络游戏却呈现出逆势增长的趋势。comScore 的数据显示，截至 2008 年 12 月，美国网络游戏用户同比增长了 27%，达到 8600 万。同时，美国网络游戏用户的在线时间也比 2007 年上升了 42%。有分析认为，受金融危机和各大企业裁员等因素影响，更多人选择网络游戏来缓解工作和生活的压力，一些被裁员工也因“无所事事”而成为了网络游戏玩家，这是美国网络游戏逆势增长的重要原因。

Screen Digest 研究显示，2008 年大型多人网络游戏在北美和欧洲取得了跨越式的发展，市场规模增长了 22%，总收入达 14 亿美元。美国暴雪娱乐的《魔兽世界》仍然是全球最流行的网络游戏，全球用户总数已经超过 1150 万人。虽然《战锤 Online》和《柯南时代》等试图挑战其市场地位，但《魔兽世界》并未出现衰退趋势，仍然占据着北美和欧洲市场 58%的份额。

曾经的网游霸主韩国在经历低谷之后也显现出复苏的迹象，在 2008 年末密集推出了《PRIUS ONLINE》、《永恒之塔》和《AIKA ONLINE》等多款网游大作。特别是 NC SOFT 的《永恒之塔》，公测后席卷韩国 MMORPG 市场，开服仅 8 小时，同时在线玩家就达到 10 万人，并击败《魔兽世界》成为韩国排名第一的网游。2008 年韩国网游还频频出击美国市场，NEXON 的《洛奇》，YNK 的《ROHAN》和 Actoz 的《彩虹岛》等多款游戏开始在美运营。NEXON，NC SOFT，WEBZEN，Gravity 等还在美国创办了游戏开发公司，专门开发针对当地的网络游戏。同时，政府的支持一直以来都是推动韩国网络游戏发展的重要因素之一。据媒体报道，韩国将在 2012 年前继续向游戏产业投资约 2.35 亿美元，将有超过 60 个与游戏产业相关的投资项目，包括一份高达 2000 亿美元的游戏基金，以保证韩国游戏产业走在世界前列。

2.3.6　数字音乐

数字音乐在 2008 年持续增长。根据国际唱片工业协会（IFPI）的报告，2008 年全球数字音乐收入达到 37 亿美元，较 2007 年增长了 25%；数字音乐销量约占唱片销量的 20%，较 2007 年增长了 5%，数字媒体正在以迅猛的速度蚕食着传统工业。从各国来看，美国占据着全球数字音乐市场约 50%的份额，其在 2008 年销售了 11 亿首单曲和 6600 万张专辑；日本凭借其在无线音乐市场上的成功，全年售出了 1.4 亿首单曲，市场占有率仅次于美国；之后依次是英国、法国和德国。

2008 年诸多传统唱片零售商开始介入数字音乐领域，如 Amazon，HMV，Walmart 等，专注于细分市场的 7digital 和 eMusic 也稳步增长，这种趋势正在改变之前 iTunes 统治市场的局面。迫于竞争压力，iTunes 从 2009 年年初开始彻底放弃 DRM，曲库增加到近千万首，价格也开始多样化。数字音乐零售市场逐渐呈现出百家争鸣的态势。

在盈利模式方面，2008 年终端厂商和 ISP 开始推行“音乐接口”的数字音乐模式，通过捆绑终端厂商的硬件或者 ISP 的服务，向消费者提供免费或者优惠的无限制下载订阅服务。诺基亚的 Come with Music 和索尼爱立信的 PlayNow 等就是这种“音乐接口”；丹麦 TDC、英国 BskyB、法国 Neuf Cegetel 等欧洲电信运营商也相继推出此类服务。同时，数字版权许可收益也逐渐成为音乐产业重要的收入组成。唱片公司、版权公司通过向在线音乐点播服务商、网络社区服务商提供数字音乐版权授权，获得授权收益或广告收益分账。例如，2008 年环球音乐集团就通过 YouTube 获得了高达数千万美元的广告分账。Myspace 的新音乐服务、imeem 音乐社区和 We7 的音频广告植入服务等都采用了这一模式。

2.4 国际重要网络产品发展情况

在互联网飞速发展的今天，各种网络产品层出不穷，从视频网站的兴起，到网络社区的全球扩张，众多互联网公司纷纷紧追应用发展前沿，争先恐后地投入激烈的市场竞争。合理有效的发展战略成为企业在市场上占据一席之地的法宝。而像谷歌这样的搜索市场霸主，则不断尝试更多的领域，朝着多元化的方向发展，拓展收益渠道。

2.4.1 Facebook：全球扩张中的网络社区领导者

Facebook 起源于美国大学校园，主要为学生提供信息共享服务，直到 2006 年才向所有互联网用户开放。而在 2008 年，Facebook 便加快了全球扩张的脚步。在积极的网站翻译措施推动下，该网站被翻译成法语、西班牙语和汉语等 69 种语言，直接带来了全球用户的迅猛增长。截至 2008 年 6 月，Facebook 用户同比增长了 153%，在欧洲（380%）、亚洲（458%）、中东（403%）和拉丁美洲（1055%），其用户均呈几何级增长。2008 年 Facebook 用户达 1.5 亿，已经超过 MySpace，成为全球最大的社交网站。

尽管如此，Facebook 在中日韩等亚洲国家的发展还是遇到一定的困难，短期内难以撼动本土产品的领导地位。在韩国，Cyworld 拥有 5000 万用户，接近韩国人口的一半；在日本，Mixi 占据着绝对的垄断地位；在中国，51.com、校内网和 Chinaren 则占据了前三名的位置。如何适应这些国家的文化特点、满足用户的特定需求，成为 Facebook 本地化所面临的主要问题。

值得注意的是，目前 Facebook 已经突破了青年人群，获得了不少中老年用户。根据尼尔森在线的数据，2008 年 Facebook 新增用户中，35～49 岁的中年人达到 2410 万，超过了 18～34 岁用户的 2280 万；50～64 岁的用户也增长了 1360 万。2008 年 Facebook 用户增长情况如图 2.5 所示。

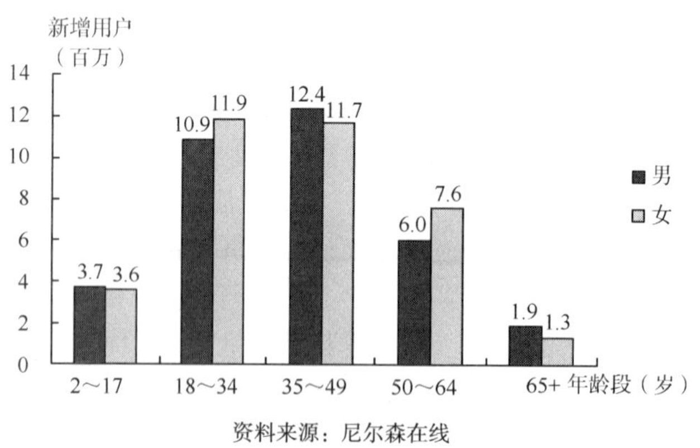

图2.5 2008年Facebook用户增长情况

目前，Facebook 的主要盈利模式包括广告、虚拟物品交易和共享服务费用等。多家媒体和分析师估计，其 2008 年全年营收在 2.5 亿～4 亿美元，尚不足以支持公司日益见长的运营费用。探索更加有效的盈利模式仍然是 Facebook 和 MySpace 等社交网站亟待解决的重要问题。

2.4.2 Hulu：专业化的网络视频新秀

Hulu 是由美国 NBC 环球和新闻集团共同投资创建的视频网站，于 2007 年 10 月进入测试阶段，2008 年 3 月正式上线。与 YouTube 等大多数视频网站不同，Hulu 主要提供具有版权的电视剧、电影和电视节目。Hulu 不仅提供 NBC 和福克斯的内容，还与索尼、米高梅、华纳兄弟、狮门影业等八十多家内容制作商建立了合作关系，目前网民可以在该网站上免费观看《辛普森一家》、《办公室》、《非常嫌疑犯》和《周六夜现场》等千余种影视作品和电视节目。美国在线、雅虎、MSN 和 MySpace 等多家网站都是 Hulu 在渠道上的合作伙伴。

2007 年 10 月刚刚开始测试的时候，Hulu 并不被业界看好，很多人认为它不过是旧媒体的又一次“垂死挣扎”。但事实却出乎人们的意料，Hulu 通过把优秀的内容资源整合在一起，提供一站式的服务，获得了众多用户的青睐。comScore 的数据显示，2008 年 12 月，Hulu 的视频点播次数为 2.4 亿次，成为美国排名第六的视频网站，而在 4 月份这个数字还只有 6300 多万次。在《时代》周刊评选的 2008 年“年度最佳网站 50 强”中，Hulu 位列第 13 位。作为网络视频新军，Hulu 成为迄今为止传统电视、电影工业向互联网接轨的最成功案例，向 YouTube 发起了强劲的挑战。

Hulu 通过在电影和电视节目中插播广告获得收入。虽然规模远远不如其他视频网站，但由于 Hulu 所提供的专业内容比 UGC 对广告商更具吸引力，其广告收入直追 YouTube。媒体调研机构 Screen Digest 的数据显示，2008 年 YouTube 的全美市场广告收益为 1 亿美元，而成立只有一年的 Hulu 也达到了 7000 万美元。该机构预测，2009 年 Hulu 将迅速赶上 YouTube，并完成 1.8 亿美元的收入。

虽然 Hulu 获得了初步的成功，但其仍然面临一些问题。一方面，目前 Hulu 所提供的电影、电视节目相当有限。例如，广受欢迎的《美国偶像》虽然在新闻集团的福克斯网站播放，Hulu 上却没有；而来自 ABC、CBS 和许多有线电视网络的节目，Hulu 也不能提供。同时，Hulu 并没有像曾经宣传的那样提供全长的电视节目，大多都只是较短的剪辑。另一方面，Hulu 对带宽的要求较高，推荐速度达每秒 1M，这使得通过较慢的 DSL 线路或手机上网的用户无法获得良好的体验。增加更多的内容、方便用户以更多的方式观看视频，成为 Hulu 急需解决的两大问题。

2.4.3 谷歌：多元化发展的全球巨人

作为全球搜索行业的绝对领导者，近两年来谷歌多元化发展的方向日趋明朗。一方面，谷歌在搜索应用方面动作频频，推出了电影搜索、音乐搜索、生活搜索、站点搜索和跨语言搜索等多种产品，继续领跑全球搜索市场。另一方面，谷歌还大举进军移动互联网和显示广告等多个领域，在不断拓展业务范围的同时，积极探索更加高效的盈利模式。

2007 年 11 月，谷歌推出开源手机操作系统 Android，成立开放手机联盟。之后，与 T-Mobile、宏达电、多普达等联盟成员合作，推出多款谷歌手机。同时，谷歌还积极参与无线网络基础设施建设。2008 年 5 月，谷歌宣布向美国 WiMax 无线宽带技术服务商 Clearwire 投资 5 亿美元。而此前，谷歌在加州山景城投资建设了 WiFi 无线城域互联网，投资了 WiFi 无线局域网共享技术厂商 Fon 公司和 Meraki 网络公司。近两年，谷歌加大了在手机平台、无线网络等方面的投入，高调进军移动互联网市场。

谷歌的努力不仅在移动互联网领域，其在网络广告方面也不断发力。2008 年 3 月，谷歌以 32.4 亿美元收购广告巨头 DoubleClick，正式跨入显示广告领域；同月，谷歌还推出了免费广告托管服务 AdManager，发出了拓展广告业务的强烈信号。收购 DoubleClick 帮助谷歌在全球网络广告服务市场上占据了绝对领先的位置。市场调查公司 Attributor 的报告显示，2008 年 10 月，谷歌占据了全球网络广告服务市场 56.5%的份额，远远超过雅虎（9.7%）和微软（3.8%）。这其中，DoubleClick 贡献了 30.7%的市场份额。同时，谷歌还不断开发一些具有针对性的新产品，包括推出视频 Adsense 服务、在游戏和地图中引入 Adsense 广告等，成为网络广告技术发展的引领者，如图 2.6 所示。

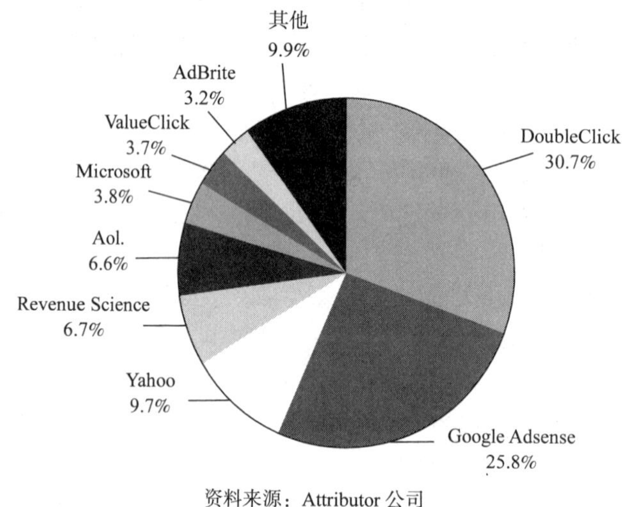

资料来源：Attributor 公司

图2.6　2008年10月全球网络广告服务市场分布情况

2.5　国际互联网投资并购情况

2008 年，金融危机影响逐渐凸显，全球并购规模结束了连续五年的升势。据汤姆森·路透的统计数据显示，2008 年已宣布的并购个案涉及金额 2.9 万亿美元，比 2007 年减少了 29.6%，全球被取消的并购案高达 1194 宗，超过了 2000 年的数字。整体经济萧条的大背景，无疑影响到了互联网投资并购交易。

2.5.1　国际互联网投资总体形势

2008 年，曾经一度被看好的高科技产业投资并购，并未像普华永道、德国 SID 等机构预测的那样持续升温。根据市场研究公司 The 451 Group 的报告，2008 年高科技产业并购交易减少了 40%，金额在 10 亿美元及以上的交易下降幅度更大，截至 2008 年 12 月底只完成了 32 起，而 2007 年这一数字是 80 起。

尽管金融危机给 IBM 和思科等具有稳定客户基础而且手里握有大把资金的公司带来了收购的好时机，但传统上出手大胆的行业巨头在并购交易中仍然显得十分谨慎。思科 2008

年只公布了 4 起交易，相当于往年的 1/3 左右；谷歌也只完成了 4 起交易，而在之前的两年中，谷歌平均每月完成一起交易。

2.5.2　国际互联网投资并购大事件

2008 年互联网领域最引人注目的收购案莫过于微软洽购雅虎。2 月，微软宣布向雅虎董事会提交收购其全部股份的计划，报价为每股 31 美元，交易总价 446 亿美元。雅虎认为对方“严重低估”了其价值，拒绝了微软这一方案。在之后的几个月中，微软先是将收购价格提高到每股 33 美元，后又提出仅收购雅虎搜索业务，但双方始终未能达成一致。6 月，雅虎宣布终止同微软的所有谈判，并与谷歌签署搜索广告合作协议。然而此后几个月，雅虎市值缩水近 3/5，而且与谷歌的广告合作夭折。自救失败后，雅虎再度向微软示好，表示愿意被其收购，但遭微软拒绝。

此外，在 IDG 评出的全球前十大科技企业并购案中，涉及电信及互联网行业的有 5 起，分别为：

（1）Verizon 无线收购 Alltel：2008 年 6 月，美国第二大移动运营商 Verizon 无线宣布，将以 59 亿美元收购第五大运营商 Alltel，同时承担后者的 222 亿美元债务，交易总价为 281 亿美元。这一交易完成之后，Verizon 无线将成为美国第一大移动运营商，向 AT&T 发起更强劲的挑战。

（2）CenturyTel 收购 Embarq：2008 年 10 月，美国电信公司 CenturyTel 宣布将以换股方式收购同业公司 Embarq，交易价格为 116 亿美元，包括承担 Embarq 的 58 亿美元债务。交易完成后，Embarq 股东预计将拥有合并后公司大约 66%的股份，CenturyTel 股东将拥有其余的大约 34%的股份。

（3）微软收购 FAST：2008 年 1 月初，微软宣布将收购挪威互联网搜索软件公司 Fast Search&Transfer，并于 4 月以 12 亿美元完成了这一收购案。

（4）AT&T 收购 Centennial Communications：在宣布收购专营 Wi-Fi 业务的 Wayport 不到一周之后，AT&T 便宣布以 9.44 亿美元收购无线服务提供商 Centennial Communications。

（5）赛门铁克收购 MessageLabs：2008 年 10 月，赛门铁克宣布已签署收购在线通信和网络安全服务供应商 MessageLabs 的最终协议。根据协议条款，赛门铁克将以约 6.95 亿美元的现金价格收购 MessageLabs。

2.5.3　国际互联网投资并购特点

2008 年，国际互联网投资并购呈现出如下两个特点：

一是综合性的互联网公司通过投资并购向更加专业化和细化的领域进军。以谷歌为例，它的业务从搜索引擎开始，现已将触角伸向视频、广告等业务及存储、移动互联网等领域，逐渐抢占了原属于传统门户网站和专业社交网站的市场份额。

二是金融危机背景下，互联网行业巨头采取求生式投资兼并战略。在经济不景气条件下，IPO 并非理想之选，并购交易显得更为有利。并购可以在较短时间内为互联网企业增加客户数量，带来规模优势及技术优势。在全球互联网并购中，各互联网公司表现出来的不仅仅只有“大鱼吃小鱼”，而是开始强强联合。

2008 年国际互联网投资并购虽有所放缓，但整个产业并没有重现衰退。首先，互联网从业者及用户已从 2000 年的衰退中得到了教训，业界显示出了投资的自律与谨慎；其次，互联网产业的转型和创新将有助于其更好地利用并购规避危机，而面向新型科技的投资也会增加；再次，消费科技的繁荣使得互联网的投资回报率也相应增加。

2.6 国际网络安全发展情况

2008 年虽未发生如 slammer 的大规模网络攻击，但漏洞、恶意软件数量大幅增加，垃圾邮件数量居高不下，僵尸网络呈现智能化发展趋势，社交网站成为网络犯罪的新载体，网络安全形势日趋严峻。

2.6.1 网络安全总体形势

2008 年网络安全总体情况不容乐观。漏洞总量大幅增加，其中重大漏洞数量增长了 15.3%，一般性漏洞增长了 67.5%。仅 2008 年第四季度新增的恶意网站数量就是 2007 年全年的 150%。DNS 缓存漏洞、GDI+图片漏洞、IE7 的 XML 漏洞等都是 2008 年曝出的严重漏洞。SQL 注入攻击的数量从年初的日均几千条增长到年末的日均几十万条，它已经取代跨站脚本攻击成为网页应用的头号漏洞。

美国仍然是当前第一大垃圾邮件制造国，2008 年 15.9%的垃圾邮件来自于该国；之后依次是土耳其、俄罗斯、中国和巴西，见表 2.5。从内容上看，简单的文本或网页邮件取代了复杂的 PDF 和图像等类型的邮件，成为垃圾邮件的主流。垃圾邮件发送者和网络钓鱼者的目的性增强，他们运用更加普通的标题欺骗目标用户。90%的网络钓鱼者意在利用金融机构的疏漏获利，其目标则多集中在欧洲和北美。

表 2.5 2008 年垃圾邮件主要制造国

国家	比例	国家	比例	国家	比例	国家	比例
美国	15.9%	巴西	5.1%	印度	3.0%	阿根廷	2.5%
土耳其	7.4%	英国	3.4%	意大利	3.0%	哥伦比亚	2.3%
俄罗斯	7.2%	韩国	3.3%	德国	3.0%	泰国	2.2%
中国	6.1%	波兰	3.2%	西班牙	2.8%	法国	2.0%
其他	27.6%						

*数据来源：思科 2008 年年度安全报告

2008 年恶意软件数量逼近千万，其中 46%是木马。“非营利性”的恶意软件正在逐渐消失，卡巴斯基检测出的绝大多数木马和病毒都是以出售为目的而开发的。窃取在线游戏账号的恶意软件数量极速上升，年内确认的新游戏木马数量达 100 397 个，是 2007 年的 3 倍。网络犯罪开始表现出明确的分工，从编写、传播到使用恶意软件，形成了完整的产业链条。根据安全厂商 Sophos 的统计，2008 年美国是最大的恶意软件生产国，全球 37%的恶意软件来自该国；之后依次是中国（27.7%）、俄罗斯（9.1%）、德国（2.3%）和韩国（2.1%）等。

僵尸网络方面，2008 年，比 Storm 更为精巧、可扩展的 Mailer Reactor、Kraken 以及升级后的 Asprox 造成了巨大影响。僵尸网络正朝着可重复利用，能同步发送有力攻击的技术平台发展。同时，僵尸网络的智能性和适应性逐渐增强，出现了没有固定控制中心，在控制中心与设备之间使用强大的加密算法进行通信，使用通用命令和控制中心管理大量不同的僵尸网络等新动向。

此外，目前已经出现了专门针对智能手机的恶意攻击软件，通过伪装成免费应用工具和游戏来欺骗用户，2009 年或将出现更多的恶意手机攻击。Sophos 预测，苹果 iPhone 和谷歌 G1 可能成为黑客们的攻击目标。

2.6.2　网络安全关注点

1. 云安全（Cloud Security）

云安全是互联网化的安全防御体系，由网络安全机构、供应商和用户共同参与，它的提出将网络安全带入了重视用户互动参与的“2.0 时代”。云安全融合了并行处理、网格计算、未知病毒行为判断等新兴技术和概念，通过网状的大量客户端对网络中软件行为的异常进行监测，从而获取互联网中木马、恶意程序的最新信息，并将其推送到服务器端进行自动分析和处理，再把病毒和木马的解决方案分发到每一个客户端。在病毒产业化的威胁下，互联网化的云安全体系才能与之对抗。各大网络安全厂商目前都纷纷开展自己的计划。

2. 个人数据信息安全

随着网上交易、交往的增多，身份、工作等个人关键信息的泄露隐患也越来越多，个人数据信息甚至成为可以出售的商品。身份失窃资源中心（ITRC）的数据显示，2008 年数据泄露案达 548 起，大大超过了 2007 年的 466 起，共泄露了 30 430 988 条记录。同时，个人信息窃取开始朝规模化的方向发展。2008 年 8 月，美国政府控告 11 人涉及一场黑客行动，他们窃取了超过 4000 万份信用卡和借记卡卡号。

3. 社交网站成为网络犯罪新载体

2008 年使用社交网站内容作为攻击载体的网络犯罪活动呈增多趋势。社交网站被用于数据采集和各种各样的新型诈骗，其中包括钓鱼行为。Facebook，MySpace，Bebo，巴西的 Orkut，俄罗斯的 vKontakte 等都在垃圾邮件和恶意攻击之列。例如，2008 年 7 月被卡巴斯基检测到的首个变种蠕虫 Koobface，于 2008 年年底具备了攻击 Facebook，MySpace 和 Bebo 的能力。有研究认为，2009 年，新的垃圾邮件可能根据攻击对象的真实信息进行伪装，甚至伪装成来自于社交网站用户的好友。一旦其中某个用户被感染，该安全威胁可以通过此用户的社交网络迅速传播。

4. 金融危机

全球经济衰退使企业在网络安全方面的预算和支出显得捉襟见肘，网络安全厂商面临着市场萎缩的挑战。但是，金融危机同样为网络安全行业带来了机遇。经济不景气的情况下，企业对安全厂商提出了更高的要求，它们需要更先进的安全解决方案，更稳定的技术支持服务，以降低网络安全运营的成本和复杂性，提高企业的整体性能和生产力，从而缓解金融风暴带来的冲击。在这种形势下，网络安全行业将会进行一番优胜劣汰，促成新的行业格局。

2.7　国际移动互联网发展与应用情况

互联网的普及给世界带来了革命性的变化，而移动互联网的快速发展则拓展了互联网变革的广度和深度。在网络带宽提高，终端能力加强以及互联网与传统电信业加速融合渗透的背景下，移动互联网带来的技术升级的挑战与机遇、多元化的需求与应用，影响着互联网产业的生态，也深刻地改变着人们的生活和工作方式。

1. 国际移动互联网总体发展情况

2008 年年底，3G Americas 无线行业协会宣布，全球移动设备连接数量突破 40 亿大关，全球 3G 用户接近 4.15 亿。思科预测，2008—2013 年期间，全球移动互联网数据流量将增长 66 倍；未来 4 年内，亚太地区将占到全球移动互联网数据流量的 1/3，年移动数据流量增速将达到 146%。相关报告显示，在美国，2008 年通过手机访问新闻和信息站点的用户数量翻了两番还多，58%的成年用户在使用移动 E-mail、图片下载和地图查询等移动互联网应用；日本的 3G 用户数量和移动互联网广告市场规模位居全球前列，移动互联网在日本已经成为主流，从查收邮件到购买车票，人们几乎可以通过手机做任何事情；欧洲 3G 用户数量超过 1 亿，在欧盟 27 个成员国中，3G 服务普及率达到 22.5%；在中国，手机网民数也达 1.137 亿。

2. 移动互联网产业动向

移动互联网的广阔前景被众多互联网企业看好。手机终端巨头诺基亚早已正式宣布向互联网转型，除了自主研发 Ovi 和 Widset 等互联网产品之外，还通过资本运作和技术合作等手段，在地图与导航、网络社区、即时通信等领域迅速地拓展相关领域。另外，它还在日本以移动虚拟网络运营商（MVNO）的身份推出服务，正式涉足移动运营。2007 年互联网巨头谷歌进军手机操作系统，宣布包括手机制造商、芯片制造商和运营商在内的 34 个成员组成开放手机联盟，共同开发 Android 开源手机平台。到 2008 年，全球第一款基于 Android 的终端 G1 问世。而随着索尼爱立信和沃达丰等知名企业的加入，开放手机联盟成员总数也达到了 47 个。继苹果的 Iphone 和谷歌的 Gphone 之后，微软于 2008 年宣布将与 Nvidia 联手开发一款自主品牌手机，计划在 2009 年正式向全球推出。互联网和移动通信产业价值链的不同环节呈现出相互融合、相互渗透的趋势。

3. 移动互联网应用

当前，移动互联网的应用日趋丰富。随着用户个性化需求的增加和娱乐需求的释放，手机游戏、手机音乐、电子阅读、移动网络电视等娱乐性应用给用户带来了新的时尚体验。除此之外，移动电子商务锋芒渐露。在日本，电子商务已经占到无线增值服务市场收入的一半以上。位置服务也是目前移动互联网的主要应用之一。它通过手机和 GPS 数据的整合提供定位服务，并通过电子地图提供周边信息查询，具有快速、便捷的特点。同时，随着移动互联网内容逐渐丰富以及终端技术、信息内容格式标准化的发展，手机搜索将成为移动互联网的重要应用。移动支付的发展则体现了移动互联网应用向金融行业的渗透，用户可以用具有支付、认证功能的手机进行消费，享受到方便、安全的金融服务。此外，作为 Web2.0 应用的热点，SNS（社会性网络）也是移动互联网应用的后起之秀。移动终端强调个人动态展示、打破空间交流限制的特点，对以个人空间、多元化沟通平台、群组及关系为核心的 SNS 来说更具优势。

（中国互联网协会　张　丽　石　瑾）

第 3 章　2008 年中国互联网络发展状况

2008 年，是中国不平凡的一年。2 月的雪灾，5 月的四川大地震，8 月的北京奥运会……在这些大事件中，互联网发挥了极其重要的作用，网络媒体的作用得到充分发挥，成为中国社会的主流媒体。同时，我国互联网的基础设施和基础资源也得到快速发展，无论是网民数量还是互联网经济规模，均处于快速增长时期。据中国互联网络信息中心（CNNIC）的统计报告显示，到 2008 年年底，我国互联网出现 3 个世界第一，分别是中国网民数全球第一、中国宽带网民数全球第一和中国的国家顶级域名数（.CN）在全球所有国家/地区顶级域名中位居第一。互联网作为通信业的一部分，已经在我国的国民经济发展和信息化建设进程中发挥着越来越重要的作用。2008 年 6 月，国家主席胡锦涛在人民网“强国论坛”通过视频直播同广大网民在线交流，更是将中国互联网发展推上了一个新的历史高度。

3.1　中国互联网基础资源不断加强

2008 年中国的互联网基础资源继续保持快速增长，除了 IPv4 之外，其他资源的增速基本与网民增长等速或超过中国网民的增速，见表 3.1。

表 3.1　2007—2008 年中国互联网基础资源对比

	2007 年	2008 年	增长量	增长率
IPv4（个）	135 274 752	181 273 344	45 998 592	34.0%
IPv6（/32）	31	57	26	83.9%
域名（个）	11 931 277	16 826 198	4 894 921	41.0%
其中 CN 域名（个）	9 001 993	13 572 326	4 570 333	50.8%
网站（个）	1 503 800	2 878 000	1 374 200	91.4%
其中.CN 下网站（个）	1 006 000	2 216 400	1 210 400	120.3%
国际出口带宽（Mbps）	368 927	640 286.67	271 359.67	73.6%

资料来源：中国互联网络信息中心（CNNIC）

3.1.1　IP 地址

IP 地址分为 IPv4 和 IPv6 两种，作为互联网的基础资源，是上网的先决条件。目前主流应用是 IPv4，但是，随着 IPv4 资源的短缺形势越来越严峻，向 IPv6 过渡已经是大势所趋（有关中国 IPv6 的更多描述见本报告第 11 章）。由于我国互联网迅速发展带来的需求，加上我国各 IP 地址分配单位的努力，我国的 IPv4 地址资源依然保持快速增长，截至 2008 年 12 月底，中国大陆 IPv4 地址数量约为 1.81 亿个，居全球第二位，较 2007 年增长 34%，如图 3.1 所示。

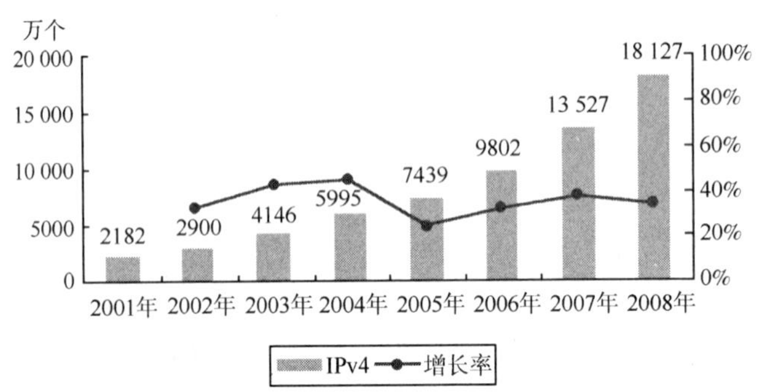

资料来源：中国互联网络信息中心（CNNIC）

图3.1　2001—2008年中国IPv4地址资源变化

尽管 IPv4 地址保持较快的增长速度，但其增长速度已经连续两年落后于中国网民的增长速度，人均 IPv4 地址数持续下滑。作为访问互联网必需的基础资源，未来几年，中国 IPv4 地址的增速如果不能够获得更快速的发展或者过渡到 IPv6，极有可能成为制约中国互联网发展的瓶颈因素。全球主要国家或地区的 IPv4 地址数见表 3.2。

表 3.2　全球主要国家或地区 IPv4 地址数

排名	国家/地区	IPv4 地址数量	排名	国家/地区	IPv4 地址数量
1	美国	1 458 147 584	11	意大利	29 636 288
2	中国大陆	181 273 344	12	中国台湾	24 004 864
3	日本	151 562 752	13	俄罗斯	22 807 624
4	英国	86 311 256	14	西班牙	21 665 952
5	德国	81 754 552	15	墨西哥	21 504 000
6	加拿大	74 487 808	16	荷兰	20 803 624
7	法国	68 039 872	17	印度	18 056 448
8	南韩	66 657 792	18	瑞典	17 628 064
9	澳大利亚	36 256 512	19	南非	13 992 960
10	巴西	29 754 880	20	波兰	13 420 136

资料来源：中国互联网络信息中心（CNNIC）

3.1.2　域名

截至 2008 年年底，中国的域名总量达到 16 826 198 个，较 2007 年增长 41%，依然保持快速增长之势。

中国域名规模的增长，主要受益于国家顶级域名.CN 的增长。2001 年中国的国家顶级域.CN 在中国只有 16%左右的份额，经过几年的发展，到 2006 年，.CN 的市场份额已经达到 43.9%，但是依然落后于类别顶级域名.COM（当时占有中国域名市场的 47.2%）。2007 年，中国国家域名.CN 的注册管理机构启动“国家域名腾飞计划”，一举超越.COM，占据了中国域名市场的龙头地位。截至 2008 年 7 月底，中国.CN 的注册量为 1236.5 万个，首次跃居全球所有国家顶级域名第一位。到 2008 年年底，.CN 的市场份额已经达到 80.7%，见表 3.3。

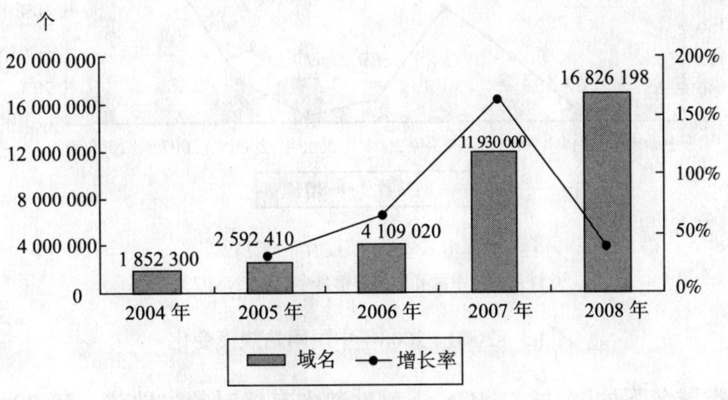

资料来源：中国互联网络信息中心（CNNIC）

图3.2　2004—2008年中国域名规模的变化

表 3.3　中国分类域名数

	数量	比例		数量	比例
cn	13 572 326	80.66%	com	2 739 130	16.28%
net	419 220	2.49%	org	93 913	0.56%
其他	1609	0.01%	合计	16 826 198	100.0%

资料来源：中国互联网络信息中心（CNNIC）

截至 2008 年 11 月底，全球域名数量排序如表 3.4 所示，中国.CN 域名目前同时也是世界上所有域名类别中的第二大域名，仅次于.COM 域名。

表 3.4　全球各类域名数量

名次	类别	数量	名次	类别	数量
1	.com	78 469 228	2	.cn	13 337 889
3	.de	12 402 383	4	.net	11 970 227
5	.org	7 284 887	6	.uk	7 227 705
7	.info	5 033 086	8	.nl	3 164 329
9	.eu	2 962 507	10	.biz	2 029 611

资料来源：中国互联网络信息中心（CNNIC）

3.1.3　网站

截至 2008 年年底，中国的网站数，即域名注册者在中国境内的网站数（包括在境内接入和境外接入）达到 287.8 万个，较 2007 年增长 91.4%，是 2000 年以来增长最快的一年。2007 年中国的域名注册量大幅增长之后，经过一年的沉淀，域名增量在网站上的带动作用开始显现，如图 3.3 所示。

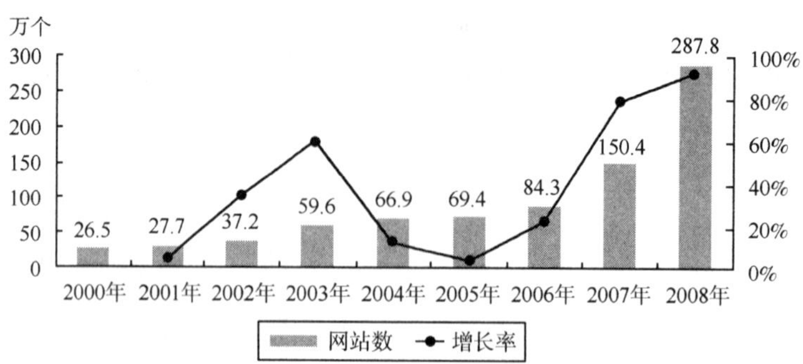

注：数据中不包含.EDU.CN 下网站数
资料来源：中国互联网络信息中心（CNNIC）

图3.3　2000—2008年中国网站规模变化

表 3.5 是各类域名下的网站数，.CN 下网站数占有绝对领先地位，较 2007 年有 10 个百分点的大幅度提升，而.COM 下网站数较 2007 年则下降了 9.2 个百分点。

表 3.5　中国各类域名下网站数

	网站数	比例
cn	2 216 437	77.0%
com	552 898	19.2%
net	87 713	3.0%
org	21 005	0.7%
合计	2 878 053	100.0%
注：数据中不包含.EDU.CN 下网站数		

资料来源：中国互联网络信息中心（CNNIC）

从中国互联网络信息中心（CNNIC）目前管理的 gov.cn 域名下的政府网站来看，近十年来我国政府网站数量持续上升，在 2008 年更是增势强劲，全年增长率高达 81.6%，达到 2.5 万个，政府网站建设取得明显成效，如图 3.4 所示。

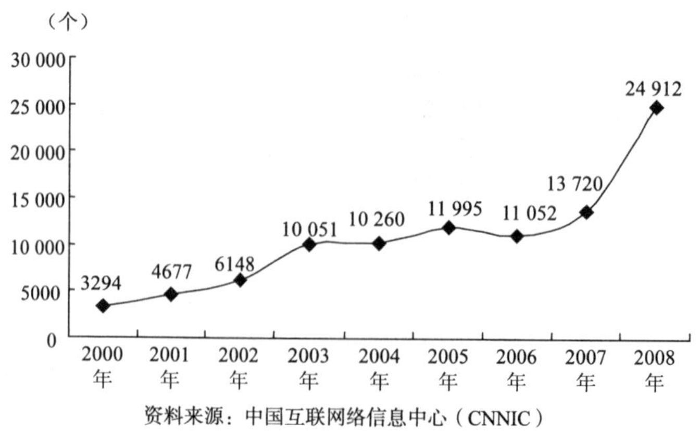

资料来源：中国互联网络信息中心（CNNIC）

图3.4　2000—2008年中国以GOV.CN结尾的网站数量

3.1.4　网页

网页是互联网内容资源的直接载体，网页的规模在一定程度上反映了互联网的内容丰富程度。自 2002 年开始，中国的网页规模一直保持在高速增长。这不但是因为我国网站数增多，更因为 Web2.0 时代所带来的用户自创内容的大量增加，以及草根内容自下而上的信息流动方式的变革。

截至 2008 年年底，中国网页总数超过 160 亿个，较 2007 年增长 90%。网页的增长速度与网站的增速基本一致，如图 3.5 所示。

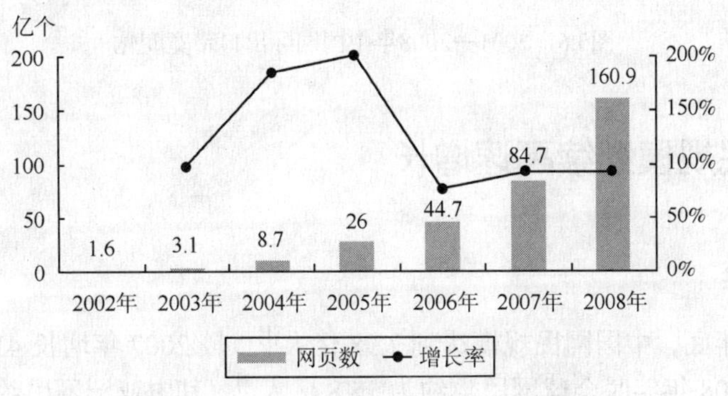

资料来源：中国互联网络信息中心（CNNIC）

图3.5　2002—2008年中国网页规模变化

在网页数快速增长的同时，网上信息量则以更高的速度增长，网上内容的总字节数增速超过 132%，平均每个网站的网页数和平均每个网页的字节数也均有所增加，见表 3.6。

表 3.6　中国网页数

网页总数	个	16 086 370 233
静态网页	个	7 891 388 272
	占网页总数比例	49.06%
动态网页	个	8 194 981 961
	占网页总数比例	50.94%
静态/动态网页的比例		0.96：1
网页长度（总字节数）	KB	460 217 386 099
平均每个网站的网页数	个	5588
平均每个网页的字节数	KB	28.6

资料来源：中国互联网络信息中心（CNNIC）

3.1.5　网络国际出口带宽

网络国际出口带宽反映中国大陆与其他海外国家和地区的互联网连通速度和能力。2008 年中国网络国际出口带宽达到 640 286.67Mbps，较 2007 年增长 73.6%，增速超过了网民增速，中国网民访问国外网站的速度有所提升，使用体验进一步优化，如图 3.6 所示。

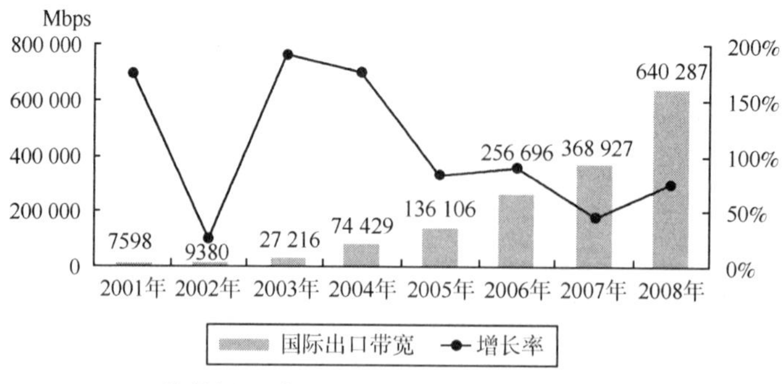

资料来源：中国互联网络信息中心（CNNIC）

图3.6　2001—2008年中国国际出口带宽变化

3.2 中国网民规模继续高速增长

3.2.1 网民规模

截至 2008 年年底，中国网民规模达到 2.98 亿人[1]，较 2007 年增长 41.9%，互联网普及率达到 22.6%。2008 年年底全球网民数约为 15.8 亿人[2]，其中亚洲网民约 6.5 亿人，中国网民占世界网民的比例达到 18.8%，占亚洲的 45.8%；位居世界网民数第一，比第二位的美国多 7800 万人，如图 3.7 所示。

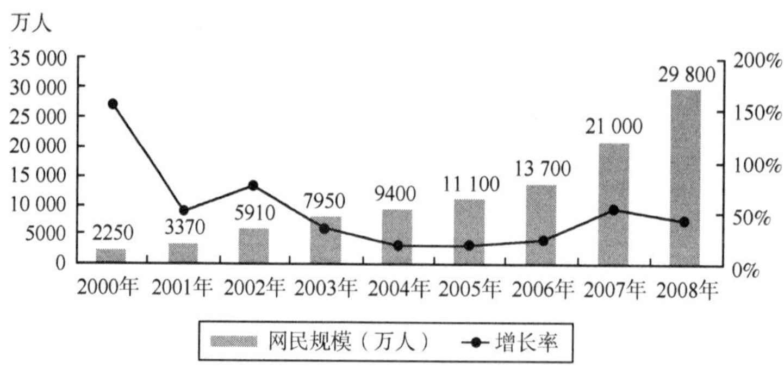

资料来源：中国互联网络信息中心（CNNIC）

图3.7　2000—2008年中国网民规模与增长率

中国网民规模的快速增长与以下因素密不可分：

（1）我国经济的快速发展是互联网用户规模快速增长的基础。中国经过 30 年的改革开放，在年均 GDP 增长 9.8%的背景下，积累了相当的实力。随着全民整体收入的增加，人们在信息需求上的投入会越来越多。同时，良好的经济环境为互联网产业创新和发展创造了条件，并促

[1] 中国网民是指过去半年使用过互联网的 6 周岁及以上中国公民。

[2] 数据来源：http://www.internetworldstats.com。

使产业内的并购和商业模式升级，最终使更多的人成为网民，并更好地服务于网民群体。

（2）为保证我国信息化健康发展，国家制订并发布了《2006—2020 年国家信息化发展战略》,《国民经济和社会发展信息化“十一五”规划》等一系列政策，信息化正在成为促进科学发展的重要手段。农村信息化建设成为其中的重要部分，也在逐渐成为农业和农村基础设施建设的重要内容。为了让信息技术与服务惠及亿万农民群众，落实 2010 年基本实现全国“村村通电话，乡乡能上网”目标，政府主管部门和电信运营企业正在积极推进自然村通电话和行政村通宽带工程。城市化进程为更多大众接触互联网创造了条件。这里的城市化包括两个方面：一方面是乡村的城市化，另一方面是城市的集群化。前者的发展直接带来了生产生活等硬件设施的升级，后者进一步推动了城乡地域空间差距的缩小。

（3）通信和网络技术向宽带、移动和融合方向发展，数据通信正在逐步取代语音通信成为通信领域的主流。随着产业技术进步和网络运营商竞争程度的加剧，网络接入的软硬件环境在不断优化。网络接入和用户终端产品的价格不断下降，使用户的上网门槛不断降低。

（4）互联网具有高黏性和高传播性。根据中国互联网络信息中心（CNNIC）的调查，一旦用户接触互联网之后，流失率极低；另外，互联网上的网络游戏、即时通信、博客、论坛和交友等应用具有极强的互动功能，这些功能会推动相关应用的传播，这种传播既包括向网民的传播，也包括向非网民的传播，而向非网民的传播将推动网民规模的扩张。

（5）网民规模的扩张推动网络价值的提升，而网络价值的提升又进一步增强其扩张力。根据梅特卡夫定律（Metcalfe’s Law），网络的价值与网络规模的平方成正比。随着网民规模的快速增长，网络的价值不断膨胀。将目光瞄向互联网价值的机构和个人创造的内容，反过来进一步增强了网络的扩张力和吸引力。

尽管中国的网民规模和普及率持续快速发展，但是由于中国的人口基数大，互联网普及率在全球各个国家和地区中只能排在第 87 位。

图 3.8 是中国和一些国家的互联网普及率对比。

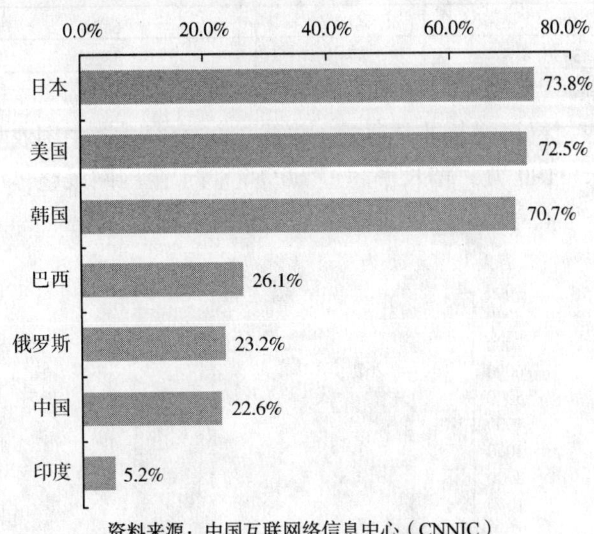

图3.8　部分国家的互联网普及率

中国宽带网民数量也位居世界第一位，2008 年下半年，90.6%的中国网民使用过宽带接入互联网，即 2.7 亿中国网民使用了宽带访问互联网，较 2007 年增长超过一个亿，如图 3.9 所示。

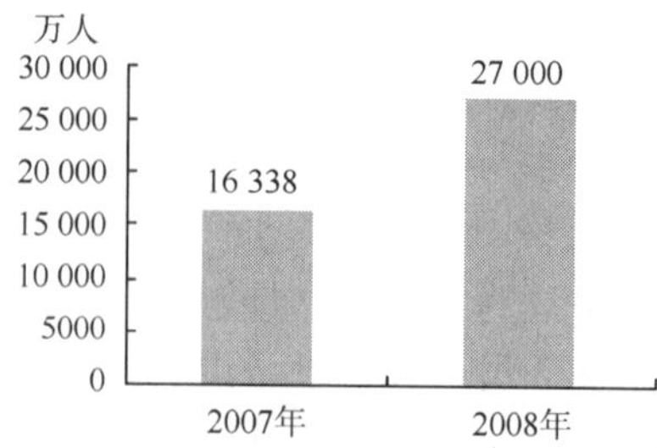

资料来源：中国互联网络信息中心（CNNIC）

图3.9　2007—2008年中国宽带网民规模对比

据工业和信息化部统计显示，截至 2008 年第 3 季度，我国互联网长途电路达到 8 935 811 个 2M，比 2007 年末增长了近一倍（94%），全国光缆线路长度比 2007 年末新增 61.8 万千米，达到 639.5 万千米。互联网宽带接入端口数达到 10 372.1 万个，其中 xDSL 端口数 8672.7 万个，比 2007 年末增长了 22%。2008 年我国电信网的通信能力快速提升，带动了我国宽带互联网的发展。宽带的快速普及推动了各项网络应用的发展，但我国宽带上网的速度仍落后于世界上其他互联网发达国家。

报告同时显示，我国网民的东中西部差距在改善，西部地区网民所占比例在上升。从网民增长率上来看，西部地区网民数增长最快。其中增长率在 60%以上的 8 个省份中，6 个在西部，增长最快的 3 个省份均来自西部（青海、贵州、云南），如表 3.7 所示。

表 3.7　我国网民的东中西部地区分布情况

	2007 年年底		2008 年年底	
	网民数（万人）	比例	网民数（万人）	比例
东部	12 275	58.5%	17 371	58.3%
中部	4896	23.3%	6624	22.2%
西部	3830	18.2%	5822	19.5%

资料来源：中国互联网络信息中心（CNNIC）

值得注意的是，农村网民增长非常迅速。截至 2008 年年底，中国农村网民规模达到 8460 万人，较 2007 年增长 3190 万，增长率超过 60%，高于全国网民整体增长水平（41.9%），如图 3.10 所示。

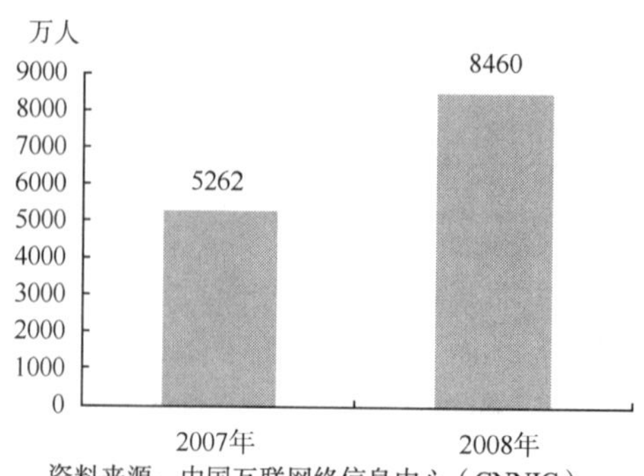

资料来源：中国互联网络信息中心（CNNIC）

图3.10　2007—2008年中国农村网民规模对比

3.2.2　网民结构特征

1．性别结构

《中国统计年鉴（2008）》显示：2007 年年底，中国居民的男女性别比为 51.5：48.5。与 2007 年相比，中国网民性别结构进一步优化，网民性别结构趋近于总人口中的性别结构，如图 3.11 所示。

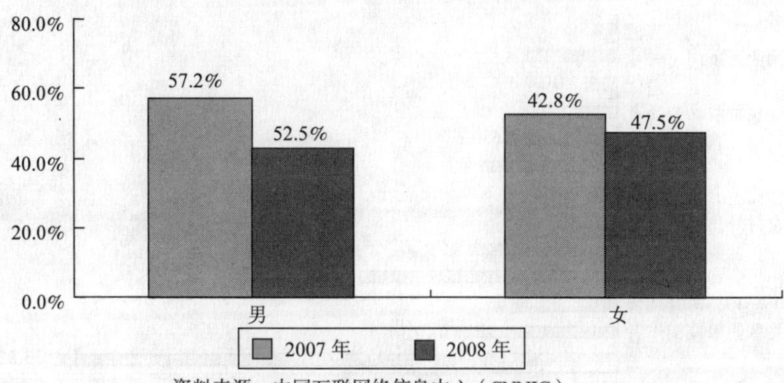

图3.11　2007—2008年网民性别结构对比

2．年龄结构

与 2007 年相比，10～19 岁网民所占比重增大，成为 2008 年中国互联网最大的用户群体。该群体规模的增长主要有两个原因促成：第一，教育部自 2000 年开始建设“校校通”工程，计划用 5～10 年时间使全国 90%独立建制的中小学校能够上网，使师生共享网上教育资源，目前该工程已经接近尾声。第二，互联网的娱乐特性加大了其在青少年人群中的渗透率，网络游戏、网络视频和网络音乐等服务均对互联网在该年龄段人群的普及起到推动作用。

2008 年 40 岁及以上网民所占比重略高于 2007 年。近年来网民中高龄群体比例不断上升，增长率已经超过了网民总体的增长速度，显现了我国网民结构在年龄上不断优化的趋势，如图 3.12 所示。

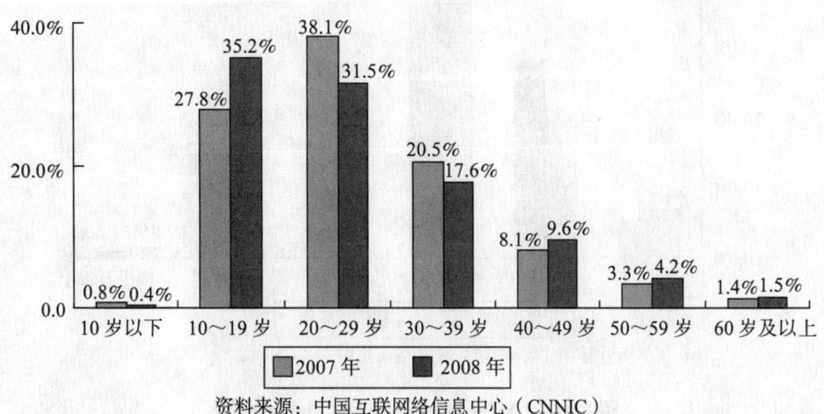

图3.12　2007—2008年网民年龄结构对比

3．职业结构

网民的最大构成群体是学生，学生群体的大量存在，一方面极大地活跃着中国的互联网应用，另一方面也降低了中国互联网的商业价值。

除了学生之外，党政机关事业单位工作者、企业公司管理者、职员、专业技术人员等文职人员占有较大比重，而占中国人口最大比重的农民、产业服务业工人在网民中所占比重还比较低；与 2007 年相比，网民中无业人群从 11.9%下降到 5.5%，如图 3.13 所示。

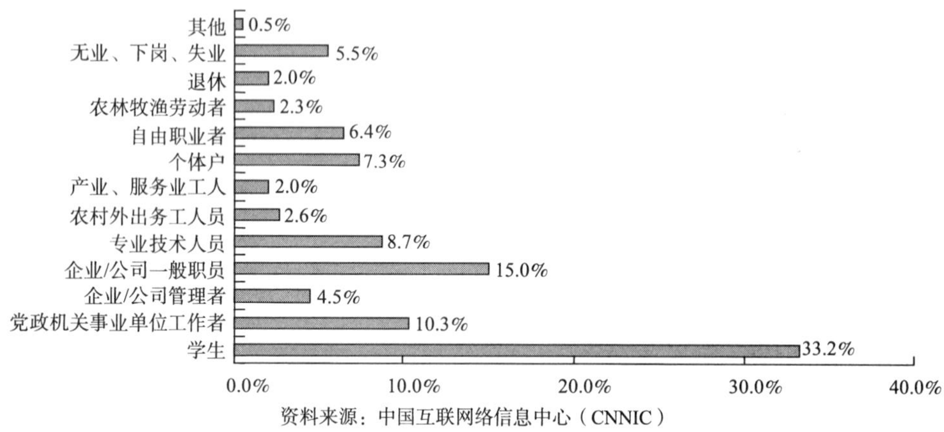

图3.13　网民职业结构

4．学历结构

与 2007 年相比，网民中大专及以上学历人口进一步下降，高中、初中学历所占比重继续提升。互联网日益向低学历人口普及，如图 3.14 所示。

在接近 1 亿的非学生网民中，初中及以下网民的比例明显低于网民总体，而高中及以上比例都高于总体。在此群体中，互联网向低学历人群的渗透速度明显低于学生群体，如图 3.15 所示。

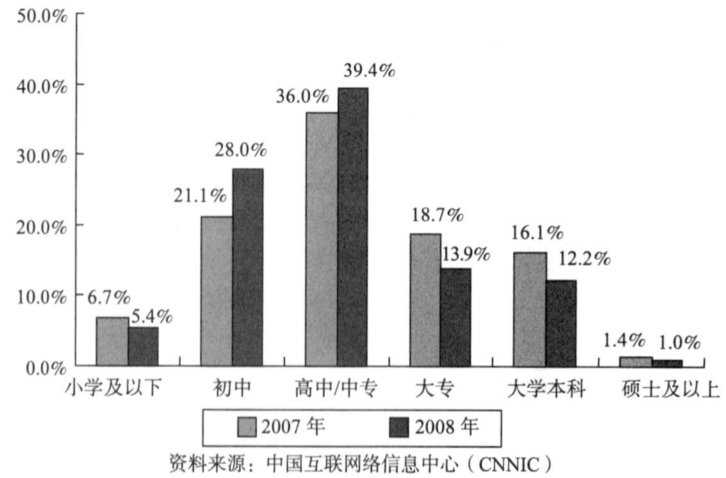

图3.14　2007—2008年网民学历结构对比

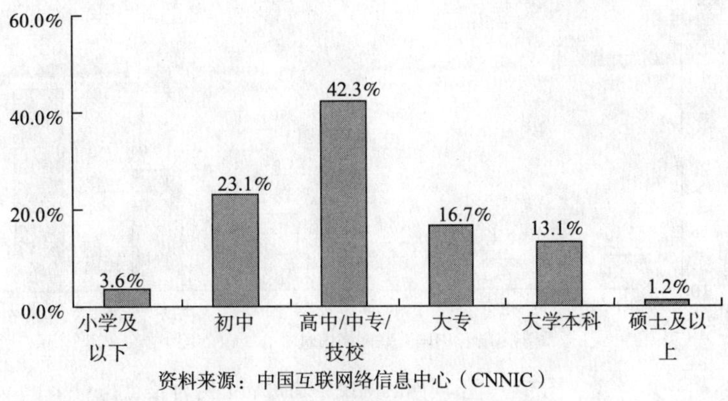

图3.15　非学生网民的学历结构

5. 收入结构

与 2007 年相比，网民中无收入群体所占比重从 4.4%下降到 1.5%，降幅明显，这与职业中无业人群的比重下降形成对应，其他收入段变化较小，如图 3.16 所示。

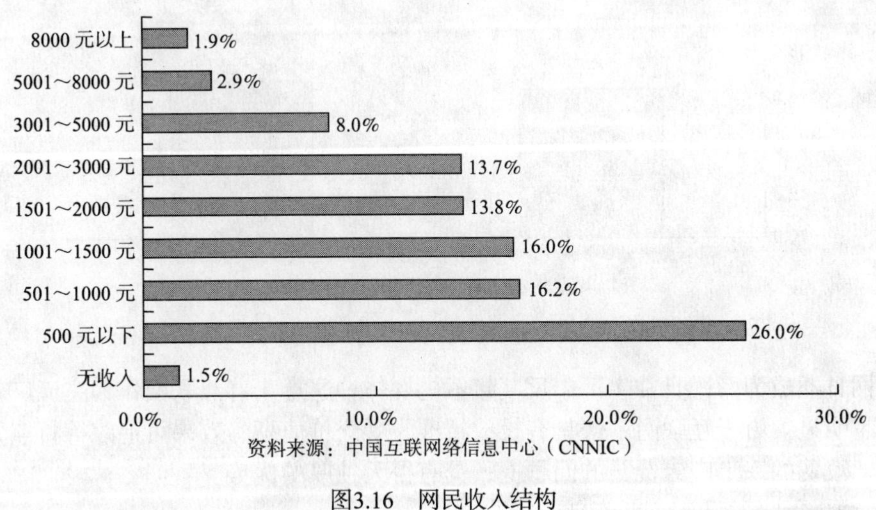

图3.16　网民收入结构

3.3　中国网络应用不断加深拓宽

3.3.1　网民的上网习惯

1. 上网时长

网民在网上花费的时间与网龄之间存在密切关系：网龄越长，在网上花费的时间越长，如图 3.17 所示。

上网时间是各种网络应用的基础和使用程度的客观反映。一般而言，网民上网时间越长，使用的各种网络应用就越丰富，网民的网络行为成熟度越高。反过来，网民的网络应用越丰富，网络行为成熟度越高，则会体现在上网时长的不断增长上。这一点在后面的网络应用上还会分析。

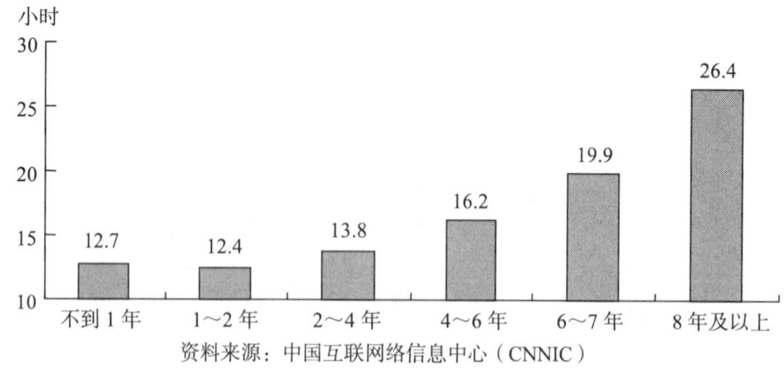

图3.17　不同网龄网民平均每周上网时长

与 2007 年相比，网民 2008 年的平均每周上网时间略有提升。但是，由于新增网民上网时长略低的影响，网民的平均上网时间增长有限。考虑到网民总体的巨大规模，网民总体实际花费在互联网上的总时间较 2007 年有较大增加，如图 3.18 所示，由此可见，互联网作为广告平台的"注意力经济"的价值依然在大幅提升。

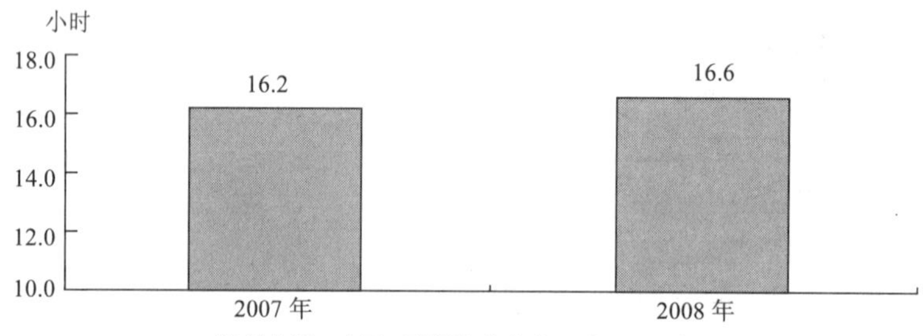

图3.18　2007—2008年网民平均每周上网时长对比

互联网日益成为网民日常生活中反复接触的媒体，这意味着互联网作为主流广告媒体的价值越来越明显。由于互联网广告具有投放精准、受众价值高、效果可追踪等特点，未来或许在解决"浪费的一半广告费"的问题上，具有得天独厚的优势。

2. 上网地点

家庭和网吧是网民上网的最主要的两个场所，如图 3.19 所示。但是对不同身份的网民，其上网地点存在着非常明显的差异，其中，体力工作者和下岗失业人员更多的在网吧上网。

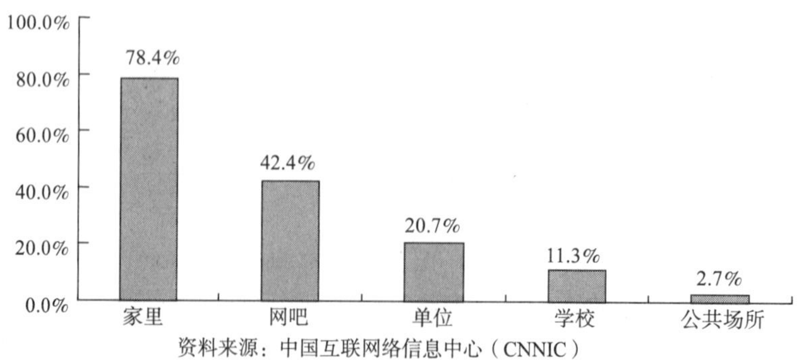

图3.19　网民上网场所

3．上网设备

台式电脑是网民上网的主要设备，手机作为上网终端迅速崛起，如图 3.20 所示。随着中国 3G 应用的发展，可以预计，2009 年及未来更长一段时间内手机上网将会更加普及。

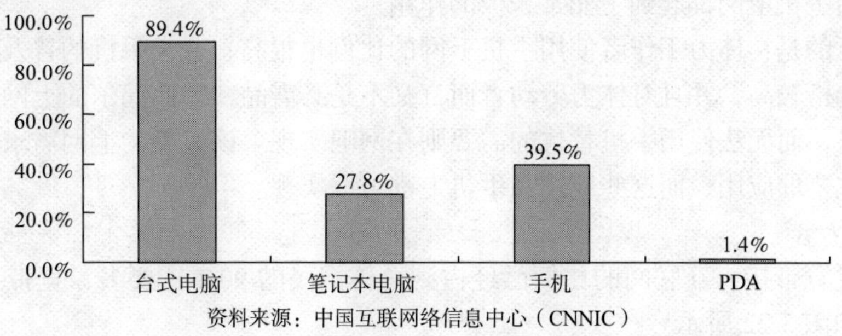

资料来源：中国互联网络信息中心（CNNIC）

图3.20　网民上网设备

不同的职业身份，对上网设备的使用具有很大影响。对应分析和交叉表显示：管理者更加倾向于使用笔记本电脑上网，办公室职员则主要通过台式机上网，而学生则有明显的手机上网倾向，如图 3.21 和表 3.8 所示。

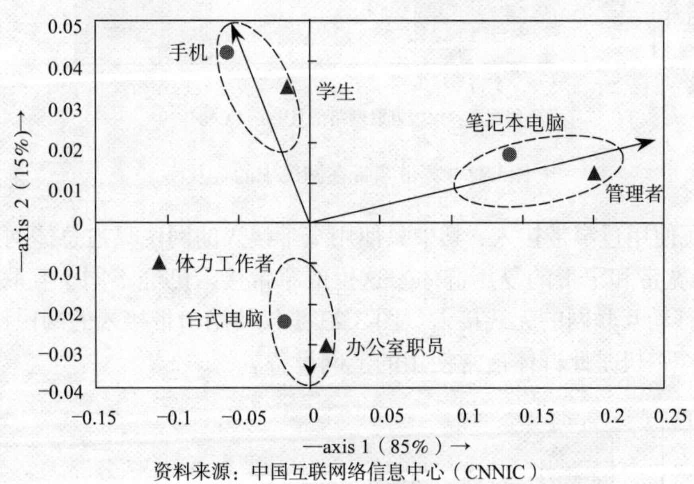

资料来源：中国互联网络信息中心（CNNIC）

图3.21　网民身份与上网设备对应分析

表 3.8　不同身份网民上网设备比较

身份	台式电脑	笔记本电脑	手机	PDA
学生	89.3%	28.6%	43.5%	1.6%
管理者	90.0%	43.0%	35.9%	2.6%
办公室职员	90.5%	28.1%	37.5%	1.4%
体力工作者	87.2%	20.6%	40.8%	0.7%
退休人员	85.1%	16.0%	9.3%	1.3%
无业、下岗、失业	88.1%	21.1%	38.3%	0.3%

资料来源：中国互联网络信息中心（CNNIC）

手机为学生的移动上网提供了最为便捷的手段。一方面是在学生中应用最多的客户品牌“动感地带”和“UP 新势力”等，在套餐中直接加入了上网的资费；另一方面，学生普遍关注的应用，如即时通信、图铃下载和手机小说等，都可以在手机上网中方便地实现。这些对推动学生使用手机上网都起到了非常积极的作用。

需要注意的是：体力工作者使用手机上网的比例也很高，这与手机的普及关系密切。另外，计算机价格较高，并且对体力劳动者而言又不是必需品，因而偶尔的上网需要可以通过手机部分满足，而无法使用手机替代的需要则在网吧实现。该人群的上网需求简单，聊天和棋牌游戏是主要的应用，而这些应用在手机上都可以实现。

4．接入方式

网民通过宽带接入互联网的比例已经占到总体网民的 90%还要多，宽带上网已经成为绝对主流，如图 3.22 所示。

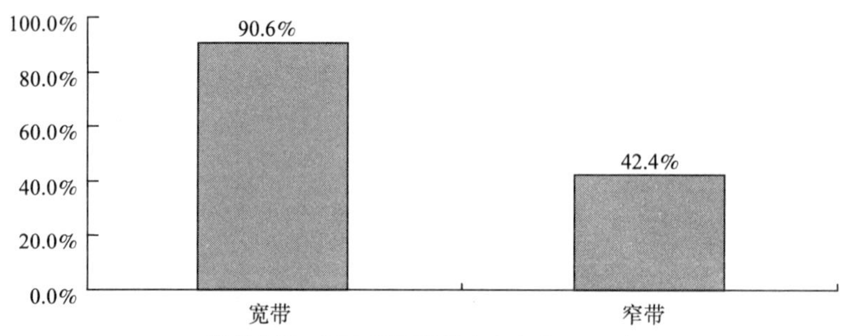

图3.22　宽带窄带在网民中的普及率

42.4%的网民使用过窄带接入，其中只使用窄带接入的网民只占总体网民的 9.4%，另外有 33%的网民是宽带和窄带的复用群体。这里的窄带接入已经不同于互联网初期的拨号方式，而更多的是移动互联网的无线接入。图 3.23 是仅使用窄带接入的网民使用的上网设备，从图中可以看出：手机是此群体最常使用的上网设备。

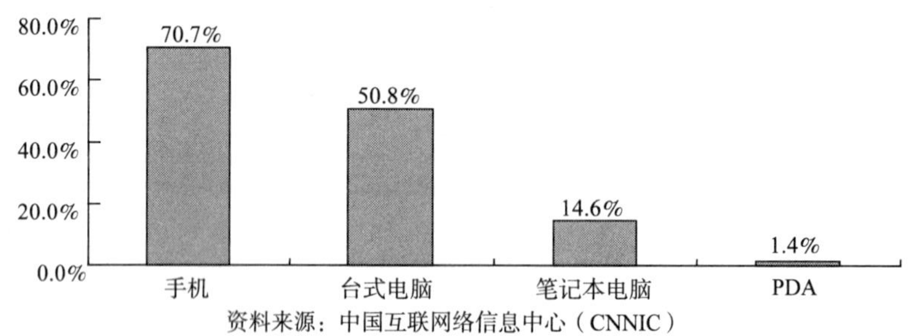

图3.23　仅使用窄带接入的网民使用的上网设备

3.3.2　网民的网络应用

本部分把互联网的各种应用大致分为如下几类：网络媒体、互联网信息检索、网络通信、网络社区、网络娱乐、电子商务和网络金融等应用。总体而言，搜索引擎、即时通信、网络音乐和网络视频等一些主流网络应用的网民使用率与 2007 年相比有所下降，这主要和网民规模增速快有关系：新增网民往往从某一种或少数几种应用开始进入网络世界，较少使用其他网络应用，而新增网民的入门应用并不是很集中，老网民向其他应用的扩散如果跟不上网民的增长速度，就会导致网络应用的使用率下降。

1. 网络媒体

2008 年网络新闻的使用率较 2007 年提升了近 5 个百分点，达到 78.5%，用户群体增长 7900 万人，达到 23 400 万人，如表 3.9 所示。

互动性是网络新闻最重要的特点之一，它将传统媒体与受众的传播关系转变为双向或多向互动的传播关系。另外，网络新闻在表现形式上实现了多媒体整合运作，表现力与感染力更为突出。2008 年中国发生的多个重大事件，例如汶川 5·12 地震和北京奥运会等，使网络媒体站到了主流媒体行列。

表 3.9　2007—2008 年网络新闻用户对比

	2007 年年底		2008 年年底		变化	
	使用率	网民规模（万人）	使用率	网民规模（万人）	增长量（万人）	增长率
网络新闻	73.6%	15 500	78.5%	23 400	7900	51.0%

资料来源：中国互联网络信息中心（CNNIC）

2. 信息检索

搜索引擎是网民在互联网中获取所需信息的基础应用，目前搜索引擎的使用率为 68.0%，在各互联网应用中位列第四。2008 年全年搜索引擎用户增长了 5100 万人，年增长率达到 33.6%。如表 3.10 所示，由于互联网整体网民规模快速增长，新增网民中低学历网民比重增大，而该部分网民的搜索引擎的使用率较低，导致搜索引擎的整体使用率下降。

表 3.10　2007—2008 年信息检索类应用用户对比

	2007 年年底		2008 年年底		变化	
	使用率	网民规模（万人）	使用率	网民规模（万人）	增长量（万人）	增长率
搜索引擎	72.4%	15 200	68.0%	20 300	5100	33.6%
网络求职	10.4%	2200	18.6%	5500	3300	150.0%

资料来源：中国互联网络信息中心（CNNIC）

搜索引擎的使用存在明显的城乡、年龄、学历、收入差异：城镇网民搜索引擎使用率明显高于农村；20～40 岁网民搜索引擎使用率明显高于其他人群；学历越高，搜索引擎使用率越高；收入越高，搜索引擎使用率越高。搜索引擎应用人群的特点决定了它在互联网领域的高商业价值。

3. 网络通信

（1）电子邮件

2008 年电子邮件使用率为 56.8%，与 2007 年保持稳定，如表 3.11 所示。研究发现：网民学历越高，电子邮件使用率越高；职业分类中的办公室员、管理者、大学生等电子邮件的使用率明显高于其他人群。随着互联网的进一步普及，网民的学历结构会继续向低学历人群倾斜，而随着互联网向办公场所的进一步普及，会有越来越多的职业人群使用电子邮件。将以上两种因素结合考虑，未来电子邮件的使用人群会继续增长，这种增长在职业人群中会尤其明显，但是由于低学历人群不断涌入互联网用户大军，未来电子邮件使用率有走低的趋势。

表 3.11　2007—2008 年网络通信类应用用户对比

	2007 年年底		2008 年年底		变化	
	使用率	网民规模（万人）	使用率	网民规模（万人）	增长量（万人）	增长率
电子邮件	56.5%	11 900	56.8%	16 900	5000	42.0%
即时通信	81.4%	17 100	75.3%	22 400	5300	31.0%

资料来源：中国互联网络信息中心（CNNIC）

（2）即时通信

即时通信软件承载的功能日益丰富，一方面正在成为社会化网络的连接点，另一方面，其平台性也使其逐渐成为电子邮件、博客、网络游戏和搜索等多种网络应用重要入口。

2008 年年底即时通信应用的使用率 75.3%，比起 2007 年年底，用户群规模增长了 5300 万人，但使用率降低了 6.1%。从年龄分析看，40 岁及以上人群即时通信用户所占比重略高于 2007 年，主要的用户增量体现在 40 岁及以上的老网民中，而 40 岁以下的即时通信用户使用率均出现了下降，如表 3.11 所示。

4．网络社区

（1）交友网站

2008 年交友网站较 2007 年有较大规模的增长，使用率达到 19.3%，如表 3.12 所示。婚恋交友网站通过与电视等传统媒体的合作等方式，提高了对用户的影响力，网民对专业婚恋交友网站的认同程度也在提高，用户规模在持续成长。校园和职场网络交友形式，在 2008 年发展非常迅速，凭借已有的用户规模基础，吸引了更多的新用户加入。丰富的应用种类（如网页游戏）和使用手段（如手机交友），为交友网站的用户增长起到了更大的推动作用。

表 3.12　2007—2008 年网络社区类应用用户对比

	2007 年年底		2008 年年底		变化	
	使用率	网民规模（万人）	使用率	网民规模（万人）	增长量（万人）	增长率
拥有博客	—	—	54.3%	16 200	—	—
更新博客	23.5%	4900	35.2%	10 500	5600	114.3%
论坛/BBS	—	—	30.7%	9100	—	—
交友网站	—	—	19.3%	5800	—	—

资料来源：中国互联网络信息中心（CNNIC）

（2）博客

2008 年博客用户规模持续快速发展，截至 2008 年 12 月月底，在中国 2.98 亿网民中，拥有博客的网民比例达到 54.3%，用户规模为 1.62 亿人，博客的影响力进一步加强，如表 3.12 所示。在用户规模增长的同时，中国博客的活跃度有所提高，半年内更新过博客的比重较 2007 年年底提高了 11.7%。博客数量的增长带来了用户聚集的规模效应。博客频道在各类型网站中成为标准配置，其中 SNS 元素的加入对博客用户的增长起到了推动作用。

5．网络娱乐

（1）网络游戏

2008 年网络游戏用户规模继续保持增长的态势，用户使用比例从 2007 年的 59.3%升至 2008 年的 62.8%，如表 3.13 所示，这主要受益于网络游戏产品内容以及形式的丰富：一方面，网络游戏产品内容的多样化加大了其向高低两个年龄段用户的扩张力度；另一方面，网页游戏作为新兴的游戏形式在 2008 年得到了迅速的发展，其无须下载客户端和操作方便等特性使工作时间玩游戏成为可能性，而 SNS 网站加入了网页游戏因素，又进一步加大了网络游戏的传播范围。因此，在全球金融危机的大环境下，网络游戏产业逆势上扬，表现非凡。

表 3.13　2007—2008 年网络娱乐类应用用户对比

	2007 年年底		2008 年年底		变化	
	使用率	网民规模（万人）	使用率	网民规模（万人）	增长量（万人）	增长率
网络游戏	59.3%	12 500	62.8%	18 700	6200	49.6%
网络音乐	86.6%	18 200	83.7%	24 900	6700	36.8%
网络视频	76.9%	16 100	67.7%	20 200	4100	25.5%

资料来源：中国互联网络信息中心（CNNIC）

（2）网络音乐

网络音乐仍然是中国网民的第一大应用服务，虽然使用网民比例从 2007 年的 86.6%下降至 2008 年的 83.7%，但用户数量仍然增长了 6700 万人，如表 3.13 所示。网络音乐的高普及率源自于其大众化的内容以及使用的便捷性，用户进入门槛较低，而这些特性也促使其成为推动互联网普及的主要推动力之一。

（3）网络视频

网络视频用户只有轻度增长，相比 2007 年年底净增 4000 多万用户，达到 2.02 亿，如表 3.13 所示。网络视频的用户主要集中在 30 岁以下的年轻人群。2008 年北京奥运会大规模运行互联网进行赛事视频转播，极大地促进了我国网络视频的发展。

6．电子商务

电子商务是与网民生活密切相关的重要网络应用。过去一年中，网络购物市场的增长趋势明显。2008 年年底网络购物用户人数已经达到 7400 万人，年增长率达到 60%，如表 3.14 所示。比较国外的发展状况，韩国网民的网络购物比例为 60.6%，美国为 71%。均高于中国网络购物的使用率。

表 3.14　2007—2008 年电子商务类应用用户对比

	2007 年年底		2008 年年底		变化	
	使用率	网民规模（万人）	使用率	网民规模（万人）	增长量（万人）	增长率
网络购物	22.1%	4600	24.8%	7400	2800	60.9%
网络售物	—	—	3.7%	1100	—	—
网上支付	15.8%	3300	17.6%	5200	1900	57.6%
旅行预订	—	—	5.6%	1700	—	—

资料来源：中国互联网络信息中心（CNNIC）

除网络购物外，网络售物和旅行预订也已经初具规模，网络售物网民数已经达到 1100

万人，通过网络进行旅行预订的网民数达到 1700 万人。需要指出的是，这里的网络售物不仅包括网络开店，也包括在网上出售二手物品。

与网络购物密切关联的网络支付发展十分迅速，目前使用的网民规模已经达到 5200 万人，年增长率达到 57.6%。有力地推动了网络购物的发展。

7．网络金融

（1）网上银行

网上银行在 2008 年增长缓慢，其使用率为 19.3%，如表 3.15 所示。网上银行的主要用户是大学生与白领。在校大学生基本在入学之际，就已经办理相应的银行账户，方便学校的管理以及学生与家长之间的财务管理。大学生和白领人群等高教育水平人群，有着较高的互联网操作技能，对网上银行有着很强的使用需求，但对目前网上银行业务的安全性不够信任，影响了用户使用比例的上升。

（2）网络炒股

网络炒股的主要用户群体是企业职工、专业技术人员和一部分大学生。网络炒股行为与股市的变化有直接的关系，受中国股市/基金市场的影响，中国网络炒股应用比例出现下降趋势，2008 年网民的使用率只有 11.4%，用户规模也下降了 400 万，如表 3.15 所示。

表 3.15　2007—2008 年网络金融用户对比

	2007 年年底		2008 年年底		变化	
	使用率	网民规模（万人）	使用率	网民规模（万人）	增长量（万人）	增长率
网上银行	19.2%	4000	19.3%	5800	1800	45.0%
网络炒股	18.2%	3800	11.4%	3400	-400	-10.5%

资料来源：中国互联网络信息中心（CNNIC）

8．网上教育

2008 年网上教育的使用率为 16.5%，基本与 2007 年持平，如表 3.16 所示。网上教育主要应用人群是中小学生和普通在职人员。

表 3.16　2007—2008 年网上教育用户对比

	2007 年年底		2008 年年底		变化	
	使用率	网民规模（万人）	使用率	网民规模（万人）	增长量（万人）	增长率
网上教育	16.6%	3500	16.5%	4900	1400	40.0%

资料来源：中国互联网络信息中心（CNNIC）

校校通工程促进了中国的中小学学校互通与上网平台的建设，且近年来中小学生的课堂教育已不能满足家长们对孩子的期望，各种网上的补习班和课程都开始成为中小学生的学习内容。而随着就业压力的增大，已工作的普通在职人员更加注重专业能力的培养，英语和会计等网上教育课程，由于更容易分配时间，成本相对低廉，得到了在职人员的推崇。未来几年网上教育将会有较好的发展空间。

3.3.3　互联网对网民的影响

互联网作为一种互动媒体、信息渠道和生活平台，其对人们生活及价值观念的影响越来越大。总体而言，网民对互联网作为信息渠道和交往工具的认可度较高，互联网作为生活助手的价值也逐渐显现。但是对互联网的信任度与安全感较低，这可能是中国网络经济规模较小的一个主要原因。随着互联网对人们生活日益浸入，互联网给人们带来距离感（表 3.17 称为“社会隔离”）也逐渐产生。

表 3.17　网民对生活形态语句的总体认同度

分类	语句	认同度
生活助手	离了互联网，我无法工作、学习	39.0%
	没有互联网，我的娱乐生活会很单调	59.1%
	网上办事减少了我很多亲临实地的麻烦	69.3%
信息渠道	重大新闻我一般都首先从互联网上看到	61.8%
	遇到问题时，我首先会去网上找答案	64.6%
交往工具	通过互联网我认识了很多新朋友	65.4%
	互联网加强了我与朋友的联系	82.5%
社会隔离	互联网时代，我感觉更孤单	19.9%
	互联网减少了我与家人相处的时间	29.0%
网络信任与安全	我在互联网上填写注册信息是真实的	47.5%
	在网上进行交易是安全的	27.6%
社会参与	互联网是我发表意见的主要渠道	41.9%
	上网以后，我比以前更加关注社会事件	76.9%

资料来源：中国互联网络信息中心（CNNIC）

3.4　中国手机网民增速惊人

截至 2008 年，使用手机上网的网民（以下简称手机网民）达到 1.176 亿人[3]，较 2007 年增长一倍多，如图 3.24 所示。手机上网网民的快速增长，主要原因如下：

（1）运营商对手机上网业务的重视。作为产业链核心的运营商，一方面加强对移动互联网的管理；另一方面逐步下调用户手机上网资费。

（2）占手机用户规模最大的神州行品牌用户，成长为最大的手机上网群体。手机上网用户达到较高的数量基础，用户之间的相互影响较为明显，带动更多用户使用手机上网。

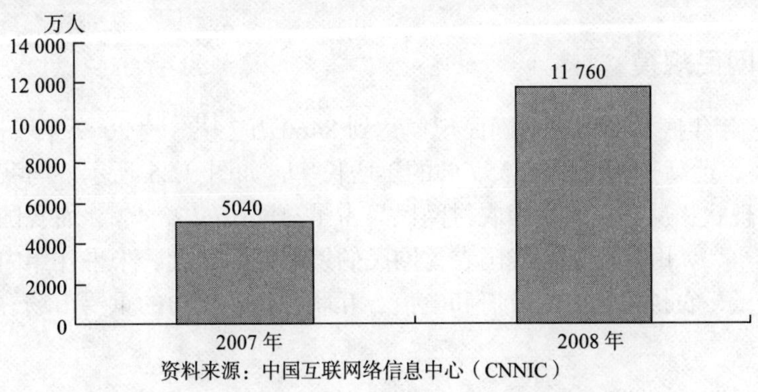

资料来源：中国互联网络信息中心（CNNIC）

图3.24　2007—2008年手机上网网民规模对比

[3] 手机网民指过去半年曾经通过手机接入互联网，但不限于仅通过手机接入互联网的网民。

（3）无牌照手机（一般称“山寨机”）在 2008 年发展迅速，对于移动上网的支持与低廉的购买价格，为用户手机上网提供了硬件基础。

从手机网民的构成来看，出生于 20 世纪 80 年代的用户占到了手机网民总体的 70.8%，是手机网民的主要组成群体。学历分布中，本科、大专、高中和初中学历的人群占有极高的比例，比例分别为 23.6%，23.1%，33.9%和 15.3%。职业分布中，最重要的两个群体是企业职员和学生，两者所占的比例分别是 41.2%和 19.2%。

从手机网民的上网行为来看，手机上网基本上仍是一种休闲行为，约 73.7%的用户是在休息时间才会使用手机上网，只有 6.2%的用户是在工作时间使用手机上网进行事务处理。

手机上网最为广泛的应用是手机聊天，在手机网民的份额占到了 31.2%，用户群体数量约 7600 万人。其次是看手机新闻，该应用的使用率达到 49.8%，如表 3.18 所示。

表 3.18　各应用手机网民渗透比例

手机应用	应用比例	手机应用	应用比例
手机聊天	64.5%	手机邮件	4.1%
手机新闻	49.8%	手机电视	2.3%
手机搜索	20.3%	手机社区论坛	2.1%
手机小说	17.8%	手机博客	2.1%
图铃下载	16.5%	手机视频	1.7%
手机游戏	11.9%	手机交友网站	1.2%
手机音乐	5.6%	企业应用	0.3%
手机证券	4.8%	其他	2.1%

资料来源：中国互联网络信息中心（CNNIC）

由于 3G 网络商用运营不久，用户数量还不多，但由于使用 3G 的用户都是较为时尚的用户，而且 3G 本身的定位就是针对增值业务，已经可以看到不少用户开始使用移动互联网应用服务。因此 2009 年我国手机上网会有更快速的发展。

3.5　中国农村网民涨势喜人

3.5.1　农村网民规模

截至 2008 年年底，中国农村网民规模达到 8460 万人[4]，较 2007 年增长 3190 万人，增长率超过 60%，远高于城镇网民 35.6%的年增长率，如图 3.25 所示。与我国农村人口远多于城镇人口的现状相反，目前我国农村网民只占了总网民的 28.4%，而我国农村人口却占了总人口的 55.1%[5]。由此可见，我国农村网民的发展空间很大，未来几年内仍将是我国网民增长的重要力量，农村将会成为政府和电信、互联网企业发力的重要市场。

[4] 农村网民是指过去半年主要居住在农村的网民。

[5] 国家统计局 2007 年年底数据。

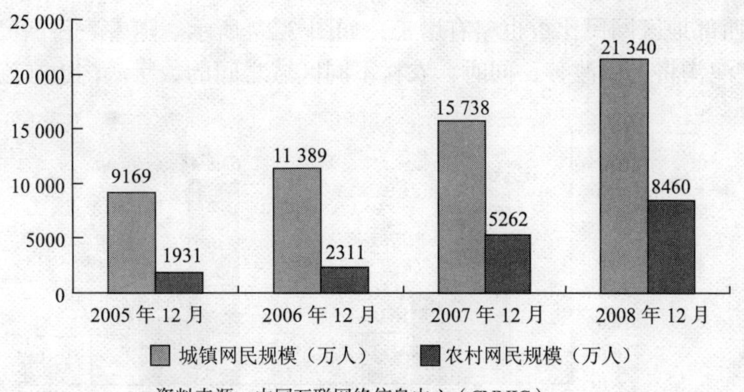

图3.25　城镇和农村网民规模对比

农村互联网的快速发展，得益于以下因素的助推：

第一，农村党员干部现代远程教育工程的深入推广，建设了一大批远程教育终端接收站点，这些站点对互联网的发展起到了客观的推动作用；

第二，农村信息服务站建设工作的扎实推进为农民上网提供了终端设备与场所；

第三，配合远程教育工程的推进和农村信息服务站的建设，电信运营商为这些地区提供了资费优惠政策，客观上能够推动这些地区的互联网使用。

目前，城镇与农村的互联网发展水平仍然存在很大的差异，城镇居民的互联网普及率是 35.2%，农村仅为 11.7%，如图 3.26 所示。对比 2005 年以来中国城乡互联网的发展差距，可以看到：当社会整体的互联网普及率快速增长时，因为经济发展水平、教育程度、年龄和职业结构等因素的差异，城镇居民在互联网接入的硬件条件上和“软件条件”即自身的互联网消费能力和使用素养方面更具有优势，使城镇互联网的普及速度要快于农村互联网的普及速度，从而使城乡互联网发展差距有拉大的趋势。但是长远来看，随着互联网网民结构的不断优化，互联网逐步向女性群体和低学历群体的渗透，城乡互联网的差距将逐步得到改善。

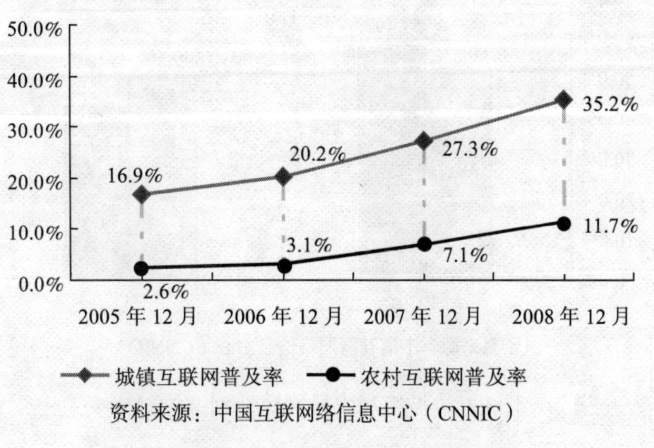

图3.26　城镇和农村互联网普及率对比

从区域分布上看，超过 50%的农村网民集中在东部农村地区，这与不同区域的经济发展水平密切相关。与 2007 年相比，东部地区的网民所占比例降低了 8.5%，而中部地区上升了大约 7.9%，西部地区网民比重也略有增长，如图 3.27 所示。随着农村网民的快速增长，城乡之间的数字鸿沟将得以改善，同时，农村不同区域之间的数字鸿沟也在逐步缩小。

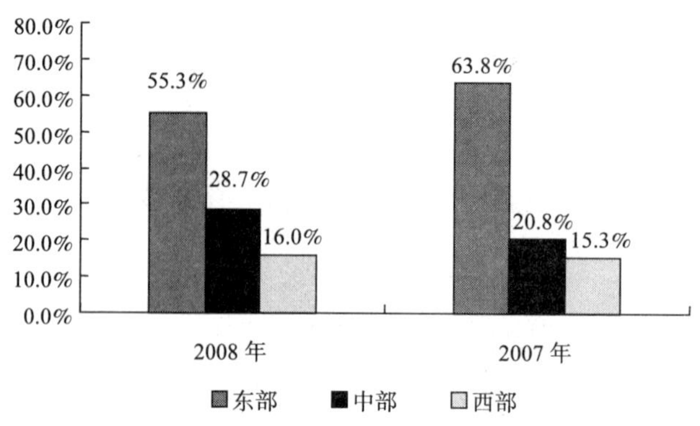

资料来源：中国互联网络信息中心（CNNIC）

图3.27　2007—2008年农村网民区域分布对比

3.5.2　农村网民结构特征

1. 性别结构

从中国网民整体的性别结构来看，男女性别比例日趋均衡，网民性别结构不断优化，趋近于中国总人口的性别结构。但是，城乡之间的网民性别结构仍然有较大的差异。如图 3.28 所示，城镇网民中的性别分布基本均衡，但农村网民的性别分布差距仍较大，男性所占比例为 57.4%，高出女性 14.8%。与 2007 年相比，农村的女性网民所占比重提高了 5.3%。女性网民所占比重的增长，将会带动部分偏于女性网民的网络应用的发展；与此同时，农村女性对互联网的应用，对其价值观念、生活能力以及就业能力的提高将会有一定的帮助。

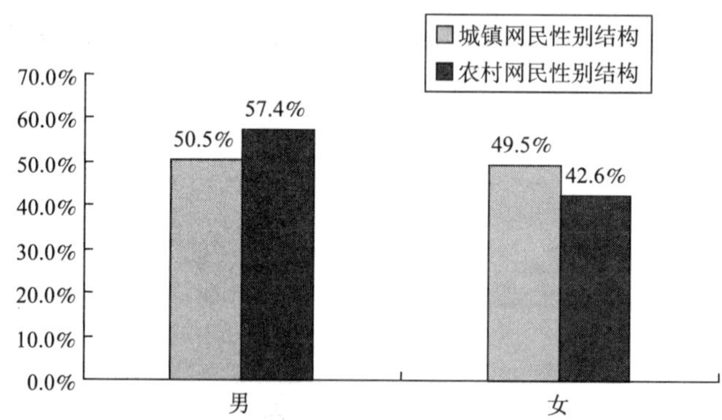

资料来源：中国互联网络信息中心（CNNIC）

图3.28　城镇和农村网民性别结构对比

2. 年龄结构

2008 年年底，30 岁以下的年轻群体仍然是我国网民构成的主体，该群体占总体的 2/3 以上（67.1%）。而农村网民则更加趋于年轻化，农村网民中 30 岁以下群体所占比例高达 76.9%，其中 10～19 岁的未成年网民所占比重高达 46.5%，如图 3.29 所示。农村网民的年轻化，决定了农村互联网的娱乐倾向较强。由于 10～19 岁的网民群体正处在学龄时期，社会化程度较低，心理认知和行为控制能力尚不成熟，所以，在学习和生活中，应该注重加强对该群体的网络社会化教育。

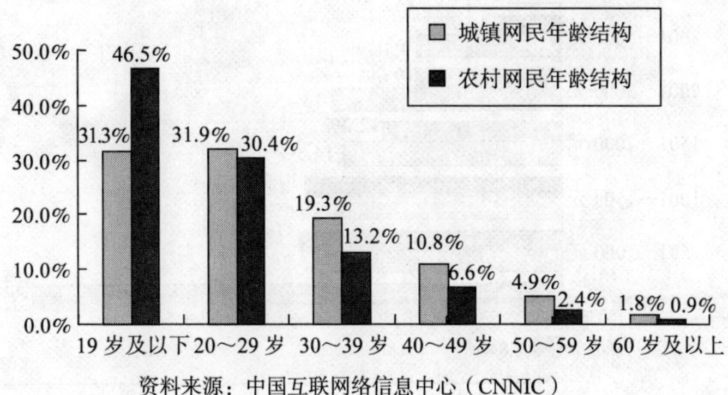

资料来源：中国互联网络信息中心（CNNIC）

图3.29　城镇和农村网民年龄结构对比

进一步分析发现，农村 8460 万网民中，18 岁以下网民所占比例为 34.4%，即有 2910 万未成年农村网民。与 2007 年相比，中国未成年农村网民净增长了 1537 万人，年增长率超过了 100%。农村未成年网民中，男女性别比为：48.8：51.2，性别结构较均衡，随着女性未成年人群的增长，未来农村网民性别结构将得到优化。农村未成年网民中，81.6%都是学生。

3．学历结构

城镇与农村网民之间的学历分布差异比较明显，农村网民文化水平相对较低。农村网民中，初中及以下学历的网民占 49.4%，远高于城镇中 27.0%的占比。其中，初中文化程度的农村网民比例达到 42.3%，比城镇高 20.0%。与 2007 年相比，农村初中文化程度的网民所占比例增长了 3.9%，互联网正在向中国农村的低学历人口渗透，如图 3.30 所示。

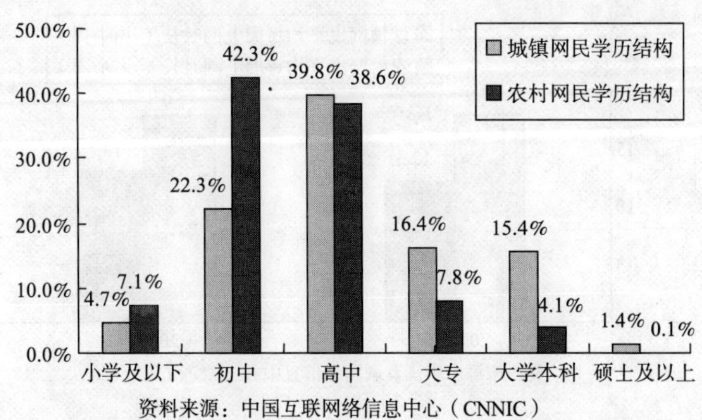

资料来源：中国互联网络信息中心（CNNIC）

图3.30　城镇和农村网民学历结构对比

4．收入结构

中国农村整体的经济发展水平落后于城镇，中国农村与城镇网民的平均收入水平差距也较大。农村月收入 1000 元以下的网民占 54.7%，比城镇高出 15.3%。农村网民收入水平偏低，一方面是受农村整体经济水平偏低的影响；另一方面农村网民构成中学生群体所占的比例较高也是重要原因，如图 3.31 所示。

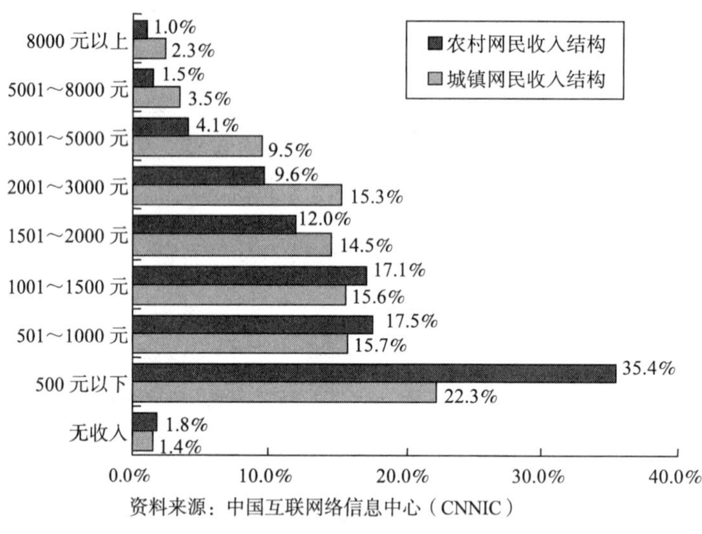

图3.31　城镇和农村网民收入结构对比

3.5.3　农村网民的上网习惯

1．上网时长

2008 年年底，农村网民的平均上网时长约 13.1 小时/周，与 2007 年相比，农村网民平均每周上网时间增加了近 1 小时。但是，仍比城镇网民 17.9 小时/周的使用程度要浅，这与农村网民的构成有一定关系。农村网民中，上网时长最短的群体是学生，而学生在农村网民中占 38.8%，是农村网民中所占比重最大的构成群体。农村网民中，在互联网上花费时间最多的是企业的管理者，但该群体仅占农村网民的 2.1%，如图 3.32 所示。

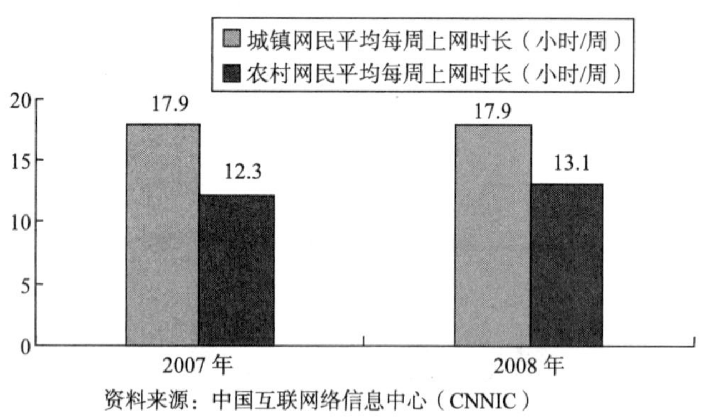

图3.32　2007—2008年城乡网民上网时长对比

2．上网场所

受地区经济发展水平的影响，城乡网民上网场所的选择侧重有所不同。农村家庭上网的人群比例为 68.0%，比城镇低 14.3%；而农村的网吧经济较为繁荣，网吧网民比例为 54.2%，比城镇高 16.2%。分析表明，对于城镇网民而言，家庭上网是绝对主流；但对于农村网民而言，家庭和网吧的差距没那么大，如图 3.33 所示。

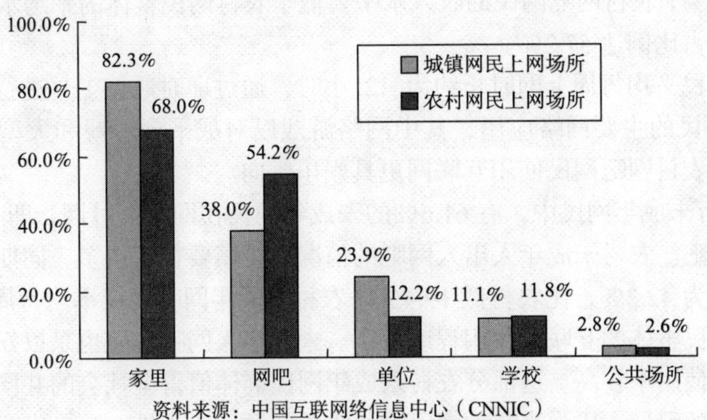

图3.33　城镇和农村网民上网场所对比

不同地区农村网民的上网场所差异也较大，东部地区经济较发达，家庭上网的网民比例高于其他地区，而西部地区的网民，网吧是其上网的主要场所，如表 3.19 所示。

表 3.19　东中西部地区网民上网场所对比

	东部	中部	西部
家里	71.8%	68.3%	54.4%
网吧	46.4%	59.2%	72.0%
单位	13.6%	10.3%	10.9%
学校	11.4%	9.8%	16.7%
公共场所	2.6%	1.7%	4.0%

资料来源：中国互联网络信息中心（CNNIC）

多方面的数据已经证明，网吧成为广大农村网民上网的重要场所，随之也带动了农村网吧市场的繁荣。8460 万农村网民中，网吧网民人数已达到了 4585 万人，年增长率达 79.7%。其中，只在网吧上网的网民占农村网民总体的 9.3%，约有 787 万人，如图 3.34 所示。

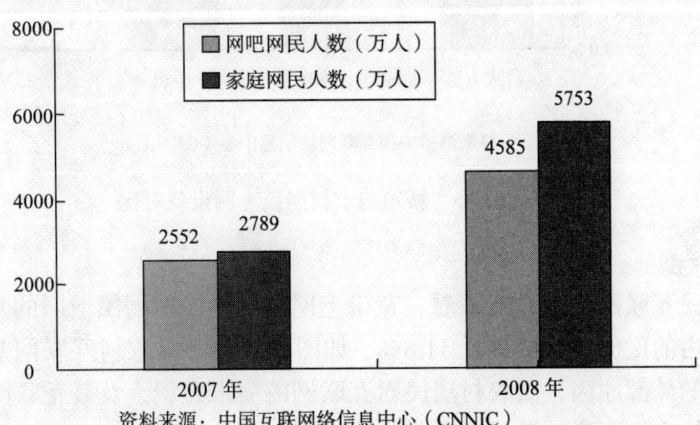

图3.34　2007—2008年农村网吧网民规模

在农村网吧上网的人群以男性为主，约占 60.9%。与 2007 年相比，农村男性网吧网民所占比重减少了 12.4%，说明农村的女性也开始走入网吧进而接触互联网。农村网吧网民中学生群体占 44.5%，农村网吧网民的收入水平要低于农村网民整体的平均水平，收入在 1000 元以下的群体所占比例达 57.2%。

农村网吧网民平均每周上网时长约为 12 小时，通过即时通信工具进行网络聊天和玩网络游戏是网吧网民的主要网络应用，其中网络游戏以对战平台游戏和大型多人在线游戏为主。总体来看，农村网吧网民使用互联网更具娱乐倾向。

农村 2910 万未成年网民中，有 61.6%的未成年网民在网吧上过网，即有 1793 万农村未成年网民出入网吧。农村未成年人出入网吧的情况比城镇要普遍得多，同期城镇未成年人在网吧上网的比例为 42.2%，比农村低 19.4%。农村未成年网吧网民平均每周上网 7.9 小时，比农村未成年网民整体的互联网使用程度要深。未成年人网吧上网也是以娱乐为主，交友聊天、网络游戏的使用率较高。这部分农村未成年网民群体值得全社会的共同关注，加强对未成年人规范上网的引导，成为当前教育面临的重要问题。

3. 上网设备

台式电脑依然是网民上网的主要设备，但由于农村人均年收入较低，消费支付能力有限。2007 年年底我国城镇和农村地区的每百户家用电脑拥有量分别为 53.8 和 3.7 台/百户，差距甚大，如图 3.35 所示。因此，在农村地区网民的上网设备相对匮乏之际，手机以较低的价格获得农村网民的青睐，成为农村网民上网设备的有益补充。同时，农村手机上网也将成为未来移动互联网产业关注的焦点。

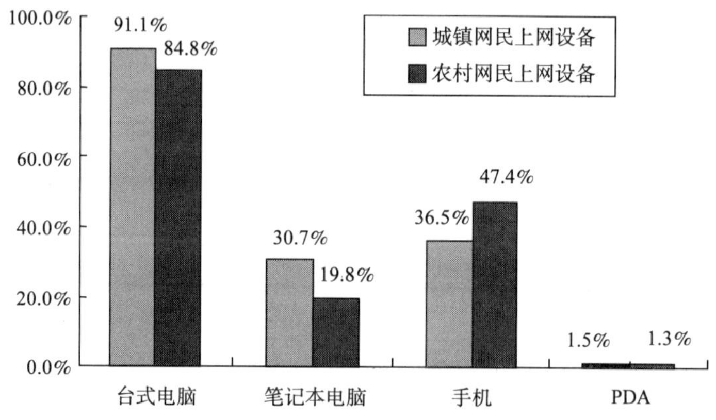

资料来源：中国互联网络信息中心（CNNIC）

图3.35 城镇与农村网民上网设备对比

4. 接入方式

从城乡网民互联网接入方式来看，宽带上网虽然是农村网民上网的主要接入方式，但农村宽带网民所占的比例仍比城镇低 11.8%，如图 3.36 所示。农村互联网基础设施条件是农村宽带网民偏低的外部原因，而农村居民对互联网的需求意识，及其互联网的消费支付能力和使用素养是制约农村互联网发展水平的内在原因。

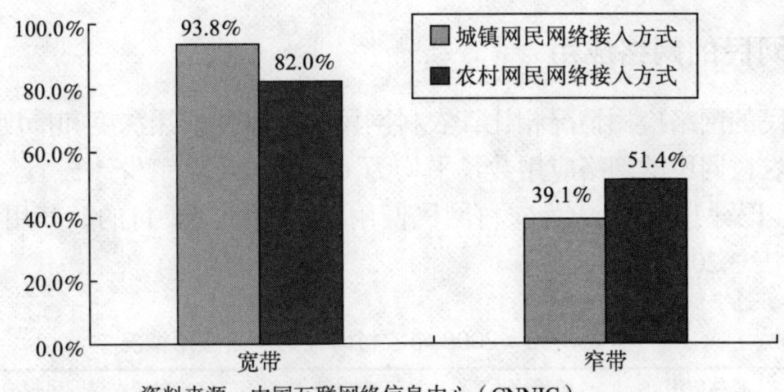

资料来源：中国互联网络信息中心（CNNIC）

图3.36　城镇与农村网民网络接入方式对比

农村网民中有 51.4%使用过窄带接入，从窄带网民所使用的上网设备可以看出，目前的窄带接入更多的是手机等移动互联网的无线接入。由于宽带和窄带之间存在复用，在农村网民中，只使用窄带接入的网民占农村网民总体的 18.0%，也就是说有 1500 多万农村网民只使用窄带接入，占全国只使用窄带接入的网民总体的 54.4%，如图 3.37 所示。针对仅使用窄带接入的农村网民使用上网设备进行分析，手机是该群体最常使用的上网设备。

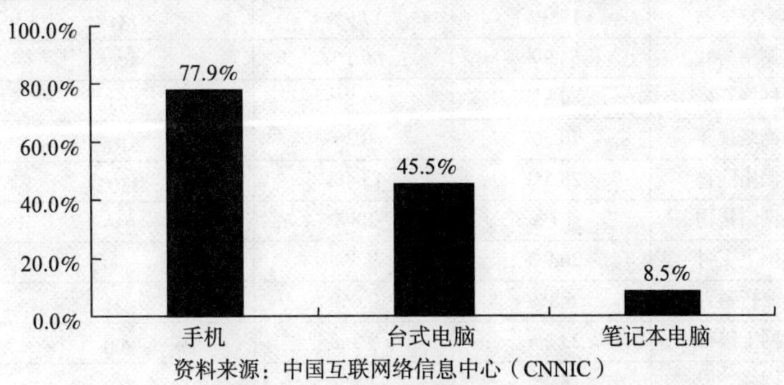

资料来源：中国互联网络信息中心（CNNIC）

图3.37　仅使用窄带接入的农村网民使用的上网设备

截至 2008 年年底，在近 1.2 亿中国手机上网用户中，城镇手机上网用户 7789 万人，占城镇网民总体的 36.5%；农村手机上网用户约为 4010 万人，占农村网民总体的 47.4%，如图 3.38 所示。

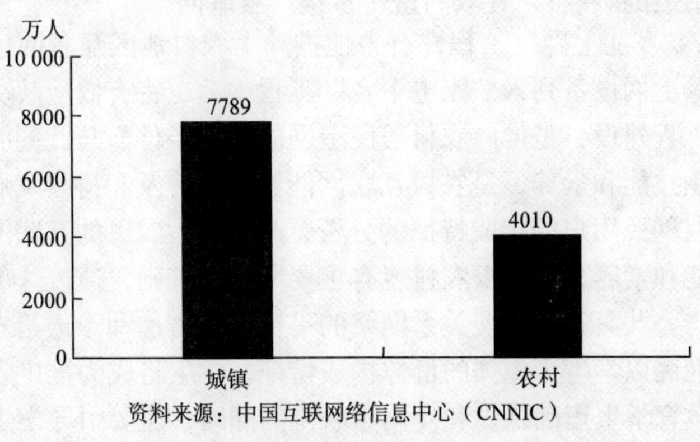

资料来源：中国互联网络信息中心（CNNIC）

图3.38　城镇与农村手机网民规模对比

3.5.4 农村网民的网络应用

与城镇网民的网络应用情况相比，农村网民的互联网使用深度和广度均有所不及。2008年年底，中国农村网民的网络应用数量平均为 6.0 个，比城镇少 1.5 个。网络音乐、网络视频、网络游戏以及网络聊天成为农村网民使用互联网的主要目的，其用户的规模均超过了5000 万人，如表 3.20 所示。

表 3.20 2008 年农村网民的网络应用情况

类型	具体应用	城镇使用率	农村使用率	对应农村网民规模	城乡差距
网络媒体	网络新闻	82.3%	68.7%	5810	13.7%
信息检索	搜索引擎	71.7%	58.6%	4955	13.2%
	网络求职	19.4%	16.7%	1411	2.8%
网络通信	电子邮件	61.5%	45.0%	3807	16.5%
	即时通信	77.0%	71.0%	6004	6.0%
网络社区	拥有博客	56.7%	48.3%	4085	8.4%
	更新博客	68.6%	53.9%	3900	14.7%
	论坛/BBS	35.1%	19.9%	1682	15.2%
	交友网站	19.8%	17.9%	1518	1.9%
网络娱乐	网络游戏	63.9%	60.1%	5085	3.8%
	网络音乐	84.8%	80.8%	6836	4.0%
	网络视频	70.6%	60.3%	5102	10.3%
电子商务	网络购物	28.5%	15.4%	1302	13.1%
	网络售物	4.1%	2.8%	235	1.3%
	网上支付	20.9%	9.5%	800	11.4%
	旅行预订	6.8%	2.6%	221	4.2%
网络金融	网上银行	23.2%	9.5%	800	13.7%
	网络炒股	14.2%	4.2%	359	10.0%
网上教育	网上教育	17.9%	13.0%	1103	4.9%

资料来源：中国互联网络信息中心（CNNIC）

3.5.5 农村互联网发展建议

1. 结合农村网民结构特征，在农村进一步推广互联网

“村村通电话，乡乡能上网”工程，有力地推动了农村地区互联网接入方面的基础设施建设；电脑、手机等上网设备列入“家电下乡”工程中，也将有效地解决农村地区上网设备匮乏的问题，这些工程建设，是推广农村居民上网的前提条件。与此同时，农民上网的需求意愿及互联网的使用技能和素养，是农村互联网能够快速普及和持续发展的关键。

根据对中国农村网民用户的构成特征的分析，改变广大农民的互联网需求意愿，提高农民使用互联网的技能和素养，必须以农村现有主要网民为基础，通过这部分人群将互联网的信息媒体价值、参与公共舆论和拓展关系网络的平台价值传递和渗透给农村的非网民群体。结合目前中国农村网民以学生为主体的群体构成特征，学生将成为推广农村互联网发展的关键，在积极引导和教育学生正确认识和使用互联网的同时，还要引导学生将互联网上与农民关心的信息传递给身边的非网民群体。除学生之外，接受现代远程教育的农村基层党员干部，

也应该积极将通过互联网获取的政策信息和商业信息及时传达给农民，使中国农村多数未上网的农民切身体会到互联网的价值，产生使用网络的兴趣，进而促进互联网在农民的生活中发挥作用，缩短城乡之间的“数字鸿沟”，促进农村地区的经济发展。

2．针对农民的信息需求，加强农村互联网信息内容建设

上网设备的购置，网络接入的搭建为农村信息化提供了实现手段，但基础设施建设还不足以支撑起农村信息化建设。要使农村信息化真正用起来，需要加强农村互联网信息内容建设，满足农民获取、交换信息的需求，从根本上解决农民靠信息致富的资源不足问题。

目前，农村地区信息资源匮乏，这成为农村经济发展的瓶颈。互联网所具有的信息储量大，信息全面，查询方便，信息更新及时等优势，为广大农村提供了方便快捷的信息渠道。但是，由于我国农村信息化建设起步时间不长，因此关于农村生产和生活的信息内容不够丰富，不能真正满足农村地区经济发展对信息的需求。所以，一方面是各大运营商要根据农村居民的生产和生活需要，结合中国农村居民的结构特征，通过简单易行的操作方式，有针对性地提供生产和生活信息服务。另一方面，农村的基层领导干部要根据本地的经济发展特征，配套整合农民切实与农民相关的信息，积极推动农村基层网站建设，将互联网对农民生产和生活有益的信息及时传递给农民。

3．积极引导农村网民对互联网应用由娱乐化转向价值化

信息时代，信息已经成为创造财富的重要资源，信息的流通也成为政治民主建设的关键。所以，对信息的价值应用将会大大拉近互联网与物质财富创造及政治民主建设的距离，信息的价值应用为经济落后地区发挥区域优势提供了契机。如果不能够借此机会善用信息，那么将可能造成“数字鸿沟”的迅速扩张，进一步拉大中国城乡发展的“二元结构”。

随着中国农村互联网的快速发展，农村网民对互联网的使用逐步加深。农村网民花费在互联网上的时间越来越长，互联网的应用越来越丰富，农村网民的网络参与意识逐步增强。互联网已经不仅仅是农村网民获取信息的渠道，同时也是农民参与公共舆论的重要平台。但是，从网民的互联网应用来看，目前中国农村网民对互联网的应用仍偏重于娱乐化，农村网民在网上教育、网络银行和网络购物等价值型应用的使用率上与城镇有很大差距，而在即时通信、网络音乐和网络游戏等娱乐应用方面则比较相近。对互联网的应用局限于对网络视频、网络游戏和网络音乐的娱乐功能的使用，将会大大阻碍农村信息化建设的发展，进一步阻碍农村经济的发展。所以，应积极引导农村网民对网络求职、电子商务和电子政务等价值型应用的侧重，在这个过程中，政府的引导作用和学校的教育作用不可忽视，农村的基层领导干部必须要结合本地的居民结构特征，组织学习和培训，提升农民的互联网认知和应用水平。学校要积极开展网络教育，培养青少年的互联网使用技能和素养，使其善于使用互联网进行学习和交流，增强其在信息社会的学习和生活能力。

4．加大网吧管理力度，开展农村中小学校的网络教育

目前中国农村未成年人群出入网吧上网的现象仍然很严重。农村网民的主要构成群体是学生，约有 3300 多万人，其中未成年学生有 2400 多万人，有 1300 多万未成年农村网民出入网吧上网。农村未成年群体出入网吧上网主要以聊天交友和网络游戏的使用为主，在互联网上花费的时间要比同年龄段的其他人群多，对互联网的信任感较低。未成年群体大量进入网吧上网，严重影响了学业，加强对未成年人规范上网的引导，是当前教育面临的重要问题。

在加大农村网吧管理力度，开展农村中小学校的网络教育时，家长和学校乃至相关管理部门，应该认识到随着互联网的快速发展，网络已经深入到人们生活的各个层面，将个人的学习和生活与互联网充分结合是社会发展的趋势所在。所以，对未成年人上网问题仅仅靠禁止是不够的，必须改善农村网民上网条件，解决农村未成年群体的上网困难，在学校积极开设网络课程，将网络社会化引入个人社会化过程中，培养学生的互联网使用技能，引导学生认识互联网积极面。从网吧管理、互联网内容治理、家长和学校引导教育等多方面入手，为生长于网络时代的青少年群体营造一个良好的互联网使用环境。

5. 大力推进基于手机下乡的信息下乡

手机等移动终端设备下乡的同时，更重要的是通过“手机下乡”能够缩短中国城乡的“二元结构”，给广大农民搭建有效的信息获取平台，缩小城乡之间的“数字鸿沟”，切实改善农民生活、帮助农民致富。

目前，手机在农村的拥有率远远高于电脑。根据中国互联网络信息中心的统计，近一半的农村网民使用过手机上网，手机将成为农村居民获取信息的重要平台。所以，“手机下乡”不仅仅是终端设备在农村的普及，更强调的是基于手机下乡的信息下乡。

信息下乡的含义包括两个层面：一是通过“村村通工程”和“手机下乡”等信息服务，更好地为广大农村地区提供一条“信息高速路”。二是针对农村地区的经济发展特征，结合农民的生产和生活需要，提供具有针对性的信息服务，提高农民使用手机获取信息的意愿，切实有效地让手机等移动终端设备所搭建的信息获取平台，惠及广大农民的生产和生活。

针对第一个层面的信息下乡，从政府角度来看，首先应该严格监督“手机下乡”政策的执行机制，严格把关下乡手机的质量和销售渠道，使“手机下乡”政策能够惠及到每个农民。其次，国家应该从政策上号召和鼓励各大运营商，着力解决中国广大农村地区使用手机上网的技术困难，使手机成为上网设备相对匮乏的广大农村地区的有益补充。再次，国家应该在政策上鼓励专业技术人员走入农村，积极帮助农民更好地使用手机。而从各大运营商的角度来看，应该从多方位、多层次展开手机通信和上网的资费优惠政策，并提供有针对性的增值服务，使农民能够积极购买手机、积极使用手机。同时，在全国的 3G 业务开展中，要着眼于中国城乡的共同发展。

针对第二个层面的信息下乡，各运营商应该根据农村居民使用手机和使用互联网的信息需要，结合农村居民和网民的结构特征，有针对性地为广大农民的生产和生活提供信息服务，以手机为载体，为农民提供政策法规、农业科技、价格行情和市场供求等信息，使农民在使用过程中真实地体会到互联网信息带来的价值，提高农民使用手机上网的需求和积极性，使互联网信息在中国 7 亿多农民的生产和生活中发挥作用，这也是中国农村信息化的真正意义所在。

3.6 中国青少年上网尚需引导

3.6.1 青少年网民规模

截至 2008 年 12 月，中国青少年网民数已经达到 1.67 亿人[6]，占网民总体人数的比例为 55.9%，较去年上升了 5 个百分点，新增青少年网民 6000 万。青少年网民中的城乡比例约为

[6] 青少年网民是指年龄在 25 周岁以下的网民。

2∶1，城镇青少年网民比农村青少年网民多 5178 万。目前，青少年群体已经成为中国最大的网民群体，也成为备受社会关注的群体。

过去一年，青少年网民规模增长速度达到 56.1%，高出全国网民总体增速 14.2 个百分点。青少年网民群体规模迅速增加，主要是源于近年来各地学校开设了计算机操作相应课程，使学生群体使用计算机的技能不断提高，这为青少年顺利上网创造了较好的条件；同时，随着中西部地区网吧数量和密度的增加，具有上网功能的手机的普及，青少年可选择的上网设备更多，这都推动了青少年网民群体的增长。

3.6.2　青少年网民结构特征

1．性别结构

全国网民中男性占比高于女性 5 个百分点，而在青少年网民中，女性网民占比达 51.1%，较男性多出 354.2 万人，如图 3.39 所示。青少年网民性别构成变化与全国网民性别构成变化呈现出一定的反差。可以预见的是，随着青少年网民的成长，未来中国整体网民性别差异将进一步缩小。

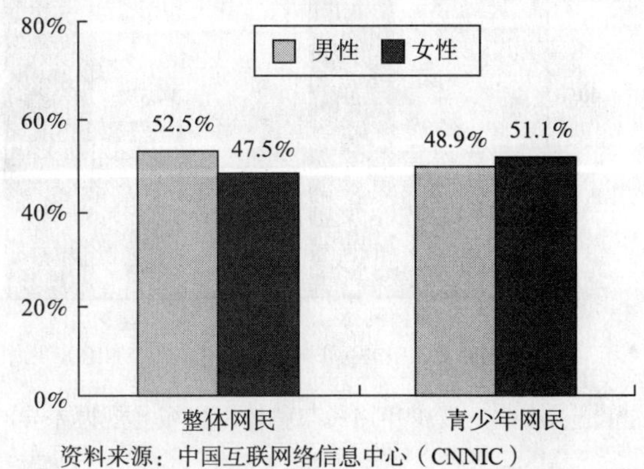

资料来源：中国互联网络信息中心（CNNIC）

图3.39　整体网民与青少年网民性别结构

2．年龄结构

从青少年网民的年龄分布看，95.3%的青少年网民在 12 岁以上，这部分群体主要是在校的中学生、大学生以及刚工作的 80 后职场新人。其中，12～18 岁之间的网民最为集中，占青少年网民总数的比例达五成以上，如图 3.40 所示。

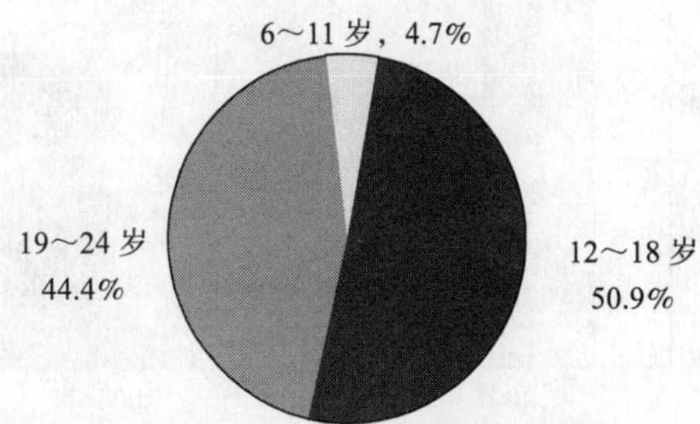

资料来源：中国互联网络信息中心（CNNIC）

图3.40　青少年网民年龄分布

近年来，网络使用出现越来越低龄化的趋势，更多的青少年享受到了信息化带来的资源优势。但是，由于未成年人身心发展还未成熟，鉴别能力和自控能力较弱，网络不良信息对这一群体的危害更大，这对网络信息的净化提出了更高的要求。

3. 地区结构

青少年网民规模的城乡差异小于网民总体城乡规模差异。青少年人群中农村网民占比高出整体网民中农村网民占比 6.1 个百分点，在农村地区，部分成年人往往通过处于青少年期的子女或晚辈接触网络，接受网络信息。同时，随着国家相关信息化政策的推行，特别是农村信息化基础设施建设的加强，互联网正在向农村地区不断渗透，青少年网民中农村网民所占比重不断提高。与 2007 年相比，农村青少年网民占比提高了 6.8%，青少年网民城乡占比差距从 35.4%下降到 31.0%，缩小了 4.4 个百分点，如图 3.41 所示。

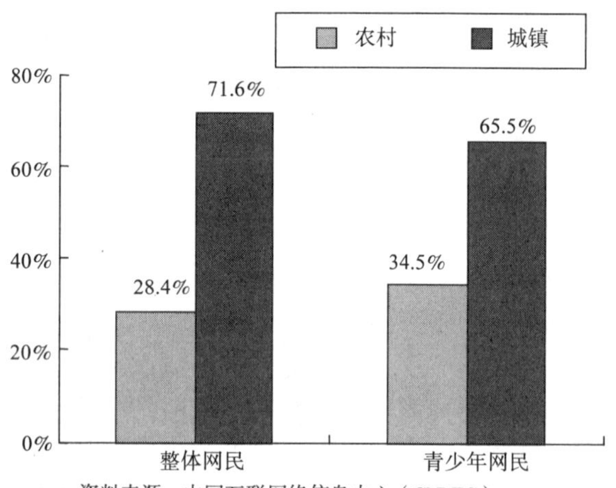

图3.41 青少年网民与整体网民城乡规模差异

东部和中西部地区青少年网民规模的差异也在逐渐缩小。2008 年，中西部地区与东部地区青少年网民的占比差距缩小 13.7 个百分点，如图 3.42 所示。这表明，国家对经济薄弱和信息化水平低的地区开展的信息化推进工作收到了明显的效果，青少年一代的数字鸿沟有缩小的趋势。

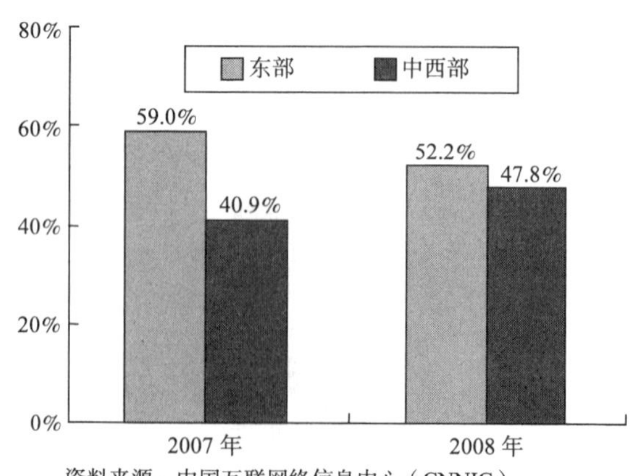

图3.42 2007年与2008年青少年网民东中西部地区规模差异

3.6.3　青少年网民的上网习惯

1．上网时长

2008 年，青少年平均每周上网时间为 14.6 小时，比 2007 年增加了 1.9 个小时。相比学生群体而言，非学生群体的上网时间更长。在学生群体中，大学生上网时长最长，达到了 18.4 小时，超过了平均水平；中小学生由于课业负担较重，受到家长和学校的管理，平均每周上网时间都在 10 小时以内。

2．上网场所

家里和网吧是目前青少年最主要的上网场所。青少年网民在家里上网的比例达到 72.1%，在网吧上网的比例为 57.5%，在学校上网的比例只有 19.1%。随着学龄的增长，在家上网的青少年占比在下降，在网吧和学校上网的比例有所增加。2008 年，虽然各地加强了网吧禁止未成年人进入的规定的执行力度，但仍有 48.4%的中学生网民在网吧上网。大学生最常上网的地点是学校，比例高达 87.2%，远远超出中小学生在学校上网的比例。

总体来看，学校还没有为中小学生提供足够的上网资源，中小学生除了家庭外，网吧仍是获取网络信息的主要场所。如果中小学生上网行为发生在学校环境下，要比网吧更加可控和安全，因此，加强学校网络基础设施建设，仍然是未来中国网络基础设施建设投入的重要方向。

由于城乡拥有家用电脑的比例悬殊，城镇青少年一般在家就可以上网，因而他们在家上网最多，而农村青少年往往只能在网吧上网。农村地区有 65.4%的青少年网民使用网吧上网，这一比例要高出城镇 11.7 个百分点，如图 3.43 所示。

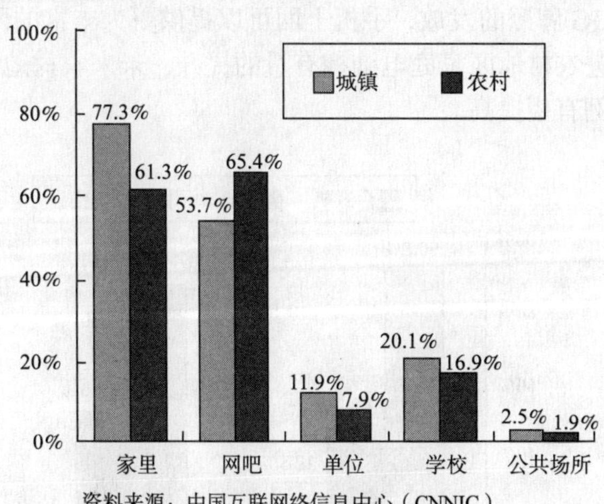

图3.43　城乡青少年网民上场所对比

3．上网设备

近九成青少年网民使用台式机上网，但使用手机上网的青少年网民数量在迅速增长。有近五成的青少年使用过手机上网，超过了使用笔记本电脑上网的比例。手机作为网络终端工具使上网更加便利，已经成为青少年除台式机外第二位的上网终端。对于缺少计算机等上网设备的农村地区和部分城镇地区，手机接入网络的方式为青少年提供了另一条接触互联网的途径，如图 3.44 所示。

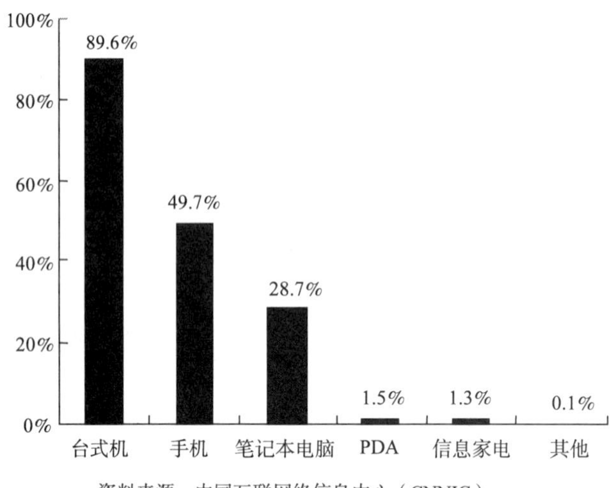

图3.44　青少年上网设备

由于拥有手机是使用手机上网的前提条件，非学生群体已经就业，具有稳定的收入来源，经济支付能力较强，手机拥有率也较高，因此，他们占到青少年手机网民中的 57.5%。在学生群体中，中学生手机网民要高于其他学生群体，占比达 36.2%，如图 3.45 所示。

目前城镇青少年使用电脑上网的比例高于农村地区，但农村地区使用手机上网的青少年占比高于城镇。随着 3G 牌照的发放，手机上网可以提供更为丰富的网络应用。同时，“电脑下乡”的政策也能促进农村地区家庭电脑拥有量的提升，未来农村地区青少年网民使用台式机或笔记本上网的比例有望提高。

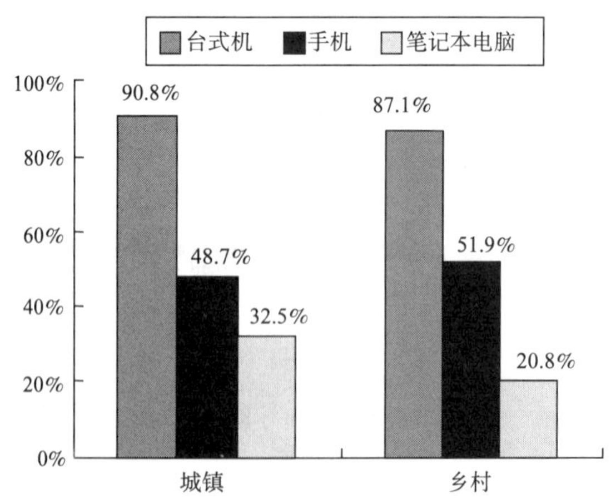

图3.45　城乡青少年上网设备对比

3.6.4　青少年网民的网络应用

青少年处于身心发展期，具有强烈的好奇心、求知欲和敏感性。青少年的网络应用偏好直接受青少年独特的情感、认同等心理需求的支配，上网行为是青少年的学习、社交和娱乐在网络上的延续，具有显著特点。

首先，网络社交是青少年网民使用较为活跃的应用领域之一，其中包括撰写博客、使用即时通信工具和登录论坛/BBS 等。其次，网络游戏、音乐和视频等网络娱乐往往是青少年最开始接触的网络应用，也是最容易造成网络沉迷的应用。另外，目前网络教育在青少年网民中的使用比例不高，但随着远程教育体系在学校中使用的增加，青少年将来可以更多地接触外部教育资源，因此，网络教育对青少年成长的影响将更大。

网络购物等商务使用是青少年潜力最大的网络应用领域之一，大学生群体已经成为网络购物的重要人群。但是从整体看，由于大部分青少年处于学龄期，他们使用较为活跃的网络运用集中于娱乐领域，网络购物、搜索引擎和网络新闻等其他网络应用的使用率还较低，见表 3.21。

表 3.21　各互联网应用在青少年网民中的使用率

		青少年网民使用率	全国网民使用率
网络娱乐	网络音乐	87.7%	83.7%
	网络视频	69.3%	67.7%
	网络游戏	67.4%	62.8%
网络社交	拥有博客	66.8%	54.3%
	即时通信	80.2%	75.3%
	交友网站	20.5%	19.3%
	论坛/BBS	30.6%	30.7%
网络教育	网上教育	15.8%	16.5%
电子商务	网络购物	22.4%	24.8%
	网上售物	3.6%	3.7%
	网上支付	15.8%	17.6%
	旅行预订	3.7%	5.6%
信息搜索	搜索引擎	67.3%	68.0%
	网络招聘	17.8%	18.6%
网络媒体	网络新闻	71.8%	78.5%
其他	网上银行	15.2%	19.3%
	网络炒股	4.6%	11.4%

资料来源：中国互联网络信息中心（CNNIC）

3.6.5　青少年上网行为指导建议

1. 净化网络环境，给青少年营造健康的上网氛围

（1）加大网吧管理力度

针对我国目前在网吧上网的未成人尤其是学生比例一直居高不下的现象，相关管理部门应进一步加强网吧管理力度，尤其应该取缔和监管学校周边的网吧，加大未成年人禁止进入网吧上网的管理条例的执行力度，防止青少年在网吧上网接触不健康内容。

（2）净化网络文化

加强网络文化建设，一方面，要加大内容建设力度，满足青少年网民多样化和个性化的文化信息需求；另一方面，要积极引导其他网络应用行为，引导青少年开展网络学习和商务活动，鼓励青少年将网络从娱乐工具向生活助手转移。同时，充分发挥网络的特性，将传统教育与网络教育结合，鼓励学生使用网络查询信息，使用网络搜索教育资源等。

清除不利于青少年身心健康的信息，依靠政策管理净化青少年网络空间。坚持互联网产品及内容的分层分类管理，对网络产品内容进行更加严格的审核和分级。目前网络音乐、网络视频和网络游戏是青少年最多的网络应用。网络娱乐产品的不良内容极易毒害青少年。对于有色情、暴力倾向的游戏和影视内容予以限制，对于有教唆犯罪倾向的内容坚决予以取缔。

借助对整体互联网内容的监管，强化对手机接入的互联网内容的管理。避免由于上网时空限制少，未成年人使用手机浏览信息下载文件，接触不健康的网络内容。

（3）加强社会监督

净化青少年上网环境，不仅仅是政府、网络运营者和内容提供的责任，同时需要全社会的多方协作。近年来，文明办网和文明上网工程连续不断，犹如刮起了一股绿色风暴，整体营造和谐的网络空间，这有助于青少年上网空间的净化，也增强了青少年自觉抵制不良信息的意识。文明办网、文明上网将是一项长期的工程，需要全社会的积极支持和参与，它不仅需要政府的正确监管，更需要行业组织长期的积极引导。

2．加强网络基础设施建设，引导青少年网络学习

学校应推广网络教育、提高学生的网络信息获取能力。一方面，引导青少年开展网络学习和信息检索，将传统教育与网络教育结合，鼓励学生使用网络查询信息，使用网络搜索教育资源等。另一方面，鼓励青少年的网络商务应用，促进青少年网络应用的多样化，从单一娱乐使用向学习平台、信息媒介、生活助手转移。目前还有一些学校与开发商等机构展开合作，开发和推荐绿色网络游戏，建立适宜青少年的网络交友社区，打造适宜青少年的网络空间，可以帮助青少年在娱乐中掌握知识，提升品德。

充分发挥家庭教育功能，鼓励青少年的正确上网行为。青少年在家上网的比例较高，因此家长应该监督和引导青少年上网行为，不应该单纯使用强硬的管制措施，而应该给予更多的积极引导。家长应该主动与青少年增加沟通与交流，鼓励其在现实中拓展交往能力。家长可以和青少年一起上网，一方面对青少年上网活动进行监管，另一方面也增加了亲子间的沟通，建立和谐的家庭氛围。

3．推进青少年网络使用，助力农村、中西部地区信息化发展

由于城乡之间、东部地区与中西部地区之间均存在网络使用的“数字鸿沟”，因此应在全国范围内推进信息化建设，让网络的信息和服务的便利性能惠及农村和中西部经济薄弱地区，需要发挥网络使用活跃群体的带动力量。因此，促进青少年群体的网络使用既是互联网普及工作的内容，也是更大范围推进信息化建设、促进社会和谐发展的力量储备。

无论居住在城市还是农村，青少年都是网民的重要群体，他们在网络使用上比其他年龄段群体更加主动。在农村和中西部地区，部分成年人往往通过处于青少年期的子女或晚辈接触网络，接受网络信息。因此，青少年是经济薄弱地区互联网使用普及的重要带动群体。应该鼓励和帮助青少年群体接触网络，开展网络应用，以点带面助力农村和中西部地区的信息化发展。

（中国互联网络信息中心　王恩海）

第二篇

环境篇

2008年中国互联网政策法规建设发展情况

2008年中国网络资本发展情况

2008年中国网络版权保护发展情况

2008年中国网络与信息安全发展情况

2008年中国互联网治理状况

第 4 章　2008 年中国互联网政策法规建设发展情况

4.1　中国互联网政策法规建设情况发展概述

2008 年，国家没有出台专门针对互联网的法律、行政法规和部门规章，互联网政策法规建设以既有制度为基础，重点围绕规范、整治互联网信息服务和推进互联网应用与产业发展，发布了一系列政策性文件。总体而言，这些政策性文件没有突破现有互联网基本制度和管理框架，只是在管理重点和具体措施方面有所调整或者完善。主要体现在：

一是“三网融合”政策未取得实质性进展。2008 年 1 月 1 日，国务院办公厅转发了《发展改革委等部门关于鼓励数字电视产业发展若干政策的通知》，被看作是国家推进“三网融合”的又一信号，但由于缺乏管理体制的支持和可操作的具体措施，加之数字电视产业与网络融合业务的发展需求之间存在一定的张力，有关规定依旧停留在宣言层面上。2008 年 1 月 31 日，国家广电总局和原信息产业部联合发布的《互联网视听节目服务管理规定》开始施行，但预期中的电信与广电企业“双向进入”未能成为现实，短期内“三网融合”的前景不容乐观。

二是互联网政策措施紧扣国家发展稳定大局。2008 年是北京奥运会举办之年。围绕着奥运保障目标，国家出台了一系列政策措施，互联网管理也体现出服务奥运的特点。例如，国家食品药品监督管理局等部门两次发出通知和公告，严禁通过互联网非法销售兴奋剂和发布销售兴奋剂信息。同时，围绕着继续推进社会主义新农村建设的任务，原信息产业部明确提出加快农村互联网建设的目标和任务，要求相关企业着力发展农村信息服务。此外，国家发展改革委员会等部门发布的《关于印发强化服务 促进中小企业信息化意见的通知》，要求强化政府对中小企业信息化的公共服务，完善中小企业信息化社会服务体系等，对于缓解中小企业受美国金融危机之累而面临的发展困境有指导意义。

三是互联网治理方式不断得到充实与完善。在既有的服务许可、内容管理以及监督处罚等治理措施的基础上，2008 年，相关政府部门使用了正面引导、规划控制以及政策鼓励等方式，对涉及青少年上网保护、网络动漫产业发展等事项实施管理。如文化部游戏产品内容审查委员会向社会推荐了一批适合未成年人网络游戏产品；工商总局在网吧管理上注重发挥布局规划的引导、管控作用和连锁经营对市场结构的优化作用；《动漫企业认定管理办法》及与之配套的政府扶持和优惠措施，较好地引导了动漫产业的发展方向，这些措施都丰富了互联网治理的内涵，提升了互联网治理的水平和效果。

与此同时，随着我国互联网应用向纵深发展，一些问题在引发公众讨论的同时，也引起了政策制定者的关注。

一是移动互联网的监管问题。随着宽带无线通信、多媒体及 Web 应用技术的发展创新，移动互联网蓬勃兴起，并被视为互联网的重要发展方向。移动互联网除承继有线互联网的海量信息、多方多向互动等优势外，其移动性、便携性、更加多样化、个性化的消费体验以及更有保障的支付渠道，使得移动互联网蕴含巨大商机和发展潜力。我国大力发展第三代移动通信的既定政策也为移动互联网创造了良好的发展契机。与此同时，在我国移动用户群庞大的环境下，移动互联网强化了每个用户都可能是潜在的信息制造者、发布者和传播者的状态，移动终端设备功能的日臻完善和 3G 网络的优化发展，也为信息的制作和传播提供了有力的支持，这些无疑加大了网络信息管理的难度，对媒体管理的冲击和挑战尤为明显。2008 年，相关部门已经启动了手机媒体服务管理的立法调研和起草工作，对于移动互联网的发展必然产生深远影响。

二是网上个人隐私保护问题。网上隐私保护问题由来已久。2008 年，“艳照门”和“辽宁女”等网络事件再度引发公众对个人信息保护的强烈关注，而“人肉搜索”引发的网络暴力行为、计算机感染网络病毒或者商家非法出售个人信息引发的失财、诈骗、垃圾信息泛滥等问题也令人忧虑，并在国家立法中得到回应。2008 年 8 月 25 日，十一届全国人大常委会第四次会议审议了“刑法修正案（七）草案”，其中明确提出：国家机关或者金融、电信、交通、教育、医疗等单位的工作人员，违反国家规定，将履行公务或者提供服务中获得的公民个人信息出售或者提供给他人，或者以窃取、收买等方式获取上述信息，情节严重的，追究刑事责任。尽管上述规定在人们信息保护的范围和力度上还有所保留，却是我国公民权利法制建设的重要一步，并将逐步得到充实和完善，这对个人权利保障和互联网产业的健康发展都具有现实意义。

三是网络支付问题。网络游戏的蓬勃发展和互联网收费服务的稳步推行，腾讯 Q 币、盛大点券和侠义元宝等“虚拟货币”的数量和种类不断增加，引发了公众对“虚拟货币”的属性以及政府监管必要性的争论。2008 年 9 月，国家税务总局发出了《关于个人通过网络买卖虚拟货币取得收入征收个人所得税问题的批复》，明确个人通过网络收购玩家的虚拟货币，加价后向他人出售取得的收入属于个人所得税应税所得，这被解读为承认了“虚拟货币”的财产属性，并进一步引发“虚拟货币”的安全性和控制权问题、网游企业是否拥有了央行的货币发行权以及“虚拟货币”是否可能成为网上交易的一般等价物而引发金融混乱等讨论。同时，电子商务的蓬勃发展尤其是 C2C 交易方式的持续攀升，使得“淘宝旺旺”等第三方支付平台的性质、合法性和政府监管问题再度成为焦点，上述问题将在政策层面逐步明朗化，并影响网络支付的模式和发展前景。

4.2 中国互联网政策法规建设的主要内容

4.2.1 重申国家鼓励三网融合的发展战略

2008 年 1 月 1 日，《国务院办公厅转发发展改革委等部门关于鼓励数字电视产业发展若干政策的通知》，在有关数字电视产业发展目标中明确提出：以有线电视数字化为切入点，加快推广和普及数字电视广播，加强宽带通信网、数字电视网和下一代互联网等信息基础设施建设，推进“三网融合”，形成较为完整的数字电视产业链。要求有关部门要加强宽带通信网、数字电视网和下一代互联网等信息网络资源的统筹规划和管理，促进网络和信息资源共享。

2008 年 3 月 14 日，《国家发展改革委办公厅关于组织开展信息化试点工作的通知》，提出新农村综合信息服务试点工作的重点是鼓励有关政府职能部门共同授权的专门机构，依托金农工程、文化信息资源共享工程、农村党员远程教育工程、农村中小学远程教育工程等涉农信息化基础条件，综合利用多种网络资源（电信网、广电网和互联网）、多种终端（手机、电视、计算机）以及市场化的信息资源，统筹开展新农村信息化综合试点工程建设和运营服务。

2008 年 10 月 15 日，在《中共中央关于推进农村改革发展若干重大问题的决定》中，再次重申“推进广电网、电信网、互联网‘三网融合’，积极发挥信息化为农服务作用”。

4.2.2　加强对青少年上网的正面引导

2008 年 1 月 18 日，文化部游戏产品内容审查委员会发布了《关于向社会推荐第三批适合未成年人网络游戏产品的公告》，为合理引导未成年人的游戏娱乐需求，努力用健康向上的游戏产品占领市场，按照国产原创、健康益智、寓教于乐、适合未成年人作为征集标准，从社会各界广泛推荐的几十款游戏产品中遴选出第三批适合未成年人的网络游戏产品，包括广州网易计算机系统有限公司的“富甲西游”、上海盛大网络发展有限公司的“疯狂赛车”以及深圳市南天门网络信息有限公司的“幻境游学”等，供家长和社会各界作为寒假期间指导未成年人适度游戏的参考。

2008 年 3 月 13 日，《共青团中央办公厅关于印发〈关于实施青少年网络建设工程的方案〉的通知》提出：要切实加强青少年网上思想舆论阵地建设，不断满足青少年的网络文化需求，努力掌握在网上引导服务青少年的主动权。为此，明确了建设网上共青团组织活动阵地，构建青少年网络服务平台及建立联系网络工作者的组织渠道等工作目标，并提出了大力建设团属青少年网站，广泛开展青少年网络宣传教育活动等近期主要工作和要求。

4.2.3　继续开展网吧专项治理和优化管理

2008 年 6 月 27 日，《国家工商行政管理总局关于集中开展查处取缔黑网吧专项行动的通知》，要求自 2008 年 7 月 1 日至 9 月 30 日集中开展为期三个月的查处取缔黑网吧专项行动，要求各级工商行政管理机关加强互联网上网服务营业场所的工商登记管理，严把市场主体准入关；对在中学、小学校园周围 200 米和居民住宅楼（院）内申请设立互联网上网服务营业场所的，一律不予核准；撤销农业信息服务站和电子竞技俱乐部互联网上网服务经营项目；以农村、城乡结合部和学校周边为重点，加大对黑网吧查处取缔力度；全面落实属地监管责任制，大力推行“局所联动，以所为主，上级督导”的监管模式，强化基层工商所的监管职能，分片包干，责任到人，开展全面排查。同时，要求加强部门协调，动员社会力量参与，努力形成网吧管理合力和灵敏、高效的社会监督举报机制，并探索构建查处取缔黑网吧的长效机制。

2008 年 7 月 7 日，《文化部、国家工商行政管理总局、公安部关于网吧管理工作有关问题的通知》，从改善宏观调控、强化日常监管和稳步推进网吧连锁三个方面，对进一步完善网吧管理作出规定。在改善宏观调控方面，要求省级文化行政部门总结评估本辖区网吧总量布局规划的实施成效，并相应实施严格限制网吧数量，着重调整存量和优化结构，修订网吧区域布局规划等管理措施。加强和完善网吧许可的政务公开，定期向社会发布网吧总量布局规划与实际许可情况的信息，防止盲目投资；在强化日常监管方面，文化行政部门要以禁止网吧接纳未成年人为工作重点，加强对农村、城乡结合部和学校周边地区网吧的执法巡查，加强对网吧内利用服务器等设备传播的文化内容的监管；工商行政管理部门要保持打击黑网吧的高压态势，以农村、城乡结合部、学校周边及各类变相黑网吧为重点，继续开展查处和取缔黑网吧专项整治行动等；在稳步推进网吧连锁方面，要求对网吧增量市场和存量市场分类指导，注重通过连锁经营体系整合存量市场并加以规范、提升，通过市场机制和政策激励扶持改善、优化网吧市场结构。

4.2.4 继续强化对互联网信息服务的内容监管

1．进一步规范互联网信息服务

2008 年 4 月 1 日，国家食品药品监督管理局印发了《关于开展互联网药品信息服务和交易服务监督检查工作的通知》，针对网上违法发布虚假信息销售药品等行为，要求省级食品药品监督管理局在互联网药品信息服务和交易服务审查工作中，严格审批程序和验收标准，把申请单位提交的关于保证互联网药品信息来源真实、合法以及互联网药品交易安全的制度和措施等作为审查工作的重点。同时，依法查处未经审批擅自从事互联网药品信息服务和交易服务的行为，通过与有关部门的配合，以网上发布的信息为线索，严厉查处制售假劣药品的窝点。

2008 年 5 月 13 日，全国国家版图意识宣传教育和地图市场监管协调指导小组印发了《关于对互联网地图和地理信息服务违法违规行为进行专项治理的通知》，部署 2008 年 5 月至 12 月在全国开展一次对互联网地图和地理信息服务违法违规行为专项治理行动的工作，要求从五个方面对互联网地图和地理信息服务网站进行全面、彻底的检查：一是依法查处存在损害国家主权、安全和民族尊严的“问题地图”；二是依法查处互联网地图未经测绘行政主管部门进行审核批准擅自登载的行为；三是依法查处互联网地图和地理信息服务网站擅自提供信息服务的违法行为；四是依法查处违法编制互联网地图的行为；五是依法查处互联网地图违法出版行为。同时，要求要集中查办互联网地图和地理信息服务网站的违法违规行为，畅通举报渠道，鼓励网民对网上“问题地图”和地理信息失泄密行为进行监督和举报等。

2．加大对网上非法信息的整治力度

2008 年 1 月 23 日，公安部、国家税务总局印发了《关于开展打击制售假发票和非法代开发票专项整治行动的通知》，明确打击制售假发票和非法代开发票专项整治行动的重点是：伪造、非法印制发票，利用手机短信、互联网、传真、邮递等交易方式大肆进行兜售假发票和非法代开发票的活动，要求要以目前网络上、手机短信发布的非法代开发票等信息为重要案源，先行重点查处，顺藤摸瓜，刨根溯源，要追查真票的购领单位，一查到底。

2008 年 2 月 18 日，国家工商行政管理总局印发了《关于继续深入治理整顿网上非法“性药品”广告和性病治疗广告的通知》，要求工商部门继续采取有力措施，继续把含有性生活和性暗示等低俗内容的违法药品、保健食品、消毒类产品以及性仿真器械等广告作为整治的重点，严把市场主体准入关，进一步加强网上广告监管和广告经营资格检查，坚决依法从严查处发布非法“性药品”广告和性病治疗广告的行为。

2008 年 2 月 26 日，公安部、原信息产业部、商务部、国家工商行政管理总局、国家食品药品监督管理局、中国银行业监督管理委员会和国家邮政局联合发布了《关于进一步加强违禁品网上非法交易活动整治工作的通知》，针对一些不法分子在网上非法贩卖违禁品（国家规定限制或禁止生产、购买、运输、持有的枪支弹药、爆炸物品、剧毒化学品、窃听窃照专用器材、毒品、迷药、管制刀具等物品），给社会治安和公共安全带来较大隐患的问题，要求各部门进一步理顺管理机制，明确职责分工，实现对违禁品网上非法交易活动的有效管控。例如，工商行政管理部门负责网上广告活动监管，对在网上广告监管中发现的违法从事网上广告经营活动的网站，通知电信管理部门对网站予以取缔；公安、食品药品监管等涉及违禁品监管的有关部门按照职责分工，负责对违禁品网上销售活动的监管，对发现的发布销售违禁品广告的网站，及时通报电信管理部门和工商行政管理部门依法查处等。《通知》还要求采取切实有效措施，建立健全违禁品网上非法交易活动整治工作的长效机制，包括加强网上监管，将网下违禁品管理的各个环节延伸到网上，建立违禁品网上非法交易“黑名单”制度等。

2008 年 4 月 10 日，国家食品药品监督管理局、公安部、工业和信息化部、卫生部、海关总署、国家工商行政管理总局、国家体育总局和第 29 届奥林匹克运动会组织委员会联合印发了《关于开展兴奋剂生产经营专项治理工作的通知》，规定要严肃查处通过互联网非法发布蛋白同化制剂、肽类激素销售信息和网上非法销售行为。要求工业和信息化部负责组织对境内互联网站进行监测，要依照国家食品药品监管局的研判意见，及时查处境内非法销售兴奋剂的网站。对利用互联网网站违法发布蛋白同化制剂、肽类激素销售信息的，要及时将相关互联网站注册信息通报国家食品药品监管局，由国家食品药品监管局会同公安部深挖源头，依法查处相关企业和个人。2008 年 7 月 8 日，《食品药品监管局、工业和信息化部、公安部、卫生部、海关总署、工商总局、体育总局、北京奥组委关于加强兴奋剂管理有关规定的公告》，进一步加强对兴奋剂的管理，规定“严禁通过互联网非法销售兴奋剂和发布销售兴奋剂信息”。

2008 年 6 月 20 日，国家版权局、工业和信息化部和国家广播电影电视总局联合印发了《关于严禁通过互联网非法转播奥运赛事及相关活动的通知》，明确第 29 届奥林匹克运动会赛事及相关活动在中国大陆和澳门地区的新媒体（互联网和移动平台）转播权已由国际奥委会独家授予中国中央电视台。未经中央电视台授权许可，其他任何互联网和移动平台等新媒体均不得擅自转播。各互联网和移动平台可通过取得中央电视台网络传播中心授权的形式，合法使用奥运赛事及相关活动的视音频节目信号。版权、通信和广电管理部门将依法查处未经许可转播奥运赛事及相关活动的行为，如通信管理部门将根据版权执法部门认定的违法情况，依法实施停止接入，关闭网站等行政处理措施。

2008 年 7 月 15 日，国家工商行政管理总局、中央宣传部、监察部、国务院纠风办、国家广播电影电视总局、新闻出版总署联合印发了《关于进一步加强奥运期间新闻媒体广告发布管理的通知》，在对广播、电视、报刊等大众传播媒体的广告发布管理作出重点规定的基础上，规定“严禁利用广播、电视、报纸、期刊、互联网发布烟草广告；严禁发布 A 型肉毒毒素及其制剂生产、经营、使用的广告”。

4.2.5 实施促进互联网产业化的发展政策

2008 年 2 月 4 日，国家发展改革委办公厅《关于组织实施 2008 年新一代宽带及网络通信产业化专项的通知》，明确了新一代宽带及网络通信产业化专项的目标，指出专项支持重点是关键网络设备、宽带通信关键器件以及芯片和宽带及网络应用，并就申报工作及相关报告的编制要点等提出了具体要求。

2008 年 8 月 14 日，国家发展改革委办公厅印发了《关于组织实施 2008 年下一代互联网业务试商用及设备产业化专项的通知》，基于中国下一代互联网示范工程（CNGI）的总体安排，从三方面明确了下一代互联网业务试商用及设备产业化专项的支持重点和要求：一是支持新型技术及业务的应用和试商用，包括基于下一代互联网的科研基础设施建设及应用示范，IPv6 宽带接入业务试商用，新型 IP 承载网试商用等；二是支持关键设备产业化，包括移动通信网 IPv6 接入网关，IPv6 无线视频监控系统和下一代互联网可信域名服务系统；三是支持重要标准规范的研究制定，包括真实 IPv6 源地址验证标准体系，面向 CNGI 项目的系列标准规范和下一代互联网关键设备测试标准规范，并对每一子项提出了具体要求。

4.2.6 推进以互联网应用为重点的信息化政策

2008 年 1 月 28 日，原信息产业部《关于 2008 年扎实推进村通工程发展农村信息服务的意见》中明确提出：加快农村互联网建设，包括进一步发展农村互联网宽带接入，增加互联网数据服务功能，提升业务层次和网络质量，为农民享受更加现代先进的信息通信服务提供良好的网络服务支撑。同时，明确了乡镇互联网建设任务和农村宽带建设任务，即乡镇一级基本具备互联网上网接入条件，80%以上行政村具备拨号上网条件，力争年内实现“乡乡能上网”的“十一五”规划目标；为全国 95%以上乡镇开通宽带，其中东、中部省份实现所有乡镇通宽带。要求着力发展农村信息服务，基础电信企业要加快完善和推广现有农村信息平台和信息服务，不断开发新的涉农业务，年内力争在所有本地网上，开通针对农民的短信、互联网、电子邮箱和语音热线等经济实用的信息服务；增值电信企业要转变观念、面向“三农”，积极会同各级政府和有关涉农单位，大力开发针对农村、贴近农民的信息内容，提供形式多样的特色业务应用等。

2008 年 2 月 18 日，文化部、财政部和国家税务总局联合印发了《动漫企业认定管理办法（试行）》，对“网络动漫”进行了定义，即网络动漫（含手机动漫）是“以计算机互联网和移动通信网等信息网络为主要传播平台，以计算机、手机及各种手持电子设备为接收终端的动画、漫画作品，包括 Flash 动画、网络表情、手机动漫等”，并对动漫企业的认定部门、认定标准和程序等作出规范，明确只有按照本办法认定的动漫企业，方可申请享受《通知》规定的有关优惠和扶持政策。2008 年 8 月 13 日，《文化部关于扶持我国动漫产业发展的若干意见》又进一步提出网络动漫、手机动漫是动漫产业的前锋，提出了大力发展网络动漫、手机动漫的政策措施，包括运用高新技术创新生产方式，培育新兴动漫业态；大力发展以数字化生产和网络化传播为主要特征的网络动漫、手机动漫产业；鼓励经营性互联网文化单位从事网络动漫业务及开展动漫版权代理，将动漫网站打造成为网络动漫产业发展的重要平台；积极引导财政资金、社会资金支持网络动漫相关技术的研发和应用，推动基于新技术、新平台的动漫制作、传播和消费；高度重视手机动漫产业的发展，办好中国原创手机动漫大赛，不断提高原创手机动漫作品的质量和水平等。

2008 年 3 月 3 日，《商务部关于加快我国流通领域现代物流发展的指导意见》中明确提出：积极推进流通和物流企业物流管理信息化，鼓励建设公共物流网络信息平台，支持商业企业和物流企业采用互联网等先进技术，实现资源共享、数据共用和信息互通。

2008 年 3 月 11 日，国家发展和改革委员会、国务院信息化工作办公室、科学技术部、原信息产业部、商务部、中国人民银行、国家税务总局和国家统计局联合印发《关于印发强化服务，促进中小企业信息化意见的通知》，明确提出中小企业信息化发展目标中包括：到 2012 年，中小企业利用互联网发布和获取信息的比例超过 90%，利用信息技术开展生产、管理、创新活动的比例超过 40%，利用电子商务开展采购、销售等业务的比例超过 30%。为此，要求强化政府对中小企业信息化的公共服务，如加快实现面向中小企业的网上申报、许可、审批和招标采购等；完善中小企业信息化社会服务体系，如支持行业信息化服务平台建设，为中小企业利用互联网开展洽谈、采购、销售、支付、物流等交易活动提供服务，推动面向中小企业的宽带和移动通信技术的应用与服务等。

2008 年 4 月 23 日，《国家工商行政管理总局、国家发展和改革委员会关于促进广告业发展的指导意见》，明确要提高广告制作发布技术水平和经营水平，支持数字化音视频、动漫和网络等实用新技术在广告策划、创意、制作和发布等方面的应用推广。支持互联网和楼宇视频等新兴广告媒介健康有序发展，使其成为广告业新的增长点。

2008 年 6 月 5 日，《国务院关于印发国家知识产权战略纲要的通知》，明确提出扶持新闻出版、广播影视、计算机软件和信息网络等版权相关产业发展，与此同时，指出要有效应对互联网等新技术发展对版权保护的挑战，妥善处理保护版权与保障信息传播的关系，既要依法保护版权，又要促进信息传播。

4.2.7　明确政府有关电子商务的管理政策

2008 年 9 月 12 日，《商务部关于下放外商投资商业企业审批事项的通知》明确规定：通过电视、电话、邮购、互联网、自动售货机等无店铺方式销售的企业或从事音像制品批发，图书、报纸、期刊销售的企业继续由商务部负责审批。2008 年 12 月 18 日，《商务部外资司关于下发〈外商投资准入管理指引手册〉(2008 年版)》对此作出说明，认为无店铺方式销售涉及电信、广播电视及邮政管理权限问题，也可能引发传销等问题，较为敏感，国家尚未制订明确法律对其进行规制，外商投资无店铺销售领域暂时继续由商务部负责审批监管，待制订完善有关规定后逐步下放。

2008 年 9 月 28 日，国家税务总局作出了《关于个人通过网络买卖虚拟货币取得收入征收个人所得税问题的批复》，明确个人通过网络收购玩家的虚拟货币，加价后向他人出售取得的收入，属于个人所得税应税所得，应按照“财产转让所得”项目计算缴纳个人所得税。个人销售虚拟货币的财产原值为其收购网络虚拟货币所支付的价款和相关税费。对于个人不能提供有关财产原值凭证的，由主管税务机关核定其财产原值。

4.2.8　进一步明确有关互联网刑事案件的立案追溯标准

2008 年 6 月 25 日，《最高人民检察院、公安部关于印发〈最高人民检察院、公安部关于公安机关管辖的刑事案件立案追诉标准的规定（一）〉的通知》，明确了刑法第三百六十三条第一款、第二款有关“制作、复制、出版、贩卖、传播淫秽物品牟利案”的立案追诉标准，即“以牟利为目的，利用互联网、移动通信终端制作、复制、出版、贩卖、传播淫秽电子信息，涉嫌下列情形之一的，应予立案追诉：（一）制作、复制、出版、贩卖、传播淫秽电影、表演、动画等视频文件二十个以上的；（二）制作、复制、出版、贩卖、传播淫秽音频文件一百个以上的；（三）制作、复制、出版、贩卖、传播淫秽电子刊物、图片、文章、短信息等二百件以上的；（四）制作、复制、出版、贩卖、传播的淫秽电子信息，实际被点击数达到一万次以上的；（五）以会员制方式出版、贩卖、传播淫秽电子信息，注册会员达二百人以上的；（六）利用淫秽电子信息收取广告费、会员注册费或者其他费用，违法所得一万元以上的；（七）数量或者数额虽未达到本款第（一）项至第（六）项规定标准，但分别达到其中两项以上标准的百分之五十以上的；（八）造成严重后果的。利用聊天室、论坛、即时通信软件、电子邮件等方式，实施本条第二款规定行为的，应予立案追诉”。同时，对刑法第三百六十四条第一款“传播淫秽物品案”的立案追诉标准规定为：“不以牟利为目的，利用互联网、移动通信终端传播淫秽电子信息，涉嫌下列情形之一的，应予立案追诉：（一）数量达到本规定第八十二条第二款第（一）项至第（五）项规定标准二倍以上的；（二）数量分别达到本规定第八十二条第二款第（一）项至第（五）项两项以上标准的；（三）造成严重后果的。利用聊天室、论坛、即时通信软件、电子邮件等方式，实施本条第二款规定行为的，应予立案追诉”。

（工业和信息化部政策法规司　朱秀梅）

第 5 章　2008 年中国网络资本发展情况

5.1　2008 年中国创业投资及私募股权投资市场募资概况

2008 年，中国经济形势经历了从过热到趋冷的剧烈转变，经济增长率从 2007 年的 11.9% 骤降至 2008 年第三季度的 9.9%。实体经济受到颇多影响，先是原材料价格上涨压缩企业利润，后遭遇到欧美需求萎缩。从二级证券市场看，证券指数大幅下跌，首次公开募股（Initial Public Offerring，IPO）活动停滞，风险投资（Venture Capital，VC）、私募股权投资（Private Equity，PE）基金退出渠道受阻。在经济形势转变的背景下，投资市场募资形势也经历大幅波动，募集完成基金规模呈现先扬后抑的态势。

2008 年，中国投资市场募集完成基金 117 支，募集规模 199.17 亿美元，平均单支基金募集规模 1.70 亿美元。首轮募集完成基金 30 支，预计投资中国规模 39.25 亿美元，平均单支基金预计投资中国规模 1.31 亿美元。开始募集基金 71 支，目标规模 357.41 亿美元，平均单支基金目标规模 5.03 亿美元。其中，募集完成基金数量从第二季度的 52 支下降至第四季度的 8 支，下跌幅度达 84.6%；首轮募集完成基金和开始募集基金也表现出相似的趋势，基金数量分别在第二和第三季度达到顶峰后迅速回落，如图 5.1 所示。相比中资基金的上升势头，2007 年火热一时的中外合资基金却遭遇发展瓶颈。中外合资现行的两种模式弊端重重。CJV（Co-operativeJointVenture）模式基金设置程序较为复杂，投资领域受限，且发展前景存在一定不确定性。模式相对稳定的纯中资基金存在中外资有限合伙人（Limited Partner，LP）利益冲突问题，在目前 LP 地位日渐上升的情况下，可能引发 LP 不满进而影响后续基金的募集。

中资基金占募集完成基金总数的 60.7%，尽管募集规模无法与外资相提并论，但是市场主导地位已有所显现。2007 年 VC 和 PE 基金令人瞩目的收益，成为本土普通合伙人（General Partner, GP）争相募集基金的原因之一。在严峻形势下，中资基金开始募集规模不降反升，目标规模为外资的 2.3 倍。其中，政府背景基金的募集大幅拉高了中资开始募集基金目标规模。在低迷的募资市场环境下，具有财政支持的政府背景基金表现顽强，募集规模并未明显减少，政府已然成为基金市场的重要力量。然而地方引导基金对于募资市场的直接贡献仍然有限，其具有“招商引资”意味的地域投资限制令多数合作 GP 望而却步。非政府背景资金来源少，具有成熟投资理念的中资有限合伙人（Limited Partner，LP）匮乏仍然是中资基金所要面对的主要问题。

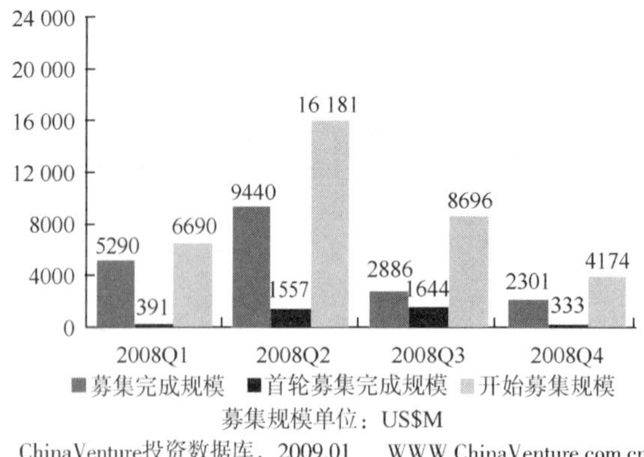

图5.1　2008Q1—Q4中国创业投资及私募股权投资市场募集基金规模

我国的的风险投资市场上，目前仍然在积极活动的都是在近两年成功募集到新基金的。红杉中国连续两支总金额高达 7.5 亿美元的基金以及首支 10 亿元的人民币基金、德同资本 3.55 亿美元的二期基金、金沙江创投两支共 5.8 亿美元的基金、霸菱亚洲第四支 15.2 亿美元的私募基金、麦顿投资 3.2 亿美元的二期基金等。大部分基金不过才投资了基金总数的 15%，充足的资金使得它们在严冬中仍然充满信心。

5.2　2008 年互联网投资概况

2008 年，在充足的资金供给下，创投市场继续高歌猛进，投资案例数量和金额大幅上升。IPO 市场的低迷促使 C 轮和 D 轮投资案例大幅增加，中资创投机构在市场中的影响力也逐渐上升。对于 2008 年创业投资市场而言，VC-PE 化趋势仍是其主要特点。目前形势下，资本市场的冷却将促使创投机构更加重视早期企业的投资。

2008 年中国 VC 市场仍旧保持了较快增长。根据 ChinaVenture 统计，全年发生投资案例 535 起，涉及金额 50.08 亿美元。投资案例数量和金额同比分别增长了 28.9%和 39.5%，如图 5.2 所示。

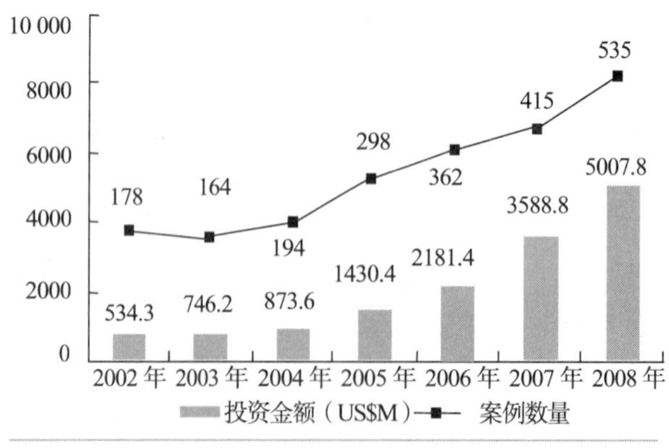

图5.2　2002—2008年中国创投市场投资规模

2008 年互联网行业仍然是创投市场投资规模最高的行业，投资案例数量为 102 起，投资金额 8.34 亿美元。互联网细分行业中，网络游戏受到资本关注，投资案例数量达 22 起，投资金额 1.66 亿美元，具体见表 5.1。

表 5.1　2008 年我国互联网投资一览表

企业简称	所属行业	涉及金额	涉及机构	发生时间
京东商城	电子商务	2100 万美元	雄牛资本、今日资本	2008-12-19
悠都网	电子商务	300 万美元	海纳亚洲、联想投资	2008-11-12
凡客	电子商务	2000 万美元	启明创投、IDGVC、软银赛富、策源	2008-08-01
畅翔网	电子商务	未公开	凯鹏华盈、杭州通汇创投、清科创投	2008-07-01
乐友网	电子商务	未公开	永威投资、德意志银行	2008-06-02
阿里巴巴日本	电子商务	2000 万美元	软银集团	2008-05-15
橄榄网络	电子商务	2500 万元	N/A	2008-05-10
九钻网	电子商务	N/A	凯鹏华盈、启明创投、清科创投	2008-01-08
天盟数码	网络游戏	1000 万美元	祥峰、IDGVC	2008-11-25
趣味第一	网络游戏	未公开	SK 电讯投资	2008-05-14
蓝港在线	网络游戏	2500 万美元	北极光创投、NEA	2008-05-11
风云网络	网络游戏	未公开	汇丰直投	2008-03-31
浩方在线	网络游戏	未公开	英特尔投资、和通、亚盛	2008-03-18
开心网	网络社区	未公开	北极光创投	2008-09-18
天涯在线	网络社区	未公开	N/A	2008-09-01
千橡互动	网络社区	未公开	软银集团、SBI Group	2008-04-30
宝宝树	网络社区	未公开	经纬创投	2008-03
热度时代	网络社区	300 万美元	三井创投	2008-01-04
朗玛	即时通信	N/A	IDGVC	
乐视网	网络视频	5280 万元	深创投、同创伟业	2008-08-05
酷 6 网	网络视频	N/A	UMC Capital、SBI Group、德丰杰、德同资本、和通、伊藤忠商社	2008-07-18
优酷网	网络视频	未公开	贝恩、成为基金、Sutter Hill、法拉龙资本、Maverick Capital	2008-06-30
广视通达	网络视频	N/A	深创投	2008-05-01
土豆网	网络视频	未公开	纪源资本、General Catalyst、IDGVC、日本亚洲	2008-04-21
东方宽频	网络视频	未公开	英特尔投资	2008-04-10
英格美爱	网络广告	N/A	Revolution Ventures	2008-08-21
易传媒	网络广告	1000 万美元	金沙江创投	2008-05-30
天澄传播	网络广告	100 万美元	华禾投资	2008-04-15
饭统网	行业网站	400 万美元	日本亚洲、伊藤忠商社	2008-07-31
拉卡拉	电子支付	未公开	联想投资	2008-08-08
Nurien	网络交友	1500 万美元	北极光创投、Globespan、启明创投、NEA	2008-03-01
百才招聘网	网络招聘	2000 万元	天德创投	2008-04-22

资料来源：Chinavernure

2008 年 12 月，京东商城获第二轮融资，参与此轮投资的有今日资本、雄牛资本以及亚洲著名投资银行家梁伯韬的私人公司，总投资金额为 2100 万美元。本次融资主要用来扩充京东商城的产品类别，丰富产品品牌，提升公司的物流及配送能力。360buy 京东商城自 2004 年初涉足电子商务领域，一直专注于 3C 网购。

继 2007 年 11 月获 IDGVC 450 万美元风投之后，IGG 再获 IDGVC 追加投资，有新加坡政府资金背景的 VERTEX 和美国报业巨头 HEARST 也参与投资，第二轮融资的规模达到上千万美元。作为一家专业从事网络游戏以及网络娱乐社区服务的国际化公司，IGG 主要通过互联网络为全球网游（目前专注于欧美地区）玩家提供高品质游戏和服务，在美国、加拿大、中国内地、香港等地均设有分公司，另新加坡公司正在筹备中。IGG 平台拥有超过 700 万的欧美注册用户，玩家覆盖 100 多个国家，已成为欧美大型网络游戏市场中最大和最成功的知名品牌之一。

面对国际金融危机，多数投资人持观望态度。虽然不少互联网企业的融资计划也被迫停止，但也有企业逆势获得融资，如 2008 年 12 月，暴风影音和安居客分别获得 1500 万美元和 1000 万美元融资。

5.3 2008 年互联网公司上市事件

2008 年，伴随着华尔街金融危机扩散至全球，欧美及亚太各主要股指数均大幅下挫，特别是几大主要金融机构的倒闭，严重打击了投资者信心，使得二级市场进入新一轮恶性下跌，中国企业境外资本市场IPO进程严重受阻。据ChinaVenture统计，2008年全年共有36家VC/PE背景中国企业 IPO，较去年同期下降了 62.5%；平均融资金融为 9053.92 万美元，同比下降 73.5%；共有 66 家机构通过 IPO 实现退出，IPO 平均投资回报率则为 1.98 倍，同比下降 63.0%。与 2007 年不同，2008 年中国仅有两家互联网企业在境外上市，如图 5.3 所示。国内网游开发及运营商网龙 6 月在香港联交所转主板上市，开盘价 10.10 港元。此前网龙于 2007 年 11 月 2 日在香港地区创业板挂牌上市，招股价 13.18 港元，开盘价 19 港元，加上超额配售股份，融资总额约 16 亿港元。网龙是 2007 年内地首只在香港创业板上市的股票。之前，金蝶软件也曾由香港地区创业板转主板上市。

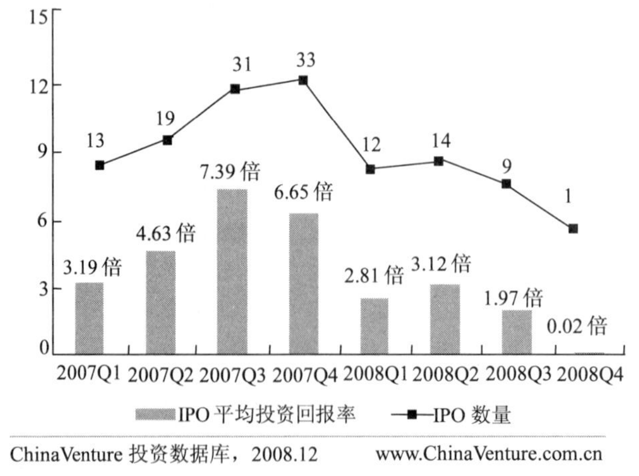

图5.3 2007Q1—2008Q4VC/PE背景中国企业IPO数量和IPO平均投资回报率

内地最大数字音乐平台之一 A8 电媒音乐（0800.HK）于 2008 年 6 月在港交所主板挂牌上市，集资 1.73 亿港元，成为登陆香港联交所唯一的原创音乐网络股。 A8 电媒音乐此番上市融资所得资金将用于潜在收购、开发、投入 3G 技术整合业务，提升互动平台等七个方面。此前 A8 电媒音乐曾于 2004 年 7 月至 2005 年 12 月间获得 IDGVC，TDF，Great China Trust，英特尔及集富亚洲等机构的创业投资。

5.4　中国互联网企业并购重组情况

与 2007 年相比，2008 年 VC 和 PE 通过并购退出的规模仍有较大幅度下降。这主要是由全球金融危机造成的，但并不说明并购机会减少，相反，金融危机背景下，增加了不少并购机会。在严冬中并购积蓄力量，迎接复苏后的新高潮。

1．新浪合并分众户外数字媒体

2008 年 12 月，新浪公司和分众传媒集团达成协议，新浪将合并分众旗下的户外数字广告业务。根据协议，新浪增发 4700 万普通股用于购买分众传媒旗下的分众楼宇电视、框架广告以及卖场广告等业务相关的资产；分众传媒保留其互联网广告业务、影院广告业务以及传统户外广告牌业务。这一合并的目的是为了整合中国最有实力的两大新媒体广告平台，从而为客户提供更为有效的整合营销服务，这将大大加强媒体的覆盖率和影响力，成为中国广告市场不可或缺的新媒体平台。

2．巨人收购 51.com

2008 年 7 月 1 日，巨人网络宣布以 5100 万美元换取社区网站 51.com 25%的股权，迈开其“网络游戏社区化”的又一步。2006 年 5 月，借助红杉资本 400 万美元的投资金额，51.com 开始了其首轮快速扩张。至 2007 年 5 月，第二轮投资额度翻番，共获得英特尔、红点创投、红杉资本和海纳（亚洲）联合投资，总金额达 1200 万美元。

大笔资金为 51.com 换来的是服务器和网络带宽等硬件资源，使得 51.com 在社区访问速度、图片上传速度、音乐上传速度等方面获得领先，并借此成为国内最大的交友和博客类社区之一。51.com 的公开数据称，截至 2008 年 6 月 15 日，其注册用户约为 1.2 亿。这些用户有极其鲜明的特点——非常年轻，并且集中在二三线城市，这正是巨人网络扩充用户数量的直接对象。而社区类网站做网游碰到的最大问题就是地面推广，巨人网络在网吧市场惊人的执行力可以帮助 51.com 网将客户端放到网吧的每台电脑桌面上。

3．CNET 中国收购我爱打折网（55bbs）

中国 IT 界顶级的垂直媒体集团 CNET（中国）公司 2008 年 6 月宣布收购“我爱打折”（www.55bbs.com）网站，双方已签订最终协议。自 2007 年 8 月收购女性网站 onlylady（女人志）以来，CNET 集团一直持续关注生活及时尚领域，旨在与更多该领域的领先媒体合作，打造 lifestyle 领域的垂直旗舰媒体品牌。

“我爱打折”（www.55bbs.com）于 2004 年 5 月在北京成立，一直保持着稳定迅速的增长。截至目前，网站拥有注册会员 80 多万名，用户访问群基本为年龄在 20～40 岁，收入稳定的年轻消费者。作为生活消费信息类网站，55bbs 涵盖了购物、美食、丽人、婚嫁和旅游等一切跟生活消费有关的内容，通过消费资讯、消费体验和消费经验的共享与交流，致力于为用户的消费生活提供更好的参考与指引，已经成为京城最具人气的消费社区门户。

4．Monster 收购中华英才网

全球在线人力资源巨头 Monster Worldwide（Monster 的母公司）2008 年 10 月宣布已完

成对中华英才网的收购。根据交易条款，Monster（巨兽）以 1.74 亿美元的现金买下了中华英才网剩余的 55%股权。一直难以突破盈利困境的中华英才网从一个终点迈向了另一个起点。2005 年年初，中华英才网与 Monster 达成协议，Monster 在三年内将帮助中华英才网完成 IPO；如果三年内中华英才网未能上市，Monster 将对其全面收购。

5．澳洲电讯收购泡泡网等

澳洲电讯 2008 年 6 月宣布高价收购了泡泡网等多家中国垂直网络媒体，交易总价达 8000 万美元。通过本次收购，澳洲电讯分别获得泡泡网、汽车之家、IT168 和 CHE168 四家中国网媒 55%股份，同时分别支付四家网媒 2200 万美元、1800 万美元、3200 万美元和 800 万美元的收购金额。

泡泡网和 IT168 是中国领先的 IT 数码服务垂直门户网站，主要提供手机、笔记本电脑等数码产品资讯及相关互动营销服务；而汽车之家和 Che168 是中国领先的汽车垂直门户网站，主要提供汽车资讯及相关互动营销服务。澳洲电讯准备进一步对以上几家网站进行大规模整合。此前，澳洲电讯于 2006 年 8 月 31 日耗资 3.37 亿澳元收购搜房网集团 55%股份。通过本次收购和整合，澳洲电讯作为一家中国垂直网络媒体巨头已正式登上舞台，与 CNET 中国、太平洋网络展开激烈竞争。

6．金山软件的收购和多元化转型

2008 年 6 月，金山软件以 1452 万元收购深圳招商卓尔公司，并成立新公司深圳金山信息安全技术有限公司，主攻企业级杀毒市场。12 月，金山软件以 800 万美元优先股的方式收购 Sky Profit 公司 30.03%的股权，并与该公司订立协议组成战略伙伴关系，以进一步提高其市场地位，加上 Sky Profit 的客户基础及若干现有软件产品，借此机会通过软件、技术系统集成来互相推广与扩展，寻找更多客户及最终用户，以促使其发展。

一直以来，金山一直在谈论转型和多元化发展，尤其在当前经济不景气的情况下，不断的收购或许能够帮助企业不断补充冬季所需的营养，准备能够在春天生根发芽的种子。

5.5 金融危机对中国互联网投融资的影响

全球金融危机对互联网投融资产生重大影响，不仅影响了融资事件的数量和金额，而且上市的数量也急剧下降。互联网公司纷纷表示准备过冬。

大部分风险投资人认为经济“冬天”才是风险投资和创业者的绝佳时机。从历史上看，很多好企业都是在经济不景气的时候开始创业的，企业创业的机会也比较多。但是投资人对投资的项目和价格却会非常谨慎，此前在经济繁荣期有些企业的价格已经失去理性，冬天却使人清醒。对于目前很多依靠融资度日的互联网企业来说，这不是一个好过的冬天。

尽管一些 VC 转投能源、环境、生物、媒体以及一些传统产业，但大部分 VC 仍然看好互联网企业，互联网固有的高爆发力还是受到 VC 的追捧，传统领域的收入，规模型增长的速度相对较慢，而互联网创业总是和暴发性、低成本等字眼分不开。此外由于政策对互联网企业的影响巨大，积极了解政府动向对于 VC 来说非常重要，对创业者也是如此。

VC 最看重互联网项目盈利模式。盈利模式对互联网企业仍然是最大的弊病，有流量有用户，但是没办法挣钱，会使 VC 很多资金看不到投入的尽头，网络视频在前几年高速烧钱带来流量之后，也开始把注意力放在了营收上，但很多社区网站的营收模式仍不清晰。竞争环境被 VC 认为是另一个重要的关键点，SNS 社区的竞争过于激烈就对融资造成了困难。

纵观过去两年，获得风险投资亲睐最多的三个互联网领域是 SNS 社区、网络视频和电子商务。B2B 电子商务在 2007 年阿里巴巴上市之后掀起了新的一轮高潮，百度也进入 C2C 市场，但真正受到风险投资青睐的，应该算是垂直领域的 B2C 平台，如 2008 年获得投资的 3C 领域京东商城和卖母婴产品的红孩子。

作为 Web2.0 代表的 SNS 社区一直很火热，网站众多，竞争激烈。一方面，少数网站获得巨额融资，另一方面大部分网站都缺乏资金。开心网的火热加上超快速传播的效果使大家对这个领域燃起了期待，但盈利模式的问题始终是社区网站的死穴。很多 VC 表示，社区注定是一个好的概念，但是要实现成功，还要很长时间。

金融危机使融资门槛陡然提高，对国内四百多家视频类网站来说，未来两年将是一个融资困难的时期。视频网站被认为是眼下最容易倒闭的 4 类网站之一，其余 3 类网站分别是 SNS 社交网站、生活搜索和网页游戏。这 4 类网站往往烧钱太快却又缺乏成功盈利模式。目前还没有实现盈利的视频类网站，其生存还难以摆脱对风险投资的依赖，再加上带宽、版权等成本以及牌照等政策性问题的影响，视频类网站的运营面临更多困难和变数。而一些实力强、资金充裕、已经获得牌照的大型网站利用这个时机促进行业洗牌，融资和牌照门槛高实际上是挡住了后入者的道路，由于很多排名靠前的企业有着多家 VC 的支持，新入的 VC 多数感觉可以选一家跟投，竞争格局已经基本定型，新的竞争者已经无望。

未来一年可能是垂直 B2C 平台高速发展的时期，有些社区网站也加入了社区营销的概念，而社区网站的发展需要长期摸索自己的盈利模式，只有网络视频领域市场格局已经初步稳定，竞争对手更集中。除此之外的互联网企业受关注程度还有待加强。

目前我国的风险投资市场上，有一批近两年成功募集到新基金，大部分基金不过才投资了基金总数的 15%，充足的资金使得它们在严冬中仍然充满信心。不少 VC 表示未来一年在互联网领域已经有了明确的投资对象。目前的金融危机对互联网企业投融资产生一定影响，但也带来了机会。大浪淘沙消除泡沫，投资者将更理性，创业者更务实。精明的投资人会支持优秀的创新者，互联网的创新精神将造就一批新的成功者在即将到来的春天大放异彩。

（中国科学院　侯自强）

第 6 章　2008 年中国网络版权保护发展情况

6.1　我国知识产权保护发展概况

2008 年 6 月 5 日，国务院正式颁布了《国家知识产权战略纲要》，确立了“激励创造、有效运用、依法保护、科学管理”的十六字方针，以及优化知识产权制度，鼓励知识产权创造和运用，加强知识产权保护，防止知识产权滥用，培育知识产权文化的五大内容。7 月，随着国务院第一批 46 个部门的“三定”规定发布实施，对相关部委职能进行了调整，明确了知识产权保护职责。11 月，国家知识产权战略实施工作部际联席会议召开，28 个成员单位参加，标志着国家知识产权战略实施平台已经搭建起来。国家知识产权战略转入实施阶段，也使我国知识产权制度建设进入了战略主动期。2008 年我国版权保护体系进一步完善，继中国音乐著作权协会成立后，我国其他集体管理机构也相继成立，中国音像著作权集体管理协会于 2008 年 3 月在京宣布成立，代表录音、录像、音乐电视制作者的利益，依法对音像节目的著作权以及与著作权有关的权利实施集体管理；同年 10 月，中国文字著作权协会在京成立，主要对文字作品复制权、信息网络传播权、广播权、表演权等作者难以单独行使或控制的权利进行集体管理。11 月，中国摄影著作权协会在京宣布成立。这些著作权集体管理协会的建立，在权利人、使用者和社会三方架起一座畅通的桥梁，标志着著作权的保护将更加便捷、高效，网络版权保护将进入一个新的阶段.国家版权局于 2008 年年底将 7600 家企业列入使用正版软件的工作目标，大大推进了我国的网络版权保护工作。

6.2　网络侵权盗版问题

2008 年，网络著作权保护矛盾比较集中在数字图书馆版权纠纷，即将他人的作品做成数据库供网民使用；视频网站上的传播影视作品纠纷，包括局域网及网吧传播音像制品纠纷；还有 MP3 音乐下载及 P2P 软件引发的版权纠纷等。

6.2.1　数字图书馆版权问题

近年来，“数字图书馆”、“数据库信息”等互联网内容提供商因直接提供内容服务而成为了作品版权拥有者的重点监控目标，也因此屡屡遭受侵权指控。文字作品的版权保护由于作者数量庞大，获得授权的渠道不顺畅并且成本高，很多提供数字图书馆服务的机构都不可避免地面临诉讼。2008 年的诉讼规模越来越大，文字作品的授权渠道成为制约数字图书馆版权的主要矛盾，另外以三面向公司为代表的过度保护也引起法律界和业界广泛关注。

1．数字图书馆领域引发近千硕博研究生集体诉讼

2008 年北京万方数据股份有限公司被近千名硕士、博士起诉侵犯著作权。原告诉状中称，万方数据公司未经许可，擅自将其独立创作完成，未公开发表的学位论文制作成电子版本，收录在其“万方数据资源系统”中的“中国学位论文全文数据库”内，通过向全国各高等院校图书馆及其他图书馆出售系统的方式，提供网上浏览、下载服务，谋取高额利润，此举侵犯了他们的著作权。在北京市海淀区人民法院起诉的 500 名硕士和博士，已有 284 名审结。法院依据被告取得合法授权、取得授权有瑕疵以及未取得授权 3 种情况，分别作出驳回原告诉讼请求，被告赔礼道歉，赔偿原告不同数额经济损失的 3 种判决结果，其中 234 人获得法院支持。海淀法院认定，万方公司在这些案件中未经授权或权利存在瑕疵，因此判决其向学位论文作者公开赔礼道歉，并分别赔偿经济损失 2300 元至 3300 元不等。在海淀区法院之后，北京市朝阳区法院又接到 480 名硕士、博士对清华同方光盘股份有限公司的此类诉状，这些都引发了人们对网络版权问题的思索。

2．三面向公司网络维权现象引发司法界大讨论

2008 年司法、学界、网络中都在讨论三面向公司维权现象。三面向版权公司从 2005 年开始先后在全国各地法院向数以百计的网站提起了几百起著作权侵权索赔诉讼案。通常做法是：从互联网上搜索出点击率高的文章，寻找到文章的作者，普遍以汇编出版文章为由，要求与作者签订由其起草提供文章之版权转让合同，合同却约定以每千字几十元的低价格“买断”该作者文章追溯初始、为期十年的除署名权外的全部著作权；然后在互联网上搜索，发现有登载该相关文章的网站后，即通过公证取得证据；旋即以对方未经其著作权人许可而擅自转载该文章的行为已经侵犯其版权为由提起诉讼，要求侵权赔偿。三面向公司首先选择政府网站、媒体网站和商业网站，一般每案索赔数千元至数万元不等，最高达数十万元。运用这种模式三面向版权公司迄今已经通过版权侵权诉讼的和解或者判决屡屡胜诉，频频索赔，获利上百万元。

大规模案件引发了人们对网络著作权极大的争议，一些与三面向版权公司签约被“买断”了文章著作权的作者也开始怀疑其合理性，有作者公开发表声明要求与三面向版权公司解除合同。各被起诉网站也挂起网站公告，发布与三面向版权公司签约作者之相关文章目录，呼吁和警示其他网站禁止转载以免落入三面向版权公司的“版权侵权陷阱”。有人把三面向版权公司这种“以出书为由，引作者签约；贱买贵卖，遍扫网络；不经营书籍商品，只诉讼侵权索赔”的模式及其行为，称为“三面向版权现象”，由于我国现行著作权立法未能正确认识网络的特性，过于保护著作权人的权利，因此导致了利益的失衡。平衡的回归呼唤信息网络传播权保护的弱化，弱化的实现方式就是以默示许可为核心的制度构建。

6.2.2　音乐搜索版权问题

音乐搜索面临的版权纠纷一直在持续，2008 年 2 月，中国音乐著作权协会就词曲版权起诉百度 MP3 搜索是经过大量人工编辑的，4 月，环球、华纳、SONY 等四家唱片公司将百度、搜狐诉至法院，以侵犯录音制品信息网络传播权为由索赔 1.16 亿元。

2008 年 12 月 22 日，北京高院就泛亚公司（又称娱乐基地）起诉百度 MP3 搜索侵权案作出一审裁定，裁定百度 MP3 搜索合法。判决中确认，百度网站的服务器上并未上载或存储被链接的涉案歌曲，百度提供的是定位和链接服务，并非信息网络传播行为，百度以搜索框输入关键词的搜索方式向网络用户提供 MP3 搜索服务的行为不构成对相关信息网络传播权的侵犯。针对泛亚公司认为，以“歌曲名+歌手名”关键词的通知方式能够使百度确定侵权作品的网址，百度负有查找侵权作品的义务。法院确认，就 MP3 搜索而言，搜索引擎的现有技术尚无法实现根据音频文件内容来进行搜索，只能基于关键词进行搜索，如果将原告主张权利的歌曲按歌曲名称进行屏蔽，可能损害他人的合法权利，出现删除或屏蔽错误的情形，因而仅提供关键词而没有具体链接地址的通知不符合《信息网络传播权保护条例》关于权利通知的要求。北京高院的最终判决使搜索引擎的权利和义务进一步明晰，具有里程碑式的意义。

6.2.3 视频网站内容版权问题

随着技术进步，原本容量巨大的电影、电视剧、体育比赛录像和其他视频内容也可以在进行大幅度压缩并保持较好清晰度的情况下上传至网络，用户向视频分享网站上传热门电影、电视剧和体育比赛录像等内容，同时用户也热衷在各类视频分享网站下载或在线观赏影视作品。用户未经许可将他人享有著作权的电影或电视剧压缩后上传至视频分享网站，供公众在其个人指定的时间和地点欣赏或下载的行为，构成了对“信息网络传播权”的直接侵权。而对于影视作品权利人而言，由于作为直接侵权人的用户非常分散且不容易找到，加之赔偿能力的有限性，所以为个人用户提供视频传播平台的视频分享网站就成了权利人的打击对象。2008 年国内视频网站纠纷不断，主要原因是版权机构的授权价格相比视频网站可以支出的版权购买费用过高，导致不能建立授权而引发诉讼；国内的影视版权纠纷因为是风险代理模式，律师事务所为了获得更好的经济效益，也会阻碍合作的推动，仅 TVB 大陆版权管理方网尚文化通过全国 130 多家律师事务所打击盗版行为，2008 年就取证和诉讼 3000 多个侵权案件，通过诉讼获得的收入有时会超过授权的收入，就出现一些版权机构不授权，通过维权来获利。

2008 年 7 月，上海市高级人民法院对新传在线诉土豆网案终审判决。法院认为网络服务提供者通过网络参与他人侵犯著作权行为，或者通过网络教唆、帮助他人实施侵犯著作权行为的，追究其与其他行为人或者直接实施侵权行为人的共同侵权责任。土豆网作为提供网络存储空间的视频分享网站，虽然没有直接实施上传涉案侵权作品的行为，但其在应知网络用户实施了涉案侵权行为的情况下而予以放任，属于通过网络帮助他人实施侵犯著作权行为，主观上具有过错，应当承担相应的侵权民事法律责任。法院认定侵权的核心是其视频分享的专业性，以及业务运作模式与避风港规则的冲突，这起普通的著作权侵权案件将会对视频分享商业运作模式产生影响。该案反映了司法界对视频分享网站商业模式中网络服务商审查义务与侵权责任的理解与认识，应引起视频分享行业的重视。

将网络服务商对第三方侵权信息的“明知或应知”前置，无形中增加了网络服务商援引避风港规则免责的难度，加大了网络服务商对第三方侵权网站的审查义务。同时，视频分享业务的商业模式（对用户上传视频的编辑、审查、推荐等）会导致避风港规则中“明知或应知”主观过错的成立。本案两审法院一致认为，从“土豆网”的后台页面来分析，被告在对网站进行日常维护和管理过程中，会对网络用户上传的节目进行审批和推荐，土豆网实行的是上传视频的事前审查机制，即通过设置“审片组”由其工作人员负责对视频内容合法性进行判断，说明土豆网有权利和能力去掌握和控制侵权活动的发生。这种情况下，不仅不采取合理措施防止侵权行为的发生，还采取了视而不见、予以放任的态度，主观上就具有过错，应当承担相应的侵权民事法律责任。法院认为：土豆公司是经营视频分享网站的网络服务提供者，所应承担的注意义务应当与其具体服务可能带来的侵权风险相对应。根据常理可知，目前没有任何一家中外著名电影制片公司许可过任何网站或个人免费提供其摄制的热门电影供网络用户下载。作为一家专门从事包含影视、音乐等在内的多媒体娱乐视频共享平台的专业网站，在日常网站维护中，应当知晓当时在中国大陆热播的电影作品《疯狂的石头》的上传是未经许可的。从不同用户先后多次在“土豆网”上发布《疯狂的石头》的事实来看，土豆公司应尽的审查和删除义务显属能为而怠为之。

6.2.4　网吧侵权等其他问题

广东中凯文化发展有限公司积极实施网吧维权，从 2007 年到 2008 年 3 月，中凯以涉嫌盗版使用、传播其独家拥有网络版权的电影、电视剧为由将 500 多家网吧告上了法庭。北京网游驿站和鑫苹果等 10 家公司因未经授权在局域网上传播《集结号》、《心中有鬼》和《可可西里》等电影，侵犯了电影版权及相关权利拥有者华谊兄弟的信息网络传播权，被判赔偿 6000 元至 2.3 万元不等的经济损失及合理开支。败诉的网吧并非自行下载影视作品供顾客观看，而是已向影视版权提供商签订“影视服务协议”，并支付了相应费用，不少上规模的网吧影视内容供应商在购买一些影片版权后，仍在其影片库中夹杂大量没有版权的影视作品。法院强调网吧对其播放影视作品有“主动审查”责任。电影公司起诉网吧侵权已成知识产权审判新热点，此类案件是继权利人起诉盗版音像销售商、网络服务提供商后的维权重点，该判例对 13 万正规网吧同样敲响了警钟。

2008 年 10 月 20 日，微软中国正式宣布，将从即日起同时推出两个重要更新，使用 Windows XP 专业版盗版系统与 Office XP，Office 2003，Office 2007 盗版软件的用户将分别遭遇计算机“黑屏”与“提醒标记”等警告措施。微软声称，此项名为“微软正版增值计划通知”的活动，旨在打击盗版，保护正版用户的合法利益。然而，诸多计算机用户对微软的做法提出了质疑。舆论认为，著作权归属软件著作权人所有，用户不能使用盗版软件，但微软在用户的计算机屏幕上的桌面，每隔一个小时就“黑”一回，这事实上对用户构成了干扰，是一种“入室涂鸦”。国家版权局副局长阎晓宏就微软黑屏事件作出公开表态：理解并支持微软等各机构的正当维权行为，但同时也认为这些机构在维权中要注意方式，建议微软多考虑中国用户的现实承受能力。微软“黑屏”计划在引起国人对正版操作系统注意的同时，也再次提醒国人掌握核心技术的重要性。

6.3　网络侵权盗版问题的根源

法律的背后是利益。法律的形成或制定过程是利益攸关方表达利益诉求并相互博弈的过程，最终形成的法律往往也是平衡各方利益的结果。互联网作为新兴行业由于未充分参与以前的立法过程，其利益诉求通过现行法律规范来实现有不利的方面，其发展也不可避免地给现有制度带来冲击与挑战。表面上看，新兴行业是在“破坏”规则，但实质上却是建立新的利益平衡和格局的必然过程。目前排名前十位的网络应用包括：网络音乐、网络新闻、即时通信、网络视频、搜索引擎、电子邮件、网络游戏、博客/个人空间、论坛/BBS 和网络购物。这些网络应用，无一不和知识产权问题密切有关，其中涉及网络音乐、网络视频及搜索引擎的商业模式更是成为产业利益矛盾的风暴中心。一方面依赖版权保护的传统内容产业要求严格执行现有著作权法律制度，因为现行法律制度充分体现了它们的利益诉求，甚至很多条文内容就是在它们的推动之下制定的（无论是在国内立法过程中，还是像 TRIPs 协定这样的国际规范制订过程中，利益集团的影子都无处不在）。另一方面新兴的互联网行业在发展初期尚显弱小，没有太多的机会和能力将自己的诉求和声音带进当时的立法中。这就造成了天然的不公平，如果要参与游戏，新兴互联网产业就需遵守业已制定的主要是代表内容产业利益的现行游戏规则，否则要么按照权利人的要求跟他们合作，当然这种合作要以内容产业的利益最大化为代价，要么就会被内容产业利用现行规则打压甚至打垮。内容产业，尤其是国外的内容产业及代表它们利益的行业组织，如国际知识产权联盟（IIPA）、美国电影协会（MPA）、国际唱片业协会（IFPI）和商业软件联盟（BSA），一方面分享技术进步带给他们新的商业机会，另一方面为了维护其所代表产业的垄断地位和定价权，必然会利用对它们有利的法律规则打击敢于跟它们抗衡并试图争取话语权和定价权的企业，迫使中国的互联网产业按照它们的规则行事，以维护它们利益的最大化。

由于版权问题根本上是个法律问题，互联网企业一方面要积极参与有关法律和司法政策的研究和讨论，推动相关法律的修订和完善，以期将自己的利益诉求体现在未来的法律规范中。另一方面在法律未能修订前（这一过程可能很漫长，因为产业间要达成新的利益平衡并将之体现在法律规范中，绝非一朝一夕的事情），为解决迫在眉睫的版权诉讼危机，涉诉的互联网企业仍可在现行法律制度的灵活性中找到法律适用的弹性空间，从而在个案中赢得对自己有利的结果。

版权保护不仅要打击盗版，还有促进经济发展和文化繁荣，满足广大公众的精神需求这样一个重要功能，而互联网版权纠纷愈演愈烈，关键原因在于互联网没有建立合理、科学、健康的授权机制，目前权利主体众多、作品众多，主体不确定、作品不确定、授权方式也不确定，这对任何一个网络企业来说都是不可能掌握的情况。一个权利人，例如，一个唱片公司或者一个电影公司，其作品成百上千，这些作品的权利状况、授权状况也非常复杂，即使这些权利人说“我的所有作品都没有授予所有的网站使用”，但是并不意味着其他的主体也没有授予互联网使用，所以，权利人及互联网的使用者共同建立合作运营的模式，才是解决互联网侵权盗版问题及纠纷的根本。

6.4 网络版权保护工作及成效

6.4.1 政府部门加大力度打击网络盗版侵权

2008 年，版权管理、公安机关、通信管理等全国各级行政管理部门，以科学发展观为指导，认真贯彻落实国家保护知识产权工作组《2008 年知识产权行动计划》和国家版权局《关于做好 2008 年版权行政执法和社会监管工作的通知》精神，加强网络内容监管、加大网络执法力度，充分借助新技术，加强合作与协调，在打击网络盗版、查处侵权案件工作中形成了职责分明、分工协作的良好工作机制，取得了打击网络侵权盗版工作的新突破、新成效。

6 月 12 日—10 月 15 日，国家版权局、公安部、工业和信息化部在全国范围内联合开展了为期四个月的打击网络侵权盗版专项行动，以维护正常互联网传播秩序，保护权利人的合法权利。三部门制定并印发了《2008 年打击网络侵权盗版专项行动实施方案》，成立了“打击网络侵权盗版专项行动办公室”，对非法转播奥运赛事及相关活动行为、视频类网站侵权盗版行为进行重点打击，并加大对大型网站及专门从事传播音乐、电影、软件、图书和游戏等内容网站的主动监管力度，对其传播的内容是否取得授权进行主动检查，规范其网络使用作品的行为，帮助其建立健全版权管理制度。

据统计，在为期 4 个月的专项行动期间，各地共办理互联网侵权案件 453 件，依法关闭了 192 个专门从事侵权盗版的非法网站；对 173 家网站采取了责令删除或屏蔽侵权内容的临时性执法措施；对 88 家侵权严重的网站，除责令其删除或屏蔽侵权内容外，还给与罚款及没收服务器、计算机硬件设备等行政处罚措施；对涉嫌构成侵犯著作权罪的 10 起重大案件已经移送相关司法机关。

同时，各级版权行政管理部门继续动员社会力量参与打击侵权盗版活动。2008 年，国家版权局反盗版举报中心共收到各种反盗版举报 4189 份，经整理审核转送各地版权执法部门处理 119 件，已结案 69 件。

6.4.2　行业组织加强网络版权保护合作探索

1．推动互联网企业与权利人之间的交流与合作

2008 年，中国互联网协会网络版权联盟大力推动互联网企业与权利人之间合作运营模式的建立，在 10 月 29 日 2008 国际版权博览会上组织中国互联网内容服务模式论坛，组织互联网企业与到会的一百多家版权单位直接进行版权采购交流，并向社会发布了广告流量分成模式和内容推广合作模式。广告流量分成模式即版权方提供正版内容给网站平台，网站平台担负广告运营职责，广告收入按照流量贡献率与版权方进行分成；内容推广合作模式，版权方自己运营广告，把广告加入到内容中，提供已经加载广告的内容给网站平台，进行内容加广告的推广。会上相关互联网企业与版权人代表作为首批广告运营模式的推动试点单位，联合揭开了广告商业合作模式的序幕，表示将积极推动利用广告合作的盈利模式建立产业间共赢，与认可广告模式合作的权利人建立快速、便捷的合作通道，真正从“盗版不能播、正版买不起”的尴尬局面中走出来，切实有效地推进了网络视频传播的正版化。

会上中国互联网协会网络版权联盟、中国广播电视协会电视制片委员会与中国联合网络通信有限公司、交通银行股份公司北京分行联合签署了战略合作协议，共同尝试以广告模式开展项目推广，组织互联网上经典电视剧展播，探索建立产业间的利益共赢，这是电视剧版权管理组织和互联网行业组织合作的一个新开端，也将架构权利人与视频网站的合作桥梁。

2．加强行业自律及纠纷调解工作

中国互联网协会网络版权联盟建立了版权信息监测网络，定期发送《风向标》，建立版权风险防范和预警体系，不定期发布防范版权代理机构欺诈的信息、通报版权单位重点保护作品信息等。

2008 年 9 月 25 日，中国互联网协会调解中心正式成立，41 家互联网公司、电信运营商及权利人签署《纠纷快速调解意向书》，认可出现纠纷后不再只是通过诉讼和仲裁等方式解决纠纷，而是首先考虑到调解中心以调解的方式解决纠纷。

同日，中国互联网协会调解中心与中国广播电视协会电视制片委员会签署《合作备忘录》，明确双方在互联网知识产权民事调解领域开展合作，加强行业信息沟通，建立快速、便捷的知识产权纠纷处理通道，当纠纷发生时，优先通过调解方式解决双方会员之间的纠纷，并由专人负责纠纷的联络工作。2008 年 10 月 28 日，双方在中国广播电视协会电视制片委员会召开的“2008 年度会议”上签署《调解合作协议》，协议约定：调解中心接受中国广播电视协会电视制片委员会委托，为中国广播电视协会电视制片委员会会员提供专业调解服务，调解中心将积极促成中国广播电视协会电视制片委员会会员与对方当事人的和解等。

2008 年 12 月 2 日，中国互联网协会调解中心与北京市海淀区人民法院签署了《合作备忘录》，备忘录约定：海淀法院委托中国互联网协会调解中心的调解工作并不局限于网络知识产权领域，在其他领域也将委托调解中心进行调解，海淀法院将在调解方面以院方名义给予调解中心全方位的支持。中国互联网协会调解中心与海淀法院知识产权庭签署了《委托调解协议》，约定了凡是在海淀法院立案的网络知识产权案件，海淀法院都将委托调解中心进行调解，调解的案件一般在 15 日内完成。2009 年 3 月 30 日，中国互联网协会调解中心与北京市朝阳区人民法院也签署了内容类似的《委托调解协议》，建立了联合调解机制。

3．视频网站自身加强版权保护

美国电影协会（MPAA）通过与视频网站合作建立的通知删除机制，主动定期发出侵权节目链接给国内各大视频网站，并评估删除进度，在这方面减少了诉讼数量，保护了美国的电影作品；日本 NHK 电视台 2008 年春季与国内主要视频网站交涉，每月数次向网站提出删除要求。为了主动保护版权人的利益，视频网站都开发了通知受理平台，对版权人开放，把删除盗版信息的权限发放给版权单位，随着产业的逐步成熟，从删除侵权内容到携手开发、共享广告利益的接洽将变得越来越频繁。

6.5 典型案例

北京奥运会网络视频转播保护取得成功

2008 年北京奥运会网络视频转播的版权保护，采取疏堵结合的办法在互联网版权保护方面成效显著，国际奥林匹克委员会（IOC）新媒体监控中心在奥运会期间启动的“2008 全球互联网监控项目”，监测显示在全球发现的 1300 个侵权案例中，中国的盗版量非常少。根据国内奥运监测小组统计，截至 8 月 14 日，盗版监控记录出现了第一次“零报告”，这在反盗版工作的历史上是从未出现过的。这是我国政府主管部门与转播机构共同努力的结果，成为 2008 年版权保护的经典案例。

1．央视网建立授权、监测和保护体系

国际奥林匹克委员会（IOC）首次将电视版权与新媒体版权分别销售，中央电视台获得电视版权，央视网享有在中国大陆和澳门地区对本届奥运会进行新媒体转播（包括视音频）的独家权益。

新媒体授权方面，国内建立了网络传播奥运作品的授权体系，北京奥运会开幕前宣布《2008 年第二十九届奥运会互联网公益性传播授权协议》的名单，获得此资质的媒体可以通过视频页面链接、播放器或页面嵌套等方式传播奥运相关授权内容。截至 2008 年 8 月 8 日北京奥运会开幕之际，共有 172 家机构申请参与奥运新媒体公益性传播，其中有 139 家符合申报条件。申请进行商业性转授的网站共 10 家，通过国际奥委会审批并已签约的网站有上海文广、中国移动、搜狐、新浪、网易、腾讯、酷 6、悠视网、PPL 和 PPS 等机构。央视网还制作了奥运新媒体版权保护电视宣传片，旨在提高人民群众奥运版权保护意识，选择正确的收看途径。

为了建立数字版权保护（DRM）技术平台满足国际奥委会对新媒体转播的版权保护技术要求，央视网建立了自己的监控队伍，并与广电总局网络信息安全中心成立了联合监控小组，对互联网上的 200 家网站视频信号进行监测，同时与得到奥运转播转授权的所有合作伙伴组成了“反盗版行动小组”，联手监测网络盗播行为。

在版权保护方面，2008 年 3 月，央视网专门成立了奥运版权保护中心，建立了奥运期间《处理非法转播奥运赛事案件快速反应机制》，与北京市版权局建立联合监控平台并与“全国打击网络侵权盗版专项行动”挂钩，在奥运期间及时查处侵权盗播行为。向网站发送 100 多份律师函和告知函，向国家版权局投诉了 8 家在发出律师函后仍然涉嫌非法使用中央台电视信号且在国际奥委会盗版黑名单上的网站。8 月 5 日，央视网针对 21CN 和迅雷两家网站在火炬传递过程中的盗播侵权行为提起了民事诉讼。

2．行政渠道强化奥运新媒体版权保护

2008 年 5 月 29 日，国务院新闻办向各省网宣办、网管办和中央新闻网站下发《关于保护奥运新媒体转播权的通知》，要求中央新闻网站、各地方新闻网站和各种新媒体平台要严格保护奥运新媒体版权。7 月 22 日，国家版权局与公安部、工信部、广电总局联合发布了《处理非法转播奥运赛事案件快速反应机制》的通知，针对奥运期间可能的侵权案件要求各执法部门 24 小时值班，并在接到投诉 2 小时制止针对奥运新媒体版权的侵权行为。

在行政执法方面，从 6 月 12 日起至 10 月 15 日，国家版权局、公安部和工业信息化部在全国开展打击网络侵权盗版专项行动。各地有关部门根据《奥林匹克宪章》、中国政府与国际奥委会签署的有关协议、《著作权法》及《奥林匹克标志保护条例》，对未经许可通过互联网非法转播奥运会体育比赛的行为进行了重点打击。

北京奥运期间，国家版权局和工业信息化部等部门共查处侵权网站 117 家，对 84 家网站采取了立即关闭或停止接入等相关措施，对 33 家网站采取了责令删除内容或停止侵权的执法措施。根据国际奥委会全球监控计划，北京奥运会期间，共监测到非法转播奥运赛事及相关活动的侵权行为 4066 次，其中 90%发生在美国，其他 10%的侵权行为分散在欧洲、南美、澳大利亚、越南及中国等地，而所有在中国发生的网络非法转播行为都得到了迅速、有效的控制。我国打击非法盗播奥运赛事的行为，受到了国际奥委会的高度评价。

（中国互联网协会网络版权联盟　王　斌；北京市立方律师事务所　汪　勇；中央电视台总编室　严　波）

第 7 章　2008 年中国网络与信息安全发展情况

7.1　2008 年网络安全状况分析

2008 年我国公共互联网网络整体运行状况良好，互联网继续保持健康发展态势。随着互联网应用的广泛普及，所承载业务和信息的多样化，互联网在国家政治、经济、文化领域以及社会生活各个方面发挥着愈加重要的作用，已经成为国家、社会、民众交互的重要平台。与此同时，互联网面临的安全威胁也随着互联网及互联网应用的发展而不断演化，呈现日益复杂的局面，网络与信息安全已成为互联网不可避免的问题。

从 CNCERT 接收和自主监测的网络安全事件情况看，2005—2008 年事件总数呈逐年上升趋势。垃圾邮件、网络仿冒、网页篡改、网页恶意代码等事件是网络信息系统及互联网用户面临的最常见的网络安全事件，而由此造成的后果和影响也较为严重，如遭遇网络欺骗或讹诈、感染恶意代码和泄露重要信息等。2008 年垃圾邮件事件、病毒蠕虫及木马事件、拒绝服务攻击事件尤为突出，与 2007 年相比，均呈现较大幅度增长。网络仿冒（钓鱼）事件、网页篡改事件和网页恶意代码事件等仍旧是 CNCERT 事件处置的重点，特别是涉及政府机构和重要信息系统部门的网页篡改事件和涉及国内外商业机构（如金融机构、电子商务）的网络仿冒事件。

网络信息系统安全漏洞的频发是引发重大网络安全事件，造成大范围影响的主要诱因，是影响网络安全的重要因素。2008 年，影响网络基础设施、操作系统、应用软件的漏洞层出不穷，其中不乏一些极具破坏力的高危漏洞。7 月公布的 DNS 可允许欺骗漏洞是互联网关键基础设施——域名解析服务系统近年来罕见的“0 day”漏洞，该漏洞极易引发域名劫持等网络安全事件，并且针对该漏洞出现的 Exploit 攻击程序在互联网上快速出现并流行，使得安全形势进一步恶化。12 月公布的微软 IE 7.0 漏洞（MS08-078），则让广大用户成为黑客极易攻击得手的目标，在公布漏洞数日内有数以百万计的用户受影响。

与信息系统安全漏洞一样，恶意代码的传播和蔓延也是衡量网络安全状况的重要因素。据 CNCERT 自主监测结果，2006—2008 年，恶意代码捕获次数和恶意代码新样本捕获次数呈不断上升趋势。恶意代码成为黑客推进攻击活动的主要武器弹药，并可通过垃圾邮件、网页挂马、聊天工具和系统漏洞等多种方式传播扩散。恶意代码已经不仅仅是黑客手中的玩具，围绕恶意代码尤其是网络病毒的生产、销售、传播等环节，目前已经形成规模庞大、收益巨大的黑色地下产业链。相关统计数据显示[1]，2008 年我国网络安全服务市场规模已经超过 80 亿元人民币，这也从侧面凸显出各部门为对抗黑色地下产业不得不付出的巨大投入，但从实际效果看，由于缺乏必要的联合一致行动，防护方仍然处在被动和不利的地位。

一次成功的网络攻击，往往意味着一大批新的互联网资源被黑客所控制。这当中，木马和僵尸网络是黑客控制网络资源较常用的技术手段，也是供其发动下一次网络攻击（如拒绝服务攻击）的有效途径。2008 年，木马和僵尸网络的监测和管控是 CNCERT 的工作重点，在奥运会前木马和僵尸网络数量剧增的情况下，CNCERT 在工业和信息化部的领导下协调运营商和域名管理机构开展了木马和僵尸网络专项打击活动。从全年月度监测结果看，我国木马和僵尸网络的增长势头在下半年得到了有效的遏制，境内控制端和被控端数目在 6 月份和 7 月份后有较大幅度下降，有力地保障了奥运期间互联网安全稳定地运行。同时，2008 年木马和僵尸网络控制端和被控端的月度趋势也基本上反映了我国 2008 年网络安全总体形势的变化情况：下半年网络安全形势有所缓和。

除防范黑客控制系统和主机资源外，网络信息系统特别是网站系统的安全防范是保障互联网安全运行的重要方面。网页恶意代码（俗称网页挂马）可以作为恶意代码传播的主要途径之一；网页篡改则事关网络信息安全的前沿阵地，这两类事件均可作为网络安全状况的风向标。2008 年，我国境内网页恶意代码事件和网页篡改事件数量维持 2007 年的水平，但与 2005 年、2006 年相比仍旧处于较高水平。政府部门网站系统安全形势仍然不容乐观，被篡改政府网站占整个大陆地区被篡改网站的比例远远大于政府网站（.GOV.CN）占.CN 网站总数的比例，各级政府部门在信息化服务意识和安全管理意识上仍较薄弱。

总体来看，2008 年我国互联网运行态势平稳，但 2009 年面临的网络安全形势仍旧比较严峻，网络安全威胁不会因为监测、防范和管控力度的加大而势微，网络安全事件将随着互联网及互联网经济的发展更加频繁、复杂，需要以更加谨慎的态度，采取更为有力的措施来应对新的网络安全威胁。

7.2　网络安全事件接收与处理情况

为了能够了解和掌握当前互联网的安全运行状态，CNCERT 采用了多种方式来接收公众的网络安全事件报告，如热线电话、传真、电子邮件和网站等。对于其中影响互联网运行安全，涉及政府与重要信息系统部门的网络安全事件，CNCERT 协调各省分中心进行及时、有效处理。网络安全事件的接收与处理数量在一定程度上反映了我国互联网网络安全的当前状况，同时也体现出我国及时发现和应急处理安全事件的能力。

7.2.1　事件接收情况

2008 年 CNCERT 接收 5167 件非扫描类网络安全事件报告，其中国外报告事件为 4740 件。每月接收非扫描类事件具体数量如图 7.1 所示，1 月，4 月，5 月和 6 月均超过了 500 件。从事件接收情况看，2008 年下半年网络安全事件发生情况较上半年有所趋缓。

[1] 数据参考了 IDG（美国国际数据集团）、Analysys International（易观国际）、CCW Research（计世资讯）等公司公布的研究报告。

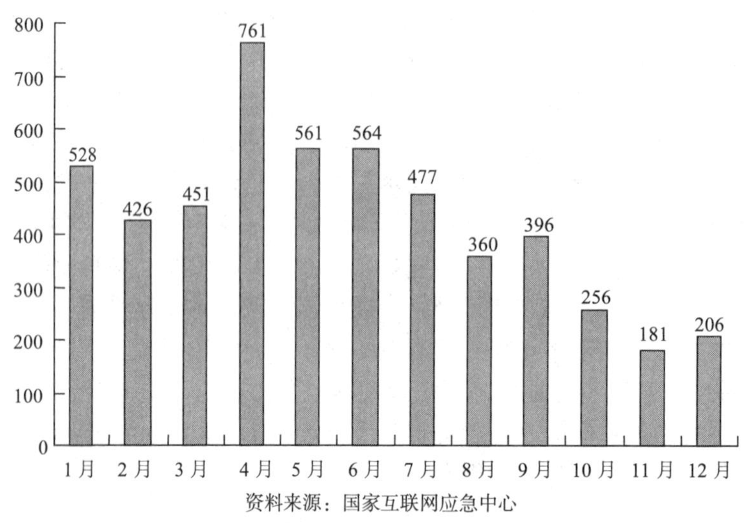

图7.1　2008年非扫描类事件月度统计

所报告的网络安全事件主要有：垃圾邮件、网络仿冒和网页恶意代码事件等。根据报告的事件类型统计，如图 7.2 所示，垃圾邮件事件数量最多，共 1849 件，占所有接收事件的 35.74%，与 2007 年相比增幅达 54.5%；网页恶意代码事件 1256 件，占 24.28%，与去年相比增幅为 9.1%；网络仿冒事件的数量达 1227 件，占 23.72%，与去年同比下降 9.3%；病毒、蠕虫或木马事件达 417 件，占 8.06%，与去年相比增长 20.6%；漏洞事件为 335 件，占 6.48%，与去年基本持平；拒绝服务攻击事件为 61 件，占到 1.18%，比去年增长超过 2 倍。总体来看，2008 年所接收的网络安全事件数量超过去年，而垃圾邮件事件、病毒蠕虫或木马事件、拒绝服务攻击事件尤为突出，呈现较大幅度增长。

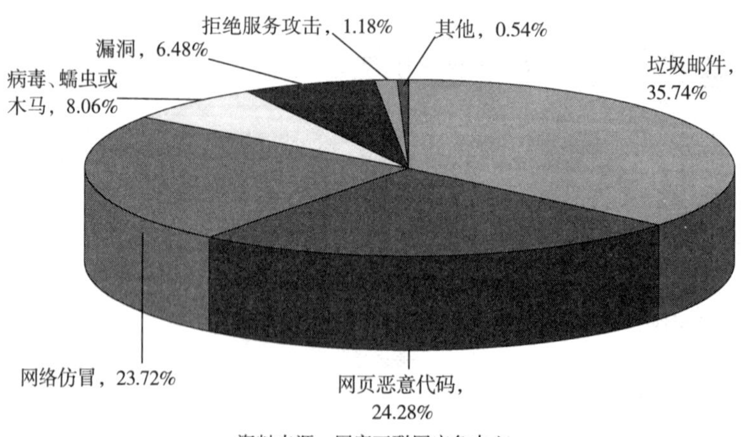

图7.2　2008年网络安全事件类型分布

网页恶意代码（网页挂马）、垃圾邮件和网络仿冒同时也是近几年来发生最为频繁的网络安全事件，并且 2007 年和 2008 年基本保持上升趋势，如图 7.3 所示。

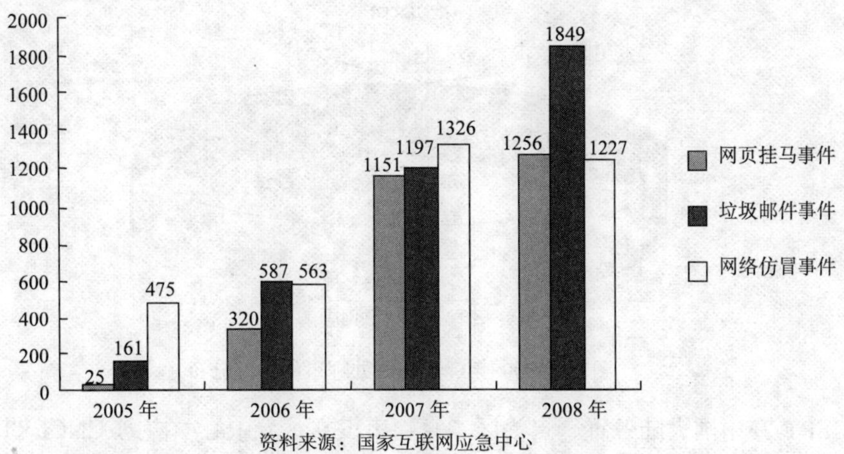

图7.3　2005—2008年常见网络安全事件报告年度数量统计TOP3

7.2.2　事件处理情况

2008 年 CNCERT 共成功处理各类网络安全事件 1173 件，事件类型主要有网络仿冒、网页篡改、网页恶意代码、拒绝服务攻击[2]等，各类事件处理数量，如图 7.4 所示。

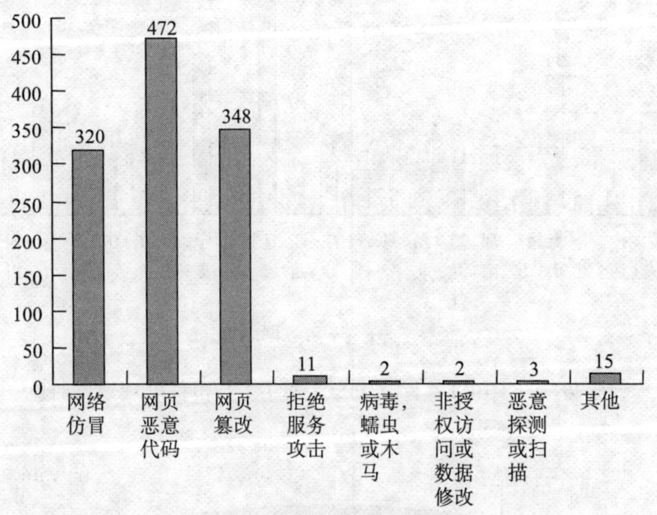

图7.4　2008年CNCERT处理网络安全事件数量统计

在 CNCERT 处理的安全事件中，恶意代码网站（网页挂马）事件最多，挂马网站通常是恶意代码传播的源头，所以 CNCERT 将其列为打击的重点；其次，涉及国内政府机构和重要信息系统部门的网页篡改类事件，以及涉及金融企业、重要商业机构的网络仿冒类事件数量也比较多，如图 7.5 所示。

[2] CNCERT 处理的事件中包含自主监测到的事件。

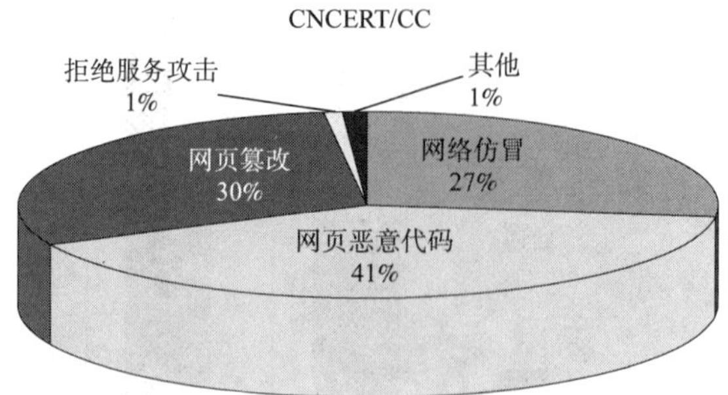

资料来源：国家互联网应急中心

图7.5　2008年CNCERT处理事件类型分布

CNCERT 在中国大陆各省、自治区、直辖市设立了分中心，协助 CNCERT 国家中心处理各类网络安全事件。2008 年各省分中心共参与事件处理 527 件，各省处理事件数量和比例如图 7.6 和图 7.7 所示，其中辽宁、新疆、北京、宁夏和海南处理事件数量居前 5 位。

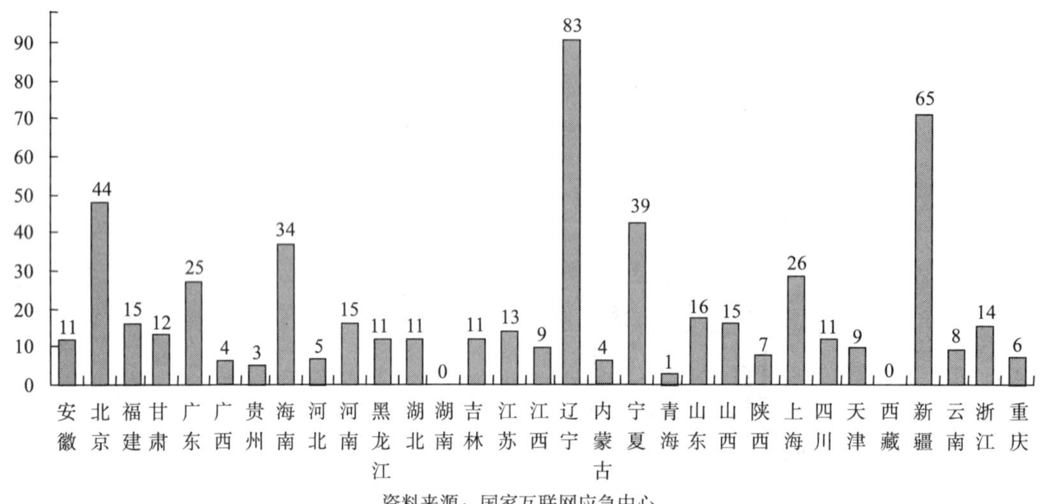

资料来源：国家互联网应急中心

图7.6　CNCERT各省分中心2008年参与事件处理数目对比

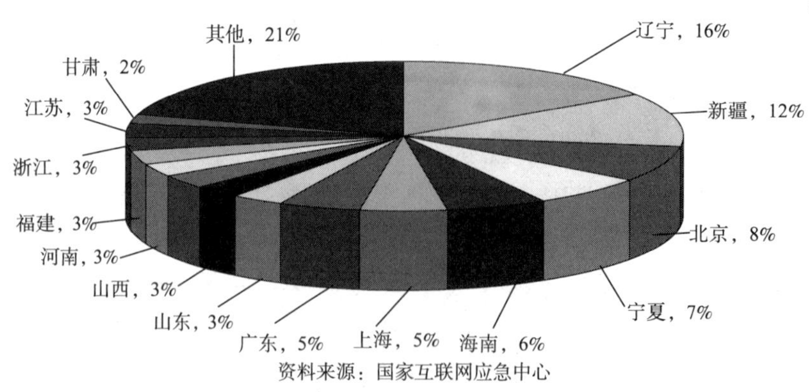

资料来源：国家互联网应急中心

图7.7　CNCERT各省分中心事件处理情况分布统计

7.2.3　事件处理部分案例介绍

1.“机器狗”病毒事件

2008 年 3 月 10 日，CNCERT 捕获到一些恶意代码样本，经研判，这些样本某些特征与“机器狗”病毒特征相符。该病毒可以给用户的计算机下载大量的木马、病毒、恶意软件和插件等。一旦中招，用户的计算机随时可能感染任何木马病毒，这些木马病毒会疯狂地盗用用户的隐私资料（如账号密码、私密文件等），也会破坏操作系统，使用户的机器无法正常运行。该病毒还可以通过内部网络传播、下载 U 盘病毒和 ARP 攻击病毒，引发整个网络的计算机全部自动重启。

通过对感染该病毒样本的主机 IP 进行排查，发现此病毒触发的 IP 在国内分布呈局部化和分散化的特点，国内感染主机分布于广东、河南、广西、黑龙江和海南等省份。感染病毒的 IP 基本上同属于一个 C 类网段，连接地址都是非常近似的，并有不断扩张的趋势。

CNCERT 及时启动事件处理流程，将感染“机器狗”病毒的 IP 地址段下发到各分中心，协调各分中心对感染恶意代码的计算机进行排查，并进行逆向分析，得到木马控制端用户及主机的详细信息。通过对上述主机的定位与分析，CNCERT 协调天津、重庆、江苏、海南和吉林各分中心及当地运营商及时进行调查取证，掌握了相关证据后对涉及传播恶意代码的主机及域名进行了处理，并及时通知感染此病毒的互联网用户对主机进行杀毒、加固等清理工作。截止 2008 年 4 月 1 日，通过监测对比发现，病毒感染的势态已经得到有效遏制。

2．利用 Flash 漏洞的挂马事件

2008 年 5 月 27 日，网络中出现了利用 Flash 漏洞的挂马事件。该事件所利用漏洞存在于旧版本的 Flash Player（9.0.115 及以前的版本）中，如果用户的 IE 浏览器安装的是旧版本 Flash Player 插件，那么在播放一些恶意的 Flash 动画文件时，就会自动下载可执行的恶意文件，随后会主动连接互联网络中指定的服务器，下载其他病毒和木马等恶意程序。CNCERT 一方面协调域名注册商对该事件涉及的部分恶意站点的域名进行了暂停域名解析服务的处理，另一方面协调有关分中心对该事件涉及的部分恶意站点的主机进行清除恶意代码的处理。

3．针对国内某银行的拒绝服务攻击事件

2008 年 6 月 10 日，CNCERT 接到国内某银行投诉，称其服务器遭到 DDoS 攻击。根据银行提供的系统日志信息，CNCERT 进行了攻击行为分析，从中提取出攻击次数较多、排名靠前的数个活跃的攻击 IP，协调分中心进行定位处理，并要求相关用户加强安全检查，杜绝被利用发起网络攻击。6 月 11 日，银行负责人反馈攻击活动已明显减弱，主要攻击 IP 已从系统日志中消失。

4．对国内某大型保险公司的网络仿冒事件

9 月 11 日，CNCERT 接到国内某大型保险公司关于网络仿冒事件的投诉。投诉称，有不法分子在盗版教材中附加该公司的假冒保险卡，并开设虚假保险注册平台，误导读者在虚假网站上注册盗版保险卡。该网站还假冒该公司的标识，损害了该保险公司的合法利益，严重扰乱了正常的金融秩序，不仅给该公司造成了数百万元的直接经济损失，还误导了广大读者，造成读者发生保险事故后无法获得保险赔偿，社会影响恶劣。同时，该网站还存在侵犯北京奥组委知识产权的行为。

接到投诉后，CNCERT 第一时间对事件进行了核实，查明该事件系利用 www.****.net.cn 域名仿冒 www.****.com.cn 域名，具有极大隐蔽性，而且网站服务器位于国外，存在故意利用.cn 域名进行网络欺诈的企图。鉴于上述情况，为维护我国正常的金融秩序，CNCERT 通过已建立的恶意域名处理机制协调相关域名注册商对该域名采取了暂停解析的措施，有效遏制了网络仿冒行为。

7.3 信息系统安全漏洞公告及处理情况

2008 年，CNCERT 共整理发布与我国用户密切相关的漏洞公告 101 个，其中向政府和公众发布的关键漏洞预警 4 个，处理的与漏洞相关的重点事件有：

1. DNS 可允许欺骗漏洞

7 月份，互联网关键基础设施——DNS 系统爆出可允许欺骗漏洞，该漏洞极易引发域名劫持等网络安全事件；并且，互联网上迅速出现和传播针对该漏洞的 Exploit 攻击程序，造成“0day”攻击态势，也对奥运期间我国互联网的安全可靠运行构成严重威胁。

针对上述情况，CNCERT 在 7、8 月份先后通过网站、电子邮件、传真和公文等多种方式向基础互联网运营企业、中国互联网络信息中心（CNNIC）和社会公众发出多次漏洞通报和紧急公告，提醒各方面重视该漏洞，做好防范措施；同时，CNCERT 积极组织对漏洞成因、攻击代码原理、技术应对方案的研究工作。奥运会开幕前，CNCERT 召开了漏洞专题研讨会，与来自基础互联网运营企业和中国互联网络信息中心（CNNIC）的技术专家一道，对漏洞进行了深入研究，并提出升级软件，构建 DNS 池，调整 DNS 缓存策略等多种技术应对策略，协助相关单位做好奥运网络安全保障工作。

2. IE7.0 XML“0day”漏洞

2008 年 12 月 10 日，CNCERT 接到报告：微软的 IE7.0 浏览器中存在严重的安全漏洞，当处理带有攻击代码的 XML 文件时会出现异常错误，并执行攻击者编写的任意代码。攻击者可针对该漏洞编写特定的 XML 文件，通过网页、聊天工具和电子邮件等媒介引诱 IE7 用户访问从而实施攻击。受攻击用户将可能被植入木马或其他恶意程序，导致系统被黑客控制，信息被窃取。需要特别注意的是，微软 2008 年 12 月 9 日及以前发布的安全补丁尚不能修补该漏洞。互联网出现了针对该漏洞的“0day”攻击，黑客针对该漏洞编制木马攻击程序，通过网页挂马方式发起攻击。

CNCERT 立即采取研判和处置措施，先后于 12 月 10 日，11 日，18 日发布安全公告提醒中国互联网用户加强防范和升级补丁，并根据相关工作机制向政府主管部门、互联网运营商、重要信息系统部门等共计 40 余个部门发出预警通报；同时，监测发现并处置了大量利用该漏洞实施恶意代码攻击的链接（URL），减少了黑客利用该漏洞攻击我国互联网用户的安全隐患。截止到 12 月 18 日，CNCERT 共发现或收到涉案恶意域名 161 个，核实 124 个；协调互联网域名注册和管理机构及互联网运营商共处置位于我国境内的恶意域名 86 个，IP 主机 33 个；此外通过监测发现自事发以来，我国共有上千万台计算机访问过带有恶意程序的链接，被植入木马和僵尸网络程序等恶意代码的可能性较大。

7.4 互联网业务流量监测分析

分析互联网流量中的业务种类及其所占流量比例变化，一方面能够为互联网的科学运营管理提供参考，另一方面也有利于把握主流的互联网业务并关注其安全问题。

据 CNCERT 在 2008 年对互联网业务流量的抽样统计，在 TCP 协议中，占用带宽最多的网络应用有 4 类：Web 浏览、P2P 下载、电子邮件和即时聊天工具。电子邮件协议使用 TCP 25 号端口，除正常使用外，利用垃圾邮件传播病毒、蠕虫、木马等恶意代码软件也占用较大的流量。P2P 软件（例如 eMule、clubox、BitCommet、迅雷等）已成为目前最流行的下载工具，受到大量用户的青睐，占用大量网络带宽；同时，通过 P2P 工具软件传播捆绑病毒、木马的文件，也已经成为值得注意的一个动向，P2P 类型僵尸网络也在逐步发展成僵尸网络控制的重要方式。因此，基础电信运营企业不仅需要重视 P2P 软件占用带宽的问题，该类软件带来的安全问题也成为今后要注意的问题。另外，利用即时聊天工具（如 Windows 信使服务 MSN 和 QQ 软件）也可以散播带毒文件，也可以用于网络钓鱼和网络诈骗，从而导致重要信息的失泄密问题。

TCP 协议流量端口前 10 位如图 7.8 和表 7.1 所示。

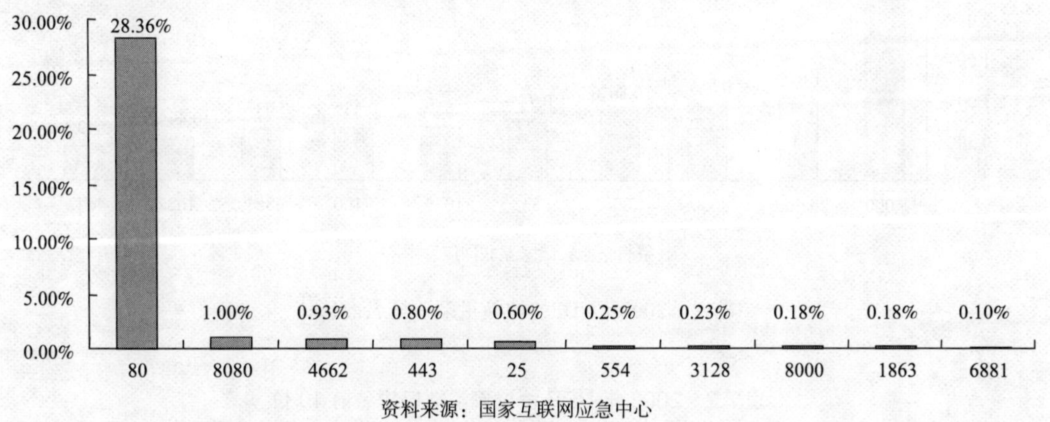

资料来源：国家互联网应急中心

图7.8　2008年TCP协议流量端口排名前10位

表 7.1　2008 年 TCP 协议流量端口排名前 10 位

TCP 端口	TCP 流量排名	百分比	主要的业务种类
80	1	28.36%	网页服务
8080	2	1.00%	网页服务
4662	3	0.93%	P2P 下载
443	4	0.80%	安全网页服务
25	5	0.60%	SMTP 服务
554	6	0.25%	RTSP 服务
3128	7	0.23%	网页服务
8000	8	0.18%	QQ 聊天
1863	9	0.18%	MSN 聊天
6881	10	0.10%	P2P 下载

资料来源：国家互联网应急中心

当前，UDP 协议中最占用带宽的是各类 P2P 软件下载端口，P2P 下载软件如迅雷、eMule

和 BT 等占用较多带宽，使用 UDP 协议的 DNS 服务也占有较大流量，占 0.74%。除了 DNS 系统本身经常遭受 DDoS 和域名劫持攻击外，黑客也经常利用动态域名服务来频繁更换僵尸网络和木马控制点，躲避追踪和处置，今后，各 DNS 运行机构还需要进一步加强对 DNS 系统的防护和对解析服务的监测。网络游戏在互联网用户尤其是中年和青少年中较受欢迎，总流量占 0.63%，随着游戏产业的发展，网络游戏账号、虚拟货币、虚拟装备成为黑客制造和传播网络病毒进行窃取的重要目标，目前逐渐形成以此类虚拟财富为目标的较为庞大的黑色地下产业链，该产业链具备生产、销售、代理、传播等完整环节。

UDP 协议流量端口前 10 位如图 7.9 和表 7.2 所示。

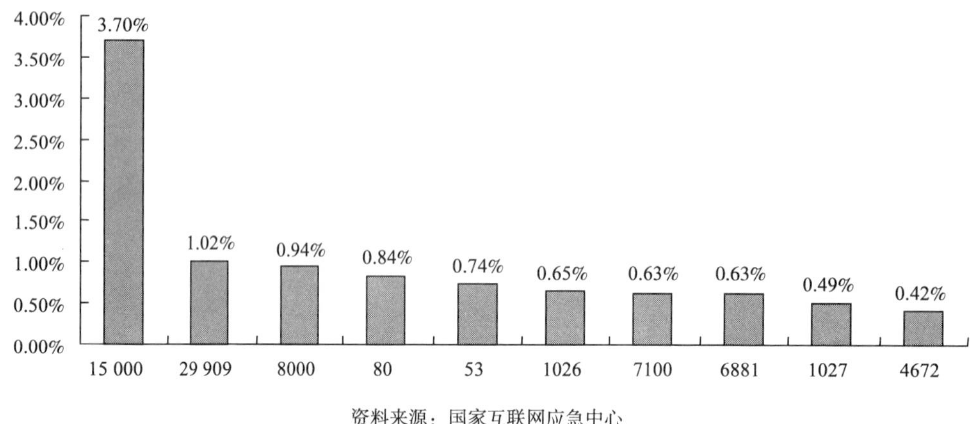

资料来源：国家互联网应急中心

图7.9　2008年UDP协议流量端口排名前10位

表 7.2　2008 年 UDP 协议流量端口排名前 10 位

UDP 端口	UDP 流量排名	百分比	主要的业务种类
15 000	1	3.70%	迅雷下载工具
29 909	2	1.02%	QQ 下载工具
8000	3	0.94%	QQ 即时聊天
80	4	0.84%	网页服务
53	5	0.74%	DNS 服务
1026	6	0.65%	MSN 即时聊天
7100	7	0.63%	网络游戏
6881	8	0.63%	P2P 下载
1027	9	0.49%	MSN 即时聊天
4672	10	0.42%	P2P 下载

资料来源：国家互联网应急中心

7.5　木马与僵尸网络监测分析

木马和僵尸网络两者都是非常有效的远程监听和控制手段，尤其是在失窃密方面对国家安全造成了严重危害，因此 CNCERT 对此两类事件进行了重点监测。

7.5.1　木马数据分析

木马特指计算机后门程序，它通常包含控制端和被控制端两部分。被控制端植入受害者计算机，而黑客利用控制端进入受害者的计算机，控制其计算机资源，盗取其个人信息和各种重要数据资料。2008 年，CNCERT 抽样监测境内外控制者利用木马控制端对主机进行控制的事件中，木马控制端 IP 地址总数为 713 974 个，被控制端 IP 地址总数为 4 146 091 个。木马控制端总数较 2007 年增长了 64.7%，被控端总数增长了 44.8%。

从图 7.10 上图中可以看到，2008 年位于境外的木马控制服务器增长幅度较大，涨幅为 148%，境内木马控制服务器涨幅为 36%。如图 7.10 所示，与 2007 年相比，2008 年境外被控主机数同样呈现大幅增长，涨幅为 91.8%，而境内被控主机数则下降了 43.2%，其重要原因是 CNCERT 在奥运前后开展的专项打击取得了效果。

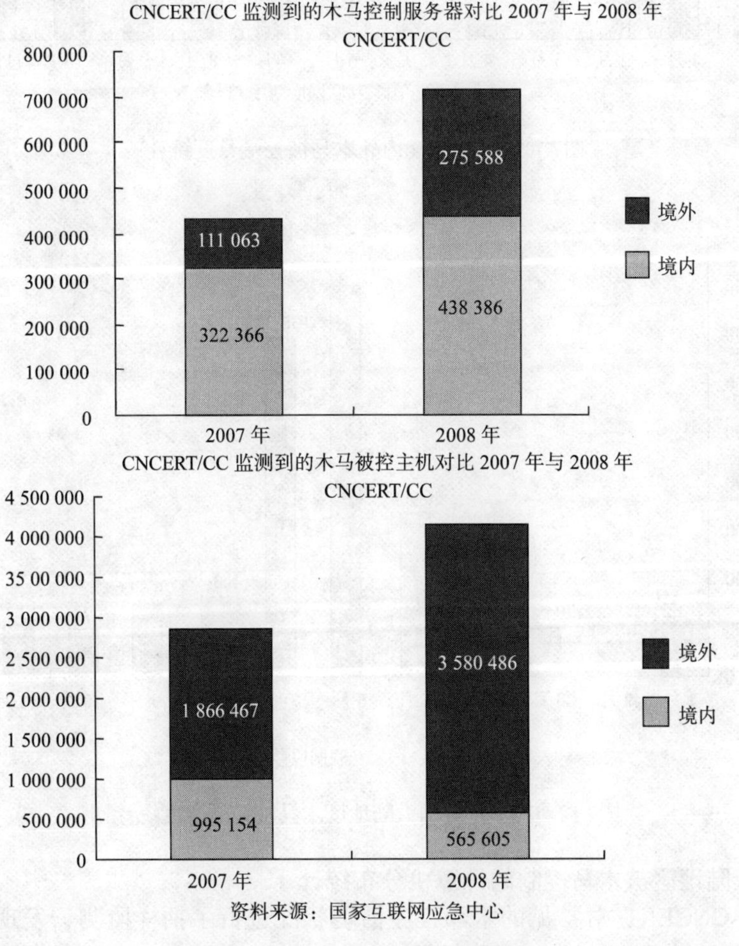

图7.10　2007年与2008年木马数据对比

图 7.11 和图 7.12 所示为境内外木马被控端和中国大陆地区木马被控端的月度统计，可以看到，虽然 2008 年下半年境内外木马被控端数目总体比上半年多，但境内木马被控端在 6 月和 7 月激增的势头得到了较为明显地抑制，下半年境内木马被控端数目甚至低于上半年。

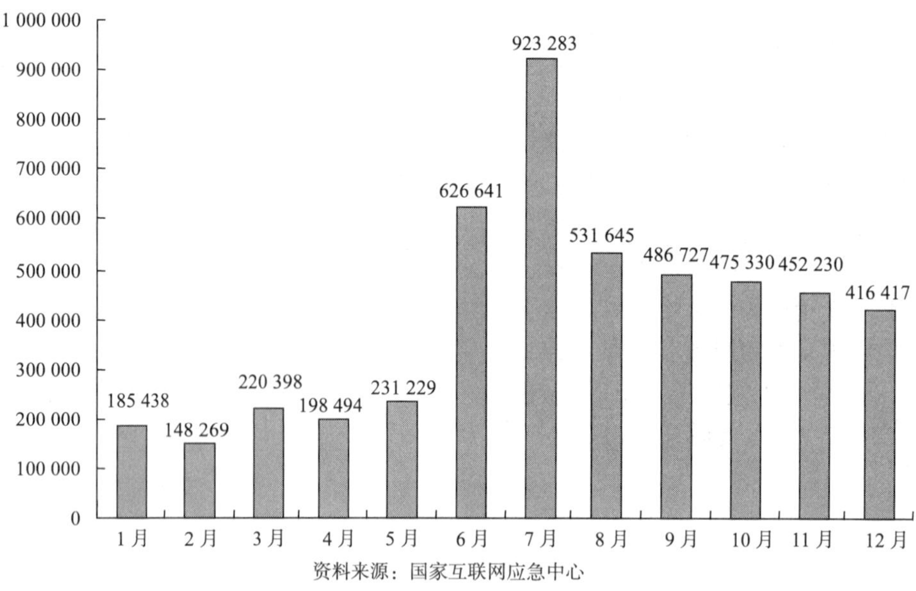

图7.11　2008年境内外木马被控端月度统计

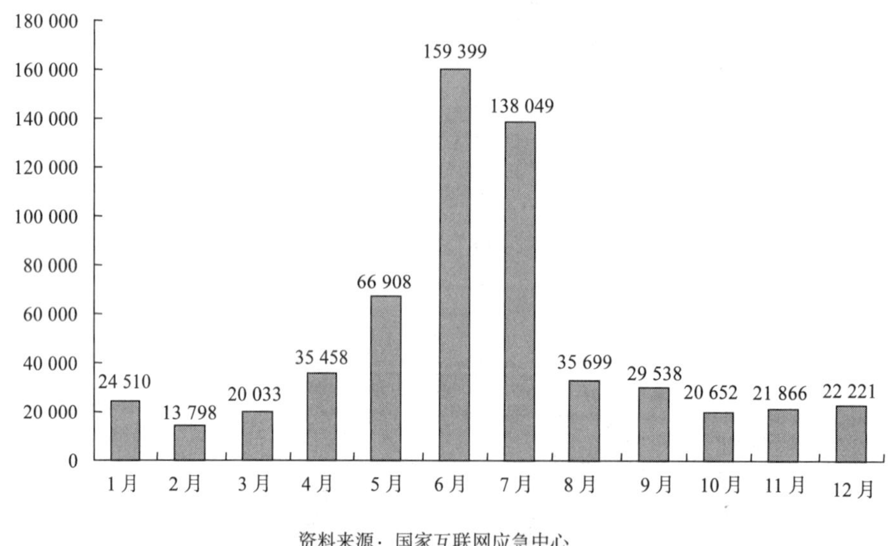

图7.12　2008年中国大陆地区木马被控端月度统计

1. 中国大陆地区被木马控制的计算机分布统计

2008 年，CNCERT 对常见的木马程序活动状况进行了抽样监测，发现我国大陆地区 565 605 个 IP 地址的主机被植入木马，比去年下降了 43.2%。我国大陆地区木马活动分布情况如图 7.13 所示，木马被控制端最多的地区分别为广东省（10%）、河北省（9%）、北京市（9%）、山东省（8%）和江苏省（7%）。

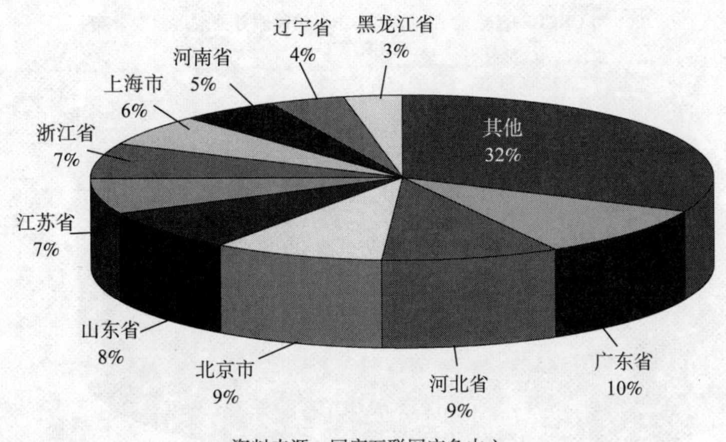

图7.13　2008年中国大陆地区被木马控制的主机地区分布图

2. 中国大陆地区外木马控制端分布统计

CNCERT 同时发现大陆地区外 275 588 个主机地址参与控制我国大陆被植入木马的计算机。控制端 IP 按国家和地区分布如图 7.14 所示，其中位于中国台湾（52%）、欧盟（16%）、美国（7%）、中国香港（6%）和韩国（2%）的木马控制端数量居前五位。

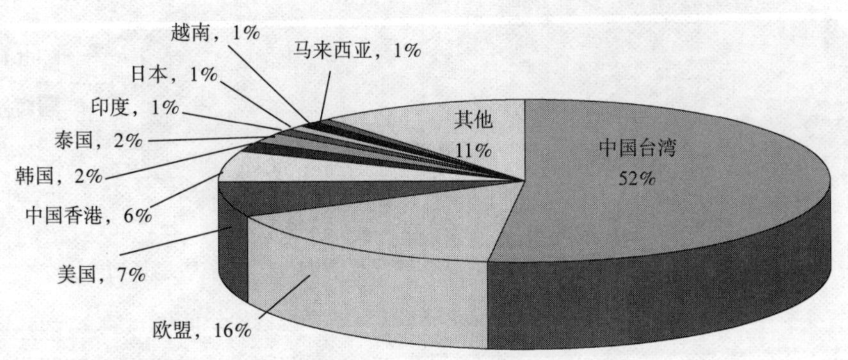

图7.14　2008年通过木马控制我国计算机的境外IP分布图

3. 中国大陆地区木马数据按运营商分布统计

图 7.15 所示为 2008 年境内木马控制服务器和木马被控端在各运营商中的分布。其中，电信网内木马控制服务器占 63.6%，联通占 36.13%，由于移动互联网接入较少，仅占 0.26%。电信网内木马被控端占 53.93%，联通占 45.74%，移动仅占 0.33%。在 CNCERT 监测到的木马控制端中，有相当一部分 IP 属于动态 IP 地址或是虚拟主机地址，据此可以判断，终端用户（如拨号上网用户）或虚拟主机托管用户由于安全防护措施较弱，易成为黑客攻击的目标；当黑客攻击成功取得控制权后，其可成为黑客发动新的攻击行为的跳板。

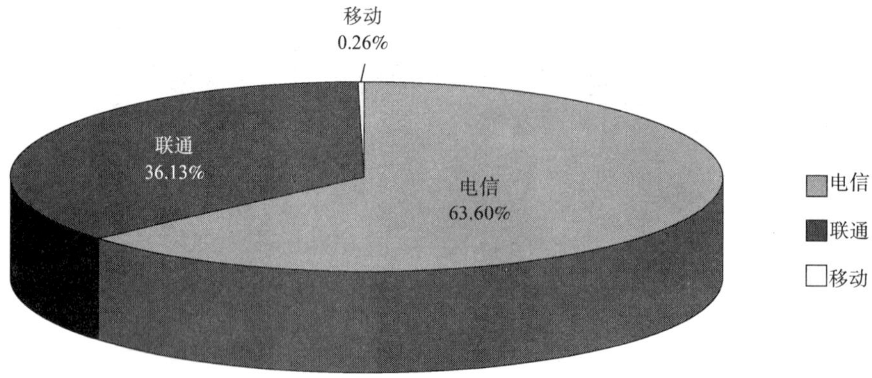

2008 年 CNCERT/CC 监测到的境内木马控制的主机按运营商分布
CNCERT/CC

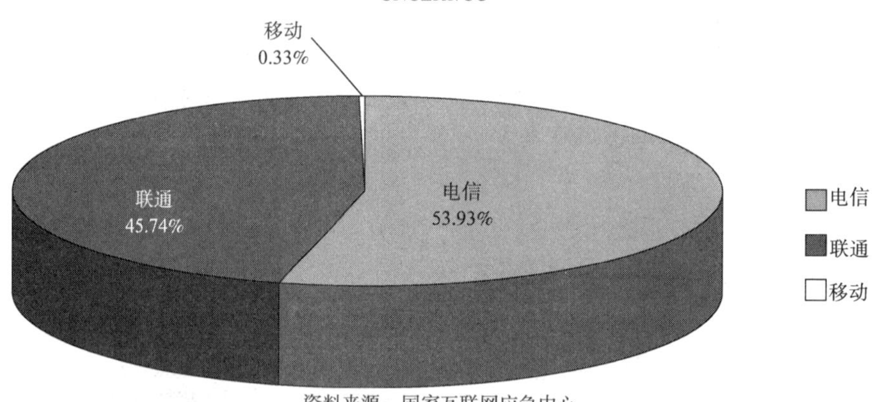

资料来源：国家互联网应急中心

图7.15　2008年境内各运营商木马数据统计分布

7.5.2　僵尸网络数据分析

CNCERT 每天密切关注着新出现的僵尸网络并跟踪过去出现的大规模僵尸网络，2008 年抽样监测，境内外僵尸网络控制端总数为 7035 个，被控制端 IP 地址总数为 3 634 266 个。僵尸网络数据较 2007 年有较大幅度下降，其中控制端下降幅度为 58.8%，被控端下降幅度为 41.7%。

由图 7.16 可看出，境内僵尸网络的控制端和被控端下降比较明显。其中，境内僵尸网络控制端不到 2007 年的 1/3，而被控端的数目也仅为 2007 年的 1/3。这一情况变化与木马数据有相同之处。由图 7.17 可以看出，2008 年境内外被僵尸网络控制的主机月度变化情况也与木马数据相同，这充分说明，2008 年对木马和僵尸网络采取的专项打击取得了显著效果。不过值得注意的是，僵尸网络被控端数目在 2008 年 9 月和 10 月经历了一个低谷后，在 11 月和 12 月有所反弹，这也说明相关的打击治理行动有必要常态化。

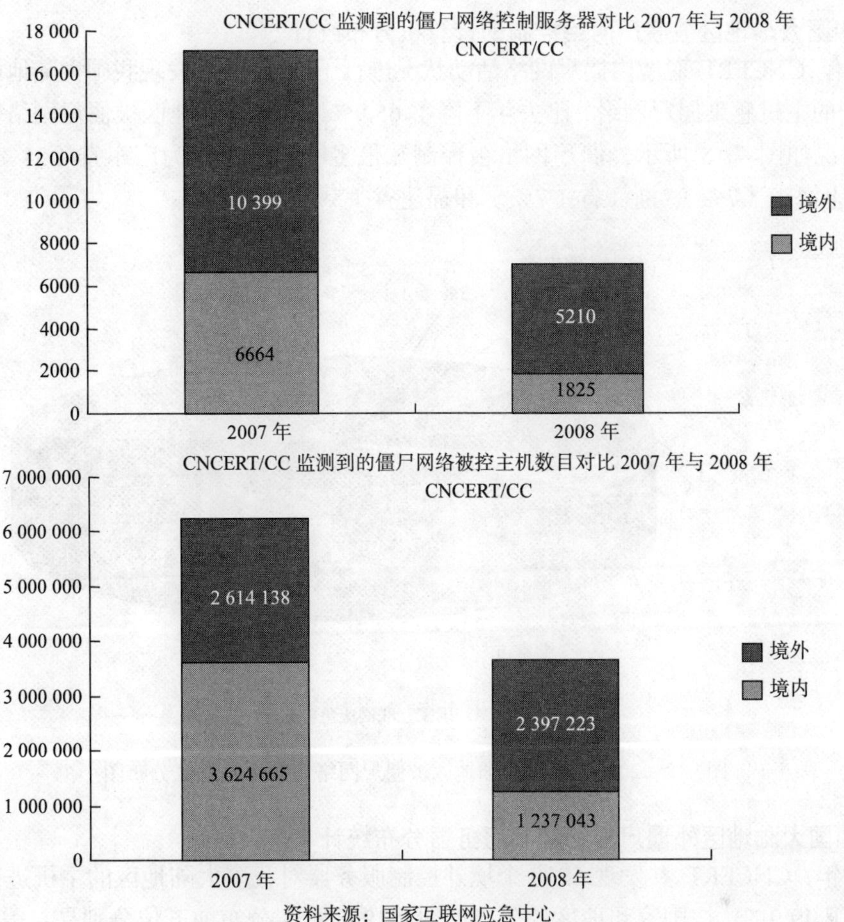

资料来源：国家互联网应急中心

图7.16　2007年与2008年僵尸网络数据对比

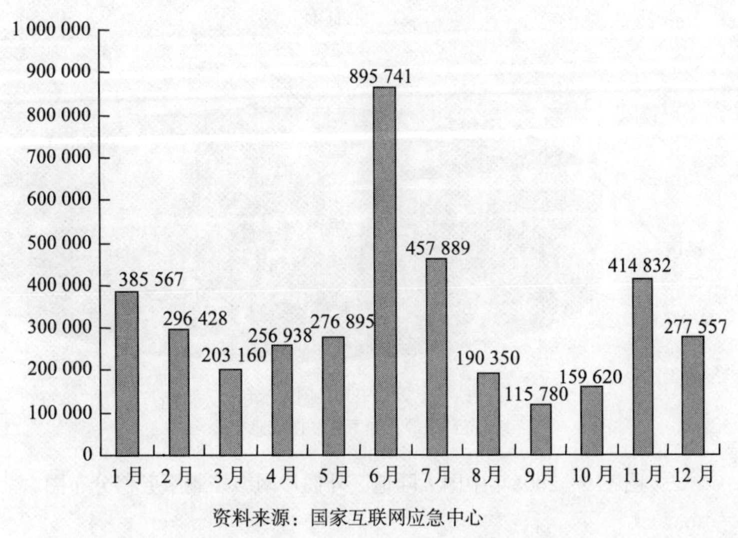

资料来源：国家互联网应急中心

图7.17　2008年僵尸网络境内外被僵尸网络控制主机月度统计

1．中国大陆地区被僵尸网络控制的计算机分布统计

2008 年，CNCERT 对境内僵尸网络活动状况进行了抽样监测，发现我国大陆地区 1 237 043 个 IP 地址的主机感染僵尸网络，比去年下降了 65.9%。我国大陆地区被僵尸网络控制的主机 IP 分布情况如图 7.18 所示，僵尸网络被控制端最多的地区分别为广东省（31%）、北京市（10%）、上海市（7%）、浙江省（7%）和福建省（5%）。

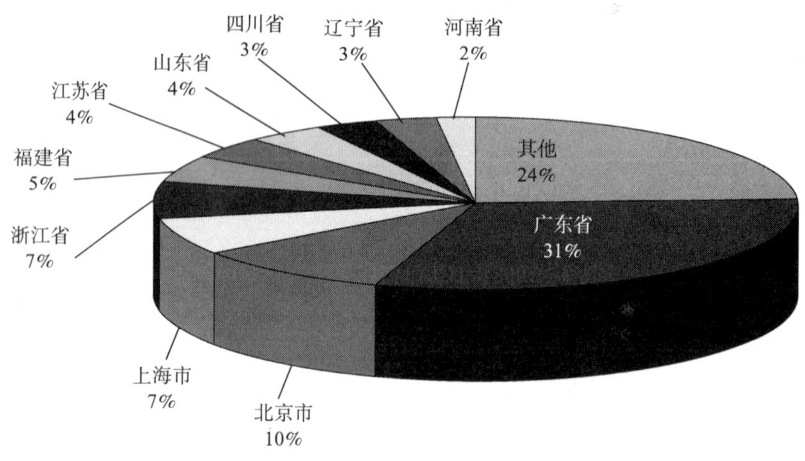

资料来源：国家互联网应急中心

图7.18　2008年中国大陆地区被僵尸网络控制主机地区分布图

2．中国大陆地区外僵尸网络控制服务器分布统计

2008 年，CNCERT 共发现 5210 个境外控制服务器对我国大陆地区的主机进行控制，比去年下降了 49.9%。按国家和地区的分布如图 7.19 所示，分布前五位分别是：美国占 31%、匈牙利占 10%、韩国占 5%、法国占 4%以及德国占 4%。

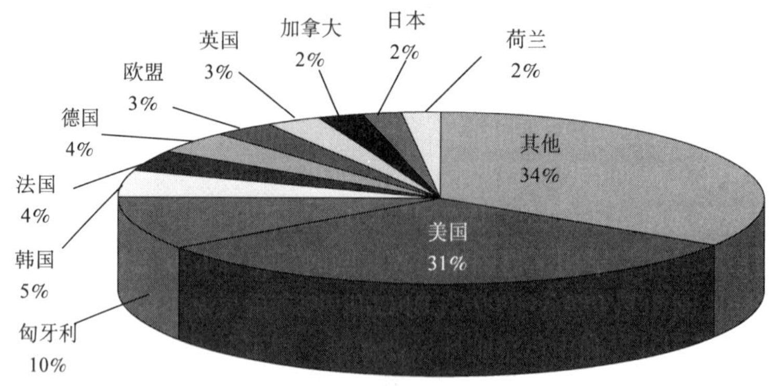

注："欧盟"中具体国家未知。
资料来源：国家互联网应急中心

图7.19　2008年中国大陆地区外僵尸网络控制服务器分布图

3．中国大陆地区僵尸网络数据按运营商分布统计

图 7.20 所示为 2008 年境内僵尸网络控制服务器和僵尸网络被控制端在各运营商中的分布。其中，电信网内僵尸网络控制服务器占境内控制服务器总数的 73%，联通占 24%，由于移动互联网接入较少，仅占 3%。电信网内僵尸网络被控端占 56%，联通占 43%，移动占 1%。僵尸网络数据运营商分布比例与木马数据情况相似。

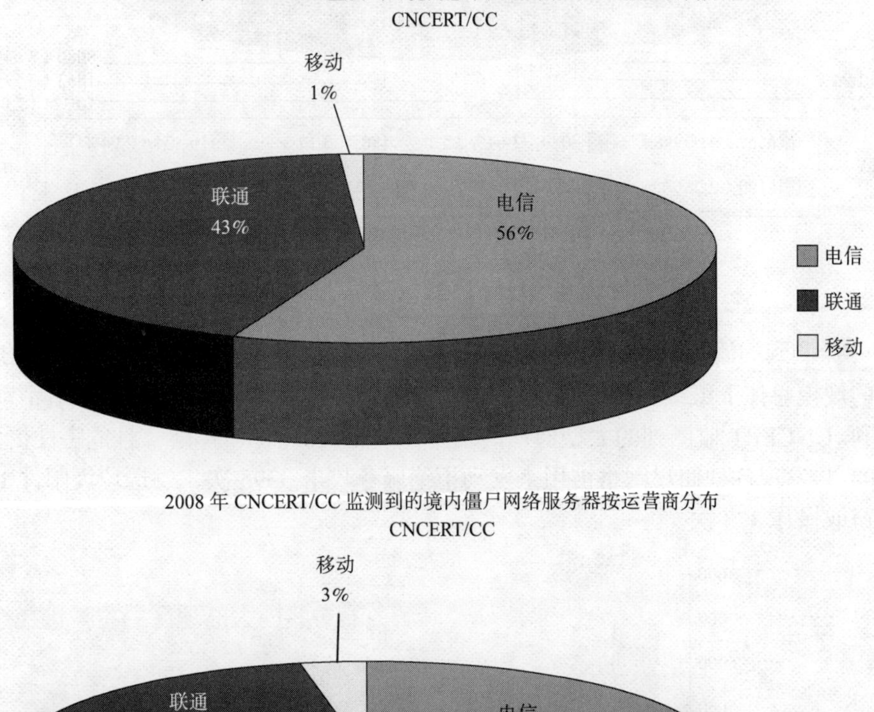

资料来源：国家互联网应急中心

图7.20　2008年境内各运营商僵尸网络数据统计分布

4．僵尸网络控制服务器使用端口与规模分布

僵尸网络控制端口是指感染僵尸程序的计算机所连接的控制服务器的端口。2008 年，CNCERT 的 Matrix 蜜网系统发现并跟踪的僵尸网络中，基于 IRC 协议的僵尸网络所用控制端口的分布情况如图 7.21 所示。其中，端口 6667，8080 和 1863 等是僵尸网络最常用的控制端口，除 6667 为常用 IRC-Botnet 端口外，8080 和 1863 均为日常服务端口。

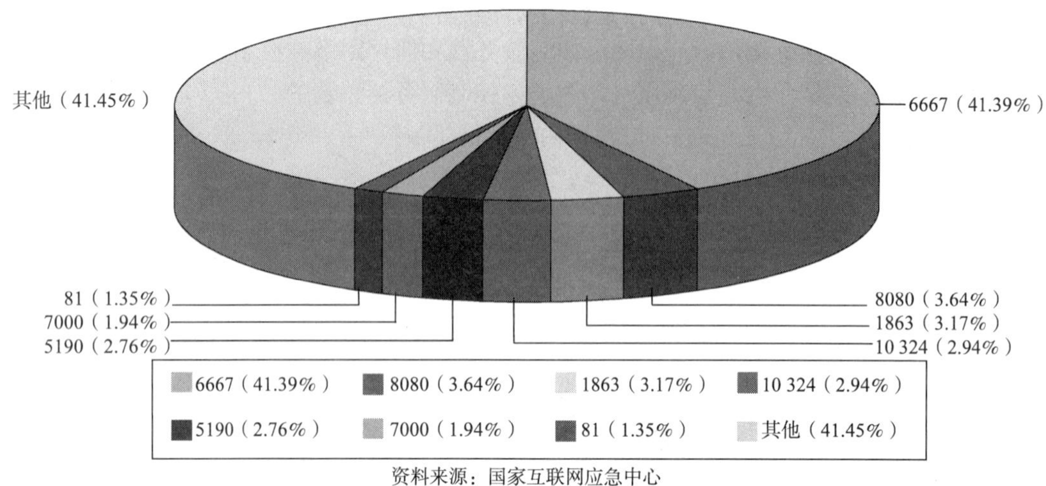

资料来源：国家互联网应急中心

图7.21　2008年僵尸网络控制服务器使用端口分布图

2008 年监测到的僵尸网络按规模分布如图 7.22 所示，1000 以内规模的约占总数的 97.7%，僵尸网络的规模总体上继续保持小型化、局部化的趋势，利用僵尸网络从事黑客活动的行为也日趋便利。CNCERT 监测到的大型僵尸网络同样具有攻击活跃的特点，且危害性更大。2008 年 CNCERT 共发现各种僵尸网络被用来发动拒绝服务攻击 3395 次，发送垃圾邮件 106 次，实施信息窃取操作 373 次。

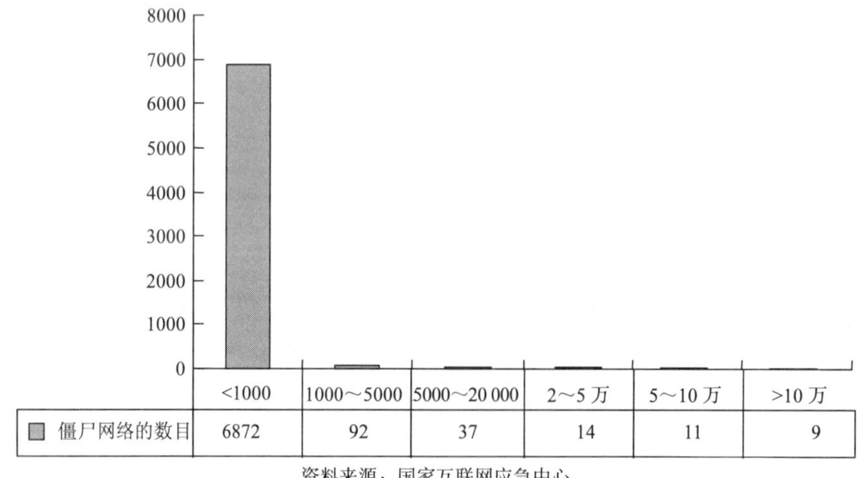

资料来源：国家互联网应急中心

图7.22　2008年僵尸网络规模分布图

7.6　被篡改网站监测分析

自 2003 年 CNCERT 便开始监测我国大陆网站被篡改情况。通过自主监测等各种手段，每日对中国大陆地区网站被篡改情况进行跟踪监测，在发现被篡改网站后及时通知网站所在省份的分中心协助解决，争取被篡改网站快速恢复。

图 7.23 所示为 2003—2008 年中国大陆地区网页被篡改数目的年度统计，总体上呈快速增长趋势。

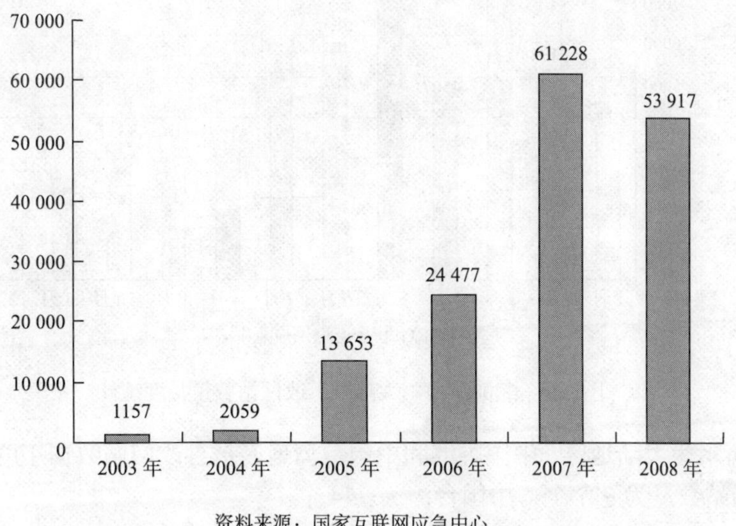

资料来源：国家互联网应急中心

图7.23　2003—2008年中国大陆地区网页被篡改数目年度统计

世界各国 2008 年被篡改网站数量排名如图 7.24 所示，美国仍旧高居榜首，中国排名第二。

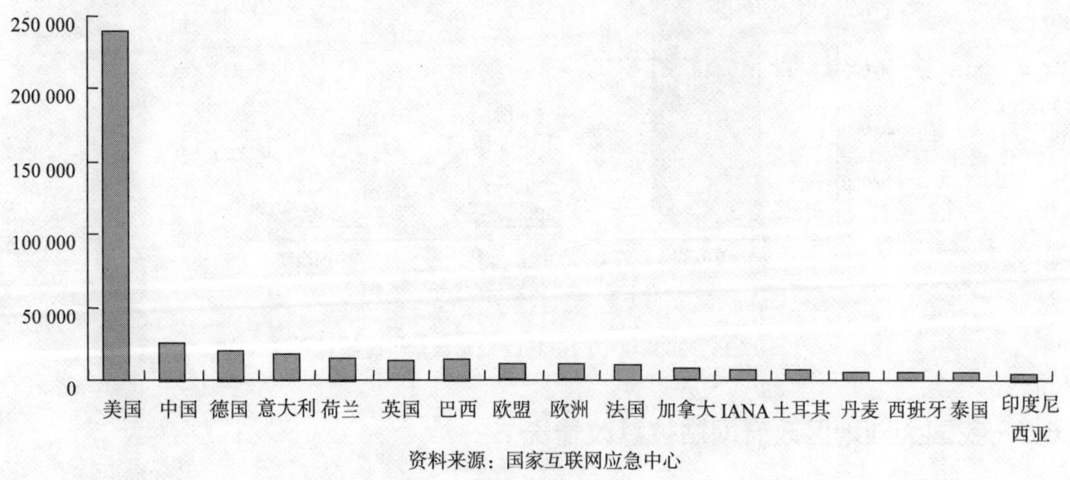

资料来源：国家互联网应急中心

图7.24　2008年各国被篡改网站数量排名

7.6.1　我国网站被篡改情况

2008 年，中国大陆被篡改网站的数量比 2007 年下降了 12%，总体上维持了 2007 年的高位水平。CNCERT 监测到的中国大陆被篡改网站总数达到 53 917 个，每月情况如图 7.25 所示。其中，3 月，5 月，6 月和 7 月为高发时段，超过 5500 个。

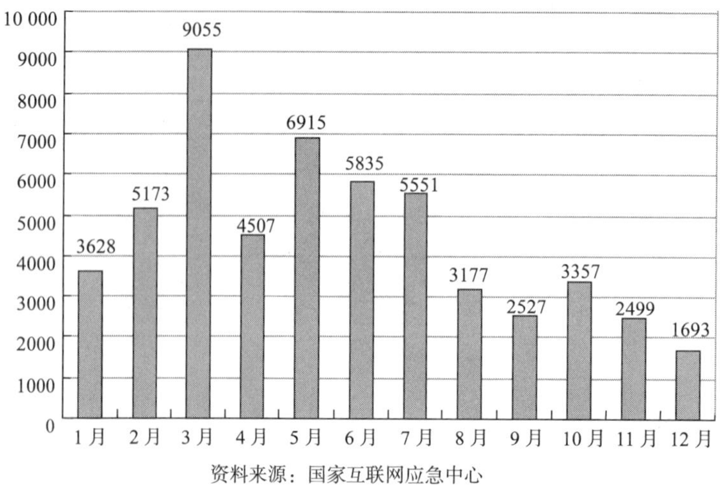

图7.25　2008年中国大陆被篡改网站数量月度统计

图 7.26 所示为大陆地区、中国香港和中国台湾地区被篡改网站数据年度统计，中国香港地区被篡改网站数量为 927 个，中国台湾为 744 个。

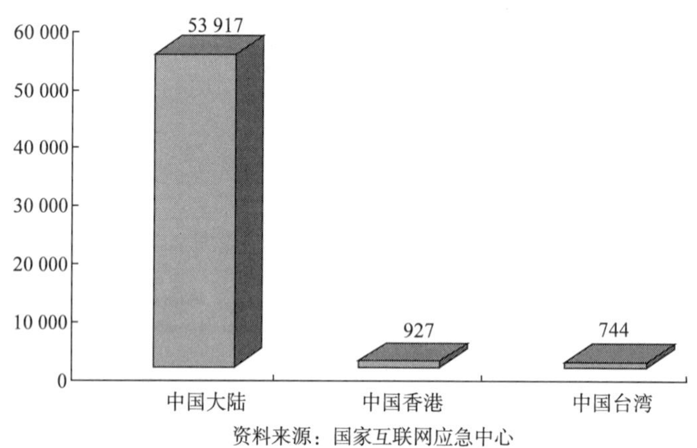

图7.26　2008年中国被篡改网站数量年度统计

7.6.2　我国大陆地区政府网站被篡改情况

2008 年，中国大陆政府网站被篡改数量，与 2007 年的 3407 个相比基本持平，各月累计达 3595 个，各月数量和所占比例如图 7.27 所示。经统计，每月被篡改的 gov.cn 域名网站占整个大陆地区被篡改网站的 6.67%，而 gov.cn 域名网站仅占.cn 域名的 1.1%[3]，因此政府网站仍然是黑客攻击的重要目标。图 7.28 所示为 2005—2008 年.gov.cn 域名网站被篡改数量在中国大陆被篡改网站总数中所占比例。

[3] 该数据来自中国互联网络信息中心（CNNIC）2009 年 1 月第 23 次《中国互联网络发展状况统计报告》。

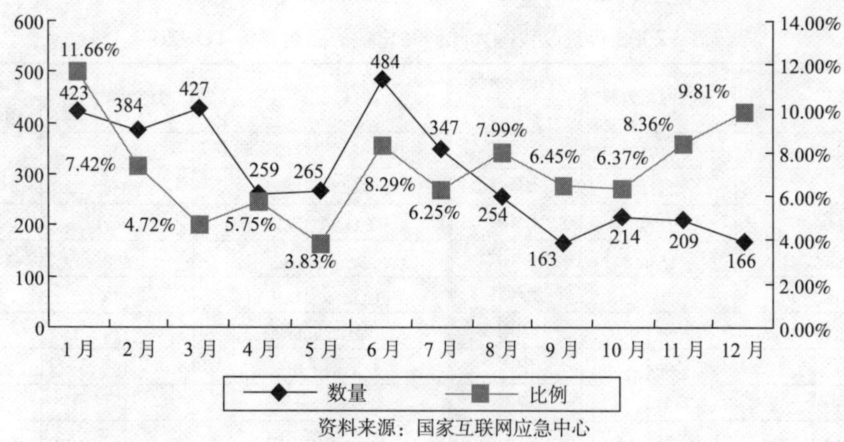

图7.27　2008年中国大陆被篡改的网站中政府网站的数量和比例

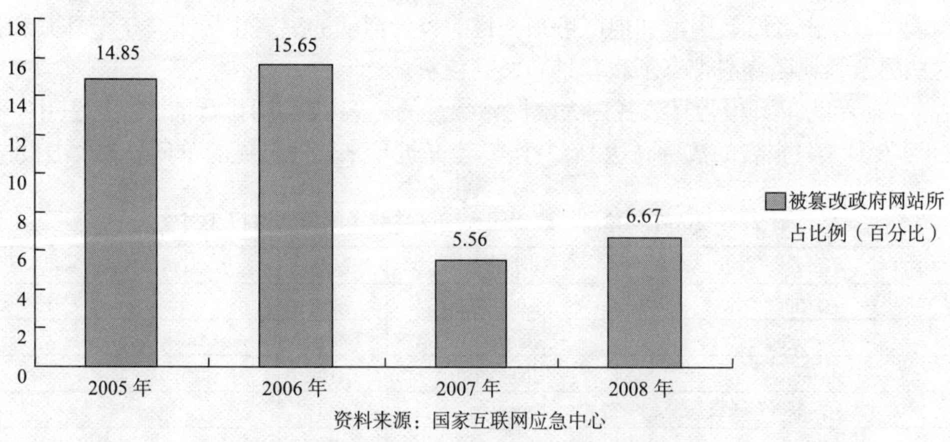

图7.28　2005—2008年政府网站被篡改比例年度统计

政府网站易被篡改的主要原因是网站整体安全性差，缺乏必要的经常性维护，某些政府网站被篡改后长期无人过问，还有些网站虽然在接到报告后能够恢复，但并没有根除安全隐患，从而遭到多次篡改。CNCERT 监测发现，某省国有资产监督管理委员会网站遭黑客篡改在长达一个月时间内未恢复，政府网站作为行政事务公开和政务信息发布平台，其安全防护意识仍旧比较淡薄。

7.6.3　黑客篡改我国网站活动情况

由表 7.3 可以看出，国内外黑客（组织）对我国大陆网站进行攻击的活动比较猖獗，2008 年排行前 20 名的黑客篡改网站数量大多数在 400 个以上。reDMin，sinaritx 和 roselare 等国外黑客篡改数量超过 2000 个，鉴于黑客活动既有持续性又有一定时间段的间歇性，可以认为，我国大陆网站多数网站尚未能满足基本安全的要求，以至于黑客可以在短时间内攻击成功。

表 7.3　2008 年篡改我国大陆网站总数的黑客排行 TOP20

攻击者	篡改网站数量	攻击者所属国家和地区	攻击者	篡改网站数量	攻击者所属国家和地区
reDMin	4193	土耳其	霸业永峰@年轻黑客联盟	728	中国
sinaritx	2331	土耳其	霸业永峰	654	中国
roselare	2229	土耳其	GUARD_FB	641	土耳其
lucifercihan	1536	土耳其	SenqRonize	598	土耳其
ZoRRoKiN	1174	土耳其	Mistakes@[D.R.T]	538	中国
Persian Boys Hacking Team	981	伊朗	Mafia Hacking Team	528	伊朗
网络小子	904	中国	crazy_fb	485	土耳其
波哥 VS 布冯	834	中国	Swan	447	土耳其
aLpTurkTegin	753	土耳其	围剿	432	中国
Iskorpitx	734	土耳其	风云春秋	394	中国

资料来源：国家互联网应急中心

由表 7.3 攻击者所属国家和地区可知，目前较为活跃的黑客主要来自于土耳其和伊朗等地，这些国家和地区普遍带有宗教背景和民族色彩。

表 7.4 所示为单日报告篡改我国大陆网站数量的黑客（组织）排行前 20 名，其中，reDMin 于 2008 年 3 月 1 日报告的数量高达 1853 个。这也是近年来较为罕见的单日篡改攻击报告数目。

表 7.4　2008 年单日篡改我国大陆网站数量的黑客排行 TOP20

攻击者	攻击报告日期	数量	攻击者所属国家和地区
reDMin	2008/3/1	1853	土耳其
Guard_Fb	2008/6/26	417	土耳其
sinaritx	2008/3/15	417	土耳其
霸业永峰@年轻黑客联盟	2008/5/9	269	中国
Aspava	2008/3/30	234	土耳其
波哥 VS 布冯	2008/5/28	225	中国
霸业永峰@年轻黑客联盟	2008/5/17	217	土耳其
Sinaritx	2008/3/23	202	土耳其
Mistakes@[D.R.T]	2008/5/23	182	中国
幽魂	2008/5/27	180	中国
HT_team	2008/3/3	175	摩洛哥
网络刺客	2008/10/11	170	中国
霸业永峰	2008/5/16	166	中国
Persian Boys Hacking Team	2008/10/17	158	伊朗
x140m1n6@[D.R.T]	2008/7/2	157	中国
aLpTurkTegin	2008/5/25	155	土耳其
Mistakes@[D.R.T]	2008/5/22	155	中国
HACKERZERO	2008/3/24	154	未知
redMin	2008/11/2	154	土耳其
八神	2008/7/25	150	中国

资料来源：国家互联网应急中心

7.7 网络仿冒事件情况分析

2008 年，CNCERT 共接到网络仿冒事件报告 1227 件，成功处理了 320 件。被仿冒的网站大都是国外的著名金融交易机构。表 7.5 列出了前 5 名的被仿冒网站，表 7.6 列出的是网络仿冒事件报告来源的前 5 名。

表 7.5 2008 年被仿冒网站前 5 名

被仿冒网站	数量	被仿冒网站	数量
eBay （美国网上交易站点）	333	HSBC（汇丰银行）	128
WACHOVIA（美联银行）	22	YaHoo!（美国门户网站）	21
Caja Madrid（西班牙银行）	21		

资料来源：国家互联网应急中心

表 7.6 2008 年向 CNCERT 报告网络仿冒事件前 5 名统计

网络仿冒事件报告者	数量	网络仿冒事件报告者	数量
eBay（美国网上交易站点）	248	ACK CYFRONET AGH	125
HSBC（汇丰银行）	120	Mark Monitor	61
RSA（RSA 信息安全公司）	48		

资料来源：国家互联网应急中心

7.8 国际交流与合作

1. APEC-TEL37 次会议在东京召开 CNCERT 主持反僵尸网络研讨会

APEC-TEL37 次会议于 2008 年 3 月 23 日至 28 日在日本东京召开，CNCERT 派出 5 人与国内其他单位人员共 12 人参加了本次会议。CNCERT 参会人员作为安全工作组代表出席了全会和 SPSG 工作组会议。会议期间，由 CNCERT 承办的僵尸网络应对技术研讨会在 SPSG 分会场成功召开。会议议题围绕“僵尸网络技术现状和发展趋势”、“反僵尸网络的技术对策”、“反僵尸网络的管理对策”以及“反僵尸网络工作的最佳实践”等展开。

CNCERT 于 2007 年 3 月在 APEC-TEL35 次会议上申请了“僵尸网络的治理策略和技术手段指南”项目，在本次会议上，CNCERT 对该项目的工作进展情况进行了汇报。僵尸网络问题引起了会议较为广泛的关注，各方对项目最终的输出成果寄予了较高的期待。同时，CNCERT 呼吁 APEC-TEL 应致力于鼓励各经济体成员加强各自反僵尸网络的能力建设，并推进在全球范围的广泛协作。

2. CNCERT 受邀参加 2008 年东盟网络安全应急演练

随着 Web 应用的不断发展，针对 Web 的攻击越来越频繁和复杂，对用户造成的损失也越来越大，为了有效解决针对这一类网络安全事件跨境攻击的处置效率，东盟（ASEAN）于 2008 年 7 月 30 日举行了第三次网络安全应急演练（ACID Ⅲ），主要目的是进一步加强各应急组织在 Web 攻击事件方面的研究、处理、协调和配合。继 ACID Ⅱ之后，中国作为东盟的对话伙伴国再次受到邀请，国家互联网应急中心（CNCERT）代表中国参与了本次演练。参与本次演练的应急组织共 14 个，分别来自 11 个国家和地区（中国、新加坡、文莱、马来西亚、缅甸、泰国、越南、日本、韩国、印度和挪威)。

本次演练采用真实的 Web 攻击方式，在不同国家和地区设立 Web 站点，各应急组织根据本地区受到攻击的情况，协调相关国家应急组织进行事件处理。演练期间，各应急组织间及时共享安全信息，互相配合，共同阻断恶意攻击，在各应急组织的共同努力下，演练达到了预期的目的。

本次演练是 CNCERT 参与的“第一次”采用真实攻击方式的国际网络安全应急演练，增加了演练过程的不确定性，对验证攻击、防御、应急事件处理流程各环节都更加有效，达到了进一步提高各应急组织间网络安全应急事件协调，处理能力的目的。

3. 亚太计算机应急联盟组织（APCERT）针对在线地下经济展开年度区域演练

2008 年 12 月 4 日，亚太计算机应急联盟组织（APCERT）成功完成了 2008 年度应急演练。此次演习以一次假想的专业网络犯罪集团对亚太经济体的网络攻击来检验 APCERT 成员组织在亚太区面对网络威胁的应急处理能力，旨在有效减少包括大规模攻击和恶意程序传播在内的网络攻击造成的影响。从事买卖被盗数据、恶意在线服务的地下经济发动这次假想的攻击。地下经济不断壮大，网络犯罪组织日趋组织化，并呈跨国界分布，危害正常经济活动和政治稳定。

本次演练跨越 5 个时区，从格林尼治标准时间 23 点至 8 点，这对各参与成员在面对大规模网络攻击事件时在本地以及国际上的事件处置和应对能力是个挑战。亚太地区 14 个应急组织参与了本次演练，共来自 13 个国家和地区（澳大利亚、文莱、中国大陆、中国香港、印度、日本、韩国、马来西亚、新加坡、中国台湾、泰国、斯里兰卡、越南）。此次演练是为了准备、测试、评估各参与成员及其之间的事件响应与处理流程，演练方案由马来西亚 MyCERT 和澳大利亚 AusCERT 联合设计并实施。

（国家计算机网络应急技术处理协调中心　云晓春、孙蔚敏、周勇林、王明华、袁春阳、纪玉春、焦绪录、徐　娜、徐　原、王营康、刘伯超、李　佳、何世平、郑礼雄、温森浩、张胜利、赵　慧）

第 8 章 2008 年中国互联网治理状况

2008 年，中国互联网治理继续围绕违法、不良和垃圾信息举报受理，垃圾邮件和恶意软件专项治理，ICP/IP 地址及域名备案，域名注册服务机构自律等工作进行，随着相关机制和组织机构的进一步健全和完善，各项治理工作取得了明显的成效。同时，针对普遍存在的网络诚信问题，行业组织响应管理部门号召，积极探索加强网络诚信建设，初步建立了信用等级评价激励相关机制，在引导行业企业诚信自律，促进行业健康发展方面迈出了重要一步。行业组织继续参与了 2008 年全球互联网治理论坛，与相关政府和民间组织交流了互联网治理所取得的成就及经验。

8.1 互联网违法、不良及垃圾信息举报受理情况

8.1.1 违法和不良信息举报情况

2008 年，中国互联网协会互联网违法和不良信息举报中心积极投入“依法打击整治网络淫秽色情等有害信息专项行动”和“清除网上低俗信息专项行动”，重视受理公众举报工作。全年共接到网站举报信息 22 万余次，电话举报数量 2.5 万个，举报总量基本与 2007 年持平，全年日均举报量 690 件次。根据公众举报情况，违法和不良信息举报中心向有关单位发出《删除违法和有害信息通知书》近 900 份，通知网站删除各类有害信息 793 278 条。

为配合 2008 年公安部和中央宣传部等 13 个部门联合组织开展的“依法打击整治网络淫秽色情等有害信息专项行动”，违法和不良信息举报中心采取对违法网站一日一报的方式，及时向执法机关提供线索。2008 年 6 月，为进一步净化网络环境，违法和不良信息举报中心启动“清除网上低俗之风”专项工作，在强化“通知删除”机制的基础上，建立“网上曝光谴责”、“网上通报表扬”、“每周、每月情况专报”及“地方情况通报”等新的工作机制，全面清理整治国内各类网站和搜索引擎上存在的低俗内容。2008 年 6—12 月，违法和不良信息举报中心共通报表扬网站 35 家，公开曝光谴责传播低俗内容的网站 14 家，向有关单位发出《删除违法和有害信息通知书》587 份，涉及低俗内容 792 957 条，屏蔽淫秽色情关键词 1839 个。

同时，为加强对网站建设的正面引导，2008 年，中国互联网协会互联网新闻信息服务工作委员会组织举办了“互联网站品牌栏目（频道）建设研讨会”，人民网、新华网、中国网、

央视国际、中国台湾网、红网和新浪网等围绕新闻、社区论坛、娱乐、体育、服务、手机新媒体、访谈等栏目和频道的建设与运营交流了经验，并组织开展了 2008 年度文明建设先进网站评选活动以及 2008 年度中国互联网行业自律贡献奖评选活动，表彰和鼓励在推进行业自律和净化网络环境方面作出突出成绩的网站。

8.1.2 网络不良与垃圾信息治理情况

1．“12321 网络不良与垃圾信息举报受理中心”正式成立

2008 年 4 月 28 日，为加大网络不良与垃圾信息行政监管力度，工业和信息化部委托中国互联网协会成立的“12321 网络不良与垃圾信息举报受理中心”（以下简称“12321 举报中心”）正式对外开通，开通了电话（010-12321）、网站（www.12321.cn）、电子邮箱（abuse@12321.cn）、短信（12321）和手机 WAP 网站（WAP.12321.cn）5 个举报受理途径，成为集固定网、移动网、互联网上各种不同网络垃圾电子信息的举报受理工作为一体的公共服务窗口。截至 2008 年 12 月底，12321 举报中心共收到各类网络不良和垃圾信息举报 983 375 起，其中，电话举报 13 900 个，举报邮件 140 505 封，通过举报受理中心网站收到举报信息 114 665 起，通过短信举报 710 370 起，通过 WAP 网站举报 3935 起。

2．努力探索跨机构、部门合作方式，建立对应协调工作机制

12321 举报中心以举报受理信息为依据，加强与工商管理部门、通信监管部门和公安部门的合作，加大打击制作传播垃圾电子信息行为的力度。目前，12321 举报中心已与公安部及其下辖 31 个省级公安厅建立了举报查处的直接联络机制，确定了应急响应联络人；与基础电信运营商、电子邮件服务提供商及其他相关单位建立了举报受理协调工作机制；与各省级通信管理局建立了互联网电子邮件举报受理工作机制。同时，12321 举报中心及时向社会公布举报受理工作的进展情况，主动接受社会各界的监督指导；并在举报受理平台上开发举报受理流程跟踪办公系统，随时跟踪举报受理情况，供举报用户查询，将结果实时反馈给举报用户。

3．成立反垃圾短信息联盟，治理垃圾短信息

2008 年 7 月 17 日，中国互联网协会正式成立了反垃圾短信息联盟，中国移动、中国电信、中国联通、中国网通、腾讯、新浪和空中网等 34 家运营商及 SP 代表签署了《中国互联网协会反垃圾短信息自律公约》。联盟发布了《中国互联网协会短信息服务规范》和《用户发送短信息指南》，对“垃圾短信”、“违法和不良短信息”做了明确的定义，并对短信息的发送规则进行了详细规定，为行业自律提供了规范，为治理垃圾短信提供了依据。

4．坚持开展调研，宣传绿色理念，提高公众反网络不良和垃圾信息的意识

12321 举报中心坚持每季度开展一次反垃圾邮件调研，每半年开展一次手机短信息状况调查。截至 2008 年年底，共发布反垃圾邮件调研报告 15 期，手机短信息状况调查 4 期，为政府和业界了解、治理垃圾电子信息提供了基础数据参考。同时，继续开展反垃圾电子信息基础培训和普遍教育宣传工作，设计培训课程和培训教材，针对不同培训对象制定培训内容，提高邮件管理从业人员的反垃圾意识。此外，12321 举报中心参与举办网民文化节系列活动，推广正确使用邮件及其他信息服务的方法，倡导健康绿色的网络生活理念。

8.2　治理互联网低俗之风

2009 年 1 月 5 日，针对一些网站钻政策法规空子，采取打擦边球的办法，以多种形式发布格调低下、内容粗俗甚至低级下流的信息，败坏了网上风气，严重危害了广大青少年身心健康的情况，国务院新闻办、工业和信息化部、公安部、文化部、工商总局、广电总局和新闻出版总署七部门召开电视电话会议，部署在全国开展整治互联网低俗之风专项行动，集中整治网上低俗信息，净化网络环境。会议明确了专项行动的主要任务、时间安排及任务分工等事项，并对各地各部门以及相关行业组织提出了严格的工作要求，要求各地各部门严格执法，对在网上传播淫秽色情信息和低俗信息的不法分子及网站，依法严肃处理，要求行业组织积极行动，组织广大网站认真履行自律公约，将行业自律和公众监督相结合，认真落实网络信息公众评议、公众举报等制度，发动群众对网上信息进行监督。1 月 21 日，上述七部门再次召开联席会议，总结前一阶段专项行动工作，对整治互联网低俗之风专项行动做了进一步部署，提出了加大整治力度，严格落实属地责任，防止出现反弹，建立长效机制，加强协调配合等工作要求，并将整治手机传播淫秽色情信息纳入专项行动。

各地各部门积极响应七部门要求，江西、福建、江苏、河北、河南、湖南、北京、山东、四川、天津、重庆和宁夏等省、自治区和直辖市各相关部门，及时召开专项行动电视电话会议或专题会，成立专项行动协调小组，研究制定专项工作方案，明确了专项行动的主要任务、工作重点、工作目标和各部门的工作职责和工作分工，集中清理整治网上低俗内容，落实部署属地范围内专项行动，净化网络环境。

中国互联网协会认真落实专项行动会议精神，发挥行业组织的作用，通过举办整治互联网低俗之风“网络媒体座谈会”及“技术经验交流会”，组织会员单位开展自查自纠专项自律工作等措施，积极配合开展整治互联网低俗之风行业自律专项工作。互联网违法和不良信息举报中心根据公众举报，先后曝光了 10 批 115 家存在大量违反社会公德，损害青少年身心健康的低俗内容网站，督促其认真整改，清理低俗信息内容；12321 网络不良与垃圾信息举报受理中心积极配合开展网络低俗信息举报受理专项工作，截至 3 月底，共受理网络低俗信息举报 2.6 万余起，公众举报与行业自律相结合，促进了行业的健康发展。1 月 13 日上午，北京市出版工作者协会游戏、网络出版工作委员会（筹备）发出了《关于清理抵制互联网出版行业低俗之风的倡议书》，北京地区网络出版、网络游戏、手机出版和手机游戏等领域的多家单位签署了倡议书。

据统计，截至 2009 年 2 月 24 日，全国整治互联网低俗之风专项行动共关闭传播淫秽、色情和低俗内容的违法违规网站 2962 家，关闭淫秽、色情博客 276 个，公开曝光网站 103 家，查处了 55 家违规的网络技术服务商；至 4 月 10 日，中国互联网协会互联网违法和不良信息举报中心共曝光 10 批 115 家网站，督促其整治和清理低俗信息。通过专项整治行动，网络环境有了明显改善。

8.3　反垃圾邮件专项工作

2008 年，中国互联网协会反垃圾邮件工作委员会进一步强化治理机制，完善治理平台，坚持调查研究，鼓励技术创新，加强国际合作，在垃圾邮件治理工作上取得了新的进展。

1．强化综合治理手段

“12321 网络不良与垃圾信息举报受理中心”受工业和信息化部委托开通后，成为集固定网、移动网、互联网上各种不同网络垃圾电子信息的举报受理工作一体化的窗口，电话、网站、电子邮箱、短信和手机 WAP 网站 5 种举报受理途径和技术平台的综合运用，形成了完善的硬件设施，方便了公众举报。

截至 2008 年年底，12321 举报受理中心共收到垃圾邮件举报 512 257 起，均按相应流程做了协调处理。2008 年 10 月，举报受理中心向国内主要的邮件服务提供企业发出了《关于加强落实垃圾邮件举报处理流程的通知》，进一步规范了举报受理的时间和效率，制定了受理反馈的文件规格，建立了反馈机制。

2．关键技术措施与平台建设

（1）鼓励技术创新，推广技术应用

受国家科委及 863 工作组的委托，中国互联网协会、263 网络通信与上海交大共同承担了多特征智能型反垃圾邮件系统的研究，开发出 TAP 智能反垃圾邮件网关，将垃圾邮件的阻挡率提升至 99%，误判率控制在万分之一，并将技术成果免费提供给自建电子邮局的企业使用。

（2）完善综合处理平台，扩大平台影响力

2008 年，除新浪和网易等原有的 13 家会员单位外，又有 5 家新成员单位纳入综合处理平台的“公共电子邮件白名单服务系统”，反垃圾邮件综合处理平台白名单的发展已初具规模，覆盖率达到国内电子邮件用户的 85%。

截至 2008 年年底，通过用户举报受理平台，邮件服务提供商，国际合作组织数据交流等途径，反垃圾邮件综合处理平台共提取了黑名单 IP 地址 200 余万个，平均每日更新黑名单 IP 5000 个，每日新增黑名单 IP 600 个。

3．助力奥运，确保邮件畅通

中国互联网协会坚持“疏堵结合，绿色畅通”理念，积极为北京第 29 届奥林匹克运动会组织委员会电子邮件通信提供安全畅通的保障服务和全方位、高质量的信息服务。

由于广大邮件服务提供商对垃圾邮件的过滤策略比较严格，致使奥组委发送的部分奥运门票确认函被申请者的电子邮箱服务提供商当成垃圾邮件拦截。中国互联网协会召集由业内知名邮件服务提供商代表组成的专家组紧急会议，确定建立“奥运电子邮件应急协调处理机制”及“电子邮件应急协调处理信息通信表”，使“奥运门票确认函邮件”能全部进入申请者“收件箱”中。

为保障奥运邮件的畅通，反垃圾邮件综合处理平台专家组成员经讨论一致通过北京奥组委免费加入“公共电子邮件白名单服务平台”，使其可以共享白名单体系的数据，从而降低处理垃圾邮件投入的人力、物力和财力，提高通信效率和质量。中国互联网协会反垃圾邮件中心还利用自主研发的“规范许可邮件发送服务平台”，无偿为奥运新闻中心提供邮件群发服务，使“奥运邮件”顺利传达到世界各地国际友人的邮箱中。2008 年 9 月 18 日，奥组委对中国互联网协会为 2008 年北京奥运会/残奥会信息网络安全保障工作作出的贡献提出表彰。

4．深化国际合作与交流

2008 年 3 月，中国互联网协会与越南 VNCERT 建立工作联系，向其提供了筹建反垃圾邮件中心的相关建议和经验。4 月，中国互联网协会参加了在瑞士日内瓦举办的 ITU17 小组工作会议，会议研究通过了中方起草的《反垃圾邮件技术框架》和《基于用户设置规则的短消息过滤系统》等多项技术标准，为国际上垃圾邮件和垃圾短信治理工作提供了参考。作为《汉城—墨尔本反垃圾邮件多边合作的谅解备忘录》成员，中国互联网协会积极参与其会议和活动，与各合作方交流垃圾邮件数据和治理经验，并参与修订了谅解备忘录的部分内容。中国互联网协会与日本政府通信部建立了垃圾邮件数据交换的机制，通过日本定期提供的垃圾邮件样本，将相关 IP 纳入综合处理平台黑名单系统，为治理垃圾邮件提供了新的数据来源。

反垃圾邮件工作委员会每季度开展反垃圾邮件调研，截至年底，已发布反垃圾邮件调研报告 14 期。根据中国互联网协会反垃圾邮件调查，截至 2008 年年底，我国互联网用户收到的垃圾邮件占其邮件总量的比例为 57.89%，较 2005 年同期的 61.53%下降 3.64%。根据英国著名网络安全公司 Sophos2008 年年底公布的调查显示，中国占全球垃圾邮件的比例为 5.4%，较 2006 年年初的 21.9%下降 16.5%。中国在全球所占垃圾邮件比例排名为第 4 位，较去年同期的第 3 位下降了一位，排名情况为：美国 18.9%，俄罗斯 8.3%，土耳其 8.2%，中国 5.4%。

8.4　反恶意软件专项工作

2008 年，中国互联网协会继续深入开展反恶意软件专项工作，密切关注恶意软件的变化发展趋势，并及时总结、汇报有关进展情况。根据中国互联网协会 12321 网络不良与垃圾信息举报受理中心（以下简称“12321 举报中心”）的统计，2008 年共收到恶意软件举报 1072 起，其中 3 月份举报数量最多达 234 起，4，5 月份在 90 起左右，6—12 月份，举报数量逐渐减少，每月举报量在 56 起左右，如图 8.1 所示。

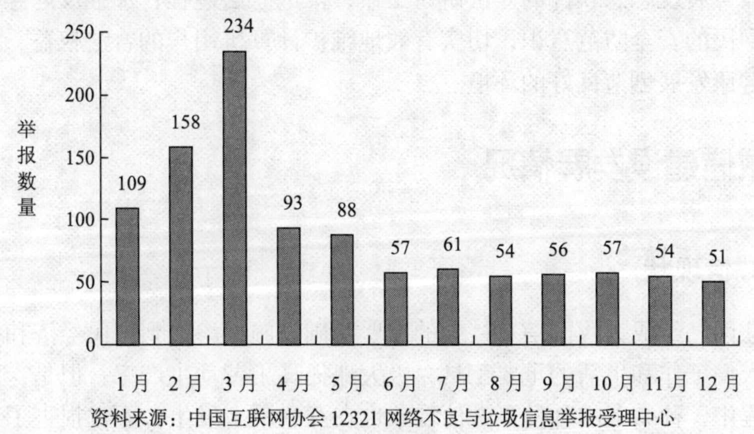

图8.1　2008年恶意软件举报数量

从举报内容分析，如图 8.2 所示，在八种恶意行为中，难以卸载所占比例最多，为 15.65%；其次是强制安装，占 14.84%；其他侵犯用户知情权、选择权的恶意行为占 14.21%，浏览器劫持占 14.12%，恶意捆绑占 13.67%，广告弹出占 12.14%，恶意收集用户个人信息占 10.07%，恶意卸载占 5.31%。

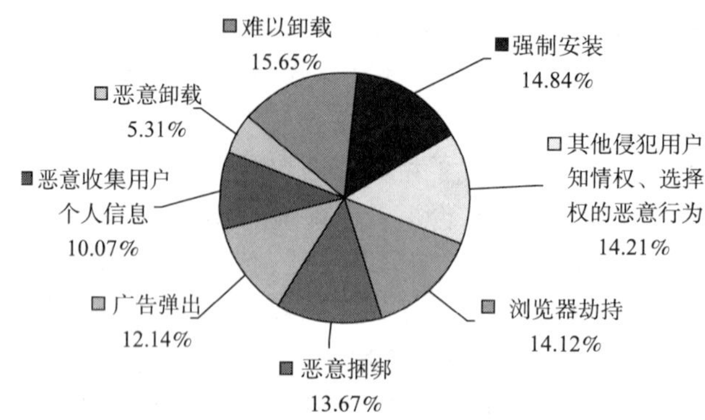

资料来源：中国互联网协会 12321 网络不良与垃圾信息举报受理中心

图8.2　2008年1—12月恶意软件举报情况分析

对于上述举报，经反恶意软件协调工作组严格审核和技术鉴定，12321 举报中心向被举报的相关企业发出了《调查处理协调函》，督促其采取有效措施积极整改；各相关企业都以较快速度积极开展自查自纠，或撤销相关链接，或解除软件捆绑，并及时反馈处理结果。通过积极的治理和广大网民的努力，恶意软件每月举报量总体呈下降趋势，举报量下降了近80%，有力地维护了用户的计算机安全和广大网民的合法权益。

中国互联网协会将继续完善恶意软件的举报受理机制，充分发挥 12321 举报受理中心和广大网民公共监督的双重力量，深入推进反恶意软件工作，建立起治理恶意软件，保护网民权益的长效工作机制，积极向广大网民推荐经专业测评机构认证合格的恶意软件的查杀工具，同时，积极开展反恶意软件的立法研讨工作，推进立法进程；加强反恶意软件宣传工作的力度，提高网民的安全防范意识，切实有效地维护计算机用户的合法权益，维护行业市场秩序，为行业健康发展创造良好的环境。

8.5　网络诚信建设发展情况

8.5.1　网络诚信现状

当前，互联网已经成为我国信息社会的重要基础设施，渗透到国民经济和社会生活的方方面面，成为人们工作和生活的重要工具，极大地提高了劳动生产率。但是，互联网行业在蓬勃发展的过程中，社会上的种种不诚信现象也在互联网上发生，不仅损害了互联网企业的社会形象，阻碍了互联网行业的健康发展，也对社会造成了消极影响。根据中国互联网络信息中心调查显示，35.2%的被调查者对目前互联网诚信状况感到不满，网络诚信问题已经引起社会各界的关切和担忧。

网络诚信问题主要集中表现在如下四个方面：

1．信息安全

（1）发布虚假信息，扩散小道消息，发表不负责任言论，严重降低网上信息质量；

（2）传播赌博、淫秽、色情、暴力等有害信息，和其他包含低级庸俗、有伤风雅的低俗信息，破坏社会风气，危害青少年身心健康；

（3）网上恶搞、人肉搜索等侵权行为，侵犯他人合法权益；

（4）客户隐私信息使用和保存不当，甚至故意散播或倒卖，严重侵害客户的隐私权。

2．网络安全

（1）采取网站仿冒、网站钓鱼等欺诈行为，危害网上交易安全；

（2）发送垃圾邮件和垃圾短信，影响网络有效应用，成为网络公害；

（3）传播网络病毒，恶意进行网络攻击，威胁互联网技术安全。

3．消费陷阱

（1）电子商务欺诈，匿藏真实身份，发布虚假广告，兜售伪劣商品，不按时交货，不履行售后服务承诺，侵害消费者的合法权益；

（2）违规开展增值服务，设置用户消费陷阱，损害消费者利益；

（3）运行不健康网络游戏，采取不恰当手段吸引玩家，导致出现青少年沉溺网游等不良后果。

4．网络欺诈

利用网络平台和通信工具，发布诸如中奖信息等虚假和欺诈信息，设置陷阱，实施欺诈。

8.5.2　我国网络诚信建设情况

网络上种种不诚信现象和问题大量存在，严重损害了互联网企业的信誉和互联网诚信环境，影响了互联网的健康发展。加强网络诚信建设已成为互联网行业有关管理部门、行业组织以及广大企业的共识，并从不同方面作出了努力。

2008 年 12 月 5 日，以“落实科学发展观、建设诚信互联网”为主题的“第八届中国网络媒体论坛”在重庆召开，该论坛由国务院新闻办公室指导，中华全国新闻工作者协会及人民网、新华网等 15 家网站共同主办，会上，国务院新闻办主任王晨发表了“深入贯彻落实科学发展观，努力建设繁荣诚信的互联网”的主题演讲，指出了加强网络诚信建设的迫切性和重要性，即加强网络诚信建设是网络媒体自身建设，互联网新技术新业务快速发展和互联网商务应用的迫切需要，并就网络媒体贯彻落实科学发展观，建设繁荣诚信的互联网提出了大力开展网络诚信教育，认真落实依法诚信办网，积极倡导文明诚信上网和加强网络诚信长效机制建设四项要求。

为引导会员单位及行业相关企业诚信经营，促进行业自律，2008 年 5 月，中国互联网协会申请获得了全国整规办和国资委行业信用评价工作的试点资格，成为工信部开展互联网企业信用等级评价工作的实施单位。中国互联网协会成立了互联网企业信用等级评价中心（筹），组织业内专家研究制定了企业信用等级评价《实施方案》、《评价指标》及《评价标准》。其中，企业信用评价指标包括企业基本素质、经营管理状况、公共信用记录以及财务状况等内容；信用等级能够反映企业的整体信用状况，既是企业宝贵的无形资产，也是交易伙伴和政府监管的参考依据。信用等级分成三等九级，即 AAA（优秀），AA（优良），A（良好），BBB，BB，B，CCC，CC 和 C。评级有效期为三年，在有效期内对企业每年进行一次复查。信用评级工作常年接受企业申报，每年集中在 3 月份和 9 月份评审和公布两批评价结果。在 2008 年 9 月和 2009 年 3 月的两批评价结果中，包括百度、腾讯、新浪、搜狐、网易、万网、用友伟库网和北京电信发展等 29 家企业获得了 A 级（良好）以上信用等级，受评企业通过央视新闻频道、新华网和新浪网等各大新闻媒体进行了广泛的宣传和推广。

2008 年 7 月 8 日，中国互联网络信息中心（CNNIC）正式推出“站点卫士”发布仪式，正式认证广东互易科技有限公司为广东省站点卫士注册服务机构，广州市冷能贸易有限公司等首批九家广东省知名企业正式启用站点卫士。“站点卫士”产品采用域名注册信息、网站信息和企业工商信息三位一体的验证方式，三者完全匹配的网站才能通过审核；并通过每年对注册企业进行年检审核来保证企业信息的实时有效，避免信息过期给网民造成的损失。有关专家认为，站点卫士是一款“由第三方认证和审核来确保网站真实”的认证服务，一方面可以帮助企业展现诚信可靠的企业网上形象，另一方面也可以帮助用户对网站的真实性进行识别，防范网络欺诈行为，为中国电子商务网站突破“诚信”瓶颈，实现高速发展带来新的契机。

2008 年 10 月 28 日，大旗网联合中华网、我爱打折、西祠胡同、小熊在线和铁血网等全国二百余家中文社区和论坛成立中文社区诚信自律同盟，该同盟的口号是：净化网络环境，共筑网民和中文社区的绿色家园，倡议共同抵制网络打手和枪手，严以律己，共同营造健康、有序、可持续发展的诚信网络空间；维护网民、中文社区及第三方的共同利益；走中文社区的自强壮大之路。这是国内广大社区的首次集体倡议，是中文社区网站从业者维护健康发言环境、提高社区诚信的积极努力充分体现出了中文社区网站的社会责任感。

在 2008 年 12 月 5 日举行的第八届网络媒体论坛上，全国百余家网站的代表签署了《建设诚信互联网宣言》，就如何落实科学发展观，建设诚信互联网达成八项共识，主要内容包括：践行科学发展观，并将之贯彻于办网的方方面面；像爱惜生命一样，爱惜新闻的真实性；建立和完善网络诚信体系，形成以诚信为本、守信光荣的良好风尚；对层出不穷的互联网新技术、新业务规范管理；加强服务和引导，为网民提供丰富的文化信息内容；严格遵守互联网领域的有关法律法规，增强法律意识，把依法办网的要求落到实处；自觉接受公众监督；切实加强网络媒体的队伍建设等。

8.5.3 解决网络诚信问题的对策研究

要从根本上解决网络诚信问题，就要从构建社会主义和谐社会诚信体系的高度出发，在加强符合中国国情的道德教育和道德自律性约束的同时，重点强化和完善法律制度、社会监督和诚信保障机制等刚性的他律约束体系。

1. 法律制度

法律制度是构建社会诚信体系和解决网络诚信问题的基础，主要表现在有法可依和有法必依两个方面，其作用在于界定和明确当事者行为的责、权、利，起到对当事者行为的事前规制、事中监督和事后惩治三大作用。

要想保证稳定的诚信秩序和良好的诚信环境，首先必须做到有法可依，尽快建立起符合社会主义市场经济运作要求的社会诚信保障与监督的法律制度。其次必须提高政府执法部门的法律执行力，做到有法必依。只有依法严厉惩罚当事者的失信行为，使当事者的失信成本远远大于其失信收益，才能实现令行禁止。

2. 社会监督

发动社会大众自觉参与到维护社会诚信环境的行动中来，对失信行为做到及时发现、及时举报；同时加大社会舆论监督力度，抑制失信行为的发生，推动“诚信为本、守信光荣”良好网络风尚的形成。

3．诚信自律

发挥互联网协会等行业组织的作用，开展企业、网络从业人员和网民的诚信教育，加强行业自律，倡导网络诚信，自觉文明办网，文明上网，形成社会、行业、企业和网民的多赢局面。

4．失信行为惩戒机制

加强有关政府部门之间，政府部门和行业组织之间的沟通配合，推进网络诚信数据库建设，建立信息共享制度，形成失信行为联合惩戒机制，真正使失信者“一处失信、寸步难行”。

8.6 “人肉搜索”与个人隐私保护

从 2006 年的“虐猫事件”到“铜须门”事件，“人肉搜索”从产生之日起，催生过数起轰动一时的网络事件。2008 年，相继发生了“网络暴力第一案”、“天价理发案”和“辽宁女事件”等。在这些事件中，“人肉搜索”都借助强大的网络力量，一方面彰显了其“道德评判”的力量，但另一方面也暴露出 “人肉搜索”的“网络暴力”和个人隐私保护问题。2008 年一系列事件的相继发生，使“人肉搜索”成为亟待正确认识和解决的网络社会现象和现实社会问题。

互联网给予人们平等参与的权利，使人们不仅是信息的被动接受者，也成为信息的积极创造者、提供者和分享者。“人肉搜索”不乏积极的社会意义，在反腐败、反社会丑恶现象等方面起到了维护社会正义良知的作用。表达自己的意见是自己的自由，但是行使自由的权利超出必要的限度时，就侵害了他人的权利；“人肉搜索”一旦触及利用网络的搜索引擎提供或公开他人隐私，对他人进行人身攻击，侵害他人的人格权等行为的层面，就违反了法律。但我国法律尚未确定“隐私权”概念，对侵权行为尤其是侵犯隐私权的法律规定分散在各种法律条文和司法解释中。因而，将一些法律条文进行整合，明确司法解释，是更好地规范“人肉搜索”需要迫切解决的问题。

2009 年 1 月 18 日，《徐州市计算机信息系统安全保护条例》获得省人大通过，在江苏率先对互联网公开他人信息进行了明确约束。该法规第 18 条规定，“任何单位和个人不得利用计算机系统实施行为”中，禁止“未经允许，提供或者公开他人的信息资料”；第 19 条规定的“任何单位和个人不得利用计算机信息系统制作、复制、传播信息”行为中，禁止“散布他人隐私，或者侮辱、诽谤、恐吓他人”。相应地，法律责任中规定，违反上述行为的，个人可以处 500 元以上 5000 元以下罚款，单位可以处 1000 元以上 1 万元以下罚款，严重的，可以给予 6 个月内停止联网、停机整顿的处罚，必要时可以建议许可机构吊销经营许可证或者取消联网资格；违反《中华人民共和国治安管理处罚法》的，依法予以处罚。

江苏省徐州市的立法是从行政管制的角度对“人肉搜索”进行规定的初步尝试，具有积极的意义。但从国家层面到地方立法工作需要不断的完善，推进“人肉搜索”行为的法律规制逐步明确化，从而推动互联网持续、健康地快速发展。

8.7 互联网 ICP/IP 地址/域名备案发展情况

1．备案政策法规发展概述

2000 年 9 月，国务院公布施行的《互联网信息服务管理办法》（国务院令第 292 号）明确了对非经营性互联网信息服务实行备案制度。2005 年，原信息产业部根据《互联网信息服务管理办法》、《中华人民共和国电信条例》及其他相关法律、行政法规的规定，进一步制定了《非经营性互联网信息服务备案管理办法》（信息产业部令第 33 号）和《互联网 IP 地址备案管理办法》（信息产业部令第 34 号）等部门规章，并发布了《互联网站管理工作细则》和《互联网站管理协调工作方案》等政策文件，这些法规和文件，进一步完善和细化了 ICP，IP 地址和域名信息备案管理的有关制度，为全面开展互联网 ICP/IP 地址/域名信息备案工作奠定了基础。

2．备案管理系统建设与发展

2004 年，为配合中央关于进一步加强互联网管理的有关文件精神，原信息产业部开始组织备案管理系统（一期）的开发建设工作，并于 2005 年 2 月正式上线运行。随着互联网在中国的持续快速发展，备案工作量呈指数增长之势，因规划和设计能力不足，备案管理系统（一期）出现难以扩展和性能瓶颈问题，2006 年年底，原信息产业部及时启动了备案管理系统（一期）的升级改造工程，并于 2007 年正式开发建设备案管理系统（二期）。备案管理系统（二期）从体系结构上对服务器、存储和网络等多方面进行优化，并新增系统功能，建立起以网站主办者、网站负责人、服务器放置地点等主体和接入地信息为特征的 ICP 备案信息数据库，以 IP 地址使用单位、使用地等信息为特征的 IP 地址使用信息数据库和以域名注册者基本信息为特征的全国域名信息数据库，系统于 2007 年 9 月 20 日上线运行。截至 2008 年年底，备案管理系统（二期）网站访问量累计达到 1.67 亿余次，日均访问近 40 万次，系统中互联网行业主管部门、前置审批部门等互联网管理单位注册用户 353 家，接入商、ICP 和 IP 地址分配机构等报备单位注册用户接近 300 万家。备案管理系统的建设与发展及其稳定运行，为全面开展互联网 ICP/IP 地址/域名信息备案工作提供了前提。

3．ICP 备案情况

（1）备案总体情况

2004 年 9 月，原信息产业部在天津开展 ICP 备案的试点，并于 2005 年 1 月中旬完成试点工作。2005 年 2 月，原信息产业部在全国部署 ICP 备案的集中报备工作，经过 7 个月的努力，于 2005 年 8 月份基本完成全国 ICP 的集中报备工作，ICP 网站共备案 70 余万，此后 ICP 备案进入日常报备阶段。截至 2008 年年底，ICP 网站共履行备案 232.43 万个，注销备案 6.69 万个，有效备案 225.74 万个。

（2）2008 年度备案情况

① 履行备案情况

ICP 网站共履行备案 64.24 万个，月均增长 5.35 万个，月最高增长 7.99 万个，月最低增长 3.49 万个，月均增长率为 2.78%。2008 年有效备案的 ICP 网站情况如图 8.3 所示。

② 备案注销情况

全年 ICP 网站共注销 44 777 个，月均注销 3731 个，月最高注销 6099 个，月最低注销

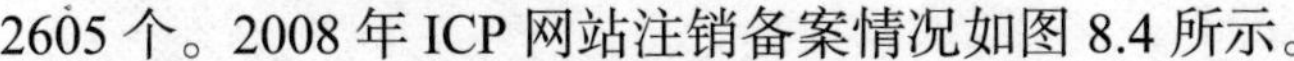
2605 个。2008 年 ICP 网站注销备案情况如图 8.4 所示。

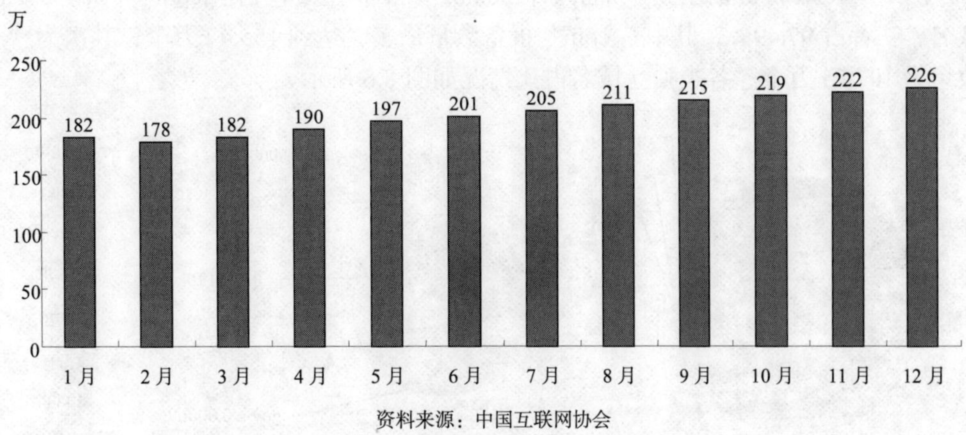

图8.3　2008年有效备案的ICP网站情况

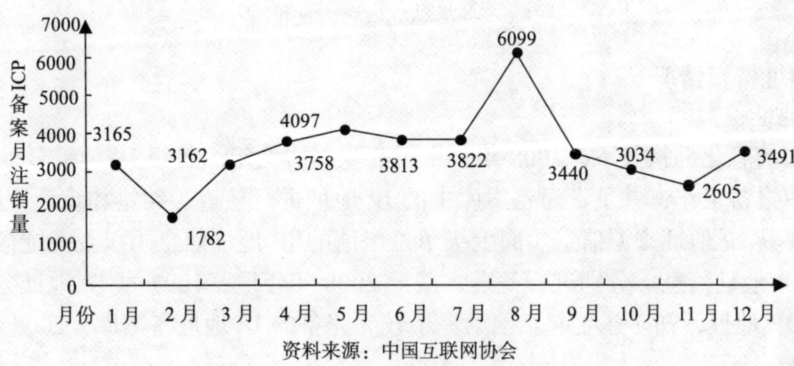

图8.4　2008年ICP网站注销备案情况

③ 备案变更情况

全年共变更 ICP 备案网站 8680 个，月均变更 868 个，月最高变更 1525 个，月最低变更 91 个。2008 年 ICP 备案网站变更备案情况如图 8.5 所示。

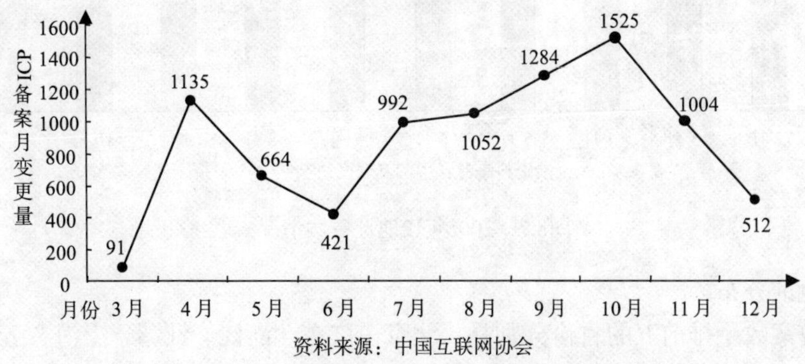

图8.5　2008年ICP备案网站变更备案情况

④ 备案 ICP 域名情况

ICP 网站备案库中报备的独立域名共计 288.82 万个，主要包括“.com”，“.cn”，“.net”独立域名，三者占 97.49%，其中“.com”报备数量最多，达到 155.47 万个；其次为“.cn”，报备数量为 107.55 万个。各类独立域名占比情况如图 8.6 所示。

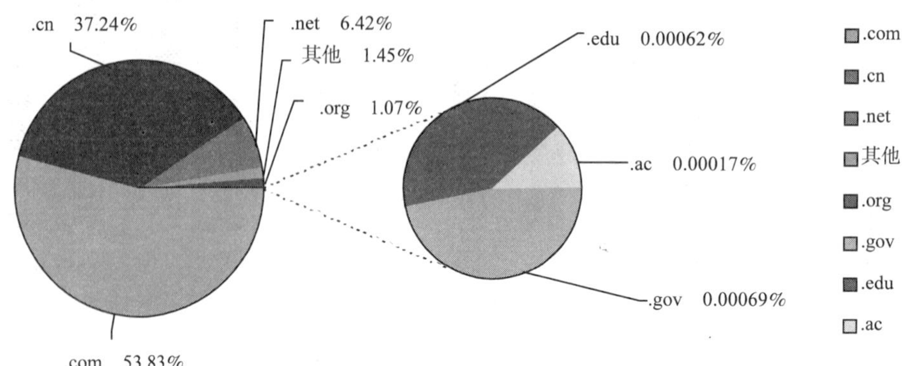

资料来源：中国互联网协会

图8.6　各类独立域名占比情况

4．IP 地址备案情况

（1）IP 地址备案

在工业和信息化部指导下，2008 年，中国互联网协会组织各级 IP 地址分配机构开始 IP 地址备案集中报备工作，并负责对备案库中的 IP 地址进行核查、纠错和统计。各级 IP 地址分配机构应将其 IP 地址来源信息（向上级单位申请的 IP 地址信息）以及分配信息（分配给下级单位的 IP 地址信息）分别进行备案，截至 2008 年年底，1097 家 IP 地址分配机构共备案 1.43 亿个 IP 地址，初步建立起全国第一个较为完备的 IP 地址备案库，2008 年 IP 地址备案情况如图 8.7 所示。

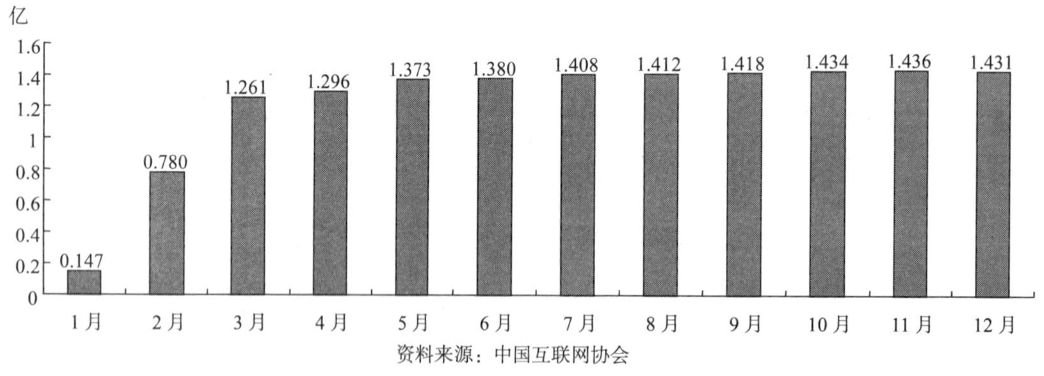

资料来源：中国互联网协会

图8.7　2008年IP地址备案情况

（2）IP 地址分布

IP 地址备案数量排前五的省份分别是：北京、广东、浙江、江苏、上海，五省市所占比列为 57.27%，具体比列见表 8.1。各省区市 IP 地址备案数量对比情况如图 8.8 所示。

表 8.1　全国 IP 分布前五位统计

省份	备案 IP 数	所占比例（%）
北京	47 452 908	33.16
广东	12 113 778	8.46
浙江	7 683 806	5.37
江苏	7 543 223	5.27
上海	7 176 135	5.01

资料来源：中国互联网协会

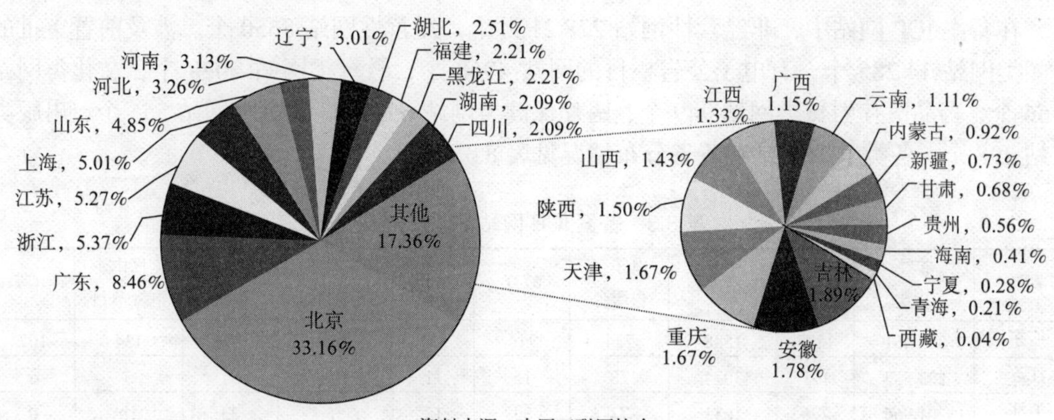

资料来源：中国互联网协会

图8.8　各省区市IP地址备案数量对比情况

5. 备案 ICP 网站分布及分类情况

（1）分布情况

在备案工作量大、时间紧和人员紧张等条件下，各省区市通信管理局克服了重重困难，在备案方面做了大量卓有成效的工作，仅在 2008 年度内，各省区市通信管理局共审核完成备案数据 86 万余条。备案 ICP 网站按地区分布情况见表 8.2。

表 8.2　备案 ICP 网站按地区分布表

序号	省份	已备案网站数量	对应主体数量	序号	省份	已备案网站数量	对应主体数量
1	北京	514 143	505 450	17	江西	16 160	15 765
2	上海	388 971	375 021	18	湖南	15 749	15 665
3	广东	234 821	228 926	19	黑龙江	14 493	13 777
4	四川	158 598	150 448	20	吉林	13 935	13 841
5	福建	155 447	147 067	21	广西	12 794	10 214
6	江苏	131 734	124 922	22	山西	8983	8632
7	浙江	112 961	111 087	23	云南	5071	4957
8	山东	62 387	61 479	24	新疆	3426	3184
9	安徽	57 537	51 718	25	甘肃	3242	3217
10	河南	45 290	43 388	26	贵州	2446	2411
11	河北	41 849	35 174	27	内蒙古	2311	2289
12	天津	38 127	36 993	28	海南	1238	1229

续表

序号	省份	已备案网站数量	对应主体数量	序号	省份	已备案网站数量	对应主体数量
13	重庆	31 188	30 593	29	宁夏	725	693
14	湖北	24 784	22 654	30	青海	347	329
15	辽宁	22 191	20 461	31	西藏	68	68
16	陕西	16 960	16 105	32	跨省经营网站	119 384	117 202

资料来源：中国互联网协会

（2）分类情况

在备案 ICP 网站中，非经营性网站 228.21 万个，经营性网站 8650 个。涉及前置审批的新闻类网站 14 285 个，有电子公告栏目的网站 4968 个，教育类网站 2028 个，文化类网站 1356 个，药品医疗器械类网站 949 个，医疗保健类网站 653 个，广电类网站 555 个，出版类网站 398 个。各类 ICP 网站在各省分布情况见表 8.3。

表 8.3　备案 ICP 网站各省分类表

省份	非经营性	经营性	新闻	电子公告服务	教育	文化	药品和医疗器械	医疗保健	广播电影电视节目	出版
广东	394 461	1887	1588	724	216	211	109	103	134	107
江苏	223 553	111	3074	28	15	11	46	31	5	6
浙江	201 966	776	1633	73	83	17	55	23	18	0
上海	198 783	366	3060	927	70	34	150	47	19	7
北京	190 849	3102	384	712	92	105	86	81	36	20
山东	141 950	186	766	97	56	74	50	43	13	4
福建	103 841	187	422	57	0	0	0	9	0	0
河北	100 653	139	235	611	23	21	16	12	6	4
四川	87 648	281	299	298	19	15	33	16	9	2
湖北	71 066	99	318	17	28	18	32	28	16	7
河南	68 664	40	221	148	18	8	30	17	8	4
辽宁	68 489	133	270	81	112	9	39	19	7	5
安徽	54 598	91	681	9	28	0	13	2	3	3
湖南	52 970	92	272	76	304	32	21	20	21	9
陕西	44 183	37	28	7	24	154	18	2	43	65
重庆	33 553	122	7	49	6	117	10	3	28	3
广西	33 194	92	143	348	206	124	48	58	48	27
天津	29 788	173	9	22	308	2	37	16	0	0
黑龙江	27 871	171	35	6	16	211	10	5	63	81
江西	26 816	167	243	113	145	75	36	37	24	7
山西	23 696	44	82	106	93	4	16	8	6	3
云南	22 195	14	116	87	43	3	24	10	8	13
吉林	20 039	80	58	0	13	2	7	9	1	3
新疆	12 110	42	58	89	2	4	0	0	1	0
贵州	11 716	54	63	65	8	7	3	3	9	5
海南	11 279	62	63	137	48	71	32	29	11	7
内蒙古	10 758	23	32	21	9	4	3	3	2	2

续表

省份	非经营性	经营性	新闻	电子公告服务	教育	文化	药品和医疗器械	医疗保健	广播电影电视节目	出版
甘肃	9228	38	57	13	5	5	12	9	6	1
宁夏	3167	30	23	9	4	2	1	0	0	1
青海	1996	9	22	15	19	6	7	6	6	2
西藏	1055	2	23	23	15	10	5	4	4	0
合计	2 282 135	8650	14 285	4968	2028	1356	949	653	555	398

资料来源：中国互联网协会

6. 互联网 ICP/IP 地址/域名信息备案发展趋势

互联网作为我国信息化建设的重要基础设施，已经渗透到中国经济和社会的各个领域，成为现代社会生产和生活的新手段和新工具，在促进生产力发展、社会进步和提高人们生活质量等方面发挥着越来越重要的作用。党中央和国务院高度重视互联网的管理和发展，强调要建设好、利用好、管理好互联网。备案作为我国互联网管理法定的基本制度，是互联网管理中的一项基础性工作，在互联网发展日新月异的今天，ICP/IP 地址/域名信息备案工作一定会随着互联网的发展而得到全面的加强，备案率不断提高，备案数据得到及时更新，成为互联网管理的国家基础资源库。备案号已成为网站的重要且唯一的身份标识，逐渐成为网民信赖网站的重要凭据，网站备案逐渐成为网站主办者的自觉行为，备案工作在抵制互联网低俗之风，建设诚信和谐的网络空间将发挥越来越重要的作用。

8.8　互联网域名注册服务机构信誉度评级活动

互联网地址服务机构是主要指提供互联网域名注册服务的机构，目前在国内八十多个主要城市，以及 16 个国家和地区都设有域名注册服务机构。为进一步推动我国互联网地址服务行业又好又快发展，鼓励从业服务机构继续发扬诚信经营和规范服务的精神，保障用户权益，《互联网地址资源行业自律公约》多家发起单位于 2008 年 4 月共同倡议，正式启动“互联网地址服务机构信誉度评级”活动。中国互联网络信息中心（CNNIC）受邀担任执行监督机构。信誉度评级活动本着科学、严谨、公正、公开的原则，先后制定了《域名服务行业信誉度评级“星级标志”管理制度》和《互联网地址服务机构信誉度评级标准》。“互联网地址服务机构信誉度评级”活动初步计划每半年举行一次，旨在促进域名注册市场的良性竞争，推动互联网地址注册市场的健康有序发展，促进我国互联网服务水平的整体提升。活动通过公众问卷调查、专家评审相结合的方式，通过严格的考核程序，翔实的考核内容，对服务机构的运营能力、技术保障能力及客户服务体系进行综合考核，并根据考核结果将其评定为五星、四星、三星等几个星级。通过信誉度星级标志的动态调整，激励服务机构提升自身服务竞争力，形成长效机制。

2008 年 4 月 16 日，2008 年上半年度“互联网地址服务机构信誉度评级”活动正式启动，8 月 15 日，历时 4 个月之久的首次“互联网地址服务机构信誉度评级”活动正式落下帷幕，36 家 CN 域名地址服务机构荣获“星级标志”。其中北京新网数码信息技术有限公司和北京万网志成科技有限公司等 8 家被评为五星级注册服务机构，19 家机构被评为四星级注册服务机构，9 家成为三星级注册服务机构。

2008 年年底，经过近四个月的评选，2008 年下半年度注册服务机构信誉评级活动结果日前揭晓，40 家 CN 域名服务机构荣获“星级标志”，其中北京万网志成科技有限公司和厦门三五互联科技股份有限公司等 9 家被评为五星级注册服务机构，26 家机构被评为四星级注册服务机构，5 家成为三星级注册服务机构。与 2008 年上半年首次信誉度评级活动相比，此次活动上榜的注册服务机构数量有所增加，整体服务质量更上一层楼。

这两次评选结果的出炉标志着互联网地址服务行业在倡导从业服务机构诚信经营，推动互联网地址资源注册服务规范化方面迈出了重要一步。需要注册 CN 域名的用户可以根据星级标志，选择服务机构，这有利于提升整个行业服务质量，保障用户权益。

8.9 互联网公益活动

8.9.1 互联网行业组织树立行业公益风尚，探索互联网公益事业发展

作为互联网行业组织，中国互联网协会在积极促进互联网产业发展的同时，以科学发展观为指导，充分发挥民间组织的公益性作用，践行构建和谐社会的精神，以“建设人人受益的互联网”为宗旨，通过开展各种形式的互联网公益活动，发挥互联网技术和应用在公益事业中的优势，推进互联网普及与应用，缩小数字鸿沟，发展信息无障碍事业。互联网公益活动已逐渐在行业树立起公益风尚，越来越多业界企业和行业从业者以各种方式投身到公益事业中，不断促进着我国互联网行业健康、可持续发展。

1. 深入开展“互联网公益日”活动

“互联网公益日”活动是中国互联网协会组织业界为帮助弱势群体接入互联网、缩小数字鸿沟而开展的年度公益活动。2008 年“互联网公益日”活动期间，中国互联网协会广泛号召互联网企业继续为我国中西部少数民族和贫困地区中小学搭建网络教室。截至 2008 年 8 月，共收到腾讯公益慈善基金会和空中网等 16 家组织和企业捐助的资金 297 500 元，为贵州、宁夏和河南三所中学建立了网络教室；继续为由肌无力病友们发起的精彩同行论坛提供维护资金；与新浪合作，共同帮助互联网公益日活动受捐对象之一的河南林州八中 10 名优秀贫困生赴南京参加“扬帆计划”活动；与中国人民大学附属中学继续推进“中国远程西部教育网”项目，中国互联网协会历届互联网公益活动部分受捐学校加入“国家基础教育资源网格平台”，通过互联网共享优质教育资源。

2. 推进信息无障碍事业发展

为迎接第 29 届奥运会以及第 13 届残疾人奥运会，使国内广大残疾人获得便于及时了解奥运会的信息渠道，并以此契机推动我国信息无障碍发展进程，中国互联网协会与中国通信标准化协会、中国残疾人福利基金会等单位于 2008 年 3 月至 9 月共同发起了“北京 2008 奥运会、残奥会信息无障碍网站行动”。行动期间，《信息无障碍—身体机能差异人群—网站设计无障碍技术要求》即信息无障碍通信行业标准正式发布；北京 2008 奥运会、残奥会官方网站、中国残疾人联合会网站在奥运会开幕前全面完成无障碍改造并正式上线；新华网、新浪网、央视网、中国网、中青网和 21cn 等国内有影响力的网站也初步完成与奥运宣传相关频道或链接的无障碍改造，经技术测试已初步达到无障碍技术标准的一级标准；百度专门为残障人士开设了无障碍搜索引擎——“百度盲道”，腾讯网为盲人网友设立白名单机制，为盲

人取消其登录 QQ 群和其他入口所有验证码，为盲人登录带来极大便捷。本行动积极向大众普及了信息无障碍理念，作为中国互联网协会 2008 年互联网公益活动的重要组成部分，是利用信息技术促进互联网公益事业创新发展的有益尝试。

2008 年 9 月，中国互联网协会联合中国残疾人联合会等单位共同举办了第五届信息无障碍论坛。论坛作为残奥会期间政府大力支持的公益活动，以“信息无障碍惠及残疾人”为主题，围绕信息无障碍如何更好服务残疾人，如何更好满足残障人士多方面的需求展开探讨，以新的视角、新的高度来诠释信息无障碍惠及残疾人士的实质意义。

3. 团结业界抗击四川汶川大地震

2008 年 5 月 12 日，四川汶川发生 8.0 级地震，中国互联网协会在震后第一时间紧急联合协会网络艺术家联盟共同发起“网聚你我、共献爱心”中国互联网赈灾义演活动。5 月 16 日，近 60 家业界单位 1000 余人来到现场参加了近 4 个小时的活动；近 50 家网站承担了全程网络视频和图文直播或转载的工作；近百家新闻媒体全力支持或进行报道，并在各自网站开设“网聚你我，共献爱心”大型网络赈灾义演专区；互联网企业及网民纷纷积极捐款，活动当晚筹得的来自 20 余家企业以及网民所捐共计 7 690 259.98 元善款，通过中国互联网协会转交至中国红十字基金会，并作为专项资金全部用于四川大地震受灾地区学校重建。

在深入开展互联网公益活动过程中，中国互联网协会积极联合业界，利用各种资源，不断探索创新互联公益事业发展新模式，极大丰富并拓展了互联网公益活动的内容和形式，使互联网公益活动捐助力量得以加强，受众对象更加广泛。

8.9.2　互联网企业充分发挥互联网优势，推进公益事业发展

越来越多互联网企业投身到公益事业中，不仅以物资的形式进行捐助，还充分发挥互联网技术、应用、平台优势，推进公益事业发展并进行互联网公益创新。

汶川地震发生后，中国互联网业界迅速做出反应，在震后第一时间向灾区进行捐款，此外利用自身媒体进行宣传报道，呼吁全国上下齐动员进行支援。各大网站迅速开辟了抗震救灾专题专栏，24 小时不间断连续报道前线抗震救灾的进展，普及传播相关防震抗震、抢险救灾知识；腾讯、新浪、搜狐、奇虎 360、网易、Tom 在线、支付宝、易宝支付和 51com 等纷纷开通在线募捐通道；中国网、搜狐 Chinaren 和千龙网等网站和社区开设平台专题板块为寻亲、寻抗震救灾设备、志愿者、孤儿认领提供信息平台；谷歌中国在全球范围内紧急调动各项资源，利用实时卫星图片，向中国国家地震局和测绘局提供数据支持；蓝汛为涉及赈灾的国家地震局等国家政府机关网站及中国红十字会总会等慈善组织网站提供免费 CDN（内容分发网络）加速服务；与此同时，大量关于四川大地震灾情以及中国人团结一心抗震救灾的报道通过翻译技术迅速通过互联网源源不断地发向海外，赢得了国际的声援、支持和钦佩。互联网行业在抗震救灾过程中体现了行业的整体社会责任感，其所发挥的积极作用已被全社会所认可，互联网在社会公益事业和公共服务中的地位得到凸显。

8.10　全球互联网治理论坛

全球互联网治理问题源于信息社会世界峰会（World Summit on the Information Society，WSIS）。在 2003 年 12 月举行的信息社会世界峰会第一阶段会议上，互联网治理问题作为一

个公共关心的问题被提出。2004 年 11 月，互联网治理工作组（Working Group on Internet Governance，WGIG）成立，由来自政府、私营部门和民间社会的 40 名成员组成（中国互联网协会胡启恒理事长是成员之一），经过四次正式磋商会议以及其他形式的磋商，于 2005 年 11 月在突尼斯召开的 WSIS 第二阶段会议上，向联合国秘书长提交了《互联网治理工作组报告》。《报告》给出了互联网治理的定义，与互联网治理有关的公共政策问题，所有利益相关方各自的作用和责任和互联网治理机制以及处理互联网相关问题的建议。互联网治理定义为：互联网治理是政府、私营部门和民间社会根据各自的作用制定和实施旨在规范互联网发展和使用的共同原则、准则、规则、决策程序和方案。定义强化了政府、私营部门和民间社会共同参与互联网治理机制的概念。互联网治理所涵盖的不仅仅是互联网域名和地址，还包括其他重大的公共政策问题，如互联网安全、互联网发展以及各种文化的包容等问题。

互联网治理已经进入新的时代：政府作为互联网治理的主导力量，必须为保护互联网得以继续发挥其促进社会进步的作用而承担重任。联合国前秘书长安南在 2005 年的 WSIS 突尼斯阶段会议中指出，为了保护互联网独特价值的继续存在，在互联网治理的问题上，人们必须具备绝不次于建设互联网的创造性。因此，人们开始行动，为了给所有利益相关方提供一个平等沟通的平台，WSIS 突尼斯阶段会议决议之后每年召开一次全球范围的“互联网治理论坛”（Internet Governance Forum，IGF），连续举办 5 届。IGF 是一个在联合国秘书长协调下、包括政府、私营部门、民间社会以及学术界等各利益相关方充分参与的、讨论互联网治理的平台，从 2006 年至今已经举办了三届。

2006 年 11 月，第一次互联网治理论坛在希腊召开，会议的四个议题是：开放性、安全性、多样性和普遍接入。除了大会主题讨论外，同时举行了约 20 个分别由 ISOC、ICANN、联合国科教文组织、OECD 和其他民间社团等主办的不同议题的分论坛。2007 年 11 月，第二次互联网治理论坛在巴西召开，共设立了关键性互联网资源、开放性、安全性、多样性和接入五个主论坛，分别由 ISOC、ICANN 和其他民间社团等主办的不同议题的 30 个分论坛，以及由政府或相关民间社团主办的 20 余个“最佳实践”论坛。

2008 年 12 月，第三次互联网治理论坛在印度召开，来自 94 个国家和地区的 1280 名代表参加了此次会议，各利益相关方代表约 1400 人参加了会议，会议共设立下一个十亿人的接入、网络安全与诚信建设、关键互联网资源管理以及出现的问题 4 个主论坛，以及分别由 ISOC、ICANN 和其他民间社团等主办的不同议题的约 40 个开放式分论坛，由政府或相关民间社团主办的，主题涉及青少年保护，互联网能力建设，国际间合作抑制网络犯罪等方面内容的 10 余个“最佳实践”论坛。在这些论坛中，相关政府和民间社团介绍并宣传了本国或本组织在解决互联网治理相关问题中取得的成果和有益经验，并就尚待解决的问题进行广泛的交流和讨论。中国互联网协会在中国通信标准化协会的支持下与联合国科教文组织共同主办了以“信息无障碍”为主题的开放式论坛，积极宣传我国在帮助残疾人上网、消除数字鸿沟、信息无障碍标准建设和推广、奥运网站信息无障碍行动等方面所取得的成就及经验。

作为信息峰会的产物，IGF 论坛进程已经过半。作为国际社会各利益相关方平等讨论互联网和与互联网治理相关的公共政策问题、交流信息和分享成功经验的平台，IGF 创立了基于问题的、各利益相关方相互信任的对话空间，得到了各国政府、各国际组织、联合国相关的部门、私营部门、民间社团的高度重视和广泛参与。全球互联网治理进展到今天，形成了以下意见和特点：

（1）促进互联网发展的政策，应该是一个吸引投资，鼓励创新，方便能力建设（指人们使用互联网技术的能力）的框架结构；更多容许用户参与互联网内容创建的应用，是互联网壮大的重要内在动力。

（2）在推动互联网普及的问题上，提高互联网的易用性至关重要。从网站登录方式及网站内容的多语化、接入方式的多样化和更低的成本，到提升残疾人使用网络的便利性工具，都是互联网获得下一个 10 亿用户的推动力。

（3）增强跨界（国家、地区、国际）合作及各个群体之间合作，充分发挥包括政府、执法部门、民间组织、个人用户等群体力量，是打击网络犯罪、维护网络安全、提升网络可信度的关键；预防是维护网络安全的主要手段，达成网络安全这一目的，不仅需要良好的机制和精良的设备，更需要人们自身的安全意识。

（4）互联网治理论坛（IGF）是在联合国框架下，政府、各国际组织、联合国相关部门、私营部门、民间社团、学术界等利益相关方共同参与、基于对问题讨论、非决策的平台，是一个公共政策对话的创新空间，它提供了更多的对话和学习的环境。各利益相关方以平等的方式参与讨论作为全球互联网治理的基准，这在联合国历史上也是一个创举。

（5）互联网治理是长期的进程，是各利益相关方不断实践和探索的进程，对互联网治理的认识也是一个不断提高、演变的过程；互联网技术、应用在发展变化，互联网治理本身需要研究审视。

（6）互联网治理是不断寻求矛盾的平衡，如信息自由流通与青少年保护的平衡、知识产权保护与信息共享的平衡、网络开放与网络和信息安全以及个人隐私保护的平衡，安全性、信息的自由流动和隐私保护三者之间达成平衡，才能使用户真正感觉到互联网的价值；

（7）对国家安全和主权最为重要的关键互联网资源管理问题一直是各方非常关注的重点，但目前为止，关键互联网资源管理问题没有实质性的进展。美国政府与 ICANN 的合同即将到期，这对改变互联网关键资源管理现状是一个机会，各方对 ICANN 的走向非常关注。

（8）各国政府在对互联网治理的参与度上已大大加强，巴西、印度和伊朗等许多发展中国家政府代表团在 IGF 上有非常抢眼的表现。政府参与互联网治理的必要性得到了普遍认可，但至今并未对政府参与互联网公共政策管理形成绝对的倾向。

（9）随着互联网技术与应用的发展，互联网治理涉及的问题也在发生变化，从希腊 IGF 论坛中的热点“开放性”，到印度 IGF 论坛提出的主题“下一个十亿人的接入”，更多的关注点投向未来。互联网的进一步普及和提高、IPv4 向 IPv6 的演进、信息技术惠及弱势群体和残疾人等逐渐成为了热点。

互联网治理论坛，作为一个非决策机制的平台、非政府主导的论坛，在公共政策问题的讨论上，充分展示了各方的观点，这种经验已经在扩展传播。目前，有部分地区性的 IGF 或类似的动态联盟已经组织起来并开展了活动，甚至一些国家也组织了 IGF。但是，这种论坛要形成一致意见也很困难。五届 IGF 论坛进程已经过半，论坛所讨论的问题越发分散，各利益相关方对未来两届 IGF 都表示了一些担忧和不同的期望。

（中国互联网协会　孙永革、曹华平、李　政、张宏宾、赵　耀、朱秀敏、周洪艳、刘　辉、卢咸开；中国互联网络信息中心　王　莹、李光皓、秦　英）

第三篇

资源篇

2008年中国互联网络基础设施建设情况

2008年中国互联网基础资源发展情况

2008年中国互联网设备发展情况

互联网数据中心（IDC）建设与服务发展情况

第9章　2008年中国互联网络基础设施建设情况

9.1　概况

为了完善中国电信业市场格局，2008年5月，在工业和信息化部的指导下，出台了新一轮产业重组“五合三”方案。电信重组促成了新移动、新电信、新联通在通信行业三足鼎立的竞争局面，成为我国互联网领域发展的一座里程碑，带动了互联网骨干网格局的变化。重组后我国各互联网运营单位拥有了更为集中的互联网网络基础设施资源，在一定程度上抑制了我国互联网基础设施重复建设现象，各单位的互联网运营实力得到加强，有力地推动了移动互联网和全业务运营的飞速发展。

2008年，在各互联网运营单位进行互联网融合调整的同时，互联网基础设施建设的进程也不断加快。我国互联网网络结构、网络设备、网内网间带宽、骨干网互联互通建设及互联网网内信息资源等都得到了较大的优化和调整加强，为2009年我国互联网的进一步发展奠定了良好的基础。

9.2　互联网骨干网络建设发展情况

9.2.1　电信重组推动互联网骨干网格局变化

电信重组推动了我国互联网各运营单位的骨干网结构的变化。新电信在重组后，互联骨干网仍以CHINANet和CN2为主；新联通在重组后，互联骨干网实力得到加强，其骨干网包含原中国网通的CHINA169、CNCNet和原中国联通的UNINET；相应地，新移动在重组后，由于在原有CMNet和IP专用承载网的基础上，拥有了中国铁通的CRNET骨干网，其互联骨干网的规模和实力也得到了加强，中国移动可以利用铁通已有的宽带网络资源，开拓具有广阔发展潜力的宽带数据业务市场，如图9.1所示。

重组之前，原中国电信、原中国网通、原中国联通、原中国移动和原中国铁通等互联网运营单位在互联网骨干网建设过程中，多采用“骨干网双平面城域网一张网”的策略，即建设两张IP骨干网：一张用于承载公众互联网业务，另一张用于承载高质量要求的业务，例如企业用户和NGN语音业务等。电信重组后带来了互联网经营管理变化，导致部分互联网运营单位同时拥有多张公众网或精品网。目前，各运营商仍处于调整融合阶段，多张网络大多

暂时分开运营、管理。如何合理整合网络资源，避免建设中的重复浪费，和谐发展网络成为运营商 2008 年之后一段时期内的重要工作。

图9.1　电信运营商重组带来互联网发展格局变化

总体而言，2008 年的电信重组并没有改变电信重组前的两家电信运营商占据互联网骨干网主导地位的局面，三家运营商的互联网运营实力仍然存在着失衡现象。

9.2.2　互联网骨干网优化调整持续推进

2008 年，各互联网运营单位在坚持平面+空间分层结构的基础上，不断地优化互联骨干网的网络结构和路由策略，推进我国互联网骨干网持续向宽带化、扁平化、融合化、智能化和可控化方向全面发展，不断地提高互联网骨干网容量、处理能力、资源利用率、QoS 保障能力、多业务承载感知和策略控制能力。

国内运营商配合宽带提速，采取了接入铜缆网整治，接入设备下移和光进铜退等一系列措施来提升网络带宽，对网络结构进行了进一步优化调整。2008 年中国网通 China169 扩容工程使国内骨干中继总带宽近 3500G；而中国电信为 ChinaNet 新增了北京、上海和广州到普通核心节点，普通核心节点间以及省际间的多条 10G 链路和若干条 40G 链路，国内骨干中继总带宽超过了 9000G，极大地提高了网络带宽。预计随着我国互联网骨干网的宽带化进程得到进一步加速，将会有更多的 40G 接口出现在骨干网的各种光通信设备上，为各种具有宽带特征的信息化服务应用规模的扩大奠定更好的基础。

2008 年，从互联网骨干网到城域网的扁平化改造工作得到了我国各大基础运营商的持续深入推进，省网逐步取消，骨干、接入两层网络架构逐步清晰化。如 2008 年，CHINA169 扁平化工作基本完成，省网接入设备下沉本地网，提高了网络的灵活性，减少了网络投资并提高了数据传送效率。

为了抵抗来自内部和外部的双重压力，尽量提高端到端的服务质量保证以及网络安全，尤其是对拒绝服务攻击的抵御等能力，运营商在 2008 年不断提高运营网络的可控可管能力。中国电信在 CN2 全网省层面推进流量清洗中心的统一部署，城域网引入接入控制层，实现集中管控；原中国网通在骨干网层面，对面向公众的总部大网（CHINA169+CNCNET）一百多台骨干网设备和核心网管系统进行安全加固，并由集团技术部牵头组织了“中国网通下一代宽带网络体系与支撑体系方案”的研究，资源控制和安全保障等可管可控能力是其建设重点；集团还统一建设了 CA 认证平台，省层面集中建设了流量清洗等网络安全系统。

用户需求不断增加，要求互联网能够实时智能地感知用户业务，满足个性化的业务需求，使我国互联网骨干网向智能化、可控化的方向发展。2008 年，各运营商提高了骨干网网络设备的智能和感知能力，并适时逐步引入 IP 承载控制系统提供精细化资源管理能力及智能化的承载控制。

9.2.3　骨干网互联互通仍需改善

我国目前互联骨干网的互联方式仍以直联为主，交换中心为辅。随着我国与国际互联网领域的合作日益紧密，以及电信重组进程的完善，政府对互联网互联互通的管控力度不断加强。互联网运营单位出于提升自身网络价值和影响力，降低网络互联成本，实现互联网长远发展利益最大化等多方面目的，也在持续改善互联网骨干网的互联互通服务质量。

截至 2008 年 7 月底，我国已建设的网间直联带宽超过 300G，国家级交换中心的合计接入带宽约 28G，分别较 2007 年年底增加了近 60%和 8%。我国各互联单位之间的直联多为同一城市内的节点间互联，中国电信和原中国网通在京沪穗三地间建立了长途直联电路。截至 2008 年 7 月底，中国电信和新联通之间的合计互联带宽达 205G，占我国网间总直联带宽的近 70%，国内互联网络骨干网络间互联结构图如图 9.2 所示。

由于我国各骨干网络拓扑结构差异较大，影响了互联互通的统一规划和调整，导致我国互联互通仍存在一些问题：

（1）互联网重要节点设置集中，国际出口节点、国家级 NAP 点和 NAP 直联点、DNS 根镜像服务器等关键资源，都设置在北京、上海和广州三个城市。

（2）互联互通形式单一，互联 NAP 节点设置数量偏少。

（3）NAP 节点互联链路容量不足，带宽利用率偏高，交换中心在互联带宽总量占比不到 10%。

总体而言，各互联网运营单位之间的互通质量需要进一步改善。

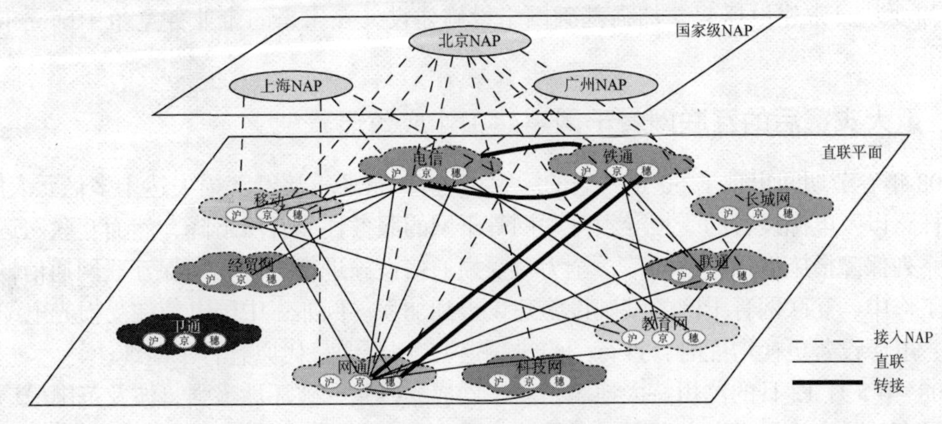

图9.2　国内互联网络骨干网络网间互联结构图

9.2.4 互联网骨干网对下一代互联网的支持能力不断加强

我国互联网存在的地址短缺、网络安全和服务质量等问题已引起政府管理部门和产业链各方的高度重视，作为未来信息基础设施的方向，下一代互联网的发展将有助于解决当前互联网面临的多种问题，给我国带来巨大的发展机遇，有力地推动社会经济的全面协调发展。

在互联网发展建设过程中，作为我国 IPv6 产业链主力的互联网运营单位为下一代互联网的发展做了较为充分的准备。我国互联网骨干网的核心设备绝大部分支持 IPv6 能力，同时运营商开展了一系列的 IPv6 试点建设和试验，如 IPv6 城域试验网络和 IPv6 智能小区等。2008 年，原中国网通开展了一系列的基于 IPv6 的研究与试验，包括基于 IPv6 的内容分发系统 CDN 的研究与开发和基于 IPv6 的监控类业务试验等，并用 IPv6 网络实现奥运会的视频组播业务和监视系统，全球 IPv6 用户可以直接通过 CNGI-CERNET2 访问 2008 北京奥运会官方网站。

当前我国运营商 IPv6 网络部署面临的主要问题是：如何合理选择 IPv6 网络演进方案，以及如何有效降低网络部署成本。

9.2.5 奥运促进了互联网骨干网的发展

为了保障 2008 年北京奥运通信网络的畅通和网络服务质量，互联网运营商对互联网骨干网做了相应的扩容、调整和优化。

原中国网通在互联网上构建了一个大型的虚拟专用网络，通过此 VPN 为奥运网站、奥运场馆、奥运酒店等提供优质的服务质量，并由其骨干网为奥运虚拟专网配置了专用国际出口及国内互联出口；同时，中国网通面向互联网应用建立了流量清洗系统，对奥运相关网络的流量进行检测，剔除攻击的流量和有害的流量，保护奥运网站。而中国电信新增了与中国网通间的 62.5G 互联带宽，其中 10G 为奥运专用通道；与中国移动新增 5G 北京本地互联带宽，用于奥运期间移动 WLAN 的质量保障；与中国联通新增 2.5G 北京本地互联带宽；与铁通新增 1G 北京本地互联带宽。在互联网带宽扩展的同时，运营商也采用了骨干网负载均衡等措施，使得带宽压力分解到不同的区域，网络稳定得到相对保障。

2008 北京奥运促进了互联网骨干网的发展，面对奥运这样的短期重大互联网需求，运营商能够提高大局意识。然而，互联网骨干网的宽带建设和发展并不局限于短期重大需求，运营商需要从日常建设抓起，加强基础网络设施建设，在未来的全业务竞争中确立市场优势地位。

9.2.6 重大灾害后的互联网骨干网重建工作成效显著

2008 年春节期间出现了 50 年一遇的雪灾，造成的行业直接经济损失达十多亿元人民币。光缆、杆路以及电源设备的受损导致互联网骨干网的服务性能有所下降，然而互联网运营商通过一系列保障措施提供应急通信，全力对受损通信设施进行抢修，力保互联网通信畅通。在重建工作中，互联网骨干网的基础设施建设得到加强。例如，中国电信在受损光电缆及杆路重建、电源设备更换增配时，推行“光进铜退”，用光缆替代原有骨干电缆。

2008 年 5 月 12 日的汶川特大地震是新中国成立以来，破坏性最强，波及范围最广，救灾难度最大的一次地震灾害，灾区的通信基础设施大面积受损，互联网骨干网受到极大的破坏。地面通信光缆绝大多数产生阻断，放置于重要机房的骨干传输设备也不同程度上遭受到地震的破坏，灾区互联网通信几乎全部中断。例如中国电信的兰州—西宁—拉萨骨干光缆中断，导致到乌鲁木齐、广州和拉萨等部分城市长途电路中断。

在政府领导下，互联网重建工作得以迅速开展。重建工作中，注重全程全网协调发展，优化核心骨干网络及系统结构、扩充能力，提升互联网的防灾减灾能力、安全可靠性和通信信息服务水平。推动资源共建共享，节省投资，提高资源利用率。例如，强化成都通信枢纽地位；建设大容量、多平面，安全可靠的传送网，提升综合业务承载能力；全面恢复重建局房、管道、线路和电源等基础设施，统一规划实施，加大资源共享力度。

9.3　宽带接入发展情况

9.3.1　宽带接入服务市场状况

全球宽带接入服务市场不断增大，截至 2008 年第四季度末，全球共拥有 4.11 亿宽带用户，相比第三季度的 3.97 亿，增长了 3.47%；全年新增 5920 万宽带用户，增长率为 14.4%。2008 年，我国互联网接入市场飞速发展，超越美国成为世界上最大的宽带国家。根据工业和信息化部相关统计数据，截至 2008 年 12 月，我国基础电信运营企业的宽带接入用户数达到了 8342.5 万，比 2007 年年末新增 1701 万，增长率达 25.6%，这一比例小于上年的 30%，如图 9.3 所示。

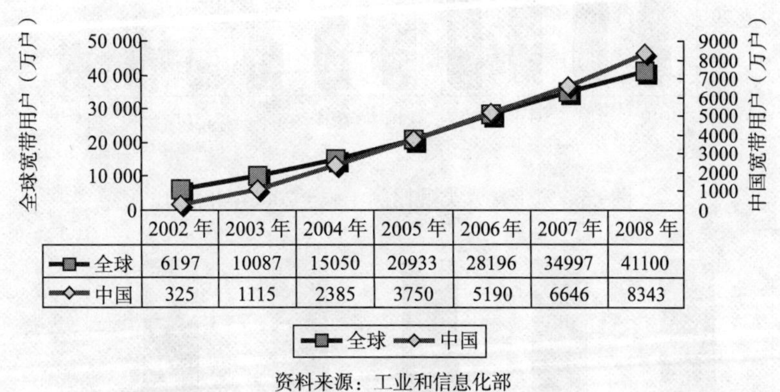

	2002 年	2003 年	2004 年	2005 年	2006 年	2007 年	2008 年
全球	6197	10087	15050	20933	28196	34997	41100
中国	325	1115	2385	3750	5190	6646	8343

资料来源：工业和信息化部

图9.3　全球与中国宽带发展情况

宽带技术采用前十位的国家拥有 72%的全球用户，其采用的宽带接入技术代表了全球宽带发展的趋势。DSL 是目前最广泛采用的技术，具有 1.86 亿连接，占据前十位国家中的 62%。Cable Modem 次之，拥有 6300 万的连接（占整体的 21%），FTTx 以 2670 万连接（9%）位居第三，如图 9.4 和图 9.5 所示。FTTH/FTTx 已在发达国家大规模商用，并将是未来几年各国宽带投资的重点。

我国的宽带接入以 DSL 和 FTTx 为主。我国是世界上最大的 DSL 用户国家，2008 年，6702.6 万 DSL 用户约占全球的 25%，以及我国宽带连接的 80.3%。我国 DSL 数据速率也在不断提高。此外，我国也拥有全球最多的 1900 多万 FTTx 用户，占全球的 37.4%。随着宽带用户数和宽带数据率的提高，我国宽带接入主要宽带用户数量和业务应用种类也在迅速增长，同时在 FTTx、PON 以及 DSL 等技术的推动下，产业发展逐渐进入正轨如图 9.6 所示。

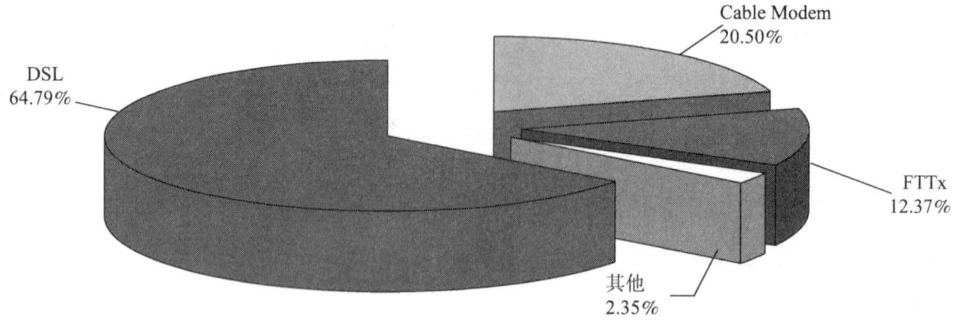

图9.4　国际平均宽带接入类型比例（截至2008年年底）

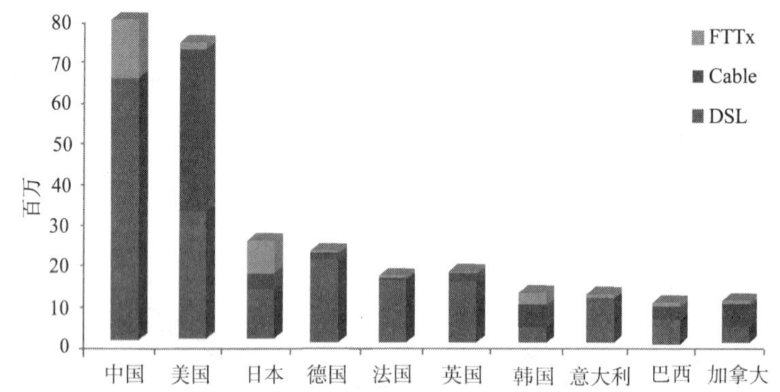

图9.5　宽带接入类型比例（截至2008年年底）

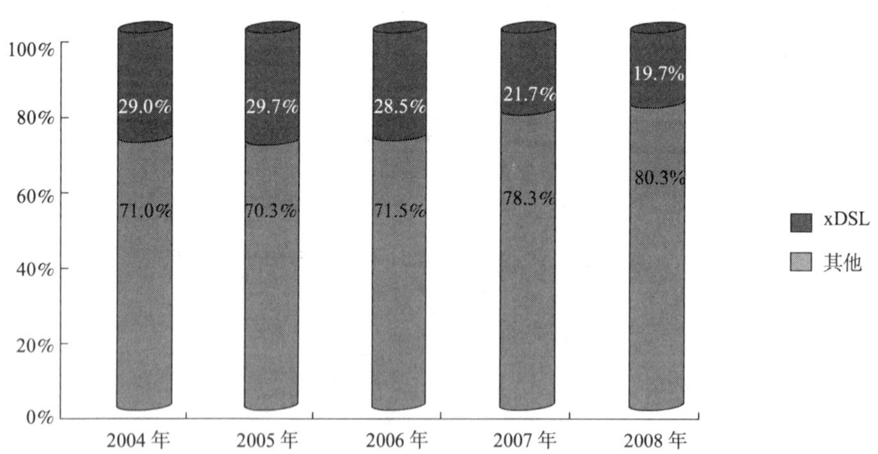

图9.6　中国宽带接入技术比例

虽然我国宽带用户发展快，但宽带用户仍以 ADSL 用户为主，其比例高于世界平均水平，远高于美国等互联网发达国家。随着宽带高速率技术的不断完善发展，这一情况会得到较快解决。我国专线接入用户达 63 319 户，同比减少 2.9%；窄带拨号接入业务用户持续下滑，已下降到 1437.7 万户，比 2007 年下降了 25.8%。

数据说明，2008 年，全球和我国均出现了较为明显的宽带增速减缓的现象。2008 年全球第四季度的宽带增长率为最近三年来最低，约为 1380 万，比第三季度的 1640 万下降了 16%。新增用户排名前十位的国家中，有五个增速比前一季度下降。而我国作为新增宽带用户排名第一的国家在 2008 年第四季度增加了 243 万宽带用户，首次比前一季度（516 万）有所下降（达 54.5%）。

我国宽带业务增速减缓现象的原因有：首先，大中城市容量庞大，小城市及农村几乎无市场，且新技术市场主要以年轻、高文化用户为主，新技术全民普及进度较慢，宽带业务发展受到经济文化水平发展的制约；其次，宽带用户的增长速度将逐渐趋近电脑净增长速度和人口自然增长速度，宽带业务发展受终端价格和人口增长的制约；再次，全球性的经济衰退对我国宽带发展造成了一定的影响。

为了扭转上述局面，宽带接入服务市场的发展应该注意到如何提供更丰富的业务，为用户创造源源不断的需求，同时争取在农村宽带网络和移动宽带网络等方面，从短期利益与长远发展之间取得平衡，加快我国宽带发展的步伐。

9.3.2　农村互联网宽带接入发展

受经济和知识发展集中化因素的影响，我国互联网发展长期存在着城乡差距，体现在网络基础设施建设、市场开发及应用资源建设等各个方面。为了加快农村通信发展和信息化建设，逐步缩小数字鸿沟，我国“十一五”规划中，把加强农村通信能力建设作为协调发展重点，加快农村通信基础设施建设，加速新一代农村信息产品作为工作和发展重点。

凭借前几年打下的良好基础，农村宽带应用的热情和需求逐渐被激发出来。在政府的政策支持下，农村信息普遍能力得到进一步提高。各大运营商也在 2008 年度工作会议中表示，要重点拓展农村宽带市场。

2008 年，各基础电信企业用于村通工程和农村信息化建设方面的工程直接投资达到 122 亿元，农村地区基础网络特别是宽带接入网络的覆盖逐步延伸。全年共为 593 个乡镇提供上网接入，601 个乡镇开通宽带。目前，中国农村网民规模达到 8460 万人，较 2007 年增长了 3190 万，增长率超过 60%。2008 年 3 月，广东省 21 320 个行政村全部覆盖了宽带网络，继北京、上海、江苏后，实现了村村通宽带；5 月，山东省基本实现了村村通宽带，光缆进村率超过 60%；8 月 15 日，宁夏 2362 个行政村都实现了通宽带。农村互联网的发展已经成为互联网发展应用的亮点之一。

2008 年，农村信息平台在农村互联网宽带建设中得到了进一步完善，适农业务推广迅速，农村信息化步伐不断加快。各大运营商，例如，中国电信的“信息田园”、中国移动的“农信通”等农村综合信息服务平台得到进一步完善和扩大；“乡乡有网站”项目已在安徽等 8 个省份试点，免费建成乡镇政府网站 1600 多个，免费培训乡镇信息员 2000 余人。宁夏和四川等近 10 个省份推行了县信息中心、乡信息站、村信息员的农村信息网络模式。

总体来看，虽然农村宽带接入水平提高较快，但相对于城镇，农村互联网普及程度仍然存在差距，运营商对在农村部署宽带网的积极性还有待进一步提高。进一步加强农村地区的宣传，提高农村互联网宽带普及率、农民信息化知识水平和应用能力，仍然是我国各级政府在今后信息化推进过程中应高度重视的问题。

9.3.3 移动宽带接入发展

与固定接入方式相比，以 GPRS，CDMA，TD-CDMA，WiMAX，meshWiFi 等技术为代表的移动接入技术，以其能为用户提供更便捷的网络服务等优势得到了越来越多的关注和发展。截至 2008 年 9 月，全球已有 280 多个 HSPA 增强型 3G 商用网络。与此相应，我国移动互联网的发展进入了快速增长期，据中国互联网络信息中心（CNNIC）统计报告显示，截至 2008 年 12 月，我国手机上网网民达到 1.176 亿人，较 2007 年增长了一倍多。

但总体而言，我国移动互联网发展仍以 WAP 为主，整体移动宽带接入市场还处于发展初期，不论是用户数还是市场规模都不是很大。2008 年电信重组和 2008 年年底 3G 市场开放工作的准备就绪是我国移动宽带接入大发展的契机，我国移动宽带接入将迎来一个发展高峰，移动接入速率和性能将不断提高。

移动宽带接入领域成为三家电信运营商的激烈竞争领域。中国电信聚焦中高端客户，通过全业务融合，力图做移动宽带接入市场的领先者，其 CDMA+WiFi 的“天翼”策略于 2008 年年底在全国完成了 2.5 万个热点覆盖；中国联通则大力开发推广移动互联网应用，强化套餐营销；中国移动从多维度积极稳妥地推进移动宽带接入业务，始终以需求为导向，充分发挥在移动领域的优势以成为中国最大的 3G 运营商为目标。中国移动全力推进 TD-SCDMA 建设运营工作，并取得积极进展：北京等 8 城市 TD-SCDMA 试验网建设按期完成，接收了青岛、保定试验网，10 城市覆盖率达到同区域第二代网络的 95%以上；二期工程 28 个城市 TD-SCDMA 网络建设全面启动；全面部署 TD-SCDMA/2G 互操作功能开放和设置工作，TD-SCDMA/2G 核心网融合组网试点顺利完成，在拓展 TD 手机用户的同时，大力推动基于 TD 网络的无线数据应用，如信息机、上网卡以及上网本等，10 城市客户可以“不换号、不换卡、不登记”方便地使用 TD-SCDMA。

9.4 互联网络带宽发展情况

9.4.1 国际出入口带宽

经过多年的发展，我国互联网网络国际出口带宽迅速增长，截至 2008 年 12 月，我国互联网国际出口带宽总量为 640 287Mbps，年增长率达到 73.6%，如图 9.7 所示。

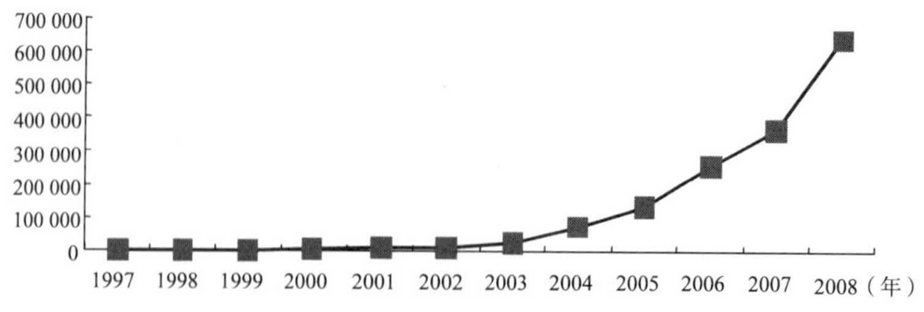

图9.7　历次调查中国国际出口带宽

运营商中，以中国电信和原中国网通的国际出口带宽最大，连接的国家最为广泛，连接的国家和地区主要由国际互联网发达国家和周边邻国或地区构成，分布于北美（美国、加拿大）、欧洲（俄罗斯、法国、英国、德国、意大利、西班牙、瑞典、瑞士）、东亚（日本、韩国、朝鲜）、东南亚（新加坡、老挝、马来西亚、越南）、南亚（印度）、中亚（哈萨克）及中国港澳台三地。截至 2008 年 8 月，美国、日本和我国香港地区位居我国国际出口带宽的前三位，如图 9.8 所示。

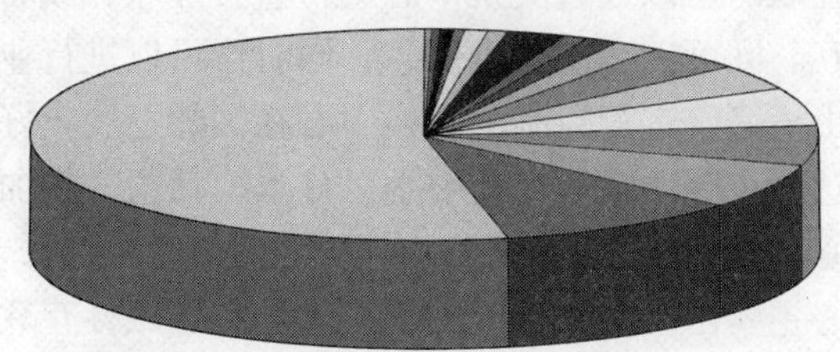

图9.8　各国家/地区国际出口带宽占比

按运营商划分的互联网国际出口带宽如表 9.1 所示。

表 9.1　骨干网络运营商互联网国际出口带宽情况

骨干网络运营商	国际出口带宽（Mbps）
原中国公用计算机互联网（CHINANET）	337 564
原宽带中国 CHINA169 网	243 956
中国科技网（CSTNET）	10 010
中国教育和科研计算机网（CERNET）	9932
原中国移动互联网（CMNET）	29 860
原中国联通互联网（UNINET）	4319
原中国铁通互联网（CRNET）	4643
中国国际经济贸易互联网（CIETNET）	2

注：数据来源于中国互联网络信息中心（CNNIC）的统计，截至 2008 年 12 月。

9.4.2　国内带宽

2008 年，随着信息技术的高速发展，互联网承载的业务越来越丰富，各互联网运营单位对运营网络的带宽进行了相应的扩容。截至 2008 年年底，我国基础电信企业互联网宽带接入端口达 10 928.1 万个，比 2007 年净增 2388.8 个，增长率达 28%；全国光缆线路长度净增 99.1 万千米，达到 676.8 万千米，其中长途光缆线路长度达到 79.3 万千米。

2008 年，中国网通 China169 扩容工程使国内骨干中继总带宽近 3500G；而中国电信为 ChinaNet 新增了北京、上海和广州到普通核心节点、普通核心节点间以及省际间的多条 10G

链路和若干条 40G 链路，国内骨干中继总带宽超过 9000G，极大地提高了网络带宽。

尽管各互联网运营商在网络建设上投入了巨大的财力和物力，但无论是骨干网还是接入网的带宽仍难以满足以数倍速率增长的 IPTV，VOD 和 P2P 等网络流量的需要，迅速增长的网内流量给有限的网络带宽和网络设备带来了巨大的压力。在国内，我国干线业务流量和带宽需求的年增长率都已经超过 200%，以 P2P 应用为主的视频占用了大量的网络带宽。互联网运营商在不断带宽扩容的同时，也急需找到利于互联网可持续发展的解决方案。

9.4.3 互联网交换中心

互联网交换中心是用于互联网间互联时交换流量和路由信息的公共平台及相关设施。其主要功能为：（1）实现互联。可以通过交换中心进行直接互联，或者实现多边的对等互联。（2）路由交互和流量交互。既可以实现路由信息，同时也可以进行业务流量的交互。（3）管制功能。对流量以及路由策略等进行控制。交换中心在国外发展较好，北美仍处于全球互联网中心，欧洲则拥有多达 118 个活跃的交换中心，日本、韩国、新加坡和香港则形成了亚洲的国家或地区互联网中心。

我国互联网交换中心主要由国家级互联网交换中心和区域性互联网交换中心组成，作为我国骨干互联网单位之间互联的辅助手段。2000 年，北京国家级互联网交换中心正式建设运行，随着我国骨干互联网单位之间的国内业务流量交换规模持续增长，2001 年，原信息产业部又增设了上海和广州两个交换中心。

截至 2008 年 7 月，我国国家级交换中心的合计接入带宽 28G，较 2007 年年底增加了 8%，但实际流量约占据互联带宽总量的不足 8%，各互联单位接入 NAP 点的带宽利用率基本在 75%以下，互通质量较好。表 9.2 给出了我国交换中心城市接入带宽的统计数据。

表 9.2 交换中心城市接入带宽统计

单位：Gbps

	上海	北京	广州
电信网络	2	2	2
联通 169 网络	2	2	2
移动网络	1	1	1
联通网络	2	1	1
铁通网络	无	2	2
教育网络	无	1	1
科技网络	无	1	无
经贸网络	无	1	无
长城网络	无	1	无

（工业和信息化部电信研究院　李　原）

第 10 章　2008 年中国互联网基础资源发展情况

10.1　IP 地址

根据全球互联网 IP 地址资源分配机构的统计数据显示，截止到 2009 年 3 月，IPv4 地址数量排在前十名的国家依次为美国、中国、日本、德国、加拿大、南韩、英国、法国、澳大利亚和意大利。全球 IPv4 地址分配状况如图 10.1 所示。在 IPv4 地址资源上，发达国家仍占优势地位，55.3%的 IPv4 地址资源都集中在美国，然而这个比例比去年下降了 4 个百分点。中国拥有的 IPv4 总数位于世界第二，占全球 IPv4 地址数量的 6.6%，比 2007 年所占比例上升了 2 个百分点，这与我国互联网快速发展的态势有密切关系。

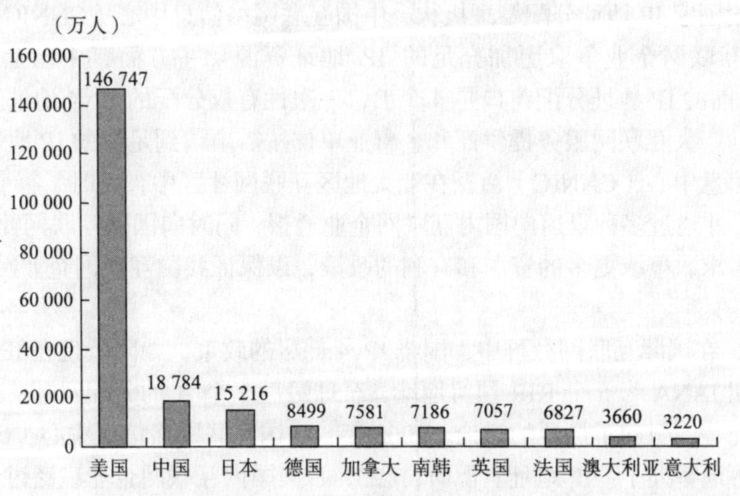

图10.1　全球IPv4地址分配状况

近两年，我国互联网处于高速发展时期，网民数量增长迅速，网民规模位居世界第一。与此同时，在中国互联网络信息中心（CNNIC）等机构的大力推动下，我国的 IPv4 地址资源也呈快速增长势头，2008 年的增长速度尤其迅猛，成为亚太地区增长量最大的国家。

IP 地址是互联网中最基础最重要的地址资源，这种重要性使得 IP 地址资源引起了全球互联网行业的高度关注，尤其是近一阶段出现的 IPv4 地址耗尽问题，引起了国际社会的广泛关注与讨论。根据全球地址资源分配管理机构 IANA 的统计数据，目前在 IANA（互联网号码分配机构）的地址池里全球可分配的地址仅剩余 36 个 A。根据全球 IPv4 地址近年的消耗状况，地址资源专家预测 IANA 的地址池将会在 2010 年左右耗尽，而各大区地址分配机构 RIR 各自地址池里所剩 IPv4 地址将在 2012 年前后耗尽。但目前亚太地区，尤其是中国，互联网快速发展，IPv4 地址仍呈现快速消耗的趋势，如图 10.2 所示。在 IPv6 没有完全商用之前，IPv4 地址仍旧是互联网赖以生存的根本。因此，积极规划和申请足量的 IPv4 地址资源，同时做好 IPv4 网络向 IPv6 网络过渡的准备，是我们尤其需要重视的问题。

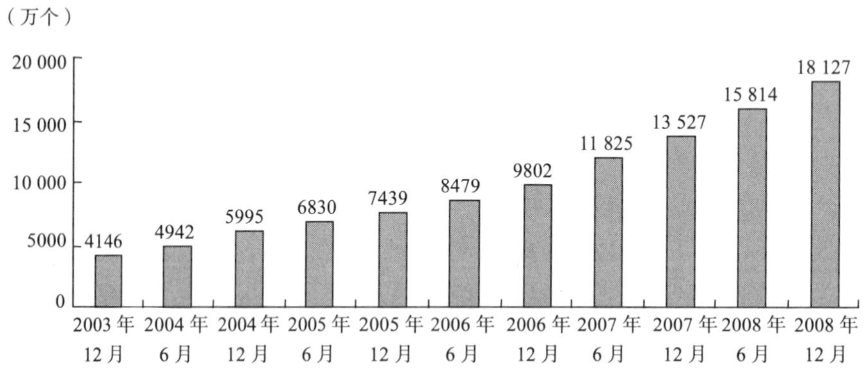

图10.2　中国IPv4地址数量增长情况

作为中国国家 IP 地址分配管理机构，中国互联网络信息中心（CNNIC）一直不断努力，积极为中国互联网企业争取更加充足的 IP 地址资源。一方面，中国互联网络信息中心（CNNIC）目前的 IP 地址分配窗口是 4 个 B，一次性有权分配的 IPv4 地址达 26 万多个，可以有效地帮助广大互联网服务提供商和企事业单位按需申请到足量的 IP 地址。另一方面，中国互联网络信息中心（CNNIC）活跃在亚太地区互联网社区中，及时了解最新的国际 IP 地址分配动态，并通过多种渠道向国内互联网企业通报，同时向国际互联网社群反映我国 IPv4 地址的大量需求，争取更多的资源和有利的政策，以保证我国互联网企业网络和业务的正常运行。

2008 年，在国际互联网社群中，围绕 IPv4 耗尽的政策，如降低现在 IPv4 地址的最小分配量、耗尽期 IANA 为 5 个 RIR 预留地址，全球最后 1 个 A 的分配问题，未使用的 IPv4 地址回收再分配等，引起了热烈的讨论。2008 年，中国互联网络信息中心（CNNIC）在成都、广州和杭州等地举办了“IP 地址资源研讨会”，召集国内互联网企业广泛讨论对 IPv4 耗尽问题的应对方案。显然，全球各大区的互联网注册机构（RIR）都已着手讨论如何减缓 IPv4 地址的耗尽和研究耗尽期间的具体方案。

在应对 IPv4 耗尽问题的同时，积极推动向 IPv6 过渡，是当今互联网发展的一项热点问题。IPv4 的地址资源有限，已面临着制约互联网发展需要的严峻问题，IPv6 自身的结构使得 IPv6 具有巨大的地址量，安全性能大幅提高，所以，向 IPv6 过渡是今后的互联网发展必经之路，对于中国互联网的发展更为重要。

欧洲的德国、法国，亚太地区的日本、韩国，较早迈出了向 IPv6 网络过渡的步伐，申请了大量的 IPv6 地址，积极推动 IPv6 网络的部署和商用测试。巴西、美国后来居上，从国家层面上申请了更大的 IPv6 地址块，为本国 IPv6 发展争取到重要的基础资源。

根据全球互联网 IP 地址资源分配机构的统计数据显示，截止到 2008 年 12 月，IPv6 地址数量排在前二十名的国家和地区依次为巴西、美国、德国、日本、法国、澳大利亚、南韩、意大利、中国台湾、波兰、英国、荷兰、挪威、瑞典、瑞士、中国大陆、俄罗斯、加拿大、捷克和奥地利。全球 IPv6 地址分配状况如图 10.3 所示。

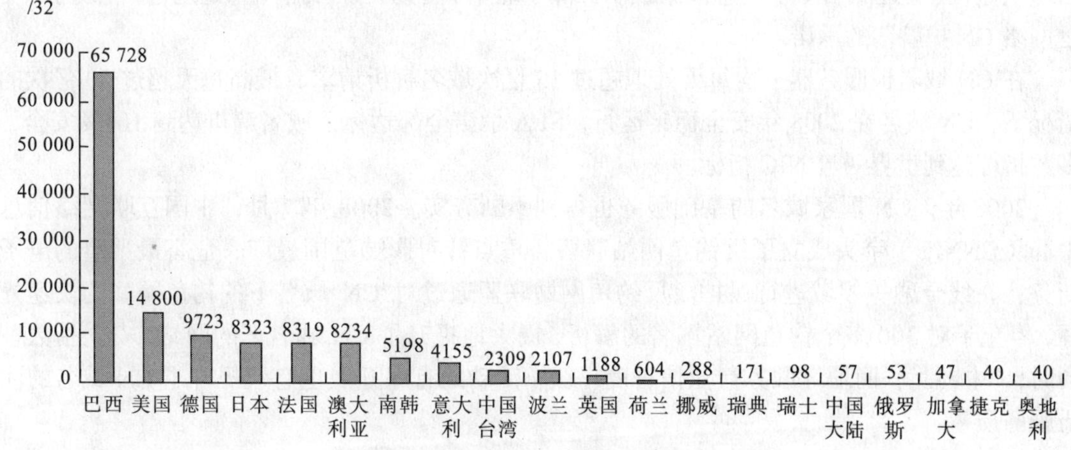

图10.3　全球IPv6地址分配状况

相对于全球第一的网民规模，中国的 IPv6 申请量还相对较少，目前共申请到 IPv6 地址 57 块/32，处于全球第十六位。IPv6 在国内的利用率仍然较低，向 IPv6 过渡仍然在技术和商用方面存在一定问题。我国目前已经针对这些问题开展了调查和研究，在推动 IPv6 进程方面也开展了一系列举措。中国互联网络信息中心（CNNIC）在 2004 年 12 月将我国 CN 域名服务器 IPv6 地址登记到全球域名根服务器中，由中国工程院牵头、八部委联合实施“中国下一代互联网示范工程”（CNGI），中国互联网络信息中心（CNNIC）牵头积极地探索和制定相关的地址分配政策，这些工作已经取得一系列的进展，为我国 IPv6 网络的发展奠定了一定的基础，有利于实现中国互联网向 IPv6 网络的平稳过渡。

10.2　域名

10.2.1　CN 域名

在中国互联网规模价值正在日益放大的大环境下，2008 年中国互联网络基础资源 CN 国家域名在注册规模、应用程度和品牌形象等方面也实现了质的飞跃。

在注册规模上，在“一元体验”活动的推动下，CN 域名以 1357 万的注册量超越德国 DE 域名，跃升为全球第一大国家域名，其应用也不断提升。数据显示，CN 域名下的网站数量占国内网站总数的 77%，同比增加 120.3%。为了更好地贴近中国观众的习惯，NBA 等越来越多外资企业和组织启用 CN 域名，抢占中国市场。而国内汽车、金融和能源等行业中，CN 域名的应用比例均超过六成，成为国内居主流地位的域名。

2008 年，凭借在一系列重大事件中的突出表现，CN 域名的品牌形象也再上新台阶。在汶川特大震灾面前，CN 域名以其稳定的表现，成为社会各界抗震救灾最为便捷的网络入口；而随着北京奥运会和广州亚运会官方网站换用 CN 域名，CN 域名的国际知名度也得到大幅提升，尤其在北京奥运会期间，中国互联网络信息中心（CNNIC）采取 7×24 小时的奥运域名专项监控、奥运域名专项应急预案成功保障了北京奥运域名的安全、稳定运行，兑现了“奥运网络 CN 护航”的承诺。

在 CN 域名根服务器平均每天处理超过 15 亿次域名解析请求，最高每天超过 20 亿次的情况下，CN 域名在 2008 年安全稳定运行，SLA 承诺全部达标，域名解析达到 100%安全，多数指标达到世界一流 NIC 指标。

2008 年，CN 国家域名的基础服务也得到不断夯实。2008 年 7 月，中国互联网络信息中心（CNNIC）牵头成立了反钓鱼网站联盟，重点针对影响范围最广、危害最严重的电子商务，在线金融等领域进行保护。反钓鱼网站联盟通过对 CN 域名下的钓鱼网站的快速处理，停止了对 300 多个钓鱼网站域名的解析，极大地提升了 CN 域名下的网站“安全指数”。同时，“中国互联网地址服务行业信誉度评级”活动的有序开展也有效提升了 CN 域名的注册服务质量。

10.2.2 中文域名

中文域名自 2000 年推出以来，受到业界及网民的欢迎，经过数年的市场培育，中文域名已经具备普遍使用和推广的条件。

1．政策环境

在国内，国务院办公厅颁布的 104 号文件——《关于加强政府网站建设和管理工作的意见》提出：政府网站中文域名要以.cn 结尾，并与本行政机关的合法名称或简称相适应，首次明确了政府网站使用中文 CN 域名的规范；在国际上，“.中国”的全球网络部署工作正在稳步推进中，最新一届 ICANN 年会明确：繁体“.中国”和简体“.中国”将同时写入全球根域名系统，实现全球互联网的无障碍访问。

2．域名体系

2008 年 10 月，为了适应国际多语种域名的发展，我国对原有互联网络域名体系进行调整，新增设“政务”“公益”中文顶级域名和“.政务.cn”“.公益.cn”二级类别域名，使人们在注册中文域名时有了更多选择。

3．应用环境

以 IE7.0，IE8.0，Firefox2.0，谷歌 Chrome 为代表的全球主流浏览器全部实现对中文域名的支持。今后，全球网民上网时都能够输入中文域名直接访问网站。此外，谷歌和雅虎等主流搜索引擎及邮件厂商也开始部署支持中文域名。

4．注册环境

根据中国国务院有关政府网站启用“中文.CN”的相关规定，包括外交部和财政部等中央各大部委和其他政府机构，以及上海、四川等省级政府机构的中文域名启用率已超过 90%；中国销售量排名前 50 的汽车制造企业中，62.5%已经注册或开通了中文域名；中国百强企业启用率已超过 50%。

5. 网民使用习惯

据中国网民访问互联网途径的调查显示，90%以上的被访者表示更愿意使用母语接入互联网，认为使用中文域名访问网站更加便捷。针对".中国"将写入全球根域名，网易调查显示：高达 79.24%的网民表示愿意选择注册、使用".中国"域名。在 IETF 正式通过了由中国主导制定的国际化邮件地址标准——RFC5336《SMTP 扩展支持国际化邮件地址》后，中文域名的使用率将大大增加。

10.3　网站

2008 年年底，中国互联网络信息中心的第 23 次报告数据显示，中国网站已经达到 2 878 053 个，与 2007 年相比，增长了 91.4%，比 2000 年的 265 405 个网站增长了近 10 倍，如图 10.4 所示。

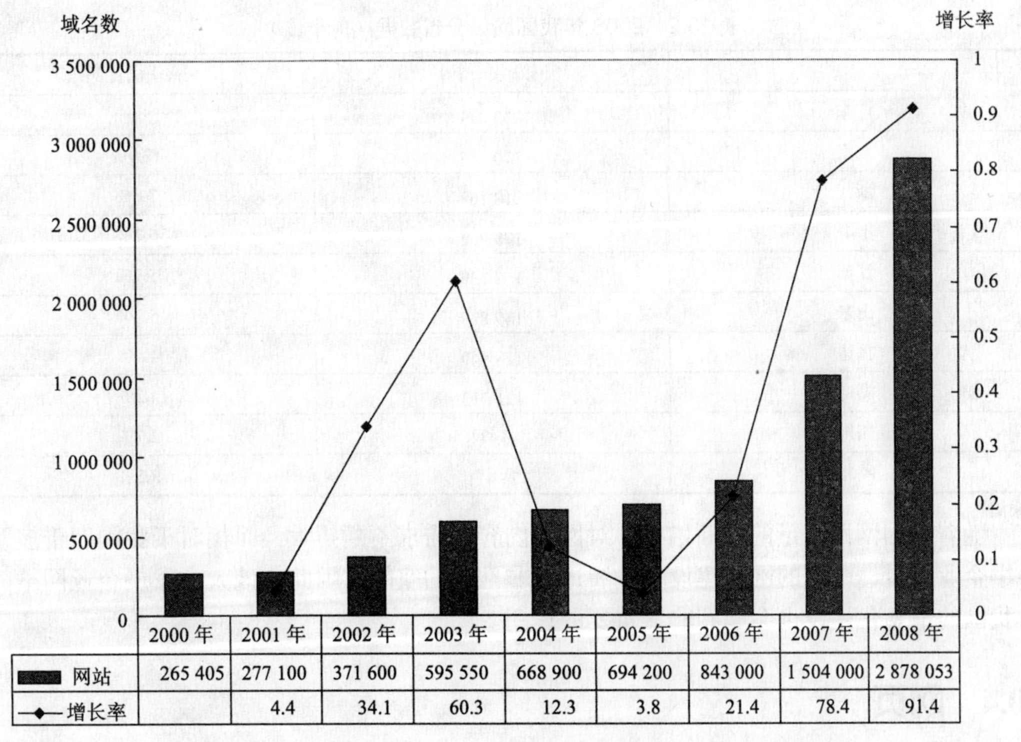

	2000 年	2001 年	2002 年	2003 年	2004 年	2005 年	2006 年	2007 年	2008 年
网站	265 405	277 100	371 600	595 550	668 900	694 200	843 000	1 504 000	2 878 053
增长率		4.4	34.1	60.3	12.3	3.8	21.4	78.4	91.4

图10.4　2000—2008年www站点数

通过对中国互联网络信息中心（CNNIC）历年发布的网站数据进行深入分析可以发现，我国网站的增长，主要来自 CN 域名下的网站。2007 年和 2008 年两年，cn 下的网站增长率均超过 100%，高于网站增长的整体水平。2007 年 cn 网站的增长达到历史最高水平 173.8%，这与当年 cn 域名的快速增长（2007 年 cn 域名增长率为 190%）有密切关系。而 2008 年网站增长减缓，与世界及我国的经济环境有很大关系。

在网站分类上，2008 年，cn 下网站已经占到 77%的比例，远远高于 gtld 下的网站数，见表 10.1。而在 2005 年年底，cn 下网站数占全部网站数量的比例不到 50%，在两年多的时间里，cn 下网站快速增长，成为中国的主流网站。

表 10.1　分类网站数量及比例

	cn 网站数		gtld 网站	
	数量（个）	占网站总数比例	数量（个）	占网站总数比例
2005 年	299 530	43.2%	394 670	56.8%
2006 年	367 418	43.6%	475 582	53.7%
2007 年	1 006 000	66.9%	498 000	33.1%
2008 年	2 216 437	77.0%	661 616	23.0%

从表 10.2 的数据来看，网站在各省的分布很不均匀，广东（15.0%）、北京（12.9%）和浙江（7.6%）的网站数量在全国名列三甲，如果加上上海（6.2%）的网站数量，这四个省（直辖市）的网站数量已经占到了全国网站总数的 40%。

表 10.2　2008 年我国网站分省数据（前十位）

	网站数（个）	占全国比例
广东	433 017	15.0%
北京	370 148	12.9%
浙江	218 167	7.6%
上海	178 762	6.2%
江苏	163 739	5.7%
山东	149 829	5.2%
福建	128 949	4.5%
湖南	121 713	4.2%
四川	76 508	2.7%
湖北	71 511	2.5%

随着我国网民数量的不断增长，对网络内容的需求不断扩大；而相对于我国四千多万家中小企业来看，中国的网站建设与发展还有非常大的空间。因此应该大力发展企业网站，这对我国的信息化建设也会起到非常重要的作用。

10.4　网页

2006—2008 年，中国的网站建设高速发展，也带动了网页总量的增加。从 2006 年到 2008 年年底，网页数量增长了 120 亿个，翻了近两翻，年增长率达到 90%以上，见图 10.5。

虽然网页数量大幅增长，但是每个网站的平均网页数增长并不明显。主要原因是很多网站内容的更新速度相对较慢，数据显示，近两年来，网站总体更新速度在半年以上的网站占据的比例仍很高，这对我国的信息化建设很不利。见表 10.3 和表 10.4。

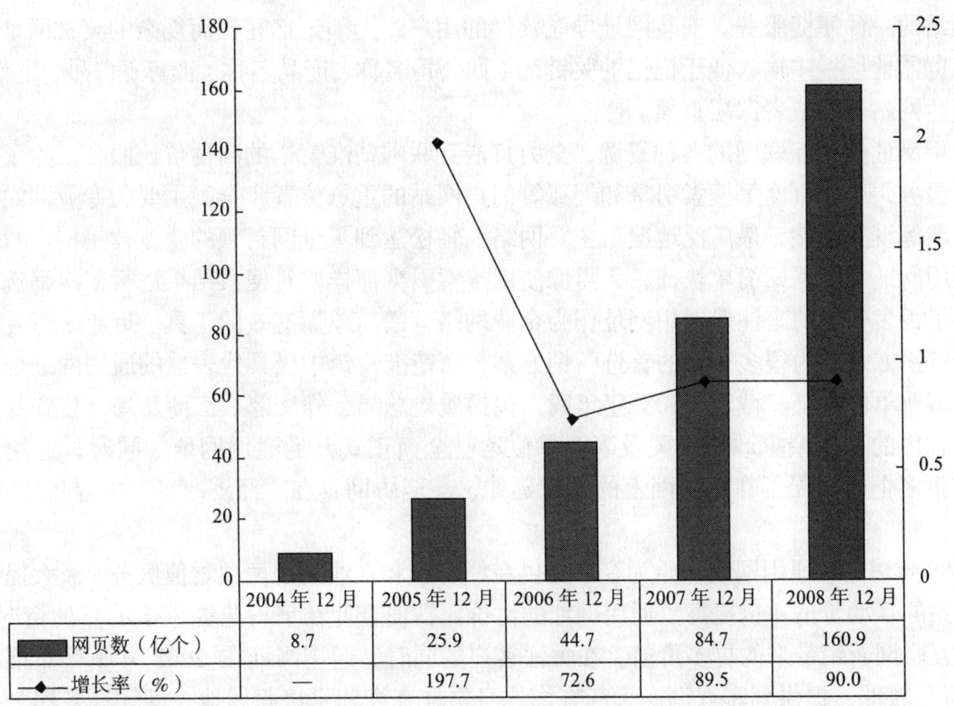

图10.5　2004—2008年中国网页规模变化

表 10.3　网页数量表

	网页数（个）	平均每个网站的网页数（个）	网页总字节数（KB）	平均每个网页字节数（KB）
2006 年 12 月	4 472 577 939	5057	122 305 737 000	27.3
2007 年 12 月	8 471 084 566	5633	198 348 224 198	23.4
2008 年 12 月	16 086 370 233	5588	460 217 386 099	28.6

表 10.4　网页更新情况表

	1 周以内（%）	1 周～1 个月（%）	1～3 个月（%）	3～6 个月（%）	半年以上（%）
2006 年 12 月	7.4	26.4	32.3	17.8	16.1
2007 年 12 月	12.1	17.4	14.5	41	15
2008 年 12 月	12.5	24.1	29.1	14.4	20

无论从我国网民对网上内容的需求，还是从网络发展环境、web2.0 时代的到来来说，网站内容的进一步丰富是必然的发展趋势，而随着网站内容的不断丰富，网页的数量也会相应增加，二者的发展与网站的发展相辅相成，将极大促进我国网上信息资源的发展。

10.5　互联网地址资源产品

10.5.1　通用网址

通用网址是中国互联网络信息中心（CNNIC）基于中文（母语）寻址技术而开发的互联网地址资源类产品，是通过建立关键词与网站地址的对应关系，实现在浏览器地址栏中访问相关网站的一种便捷服务。安装网址导航软件的用户，无须记忆冗长而复杂的英文网址，只需在浏览器地址栏中输入便于记忆的关键词（如公司名称、产品名称、商标、口号、电话等）即可直达网站页面或者深层页面。

通用网址借助互联网的各种资源，全力打造互联网精准营销的高性价比服务。除了自身的直达服务，还在百度等搜索引擎和搜狐等门户网站的重点位置，全国主要的专业网站，地方信息港等设有链接，最广泛地覆盖主要网络，轻松达到了全网封锁的企业营销推广目标。使用通用网址访问网站简单快捷，无需像使用搜索引擎那样要对搜索结果进行二次筛选，因而吸引了很多企业前来注册通用网址作为企业网络营销简单而有效的工具。近年来，互联网的精准营销方式成为很多企业的首选营销方案，而精准营销中极具代表性的通用网址也因此备受企事业单位推崇。截至 2008 年年底，包括质检总局、外交部、工商总局、公安部和文化部等在内的五千余家政府机关及事业单位均已全面正式开通通用网址。同时，通用网址还帮助很多企业拓展了在互联网上的品牌延伸，甚至协助其在“经济寒冬”中寻找“暖春”的机会。

2008 年以来，通用网址开始为客户提供在线客服和在线地图两项增值服务，极大提升了企业网站的互动价值，也提高了通用网址的性价比，使企业在平均花费 500 元/年的情况下，享受到互联网营销带来的更多价值。在关注客户的同时，通用网址在 2008 年下半年推出了“查查看”软件，提供列车查询、天气查询、身份证查询和手机归属地查询等一系列个人应用功能，增强用户对产品的黏性，进一步扩大通用网址的使用人群。自 2008 年下半推出以来，在各大下载站的下载排行中都已进入前十的列表，得到广大用户的一致好评。同时通用网址的应用软件——网址导航软件也根据实际需求，增加了天气、地图、股票和奥运门票购买等个人应用，使用户在使用网站直达服务的同时，可以享受便捷的个性化信息服务。在技术保障方面，中国互联网络信息中心在域名开发和运营中积累的丰富经验，为通用网址的注册系统、解析系统、中央数据库提供优质的技术和运营保障。2008 年，通用网址实现高标准的服务要求，通用网址解析成功率超过 99.5%，达到世界一流技术水平。通用网址注册用户满意度得到较大提升，达到 88%，超过 2007 年十个百分点。

据《中国行业互联网品牌营销状况调查报告》显示，IT、汽车、证券和地产等主要行业里，注册通用网址的企业都占被调查对象的一半左右。而在服务行业和快销品等行业，通用网址的注册量也迅猛增长。作为徽派的瓜子王，“洽洽”香瓜子集团一马当先地注册了多个通用网址，在地址栏输入“恰恰”、“洽洽”或者“洽洽瓜子”简单几个字，都能够轻松到达其所属合肥华泰集团的网站页面。众多企业注册通用网址并成功开展网络营销的案例表明，通用网址开始成为近年来企业营销发展的一种趋势。

从全球非英语语言国家母语接入互联网的发展状况看，全球提供类似通用网址服务的国家和地区已达 95 个。泰国、哈萨克斯坦、孟加拉和越南等国家纷纷自发加入了通用网址国际联盟；智利、印度尼西亚、墨西哥、黎巴嫩和马来西亚等国家也相继开发了各自的通用网址产品；而希腊、保加利亚、埃及和突尼斯等国家也陆续展开了通用网址类似产品的相关测试和推广。通用网址全球化的脚步渐行渐进，很多国家都深切体会到了通用网址所带来的便利和快捷，这使得通用网址国际联盟日趋壮大。而随着通用网址在全球范围内真正实现互联互通，则预示着不同民族、不同语种国家的人民都将能使用母语共享互联网的巨大便利。

10.5.2　无线网址

2008 年，移动互联网行业进入高速发展时期，内容主要是以娱乐为主，小说及新闻检索也很多，手机音乐、手机电视和手机博客是移动互联网的主流应用。随着移动互联网应用的多元化，移动互联网信息量快速膨胀，移动互联网寻址变得更加重要。无线网址是为移动终端设备快捷访问无线互联网而建立的关键词寻址技术，2008 年，越来越多的企业已经意识到无线网址的价值，开始注册并应用无线网址。

无线网址的出现，从根本上简化了手机用户的上网方式，避免了广大用户记忆和使用复杂英文域名访问手机网站的难题，简单的关键字输入便能访问企业信息，为银行将业务“搬上”手机打开了通道，成为银行企业进行无线营销的助推器。从宁波银行到外资银行，从新浪、阿里巴巴等网络公司到诺华制药、三星等知名传统企业，均已注册了其无线网址，并将企业名称、产品名称和品牌名称相关的无线网址尽收囊中，建立起完善的无线网址资源保护机制，积极布局无线互联网，为进军手机市场做好了充分准备。

中国互联网络信息中心（CNNIC）在保障无线网址系统正常运行的同时还注重对无线网址功能的不断改进和完善。目前各个行业都有许多使用无线网址的案例，但这些案例基本都是利用短信网站和无线网址提供的 WAP 网站向终端用户展示企业和产品信息，这一方面是受企业思维方式的限制，另一方面也表明无线网址有进一步改进的空间。为此，2008 年，无线网址结合餐饮行业集中度低，中小规模企业比重高的特点，率先推出了餐饮行业应用平台，以推动国内餐饮行业的无线互联网应用。餐饮行业应用平台为注册用户提供了自助建立短信和 WAP 网站的功能。通过登录餐饮行业应用管理平台设定栏目信息，注册用户可以得到一套为餐饮行业量身定制的短信网站和 WAP 网站。餐饮行业应用管理平台还提供基本信息管理、短信促销、订餐管理、外卖管理、客户管理、抽奖管理、短信网站栏目设置、WAP 网站栏目设置、短信费用查询等功能，以方便注册用户与来访移动终端客户互通。无线网址餐饮行业应用平台整合了短信和 WAP 功能，并与餐饮企业日常流程管理相结合，在向大众客户提供全新订餐体验的同时，也方便了餐饮企业管理者对客户的管理，受到了餐馆老板和广大客户的好评。

随着移动互联网应用技术和商业模式的不断演进，WAP 应用在接下来的一段时间内会成为一种主流方式，2009 年的无线网址会在加强 WAP 应用及进一步丰富无线网址功能等方面有所建树，以期赢得更大的发展空间。

（中国互联网络信息中心　沈　志、杜庆令、周　镇、郭黎明、王　彦）

第 11 章　2008 年中国互联网设备发展情况

2008 年，中国互联网宽带化趋势继续保持，拨号上网用户规模进一步缩减，ADSL 作为主流宽带接入技术，其份额在不断上升，而 EPON 等光纤接入技术应用出现规模上涨。光进铜退进程的不断推进将推动中国通信基础设施的再一次升级，光纤接入将逐步成为中国宽带接入的主流技术。手机上网用户数量保持快速增长态势，随着 2009 年初中国进入 3G 时代，移动通信网络带宽将出现巨大飞跃，互联网接入将呈现新的格局。

11.1　服务器产品

11.1.1　市场规模

2008 年，中国 X86 服务器市场整体市场容量为 67.75 万台，同比增速 14.1%，销售额规模达到 123.23 亿元，同比增长 11.1%。相对于传统行业服务器市场的缓慢增长，互联网行业是近年来是中国服务器市场发展的主要动力，其增长速度远高于平均水平。

2008 年，受视频行业以及网络游戏行业的高速增长刺激，中国互联网服务器需求延续了 2007 年的增长势头，根据相关调研数据显示，2008 年，互联网服务器市场规模实现了 32.7% 的高速增长，出货量达到 13.4 万台，占 2008 年服务器总出货量的 19.8%，互联网细分市场份额持续上升，如图 11.1 所示。

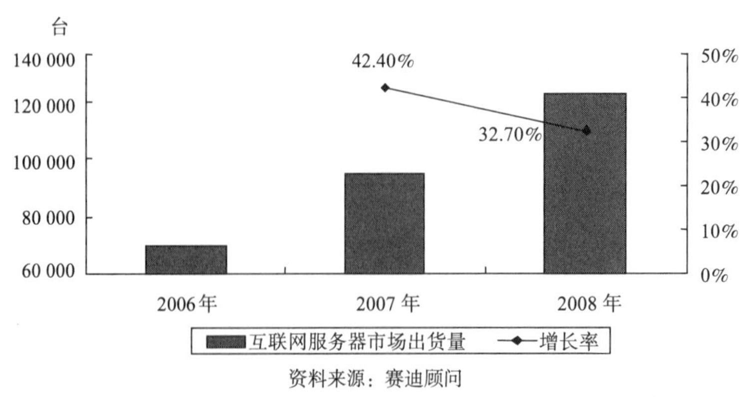

图11.1　2006—2008年中国互联网服务器市场出货量增长情况

自互联网行业复苏以来，对服务器的需求呈现快速增长态势，互联网细分市场成为各大服务器厂商争夺的热点。从市场份额来看，戴尔与惠普仍然是主导品牌。国内厂商中，浪潮和宝德在互联网市场中有上佳表现，其增长速度均超过行业平均增长率。

11.1.2　发展特点

1．差异化创新成为企业竞争的核心

自四核技术出现以来，应用细分成为当前服务器产业的主要趋势。丰富的产品线和差异化细分的产品设计已被视为竞争的关键因素。以惠普为例，其推出的专门针对中国市场设计的产品线 ProliantDL100 系列中，双路机架产品段的服务器竟多达 7 款。

互联网的服务器细分行业市场中差异化创新的需求更为强烈。CDN（内容分发网络）、视频、网络游戏和搜索引擎等应用的迅速兴起，带动了互联网与电信增值业务的蓬勃发展，也给中国的服务器厂商带来了新的发展机会。互联网企业的需求都极具个性，他们需要个性化、定制化的产品。与此同时，这些用户的产品更新换代和添加速度非常快。这就要求服务器厂商能提供定制化的交付模式，从快速交付到 SFI（方案化定制）再到产品化的增值服务，全面提供个性化的服务。

扩展来说，互联网服务器定制化策略的内容并不局限于产品差异化。差异化策略必须涵盖产品、VIP 服务、高级售后承诺以及快速供货等全业务环节，并有专属的团队负责。2008 年，浪潮在互联网细分市场的良好表现即受益于公司的差异化策略。

2．国产品牌在高端市场获得突破

中国服务器市场中，IBM、惠普、戴尔等国际厂商占据高端服务器市场主导位置，而国产品牌在中低端市场获得了较快发展。随着中低端市场竞争同质化日益严重，国内品牌向中高端市场的拓展刻不容缓。2008 年，国产品牌在高端市场获得较大突破，四路服务器的发展成为国产服务器发展的亮点。

浪潮是国产品牌在高端市场拓展的典型。在代表 X86 高端、高利润的四路及以上市场，浪潮四路服务器表现非同寻常，其销量达到了 5267 台，比 2007 年增长了 194.4%，跟 2005 年的 494 台相比，更是增长了 10 倍，市场份额则达到了 10.5%，与第三名的戴尔仅相差 0.5 个百分点。同时，四路在浪潮服务器的总销售比重也已超过 35%。在四路市场，HP 和 IBM 分别以 39.3%和 28%的份额分列第一和第二。

3．绿色数据中心兴起

除了刀片服务器外，更多的企业重视建立绿色的数据中心，这对整体的服务器解决方案提出了需求。继 2007 年低能耗的绿色数据中心概念的兴起，2008 年绿色节能和虚拟化应用得到进一步加速普及。

随着空间、能耗及服务器利用率成为企业关注重点，数据中心和企业 IT 平台的优化整合进一步提速，从而给服务器厂商带来新的市场机遇。在 2007 年发布虚拟化战略和应用理念之后，各大厂商在 2008 年纷纷推出行业解决方案，大力推进虚拟化的应用落地，抢占市场份额。国际品牌中，HP 继 VSE 之后，开始在 ProLiant 和 BladeSystem 两大产品系列上进行认证以及销售 Citrix 的 XenServer 企业版，为客户提供一体化的虚拟化解决方案；国内厂商方面，浪潮签约 VMware，成为其在中国市场最核心的全球战略合作伙伴，并以此为依托进行虚拟化方案的开发和测试，抢占虚拟化市场先机，其实施的湖北国税项目已经成为业界的典型案例。

11.1.3 发展趋势

多核代表着服务器发展的主要方向。随着四核技术的广泛使用，服务器市场将逐渐成熟，用户对服务器的认识也将更透彻，消费也更加理性，实际应用、而不是产品性能将成为用户选择服务器的重点。

具体到细分行业，互联网服务器主要突出表现在两方面：一方面是前端的高计算密度，一般体现在搜索引擎等领域；另一方面需要后端的存储，视频网站或博客空间显得尤为重要。2009 年服务器市场的发展趋势如下：

1. 金融危机对互联网市场的冲击日益明显

近年来互联网细分市场的快速发展，视频业务和视频网站对服务器资源的需求是重要推动力量。2008 年中国互联网网民数量进一步增长，预计 2009 年这一趋势将得以延续。同时，网民中使用视频服务的比例也将进一步上升，这对服务器资源的需求提出了更高的要求。

然而，在金融危机的冲击下，这些需求在 2009 年难以得到足够的响应。特别是网络视频行业仍旧缺乏特别清晰的盈利模式，现阶段的发展模式难以持续。随着视频平台的扩大，平台搭建越来越成为一笔巨大的负担，在电力和维护上的费用也与日俱增。在这样的背景下，缩减平台开支，减少在服务器上的投资，或者转入到使用数据托管服务。

2. 绿色、虚拟化技术得到广泛应用

随着企业对成本控制需求的提升，企业对服务器的关注点将不再集中于服务器处理速度等性能指标，绿色和虚拟化等有利于成本降低的技术在服务器产品中的应用将日益广泛。

服务器绿色化的趋势已经十分明显，各大服务器厂商也都提出了相应的解决方案。截至 2008 年，行业已出现多项测试标准来规定更严格的绿色网络设备认证要求，2009 年效率与能耗量化指标很可能将成为 RFP 的核心要素。在虚拟化技术方面，服务器虚拟化已相当成熟，随着网络虚拟技术的不断成熟，技术的融合发展将突破技术层面的障碍，帮助企业真正实现数据中心的简化和高效率。

3. 定制化服务成市场新模式

国内服务器厂商就纷纷针对用户的不同需求，推出文件服务器、E-mail 服务器、Web 应用服务器、负载均衡服务器、VPN 服务器、网络加速服务器和 NAS 服务器等各种面向用户不同应用需求并具备个性化功能的服务器产品，使个性化十足的功能服务器市场迅速增长并成为服务器市场最具活力和创新的市场。

面对越来越难以预测的市场，服务器厂商传统的按行业应用需求的应用模式已与现代需求用户市场越来越不适应，特别是在互联网行业。大规模定制是根据每个用户的特殊需求，用大规模生产的效益完成定制产品的生产，从而实现用户个性化和大规模生产的有机结合。大规模定制能够同时达到产品的低成本和品种多样化的目的，将在未来几年内得到快速发展。

11.2 交换机产品

11.2.1 市场规模

2008 年中国以太网交换机市场总销售量达到 2684.4 万线，同比增长 10.1%；销售额达 98.6 亿人民币，同比增长 7.1%，如图 11.2 所示。

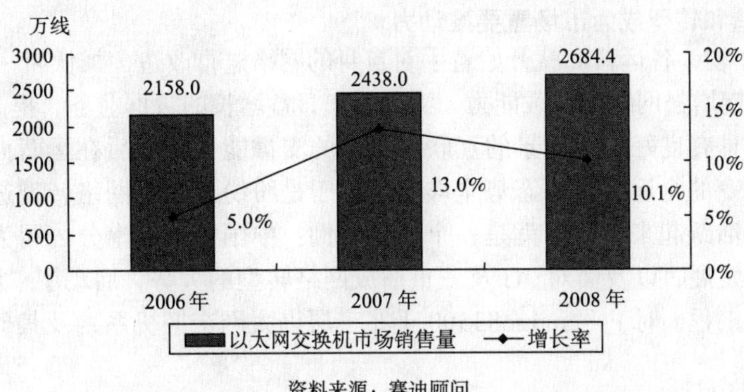

资料来源：赛迪顾问

图11.2　2006—2008年中国以太网交换机市场销售量同比增长状况

11.2.2　发展特点

1. 网络应用拉动中国交换机市场发展

一方面，运营商加快了城域以太网的建设步伐。2008 年运营商重组并没有影响城域以太网建设的步伐，相反，随着光纤到户（FTTH）建设的提速及业务发展带来的网络转型压力使得 2008 年各大运营商的城域以太网建设规模不断扩大，拉动了中高端以太网交换机市场的发展。

另一方面，行业市场显示出了非常好的发展势头，金融、政府和能源等行业随着信息化进程的进一步推进，对网络设备的需求不断增加。尤其是 2008 年年初以来自然灾害频发，使得视频会议、视频监控、应急通信等网络应用进一步得到政府及各大行业的重视，进一步推动了网络建设的发展，带动了对网络设备的需求。

2. 节能环保产品应运而生

目前，随着国家政策对节能环保的日益重视，网络界将节能环保作为评价产品优劣的重要指标，以及主流交换机厂商对节能环保理念的不断深入的认同，“绿色交换机”终于走入了中国市场。第一个在中国推出“绿色交换机”的厂商便是一直积极倡导 IT 环保理念的 D－Link。目前，D－Link 率先在业界推出六款 DGS－10××系列（DGS－1005D、DGS－1008D、DGS－1016D、DGS－1016T、DGS－1024D、DGS－1024T）绿色以太网（Green Ethernet）环保节能千兆交换机均已正式上市。值得关注的是，由于采用了 D－Link Green Ethernet 环保节能技术，这六款上市产品平均节能达 30%，最大节能可达 50%，彰显出了绿色环保和节能理念。随后思科、Juniper、华为和中兴等多家厂商接连推出“绿色交换机”。

3. 以太网交换机智能化迈入新台阶

在网络新应用的部署和融合多业务的需求的共同推动下，如今的交换机支持的功能变得日益丰富，智能化程度跃入新的层次。过去，由于复杂的网络环境加剧了网络管理的难度，所以人们十分关注通过智能交换设备进行网络的集中管理，以简化管理步骤、降低部署和维护成本。现在，交换机智能化理念有了新的内涵：不仅包括以前的交换机设备智能化的管理，还包括其对越来越多的智能业务的支持，并将交换设备的管理性能和功能融合，QoS、单一 IP 地址管理，远程控制等功能被列为智能交换机不可或缺的重要特性。

4．网络改造和转型成为市场重要推动力

在 2008 年年初，各运营商就开始着手对自身的网络进行改造，加快新一代的 IP 承载网的建设步伐，以期增强网络的承载能力，满足用户日益增长的数据业务，提高对网络带宽具有更高要求、并具有良好市场前景的互联网业务的支撑能力。随后在运营商重组方案颁布以后，各家运营商的全运营方向态势尘埃落定，于是纷纷开始了网络转型进程，交换机也随之在运营市场活跃起来。以下就是一个典型案例：中国移动云南分公司为了能够更好地实现数据业务的发展，以及面对 3G 及三重播放网络转型的大势，启动了“沟通 100”服务厅网络建设项目工程，对 F—engineS3500 千兆三层以太网交换机系列及其他数据类产品进行了一次大采购。

11.2.3 发展趋势

1．交换机技术发展推动用户带宽需求提升

接入速率仍然是以太网交换机等设备发展的一个重要方向。从最初的百兆到千兆再到万兆，以太网不断满足着人们快速增长的需求，给人们带来超乎寻常的体验。目前，人们对带宽的要求正在迅速提高，如迅猛发展的存储网络必需的海量数据传输通道；大量高带宽汇聚的城域网络；不断丰富的宽带应用所需的带宽支持；大型金融机构的数据集中；企业核心业务、ERP、CRM 等复杂应用的扩展。今天，千兆为骨干，百兆为接入的主流结构，将逐渐向万兆为骨干，千兆为接入的结构过渡。

2．智能化成为交换机性能的重要指标

智能化不仅包括交换机设备智能化的管理，还包括它们对越来越多的智能业务的支持。随着网络部署新应用和融合多业务的需求日益迫切，单一交换机需要拥有丰富的功能以提供更多的支持，与此同时，复杂的网络环境加剧了网络管理的难度，通过智能交换设备进行网络的集中管理，不仅简化了管理步骤，而且降低了部署和维护成本。从目前的市场发展趋势来看，智能交换机的需求量有了明显上升，越来越多的用户更愿意将智能交换机作为设备采购的首选。现在，越来越多的网络厂商更加注重交换设备的管理性能和功能融合，QoS，单一 IP 地址管理，远程控制等功能成为智能交换机不可或缺的重要特性。

3．以太网交换机路由功能逐步增强

随着 ASIC 技术和网络处理器的不断发展成熟以及网络逐渐被 IP 技术所统一，以太网交换技术已经走出了当年“桥接”设备的框架，可以应用到汇聚层和骨干层，路由器中所具有的丰富的网络接口，在目前的交换机上已经可以实现；路由器中拥有的丰富的路由协议，在交换机中也得到大量的应用；路由器中具有的大容量路由表在交换机中也可以实现。

4．交换机正从企业级应用进入电信市场

对于整个以太网来说，它正在从企业级应用进入电信市场，出现了“电信级以太网”的概念和相关的解决方案。电信业务的转型是电信级以太网产生的最大动力。首先，IPTV 和三网融合等业务是当下最热门的应用，而以太网对于承载这些业务将非常胜任，在市场空间越来越广阔的今天，电信级的以太网就成为关键；其次，以太网越来越多地应用于家庭用户和企业用户的业务融合方面，打包式的业务组合是现在运营商开展的重点；再次，在 IMS 技术中，用以太网可以承载无线网络底层的 IP 传输。

11.3 网络安全产品

11.3.1 市场规模

2008 年，计算机网络安全威胁依然严重，病毒发作和黑客活动频繁，垃圾邮件猛增，从而也迫使计算机用户的安全防范意识和手段不断提高，网络安全设备需求随之迅速增长。2008 年，中国网络安全设备市场的总销售额达 74.36 亿元，比 2007 年增长了 10.61 亿元，增幅为 16.6%，如图 11.3 所示。尽管市场销售额同比增长率逐年降低，但由于每年销售额不断增大，市场的绝对增幅仍然逐年上升，市场呈现积极稳健的态势。特别是信息安全越发成为政府和企业发展的重要保障，其战略地位不断升高。

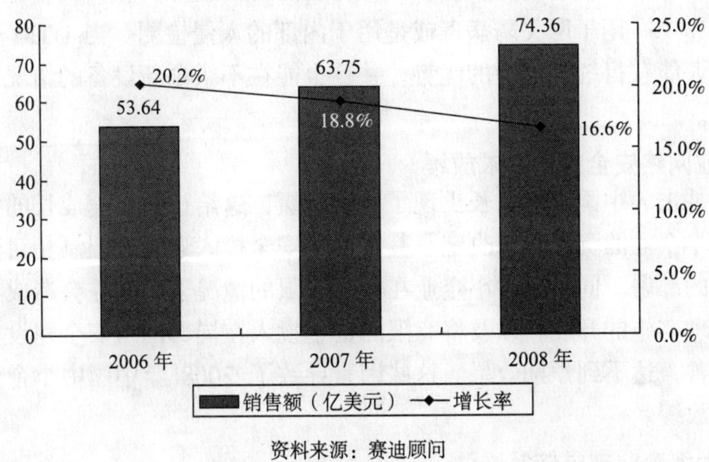

资料来源：赛迪顾问

图11.3 2006—2008年中国网络安全设备市场规模

11.3.2 发展特点

1. 主动防御成为趋势

病毒和黑客等的攻击形态各异，更新速度极快，传统的被动防御已经不能满足用户的需求。主动防御理念的提出正是为了满足用户迫切的安全需求，面向应用层面设计研发的主动防御设备 IPS 已经占据一定的市场份额，尽管其识别未知威胁并及时采取有效防护的能力还不尽完善。但是，在 2008 年下半年，融合技术逐步成熟，主动防御技术识别未知威胁并采取措施的性能大幅提升，真正能够实现防患于未然。

2. 网络安全整体解决方案受重视

随着网络技术的日新月异和网络普及率的快速提高，网络所面临的潜在威胁也越来越大，单一的防护产品早已不能满足市场的需要。发展网络安全整体解决方案已经成为必然趋势，用户对务实有效的安全整体解决方案需求愈加迫切。安全整体解决方案需要产品更加集成化、智能化、便于集中管理。未来几年，开发网络安全整体解决方案将成为主要厂商差异化竞争的重要手段。

3．UTM 产品逐步占领市场

UTM（统一威胁管理）产品的设计主要是基于网络安全系统“高度融合”和“化繁为简”的理念。对设备更高安全等级、更快运算速度、更强大防护功能的需求，推动 UTM 从单一的“设备一体化”阶段，步入了“设计和管理一体化”、“软件硬件相结合”的崭新阶段。2008 年，UTM 设备市场逐步打开，虽然，UTM 的市场增长没有预期中显著，但其成长势头仍然可喜，UTM 将成为带动网络安全设备市场销售额提高的重要力量。

11.3.3 发展趋势

1．UTM 安全设备凸显

防火墙市场将以多样的应用趋向于集成的网关。UTM 设备提供给客户相当大的灵活性，同时也给了客户一个标准的管理平台。UTM 能被应用其全部功能，或者也可以只用到该产品的一个专门用途——用于网关防病毒或是用于内部的入侵检测。当 UTM 作为一种单点产品来应用时，企业能获得统一管理的优势，并且也能在不增添新设备的情况下开启自身需要的任何功能特点。

2．中小企业网络安全市场需求放缓

受金融危机冲击，中国经济增长出现了一定减缓，这给正在迅速成长的中国中小企业带来较大压力。中小企业的资金状态决定了其对信息安全投入遇到的限制相对较多，影响了企业网络安全设备的部署。同时，中小企业在投入受限的情况下，往往会造成只注重硬件设施投入而不注重管理实施的开展，以及将有限的资金投入在局部网络安全建设上，造成企业信息安全部署不完善，达不到预期效果。这些因素导致了 2008 年中国中小企业网络安全市场需求下降，增长放缓。

3．政府与大型企业需求依然强劲

尽管金融危机和经济增长放缓影响到中小企业的成长，但是这种影响对于政府和大型企业则小得多。尤其是政府和大型企业的信息安全意识不断提高，加强信息安全建设成为一个迫在眉睫的任务。同时，为了拉动经济增长，尤其是出口市场放缓的影响，中国政府将加大基础设施投资，在信息行业，政府信息安全、研究机构信息安全、运营商、金融等机构安全都将成为网络安全建设投资的重点，从而拉动政府与大型企业的需求。

11.4 路由器产品

11.4.1 市场规模

2008 年，伴随着国内互联网和网络应用的发展，中国路由器市场平稳增长，市场销售总量达到了 52.89 万台，同比增长了 9.8%，与去年相比，增速有所放缓，如图 11.4 所示。

2008 年，中国路由器市场销售金额为 95.43 亿元，同比增长 8.1%，增长速度进一步保持稳定，如图 11.5 所示。

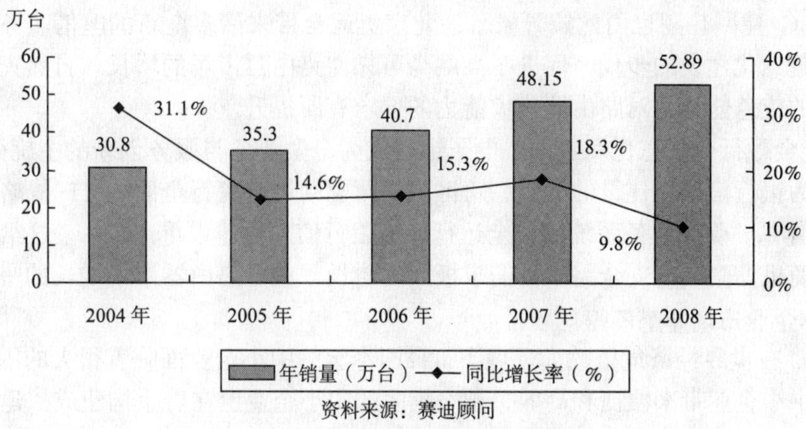

资料来源：赛迪顾问

图11.4　2004—2008年中国路由器销量与增长率

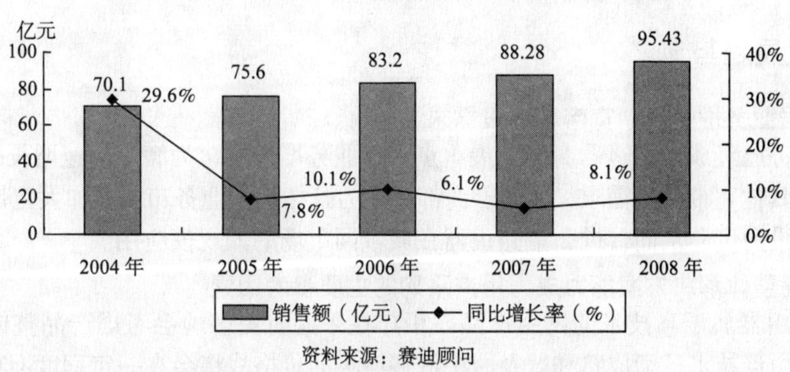

资料来源：赛迪顾问

图11.5　2004—2008年中国路由器销售金额与增长率

11.4.2　发展特点

1．运营商市场回暖，高端路由器销量增长

2008 年，随着中国电信行业重组的完成，各运营商竞相启动了新的业务，在宽带用户快速增长和网络建设向网络运营转型带动下，运营商市场继续回暖。

互联网用户数不断攀升，刺激了电信运营商的路由需求。国内互联网用户数的急剧上升，对运营商网络提出了更高的质量要求，为高端路由器市场的发展奠定了广阔的应用基础。为满足高速增长的数据、互联网应用以及其他宽带业务需求，各运营商都在大力开拓宽带业务市场，加大宽带城域网和 IP 骨干网的建设力度，从而促进高端路由器在城域网市场的大规模应用。

高端市场走向充分竞争也导致高端产品均价下滑。由于电信运营商在设备选型时一改以往一家独享的策略，转而引进充分竞争机制，且随着国内厂商也纷纷推出电信级高端核心路由器，高端路由器市场逐步走向充分竞争，其均价也迅速下滑。

2．政府和金融行业成为市场亮点

2008 年，随着中国经济的发展，北京奥运会的成功举办以及中国金融行业的大发展，政府及金融行业的信息化发展表现突出，无不带动路由器销量的增长。

2008 年的电信业大事不断，每一件事都对路由器市场有着深刻的影响：中国正式启动运营商重组，3G 建网热潮也由此拉开帷幕；北京奥运会带来诸多全新的电信业务和应用，极大地加快了信息化建设的步伐，促进了高端高可靠性路由器市场的增长。自然灾害考验了电信基础设施的应急能力，对路由器容灾能力的要求有所提升。

2008 年金融行业信息化发展中，电子银行成为金融业务与服务创新的主旋律，加强 IT 风险控制成为银行信息化建设的热点，跨区域经营驱动城市商行全面的 IT 战略规划，构建 IT 服务管理体系，确保业务系统的安全运行成为银行信息化建设重点之一。这给路由器市场带来巨大的商机，高端的安全路由器需求极大的增长，成为路由器市场增长的一个新亮点。

3．中小企业市场萎靡不振

2008 年，在世界经济危机的大环境下，我国本土的中小企业面临着很大的困难。尽管信息化办公给中小企业带来便捷和高效，越来越多的中小企业也在着手构建或扩建自己的办公网络。不过，由于普遍面临着经营困难，中小企业在网络设备采购中的预算也在不断缩减，从而导致 2008 年中小企业路由器市场萎靡不振。

11.4.3 发展趋势

1．数据业务增长拉动宽带网建设需求

数据业务已经成为各运营商的发展重点和新业务增长点，为满足高速增长的数据、互联网应用以及其他宽带业务需求，各运营商都在大力开拓宽带业务市场，加大宽带城域网和 IP 骨干网的建设力度，从而促进高端路由器在城域网市场的大规模应用。

2．厂商整体解决方案能力成为用户采购的主要参考因素

由于路由器属于高技术的网络产品，用户在采购时更多地会考虑产品整体解决方案能力。随着路由器技术日渐成熟和普及，中低端市场的价格战将会在一定程度上存在；但对于以自主技术为核心竞争力，致力于提供定制化，差异化产品和整体解决方案的厂商来说影响不大。理智的厂商会把更多的精力投入对政府、金融、教育等行业的深入了解和行业方案的提出上，而不会单靠价格来赢得市场。要想在未来的竞争中赢得客户的偏爱，网络厂商需要深入了解客户业务需求，并在此基础上为用户定制出产品和解决方案。

3．安全性能至关重要

随着路由器技术的发展，安全可靠的语音、数据、视频综合业务网络必将成为中低端路由器的发展趋势。现在许多用户对路由器的认识和要求，已经不仅停留在广域网连接和路由等功能上，而是要求路由器能够提供足够的安全性，比如提供 VPN、AAA 认证、防火墙、NAT、VLAN 等保障安全的功能；另外，用户要求网络稳定可靠，这可以通过双机备份、链路备份和路由备份来实现；此外还有语音技术、视频技术等，以及支持组播和组播路由协议的业务要求和传统业务进行区分，这些都要求网络给予安全的服务保障。

11.5 计算机产品

11.5.1 市场规模

在 2008 年国际金融危机的影响下，消费类产品的销量增长遭遇了阻力。然而，相比较其他 IT 硬件产品，笔记本和台式 PC 的销售量降低比例较小。

2008 年，中国笔记本市场销售量为 901.8 万台，同比增长 43.2%，销售额达到 635.5 亿元，同比增长 27.1%。与此同时，2008 年中国台式 PC 市场销量为 2248.9 万台，同比增长 6.8%；销售额为 853.7 亿元，同比下降 0.8%。

11.5.2　发展特点

1．IT 采购集中延后，笔记本电脑受影响较小

国际金融危机带来实体经济下滑，在一定程度上影响了经济的发展。消费类产品快速增长的趋势开始减缓，表现明显的是 IT 集中采购的延后，企业普遍缩减 IT 开支，尤其是一直保持较高增速的中小企业市场的采购减退明显，部分中小企业因资金出现问题，采购有所停滞。不过，相比较其他 IT 硬件产品而言，笔记本电脑受影响程度相对较小，增速继续领跑。然而，中国台式 PC 市场表现低迷，增速明显放缓。性能不断提高与价格持续下降的笔记本电脑的迅速普及，也在一定程度上侵蚀着台式 PC 市场。

2．台式 PC 拓展新兴渠道，四六级市场成为销售重点

受原材料和人力资源价格上涨的影响，国内 PC 厂商利润普遍下降，而在国际品牌的强势冲击下，以台式 PC 为主力产品的国内 PC 品牌生存环境更加恶劣。

2008 年台式 PC 市场的发展机会已经从中心城市转向四—六级市场，区域市场的潜力日趋显现。各大厂商逐渐调整渠道策略，加快布局乡镇市场，并尝试诸如宽带捆绑销售等新的营销模式，区域市场争夺日趋激烈。在当前台式 PC 市场不景气的情况下，传统的渠道模式已难以刺激销量的进一步增长，为开辟新的销售蓝海，厂商除了大力拓展如 3C 卖场，IT 超市等零售渠道外，逐渐尝试网络销售、电视购物、手机连锁等新兴渠道模式，以期通过渠道创新来寻找新的增长点。

3．上网本产品出现井喷，3G 业务成为持续推动力

在 Intel 的强力推动下，2008 年上网本销售量出现了大的攀升，对笔记本电脑形成了较强的竞争关系。现有技术条件下，上网本并不构成对传统笔记本的替代作用，两者面向不同的客户人群，在未来几年仍将保持销量上升的趋势。而在中国，3G 运营商以上网本为突破口，推行 3G 上网业务已成运营商的选择，上网本发展空间广阔。

11.5.3　发展趋势

1．新的增长点成为 PC 市场转折关键

2008 年，消费类市场止住了快速成长的步伐，开始回归理性，用户购买力也出现下降趋势，消费行为趋向谨慎使得市场受到一定抑制。2009 年中国经济整体基调是“保增长、扩内需、调结构”，对于 PC 市场而言，能否寻找新的增长点是关键环节。在消费类市场，个性化产品和价格下探，将刺激刚性需求的采购；在行业市场，国家促进内需的措施将带来政府、能源和交通等领域投资的增加，经济发展过程中遇到的一系列问题使得环保、质监和卫生等领域的信息化建设需求增加；电信重组也会带来市场需求的增加；而农村信息化的推广也将带来 PC 产品向四级以下市场的推动，这些将给 PC 电脑市场带来促进作用，使得整体市场保持平稳较快增长。

2．PC 产品创新加剧，市场价格竞争趋于理性

在市场需求下滑的情况下，众多厂商进行了产品的调整，在内容服务上下足工夫，通过娱乐内容和学习软件等标新立异，以全新的产品外观和配置来面对市场竞争。市场的趋冷使得厂商的竞争更加激烈，从用户角度来看，整体经济波动对消费需求带来一定遏制，更重要的是市场价格逐步走低导致消费者尤其是弹性需求的消费者持币观望情绪变浓，因此，很多厂商将把关注点转向如何用产品、服务来吸引消费者的注意，通过改革产品来刺激用户的刚性需求。

11.6 手机产品

11.6.1 市场规模

2008 下半年以来，受全球经济危机的冲击，以手机为代表的消费类电子产品普遍受到不同程度的影响；此外，近一年来，手机产品缺乏革命性的换机功能，以及 3G 手机市场即将全面启动，造成不少消费者对购买新产品持币观望，综合来看，消费需求趋于保守与技术驱动力不足，使 2008 年中国手机市场增长放缓，相关统计数据显示 2008 年销量达到 1.6 亿部，低于年初预测的 1.85 亿部。在产品结构上，中低端手机仍然占据了销售的主体地位。

11.6.2 发展特点

1．农村市场快速增长，大量新增用户推动四五级城市用户规模迅猛扩张

目前，从中国农村市场消费和人口特征看，手机销售还有很大的市场没有覆盖。通过国家大力扶持农村通信消费，在低端手机特别是 500 元以下手机销量规模扩大，手机性价比提高以及主流手机厂商渠道下沉和深耕策略的实施下，再加上运营商网络建设完善和资费下调，农村手机市场开拓速度加快。新增用户重心已经从城市向农村市场转移，2007 年和 2008 年，占据电信运营市场 70%市场份额的中国移动的新增用户超过一半来自农村。农村市场快速增长带来大量新增用户，导致以农业人口为主的四五级城市用户规模迅猛扩张。

2．手机应用时代到来，开放技术平台成为竞争焦点

近年来，手机集成与融合技术的快速发展使手机正由“高科技产品”向“普通消费品”转变，2008 年，照相、音乐、蓝牙传输等已成为手机标配功能，若不考虑硬件成本增加的影响，未来手机将会增加更多普及的功能，如数字电视、移动支付、GPS 导航、PTT 对讲和无线上网等。

2007 年，苹果公司推出的 Iphone 手机风靡世界；2008 年，Gphone 手机正式上市，依靠开放的技术平台整合了众多的内容资源，通过移动应用的优势提高用户的黏性和忠诚度，将应用时代的核心资源“用户与内容”牢牢捆绑在一起。随着移动网络普及与移动互联网应用增多，更多公司效仿苹果公司推出开放技术平台，如谷歌、HP、戴尔和微软等技术应用优势突出的企业已纷纷推出了开放的操作系统；特别是 2008 年 6 月，诺基亚宣布将整合 Symbian OS、S60、UIQ 以及 MOAP 技术，推出一个开放的手机操作系统并通过免费授权的方式让成员使用，诺基亚这一决定必将打破智能手机操作系统的垄断局面，也预示着开放技术平台将成为竞争焦点。

3．3G 手机市场正式启动，未来发展空间广阔

中国 3G 牌照已于 2009 年 1 月发放，标志着中国 3G 手机市场正式启动。由于中国 3G 市场启动较晚，尤其是 TD-SCDMA 正式商用时间点不断延后，中国移动终端集采规模有限，厂商对 TD-SCDMA 研发投入很难迅速见到收益，使多家厂商面临困境。如凯明因资金链断裂倒闭，鼎芯转向经营常规 CMOS 射频 SOC 芯片，T3G 持续巨额亏损促使大唐移动退出，展讯出现业绩亏损，夏新因在 TD-SCDMA 领域投入过大而被迫部分停产并重组。就目前 TD-SCDMA 网络建设、终端成熟度、相关业务的多元化等多个角度分析，短期内 TD-SCDMA 市场容量依然有限，因此如何根据自身实际情况，合理安排投入支出，在 TD-SCDMA 市场竞争中得到长远发展的问题，向很多资金力量相对薄弱，业务相对集中的国产厂商提出了挑战。

虽然中国 3G 市场正处于起步阶段，面临一些问题，但潜力巨大。2008 年，国内虽然未实现 WCDMA 业务，但支持 WCDMA 制式的手机销量已达 492.9 万部，3G 手机在价格等方面与 2G 手机已较为接近。因此，只要手机厂商加强与运营商合作，共同挖掘客户需求，开发本土化手机及相关业务，循序渐进地培养用户消费习惯，国内 3G 手机市场对所有以长远发展为目标的手机厂商来说都会有非常大的机遇。

4．国外厂商渠道下沉与国机踊跃“下乡”酝酿渠道变革

2007 年以来，由手机独立店、手机连锁店、家电连锁店与运营商营业厅构成了较为稳定的手机零售渠道格局，但厂商的竞争格局与策略仍直接影响着渠道的未来走势。2008 年，以诺基亚为代表的国外厂商为了继续保持中国手机市场的竞争优势以及份额的持续增长，加大了对终端控制的力度，如诺基亚联合联强国际推出了 NFD（全国直控分销商模式）渠道模式，三星也积极在全国招兵买马建立渠道体系，摩托罗拉在销售颓势的情况下也丝毫不敢懈怠渠道深耕政策。

2007 年以来，一些国产厂商在三、四级乃至农村市场找到了用武之地，通过高性价比的多媒体产品、高配置的时尚外观以及高比例的渠道利润成为手机市场的新黑马。不同于国外厂商的渠道策略，2008 年多数国产厂商大力扩张县乡级市场，通过电视购物宣传产品与扩大品牌知名度，甚至涌现出一些目标市场定位在三、四级市场的专业电子商务网站。随着三、四级市场需求被大量挖掘，手机独立店作为三、四级市场的销售主力，其份额会逐步增加。

11.6.3　发展趋势

1．需求结构多元化主导手机市场发展

2008 年，中国手机用户突破 6 亿，每年手机销售超出 1.5 亿部，未来三年，手机产品需求的结构仍将显现需求来源多元化，功能需求多元化的趋势。

在需求来源多元化方面，手机产品需求主要来自于新增用户、换机用户、转网用户以及 3G 用户，不同的用户对产品有不同的需求。其中，新增用户主要来自低收入人群或者经济不发达地区消费者，对产品的需求主要集中于中、低端产品，价格敏感与追求产品性价比是这类消费者的主要特征；换机用户理性程度更高且自主判断能力更强，并对品牌消费有一定的依赖关系，这类用户是手机功能创新与配置升级产品的主要消费群。

在功能需求多元化方面，娱乐、商业及低端需求是多元化需求的主要构成。娱乐需求是引领近几年手机市场持续发展的主要动力，受 Iphone 手机在国外市场成功的影响，产品娱乐需求由突出功能向突出体验方向发展。低端需求主要来自于新增用户与运营商捆绑销售。随着运营商与厂商加大开拓三、四级以至农村市场，未来几年低端需求仍很旺盛。

2．市场竞争全面升级，3G 手机市场将成为竞争焦点

未来三年，随着中国手机市场竞争环境恶化，手机行业利润还将进一步下降，如整机厂商的产品利润已由 2003 年前的 20%以上下降到 2008 年的 5%左右，销量与市场份额的领先并不能代表企业竞争领先，竞争必将全面升级，表现在对盈利能力的追求和差异化竞争能力的提升，比如通过优化上游供应链、渠道精简调整以及合理库存控制来追求盈利能力。

2009 年 1 月，中国正式发放 TD-SCDMA，WCDMA 和 CDMA2000 三张牌照，标志着中国 3G 市场进入正式商用阶段。3G 手机及 3G 业务对于换机用户有很大的拉动作用，并且 3G 手机属于新的细分产品市场，模块化的生产方式还没有形成，产品的价格和利润相对较高，对未来手机厂商利润提升有很大的作用，必将成为未来较大手机厂商重要的产品线之一，也将带来众多手机厂商的争夺。

3．注重应用功能及开放平台是产品主要发展趋势

未来三年，随着中国 3G 市场进入初步发展阶段，手机将更加侧重于应用功能。同时，为了满足 3G 手机的各种应用功能，开放平台将成为重要发展趋势之一。

为满足 3G 手机功能多元化，终端需要更好地支持第三方开发的多媒体业务，这就要求 3G 手机具有强大的处理能力和业务支持能力。3G 手机中将逐步普及操作系统并有丰富的处理及连接功能，实现通信、计算机和移动互联网的融合，从而提高终端用户对移动多媒体通信的体验。相对于传统的手机终端而言，3G 手机在内容丰富、软件智能方面将更加完善。随着 3G 手机智能化的加强，手机操作系统平台趋于开放化，这将最大限度促进第三方软件的丰富性，实现消费者快速、有效地使用各种个性化、优质的软件服务。如诺基亚收购 Symbian 并开放其平台、谷歌的 Android 平台采用完全免费开放模式。

4．专业化、规模化及品牌化是渠道发展方向

专业化、规模化及品牌化是未来手机零售渠道最重要的三个核心竞争因素。中国手机市场的地域和消费特点，手机渠道模式与零售终端多元化也是发展趋势之一，如在渠道模式上，分销、直供和运营商三种混合渠道模式将长期共存；在零售终端上，手机连锁店、家电卖场和运营商营业厅具有专业化、规模化以及品牌化的优势，将是最主要的三类手机零售渠道。近年来，中国的一、二级城市的手机市场普及率已很高，未来几年新增用户将主要来自于三、四级城市，厂商渠道深耕与下沉也成为发展趋势之一。

11.7 机顶盒

11.7.1 市场规模

2008 年中国市场共销售数字电视机顶盒 2224.1 万台，实现销售收入 76.6 亿元，如图 11.6 和图 11.7 所示。

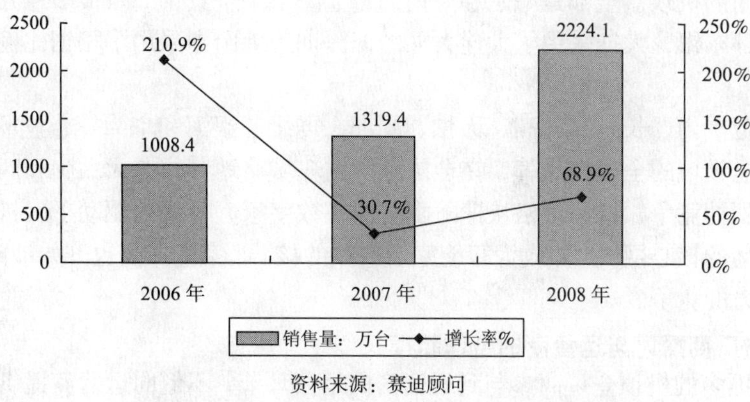

图11.6　2006—2008年中国数字电视机顶盒销售量规模与增长

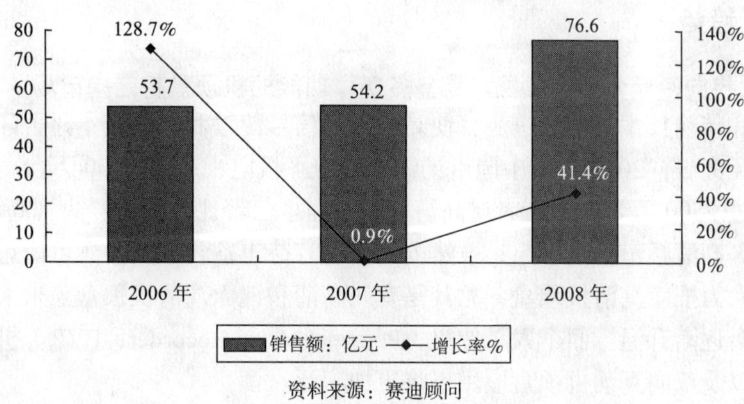

图11.7　2006—2008年中国数字电视机顶盒销售额规模与增长

11.7.2　发展特点

1．有线电视机顶盒仍是机顶盒销售的主体

2008 年，中国机顶盒市场销量有了较大增加，尤其是有线电视机顶盒增加的比例最大，占据了机顶盒市场 90%以上的份额。有线电视机顶盒市场销量比例增大的主要原因有：一是各城市有线数字电视整体转换的推进力度加大，全国地市级城市都开始了整体转换，特别是直辖市，北京和上海 2008 年推进力度很大；二是中星九号 6 月升空，用于村村通工程的卫星机顶盒采购在 12 月才确定，市场还未发力；地面数字电视广播刚刚开展，节目内容较少，对用户的吸引力不足；IPTV 虽然同比翻番，但基数较小，这三种数字电视推广方式还未对有线数字电视形成威胁。

2．市场竞争日趋激烈，价格处于下降通道

由于各地有线数字电视整体转换的推进一般都或多或少会有政府的参与，另外，有线数字电视整体转换进程确定后，机顶盒的需求数量会猛增，从而对厂商供货的及时性提出高的要求。因此，多数地区的有线数字电视整体转换均采用了本地机顶盒厂商的产品。例如，青岛数字电视采用的机顶盒全部是海尔和海信的，上海采用全景，广东很多地方采用 SCE，重庆采用的是成都东银，大连采用了大连大显的，深圳、佛山则采用了相当比例的同洲和创维的机顶盒。

而在全国范围内，长虹、九洲、天柏、同洲、创维、银河和华为等企业经过快速发展，已经成为机顶盒领域的全国性品牌，在全国范围内攻城略地。这些大品牌和区域性的小品牌之间展开了激烈的竞争，拉动价格快速下降。而在数字家庭概念的驱动下，机顶盒有可能成为数字家庭网络的核心网关，并成为智能家居产品的核心，家电厂商也开始涉足机顶盒领域，成为新的强有力的竞争者。

3. 机顶盒厂商探讨与运营商的合作新模式

2008 年，更多的机顶盒厂商参与到运营商的运营环节，不但向运营商提供数字电视机顶盒，还提供资金、其他的运营设备和运营系统等，更有机顶盒企业（如天柏、首长等）与运营商成立合资公司，或参股地方运营商，共同承担数字化的成果和风险。

11.7.3 发展趋势

1. 机顶盒将向多元化方向发展，具备多媒体功能的机顶盒将走向市场

由于压缩和传输技术的不断进步，使高清电视信号传输和存储成本显著降低，高清电视技术瓶颈也已经突破；2008 年，中国市场销售高清平板电视超过 1300 万台，高清平板电视保有量已经超过 2500 万台，消费者对高清节目的需求已经比较迫切；央视高清、CHC 高清电影和新视觉等高清频道已经推出，虽然内容量还有待丰富，但其前景可谓远大。目前，已有多家企业在大力推广高清机顶盒，尤其是有线高清和地面高清机顶盒。未来几年，预计高清机顶盒市场会逐渐升温。而个人录像机（Personal Video Recorder，PVR）机顶盒，多媒体终端机顶盒，以及双向互动机顶盒应用也将更加广泛。

2. 机顶盒技术将向低能耗、高运算能力、高清和高存储的方向发展

从机顶盒的硬件发展来看，CPU 越来越强大；存储功能有望成为其标准配置，存储器容量越来越大；解码器将支持同时解码多个数据流；图形功能越来越强大。

从机顶盒的软件方面发展来看，标准化的中间件产品将进一步发展，大众将可以共享丰富的应用软件。

从应用层面上看，机顶盒将支持越来越多的应用，主要包括：电子节目指南、按次付费观看、准视频点播、数据广播、Internet 接入、视频点播、在线缴费、IP 电话和可视电话及其他应用。

3. 产品同质化导致的价格战在所难免，价格走低的趋势将延续

价格战是近年来机顶盒市场竞争的主要手段，同质化的产品结构使得产品价格持续走低。在缺乏重大变革的前提下，这一趋势不会得到改变。然而，个性化和差异化的机顶盒产品的不断涌现将延缓价格下降趋势。此外，由于价格战已严重威胁到厂商的利润空间，厂商以利润换销量的做法将会有所收敛。

从平均价格的变化来看，尽管数字电视机顶盒产品的整体配置在提高，新产品对产品结构有一定的提升作用，但这并不足以改变价格走低的趋势。此外，芯片技术的快速发展将带来成本上的降低，也会给机顶盒带来更大的降价空间。

4. 运营商仍然主导数字电视机顶盒市场，机顶盒产品进入家电卖场将成为可能

目前，运营商仍然主导数字电视机顶盒市场，厂商的产品主要通过直销方式进行销售。随着数字电视机顶盒市场的成熟，特别是地面、卫星机顶盒标准的统一和销量的增长，机顶盒产品进入家电卖场将成为可能（目前已经有地面机顶盒进入家电卖场与电视捆绑销售）。在未来的几年中，厂商对家电卖场的重视程度将日益提升。

低端方案缺乏市场机会，运营商将会推出大量新兴业务来吸引用户，其业务变化将引发机顶盒产品及芯片向高端方向发展。

机顶盒厂商，特别是那些规模较大的企业，如同洲、天柏和 SCE 等，纷纷采用新的运营模式来占领机顶盒市场，同洲成立投资公司加强在数字电视领域的金融活动，天柏和 SCE 与地方运营商成立合资公司，或者参股地方运营商，这些运营模式丰富了机顶盒企业的拓展模式，使机顶盒企业获得更多数字化收益成为可能。

（中国电子信息产业发展研究院　余周军）

第 12 章　互联网数据中心（IDC）建设与服务发展情况

2008 年，互联网用户和基础资源的快速增长，网络游戏、视频网站和 SNS 网站等互联网应用的迅速发展，电信行业重组及移动互联网的兴起，中小企业信息化进一步普及等因素，共同推动了 IDC 产业的快速、理性发展。与此同时，整个 IDC 产业也受到了金融危机等诸多不利因素的影响，机遇与挑战并存，加快了整个 IDC 产业链升级的步伐。

12.1　IDC 市场发展情况

12.1.1　国内 IDC 发展现状

IDC 的发展大致可分为三个阶段，第一代 IDC 提供基础设施托管服务，为用户提供虚拟主机和主机托管等基础服务；第二代 IDC 是以电子商务和增值服务为核心，为用户提供增值服务和面向电子商务全面解决方案；第三代 IDC 是数据中心的发展方向，它将会融合下一代网络上的各种计算资源以及数据、语音、图像等多种信息，为用户提供统一的服务和全面的解决方案。云计算（Cloud Computing）将成为下一代互联网数据中心发展的核心技术，该技术可实现数据中心虚拟化地利用资源，极大地提高了互联网和传统企业的 IT 系统运营效率，并最大化地利用已有物理资源，节省用户投资。

我国 IDC 行业起步较晚，IDC 服务提供商还处于第一阶段到第二阶段的过渡时期，以提供基础服务为主，其中基础托管业务占收入大部分比例。2002 年以来，中国的 IDC 业务进入带有理性的迅猛增长，网游、流媒体（音视频）应用、社区类网站、综合门户、移动增值业务和语音等互联网业务的发展构成了 IDC 需求增长的基础，各种类型的 SP/CP 成为 IDC 业务的重要客户群体，伴随政府企业用户信息化程度的不断提高，IDC 行业正迈入了第二轮的高速增长期。

2008 年，IDC 市场增长动力主要来自中小企业信息化建设，虽然受到金融危机等诸多因素的影响，行业信息化建设有所放缓，但整体仍处于较高速度的增长态势。根据调查数据，2008 年 IDC 整体市场规模达到 48.7 亿，同比增长超过 40%，但增长速度较 2007 年有所下降（2007 年增长 60.2%），见图 12.1。

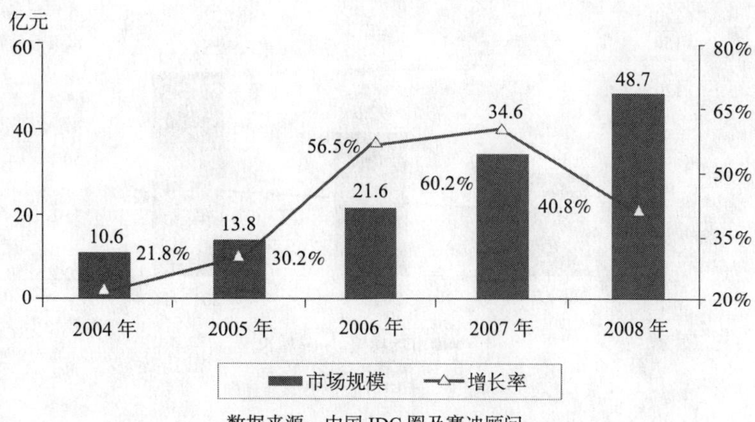

数据来源：中国 IDC 圈及赛迪顾问

图12.1　2004—2008年中国IDC市场规模及增长

整体的市场收入结构方面，以主机托管为代表的基础业务仍然占据市场的主体，占整体收入 80%以上的份额，尽管增值业务收入市场份额一直保持增长态势，但是整体比重仍然较低，仅达到 18.8%，如图 12.2 所示。被调查 IDC 企业的业务收入中，主机托管和带宽业务的销售收入最大，占 22.7%；其次是独立主机和虚拟主机，分别占 12.5%和 12.2%。

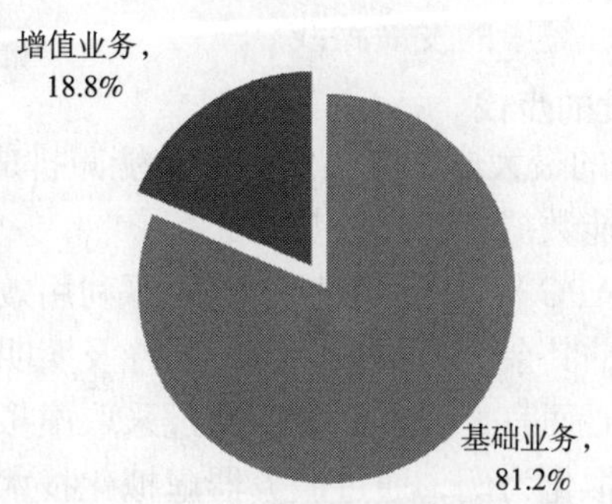

资料来源：中国 IDC 圈及赛迪顾问

图12.2　2008年中国IDC业务市场结构

在 IDC 市场的产品结构方面，各 IDC 运营商产品同质化加剧，增值业务成为 IDC 市场追逐的热点，以其创新性、高附加值及针对性强的特性，形成对未来 IDC 市场增长的高推动力。

据赛迪顾问统计，2008 年 58.5%的 IDC 服务商依靠渠道发展业务，25.6%的 IDC 服务商采用单一的直销方式。赛迪顾问预测，2011 年，中国 IDC 市场规模将达到 131.6 亿元，IDC 市场存在较大的增长空间；而且用户需求正促使 IDC 运营向多元化发展，如图 12.3 所示。

值得指出的是，IT 与互联网巨头，如微软、谷歌及雅虎等不断推出各种新的互联网服务，涵盖了 Web 社区，免费主机空间及超大型免费邮箱等，开始威胁到传统 IDC 服务商低端虚拟主机市场。

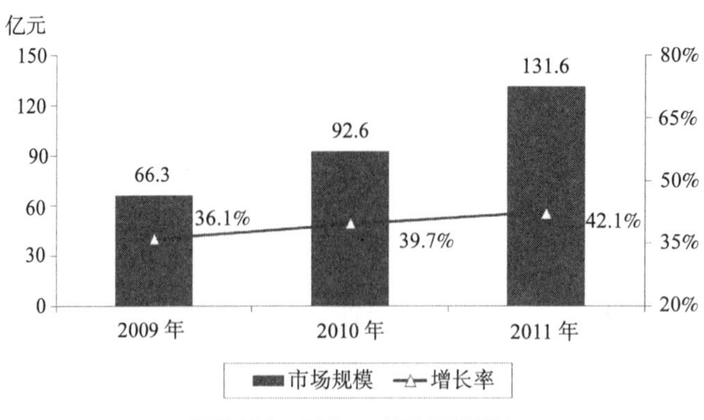

资料来源：中国 IDC 圈及赛迪顾问

图12.3　2009—2011年中国IDC市场规模预测

12.1.2　IDC 市场发展特征

1．市场逐步规范化发展

目前，IDC 市场主要集中在托管、主机服务、域名等基本服务，业务同质化导致中小 IDC 企业之间产生恶性竞争。2008 年 13 部委对 IDC 行业进行了持续整顿，使市场行业秩序得到重新构建，市场逐步走向规范。在规范的市场环境下，IDC 产业的竞争更加有序，运营商逐步挖掘自身的优势，走向理性、健康的发展路线。

2．加快绿色数据中心建设的步伐

能源消耗仍然是 IDC 领域的最大成本支出之一。节能减排成为 IDC 运营商关注的重点，减少设备能耗，创建“绿色节能数据中心”已势在必行。

根据美国电力转换公司（APC）统计，数据中心能源利用效率低下，电力消耗实际上只有约 30%用来为 IT 负载供电，其余电力均被电源、制冷及照明等设备所消耗。对于拥有大量服务器、存储设备的数据中心而言，很多运营商通过采取虚拟化、刀片服务器、服务器整合等方式实现节能减排。以虚拟化为例，通过服务器虚拟化技术，在一台服务器上安全运行多个应用，可把服务器的平均利用率从 15%～20%提高到 80%～90%，实现用更少的服务器完成更多的业务。

3．行业发展走向规模化、专业化

2008 年 IDC 行业并购频发，如北京世纪互联收购华南 IDC 公司商赢在线，上海乐拓数据收购本地 IDC 公司数据超市等。不同规模的数据中心寻找适合自身的发展路线，呈现出规模化、专业化的发展趋势。大型 IDC 企业加快并购扩张的步伐，而中型企业也寻求资本以求专业化、品牌化发展，大量小型 IDC 由于缺乏竞争优势而逐渐被市场淘汰。通过 IDC 行业的规模化、专业化发展，可降低建设投资和运营成本，发挥规模效应，提升运营商资源的利用率，同时给客户提供更有保障的发展空间。

4．电信运营商重视 IDC 市场

电信重组以及 3G 牌照发放后，我国形成了三家拥有全国性网络资源，具有全业务运营能力的电信运营商，使得各方资源配置逐步整合优化，向业务融合化、多元化发展，市场竞争机制更加完善。重组后的三家电信运营商均运营移动网络，移动互联网被看作是未来互联网发展的新动力，视频和流媒体等移动增值业务需要稳定的数据中心作为支撑。

随着运营商加强对行业信息化的重视，尤其是中小企业信息化市场的繁荣发展，IDC 逐渐成为其重要的战略领域。如 2008 年 4 月，中国网通广州科学城五星级 IDC 正式成立，标志着中国网通全网 IDC 服务规范和品牌价值得到提升，在信息服务外包领域迈出了关键性的一步，加快了在 IDC 行业发展的进程。

5. IDC 产业逐步与其他行业融合

2008 年，IDC 产业与其他行业呈现融合化发展趋势。企业信息化成为 IDC 行业发展的强大动力。随着传统行业在 IDC 客户的份额比例逐渐增大，行业软件服务提供商越来越重视 IDC 行业，以实现为客户提供综合的解决方案。2008 年 IDC 公司商务中国被金融 IT 综合服务提供商东南融通收购就是典型的案例。与此同时，IDC 行业与互联网行业的融合趋势也越发明显，如电信运营商与网络游戏运营商共同建设 GDC 中心，IDC 专业运营商与软件公司合作共同进入电子商务行业等。

12.1.3　市场竞争分析

1. 市场竞争格局

中国 IDC 市场的竞争格局主要由三方面的经营企业构成：

（1）国有电信运营商

2008 年 5 月，电信重组尘埃落定，形成三家拥有全国性网络资源、实力与规模相对接近，具有全业务经营能力和较强竞争力的市场竞争主体，他们拥有中国 IDC 市场主要份额。

（2）民营 IDC 服务商

国内民营 IDC 服务商占有市场份额大概在 30%，专注经营 IDC 业务。这些民营的 IDC 服务商依靠技术和服务创新，在与电信运营商长期的合作中取得了长足的发展。

（3）著名 IT 企业

国内著名的 IT 企业，如 IBM 中国和微软中国等，也开展 IDC 服务。虽然占国内的市场份额不大，但却拥有非常强的核心技术竞争能力。

2. IDC 服务商的核心竞争力

国内 IDC 市场随着网站的迅猛发展而超常规发展起来，客户主要集中在商业网站。除了中小企业对互联网的使用不再局限于收发电子邮件和宣传企业形象外，所有使用互联网的企业都在追求其用户体验；IDC 客户对其用户体验的服务好坏成为衡量和选择 IDC 服务商的最重要的标准。因此，技术创新和服务品质保障能力成为 IDC 服务商的核心竞争力。

典型的实例就是 CDN（内容分发网络）服务。CDN 服务主要是为了解决网络访问速度，在 Web2.0、流媒体网站、电子商务和游戏类网站等互联网业务发展的带动下，2008 年 CDN 业务取得迅猛发展。CDN 服务也成为民营 IDC 服务提供商与电信运营商展开竞争与合作的重要领域。

3. IDC 服务商的竞争焦点

IDC 产品主要是服务。只有不断挖掘市场潜力，推出专业化、个性化的服务才能在激烈的市场竞争中获胜。在各种增值服务已经开始蓬勃发展的今天，IDC 企业会更多地开展诸如 SOC（安全运营中心）这样的业务，这样的业务不仅是安全认证、安全保证、安全无缝转移等相关技术的研发相结合的产品，集安全软硬件之大成，同时又能取得政府认可，对 IDC 企业来讲是一举多得的好事。比如著名的 IDC 企业中国万网就获得了由中国信息安全认证中心主持实施、联合国家计算机网络应急技术处理协调中心共同进行的国家信息安全服务资质认证，这样的认证和业务可以使 IDC 企业为保证国家网络信息安全，净化网络运行环境作出自己的贡献。

4．IDC 服务市场竞争趋势

未来三年，行业的激烈竞争将加剧市场的重组速度。在洗牌的进程中，大型 IDC 公司将继续加快收购兼并的步伐，中型 IDC 公司会转而谋求资本的支持向规模化发展，小的 IDC 公司将进一步顺应“服务、质量上求生存，规模、品牌上求发展”这个行业潮流，而不是单纯依靠价格制胜。

12.2 IDC 产业链的发展情况

IDC 产业链主要由设备提供商、基础电信运营商和专业 IDC 运营商以及用户等多个环节构成。2008 年，IDC 业务的发展对产业链的各个环节带来了多方共赢的机会。

12.2.1 设备提供商

设备供应商处于 IDC 产业链上游，主要向基础电信运营商、专业 IDC 服务商和用户提供路由器、交换机、服务器、存储设备和防火墙等相关设备。由于 IDC 具有规模发展的特性，为用户提供接入、网管、应用和安全等一系列服务，为设备提供商提供了大规模的市场。IDC 行业竞争的不断加剧，促使 IDC 服务商尝试通过各种途径降低运营成本和提升服务质量，如通过建设绿色 IDC 来降低能耗，减少运营支出，同时通过加强安全建设和对网络性能的改善来达到提升自身服务的目的，这些都为设备提供商带来了巨大的商机。

随着互联网的发展，IDC 机房的能耗日益突显，通信行业年耗能突破 200 亿度，据测算，IDC 机房空调设备的能耗大概占了 45%。设备提供商利用这种商机，推出相应解决方案，如惠普推出了新一代绿色数据中心解决方案，提供从芯片到冷却器的整体节能优化技术，实现统一管理物理和虚拟环境，使数据中心在节能的基础上实现能力的提升。

12.2.2 IDC 服务提供商

我国 IDC 服务提供商分为以电信和联通为代表的基础电信运营商和专业 IDC 运营商两大类。借助天然的资源优势，基础电信运营商依然保持我国 IDC 行业的主导者地位，其中 IDC 市场上租用电信资源的服务商占 39%左右，2008 年 4 月的“中索事件”[1]对租用资源类服务提供商产生了巨大影响，市场空间被进一步压缩。

目前，我国 IDC 服务商大多还处于成长期，企业规模还不大，根据 IDC 行业调查报告数据显示，拥有 5 千台以上服务器规模的服务商占整体数量的 9%左右，500 台以下服务器规模的服务商占比达到 43%左右。从机房总带宽数来看，服务商拥有的带宽资源相对比较丰富，5～20G 带宽的运营商大约占到一半的份额，低于 5G 带宽的运营商大约占 1/4 份额。

[1] 2008 年 4 月，IDC 服务托管公司——北京新月动力网络科技有限公司（前北京中索网络通信有限公司）因拖欠费用且突然人走楼空，其服务器被北京网通查封，导致数万家网站面临瘫痪，给其客户造成了巨大损失，影响了国内 IDC 行业的诚信口碑。

1．基础电信运营商

基础电信运营商是一种资源型 IDC 提供商，依托自身的资源优势，围绕基础设施建设，向用户提供全方位的服务。三大基础电信运营商纷纷建设自己的互联网数据中心，并把 IDC 作为重点发展业务，直接向用户提供各种 IDC“一站式”服务，同时还向专业 IDC 运营商出租网络资源以保障其 IDC 业务的开展。

随着产业的发展，IDC 产业结构已经全面升级，加快了处于产业链上游的基础电信运营商向综合信息服务提供商转型的脚步。

2008 年，中国网通成立专门的 IDC 运营机构，重组后命名为中国联通集团 IDC 运营中心，中国联通形成了全国和省两级 IDC 体系，规范了 IDC 服务标准，对全国 IDC 进行了服务等级评审，通过规范机房软、硬件条件，完善营销组织管理和服务支撑保障，建立相对统一的客户响应机制，制定出一整套分级服务规范。同时推出了“中国联通国家数据中心助力计划”，针对政府、大型企业信息化部门打造信息安全一流的数据灾备中心，一揽子承建各级政府信息化应用网站；针对中小企业制定行业外包服务专区，打造 IDC“承载企业信息化服务”的新平台。

2．专业 IDC 服务商

专业 IDC 服务商是一种服务型的提供商，以提供高质量的服务为盈利手段，是产业链中重要的一环。在经历了 IDC 行业大规模的整顿之后，大多数中小 IDC 运营商的业务量明显受到影响而下降。专业 IDC 运营商与基础电信运营商之间是既合作又竞争的关系，开展业务有所区别，专业 IDC 运营商专注于市场细分工作，主要从事一些高附加值的服务，或者依托自身的优势开展更加个性化和多样化的业务。

如网宿、蓝讯和 ChinaCache 等一批专业 IDC 运营商，以 CDN 服务为主推产品，解决了 2004 年运营商整合后南北互访缓慢的问题，为用户提高网站访问速度，目前国内部署几十个节点，实现流媒体点播加速，CDN 智能 DNS 服务，下载加速等增值服务，充分发挥自身优势，避免同质化竞争，同电信级运营商展开竞争。

12.2.3　IDC 用户

政府机构、事业单位、传统产业和互联网企业是 IDC 的主要用户，用户的需求是 IDC 发展的直接动力。相对于用户自己完全拥有资源，基于 IDC 的服务要经济很多，且 IDC 可以向用户提供相应标准的专业化服务。用户只需专注于在互联网上开展自己的业务，而不需要花费人力和财力进行资源的购置和维护。目前，我国 IDC 用户整体需求相对比较低端，如最基本的 IDC 可靠性需求占了 55%。

以视频网站和交友网站等为代表的 Web2.0 网站逐渐找到盈利模式，对 IDC 行业的影响巨大，促进了市场的发展。但同时，这些网站用于带宽和服务器上的费用让其难堪重负，国内的 IDC 运营商开始迎合这些网站的需求而加大了对增值服务的投入力度。比如一些 IDC 运营商相继推出 VPS（虚拟专用服务器）技术可以很好节省带宽和服务器资源，为这些网站的运营节省成本。对于“体验为王”的 Web2.0 网站来说，如何更好地提升用户体验是永恒的主题，IDC 服务提供商适时推出 CDN 加速服务，加速网页的访问速度和文件下载速度等，大大提高了互联网用户的体验，进一步推动了 Web2.0 网站的持续发展。

我国电子商务近年来获得高速发展，2008 年我国网络购物用户数已经达到 7400 万人，年增长率达到 60%。中小企业对网络的使用不再局限于收发电子邮件和宣传企业形象等方面，越来越多的中小企业希望借助自己的网站来达成商业交易，收费低廉的虚拟主机服务无法再满足其需要，因此，未来几年中小企业的信息化需求逐渐旺盛，IDC 的目标客户会有新的变化，传统企业将成为 IDC 的主要客户，IT 外包要体现专业化分工的特点，为传统企业提供全面的 IT 解决方案。

12.3 基础服务发展情况

IDC 的基础服务主要是直接提供网络资源、机房空间、供电和空调等基础资源，包括机房空间出租、主机托管服务、虚拟主机服务和整机租用服务等。行业调查数据显示，以主机托管、独立主机和虚拟主机为代表的基础服务仍然是构成 IDC 运营商收入的主要来源，这三项占到 IDC 收入的一半。

基础服务是 IDC 发展第一阶段所提供的服务，是用户为使用资源需要购买的最基础的服务，其特点是技术实现简单，管理、维护也相对简单，但是它们对客户提供的服务层次也相对较低。

1. 主机托管服务

调查显示，2008 年主机托管占 IDC 运营商收入的 22.7%，是业务收入中贡献最大的一部分。用户将自有的服务器放在 IDC 机房中，利用 IDC 网络资源实现与 Internet 连接，既便于互联网用户对其服务器系统的访问，又省去了用户自行申请专线的麻烦。主机托管充分体现出投资有限，周期短，用户无线路拥塞之忧的特点。

主机托管服务适应了用户网站的发展和电子商务应用对于充足网络资源的迫切需求，IDC 向用户提供高速接入，网站系统托管，应用托管，电信级专业维护等系列服务。主机托管服务主要是面向 ICP 和企业用户，他们有能力管理自己的服务器，但是需要借助 IDC 提升网络性能，而不必建设自己的高速骨干网的连接。

2. 独立主机服务

独立主机服务与虚拟主机服务不同，它由用户独享一台应用服务器的所有资源，在服务器硬件资源和带宽资源上都得到了保障。调查显示，独立主机占到 2008 年 IDC 业务收入的 12.5%，贡献比较大。独立主机服务主要面向企业客户，随着传统行业信息化需求的不断增加，独立主机的市场需求空间也在不断增长。

独立主机是 IDC 将硬件纳入到产品线范围内，为用户提供服务器选购和托管的捆绑业务，同时 IDC 可以帮助客户进行软硬件升级，避免设备的频繁更新换代产生的费用。

3. 虚拟主机服务

虚拟主机是传统 IDC 的主营业务，也是其收入的主要来源之一，2008 年虚拟主机收入（包括 VPS）达到 16%。虚拟化技术成为 IDC 服务商进行整合服务器的一大应用，超过 50% 的 IDC 服务商使用了虚拟化技术进行服务器整合。同时，拥有 VPS 主机业务的 IDC 服务商超过了 54%。

虚拟主机的市场主要集中在中小企业市场，其中传统虚拟主机定位低端市场，VPS 定位于相对中高端虚拟主机用户。传统虚拟主机由数个用户共享一台应用服务器的所有资源，如 CPU、内存、硬盘和网络带宽等，节省用户的硬件、网络维护、通信线路的费用。VPS 是在传统虚拟主机的基础上，采用操作系统虚拟化技术实现软件和硬件的隔离以及客户和客户的隔离，对服务器有完全的控制权并且不受外界其他因素的干扰。同时，VPS 为每个用户分配不同的 IP，避免同一 IP 内网站的违规而牵连其他用户。

VPS 具有独立主机的各种优点，比独立主机节省费用，对运营商来讲它还节约了独立主机的电费成本，因此其市场前景值得期待。但 VPS 不可能完全取代传统的虚拟主机，毕竟还有很多低端用户。

与此同时，IT 巨头如谷歌、微软及雅虎等，在不断推出各种新的互联网服务，包括 Web 社区、免费主机空间及免费邮局等，开始威胁到传统 IDC 服务商低端虚拟主机的市场。

12.4　增值服务和应用服务发展情况

目前，IDC 市场同质化的竞争态势严重，业务主要集中于基础业务的提供，缺乏市场的细分和专业化，而增值服务为 IDC 运营商走向专业化和个性化提供了推动力。增值服务是为满足用户较高层次需求的服务，使用户能够随时掌握自身系统的运行状况，及时发现并解决问题，或者提高系统的运行效率，保障系统更加安全、稳定、快速地运行，网络安全、负载均衡、数据存储、网络加速等增值业务将成为未来 IDC 业务发展的方向。

IDC 应用服务主要是网络系统和用户信息系统的应用开发服务，其中包括企业电子邮箱服务，电子商务主机租用，电子商务加速服务，ASP 应用外包服务，ASP 应用调整优化和专业咨询设计服务等。

1．企业邮箱服务

企业邮箱服务是 IDC 运营商普遍提供的一种应用服务，相对于欧美市场 60%以上的企业信箱普及率，我国目前 3%左右的普及率具有广阔的发展空间。

2008 年，电子邮箱用户大幅增长，电子邮件作为互联网基础应用的地位得到了进一步体现和加强，在注重 SaaS 的服务理念下，将企业内部信息化应用和其他网络应用与电子邮箱整合成为邮箱发展的主要趋势。企业信箱服务得到增强协同办公通信，升级邮箱容量，加强邮件安全防护，改进邮箱手机访问体验，完善邮箱售后服务等一系列新提升。企业用户对邮件的要求远远高于免费邮件，其特点是速度快，稳定性高，安全可靠，功能全面，可以充分满足企业对邮件系统的要求。同时，三大运营商也开始切入邮箱市场，伴随移动互联网的发展，Pushmail 等手机信箱功能会逐步加强，同时移动协同办公也会在信箱功能中得以增强。

2．网络安全服务

随着安全事件的不断增加，IDC 用户逐渐加强自身网络安全问题，IDC 运营商加强网络安全建设，并提供网络安全的增值服务，如中国网通数据中心的网络安全要求包含了数据中心内防火墙、入侵检测、防 DDOS 攻击、漏洞扫描等系统的建设内容，并作为增值业务向用户提供。

众多 IDC 运营商也提供 SOC（安全运营中心）平台和全面的安全解决方案。SOC 是采用软硬件设备，安全认证、安全保证、安全无缝转移等相关技术的研发相结合的平台产品，现在部分电信运营商和专业的 IDC 可提供 SOC 平台。

3．CDN 服务

2008 年，CDN 业务市场依然保持高速增长，以蓝讯和网宿科技等为代表的专业 CDN 服务提供商市场规模达到 3.6 亿元，比 2007 年增长了 90%左右。CDN 是技术驱动型的业务，它从技术角度全面解决由于网络带宽小和访问量大等引起的用户访问响应速度慢的问题，2008 年 CDN 服务提供商在技术创新方面取得诸多突破，通过技术创新可提供更加个性化、更符合我国网络特点的 CDN 服务。同时，伴随互联网应用的丰富，我国 CDN 客户结构趋于合理，网络游戏、网络视频、电子商务、SNS 和软件下载等对 CDN 应用需求迅速增长，而不再以门户型网站为主导。

与国外 CDN 业务的高渗透率相比，我国 CDN 业务渗透率仅为 5%左右，依然处于初级阶段，因此具有广阔的市场发展前景。除 CDN 专业运营商外，国内 IDC 服务提供商也纷纷参与到 CDN 业务的竞争中。

4．多线接入服务

网络“南北互联”问题是我国独有的现象。为解决网络瓶颈，IDC 的双线接入技术运营也由此而生。目前，国内 IDC 提供商分别推出了“双 IP 双线路”、“单 IP 双线路”、“CDN 多线路”和“BGP 单 IP 双线路”等双线路解决或减轻南北网络瓶颈引起的访问网站缓慢延迟问题，其中，采取 BGP 单 IP 双线路是最好的解决方案，但国内采用此方案的较少。

随着 IDC 服务商提供“双/多线路接入的机房或者服务器”的服务，帮助很多企业解决了“南北互联”的问题，我国企业用户中有 87%的用户选择“双/多线路接入的机房或者服务器”解决南北互联问题。

电信重组后，我国三大运营商将加大基础网络的建设，有望有效解决互联互通问题，拓展专业 IDC 运营商的选择面，也有利于 IDC 产业的升级发展。

12.5 IDC 服务发展趋势

12.5.1 走向以“云计算”模式为主的基础设施服务

1．关于“云计算”

云计算（Cloud Computing）的定义，从 IDC 运营服务的角度理解，云计算即 Everything as a Service；在基础设施层，对应的是 Infrastructure as a Service（IaaS），提供计算、存储、操作系统、数据库等基础硬件和软件服务；在应用层，对应的是 Software as a Service（SaaS）。从用户的角度看，云计算是以公开的标准和服务为基础，以互联网为中心，提供快速、便捷、安全的数据存储和网络计算服务，即互联网成为每一个网民的数据中心和计算中心。

随着以 Youtube 和 Facebook 为代表的 Web 2.0 服务的普及，传统媒体纷纷制定新媒体战略，以及在线游戏市场的高速发展和 SaaS（Software as a Service）服务被市场的逐渐认可；对存储、带宽、计算为核心的互联网基础设施的需求急剧增加，互联网基础设施的规模和复杂性出现了大幅度提升。无论是服务商还是客户，在互联网基础设施方面都逐渐面临着成本居高不下，资源利用率低下，负载难以预测，缓慢的业务需求响应速度，以及日趋复杂的运营管理等诸多挑战。导致客户的很多时间浪费在了与其产品核心竞争力无关的 IDC 选择、系统维护和运维管理上。

云计算模式的基础设施服务（Infrastructure as a Service）通过按需付费模式大大降低了客户基础设施的总体拥有成本，通过规模化和自动化为客户提供资源的按需弹性供应、快速指配和部署，通过屏蔽基础设施的复杂性简化运营管理，客户还可通过问责服务商得到更高服务品质的保障。

基于云计算模式的云交换平台通过虚拟化和自动化等技术，以规模化的采购和运营为客户提供成本更低，服务品质更高的以弹性计算平台，弹性主机服务，云存储服务，免灾的在线备份服务，管理服务等为代表的“一站式”互联网基础设施外包服务，全面快速按需满足客户不同发展时期的互联网基础设施需求。

2．互联网基础设施服务公用化

相关的技术和解决方案帮助客户在整合，可管理的基础设施服务，全面云计算等各个阶段，经济有效地获得数据中心基础设施满足业务发展变化的需要，如图 12.4 所示。

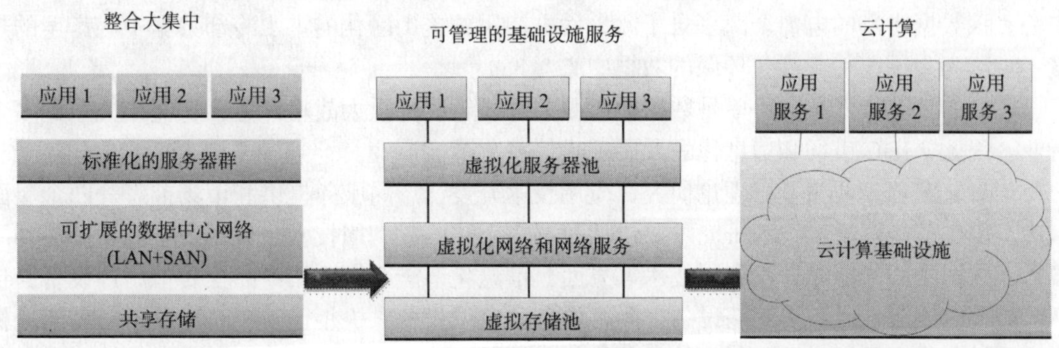

图12.4　互联网基础设施服务演变趋势

经过前几年的发展，整合已成燎原之势：通过共享存储和标准化服务器群等技术整合基础设施，在降低成本和复杂性的同时增强了可扩展性和可管理性。短期内，大型客户将以数据中心整合为重点获得规模效益，一些中小客户已开始从 Salesforce、Amazon 为代表的厂商那里享受到云计算带来规模效益的好处。

中短期内的重点仍将是可管理的基础设施服务，即提供计算、存储、带宽、托管、管理服务等一站式综合服务。同时在这个阶段，在技术上，Intel、AMD 提供了处理器级虚拟化、Xen，Vmware，Microsoft，SUN 等厂商提供了操作系统级的虚拟化。在平台层，服务器、存储、网络等被虚拟化为计算资源池，通过统一的接口供上层应用按需调用。虚拟化提供了更好的资源利用率、弹性和可管理性，并能有效降低运营成本。在这个阶段大量软件公司开始在云计算平台上开发 Web 应用程序，大部分中小客户将云计算作为最重要的基础设施部署选择，大型客户将租用一些云计算资源用于内部开发和 QA 等、使用一些云计算服务如在线备份和灾备等。

从长期看，最终将进入全面云计算即公用化阶段：对客户来说，按需使用，按需支付的服务模式，能够经济有效地按需获得数据中心基础设施满足业务发展的需要；作为服务商来说，可以通过提供像水电一样的公用服务获得规模效益。

12.5.2　“绿色数据中心”成为产业必由之路

随着互联网技术创新和应用的不断发展，大多数人只考虑 CPU 够不够快，处理能力够不够强，却很少考虑“电”的问题。然而，当数据中心规模达到一定规模时，“电”的问题就凸显出来了。通常在数据中心里，驱动 1W 的计算能力，就需要额外 1.4～1.5W 的电力去驱动网络设备、空调和 UPS 等设备，并用专业术语 PUE（Power Usage Effectiveness）值来表示。普通机房的 PUE 值在 2.4 左右。

大量统计数据表明：数据中心里设备能耗最大的四种系统依次为：IT 系统、空调制冷系统、供电系统和照明系统。从数量上看，这四大系统分别占总耗能的 52%，38%，9%和 1%。

绿色数据中心是节能减排、现代服务（外包）业、网络融合、中国下一代互联网等政府鼓励政策的交汇处，尤其是在当前全球经济危机的情况下，压缩成本与节能降耗成为产业发展首要战略。同时，绿色数据中心也是国内外 ICT 行业升级换代的必由之路。

谷歌是节能的典范，通过自制服务器，低功耗 CPU（或者是更耐热的 CPU），有效的制冷方式等多种节能方法，其平均 PUE 值可达 1.2 甚至更低。阿里巴巴在甘肃玉门建造了数据中心，该数据中心的电力全部来自于风力发电，用祁连山融化的雪水冷却数据中心产生的热量，被称为中国第一个绿色环保的数据中心。

IDC 的“节能降耗”不单是数据中心服务商要解决的重大战略课题，它直接关系到多个行业。因此，IDC 市场和信息化的发展呼唤信息化节能产业。

信息化节能产业由基础理论研究，应用技术开发，产品服务提供和市场推广等四个层面组成。IDC 节能降耗新技术研究主要包括数据中心热回收利用技术、数据中心能源循环利用技术、数据中心新能源开发利用技术等方面；信息化节能系统应用产品主要指用户设备，包括节能型的服务器设备、存储设备、网络设备、空调设备、机柜设备、新风设备、高架地板和供电设备等产品；工程服务指的是节能机房的设计、建造、改造工程以及针对机房运行效率的维护管理服务；应当在 IDC 行业中积极推广应用数据中心能耗监测系统，数据中心自然制冷，直流 UPS，数据中心自动化和虚拟化处理等新技术。

12.5.3 规模化、专业化、品牌化经营

规模化经营是 IDC 服务提供商降低运营成本，提升投资回报率和资源利用率主要发展策略。在市场竞争极为激烈的现状下，那些不具规模的 IDC 服务商必将受到市场（客户与竞争对手）的打压，依靠电信资源的倒买倒卖的 IDC 服务商，其生存将受到极大的威胁。

面向广泛的客户群体提供“长尾”产品线，尤其在满足客户个性化需求的解决方案与服务方面，对 IDC 服务商的专业化程度提出了更高的要求。IDC 服务商靠资源吃饭的时代已经过去，核心技术与 IDC 服务商的技术创新能力将成为塑造品牌、确立市场地位的主要基础。

服务产品与服务质量上的竞争，最终会表现为品牌的竞争。IDC 服务商的品牌如同市场上的其他商品一样，市场和客户的接受程度决定了 IDC 服务商的市场地位。

（工业和信息化部电信研究院规划研究所　乔亲旺；中国互联网协会宽带 P2P 应用推进联盟　雷紫东）

第四篇

应用篇

——基于互联网的现代服务业

2008 年中国电子商务发展情况

2008 年中国互联网电子政务发展情况

2008 年中国搜索引擎发展情况

2008 年中国即时通信服务发展情况

2008 年中国网络新闻媒体发展情况

2008 年中国网络视频发展情况

2008 年中国网络音乐发展情况

2008 年中国网络游戏发展情况

2008 年中国网络广告发展情况

2008 年中国博客发展情况

2008 年中国 SNS 发展情况

2008 年中国移动互联网发展情况

2008 年中国 SaaS 发展情况

2008 年中国财经网站发展情况

2008 年中国网络教育服务发展情况

2008 年中国网络招聘发展情况

2008 年中国网络出版发展情况

2008 年其他专业网络信息服务发展情况

2008 年中国农业信息服务发展情况

互联网与 2008 北京奥运会

第 13 章　2008 年中国电子商务发展情况

13.1　发展环境

13.1.1　电子商务发展的政策法律环境

为落实 2007 年 6 月国家发展和改革委员会、原国务院信息化工作办公室联合发布了《电子商务发展“十一五”规划》，2008 年各地政府先后出台了一些政策法规，规范电子商务的运作，促进电子商务的发展。

2008 年 11 月 26 日，上海市第十三届人民代表大会常务委员会第七次会议通过了《上海市促进电子商务发展规定》（简称《规定》）。该《规定》确立了以促进发展为主线，规范经营为补充作为立法的总体定位，着力在营造环境，推广应用，保护消费者权益等方面做出规定，并补充了必要的规范制度。

《上海市促进电子商务发展规定》第八条特别列出了优先支持的促进电子商务发展的项目，包括：先进制造业和现代服务业等重点领域电子商务平台的建设；电子支付、安全认证、信用服务和物流信息等电子商务服务体系的建设；电子商务关键技术的研发和推广应用。第十四条要求从事电子商务的企业应当根据国家有关规定取得相关证照，并在其经营网页上公开有关信息。这里没有提到个人卖家。也就是说，工商管理部门将以 B2B 和 B2C 形式存在的企业为重点监管对象，而对 C2C 形式的一般销售个体，将采取逐步引导、规范其经营行为。这一主体划分体现了《上海市促进电子商务发展规定》有限监管，保护为主的特点，迎合了电子商务发展的需要。

为促进网上商品交易市场健康发展，规范网上市场的举办、管理和交易等行为，2008 年 3 月 28 日，浙江省工商行政管理局下发了《浙江省网上商品交易市场管理暂行办法》（简称《办法》）。该《办法》第四条要求，网上市场举办者应当具有企业法人资格，依法取得法律、行政法规和国家规定的相关行政许可。举办网上商品交易市场，应向市场服务管理机构所在地县级以上工商行政管理部门申请市场名称登记。该办法还对网上市场举办者的职责，网上经营者的权利义务，网上消费纠纷的处理等方面提出了规范意见。随后浙江省工商行政管理局又出台扶持网上交易市场的三大新举措，鼓励浙江企业加快发展，积极占位，同时开展工商部门对网上交易市场的一对一指导和服务，帮助建立并完善网上交易的信用评价体系，协调解决网上交易的消费争议，维护网上经营者和消费者的合法权益。

2008 年 7 月 2 日，北京市工商局通过了《关于贯彻落实〈北京市信息化促进条例〉加强电子商务监督管理的意见》(简称《意见》)。该《意见》在国内第一次具体规定了利用互联网从事经营活动的单位和个人依法取得营业执照的具体方法，并提出："电子商务经营者应当在 2008 年年底前，在其设立的商务网站、网上商店或宣传网页首页下方，建立"电子商务经营者信息公示"链接，指向其信息公示子页面，所公示的主体资格信息必须真实。主体资格信息发生变更的，应及时予以更新。"

较之 2007 年年底出台的《北京市信息化促进条例》，此次《意见》的出台更为详细，但达成执行和监管目的仍存在较大难度。从国家加强对电子商务市场的监管可以看出，政府以及职能部门重视电子商务作为中国经济发展加速器的价值，意欲通过法规监管，促进电子商务领域保持健康和快速的发展。《意见》的出台有利于建立中国电子商务市场的法律监管体系，有利于保证交易双方的利益不受损失。但是，出台的相应措施与当前中国电子商务市场特征匹配不足，在执行方面面临多重挑战。这种情况说明，正确认识和处理我国电子商务发展与规范的关系仍然是一个问题。

13.1.2 两岸"大三通"协议签署有力促进电子商务发展

2008 年 11 月 4 日，中国海协会与海基会签署了《海峡两岸空运协议》、《海峡两岸海运协议》、《海峡两岸邮政协议》和《海峡两岸食品安全协议》等四项协议。这些协议的签署，为两岸的电子商务带来新的契机。

"两岸三通，电子商务先通"。从 2007 年开始，海峡两岸就开始了电子商务的合作。大陆支付宝网站接入了台湾的艺游馆网络书店（www.jmag.com.tw）和网劲科技旗下全买网（www.edyna.com），很多内地的用户已经在这些台湾网站上购买了他们喜欢的商品。但是由于物流的成本过高，商品运输中转时间较长，内地用户的需求并未能真正得到挖掘和满足。而这次"大三通（通航、通邮、通商）"的实现，无论对于两岸的用户而言还是对于两岸的电子商务行业而言，都是非常积极的消息。

"大三通"实现后，大陆消费者可以接触到更多的台湾商品，同时，通航通邮将直接降低台湾商品运往大陆的中间成本，包括物流和配送成本等，成本的降低必然会使得大陆销售的台湾商品价格下降，并且商品的运输速度也将大幅提升，大陆消费者将直接受益。此外，随着支付宝等支付手段纷纷接入台湾电子商务网站，大陆消费者的网购将更方便、放心。

"大三通"实现后，台湾卖家可以更好地切入内地市场。由于中国内地购物市场需求旺盛，对台湾的电子商务企业来讲无疑是很大的市场，对于拉动台湾网络购物市场发展将会是一个新的动力。

13.1.3 全球金融危机为电子商务的发展带来了新的契机

2008 年下半年以来，由美国次贷危机引发的金融风暴，快速席卷整个国际金融市场，演变成全球性金融危机，世界经济明显下滑，进而使发达国家几乎整体陷入衰退。在同世界经济联系日益紧密的条件下，我国经济受到的影响日益显现。由于对美欧的外贸出口约占我国对外出口的 40%，2008 年下半年已连续五个月下滑，财政收入增长率下降。

在严峻的经济形势下，我国经济也受到很大影响，突出表现在三个方面：一是国际国内市场需求萎缩，供大于求，产能过剩的矛盾逐渐加剧；二是企业生产的困难进一步加深，有些企业盲目地扩张，企业的资金压力加大，工业企业成品库存和应收账款增多，流动资金不足，资金缺口进一步扩大；三是工业全行业盈利水平、盈利能力持续下降，2009 年第一季度全国规模以上工业企业的主营收入、实际利润、主要工业行业都同比呈下降趋势。

传统的业务模式带来的收益放缓，迫使很多企业特别是中小企业开始寻找新的途径促进业务增长，结合先进 IT 技术的电子商务则成为这些新途径中的首选。电子商务呈现逆市扩张，其低成本、高收益、开放性和拓展性在国际金融危机中更加凸显其价值。金融危机一方面对中国产业是一次难得的机遇，另一个方面也对电子商务服务提出了挑战，简单的以信息发布和产品展示为核心的电子商务模式已经无法满足企业的需求，服务于企业供应链整合与协同的更深层次的电子商务服务才是未来电子商务发展的方向。

13.2　B2B 商务

B2B（Business to Business）是企业与企业之间的电子商务。线上 B2B 电子商务是指通过独立的专业第三方交易平台完成的企业与企业之间的交易活动。

13.2.1　市场规模

中国 B2B 电子商务在 2008 年受宏观经济负面因素影响，相比 2006 年和 2007 年，同比增速下降较大，整体交易规模虽依然保持增长态势，但增速放缓态势明显。

根据艾瑞咨询统计和跟踪研究，2008 年中国 B2B 电子商务市场交易规模达 2.96 万亿元人民币，年同比增长 39.4%，相比 2006 年的 96.9%和 2007 年 65.9%大幅减速。减缓增长的主要原因在于国外消费需求明显降低，对中国出口订单缩减，减缓了进出口贸易的增长。此外，在中国经济处于下行空间时，国家有关部门在提高内需方面也同样面临较大困难，内需并未出现大幅增长，也使得内贸交易规模虽然增速平稳，但无法抵消外贸增速降低。

艾瑞咨询同时预测未来中国 B2B 电子商务交易规模走势认为，由于未来 2～3 年内世界经济都将处于低位运行，国外消费需求能处于低靡状态，因此以出口为导向的中国 B2B 电子商务市场还将保持减速增长态势，但到 2010—2011 年，随着国内刺激内需政策见效，以及世界经济逐步走出低谷，国内外消费能力和订单需求均会增加，中国 B2B 电子商务也将增速发展，到 2012 年交易规模将接近 8.6 万亿元，见图 13.1。

易观国际《中国线上 B2B 市场年度综合报告 2009》数据显示，2008 年中国线上 B2B 电子商务市场总交付价值规模[1]达 50.5 亿，季度平均复合增长率为 6.58%（2007 年为 15.65%），在经济危机的形势下仍旧保持了较平稳的增长，但增幅趋缓，见图 13.2。中国线上 B2B 市场能够保持持续增长的主要原因在于：

（1）B2B 市场的预付费制度，经济危机的直接影响可能要延后一段时间才能体现；

（2）内贸业务的高速增长；

（3）厂家推出的各项应对措施。

[1] ①　线上 B2B 电子商务：企业为获取供应商、采购商等合作伙伴的信息，或向其他企业营销自身的产品或服务所进行的通过第三方厂商平台完成的电子化、网络化的信息传递活动。②　线上 B2B 交付价值规模：用户因使用线上 B2B 电子商务平台而交付给该平台的费用，通常包含会员费和营销推广费用等。

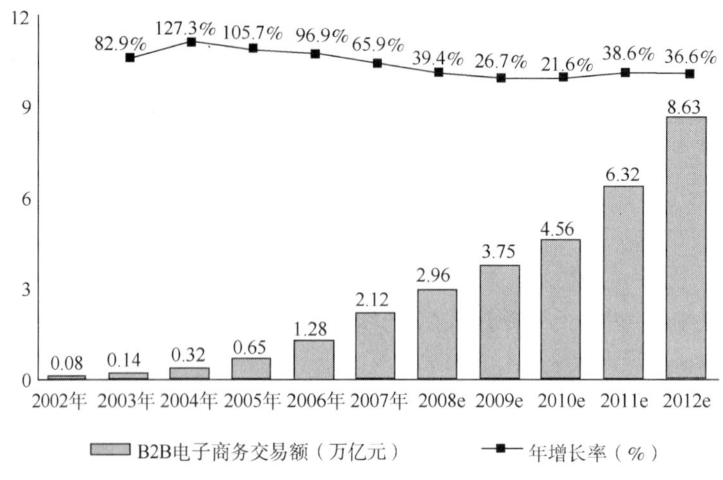

资料来源：艾瑞咨询

图13.1 中国B2B电子商务发展情况

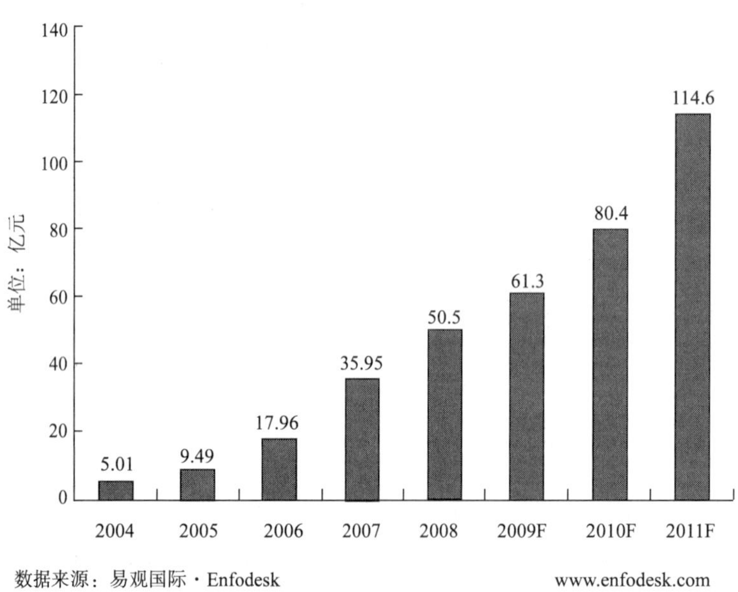

资料来源：易观国际

图13.2 中国线上B2B市场发展情况

13.2.2 B2B 电子商务的发展特点

2008 年我国 B2B 电子商务发展突出表现出四个特点：

1. 虽然国际经济环境恶化，国内 B2B 电子商务依然保持了较稳定的发展速度

从全国电子商务交易额统计情况看，2008 年国内电子商务交易仍然保持了一定的增长速度。但进入第三季度和第四季度后，增长速度显著放慢，见表 13.1。

表 13.1　2008 年中国 B2B 市场交易情况

	第一季度	第二季度	第三季度	第四季度	合计
B2B 电子商务市场交易额（亿元人民币）	6679	7518	7360	8043	29 600
环比增长速度（%）	8.6	12.6	−2.1	9.3	39.4

资料来源：艾瑞咨询

2．B2B 电子商务服务商积极应对金融危机

为了在国际金融危机大环境下提升用户满意度，避免客户流失，电子商务服务商普遍提升了客户服务的深度与广度。B2B 平台在 2008 年正逐步从“单纯为客户提供信息服务”的中间平台，向为客户提供“全方位综合服务”转变。许多不属于贸易流程的服务项目（如翻译、制作礼品、制作说明书、招聘等）也都被 B2B 电子商务服务商纳入了服务范围。随着中小企业对“全贸易流程服务”需求的日益提高，B2B 平台从“信息平台”向“企业全方位综合服务平台”转变是未来的一个必然趋势。

从线上 B2B 市场实际运作情况看，除 2008 年第一季度中国线上 B2B 电子商务出现负增长外，其他季度中国线上 B2B 电子商务依然呈现稳定增长的态势，见表 13.2。

表 13.2　2008 年中国线上 B2B 市场运作情况

	第一季度	第二季度	第三季度	第四季度
线上 B2B 交付价值规模（亿元人民币）	10.58	12.28	12.99	13.8
环比增长速度（%）	−4.4	7.9	5.8	6.2

资料来源：易观国际

3．内贸 B2B 市场的交易规模超过外贸 B2B 市场

随着外向型经济受到影响，以及国家大力提倡内需计划的出台，更多的 B2B 电子商务服务商意识到了内贸的潜力，开始逐渐把资源和精力转向内贸业务，希望可以开辟蓝海领域。2008 年内贸市场占比从 2007 年的 36.8%攀升至 43%。易观国际认为，一直以来内贸 B2B 市场的交易规模都超过外贸 B2B 市场，内贸的客户价值被低估。2008 年整体内贸市场的潜力借助国外经济危机的契机得到发掘，实现内外贸市场均衡发展。在 2009 年，内贸市场的交付价值占比有望达到或逼近 50%。

13.3　网络购物

借助网络实现商品或服务从商家/卖家转移到个人用户（消费者）的过程，在整个过程中的资金流、物流和信息流，其中任何一个环节有网络的参与，都称为网络购物。网络购物主要包括 B2C（Business to Consumer）电子商务和 C2C（Consumer to Consumer）电子商务。B2C 是指企业与消费者之间的电子商务，C2C 是指消费者与消费者之间的电子商务。

13.3.1 市场规模

网络购物是与网民生活密切相关的重要网络应用。2008 年我国网络购物市场的增长趋势明显。截至 2008 年年底，我国网络购物用户人数已经达到 7400 万人，年增长率达到 60%，见表 13.3，已经接近国外发达国家电子商务的应用情况。[1]

表 13.3 2007—2008 年网络购物及相关应用用户对比

	2007 年年底		2008 年年底		变化	
	使用率	网民规模（万人）	使用率	网民规模（万人）	增长量（万人）	增长率
网络购物	22.1%	4600	24.8%	7400	2800	60.9%
网络售物	—	—	3.7%	1100	—	—
网上支付	15.8%	3300	17.6%	5200	1900	57.6%
旅行预订	—	—	5.6%	1700	—	—

资料来源：中国互联网络信息中心

根据中国互联网络信息中心《2008 年中国网络购物调查研究报告》（2008 年 6 月）的调查，我国大中城市总体网络购物渗透率达到 27.9%，其中，上海的网络购物渗透率最高，已达到 45.2%；其次是北京，网络购物渗透率为 38.9%；再次是广州，为 31.9%；其他城市（指除北京、上海、广州之外的其他 16 个直辖市/副省级城市，下同）的平均网络购物渗透率是 21.6%。[2]

根据艾瑞咨询统计数据，2008 年下半年网购市场交易规模达 750.8 亿元，较 2008 上半年增长了 41.4%，同比 2007 下半年增长了 113%。整体来看，2008 年我国网络购物交易额规模突破千亿大关，达 1281.8 亿，比 2007 年增长了 128.5%。

B2C 网购虽然在中国起步最早，但是增速始终较低，特别是随着 C2C 的兴盛，B2C 近年来始终处于相对低迷的增长。2008 年我国 B2C 实现了近年来的首次高增长，较 2007 年实现了翻番，达到 87.1 亿。

从发展趋势看，B2C 经过多年的累积和发展，逐步受到更多企业的关注，有望成为未来电子商务新的增长点。随着 2007 年兴起的一波风投引资热潮，2008 年 B2C 电子商务成为 IT 业新的关注话题。2007 年中国电子商务行业共发生 15 个投资案例，其中 B2C 行业占据 60%。此外，从长远考虑，网络购物政策层面监管的不断加深，必然将规范网络购物市场，大量不合格的 C2C 卖家将退出市场，而 B2C 以其商家信誉和品质保证的优势，将会成为新一轮增长的受益者。

C2C 网络购物经过多年的发展，增速已趋于稳定。2008 年 C2C 交易规模实现了 130.6% 的高增长，达到 1194.7 亿。2008 年 C2C 交易占网购整体交易的比重高达 93.2%，仍是网络购物的主流模式，见图 13.3。

[1] 韩国网民的网络购物比例为 60.6%，美国为 71%。参见中国互联网络信息中心，中国互联网络发展状况统计报告（2009 年 1 月）。

[2] 中国互联网络信息中心. 2008 年中国网络购物调查研究报告（2008 年 6 月）[R/OL].（2009-06-20）[2009-05-20]. 中国互联网络信息中心网站: http://www.cnnic.net.cn/index/0E/manual/91/index.htm.

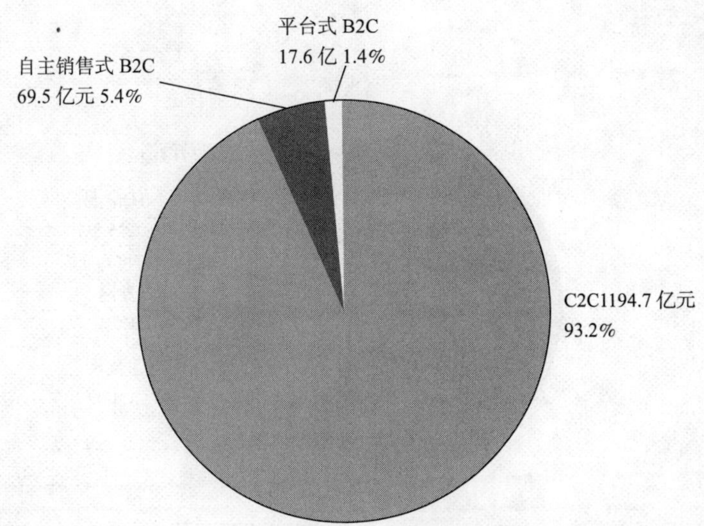

注：B2C 市场份额以 2008 年 1 月 1 日—12 月 31 日间各运营商销售额计算，不包括网络代缴费（如水电费等）、旅行预订及航空客票交易额；以上数据来自运营商公开数据及行业访谈，拥有复合销售渠道的运营商规模仅统计其与网络相关的销售额。

2008 年第二季度开始，艾瑞将把 B2C 分成两类——平台式 B2C、自主销售式 B2C，数据统计也将分为这两类；目前平台式 B2C 中主要统计淘宝 B2C 交易额，未来逐步增加更多新入者。

@2009.1 iResearch Inc.　　www.iresearch.com.cn

资料来源：艾瑞咨询

图13.3　2008年中国网络购物交易额构成

13.3.2　网络购物的发展特点

2008 年我国网络购物的发展表现出以下突出特点：

1．网络购物逐步成为传统消费辅助和补充

随着网络购物在越来越多人群中的渗透，网络购物的规模一直在加大。近年来，我国网络购物交易额占社会消费品零售总额的比重始终保持稳定增长。2008 年第二季度开始，比重突破 1%，到第四季度该比重已增至 1.39%，全年平均达到 1.24%，预计未来这个比重仍会持续上升，2012 年有望超过 4%。我国网购占社会零售总额比重持续攀升，说明网络购物已经成为传统零售市场的重要补充。但从绝对比值，特别是相比美国 6%的占比数据来看，中国网络购物在社会零售市场所占份额还比较小，未来的增长空间还很大。

2．网络购物呈现市场集中化的趋势

2008 年我国网络购物市场集中化趋势更加明显，已经形成了三个梯队。

作为第一梯队，淘宝网络购物用户市场份额已经达到 56.3%；当当网和卓越亚马逊网的用户市场份额位于第二梯队，各有近 10%的网民选择；网络购物第三梯队为 TOM 易趣网和拍拍网。两者的市场份额较为相似，都在 5%左右，如图 13.4 所示。

在 C2C 市场，三大巨头垄断了整个市场。淘宝网继续在网络购物市场占据领先地位，占有整个市场的 82.1%的份额；拍拍网占 9.9%；TOM 易趣占 8.0%。

在 B2C 市场，淘宝商城、京东商城、卓越、当当和麦网占据市场的 67.5%。

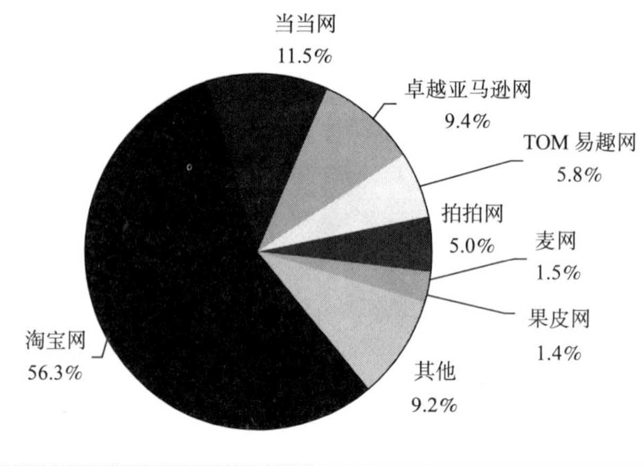

资料来源：中国互联网络信息中心

图13.4　网络购物用户市场份额

3．网络购物发展速度加快

2008 年网络购物实现了 128.5%的高增长速度，导致网络购物高速增长的原因在于：一方面，随着电子商务在个人消费领域的普及，网络购物的参与者越来越多，网络购物已经成为网民消费生活习惯，广泛渗透至用户的日常生活和工作当中；另一方面，企业的传统线下交易受到金融危机的影响，反而加速了向电子商务线上平台转移的进程。

2007 年开始的金融危机凸显了网络购物快捷、低成本的优势，企业越来越注意网络购物的实际应用，寻求新的营销渠道。各类企业，无论是大型传统企业、还是中小企业，纷纷加大了网络零售渠道的投入力度。企业的重视加上用户习惯的培育，成为拉动网络购物快速增长的强大动力。

13.4　网络支付发展情况

电子支付是指单位、个人直接或授权他人通过电子终端发出支付指令，实现货币支付与资金转移的行为。网络支付是网络交易中使用的一种支付方式。它包括直接使用网上银行进行的支付和通过第三方支付平台间接使用网上银行进行的支付。狭义的网上支付仅包括通过第三方支付平台实现的支付。

13.4.1　发展概况

2008 年，中国金融业电子商务在有关方面特别是金融机构的共同努力下取得重要进展，对经济和社会发展的促进作用日益显现。

截至 2008 年年末，我国银行卡发卡总量 18 亿张，人均持卡 1.36 张，城镇人口人均持卡 2.97 张，同比分别增长 19.3%和 17.4%；银行卡持卡消费额在社会消费品零售总额中占比达

24.2%，比 2007 年提高 2.3 个百分点，社会公众用卡意识明显增强，已初步形成持卡消费的习惯。银联卡已在近 50 个国家和地区的 ATM 网络、30 个国家和地区的 POS 网络实现受理，便利了境内居民出境公务和旅游消费需要。[3]

与此同时，我国第三方电子支付市场也在蓬勃发展。易观国际的调查显示，2008 年我国第三方电子支付市场交易额总规模达到 2508.25 亿元，环比增长率保持在 20%左右，见表 13.4。

表 13.4　2008 年第三方电子支付市场交易额总规模（亿元）

第三方支付市场	交易额总规模	环比增长率	互联网支付	第三方手机支付	第三方电话支付
第一季度	454.67	—	417.59	35.2	1.88
第二季度	539.89	19%	505.12	32.81	1.96
第三季度	661.99	23%	623.58	36.25	2.16
第四季度	851.7	29%	809.5	39.7	2.4
合计	2508．25	—	—	—	—

资料来源：易观国际

在网络支付市场中，支付宝、财付通和 Chinapay 分别占据前三位。2008 年第四季度，支付宝以 477.9 亿的交易规模继续排名市场第一位，占据了 59%的市场份额，环比增长达 32%；财付通和 Chinapay 第四季度交易规模分别达到 145 亿和 72.5 亿，以 17.9%和 9%的市场份额分列第二、第三位如图 13.5 所示。

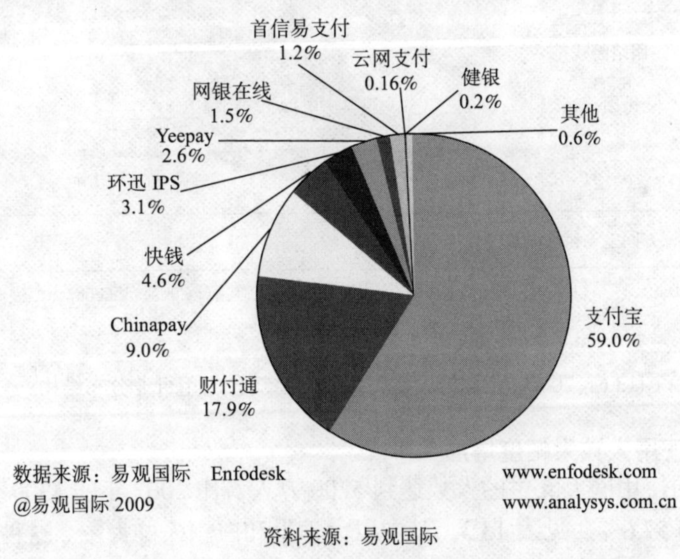

资料来源：易观国际

图13.5　2008年第四季度中国互联网支付市场厂商交易额排名

13.4.2　网络支付的发展特点

1．网络支付业务领域拓展迅速

2008 年，网上支付所涉及的领域，已经拓展到网络购物、航空客票、电信缴费、网络游

[3] 中国人民银行. 中国支付体系发展报告(2008) [R/OL].（2009-04-03）[2009-05-20]. 中国人民银行网站: http://www.pbc.gov.cn/detail.asp?col=100&ID=3166&keyword=电子支付.

戏、B2B 电子商务、网络彩票、教育考试和生活缴费等领域见图 13.6。此外，跨行还贷服务、移动充值服务和网络保险服务也出现在网络支付中。我们还可以看到，C.A.T（信用卡授权支付系统）支付与 ICPAY（国际信用卡支付）服务也在第三方支付业务中出现，在人民币自由兑换实现以前，我们无法期待个人用户的实质性增长。但是可以认识到这对于外贸企业支付带来的便利。

根据艾瑞咨询统计，2008 年网上支付细分应用行业交易额领先的是网络购物，交易额为 1044 亿元，占 38.0%，位居第二的是航空客票，比重从 2007 年的 9.4%上升到 2008 年的 18.1%，增幅最大。其中，航空客票 B2C 交易额规模上升了 163.2 亿元，达到 180.6 亿元，航空客票 B2B 交易额规模上升了 240.7 亿元，达到 300 亿元。

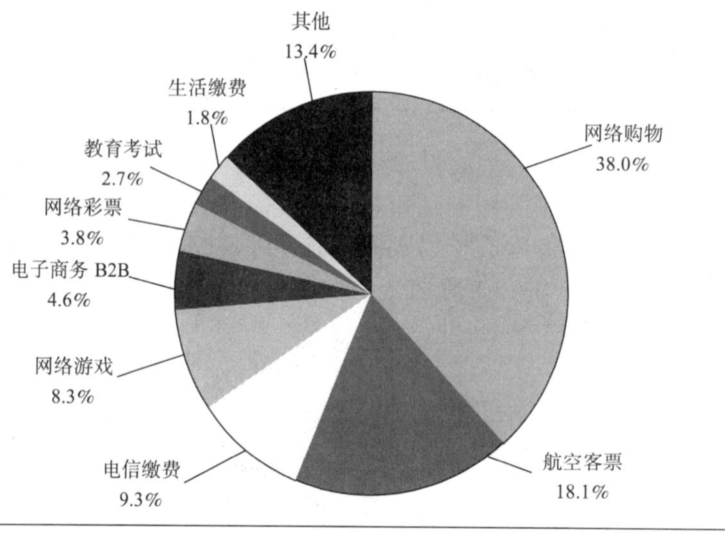

注：2008 中国第三方网上支付交易额为 2743 亿元

@2009.1 iResearch Inc. www.iresearch.com.cn

资料来源：艾瑞咨询

图13.6 2008年中国网上支付市场交易额各应用行业分布结构

2. 网上支付使用人数大幅度增加

2008 年，我国使用网上支付的人数达到 5200 万人，比 2007 年的 3300 万人增加了 1900 万人，增长率达到 57.6%，见表 13.3，其中以大学生和白领人群为主。这种情况说明，具有高教育水平的人群，也具有较高的互联网操作技能，对网上支付有着很强的使用需求。

但应当看到，5200 万的网上支付人数仅占我国 2008 年网民总人数 2.98 亿的 17.4%，也就是说，还有 4/5 以上的的网民没有使用网上支付。这种情况一方面说明我国网上支付市场潜力巨大，网上支付具有良好的发展前景；另一方面也说明，由于很多网民对目前网上银行业务的安全性不够信任，影响了用户使用比例的上升，进一步加强安全网上支付的宣传，提高我国网民使用网上支付的主动意识也是网络支付行业当前的一项迫切任务。

3. 第三方支付逐步开始走向专业化

第三方支付业务一直分为依附电子商务平台的服务和独立运作的服务两大阵营。在互联网发展初期，依附于电子商务平台的第三方支付发展很快。然而，当电子商务发展到一定程度后，众多电子商务企业在选择第三方支付方式的时候，专业运营的第三方支付厂商越来越受到企业的欢迎，因为这些厂商提供更加专业化的服务。环迅支付和快钱支付的快速发展说明了这方面的问题。

艾瑞咨询调研数据显示，在使用网上银行完成支付缴费的用户中，通过第三方支付平台接入的占 54.8%，体现了第三方支付对银行的重要作用。

13.5　移动电子商务

2008 年，工业和信息化部决定进行电信运营行业重组，重组完成后于 2009 年 1 月 7 日发放国内 3G 牌照。3G 的开通不仅对于中国移动通信发展具有划时代的意义，也为中国电子商务未来的发展提供了新的契机。随后进行的手机上网资费下调以及电信配套改革措施促进了手机网络的快速发展，掀起了中国移动电子商务的普及潮流。

根据艾瑞咨询《2008—2009 年中国移动电子商务行业发展报告》，2008 年中国移动电子商务市场交易规模为 2.1 亿元，2009 年随着 3G 商用时代到来，以及无线与传统电子商务企业的试水，预计交易规模将达 6.4 亿，同比增长约 205%。预计 2012 年移动电子商务交易规模将达到 108 亿元，发展潜力巨大。[4]

庞大的终端用户群，有利的政策导向，电信基础设施的升级，无线互联网的蓬勃发展，都促使包括电信运营商、软件服务商、终端厂商、银行等产业链上众多成员开始涉足无线电子商务领域，产业链各环节纷纷布局，已经形成移动电子商务加快普及应用的良好态势。

通过对成都、青岛和福州等地的调研发现，一大批中小企业应用电子商务和移动电子商务，提高了自己的应变能力和抗风险能力，预计 2009 年移动电子商务将由概念期和平台期迈入应用期。

国家移动电子商务研发中心自主研发的 RFID 与 SIM 结合替代 NFC 技术的项目目前已经成功，避免了将数亿部传统手机更换到 NFC 手机才能享用移动支付的高额投入，而是用 SIM 卡解决安全认证问题，用 RFID 解决短距离无线通信问题。随着国家移动电子商务研发中心和中国移动对于移动电子商务项目的快速推进，在不久的将来，移动电子商务必将成为广泛的商业形式。

安全问题始终是移动电子商务的关键环节。无线网络中的攻击者不需要寻找攻击目标，攻击目标会漫游到攻击者所在的小区，信息可能被窃取和篡改。因此，进一步完善移动通信系统的安全，提高安全机制的效率以及对安全机制进行有效的管理是发展移动电子商务的关键。另外，移动终端的丢失，意味着别人将会看到电话、数字证书等重要数据，拿到移动终端的人就可以进行移动支付，访问内部网络和文件系统。所以，应该努力降低移动终端丢失的概率，并最小化移动终端丢失后带来的风险。通过技术手段实现身份认证，从而减少移动终端丢失后带来的损失，是移动电子商务能否健康发展的重要因素。

（上海理工大学　杨坚争）

[4] 艾瑞咨询：2009 年中国移动电子商务市场交易规模将达 6.4 亿[EB/OL].(2009-05-06)[2009-05-20]. 艾瑞网: http://news.iresearch.cn/viewpoints/93906.shtml.

第 14 章　2008 年中国互联网电子政务发展情况

14.1　发展概况

2008 年我国电子政务建设在基础网络建设、政府网站建设、推进政务信息公开和重点业务系统及工程建设等各个方面扎实推进，在建设服务型政府方面发挥着积极作用。

14.1.1　基础网络建设不断完善

各省市积极推进传输网建设，国家电子政务传输骨干网纵向网建设完成。上海已经完成国家电子政务传输骨干网纵向网在市六大机关的设备部署；安徽省国家电子政务传输骨干网目前已完成省委、人大、政府、政协和法院、检察院六大班子机房的设备安装和调试工作，形成 1+1 设备和线路保护；黑龙江省已经完成了省人大常委会办公厅、省政府办公厅、省政协办公厅、省高级人民法院和省人民检院的网络连接工作；湖南省电子政务传输骨干网进一步得到完善，省到 14 个市州党委、政府的 155M 主干线和市州到 122 个县市区的 4M 电子政务内网主干线路已全部连通，运行稳定，省直部门已有 220 家联网；四川省纵横骨干网络扩容工作不断推进，省直部门 100M 至 1000M 光纤和省到市 SDH 线路连接继续完善，一些市到县（市、区）实现了 10MSDH 线路升级改造。

地方电子政务外网平台建设取得重要进展。国家统一电子政务平台分为政务外网和政务内网。按照相关规定，政务外网将为中央门户网站、各级政府门户网站和电子政务应用系统提供网络支撑，实现跨部门、跨地区的信息资源共享，为各级政府利用现代信息化手段进行公共服务提供可靠便捷的通道，主要包括网络传输、数据交换、网络管理和安全保障等服务。经过 3 年努力，目前已经建成横向连接外交部、财政部、监察部、审计署和国务院应急办等 44 个国家政务部门的中央城域网，纵向连接全国 32 个省级政务外网（含新疆生产建设兵团）的广域骨干网，建成了在政务外网服务范围内提供证书服务的政务外网数字证书中心。国家电子政务外网目前初步具备了向政务部门提供网络接入、应用支撑和安全保障等方面的服务能力，已有 12 项国家政务部门业务在政务外网上运行，20 多个省区市已建省级政务外网，部分已覆盖到地县基层政务部门。

各部门、各地方电子政务网络建设工程也扎实推进。如审计系统利用电子政务外网首次实现中央地方四级互联。文化部文化信息资源共享工程管理中心与国家信息中心合作开通了外网服务镜像，所有接入政务外网的单位用户，均能够通过该网络使用文化共享工程的大量资源，目前反馈效果良好。文化共享工程的 13 个省级分中心也已接入该网，实现了大量音视频资源的传输下载。日均资源传输量可以达到 50～100GB，相当于每天可传输 100～200 张光盘的资源量，很好地满足了国家中心到各省级分中心大批量资源传输的要求。从地方建设情况看，天津市电子政务专网二期工程于 2008 年 7 月 4 日正式通过验收。天津市于 2004 年起相继开展了电子政务专网一期、一期扩容、二期启动和二期工程建设，分阶段完成了专网建设。共建设光缆路由 3400 芯千米，核心交换能力达 2.5G，节点单位千兆互联。电子政务专网覆盖全市副局级以上单位 385 个，完成了市电子政务专网工程规划总体建设目标，形成了天津市统一的电子政务顶层网络平台。

14.1.2　政府网站建设更进一步

政府网站普及率不断提高。2008 年中央部委政府网站的普及率达到 96.1%，省市政府网站普及率达到 100%，地市级政府网站普及率达到 99.1%。政府网站在服务质量稳步上升的同时，也成为政民沟通，公民表达自己意见，提出自己要求的重要渠道。

政府网站在政务公开、公众参与和在线办事方面发挥越来越大的作用。

2008 年，质检总局网站对网站栏目进行调整，增加了产品质量信用记录查询服务，实现了数据库综合查询，目前该栏目共发布了 43 万条产品质量信用记录。网站建立了信息公开目录，共梳理出对外公开业务 523 项、信息资源 837 类，办事服务项由去年 89 项增至 237 项。特别是在网站上开展了为向港澳、日本、韩国、缅甸等出口活动的场景式服务，得到好评。另外，网站还及时发布了《抗击冰雪》、“3.15 专题”、《众志成城、抗震救灾专题》和《三鹿婴幼儿奶粉重大安全事故应急处置工作专题》等专题栏目，同时利用网站政务公开平台与政民互动渠道向社会公众答疑解惑，从而保障公众对总局产品质量与食品安全相关工作的知情权、监督权和参与权。

海关总署网上综合性服务平台（http://service.customs.gov.cn/）已上线运行，如图 14.1 所示。该平台可以及时为公民、企业及相关组织提供全面、快捷、权威、优质的服务。内容主要包括：海关法律法规、政策规定等发布、咨询服务；货物通关情况、报关单证审核情况等通关状态查询服务；报关员及公务员考录、知识产权海关保护备案等办事服务；以及对海关关员的举报、投诉等监督服务等。公安部按照《公安部政务公开工作办法（试行）》的要求，进一步深化政府网站应用，强化网站便民利民和与网民互动的功能。

国土资源部已建成由部门户网站、资源网（为宏观管理和社会服务的资源类综合网站）和国家土地督察网三大网站组成的网站体系，向社会公众提供形式多样、内容丰富的信息服务：部门户网站本着“信息公开、行政为民”的宗旨，为各界群众以及企业提供较为全面的国土资源政务信息；国家土地督察网选用统一的页面风格，建设统一的网站系统和内容发布平台，通过授权，由各督察单位远程实现信息的分布式维护、上载，最大限度地实现信息整合和资源共享；资源网共有 21 个频道，1474 个栏目，根据国土资源管理工作重点，宣传策划 30 余期专题信息。全国 333 个市级国土资源管理部门中，有 292 个实现了政务信息网上公开，占 87.68%；2859 个县（市辖区、旗）国土资源部门中有 1351 个实现了不同程度的政务信息网上公开，占 47.25%。另外，还开通国家土地督察门户网站，完成 7 个派驻地方土地督察局网站建设。

图14.1 海关总署网上综合性服务平台界面

财政部按照“突出财政、服务财政、及时可靠、简洁实用”的信息服务原则，对本部门户网站进行了全面升级改造。升级后的网站主要包含政务信息、在线服务和公众参与等三大类栏目及七百多个子栏目，实现了从静态信息发布向动态、互动的信息交流方式转变。同时，财政部也对中国政府采购网站进行了升级改造，新增加了政府采购方式审批系统、网站办公自动化系统及政府采购项目库，增设了“国际采购”、“专家专栏”等频道和机电机械、教育设备、医疗器械等供应商栏目。截至 2008 年 11 月底，中国政府采购网共发布标讯 134 148 条，其中中央标讯 3194 条，地方标讯 130 954 条。

国家税务总局和绝大多数省级税务机关都建立了官方网站，提供信息发布、政策解释、税收宣传以及表格下载、涉税事宜办理等服务，受到广大纳税人普遍欢迎。税务总局网站每天访问量已达 350 万人，全年访问量超过 12 亿人次。部分地区税务机关进行了“网上办税服务厅”的试点建设，实现了纳税人申报、抄报税、发票认证、比对、实时缴款全过程的网上一体化处理，使纳税人真正实现了足不出户办理涉税事务。

在网站管理方面，中国政府网已率先开始使用“中国政府网.政务”专用中文域名，互联网已成为向世界展示中国新闻传播的崭新渠道。中国政府网还使用了“中国政府.政务”、“国务院.政务”、“国务院办公厅.政务”和“中央人民政府门户网站.政务”等多个专用中文域名，网民今后可以通过这些专用中文域名直接访问中央政府门户网站。中国政府网专用中文域名的开通标志着我国政府网站域名规范工作又迈上了一个新的台阶，对于进一步加强政府网站建设管理工作具有十分重要的意义。

政府移动门户开始出现。“中国苏州”政府门户网站 WAP 版（WAP.suzhou.gov.cn）正式开通，基本实现了对原有 WWW 站点功能和内容的平移，8 大主要频道、36 个二级频道，随时随地打开手机就能“听”到苏州政府的声音。2008 年 12 月 29 日，广州市政府移动门户

（WAP.gz.gov.cn）开通。广州市民只要使用具有上网功能的手机和掌上电脑，就能够随时、随地、随身访问广州市政府移动门户网站，得到更加便利快捷的政府服务，充分享受信息广州建设带来的便利。

此外，青海省政府藏文政务网站于 2008 年 12 月 25 日正式开通运行，搭建起了向少数民族群众提供及时、方便政务信息服务的重要平台，填补了我国尚无由省级政府主办藏文政务网站的空白。

14.1.3 政府信息公开条例进入实施阶段

2008 年 5 月 1 日，《政府信息公开条例》正式实施。条例确定了“公开为原则、不公开为例外”的基本方略，除了条例规定的行政机关主动公开的政府信息外，公民、法人或者其他组织还可以根据自身生产、生活、科研等特殊需要，向国务院部门、地方各级人民政府及县级以上地方人民政府部门申请获取相关政府信息。只要不涉及国家秘密和商业秘密、个人隐私等，政府部门都必须在规定的期限内向申请人公开信息；即使不予公开，也应当说明理由；如果公民不服，还可以提起行政复议或者行政诉讼。条例的实施，对提高政府工作透明度，发挥政府信息对公民生活、生产等经济社会活动的服务作用，具有重要意义。

《条例》颁布实施以来，相关部门、各地都在积极完善相关配套措施，扎实推进信息公开工作。2008 年 4 月，税务总局制定了《国家税务总局政府信息公开指南》、《国家税务总局政府信息公开目录》、《国家税务总局依申请公开政府信息工作规程》、《国家税务总局政府信息公开保密审查办法》和《国家税务总局税收新闻发布和新闻发言人制度》等系列制度。6 月，财政部、国家发改委下发《财政部 国家发展改革委关于提供政府公开信息收取费用等有关问题的通知》，明确规定了行政机关政府信息公开工作中可以收取的费用类别及相关事项，以促进依法行政，提高政府工作透明度。中国人民银行在全系统启动了“人民银行政务公开宣传月”活动，积极宣传《条例》，宣传人民银行政务公开工作。人民银行网站上的“政务公开”专栏，集中公开需要社会周知的、与人民群众生产生活息息相关的金融政策法规及相关业务信息，并对所公开的信息类别、信息目录编排体系、获取信息的方式、政务公开工作机构联系方式等做出了说明。在其开通的一个月的时间里，政务公开专栏的点击量已经超过 20 万次。12 月，中国保监会专门公布《中国保险监督管理委员会政府信息公开办法》，承诺将遵循公正、公平、便民的原则，及时、准确地公开政府信息。当保监会发现影响或者可能影响社会稳定、扰乱社会管理秩序、严重损害保险行业形象或者扰乱保险市场秩序的虚假或者不完整信息时，将在职责范围内发布准确的政府信息予以澄清。2009 年初，国资委制定了《国务院国有资产监督管理委员会国有资产监督管理信息公开实施办法》，根据该办法，个人和单位可向国资委申请获取国资监管信息。信息公开分为国资委主动公开和依申请公开。在主动公开的信息中，除了有关国资委主要职责及规章和规范性文件等信息，几乎囊括国有企业监管的各个方面，包括各级国资委所出资企业改革重组、建立现代企业制度和董事会试点、生产经营、业绩考核的总体情况、国有资产的统计信息、企业负责人职务变动及公开招聘情况等。国资委还将设立公共查阅室、资料索取点等场所和设施，为公民、法人和其他组织获取国资监管信息提供方便。

从各地落实情况看，2008 年 9 月，四川省政府办公厅印发《四川省政府信息公开指南和目录编制方案》，提出了“上下同步、规范统一、分级编制、各负其责”的总体要求，制定了统一培训、填报公示、评审检查、整改完善、总结评比的工作步骤，编制了信息分类、填报格式、信息号索取、网上公示等清理政府信息和编制《指南》、《目录》的重要规范，提出要建立政府信息公开工作机制，成立政府信息公开专项工作小组，落实政府信息公开工作专项经费。11 月，成都市政府办公厅公布《成都市政府信息公开审核办法》和《成都市政府信息依申请公开办法》等 5 个新办法作为政府信息公开的细则。山东省建立了政府信息公开的工作机制，明确省政府办公厅为全省政府信息公开工作的主管部门，负责推进、指导、协调、监督全省政府信息公开工作；制定了政府信息公开工作流程，初步形成程序明确、分工负责、协调一致的工作机制；编制了政府信息公开指南和目录；加快政府信息公开平台建设，政府门户网站已成为政府提供公共服务的重要窗口；对政府信息公开工作人员进行了培训。青海省已经初步拟定了《青海省政务公开工作考核办法》、《青海省政府信息公开保密审查办法》和《信息查阅中心管理办法》等制度，并根据省政府信息公开工作现状，制定了《青海省政府信息公开编码规范指南》，以促进政务公开工作的进一步开展。

14.1.4 业务系统及重点工程建设不断推进

电子政务业务系统应用水平稳步提高，对国民经济和社会发展发挥越来越重要的作用。在财政税收、海关、公安、社保和审计等涉及市场监管和民生的重要领域，电子政务全业务全流程全覆盖应用已经取得显著进步。

全国 36 个省级国税局已全面实现以省级集中模式运行税务总局统一开发的综合征管系统，全国纳入征管系统管理的纳税户数已近 4000 万户，其中网上申报户超过 900 万户，使用税(库)银联网方式缴税的纳税户近 2000 万户，预计全年信息系统处理纳税额达 53 000 亿元，占全年税务部门征收额的 90%左右，其中网上申报税款超过 20 000 亿元，占全年税收收入的 40%左右。增值税防伪税控系统已覆盖全部 160 余万增值税一般纳税人，全年该系统采集处理增值税专用发票达 12 亿份以上，普通发票近 1 万亿份，稽核相符率达到 99.97%以上。出口退税系统利用海关提供的 4000 多万份出口报关信息，实现了对出口退税申请的严格审核。个人所得税代扣代缴管理系统已覆盖全国绝大部分年代扣代缴额在 200 万以上的义务人。货运发票税控系统全年采集处理货运发票近 1800 万份，实现了对货运发票的严密监控。

“金财”工程实现了全国财政系统纵向三级、横向相关职能部门与预算单位联网。财政部还重点完成了预算管理系统、国库集中支付管理系统、行政事业单位资产管理信息系统、全国农民补贴网络信息系统等系统升级和运维工作。其中，国库集中支付管理系统已推广应用到 19 个省级、160 个地市级财政部门；截至 2008 年 12 月 5 日，通过全国农民补贴网络信息系统汇总的粮食直补与农资综合直补的资金量达 826.37 亿元，占全部应发补贴资金(872.88 亿元）的 94.7%。

“金质”工程（一期）建设取得重大进展，已完成工程的项目开发与实施，正在进入工程总集成与试运行阶段。质检总局完成了执法打假快速反应系统等 13 个应用系统的需求调研、开发和测试工作，行政许可业务管理系统，12365 投诉举报指挥系统已开始进行应用试点。同时加快中国检验检疫电子业务平台建设，电子业务平台由原有单一的数据交换平台发展成为综合信息处理平台，目前包括 1 个门户网站，1 个集中认证系统、7 个数据交换系统，12 个业务应用系统，并在上海、广州和深圳建设了 3 个分平台。电子申报实现了 100%。电子通关自 2008 年 1 月 1 日全国上线以来，电子监管上线企业 4 万多家，设定监控项目 4000 多项，建立健全了 E-CIQ 技术支持中心，全面提高了检验检疫业务信息化水平。

“金保”工程经过 3 年的建设，已有北京市、天津市和昆明市等 69 个城市通过了验收，这些地区大都建成了统一的数据中心，实现了人员、设备和数据的集中管理，并通过统一软件的应用，实现了各项业务间的协同办理。

“金土”工程一期各节点均实现了土地和矿产资源主要管理业务的网上运行和数据远程交换，对数据资源进行了集中管理并对外提供服务。

另外，各地继续深化业务系统应用。北京电子政务为成功举办奥运会提供了强有力保障。在无线网络建设方面，北京市 800M 无线政务网实现了奥运竞赛场馆、非竞赛场馆、独立训练馆及签约酒店的网络覆盖，并实现了北京地铁的全覆盖，成为奥运史上第一个大规模成功使用的数字集群网络。在奥运信息传播方面，北京奥运会期间的信息服务量创历届之最。奥运会开幕后，奥运会官网访问量达到 1650 万人次/日，开幕式当天访问量是雅典奥运会的 3 倍多。并且在奥运传播史上第一次大规模运用互联网等新媒体平台进行网络视频直播、转播，约 3200 万国内网民在网上收看开幕式。在政务网络安全方面，创造了安全的网络环境，对政务网络和网站首次实施了全方位安全监控与应急处置，拦截和抵御网络攻击 23.6 万次，保障了赛事、政府、城市的正常运行。对于北京电子政务对北京奥运会的支持，国际奥委会主席罗格高度评价道：如果没有信息技术，北京奥运会就不可能成功举行。

广东省政务服务中心综合审批系统采用“一个窗口受理、一条龙服务、一次性收费、限时办结”的审批模式，运作过程全部应用现代信息和通信技术，实现有关部门相互协调和工作流程的优化组合，向社会提供优质、全方位、规范透明的服务。到 2008 年 12 月，启动运行 5 个月来，该中心共受理行政许可审批事项 48 037 件，办结率高达 91%，平均单件节省 4.8 天。安徽合肥市遵循“一个城市，一个政务数据中心”的思路，建立“具备政务资源的统筹管理控制能力”的协同办公体系，实现全部公务员“一体化”办公，并在此基础上为决策者提供科学决策依据。湖北武汉市 15 个区级政务服务中心、41 个市直部门将全部实行“一表受理、一网运作、一次发证”。同时，所有网上办理的行政业务全部纳入电子监察的范围，以便查处行政不作为、乱作为案件。

14.1.5　网络安全保障工作明显加强

在电子政务建设深入推进的过程中，网络安全保障工作也日益引起各部门的高度重视。

海关总署认真制定海关奥运安保工作方案，组织全国海关开展信息系统突发事件应急演练工作，推动开展海关信息系统等级保护及整改工作，基本完成全国海关信息系统定级及备案工作。组织验收并试点部署“海关信息系统安全运行管理平台”一期工程，建立运行网入侵检测系统二级监控体系。

质检总局信息安全工作领导小组制定并印发了《关于加强质检网络与信息安全保障工作的意见》、《质检计算机网络系统安全运行管理的暂行规定》和《质检网络与信息安全信息通报管理办法》等制度，成立了网络与信息安全协调工作组，开展了质检重要信息系统的信息安全等级保护的定级工作，建立了质检网络与信息安全信息通报机制，推进了质检内网建设工作，加强了灾备中心、视频会议系统改造等基础工作，进一步保障了质检总局的网络与信息安全。

国家统计局以《“十一五”国家统计信息化建设规划纲要》为指导，继续完善统计信息化标准体系建设，加大了标准规范在统计系统的执行力度，为国家政务信息的公开及数据资源的整合创造条件。继续完善统计信息网 OA 网、内网、外网安全体系建设，建立统计信息安全保障和恢复应急工作机制，进行国家统计局信息系统的安全等级保护定级工作，提高应对突发安全事件的组织指挥能力和应急处置能力。财政部组织制定并实施了部机关网络整合建设方案，完成了对涉密网、内网和预算专网的整合工作，将预算专网并入涉密网，解决了预算专网的安全保密问题。对内网和涉密网进行可控连接，实现两网之间非涉密信息的双向交换以及涉密网用户访问内网网站功能。

财政部研究制定了《财政部信息化建设管理办法》及 7 个配套管理办法，从应用系统需求审核、项目合同管理、项目组织实施、项目验收、网络建设、资金管理、监督检查等方面，形成了较为完整的管理制度体系，进一步明确了财政信息化管理机构和部门分工，规范了从项目确立到项目验收全过程的工作流程，强化了管理和监督措施。

审计署建设了包括审计署、18 个特派员办事处的视频会议系统，完成了基于国家电子政务外网建设的审计专网（非涉密网）规划，成立了隶属于国家标准化管理委员会的全国审计信息化标准化技术委员会（SAC/TC341），已印发《计算机审计实务公告》14 号。以普及应用现场审计实施系统为目标，还开展了有 6000 余人参加的审计业务人员认证考试，开展了信息系统审计培训，培训了 200 人的计算机审计中级骨干。

14.2 电子政务主要发展特点

总体上看，2008 年我国互联网电子政务发展呈现出以下特点：

1.《政府信息公开条例》的实施显著推进了政府信息公开的步伐。

2008 年 5 月 1 日实施的《政府信息公开条例》是新中国第一部将政府置于阳光之下的专门法规。条例确定了“公开为原则、不公开为例外”的基本方略，在实践中成为政务信息公开的强有力的推动力。从各部门、各地方对于实施条例的一系列准备工作，到后来的“5·12”汶川特大地震等一系列重大事件发生的前前后后，我们都可以看出，政府信息公开已经切切实实地引起了各界公众的重视。不仅政府有关部门公开相关信息的主动性大大增强，公众希望政府公开相关信息的意愿更为强烈。纵观 2008 年影响比较大的一系列公共事件，从特大地震到重庆出租车停运事件、从瓮安事件到三鹿奶粉事件，许多正反事例都说明：及时地公开政府信息对于构建和谐的官民关系、提高政府行政效能具有举足轻重的作用。

2. 日益完善的政府网成为建设服务型政府的重要平台

从 1996 年海南省政府创办首个政府门户网站起，到 2006 年 1 月 1 日中央政府门户网站正式开通，截至 2008 年以 gov.cn 结尾的各级政府网站数量超过 4 万个，政府网站历经十多年建设，其框架体系基本形成；且随着网络应用的日益深化，政府网站的政务公开、便民服务、互动交流等功能日益凸现，通过网络对话、电子信箱、开博发帖、网络专栏等多种方式架起与群众沟通的桥梁，开始与普通老百姓平等地以网民相称。在应对各种突发性公共事件中，包括政府网站在内的各种信息网络系统都发挥了重要的作用。

3. 电子政务共享网络基础设施初具规模，成为深层次业务应用的重要基础

总体上看，重要业务信息系统基本实现了从中央到地方的联网运行，电子政务网络已经覆盖了所有的省（自治区、直辖市）、90%以上的市和 80%以上的县。随着近年来中央级传输骨干网的开通、国家电子政务外网的投入运行、重点业务应用系统建设的扎实推进，电子政务网络基础设施的业务承载能力显著提高，为大规模、深层次的应用奠定了基础。

14.3　电子政务发展趋势

1．政府网站建设将进一步加强

《政府信息公开条例》的颁布实施大大提高了社会各界对政府信息公开的关注度，在满足企业和社会公众的信息需求方面，以权威信息发布为主要功能之一的政府网站无疑将发挥至关重要的作用。因此随着条例的全面实施，各级政府网站建设将进一步加强。与此同时，政府网站建设将更加突出“前台统一服务、后台互联互通”的理念。

2．电子政务建设将更加强调跨部门业务协同与信息共享

在前几年大规模网络建设的基础上，电子政务基础设施日益完善，跨部门业务协同与信息共享具有了坚实的物质基础。尤其是随着“大部制”改革的实施，从政府部门职能上对机构组织进行整合，打破部门间的信息障碍，将极大地促进信息资源共享和利用，按照“大部制”的要求统筹政府信息资源，将受到更多的关注。2008 年年底，工业和信息化部在杭州召开了“深化地方电子政务信息共享和业务协同工作座谈会”，某种意义上也反映了下一步电子政务建设的重点。

3．电子政务建设将更加突出面向公众的服务

党的十七大报告明确提出要“推行电子政务，强化社会管理和公共服务”，这表明“公共服务”是发展电子政务的一个重要职责。由此，突出面向公众的服务、构建服务型政府将是今后一个时期我国电子政务建设的重要内容。目前，许多省市都已经提出了提升政府网上服务的工作计划，工作重点是在强化政府网站信息公开功能基础上，加大网上服务整合力度，为企业和公众提供一体化在线服务。

（国家信息中心　于凤霞）

第 15 章　2008 年中国搜索引擎发展情况

随着互联网在中国的快速普及和网民规模的迅猛增长，2008 年中国搜索引擎的用户规模增长迅速。在经历 2007 年的翻番飞速发展后，伴随着中国宏观经济的增长，搜索引擎市场进入调整和成熟期。此外，借 2008 年突发事件，搜索引擎的媒体价值得到升华，搜索运营商在摸索平台化发展的道路上重新明确发展重心，在不断整合网络信息资源的同时，朝着更专、更精、更深的垂直搜索领域发展。与此同时，对搜索结果客观公正性达成的行业共识，带动了搜索引擎广告质的提升。

15.1　搜索引擎用户现状

1. 搜索引擎用户规模

搜索引擎是网民在互联网中获取所需信息的重要工具，是互联网基础应用之一。根据中国互联网络信息中心（CNNIC）统计数据，截至 2008 年 12 月 31 日，我国网民数达到 2.98 亿。其中，搜索引擎用户占网民总数的 68.0%，即我国搜索引擎用户人数已超过 2 亿，达到 2.03 亿人，年净增长 5100 万人如图 15.1 所示。搜索引擎在中国的使用率位列网络应用中网络音乐、即时通信和网络新闻之后的第五位。

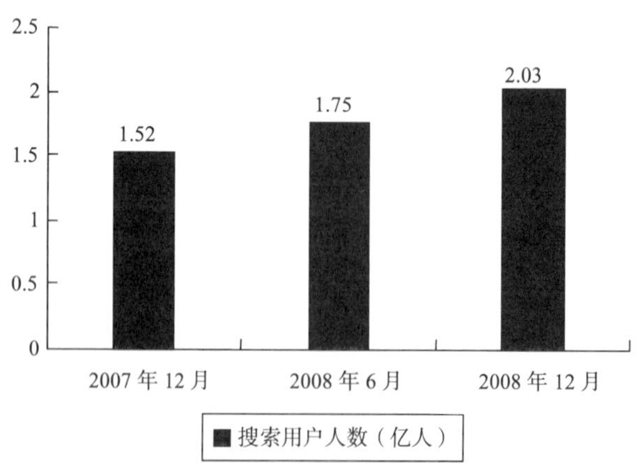

资料来源：中国互联网络信息中心（CNNIC）

图15.1　我国搜索引擎用户数增长情况

由于互联网整体网民规模快速增长，新增网民中低学历网民比重增大，而该部分网民的搜索引擎使用率较低，导致搜索引擎的整体使用率下降。但搜索引擎用户规模仍然保持平稳增长。随着互联网在中国的快速普及，网民结构逐步趋向优化，预期中国搜索引擎用户将会继续保持增长。

2．搜索引擎用户结构特征

中国互联网络信息中心（CNNIC）调查显示，2008 年搜索引擎市场持续快速增长的同时，用户中各种类型群体的结构比例正在进一步优化。主要体现在中国搜索引擎用户的性别结构变化，用户的年龄结构趋向成熟，并且搜索引擎逐步向低学历网民群体渗透。

截至 2008 年年底，中国搜索引擎用户中，男性所占比例为 56.0%，女性所占比例为 44.0%。与 2007 年相比，女性搜索用户所占的比例提升了 1.0%，搜索引擎用户的性别结构，逐步趋近于中国网民总体的性别结构，如图 15.2 所示。

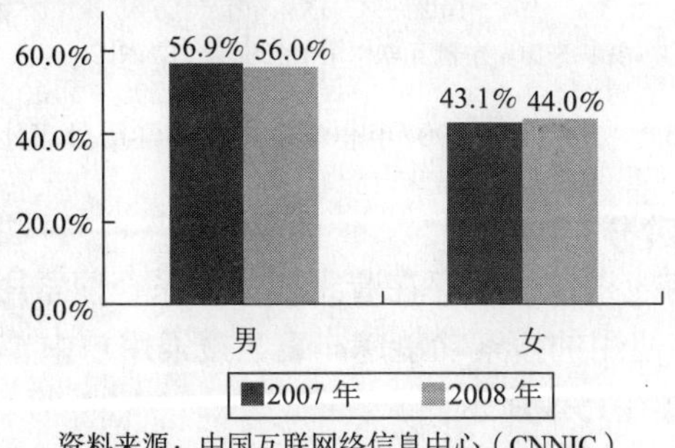

资料来源：中国互联网络信息中心（CNNIC）

图15.2　2007—2008年搜索用户性别结构对比

中国搜索引擎用户的主体仍是 30 岁以下的年轻群体，这一用户群体所占比例超过用户总体的 2/3。与 2007 年相比，30 岁以上的搜索用户所占比重增大。随着近年来中国网民中高龄群体所占比例的不断上升，以及搜索引擎用户自身年龄的增长，搜索引擎用户的年龄结构将逐步趋向成熟，如图 15.3 所示。

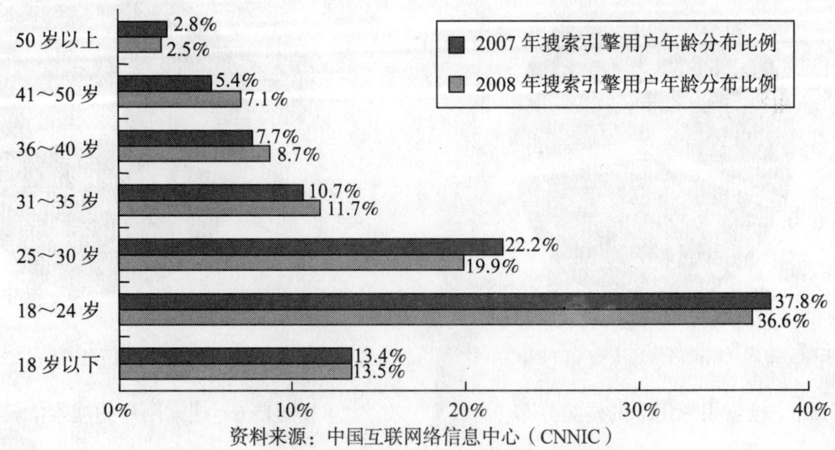

资料来源：中国互联网络信息中心（CNNIC）

图15.3　2008年与2007年搜索用户的年龄分布比较

中国搜索引擎用户中，学生用户占 31.7%。非学生的搜索用户中，高中学历群体占比最高，约占 30.3%，如图 15.4 所示。近年来，中国网民中，高中及以下学历的网民所占比重越来越大。受此影响，2008 年高中及以下学历的用户所占比例明显增加，搜索引擎逐渐向低学历网民渗透。

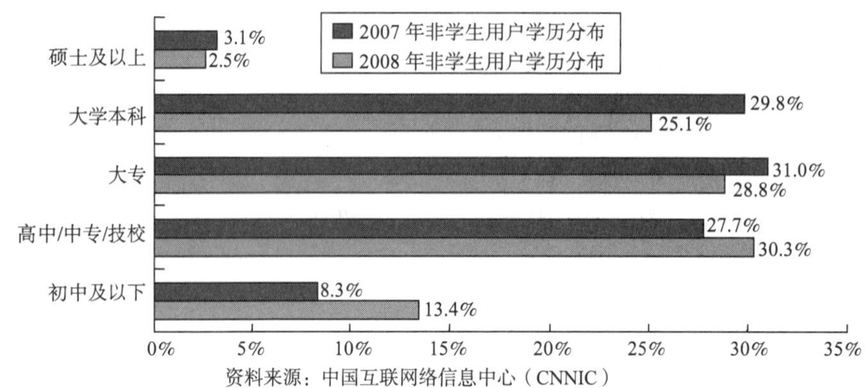

资料来源：中国互联网络信息中心（CNNIC）

图15.4　2008年与2007年非学生用户的学历分布比较

3. 搜索引擎用户的网龄分布特征

搜索引擎用户的网龄与搜索依赖度存在着密切的关系，搜索用户的网龄越长，使用搜索的频率越高，搜索的内容和使用的搜索功能越丰富。搜索用户中，有近 60%的用户使用互联网的历史都在 4 年以上，如图 15.5 所示。

4. 搜索引擎用户对搜索的依赖程度

搜索用户使用搜索的频率显示了网民在网络生活中对搜索的依赖程度较深。2008 年，中国搜索引擎用户中，有 38.1%的用户属于搜索重度用户（每天多次使用搜索引擎），43.5%属于搜索中度用户（每星期至少使用 2 次），18.4%属于搜索轻度用户（大约每星期最多使用 1 次），如图 15.6 所示。

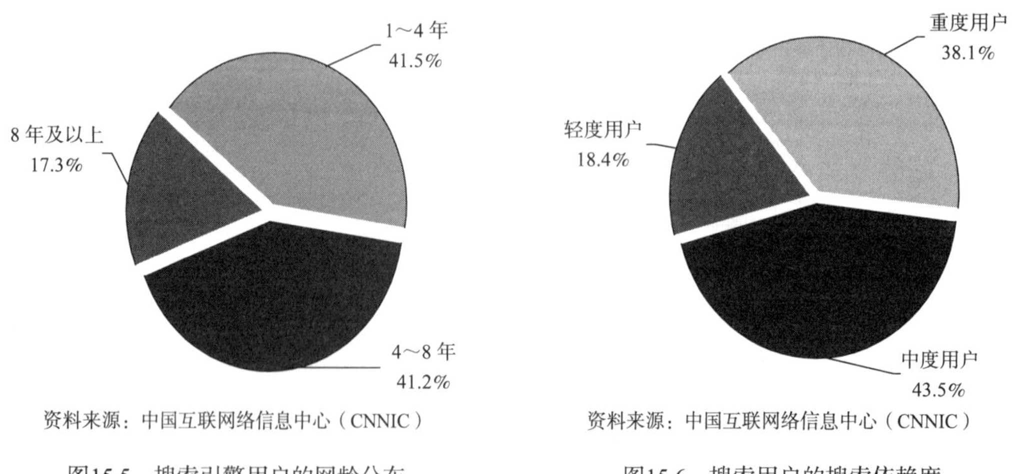

资料来源：中国互联网络信息中心（CNNIC）　　资料来源：中国互联网络信息中心（CNNIC）

图15.5　搜索引擎用户的网龄分布　　图15.6　搜索用户的搜索依赖度

5. 网民的搜索行为与搜索引擎优化

随着搜索引擎在中国网民网络生活中重要性的提高，搜索引擎商业模式的成熟，搜索产业链条的稳固，国内各个主要的搜索厂商将精力越来越多地投入到搜索引擎优化与搜索引擎营销模式的拓展中。2008 年，除搜索主页搜索降低 3%之外，其余搜索申请界面的使用率都呈上升趋势，进一步说明搜索引擎用户实现搜索的技术手段越来越丰富多样，如图 15.7 所示。

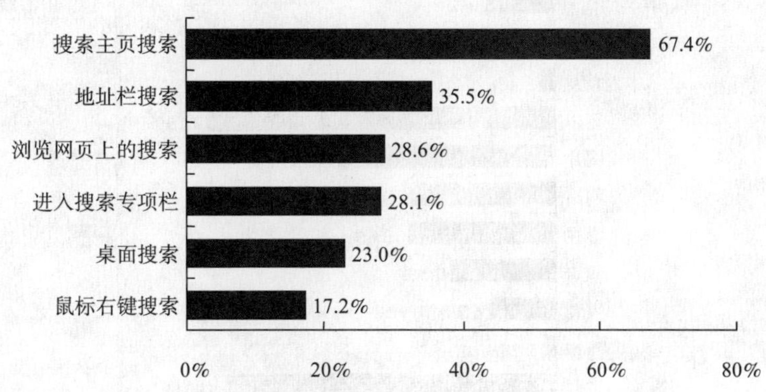

资料来源：中国互联网络信息中心（CNNIC）

图15.7　搜索用户提供搜索需求的界面

搜索引擎用户使用关键词的特征关系到搜索引擎优化和营销战略的推广，因此搜索用户关键词的使用习惯一直广受关注。根据中国互联网络信息中心（CNNIC）得调查，搜索引擎用户中，95%以上的用户都能够自述进行搜索时首先输入的关键词类型，其中输入“主要一个关键词”的是搜索用户查询信息时主要的关键词输入类型，所占比例达 38.1%，如图 15.8 所示。

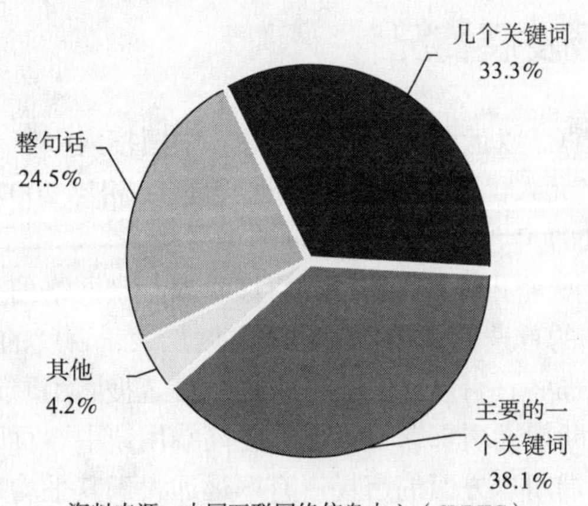

资料来源：中国互联网络信息中心（CNNIC）

图15.8　搜索引擎用户输入关键词类型

6．搜索用户的搜索内容与需求

中国平均每个搜索用户平时主要通过搜索引擎搜索的内容类别在两种以上，搜索引擎的使用以休闲娱乐为主要目的，对生活信息的搜索需求要略高于对专业工具的搜索需求。以休闲娱乐为目的的搜索中，音乐搜索的选择率最高，达 32.6%；生活信息搜索主要以新闻信息的搜索为主；而在专业工具的搜索中，专业资料的需求最高，选择率达 31.3%，如图 15.9 所示。

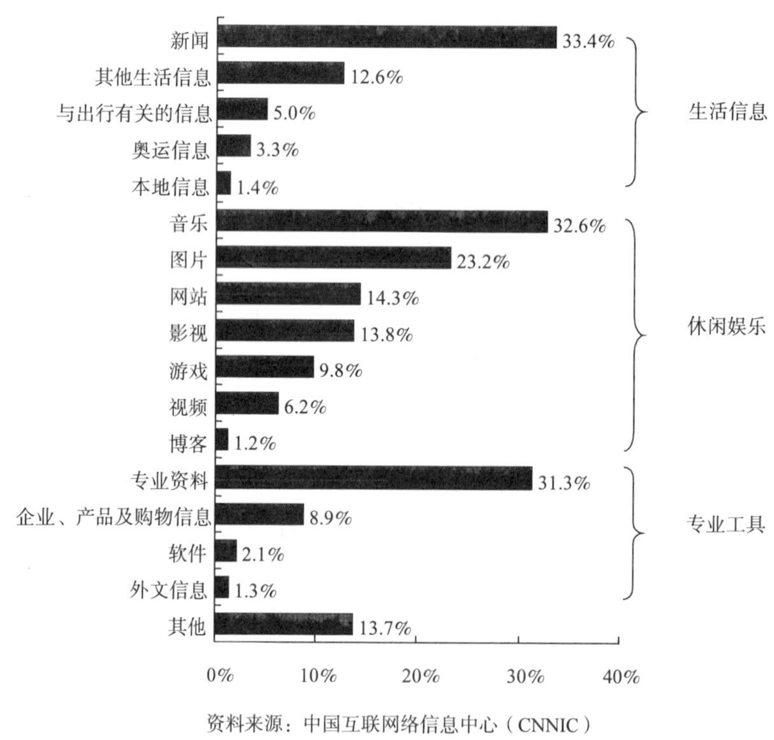

资料来源：中国互联网络信息中心（CNNIC）

图15.9 搜索引擎用户的搜索内容

15.2 搜索引擎市场发展情况

根据艾瑞咨询调查数据，以运营商营收总和计算中国搜索引擎市场规模，2008 年中国搜索引擎市场规模达 50.2 亿元人民币（约合 7.35 亿美元），相比 2007 年的 29.0 亿元人民币年同比增长 73.1%，相比 2007 年增速放缓，市场趋于平稳。

从搜索引擎用户首选搜索引擎品牌来看，根据中国互联网络信息中心（CNNIC）调查显示，2008 年全国搜索用户的首选搜索引擎集中度再度加大，百度的首选市场份额达 76.9%，谷歌的首选市场份额达 16.6%，百度和谷歌所占据的首选搜索引擎市场份额之和超过 90%，如图 15.10 所示，基本垄断搜索引擎首选市场；在高端用户中，百度的首选市场份额有所提升，达 57.9%，谷歌在高端用户方面的市场占有率远远大于其平均市场占有率，首选市场份额达 35.9%。

从搜索引擎市场营收份额来看，根据艾瑞咨询统计，2008 年中国搜索引擎运营商竞争加剧，市场集中度上升，领先的搜索引擎运营商继续扩大其市场占有，百度和谷歌两家从营收上基本垄断搜索引擎市场。百度依托广告主数量拓展及广告主 ARPU 提升，占据 63.5%的市场营收份额，谷歌中国则占据 27.3%的市场营收份额。中国搜索市场进入了名副其实的双寡头时代。

其他企业则受以上两家业务发展的挤压，市场占有率出现下滑。二线运营商，如搜狗和雅虎等正在逐步改善并运用自身优势，突出自身的特色服务，力争在搜索引擎方面有更大的突破。

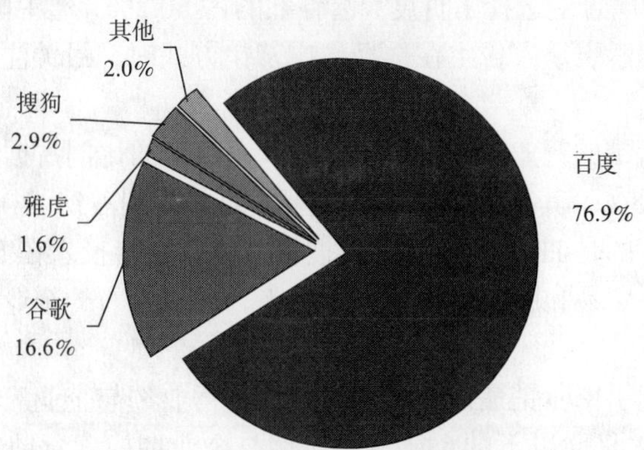

资料来源：中国互联网络信息中心（CNNIC）

图15.10　全国范围内搜索用户的搜索引擎首选

15.3　搜索引擎营销

随着中国互联网的蓬勃发展和社会信息化进程的逐步推进，网络经济迅速发展起来。互联网突破时空限制的特性让网络营销具备了更广泛的市场覆盖范围与渠道穿透力。2008 年，中国的网络营销呈现百花齐放的局面，更多的企业对互联网营销产品和服务的接受和认可程度在不断提高，逐步把目光和资源投放到互联网营销中。

搜索引擎一方面是网民信息获取的重要入口，另一方面也是企业商家产品信息展示和品牌宣传的重要平台。搜索引擎的特性决定了其在互联网领域的高商业价值，蕴藏着巨大的买方与卖方市场。在搜索引擎用户规模与互联网市场营销价值凸显的情况下，搜索引擎已经成为企业选择的重要互联网营销手段之一。

1. 搜索引擎与电子商务

搜索引擎已经渗透到人们生活的各个层面，成为人们获取生活、学习和工作的重要信息渠道。根据艾瑞咨询调查显示：近六成网购用户在购买商品前使用搜索引擎进行查询比较，获取商品信息；在购买并提交订单后，依然有 66.1%的网购用户继续使用搜索引擎获得商品使用和评价等方面的信息。从用户产生潜在网络购买意识到网络购物结束后的整个流程中，搜索服务都发挥着重要的作用，影响渗透到用户对目标商品的产品及品牌的了解、熟悉直至购买决策的全过程。

在企业的网络营销中，搜索引擎和电子商务网站推广是最主要的推广方式。根据中国互联网络信息中心（CNNIC）对搜索引擎广告主的调查显示：2008 年，有 37.2%的被调查企业在同时使用搜索引擎和电子商务网站开展营销，有 11.3%的企业广告主只使用搜索引擎进行营销推广，即有 48.5%的企业使用搜索营销。

2008 年，百度 C2C 购物平台“有啊”正式上线，预示着未来搜索引擎与电子商务的结合将有更广阔的空间。

2．搜索引擎营销发展特色

根据中国互联网络信息中心（CNNIC）的调查显示，在使用搜索引擎营销的广告主的品牌选择中，有 86.0%的广告主选择了百度，选谷歌的占 60.2%，选中国雅虎搜索的占 20.1%，选搜狗的占 18.2%。搜索引擎广告主在选择推广营销方式时，最关注的是产品品牌排名的序列优势。

在使用搜索引擎营销的行业分布中，制造业以 49.3%的比例占据着绝对领先位置，IT 业广告主所占比例为 12.5%，其次是贸易行业和服务业，分别占到了 10.3%和 6.0%。各个行业中，投放量额度最高的是 IT 行业，其利用搜索引擎营销年投入在 5 万元以上的有 24.3%，而传统行业如制造业、贸易和服务等行业基本持平，四成左右的企业广告年投放额在一万元到五万元之间。

中小企业成为搜索引擎营销最活跃的群体。从将营业额与企业广告投入的相关行研究中发现，对于营业额在 2 亿元以下的企业，营业额与企业在搜索营销上的高额度广告投入量成正比，随着企业营业额的增加，广告投放量在一万元以上的企业数量增加。但是当营业额突破 2 亿元时，其在搜索引擎营销上的大额广告投放少于营业额在 5000 万元到 2 亿元之间的企业。

目前搜索营销仍处在发展初期，中国的很多企业尚未充分地接触和很好地理解网络营销理念，对于搜索营销仍存在很多误解，搜索引擎服务运营商应继续大力拓展营销宣传手段，搜索营销市场有待进一步细分做大。

3．搜索引擎营销面临公信力危机

搜索引擎作为互联网的一项重要基础应用，其结果中包含的资讯信息和广告信息被用户更多地利用，从而带来了非法广告问题。当搜索引擎在网络生活中角色越发重要之际，网络搜索的公正性和行业监管问题日益突出。2008 年 11 月 15 日，央视新闻 30 分节目播出了《记者调查：虚假信息借网传播 百度竞价排名遭质疑》的新闻，围绕着百度对搜索结果的人工干预，特别是百度竞价排名机制引起的搜索引擎公正性及企业道德的话题引起人们的广泛关注。此后，2008 年 12 月 11 日，中央电视台新闻节目“朝闻天下”报道了谷歌通过付费而出现的广告内容专区“赞助商链接”中，充斥着不少违法的医疗、医药销售信息，而且其中大多为虚假信息，对消费者造成了很大的伤害。这些事件的相继发生，引发了公众对搜索引擎公正性和客观性的质疑，使搜索引擎营销面临严重的信任危机，促使服务商采取行之有效的清理方案，以有效地提升搜索结果的公正性和用户体验。对于搜索引擎服务商来说，首先要构建广告与自然搜索结果可明确区分的体系，从中体现出信息的公正性和客观性，其次要加大对代理商的监管和约束力度，力求服务的规范和统一。

对比国外搜索引擎行业的发展情况，自 2002 年起，美、欧、日、韩等国家均以行业规范和法律条文等形式，出台了关于搜索引擎的公正性和客观性的行业标准。而在我国，所有付费所进行的信息发布，都应尽快纳入广告法监管范围。同时搜索营销仍是要大力推广和扶持的行业，急需尽快出台基于产业发展和社会公正性的行业规范。

4．搜索营销发展趋势

根据中国互联网络信息中心（CNNIC）的研究，企业未来搜索引擎营销推广的意愿稳中有升，搜索引擎营销仍然会保持持续增长的势头。有 74.0%的企业会继续采用搜索引擎进行营销推广，其中，绝大多数企业不会减少投入，超过半数企业会基本保持现有投入，有 14.1%的企业会继续投放并增大投入。搜索营销更有利于品牌推广，而品牌的打造就是以长线形式为销售服务，在销量困境到来之前做好品牌，是企业可持续发展的明智选择。对于贸易的导向性，搜索营销覆盖的受众为国内广告主和用户，更适应处在出口危机中的企业由出口向国内市场的转换。对比中国四千多万家中小企业，现在中国搜索营销市场的整体行业规模还存在数量级上的差异，产业的发展处于初级阶段，中国搜索引擎营销市场仍有较大的潜力尚待挖掘，未来发展空间广阔。

15.4　垂直搜索发展情况

1．视频搜索

2008 年互联网行业相关从业者对视频搜索给予了高度关注，视频搜索仍具有较大的发展潜力。2008 年，谷歌加大在视频分析领域的技术投入，同时在商业模式上进行新的探索；微软在技术积累和市场环境的临界点上突然发力，在技术、服务和商业等全方面挤压对手。这些技术巨头对视频领域的关注和投入可能将会全面改变视频搜索的竞争格局。

视频搜索网站目前仍无法吸引大规模的广告投放来实现盈利，视频网站的发展以及相关互联网企业对互联网视频搜索的需求尚未给视频搜索技术提供商带来足够的利润。因此，部分视频搜索技术提供商转而面向电视台等机构提供视频数字化加工服务和视频托管等，以实现盈利模式的多元化。与此同时，视频搜索网站也将利用其视频搜索技术发展视频广告精准投放平台，以扩展新盈利模式。无论是视频广告还是页面广告的匹配都可以根据用户的选择进行定位，这对广告主是颇具吸引力的，视频搜索网站在未获得广告主大规模投放前，发展视频广告精准投放平台，对早日实现盈利是必要的。

2．音乐搜索

中国互联网络信息中心（CNNIC）的调查显示，超过 2 亿搜索引擎用户的应用主要以休闲娱乐为主要目的，用户的这些搜索中，音乐搜索的选择率最高，达 32.6%。

百度音乐搜索长期垄断了中国的音乐搜索市场。在 2008 年，音乐搜索局面便悄然开始改变：中国市场出现了新的竞争者，谷歌中国联合巨鲸音乐网在中国推出了正版音乐搜索试用版，而腾讯 SOSO 也推出正版音乐搜索频道，以满足中国网民不断增长的互联网娱乐需求。随着相关厂商进一步的深入合作与技术创新，音乐搜索将向正版化方向发展，盗版音乐在搜索引擎上的生存空间将被空前压缩，可持续发展的音乐搜索发展模式将会得到更多的推进。

3．生活搜索

生活搜索网站的搜索内容大多和人们的日常生活息息相关，集中反映了人们的各种生活需求，生活搜索主要通过本地搜索，以多种组合搜索的形式，将分类信息、黄页信息、点评信息和商家信息等连接起来，提供更加精准、高效的搜索服务，帮助人们更加便利地找到自己所需要的服务，解决人们日常生活中遇到的生活问题。因此，生活搜索行业本身的“民生”特点决定了其具有长期生存和发展机会。

根据艾瑞咨询数据显示，截至 2008 年 4 月，在中国网民平均浏览量达前十的网站中，生活服务类网站以 8.4 亿次排在第 7 位，用户的关注度较高。生活搜索网站覆盖人数已从一年前的 0.74 亿人，增长到 2008 年 4 月 1.03 亿人，增长幅度达 39%。

口碑网、酷讯网人均月度访问次数、人均有效浏览时间均处于优势区域；58 同城、客齐集、赶集网和谷歌生活的有效浏览时间集中在 2 分 24 秒到 3 分 36 秒之间，人均月度访问次数集中在 1～1.4 次之间；大众点评网的浏览时间位列第一，但人均访问次数较低。用户感兴趣的信息主要集中在房产信息（占 25.1%），美食（占 18.2%）、旅游（占 15.8%）和商场打折信息（占 15.7%）四个方面，相对而言其他信息的关注程度较低，所占比例不高。

广泛的用户参与和多样化的需求是生活信息网站的最大优势，为了获取更多的用户，取得更好的营业收入，越来越多的商家向网络“靠拢”，开网上门店、有效使用本地生活信息类网站，网络营销越来越成为商家与消费者互动沟通的有效渠道之一。

15.5 移动搜索发展情况

根据国家工业和信息化部统计，2008 年也是移动电话用户增长最多的一年，全国移动电话用户净增 9392.4 万户，达到 64 123.0 万户，移动电话用户与固定电话用户的差距超过 3 亿户。

手机用户的快速增长推动了手机数据业务和手机上网的快速发展，为移动搜索市场提供了丰富的潜在用户资源。根据中国互联网络信息中心（CNNIC）的研究，截至 2008 年年底，中国移动搜索（仅指使用手机上网，在线搜索的模式）用户规模达 2387 万人。而根据艾瑞咨询对移动搜索市场的研究，截至 2008 年年底，中国移动搜索市场收入（仅指无线广告收入规模及广告联盟收入规模，不包括个人用户使用移动搜索业务产生的短信、WAP 流量资费及使用某些搜索业务的服务费）规模达到 1.7 亿元，同比增长 287.5%。

目前移动搜索市场收入主要源于无线广告收入及广告联盟收入。与传统媒体相比，手机媒体对广告受众分群的精准性，使中国移动搜索市场收入规模呈现快速增长态势，移动搜索行业也成为运营商和投资商等关注的焦点之一。从目前的竞争格局来看，互联网搜索服务提供商、专业移动搜索服务提供商及 WAP 门户的移动搜索平台已形成移动搜索领域的三大阵营，在移动搜索市场用户资源争夺过程中，三大阵营各有优势。

在各类移动搜索方式中，WAP 搜索占主导地位。与 WAP 搜索相比，SMS 搜索和语音搜索虽然可通过规避终端能否上网的限制以降低用户使用门槛，但其对信息的判别能力和信息的精准等指标均有较高的要求。同时，SMS 搜索需要用户不断回复短信来实现搜索过程，这在一定程度上影响了用户体验。而语音搜索虽符合用户使用习惯，但目前语音识别技术发展并不完善，需要人工干预实现搜索过程，在语音搜索中，对庞大搜索数据的处理能力及二次搜索导致搜索速度过缓等难题仍亟待解决。

目前移动搜索应用主要集中于娱乐休闲方面。根据艾瑞咨询数据显示，在中国移动搜索用户经常搜索的信息类型中，音乐类搜索以 72.6%的比例位居首位。

为使移动搜索能够提供更优质、更有效的服务，以满足用户的使用需求，移动搜索厂商应在加强网络硬件设施建设，改善搜索产品服务的同时，充实和完善移动搜索信息内容，以丰富的信息内容，精准的搜索体验满足用户日益增长的搜索需求。

（中国互联网络信息中心　秦　英）

第 16 章　2008 年中国即时通信服务发展情况

16.1　发展概述

根据中国互联网络信息中心（CNNIC）数据显示，2008 年，腾讯 QQ 无论在用户规模或者市场营收规模依然占据着绝对领先的地位，整体即时通信用户渗透率高达 97.4%，而其他即时通信软件用户渗透率最高只有 20%左右。腾讯 QQ 较高的渗透率并不意味着其他即时通信工具发展空间的缩小，相反，互联网其他服务用户规模的不断增长带动了一批新兴的即时通信工具：2006 年中国移动通信集团推出以移动服务为平台的即时通信软件飞信；2007 年阿里巴巴公司整合淘宝旺旺与贸易通推出全新的阿里旺旺；2008 年上半年百度公司推出百度 Hi 即时通信软件。虽然这些软件运营时间不长，但均依靠各自的细分市场在短期内占领了一定的份额，且用户渗透率已经超过早期第二大即时通信软件微软 MSN。可以预测，未来包括腾讯 QQ 在内的运营商竞争将会进一步激烈。另一方面，随着企业对于通信成本以及传输安全性的需求，企业级即时通信工具也展现出良好的发展空间，2008 年企业用户已经超过 10 万家，用户人数接近 600 万，也表现出良好的发展态势。

16.2　用户分析

16.2.1　用户规模

即使通信是随中国互联网发展的最早的服务之一，越来越多的中国互联网用户已经习惯于在网上使用即时通信进行交流。而垂直细分类即时通信产品自 2006 年开始的迅速发展，又进一步促进了即时通信用户规模的增长。

表 16.1　2007—2008 年中国即时通信用户对比

	2007 年年底		2008 年年底		变化	
	使用率	用户规模（万人）	使用率	用户规模（万人）	增长量（万人）	增长率
即时通信	81.40%	17 100	75.30%	22 400	5300	31.00%

数据来源：中国互联网络信息中心（CNNIC）

如表 16.1 截至 2008 年年底，中国即时通信用户规模为 2.2 亿人，网民使用率 75.3%，较 2007 年 81.4%的使用率有所减少，但用户绝对规模依然增长了 5300 万。从年龄分析看，40 岁及以上人群即时通信用户所占比重略高于 2007 年，主要的用户增量体现在 40 岁及以上的老网民中，而 40 岁以下的即时通信用户使用率均出现了下降。

16.2.2 用户特征

即时通信的高渗透率导致其性别结构与中国整体互联网网民性别结构相似，根据中国互联网络信息中心（CNNIC）第 23 次《中国互联网络发展状况统计报告》数据显示，中国互联网用户男女比例为 52.5%和 47.5%，此次即时通信调查显示男女用户比例为 52.1：47.9，与网民性别结构类似，如图 16.1 所示。年龄方面，数据显示，即时通信用户年龄更为集中，20～29 岁人群成为即时通信主要用户，比例高达 40.2%。分析认为，20～29 岁年龄段无论在学历、收入新事物接受能力以及人际交流意愿均强于其他年龄段，这也为即时通信潜在商业价值的发挥创造了基础，如图 16.2 所示。

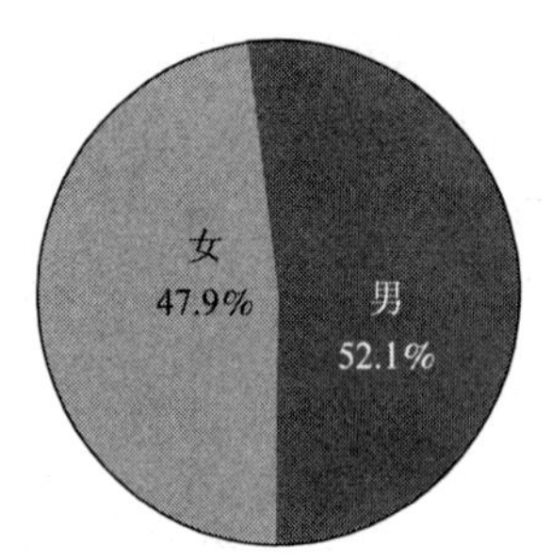

数据来源：中国互联网络信息中心（CNNIC）

图16.1 即时通信用户性别比例

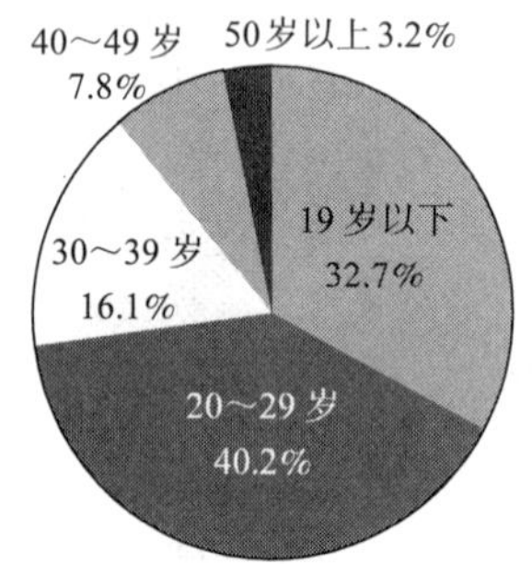

数据来源：中国互联网络信息中心（CNNIC）

图16.2 即时通信用户年龄结构

中国即时通信用户无收入人群比例较大，占到总体用户的 42.5%，如图 16.3 所示。对于不同即时通信用户而言收入也有所不同，如偏向商务应用的阿里旺旺、微软 MSN 等即时通信工具用户收入较高。

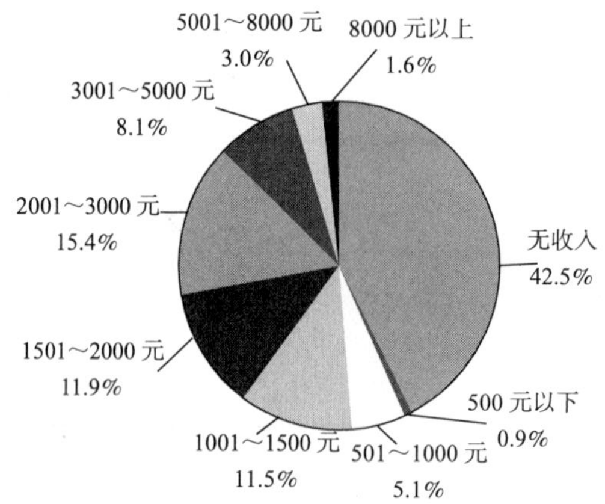

数据来源：中国互联网络信息中心（CNNIC）

图16.3 即时通信用户收入结构

16.3　市场竞争分析

16.3.1　IM 软件市场份额

即时通信服务作为中国互联网基础服务之一，从软件特征上可以分为两类：一类是通用型即时通信软件，典型代表是腾讯 QQ 与微软 MSN，该类型软件自身盈利能力有限，但平台作用明显。另一类是垂直型即时通信软件，该类软件主要由其他互联网服务的发展带动，主要代表是淘宝旺旺和百度 HI 等，但无论哪种软件，相比于电子商务和网络游戏等互联网服务盈利能力都偏低，作为以免费服务为主的运营模式统计其货币市场规模意义不大，而作为“平台化运营”的重要工具，其用户规模更具有参考价值。

根据中国互联网络信息中心（CNNIC）数据显示，如图 16.4 所示腾讯 QQ 以 97.4%的渗透率处于绝对领先地位，而飞信、百度 HI、阿里旺旺以及 MSN 构成第二梯队，比例在 17%左右，其他即时通信软件处于第三梯队。值得关注的是，MSN 已经从初期用户规模第二的位置下降至第五。

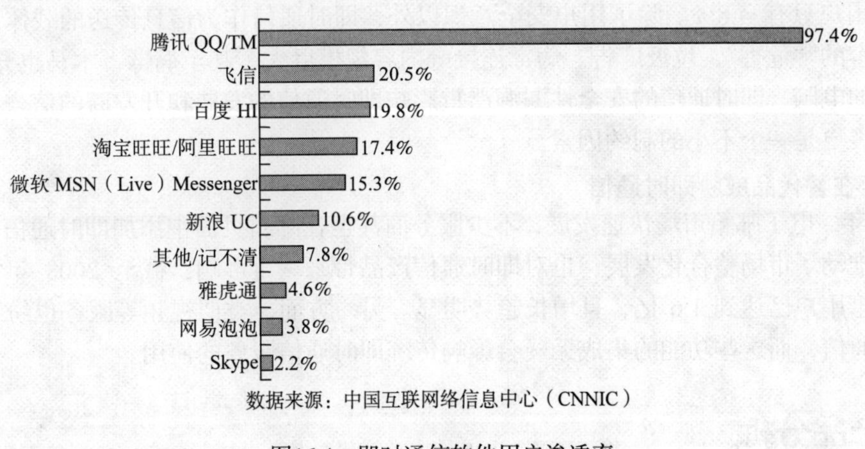

图16.4　即时通信软件用户渗透率

16.3.2　市场促进因素

1. 互联网社区化趋势促进即时通信发展

互联网社区化发展建立在用户交流和沟通的基础之上，随着互联网逐步向这一方向靠拢，即时通信产品作为网民间交流的主要工具，其需求也随之增加。作为发展成熟的行业之一，即使通信在用户黏性，传播力度，整合能力高的优势充分适应互联网个性化，社区化需求，为其发展提供有利的技术支持，而社区化需求反之也进一步促进了即时通信的发展。

2. 用户依赖度较高

即时通信是最早发展的互联网服务之一，而较早的发展一方面为即时通信产品积累了巨大的用户资源，另一方面，用户在即时通信工具中联系人的增加也极大提高了用户的黏合度，流失率较低。因此，与其他互联网服务相比，即时通信用户黏合度和产品及时性、便利性等优势明显，而这些特性也将为其发展奠定良好的基础。

3．用户即时通信需求不断提升

随着网民对于互联网信息需求的逐步增加，即时通信的需求也在不断提高，这里的需求一方面是服务的需求，而另一方面则是功能的需求。首先，互联网快速发展，网民整体基数的增长使网民对于即时通信的需求已经不再是沟通方式，越来越多的用户利用即时通信工具登录其他服务，这无疑在一定程度上推动了即时通信潜在商业价值的挖掘。第二，随着中小企业的快速增长及企业信息化进程的逐步推进，企业内使用即时通信产品进行协同办公也已经成为趋势之一，虽然目前企业级即时通信产品还处在起步阶段，但从技术和企业级用户需求的长期发展来看，企业内协同办公需求会推动更多办公性更强的即时通信产品的产生。随着移动运营商及电信运营商的加入，通过即时通信等软件进行语音、视频会议将更大程度地满足企业级用户的需求，并进而推动整个市场的发展。

16.3.3 市场挑战

1．安全性及私密性阻碍即时通信的发展

与即时通信的渗透率相比，用户的安全意识有待提高，根据中国互联网络信息中心（CNNIC）调查显示，近 7 成的即时通信用户不更换或者很少更换密码，而依照使用地点更换密码的用户只有 4.8%。除了用户安全意识以外，即时通信作为信息传送的载体，其也受到信息内容的“危害”，垃圾广告、病毒连接等内容规模巨大，甚至病毒、木马也充斥其中，控制用户的电脑。即时通信的安全性漏洞严重影响即时通信的发展和开发商的信誉，而对于市场的发展更是一个不小的制约因素。

2．潜在替代品威胁即时通信

2008 年，电子邮箱市场快速发展，不少服务商甚至在邮箱页面中添加即时通信功能，很大程度上推动了市场整合化发展，也对即时通信产品带来一定影响。截至 2008 年年底，我国电子邮箱用户已达到 1.6 亿，且增长趋势明显。另一方面，类似视频等服务也纷纷在网页内置即时通信，而这些功能的集成无疑会影响传统即时通信服务的使用。

16.4 产品分析

1．综合类即时通信工具

综合类即时通信软件指用户群体以及用途并没有明显特征，从软件的历史分析，综合类即时通信软件出现时间较早，其在功能以及用户规模上均有较好的积累，而这种积累也为其潜在价值的挖掘创造了便利条件。该类型最典型的软件是腾讯 QQ 和微软 MSN Messenger。

腾讯 QQ，作为市场份额最大的运营商，用户对其产品及相关增值服务认可度均较高，随着互联网用户规模的快速增长，其潜在用户规模巨大，腾讯要将这一优势继续扩大下去，其即时通信产品除了要做到产品创新发展以外，相关增值服务也要进一步提高，以求吸引更多的用户。

从品牌影响力、用户认可程度、用户黏性等指标分析，微软 MSN 优势明显，互联网整合化、社区化以及细分领域的快速发展，均为其扩大用户规模带来很多机会。因此，利用有利机会和自身优势来扭转其现有市场占有率不高的劣势，是其未来发展的必经之路。

2．跨平台即时通信工具

跨平台即时通信软件指其使用方式已经不限于互联网，实际上目前主流综合性即时通信工具均可以通过电脑或者手机使用，但真正实现于手机“无缝连接”的工具则非飞信莫属。

随着 3G 网络、电信重组、三网融合等政策变动，即时通信产品 Skype 及飞信面临更多的市场机会。作为跨网络跨平台的专业化即时通信产品，Skype 及飞信在未来的策略选择则有所不同。中国移动旗下的飞信产品由于业务发展不成熟，服务整合力度不强，在一定程度上阻碍了产品未来的发展。因此，飞信产品在众多利好的促进之下，如何挖掘自身的商业价值成为其关注的重要因素。

3．跨网络即时通信工具

受到国家电信政策影响，目前跨网络的即时通信并不多，其中，最典型的则是 Skype。作为跨网络可进行网络电话会议且定位于高端用户的 Skype，技术优势明显，音视频功能相对完善，随着短信等功能的添加，产品技术优势越发明显。虽然技术领先，但其面临的问题也较为严峻，与在即时通信市场发展多年的各家服务商相比，Skype 进入市场后，其要面对的就是产品定位问题，在通信资费逐步下调的情况下如何脱颖而出，是 Skype 进入市场必须面对的问题。

4．垂直类即时通信工具

自 2006 年开始，随着互联网其他服务的发展，也带动了一批即时通信的出现，其中，以百度 Hi 和阿里旺旺尤为突出。

2008 年年初，百度推出即时通信软件百度 Hi，通过该产品将贴吧和空间、百科等社区化功能进行整合，同时软件页面中添加搜索功能，并将其他功能及服务进行整合。百度 Hi，作为搜索巨头百度旗下的一款即时通信产品，还是具有相对优势的，无论是企业级用户还是个人用户规模均相对巨大，互联网社区化发展的趋势，也增加了其社区化应用的贴吧、知道、百科、空间等服务的用户对即时通信产品的需求。但是由于其行业经验的不足，用户偏低端，虽然发展速度较快，短期内与即时通信巨头相抗衡的机会并不太大。但从长远发展角度来看，新进入者百度 Hi 对于市场的影响是巨大的。

与百度网站带动百度 Hi 类似，阿里旺旺作为阿里巴巴旗下网站的衍生产品，也得到了迅速发展，其市场定位较 MSN 有很大的相似之处，淘宝、阿里巴巴电子商务业务的快速增长加大了即时通信产品用户规模，而随着企业级应用的逐渐增多，阿里旺旺依托公司强大的实力背景，企业级潜在用户规模也有很大的提升空间。经过 2007 年的快速发展，其市场地位基本稳定。相关细分领域的快速发展，为其产品不同版本的推动作用较大。无论是电子商务的快速发展，还是企业信息化进程及 SaaS 服务的快速增长，均为其带来很多其他服务商无法利用的机会。公司各业务间的相互贯通，在很大程度上需要即时通信产品的支持，即时通信产品的发展也需要各业务间的用户支持。

5．即时通信软件发展趋势

（1）即时通信软件功能多样化趋势明显

即时通信软件的主要目的是实现多人的在线沟通，随着用户对于信息的多样化需求以及网络配套设施的完善，即时通信软件从其诞生初期的两人对话、纯文本对话，已经发展到现在多人网络对话、多种信息格式对话；此外，即时通信传递的内容除了文字信息、普通文件，还包含了语音与视频交流、高速的大文件传送等。这种功能的多样化一方面加强了用户对于即时通信软件的黏合度，另一方面也是满足用户不断提升的用户需求，未来软件功能多样化的趋势还将进一步显现。

（2）即时通信工具向“平台化”转换

虽然软即时通信软件普及率较高，但如果仅依靠其通信功能，盈利较为困难，而提供满足用户需求的增值服务，不但可以为盈利创造基础，也是其保持用户的必要手段。目前即时通信软件增值服务可分为两种：一种为即时通信软件自身功能的补充，如角色装扮、聊天表情和皮肤等；另一种为延伸性即时通信服务，随着即时通信承载的功能日益丰富，其不但正在成为社会化网络的连接点，平台性特征也使其逐渐成为电子邮件、博客、网络游戏和搜索等多种网络应用重要入口，而这些入口也为即时通信运营商获得新的商业机会创造了条件。

16.5 移动即时通信发展情况

1. 移动即时通信用户规模

随着移动互联网的发展，手机与即时通信的结合也愈加紧密，根据 2009 即时通信调查显示，中国手机即时通用户比例占到总体即时通信的用户的 33.0%，规模达到 7260 万。

2. 移动即时通信用户特征

与整体用户以及非手机聊天用户相比，移动即时通信用户性别差异明显。2009 即时通信调查显示，移动即时通信男女比例分别为 54.9%和 45.1%，如图 16.5 所示，而非移动即时通信用户男女比例为 50.6%和 49.4%。

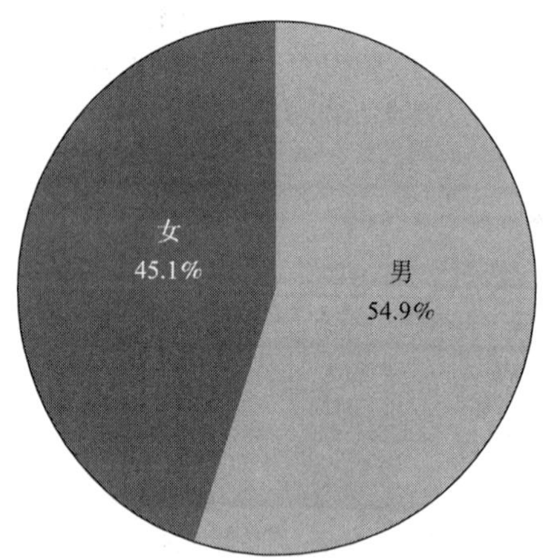

数据来源：中国互联网络信息中心（CNNIC）

图16.5 移动即时通信用户性别结构

青少年成为移动即时通信最大用户群体。20～29 岁人群使用移动即时通信的比例高达 53.7%，19 岁以下用户的比例为 35.9%如图 16.6 所示。青少年使用移动即时通信的原因一方面由于其接受新事物能力较强，另一方面则是由于该群体对于手机等更新速度较快，两方面共同作用奠定了移动即时通信的硬件基础。

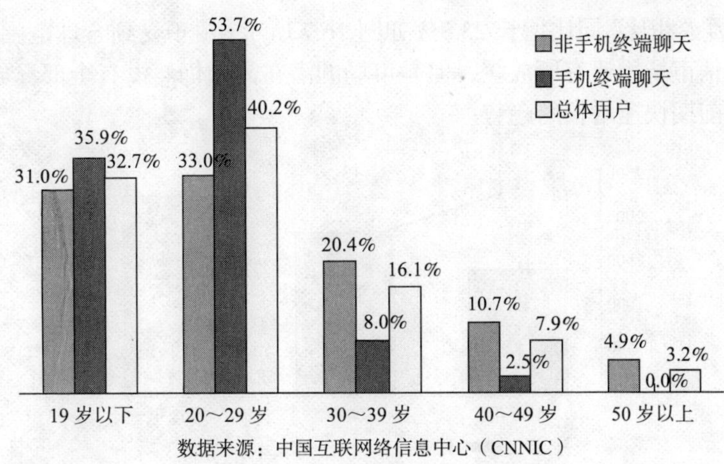

图16.6　移动即时通信用户年龄结构

3．发展情况及特色

中国手机用户规模的不断增长有一定的必然性，首先是手机普及率以及移动互联网使用率的不断提高为移动即时通信奠定了基础；另外，随着人们对于沟通的及时性以及更低资费的需求，刺激了移动即时通信的使用，以 QQ 和 MSN Messenger 为代表的通用性即时通信工具纷纷推出手机客户端；除此以外，移动飞信与手机的“无缝连接”，又进一步提高了即时通信软件与移动设备的结合。可以预见，未来移动即时通信规模还会进一步提升，而这种网络的结合也不仅限于互联网与移动网，随着国家电信政策的调整，三网合一的形势将为即时通信提供更为广阔的发展空间。

移动电话网、固定电话网和互联网是目前中国通信市场的主要网络，受到国家政策影响，虽然目前三网合一还没有形成实质性代表产品，但是从目前各个软件的功能以及用户需求分析，已经为三网合一奠定了发展基础。以欧洲跨网即时通信 Skype 的发展状况来看，一个可以通过电脑实现同移动电话或固定电话交流的产品具有巨大的市场，也是各提供商眼中一块具有巨大潜力的细分市场。

16.6　企业即时通信

16.6.1　发展情况及特色

个人即时通信软件自身存在安全性和可管理性差等方面的问题，阻碍了企业、政府对其的应用。因此，专门针对企业级应用的企业级即时通信（EIM）成为用户新的选择，需求渐趋旺盛。为了规避个人 IM 所带来的一系列问题，有些企业不得已采取封闭个人 IM 端口的方式，但这又人为地影响了企业与员工沟通、协作的实时性，增加了员工的沟通时间和成本，也限制了员工的积极性。因此，近年来，无论是企业还是政府，都对专门针对组织、机构用户设计，具有更高安全性，可管理，可控制性的企业级即时通信（EIM）有越来越高的需求。

越来越多的企业开始选用自由自主、开放、灵活的即时通信系统作为枢纽的企业新办公平台。根据赛迪咨询统计，2008 年中国企业即时通信市场终端用户规模达到 2236 万人，与

2007 年的 1813 万人相比，同比增长 23.3%如图 16.7 所示。由于受到全球范围金融危机影响，中国企业即时通信市场增速有所放缓，但是市场的潜在需求仍然没有全部释放，一旦经济回暖，市场将延续前期快速增长的趋势。

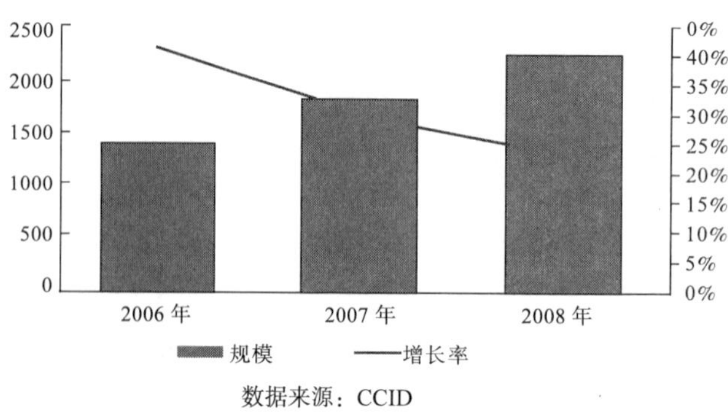

数据来源：CCID

图16.7　企业即时通信用户规模

16.6.2　企业即时通信市场份额

在企业即时通信市场中，腾讯 RTX、微软 LCS（前身 OCS）、IBM Sametime、通软联合 GoCom、点击科技 GKE 等产品占据市场绝大部分份额。其中，腾讯通过多年努力 2008 年企业用户已经超过 10 万家，用户人数接近 600 万，但由于近几年腾讯对 RTX 的支持力度有所减弱，其市场份额有所下降，占中国企业即时通信市场活跃用户数的 50%。IBM 是全球范围内较早涉足企业即时通信领域的服务商，国内多数跨国企业、大型集团都在使用其产品，用户份额达到 14%。微软 LCS 在 2008 年也在市场取得了一定的进展，在为多种行业提供解决方案，用户份额达到 11%。国内企业以通软联合、点击科技为较成功的企业 IM 服务商，着力在政府与制造业发力，分别占据了 12%和 8%的市场份额如图 16.8 所示。

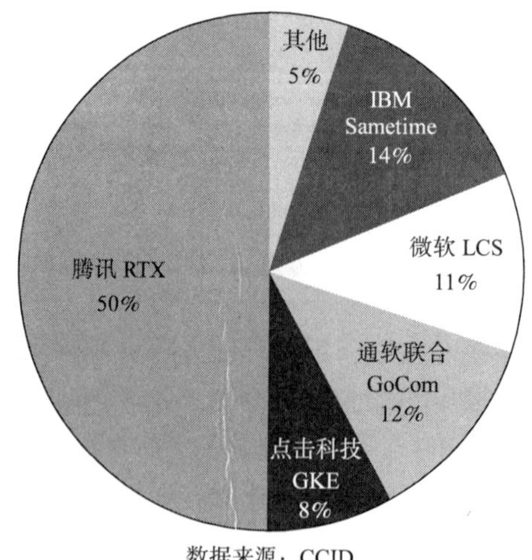

数据来源：CCID

图16.8　2008年企业即时通信市场份额

16.6.3　企业即时通信发展特点

1．市场处于导入期

2008 年，受到经济危机影响，各个企业纷纷降低 IT 支出用以减缓升本压力，受资本面的影响，许多潜在的企业需求无法得以有效释放，因此中国企业即时通信市场也受到一定负面影响。虽然如此，该市场还远未成熟，中国企业即时通信仍然处于导入期。从市场的长期发展看，中国企业即时通信市场近两年的年均增幅接近 20%，仍然属于快速发展时期，随着经济的回暖，企业即时通信也会回暖。

2．用户需求预示市场潜力

从企业用户的需求看，2008 年企业即时通信需求比 2007 年有所提高，中国大、中型企业为降低企业通信运营成本，并提高业务效率，已经更多地关注企业即时通信市场，部分企业采购了专业的企业级即时通信解决方案，企业已经成为即时通信工具的重要载体。这部分需求被金融危机放大的同时，又被抑制了，因此一旦经济秩序回复正常，这部分需求蕴藏着巨大的潜力。

3．企业即时通信软件品质成为企业服务的重点

企业即时通信作为专业的即时通信服务，必须体现出与个人即时通信产品的明显差异，根据企业用户的需求，企业即时通信产品以高效、稳定和安全作为其产品开发的重点。在企业级应用中，即时通信产品必须符合企业自身的特点，力求与业务流程相结合，与企业办公软件相结合或成为其企业管理系统的一部分。因此专业化是企业即时通信产品的发展核心。

（中国互联网络信息中心　刘　鑫）

第 17 章　2008 年中国网络新闻媒体发展情况

17.1　概述

以数字化、网络化为代表的现代信息技术突飞猛进，推动了互联网持续快速发展。互联网发展不仅加速了经济全球化进程，而且带来了人类传播方式的革命性飞跃，催生了新的文化生产方式和传播方式，深刻影响了社会舆论的形成机制和传播途径。人们对互联网的认识不断深化，一个基本共识是，互联网既具备通信功能，也具备媒体功能，尤其是在新闻传播方面。2008 年 6 月 20 日，胡锦涛总书记在人民网强国论坛与网民在线交流时明确提出，互联网已成为思想文化信息的集散地和社会舆论的放大器，我们要充分认识以互联网为代表的新兴媒体的社会影响力。

互联网在广义上通常被称为网络媒体。从狭义来讲，网络媒体一般特指基于互联网这一传播平台提供新闻信息服务的网站。更严格地讲，“网络媒体”应指经国家批准或依法备案，从事互联网新闻信息服务的网站。依据国务院新闻办和原信息产业部 2005 年颁布的《互联网新闻信息服务管理规定》，互联网新闻信息服务单位分为三类：一是由新闻单位设立，可登载超出本单位已刊登播发的新闻信息，提供时政类电子公告服务，向公众发送时政类通信信息；二是由非新闻单位设立，可转载新闻信息，提供时政类电子公告服务，向公众发送时政类通信信息；三是由新闻单位设立，可登载本单位已刊登播发的新闻信息。这三类“互联网新闻信息服务单位”即通常所说的“网络媒体”。

2007 年 1 月，胡锦涛总书记在中央政治局进行第三十八次集体学习时首次提出了“网络文化”的概念，强调加强网络文化建设和管理，充分发挥互联网在我国社会主义文化建设中的重要作用，大力发展和传播健康向上的网络文化，切实把互联网建设好、利用好、管理好。网络新闻媒体建设是中国特色网络文化建设的重要组成部分，并直接影响着我国网络文化的发展。推动中国特色网络文化建设管理是党中央从中国特色社会主义事业总体布局和文化发展战略出发做出的重大部署。

2008 年 6 月 20 日，在《人民日报》创刊 60 周年之际，胡锦涛总书记到人民日报社考察工作并发表了重要讲话，他指出“互联网已成为思想文化信息的集散地和社会舆论的放大器”，并强调要充分认识以互联网为代表的新兴媒体的社会影响力，高度重视互联网的建设、运用、管理，努力使互联网成为传播社会主义先进文化的前沿阵地、提供公共文化服务的有效平台、促进人们精神生活健康发展的广阔空间。胡锦涛总书记还通过人民网与网友进行了在线交流和直接互动。网络媒体的重要性再次得到官方肯定。

17.2　我国网络新闻媒体的发展规模和传播体系

我国网络新闻媒体经历了新闻媒体触网，新闻媒体网络化的升温，网络新闻媒体规范化发展，网络新闻媒体影响力不断增强等几个主要阶段。目前，已基本形成稳定的互联网新闻媒体传播体系框架。

至 2008 年年底，全国已有 198 家互联网新闻信息服务单位（见本文附录 1）。人民网、新华网、中国网、央视网、中国日报网、国际在线、中青网和中国经济网等中央重点新闻网站不断发展壮大，知名度和影响力显著提高，引起国内外广泛关注，在网络文化建设中发挥了主力军作用；千龙网、东方网、北方网、南方网、红网、中国江苏网、浙江在线、东北新闻网、四川新闻网和荆楚网等一批地方重点新闻网站从小到大，积极做大做强，成为网络文化建设的重要力量；新浪、搜狐、网易、腾讯和中华网等一批知名商业网站获得转载新闻信息，提供时政类电子公告服务，向公众发送时政类通信信息的资质。目前，以中央重点新闻网站为主导，以地方重点新闻网站为骨干，知名商业网站积极参与的网络文化阵地新格局基本形成。

17.3　网络新闻媒体的自身建设实现新突破

1．重点新闻网站建设实现新跨越

2008 年，在国家政策、资金支持下，人民网、新华网、中国网、央视网、中国日报网和国际在线等中央重点新闻网站建设步伐明显加快，实现网站建设新跨越。在四个方面取得新突破：

（1）基础设施和技术水平进一步提高。2006 年年初，8 家中央重点新闻网站的接入总带宽仅为 2900M，而到了 2008 年初则高达 18 795M，增长 5 倍多。2006 年以前，8 家网站共有服务器 567 台，到 2008 年 6 月已增至 1065 台。其中，人民网从 100 台增至 150 台，增长了 50%，新华网从 220 台增至 365 台，增长了 66%，央视网从 80 台左右增至 330 台，增长了 3 倍多。重点新闻网站的信息储存总量大大增加。

（2）队伍规模不断壮大。据统计，2006 年以来，中央重点新闻网站的栏目编辑、技术、外语人才，以每年 20%左右的速度递增。他们的平均年龄大都在 28 岁左右，70%具有本科学历，队伍的年轻化、高素质化为网络发展壮大提供了坚实基础。同时，各级网络新闻传播主管部门及新闻网站普遍加强了业务培训，人员素质得到进一步提高。

（3）传播优势日益凸显。每当遇到重大事件发生，重点新闻网站广泛运用文字、图片、音频、视频、动漫、调查、论坛、博客、播客、短信和 WAP 等近 30 种报道手段进行同步报道，成为境内外网民关注的中心。据统计，中央重点新闻网站的日均页面访问总量已超过 5 亿，网民浏览到的时政类新闻信息中，有 85%以上都来源于此。新华网每天 1.6 亿的页面访问量中有近 20%来自境外，国际在线上网的文本达四十多种，覆盖世界大部分国家和地区，中国网用十个语种向世界全面介绍中国。

（4）新技术新业务广泛应用。2008 年，博客、播客、移动互联网和网上社区等以用户参与为特征的 Web2.0 服务迅猛发展，中央重点新闻网站高度重视这一互联网新技术的应用和发展，致力于将传统信息发布和新兴传播载体有机结合，不断实现技术应用的创新和突破，构建适应不同媒介特征和受众需求的新型新闻信息服务业态。按照韩国《朝鲜日报》的说法，2008 年中国已“正式成为 Web2.0 强国”，成为“Web2.0 新强者”，甚至“走在了美国前面”。其中最具代表性的是网络视频、手机媒体和搜索引擎三项业务。

（1）网络视频

奥运期间央视网独家获得奥运视频转播权，以此为契机，央视网强力打造网络视频直播平台，努力抢占网络电视发展的制高点，成为新闻网站快速发展的一个典范。如央视网开设全部 28 个大项的直播频道，全程转播 3800 小时赛事，此外还提供 5000 个小时的奥运视频内容点播，这是四年前雅典奥运会网络转播规模的 50 倍。此外，央视网与 9 家商业网站、160 多家广电系统网站、中央及地方新闻网站及北京奥组委官方网站和移动、联通两家电信营运商签署协议，组建了新媒体传播联盟，奥运视频的传播规模达到空前，在版权保护方面也取得了良好效果。

（2）手机媒体

2009 年 1 月中国互联网络信息中心（CNNIC）第 23 次调查报告显示，2008 年使用手机上网的网民较 2007 年翻了一番还多，达到 1.176 亿。手机上网已逐渐成为一种主流网络接入方式，日益突显媒体传播性质。中央重点新闻网站充分发挥手机媒体优势，积极参与重大新闻事件报道，加快发展手机短信和手机音视频等无线增值业务，抢占新的舆论阵地，强化重点新闻网站的新闻信息传播优势。两会时期，新华网联合 3G 门户开辟手机两会专题区，就人们最关心的民生和时政问题开展无线网络调查。短短一天内，就有 40 000 多网友通过手机上网参与两会调查，同时还有超过 2000 名网友在线向总理提问。目前，新华网手机报纸用户已达 1200 多万；央视网手机电视、网络电视日均点击播放 6500 多次。

（3）搜索引擎

作为提供信息检索服务的门户，搜索引擎已经成为互联网的一项主流应用功能。2008 年年底，新华网推出了多语种、多媒体、多站点的全方位新闻搜索系统。只要输入检索词，无论是是文字、图片，还是视频、音频，都可便捷地查询到中文、英文、法文、西班牙文、俄文、阿拉伯文等各种相关新闻。这标志着新华网开始运用搜索引擎技术，构建以全球资讯为主的综合查询平台，为海内外广大网民提供权威、便捷的多媒体、多语种新闻信息搜索服务。

2. 网络媒体的经营业绩实现新突破

2008 年，新闻网站在保持正确舆论导向的前提下，借鉴商业网站和国外新闻网站的盈利模式特点，结合自身的优势和特点，进军手机报、网络广告、电子商务和个性服务等信息服务领域，努力开创多元、稳定、持续的盈利模式，既取得了良好的经济效益，也收到了很好的社会效果。

具有新闻登载资质的商业网站，主要集中在北京、广东和上海等地，其中，北京市商业网网站规模庞大，实力雄厚。目前，北京市已有新浪、搜狐、网易、TOM、中华、千龙、和讯、百度、天天在线和第一视频 10 家具备登载新闻资质的商业网站；其中新浪、搜狐和网易三家网站的日新闻更新量总计在 6 万条左右。由新闻、博客、论坛、贴吧等信息服务带来的广告收入是这些商业网站收入的主要部分。调查显示，2008 年，新浪、搜狐、网易、百度 4 家重点网站的广告收入高达 65.62 亿元人民币。2008 年，我国视频网站数量达 350 余家，第一视频、六间房、悠视、优酷、酷溜、我秀、青娱乐等知名视频网站均落户北京，其市场份额占据全国网络视频市场的 80%以上。从 2007 年年底到 2008 年年底，北京市主要网站播客注册用户数由 293.49 万人次激增到 1854.93 万人次，同比增长 5.3 倍；日均浏览量由 1333.44 万人次增加到 7848.65 万人次，增长 4.9 倍。2008 年，中国移动增值服务市场规模达到 1251.3 亿元，同比增长 19.2%，其中 WAP 市场规模达到 71.3 亿元。新浪、搜狐和空中网是目前我国互联网无线增值服务行业的领先者，2008 年收入分别为 1 亿美元、4700 万美元和 9500 万美元。

17.4　网络新闻媒体的影响力显著增强

中国互联网络信息中心（CNNIC）2009 年 1 月发布的《第 23 次中国互联网络发展状况统计报告》显示，截至 2008 年年底，我国互联网普及率以 22.6%的比例首次超过 21.9%的全球平均水平，网民规模较 2007 年增长 8800 万人，年增长率为 41.9%。其中，2.34 亿中国人主要依靠网络获取新闻信息，占到网民总数的 78.5%。

2008 年，是不平凡的一年。中国网络新闻媒体在一系列重大事件报道和主题宣传中发挥了重要作用。

在汶川大地震的报道中，新华网于 14 点 46 分发出快讯："12 日 14 时 35 分左右，北京地区明显感觉到有地震发生。"这是国家通信社网站打破陈规发出的第一则地震报道，成为中国新闻媒体抗震救灾开放报道的先声。新闻网站、门户网站、专业网站以及各类 Web2.0 网站，也都在最短时间内调动各种手段和资源打响了抗震救灾的报道战役。这是迄今为止中国网络媒体在灾难报道中规模最大、力度最大的一次展现。纵观整个报道，行动之迅速，手段之丰富，规模之宏大，创新之多样，配合之紧密，均达到前所未有的水平。网络媒体通过独特的功能，开设了网上捐款、网上义捐拍卖、寻亲、网民哀悼、网络公祭和关爱孤儿等诸多平台，让广大网民便捷地表达哀思和奉献爱心。最难忘在全国哀悼日（5 月 19 日—21 日）三天中，中国网络媒体的页面颜色全部改换成黑灰色，游戏及各类娱乐频道停止了服务。

在北京奥运会及残奥会的报道中，中国网络媒体以出色的表现在奥运传播史上写下了新篇章。在长期精心的准备过程中，各家网络媒体制定了报道战略，建立了指挥体系，健全了组织架构，完善了运作流程，加强了技术支持系统。其中，奥运官网，以及人民网、新华网和央视网等新闻网站，新浪、搜狐、网易和腾讯等门户网站是奥运报道的主力。据统计，在北京奥运会期间，人民网、新华网、央视网、新浪、搜狐和网易等重点新闻网站和主要商业网站共发布奥运报道 590 多万篇次，在奥运会新闻报道历史上写下了浓墨重彩的一笔，受到国内外网民的欢迎。特别是拥有北京奥运会互联网内容服务赞助商资格的搜狐网，和拥有北京奥运会互联网与手机平台（中国大陆及澳门地区）独家转播权的央视网，更是全力开拓网络传播所能达到的新境界。为营造奥运会的良好氛围，全国 190 多家网站共同主办了"我的奥运——亿万网友祝福北京奥运作品大赛"，从 5 月至 10 月历时近半年，共收到网友创作的文字、图片、DV、音频和 Flash 等各类作品 50 余万件。可以看到，不论是重大事件中某一网站的报道，还是众多网站的联动报道，都会将 Web1.0 的传播声势与 Web2.0 的传播形态有机地结合在一起。

AC 尼尔森围绕网民对于奥运会相关信息的需求和获知途径展开在线问卷调查，结果显示，尽管电视媒体依然占据领导地位，但互联网成长惊人，两者差距已经十分细微。电视和互联网正成为社会大众获取奥运第一手信息的两大最主要途径。手机短信/奥运手机报（5.4%）、广播（1.1%）及报纸（0.4%）分列其后。其中 8 月 9 日北京奥运会首枚金牌决出时，有近 46.7%的公众通过电视获知了这一消息，43.8%的公众通过互联网渠道获知。年轻网民对于互联网的依赖程度更高，他们中 48%第一时间获知奥运首金消息的渠道是互联网。数据同时显示，腾讯、新浪、网易和搜狐四大门户瓜分了此次奥运报道超过八成的网络流量。

在 2008 年一系列重大主题宣传中，网络媒体发挥网络优势，创新内容形式，高扬了主流舆论，唱响了奋进凯歌，在网上形成了大气磅礴、波澜壮阔的正面宣传舆论声势，极大地凝聚了网民力量，激发了爱国热情，振奋了民族精神，充分展示了当代中国的良好形象。

17.5 依法管理网络新闻媒体

发展和管理是对立统一的整体，二者相互依存、不可分割、不可偏废。一手抓发展，一手抓管理，是我国推动网络新闻媒体发展的重要经验。在发展中加强管理，以管理保障繁荣，已成为我们在实践中走出的一条符合我国国情的网络文化建设管理路子。当前，我国互联网仍处在一个新的快速发展期，而发展越快，规范的要求就越紧迫。

1. 依法管理

2000 年以来，我国针对互联网发展的实际，制定了《全国人民代表大会常务委员会关于维护互联网安全的决定》和《互联网信息服务管理办法》等一系列法律法规，以及《互联网电子公告服务管理规定》等几十部部门规章，使我国的互联网信息传播做到了有法可依、有章可循。

在新闻信息传播方面，国务院新闻办、原信息产业部 2000 年 11 月发布的《互联网站从事登载新闻业务管理暂行规定》为规范我国互联网新闻传播发挥了重要作用。2005 年 9 月，针对互联网新闻信息服务中的新情况、新问题，国务院新闻办公室、原信息产业部联合发布了《互联网新闻信息服务管理规定》(以下简称《规定》)，对《互联网站从事登载新闻业务管理暂行规定》进行了修订和完善。《规定》对于管理对象的分类，互联网新闻信息服务单位的设立条件及审批、备案程序，互联网新闻信息服务规范，日常监督管理，以及法律责任等都作了更加准确的界定。

《规定》所指的互联网新闻信息服务，包括通过互联网登载新闻信息，提供时政类电子公告服务和向公众发送时政类通信信息。

《规定》将互联网信息服务单位分为三类：第一类是新闻单位设立的登载超出本单位已刊登播发的新闻信息，提供时政类电子公告服务，向公众发送时政类通信信息的互联网新闻信息单位；第二是非新闻单位设立的转载新闻信息，提供时政类电子公告服务，向公众发送时政类通信信息的互联网新闻信息单位；第三类是新闻单位设立的登载本单位已刊登播发的新闻信息的互联网新闻信息单位。明确设立前两类互联网新闻信息服务单位，应当经国务院新闻办公室审批。设立第三类互联网新闻信息服务单位，应当向国务院新闻办公室或者省、自治区、直辖市人民政府新闻办公室办理备案手续。对设立各类互联网新闻信息服务单位的资质，规定中作了详细的表述。

在管理职能方面，《规定》第四条规定："国务院新闻办公室主管全国的互联网新闻信息服务管理工作，省、自治区、直辖市人民政府新闻办公室负责本行政区域内的互联网新闻信息服务管理工作。"

在服务规范方面，《规定》第十六条规定，经审批的互联网新闻信息服务单位，转载新闻信息或者向公众发送时政类通信信息，应当转载、发送中央新闻单位或者省、自治区、直辖市直属新闻单位发布的新闻信息，并应当注明新闻信息来源，不得歪曲新闻信息的内容。

在维护公共利益方面，《规定》要求互联网新闻信息服务单位从事互联网新闻信息服务，应当遵守宪法、法律和法规，坚持为人民服务、为社会主义服务的方向，坚持正确的舆论导向，维护国家利益和公共利益。国家鼓励互联网新闻信息服务单位传播有益于提高民族素质、推动经济发展、促进社会进步的健康、文明的新闻信息。

2. 行业自律

2008 年，互联网行业自律和公众监督得到进一步加强。建设诚信网络成为网络媒体共识，治理网上低俗之风初见成效。

网上淫秽、欺诈、暴力等违法内容屡打不绝，各种虚假信息、失信行为也在网络空间频繁出现，不仅损害互联网企业的声誉，阻碍互联网行业的健康发展，也对社会产生消极影响。国家发改委、工业和信息化部发布的联合报告显示，全国每年因各种失信行为造成的经济损失超过 5000 亿元，高达六成以上的企业对网络应用持观望态度。中国互联网络信息中心（CNNIC）调查表明，35.2%的被调查者对于互联网诚信状况感到不满。

2008 年 12 月 5 日，第八届中国网络媒体论坛在重庆举行，这是我国网络媒体界层次最高、规模最大的专业论坛，这次论坛将“落实科学发展观，建设诚信互联网”确定为论坛主题，得到与会者一致赞同，认为这主题切中要害，意义深远。

国务院新闻办主任王晨在会上发表题为《深入贯彻科学发展观，努力建设繁荣诚信的互联网》的主题演讲，强调网络媒体应抓住当前加快推进社会诚信建设的有利时机，进一步增强责任感和紧迫感，大力推进网络诚信建设，培育良好网络风尚，以网络诚信促进社会诚信，以网络诚信建设促进和谐社会建设。国务院新闻办副主任蔡名照在论坛闭幕式上致辞时表示，全国网络媒体要更加自觉地以科学发展观为指导，以更加积极的姿态、更加创新的精神、更加务实的作风，切实把互联网建设好、利用好、管理好，使互联网成为共建共享、规范有序、安全诚信的和谐空间。与会的中央与地方重点新闻网站负责人、网络媒体从业人员、专家学者、网民代表等就“网络诚信”主题进行深入探讨，共同签署了《建设诚信互联网宣言》，号召中国网络媒体深入贯彻落实科学发展观，大力推动网上内容建设，宣传科学真理，传播先进文化，倡导和谐理念，塑造美好心灵，弘扬社会正气，坚持正确的舆论导向，肩负起网络媒体的社会责任，不辜负广大网民对互联网的热爱和期望。

根据互联网违法和不良信息举报中心接受的公众举报，针对网上淫秽色情和低俗内容一直居高不下，屡禁不止，屡打不绝的情况，2008 年 1 月和 6 月，公安部、工信部和广电总局等部门，两次开展清理网上低俗之风的专项行动，共删除网上淫秽色情和低俗信息 70 多万条，网上低俗之风蔓延的现象有所遏制。2009 年 1 月 5 日开始，国务院新闻办、工信部和公安部等七部门再次开展集中整治网上低俗之风专项行动。截至 3 月中旬，关闭严重违法违规网站 3762 家。经过整治，网上淫秽色情和低俗内容明显减少，网络环境明显改善，得到社会各界热情赞扬和大力支持。

17.6　网络媒体研究不断加强

近年来，随着网络媒体的不断发展以及网络文化日益成为一种新的令人瞩目文化形态，相关的专题研究和理论研究不断增多，已逐渐成为一个理论热点。

国内外有关网络媒体和网络文化的研究成果主要体现在三个方面：一是以广义的“网络文化”为研究对象的专著和论述，如殷晓蓉撰写的《网络传播文化：历史与未来》，戴维·冈特利特著、彭兰等翻译的《网络研究——数字化时代媒介研究的重新定向》等。二是有关部门和机构针对网络媒体发展和网络文化建设和管理现状所作的调研报告，如《博客网站发展及管理情况的报告》、《关于 P2P 技术应用问题的报告》和《关于论坛性网站现状的调研报告》等。三是互联网行业相关机构发布的公开的统计数据和研究报告，如中国互联网信息中心自 1997 年 10 月发布 23 次的《中国互联网络发展状况统计报告》和中国互联网相关市场研究机构的研究报告等。

自 2005 年以来，中央多次强调要努力把互联网建设成为传播社会主义先进文化的新途径，公共文化服务的新平台，人们健康精神文化生活的新空间，对外宣传的新渠道，走出一条中国特色网络文化发展之路。在此方针指引下，2008 年我国有关网络媒体发展及网络文化建设与管理的研究取得了新的进展。

（1）设立国家重大社科基金项目。2008 年 1 月，全国哲学社会科学规划办公室公布了国家社科基金重大招标项目评审结果，55 项中标课题中有 3 项涉及网络传播研究课题，分别为：国务院新闻办互联网新闻研究中心的《中国特色网络文化建设与管理战略研究》、中共北京市委讲师团的《我国主流网站建设的发展战略研究》和华中科技大学的《互联网管理与中国特色网络文化建设研究》。这标志着有关网络媒体发展和网络文化建设与管理的研究开始进入系统化深入研究的阶段。

（2）举办网络媒体论坛。“中国网络媒体论坛”是国务院新闻办公室指导、中华全国新闻工作者协会、人民网、新华网、中国网、国际在先、中国日报网、央视网、中国青年网、中国经济网、中国台湾网、中国新闻网、中国广播网、千龙网、东方网、南方网和北方网等共同主办，自 2001 年以来已成功举办七届并取得丰硕的成果，成为网络媒体业界最高层次、最具影响力的年度盛会。2008 年 12 月，在重庆举办的“第八届中国网络媒体论坛”以“落实科学发展观、建设诚信互联网”的主题，重点探讨互联网诚信建设，探讨互联网科学发展之路。标志着网络媒体内容建设方面的研究又上了一个新台阶。

（3）出版《网络传播》杂志。《网络传播》杂志创刊于 2004 年 4 月，是中央外宣办网络局直接支持下创办的月刊，跟踪报道互联网信息传播最新动态、研究互联网发展规律和特征，总结分析网上舆论动向、指导互联网内容建设。《网络传播》杂志以其内容丰富、文风严谨、注重规律研究，而成为互联网新闻研究的权威性刊物，越来越受到网络建设管理从业人员及社会各界的认可，乃至被很多人视为“互联网界的《人民日报》”。

（4）设立网络新闻奖项。中国记协于 2006 年首次在中国新闻奖中设立了网络评论、网络专题和网络新闻专栏三个奖项。2008 年又增加了新闻访谈和新闻网页设计这两个形态较为成熟、有清晰界定和评价标准的评选项目，同时还把新闻网站首发的新闻摄影作品和新闻漫画作品纳入了评选范围，从而使网络新闻作品可以参评的项目增加到了 7 个。在 2008 年第十八届中国新闻奖评选中，共有 20 项网络作品获奖。

（5）加强对外交流。2008 年中国网络媒体界的对外交流活动也十分活跃。4 月 20 日，中国和英国互联网圆桌会议在伦敦举行，会议由中国国务院新闻办公室和英国商企监管改革部共同主办，路透社协办。这是中英两国政府间首次就互联网问题开展对话交流，双方商定今后每年轮流举办。11 月 7 日，第二届中美互联网论坛（东方网承办）在上海举行（注：首届论坛 2007 年 11 月在美国西雅图举办）。论坛由中国互联网协会和美国微软公司联合举办，主题是“发展与合作”，旨在进一步加深两国业界之间的沟通理解。

（6）出版更多专著。2008 年的主要成果有：《博客传播》（刘津著，2008 年 1 月由清华大学出版社出版）；《新媒体传播：基于用户制作内容的研究》（田智辉著，2008 年 6 月由中国传媒大学出版社）；《传媒博弈论》（孙光海、陈立生合著，2008 年 10 月由三联书店出版），该书运用博弈论、竞争论、定位论、三法则、长尾理论等理论，对四大主流门户网站、两家中央重点新闻网站进行了分析；《中国网事》（张鸫、王刚编著，2008 年 11 月由中国社会科学出版社出版），对 2008 年前三季度的网络热点和重要事件进行了透视和解读。

附录 1　互联网新闻信息服务许可单位列表

（截止 2008 年 12 月，共计 180 家）

序号	网站名称	注册域名
1	人民网	www.people.com.cn
2	新华网	www.xinhuanet.com；www.news.cn www.news.cn www.xinhua.org www.xhnet.com
3	中国网	www.china.com.cn www.china.org.cn
4	国际在线网站	www.cri.cn
5	中国日报网站	www.chinadaily.com.cn
6	央视国际网络	www.cctv.com www.cctv.com.cn www.cctv.cn
7	中青网	www.youth.cn www.cycnet.com.cn www.youth.cn
8	中国经济网	www.ce.cn
9	中国台湾网	www.chinataiwan.org
10	中国新闻网	www.chinanews.com.cn www.chinanews.com
11	中青在线	www.cyol.net
12	中国广播网	www.cnr.cn www.cnradio.com　www.cnradio.com.cn
13	光明网	www.gmw.cn
14	中国西藏信息中心网站	www.tibet.cn www.tibetinfor.com.cn
15	中国石油新闻中心	www.oilnews.com.cn
16	正义网	www.jcrb.com
17	中国石化新闻网	www.sinopecnews.com.cn
18	中国劳动保障报新闻网	www.labournews.com.cn www.clssn.com
19	中国信息产业网	www.cnii.com.cn
20	中国水利网	www.chinawater.com.cn
21	法制网	www.legaldaily.com.cn

续表

序号	网站名称	注册域名
22	中国侨网	www.chinaqw.com.cn www.chinaqw.com
23	中国电力新闻网	www.cpnn.com.cn
24	中国人大网	www.npc.gov.cn
25	华夏经纬网	www.huaxia.com www.viewen.com
26	金融时报网	www.financialnews.com.cn
27	中国财经报网	www.cfen.com.cn www.cfen.cn
28	中国消费网	www.ccn.com.cn
29	中国旅游新闻网	www.ctnews.com.cn
30	中国工商报网	www.cicn.com.cn
31	神州学人网	www.chisa.edu.cn
32	中国汽车报网	www.cnautonews.com
33	中国民航新闻信息网站	www.caacnews.com.cn
34	健康报网	www.jkb.com.cn www.healthnews.com.cn
35	中国体育在线	www.sportsol.com.cn
36	在线国际商报	ibdaily.mofcom.gov.cn www.ibdaily.com.cn
37	中国法院网	www.chinacourt.org
38	中国有色网	www.cnmn.com.cn
39	中国交通新闻网	www.zgjtb.com
40	中国机构网	www.chinaorg.cn
41	消费日报网	www.xfrb.com.cn
42	三农在线	www.farmer.com.cn
43	中国质量新闻网	www.cqn.com.cn www.cqd.com.cn
44	中国食品药品网	www.cnpnarm.com
45	中国军网	www.chinamil.com.cn
46	中国税网	www.ctaxnews.com.cn
47	人民政协网	www.rmzxb.com.cn
48	绿色中国网络电视	www.greenchina.tv
49	中国记协网	www.zgjx.cn
50	中国小康网	www.chinaxiaokang.com
51	中华人民共和国国防部网站	wwww.mod.gov.cn
52	千龙网	www.21dnn.com www.qianlogn.com
53	新浪网	www.sina.com.cn
54	网易	www.163.com www.126.com www.netease.com www.nease.com

续表

序号	网站名称	注册域名
55	搜狐网	www.sohu.com
56	TOM　（汤姆）	www.tom.com
57	中华网	www.china.com
58	焦点网	www.focus.cn
59	百度	www.baidu.com
60	和讯	www.hexun.com
61	天天在线	www.116.com.cn
62	第一视频	www.vodone.com
63	北方网	www.ecnorth.com.cn www.enorth.cn;
64	天津日报网	www.tianjindaily.com www.tjrb.com.cn
65	今晚网	www.jwb.cn www.jwb.com.cn
66	天津热线	www.online.tj.cn
67	天津之窗	www.tianjin.gov.cn www.tianjin-window.com www.tianjin-window.com.cn
68	河北新闻网	www.hebnews.cn
69	石家庄新闻网	www.sjzdaily.com.cn ww.sjznews.com
70	河北广电网	www.hdgd.net www.hbrtv.com
71	长城在线	www.hebei.com.cn
72	黄河新闻网	www.sxgov.cn
73	山西新闻网	www.daynews.com.cn
74	太原新闻网	www.tynews.com.cn
75	山西信息港	www.sjrx.com
76	内蒙古新闻网	www.nmgnews.com.cn
77	呼和浩特信息港	www.hh.nm.cn
78	东北新闻网	www.nen.com.cn www.nen.cn
79	北国网	www.lnd.com.cn www.lndaily.com.cn
80	沈阳网	www.syd.com.cn
81	天健网	www.runsky.com
82	北方时空	www.northtimes.com
83	中国彩虹网	www.jilin.gov.cn www.chinarainbow.com
84	中国吉林网	www.chinajilin.com.cn
85	吉林电视网	www.jilintv.com.cn www.jilintv.cn
86	长春信息港	www.changchun.gov.cn www.changchun.jl.cn

续表

序号	网站名称	注册域名
87	东北网	www.northeast.cn
88	黑龙江新闻网	wwww.hljdaily.com.cn www.hljnews.com.cn
89	哈尔滨新闻网	www.harbinnews.com
90	黑龙江信息港	www.hlj.net
91	东方网	www.eastday.com www.eastday.com.cn www.eastday.net www.eastday.net.cn
92	新民网	www.xinmin.cn
93	上海热线	www.online.sh.cn
94	中国家家网	www.jiajia.net
95	上海奇虎网	www.sh.qihoo.com
96	中国江苏网	www.jschina.com.cn
97	新华报业网	www.xhby.net
98	扬子晚报网	www.yangtse.com
99	龙虎网	www.longhoo.net
100	江苏音符	www.jsinfo.net
101	浙江在线	www.zjol.com.cn
102	杭州网	www.hangzhou.com.cn
103	中国宁波网站	www.cnnb.com.cn
104	温州新闻网	www.66wz.com
105	互联星空·浙江	www.zj.vnet.cn
106	中安在线	www.anhuinews.com
107	合肥在线	www.hf365.com
108	福建东南新闻网	www.fjsen.com
109	泉州网	www.qzwb.com
110	厦门网	www.xmnn.cn
111	福建热线	www.fjii.com
112	福州新闻网	www.fznews.com.cn
113	中国江西网	www.jxcn.cn
114	大江网	www.jxnews.com.cn www.jxnews.cn
115	今视网	www.jxgdw.com
116	江西文明网	www.jxwmw.cn
117	江西热线	www.online.jx.cn www.jx163.com
118	大众网	www.dzwww.com www.dzwww.net www.dzdaily.com.cn
119	广视网	www.sdrt.com
120	山东新闻网	www.china-sd.com www.sdnews.com.cn

续表

序号	网站名称	注册域名
121	舜网	www.e23.cn
122	青岛新闻网	www.qingdaonews.com
123	胶东在线网站	www.jiaodong.net
124	齐鲁热线	www.sdinfo.net www.sd.cninfo.net
125	百灵信息网	www.beelink.com www.beelink.org www.beelink.net
126	大河网	www.dahe.cn
127	中原网	www.zynews.com
128	商都网	www.shangdu.com
129	荆楚网	www.cnhubei.com
130	长江网	www.cjn.cn
131	武汉热线	www.wuhan.net.cn
132	红网	www.rednet.com.cn
133	星辰在线	www.csonline.com.cn
134	华声在线	www.voc.com.cn
135	金鹰网	www.hunantv.com
136	常德网	www.cdydd.com
137	湖南信息港	www.2118.com.cn
138	南方新闻网	www.southcn.com
139	金羊网	www.ycwb.com
140	大洋网	www.dayoo.com
141	深圳新闻网	www.sznews.com
142	21CN 网	www.21cn.com
143	广州视窗	www.gznet.com
144	奥一网	www.oeeee.com
145	腾讯	www.qq.com www.tencent.com www.tencent.net
146	广西新闻网	www.gxnews.com.cn
147	南宁新闻网	www.nnnews.net
148	南海网	www.hinews.com.cn
149	海口晚报网	www.hkwb.net
150	海南在线	www.hainan.net
151	视界网	www.cbg.cn
152	华龙网	www.cqnews.net
153	重庆热线	www.online.cq.cn
154	四川新闻网	www.newssc.org www.newssc.net
155	中国西部网	www.chinawestnews.net
156	四川在线	www.scol.com.cn
157	天府热线	www.tfol.com

续表

序号	网站名称	注册域名
158	金黔在线	www.gog.com.cn
159	金阳时讯	www.gywb.cn
160	贵州信息港	www.gz163.cn
161	云网	www.yunnan.cn
162	云南日报网	www.yndaily.com
163	云南电视网	www.yntv.cn
164	云南信息港	www.yn.cninfo.net
165	中国西藏新闻网	www.chinatibetnews.com
166	西藏信息港	www.tibetinfo.gov.cn
167	西藏在线	www.tibetonline.net
168	西部网	www.cnwest.cn www.cnwest.com
169	每日甘肃	www.gansudaily.com.cn
170	中国兰州网	www.lanzhou.cn
171	中国甘肃网	www.gscn.com.cn
172	青海新闻网	www.qhnews.com
173	宁夏新闻网	www.nxnews.net
174	银川新闻网	www.ycen.com.cn www.ycen.cn www.yinchuan.cn
175	宁夏网	www.nxnet.cn www.nxnet.net www.nxrb.cn
176	宁夏信息港	www.nx.cninfo.net www.yc.nx.cn
177	天山网	www.tianshannet.com www.tianshannet.com.cn www.xjts.cn www.tsnews.cn
178	伊犁新闻网	www.ylxw.com.cn
179	乌鲁木齐信息港	www.ucatv.com.cn www.ucatv.net.cn
180	新丝路热线	www.xj.cninfo.net

附录 2 互联网新闻信息服务备案单位

（截至 2008 年 12 月，共计 18 家）

序号	网站名称	注册域名
1	京华时报网（京华网）	www.jinghua.cn
2	中国钢铁新闻网	www.csteelnews.com
3	中国海洋报网	www.oceanol.com
4	中华女性网	www.china-woman.com
5	中国企业新闻网	www.cenn.cn
6	中保网	www.sinoins.com
7	新京报网	www.thebeijingnews.com
8	健康时报网	www.jksb.com.cn
9	新气象网站	www.zgqxb.com.cn

续表

序号	网站名称	注册域名
10	中国教育新闻网	www.jyb.cn
11	中化新网	www.ccin.com.cn
12	中国食品质量网	www.cfqn.com.cn
13	中国黄金网	www.gold.org.cn
14	环球网	www.huanqiu.com www.globaltimes.com.cn
15	中国安全生产网	www.cworksafety.com
16	中国煤炭网	www.zgmtb.cn www.zgmtb.com www.ccoalnews.com
17	中国产经新闻网	www.cien.com.cn
18	财经网	www.caijing.com.cn

（国务院新闻办公室互联网新闻研究中心　梁立华）

第 18 章　2008 年中国网络视频发展情况

18.1　2008 年中国网络视频市场发展概况

网络视频是中国网民通过互联网娱乐的重要方式之一，经过了三年的市场培育和快速发展后，网络视频已成为中国最为普及的网络服务之一，并正在逐渐改变着人们的网络娱乐生活形态。

网络视频用户指通过互联网借助浏览器或特定工具等在线或下载后浏览视频内容的网民。根据中国互联网络信息中心（CNNIC）的数据，网络视频用户群主要集中在 30 岁以下的年轻人群，中国互联网长期呈现年轻化、娱乐化、社区化的态势，加大了网络视频在青少年人群中的渗透率，网络游戏、网络视频和网络音乐等服务均对互联网在该年龄段人群的普及起到了推动作用。

18.1.1　发展特点

互联网基础设施的逐步升级，网民人数的不断增长，以及中国网民年轻化、应用娱乐化的特点，驱动着网络视频应用持续快速发展。

2008 年中国网络视频市场发展主要体现了以下几个特点：

1．资本市场对于网络视频领域更为理性

进入 2008 年，由于政策环境的规范化，市场发展态势逐渐明朗，一个最主要的原因是，源于美国的金融危机逐渐演变为经济危机，风险投资对国内的互联网市场越来越谨慎，资本市场对视频领域更趋于理性。上半年中国网络视频行业吸引了 3 亿美元的风险投资。2008 年下半年 VC 对视频领域的投资大幅减少，其原因一方面是金融危机的影响，另一方面，高运营成本压力，盈利商业模式缺乏，内容版权的困扰以及产业政策尚不清晰等因素，以及整个领域行业门槛要高于初期，后续资金投入量的加大也给了 VC 很多压力。在这样一个资本的冬天，视频网站继续融资的门槛无疑会更加提高。

2．视频网站进入新一轮洗牌期

无论从政策监管、行业自身优胜劣汰而言，2008 年都是一道分水岭。监管政策的出台与实施从客观上加剧了视频分享网站的洗牌与淘汰，部分不能继续拿到投资的企业将退出市场。视频网站与门户网站、电视传媒背景网站等其他各方力量之间将有一定整合，市场集中度进一步提高。其中网络视频分享网站在 2008 年加速盘整，迫于营收压力，在技术与人员上压缩成本，一方面裁员减负，另一方面出于成本与用户体验的考虑，部分视频网站已经在尝试性地进行视频分享与 P2P 技术的某种结合或转变。

3．视频网站的广告价值逐渐被广告主认可

2008 年年初到奥运前后，中国网络视频市场广告价值逐渐被广告主所关注，奥运营销进一步增加了广告主对视频广告投放价值的认可度，一些大品牌广告主也随着奥运营销的升温开始密切关注网络视频领域。网络视频的广告营销价值逐渐凸现，视频广告样式走向标准化，投放渠道趋于成型，视频广告投放、监测技术的进一步完善也为广告销售奠定了相当的基础。

18.1.2　用户特征

1．网络视频用户地域分布

网络视频用户的城乡比例为 75∶25。从地域分布来看，华东，华中地区聚集了主要的网络视频用户，而西北地区最少，只占全部用户数的 7%，如图 18.1 所示。

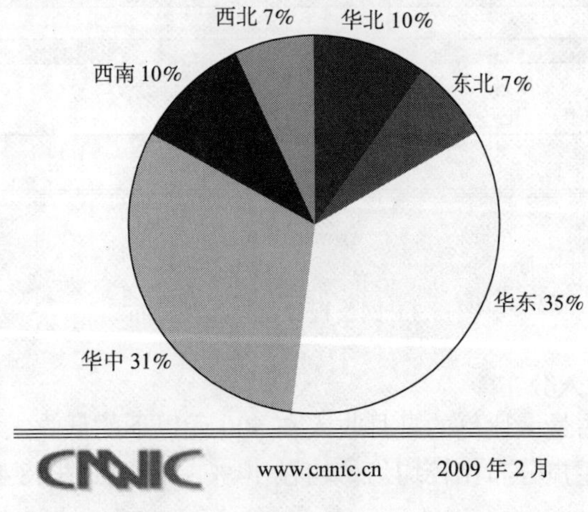

图18.1　网络视频用户地域分布

2．网络视频用户性别比例

在网络视频使用者中，女性比例占到了 45.4%，比男性要低近 10 个百分点，如图 18.2 所示。根据中国互联网络信息中心（CNNIC）第 23 次《中国互联网络发展状况统计报告》的数据，目前中国网民中女性比例为 47.5%，与全国网民的性别比例相比，网络视频在女性中的普及率要略低于男性。

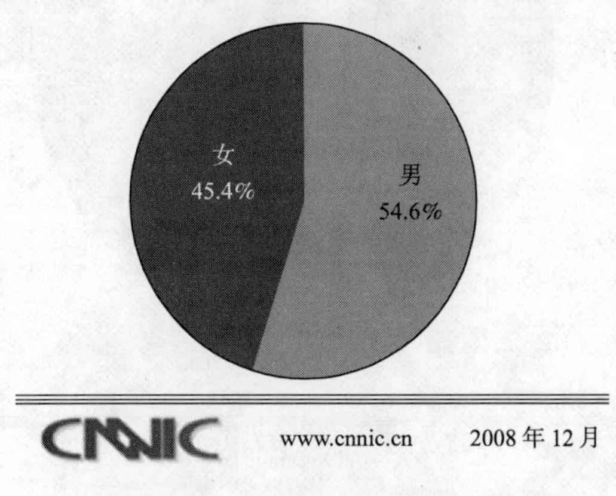

图18.2　网络视频用户性别比例

3. 网络视频用户年龄分布

作为娱乐为主的网络应用，网络视频吸引了大量的年轻用户。29 岁以下的用户占到了近七成，体现了年轻化的特点，10～19 岁的用户占到 35.2%的比例，是网络视频用户中比例最大的群体，20～29 岁的用户占到 33.7%，如图 18.3 所示。

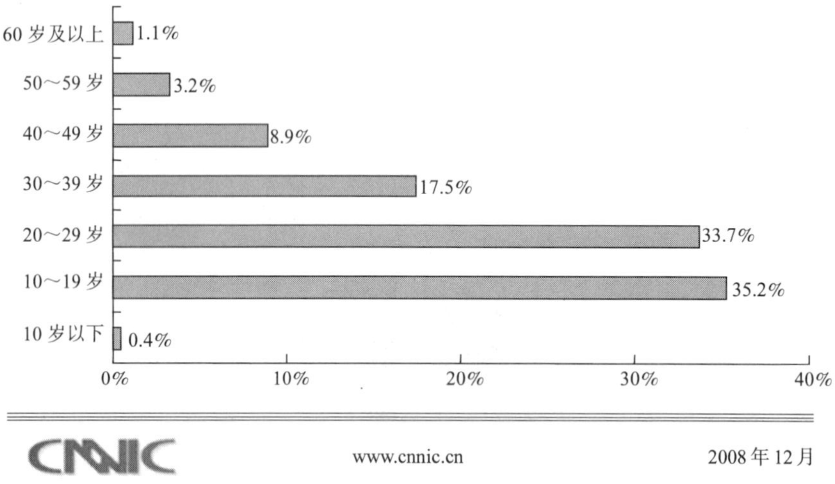

图18.3 网络视频用户年龄分布

4. 网络视频用户收入分布

网络视频用户中，占最大比例的是月收入在 500 元以下的低收入群体，占到 25.2%。月收入在 501～3000 元的用户分布比较均匀，均在 14%左右，如图 18.4 所示。

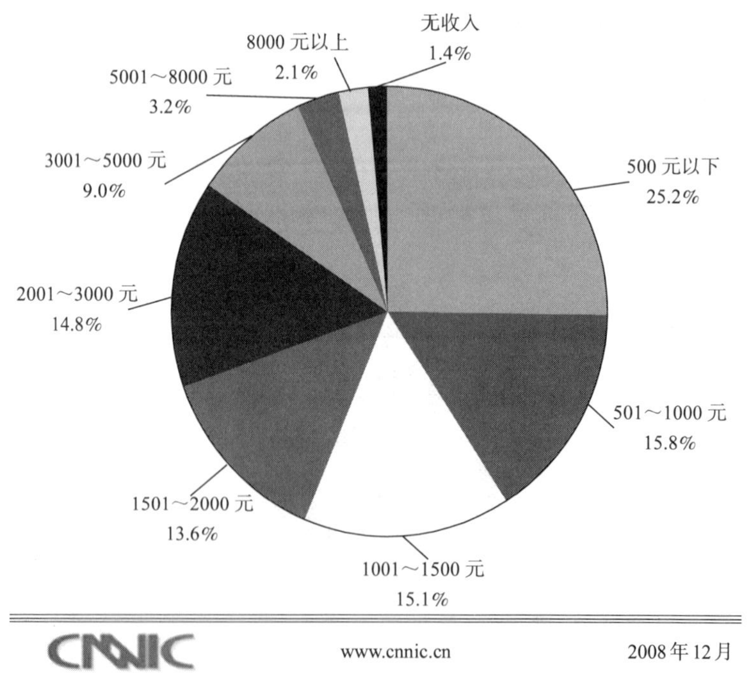

图18.4 网络视频用户的收入分布

18.1.3　行业监管规范

为了有效规范和监管互联网视听节目，2007 年 12 月 29 日，国家广播电影电视总局和原信息产业部联合发布了《互联网视听节目服务规定》，该规定要求申请互联网视听节目服务的企业，必须“具备法人资格，为国有独资或国有控股单位，且在申请之日前三年内无违法违规记录”。关于视频网站“国有控股”规定的适用范围和经营资质等问题成为业界高度关注的焦点。依照规定，从 2008 年 1 月 31 日起，视频网站只有获得《信息网络传播视听节目许可证》(下称“视频牌照”)，方能从事互联网视听节目服务。

2008 年 2 月，广电总局和原信息产业部负责人对该规定进行了补充解读，指出《规定》发布之前依法开办，无违法违规行为的互联网视听节目服务单位，可重新登记并继续从业。由此豁免了已经运行视频网站的“国有控股”要求。

随后国家广电总局在其官方网站相继公布了获得牌照机构名单，2008 年 4 月，国家广电总局颁发了首批二十三张网络视频牌照，其中以付费点播业务为主，激动网、优度宽频和光线传媒这三家民营视频网站率先成功拿到牌照。2008 年 6 月，第二批网络视频牌照下发，包括新华社、中新社以及国字头报社、杂志社，知名报业集团都在名单之中，网易五家门户网站也榜上有名。随着时间的推移，视频分享类网站纷纷获得视频牌照，截止到 2008 年 12 月 19 日，根据广电总局的公示信息，共有 298 家机构获得视频牌照。最先获得牌照的大部分是国有背景的企业，其原因在于视频分享类网站的模式导致其内容难以有效监控，如若放行必须先加大审查力度。较早获得视频牌照的优酷网、酷 6 网、PPLive 和悠视网等视频网站，赶上了 2008 北京奥运会的互联网视频热潮，访问量出现了大幅攀升。

政策规范的出台进一步强化了视频网站行业门槛，并有助于构建规范化竞争的市场，对视频行业是一个利好信号，意味着视频行业的影响力引起了重视，企业也有了相应的责任。获得视频牌照是一个入门级的指标，是持久运营网络视频服务的入场券。政府的介入使得视频行业逐渐正规化，为其从新媒体成为主流媒体奠定了良好的基础。在这种规范化竞争的前提下，该行业才可能出现可持续的高速增长。

18.1.4　年度重大事件

北京奥运会是历史上首次通过互联网直播奥运会。门户网站、视频网站均对网络转播奥运会投入极大的热情。在奥运视频转播权的争夺中，共有 9 家公司获得央视网授权进行奥运视频转播，分别是央视网、新浪、网易、腾讯、搜狐、PPS.TV、UUsee、Pplive 和酷 6 网。央视授权的视频分为两种，一种是点播，一种是直播，每种授权的价格约为 2000 万元至 3000 万元。新浪、搜狐、腾讯和网易拿下的授权既包括视频点播，也包括直播，每家的代价在 5000 万元至 6000 万元。

作为电视转播的重要补充形式，视频网站在奥运期间获取了可观的流量。奥运效应加速了网络视频的传播效应，巩固了网络视频的媒体地位，网络视频作为在线媒体的覆盖人数及用户使用黏性都有所提升，媒体价值也将随之增长。2008 年年初到奥运前夕，中国网络视频市场广告价值逐渐被广告主所关注，奥运营销临近进一步增加了其广告投放价值的认可度，伴随着奥运会的影响，大品牌广告主的奥运营销也随之升温。在中国互联网络信息中心

（CNNIC）发布的《2008 年中国网民奥运媒体消费行为研究报告》中显示，有接近 2300 万的网民群体在回答偏好的互联网奥运资讯形式时，只选择了视频，用户的网络视频收看习惯得到进一步培养。

奥运会期间网络用户对奥运体育赛事视频信息的广泛需求，带来了可观的网络流量。利用这次机会，一些视频网站展开了针对性的营销。艾瑞咨询监测数据显示，奥运所在第三季度，各视频网站的广告主数量普遍取得大幅上涨，其中不乏体育、快消和汽车等行业的大型品牌广告主。最为重要的是，网络视频提升了媒体价值，更加适合大品牌广告主的营销推广，一些网站也通过此次营销积累了宝贵的广告主资源。

18.2 各类视频网站发展特点

18.2.1 视频分享网站及门户网站的播客频道

视频分享类网站、门户网站的播客频道的特点是：拥有广大的用户群体，网站流量大；视频内容丰富，但对视频资源来源的控制能力并不很强，自身的内容生产功能尚不完善，而网民原创的视频质量难以控制；运营成本高。代表企业有优酷网、土豆网和酷 6 网等视频分享类网站，以及新浪播客等门户的播客频道。

在这一领域，网络传播的马太效应正在显现，一批视频分享网站开始脱颖而出，对视频流量的吸引能力越来越强，但绝对的市场领导者仍尚未确立。由于各网站提供视频服务的同质化程度高，兼之政策环境等因素的变数，视频分享领域难以出现有明显竞争优势的网站。对于处在这一阵营的视频分享类网站，土豆、优酷和酷 6 组成其中的第一梯队，其用户流量与影响力明显高出其他竞争对手；六间房、偶偶、爆米花和魔方网等网站与第一阵营有所差距，处于第二梯队。更多的视频分享网站缺乏对视频用户和资本市场的吸引力，发展前景不容乐观。

18.2.2 视频点播/直播网站及传统媒体网络视频平台

视频点播/直播网站的特点是：用户群体庞大，流量可观；视频内容的质量较高，具有一定程度的视频资源制作与整合能力。代表企业有 21cn、东方宽频、激动网，以及传统媒体（央视、凤凰卫视等）的网络视频平台等。这个领域的网站多数都有着成熟的内容分销商业模式以及良好的现金流，产业一体化程度高。正版内容是其优势，这也是率先拿到牌照的重要原因。

目前阶段，以 21cn、东方宽频、激动网和凤凰宽频为代表的视频点播网站开始往视频门户方向发力，是对视频分享类网站不断侵蚀生存空间的一个反击。例如，凤凰网坚持作正版视频内容的运营平台，坚持媒体化运作模式，获得了较好的用户口碑和商业回报。在媒资制作、版权合作、原创制作、免费、付费、直播等各类型的视频业务方面，凤凰网从设备、人员、技术等方面都已经形成规范和统一，避免了重复投入和跨平台无法整合的局面。由于背靠凤凰卫视，凤凰网运营视频门户易于为行业合作伙伴与互联网用户所接受；同时，凤凰卫视的特色节目资源也给凤凰网的品牌带来加分。目前，凤凰网在流媒体业务上的投入始终与收入相结合，运营负担相对较轻。

第二梯队以华奥星空、九州梦网、优度、捷报、鸿波和网尚等为代表。其他还有 350 家左右点播类网站构成该领域的塔基。

18.2.3　P2P 播放平台

这一集团内视频运营商的特点是：借助客户端获取广大的用户群体；视频内容基本是长视频或直播类节目，版权问题基本得到解决；本领域集中度高，进入门槛高。

P2P 播放平台的市场进入门槛较高，格局较为清晰。主要竞争者为 PPStream，Pplive，Qqlive 和 UUsee，这构成 P2P 播放平台领域的第一梯队；另有规模较小的 Ppmate，Mysee，光芒国际等，组成第二梯队。其中，QQlive 依托腾讯强大的 IM 客户端和最大规模的用户基础，拥有最广大的用户群体。

18.3　网络视频市场分析

18.3.1　市场规模

中国互联网络信息中心（CNNIC）《第 23 次中国互联网络发展状况统计报告》显示，2008 年年底中国网络视频应用使用率为 67.7%，在各种网络应用中位居第五。网络视频用户相比 2007 年底净增 4000 多万用户，达到 2.02 亿，用户增长率为 25.5%。网络视频业务在中国获得了足够的用户基础，随着用户覆盖和影响力的不断提升，中国网络视频行业蕴藏的巨大市场价值正在逐步显现，网络视频行业将依托足够用户流量成为最具商业价值的应用之一。根据艾瑞咨询统计显示，2008 年中国网络视频市场规模达到 13.2 亿，其中企业付费市场规模达到 7.4 亿，同比去年增长 124.6%。虽然视频行业发展仍面临诸多问题，但用户对视频需求的不断增长以及视频广告规模的上升势头，仍预示着网络视频行业良好的市场前景。

18.3.2　市场竞争

网络视频行业在我国正处于激烈竞合与规范化的阶段，市场格局未定，但竞争形态已逐渐明朗化。点播直播类网站和 P2P 播放平台因内容质量及版权方面的优势最先获得了政策认同；视频分享类网站影响力继续加强，但现阶段面临着政策与资本的双重压力，同时传统媒体的视频平台开始通过门户战略与视频分享网站争夺影响力与用户。

2008 年成为中国网络视频企业发展的关键时期，行业的竞争程度日益激烈。“牌照门”已经让视频网站经历过一次洗礼，数量由最初的两三百家减少到目前的几十家主流视频网站，用户进一步集中的趋势及较强的流动性导致网络视频行业马太效应显现。领先企业的高流量尽管意味着用户的认可，但同时也意味着企业的经营成本不断提高。为了实现高流量的尽快变现，各视频企业都需要从内容、产品和服务三个方面去吸引广告主，提高盈利能力。

用户使用视频网站具有高度重叠的特征，多数用户喜欢在多个视频网站中寻找对比关注的内容，同时倾向于选择熟悉的视频网站，这使视频网站竞争的第一层面是用户的选择范围，即必须进入网民认可的主流视频网站，对后来者来说机会将越来越小。今后网络视频的发展还将出现应用和平台多元化趋势，竞争将不仅局限于现有同类的视频网站之间，而且还将出现不同类视频网站间的交叉竞争。总体上来看，网络视频行业将朝着竞争趋同化和业务模式融合化的方向前进。

18.4 视频网站商业模式

18.4.1 广告模式

早期的视频营销限于营销投入规模和媒介渠道的不足，传播范围和影响力都有限。而视频营销发展至今天，已经能够充分利用视频形式的特点，整合贴片广告、品牌专区、主题征集、植入广告等多种形式，打造综合的营销方案。

网络视频的广告形式主要有：（1）贴片广告，即在视频内容的播放等待时间或视频播放后插入广告视频；（2）创新的视频广告，如拉幕广告、半透明覆盖广告和播放器背景广告等，主要在视频播放窗及其周边出现，用户产生兴趣时可点击观看广告内容；（3）原创视频短片，征集用户原创的与广告主品牌或产品有关的视频短片，在网站予以展示，在用户浏览视频时巧妙达成宣传效果，具有病毒传播的特质，用户之间可以主动传播和分享；（4）品牌专区，其形式是为广告主建立专门的视频专区，形成一个集合品牌介绍、产品视频、拍客上传、用户评论为一体的宣传平台。

视频营销与其他营销方式相比具有很多优势：一是广告互动性强、创意空间大，形式丰富多样，兼具声、光、电的表现特点，这种立体的表现效果是图文广告所不能比拟的；二是具有病毒传播的特质，好的视频能够不依赖媒介推广即可在受众之间横向传播，以病毒扩散方式蔓延。另外，目前视频营销的价格也相当低廉，一段视频广告的制作成本可能仅需几万甚至几千元，不到同类电视广告的十分之一，但传播效果并不逊色；且多采用 CPM（千人曝光成本）计费形式，效果可监测和评估。加上现阶段视频广告领域广告主投放集中程度相对较低，如果广告主加大在该领域内的投放力度，更有利于降低同质品牌广告主投放媒体重合度，便于在嘈杂的传播空间中保证品牌声音的有效传达。

18.4.2 视频互动营销

网络视频营销正在成为广告主重要的品牌诉求工具，视频网站将成为电视的良好互补体。比起电视视频广告和图文网站，网络视频广告互动性强、创意空间大，形式丰富多样的特点适合整合贴片广告、品牌专区、主题征集和植入广告等多种形式，打造综合的互动营销方案。

对于塑造品牌的广告主，图文网站对品牌的表现能力相对有限，更多的 FMCG、服装、运动和 IT 消费类产品的广告主更倾向于投放到视频网站中。相对于电视，网络视频不仅拥有较好的品牌表现能力，还有电视所不能具有的互动性以及病毒式营销的功能，同时，网络视频与电视相比，前者的 CPM 远小于后者。品牌广告主将会更多的考虑把电视和视频互动营销相结合，实现对目标用户尽可能覆盖的效果。如 2008 年 M-Zone 动感地带街舞大赛选择视频网站和央视体育频道作为推广平台，将电视与网络视频相结合，进行全面视频报道，同时充分利用与网民和拍客之间的互动，征集用户的评论和自拍作品。实现了与电视媒体的有效互补，利用网络视频较低的投入，实现了电视媒体无法达成的用户覆盖和传播效果。这种电视与网络视频相结合的方式在 2009 年将成为重要的趋势。

18.4.3　内容版权分销

版权方和网站根据广告效果进行比例分成，降低了网站运营成本，同时也拓展了内容商的盈利渠道。目前，视频点播直播网站是国内主要的视频版权采购商，一些市场份额较大的点播类网站通过长期购买影视数字版权，跟版权方建立了非常紧密的联系。网络播放属于第二轮播放，版权方出售版权时肯定都希望自己的版权内容能够得到充分的利用，通过互联网的传播、发展取得相应的影响力。热门影视作品上线后往往受到网友的热捧，这对于影片宣传的延续以及品牌的延续都起到了非常积极的作用。

18.4.4　联盟发展模式

与传统广告模式中，广告主只能在一家网站上投放广告不同，网络视频的联盟发展模式是指在加盟网站放置视频提供站的播放器，播放广告获得广告收益。通过与加盟网站分享利润，帮助广告商将自己的产品和品牌，通过联盟网站覆盖到更多网民。网络视频广告低成本、交互性、精准性、多元性及密集性的特点使其有着非常可观的发展前景。

从运营形式上来看，加盟者将与视频网站共同分享广告带来的利润，变现网站流量。而视频网站可通过技术和内容定位，实现按时间、地域、行业精准投放，形成众多垂直分类网络承载不同广告，视频网站通过这种开放式联盟架构，迅速拓展受众渠道，进一步增强覆盖，扩大网站影响力和商业价值。

18.5　发展趋势

随着政府对互联网内容和市场监管力度的逐年加大，相关部门已经加强对网络视频相关方面的监管，以期进一步规范网络视频市场，从而有利于整个中国互联网市场的长期繁荣发展。

2004 年，国家广电总局颁布的《互联网等信息网络传播视听节目管理办法》指出，通过信息网络向公众传播的视听节目，必须经过国家广播电影电视总局批准，取得相应的《信息网络传播视听节目许可证》。而现实的问题是，视频网站是通过第三方公司来盗版，然后再去跟第三方签协议，播出盗版内容，甚至低俗内容。著名视频分享网站 56.com 曾因低俗内容被勒令关站 38 天进行整顿，直接导致其大量用户的流失。

随着广告主尤其是品牌广告主对于将广告投放在形象低劣或者版权不清晰的 UGC 视频中心存顾虑，使得视频营销一度陷于困顿，其传播价值迟迟不能转化为商业价值。2008 年，视频网站更加重视正版内容，版权环境得到改善，主流视频网站着重加强了专业版权内容的建设。一方面，通过与版权提供商合作增加正版节目比例（如优酷网的“合计划”、土豆的“黑豆”高清频道），同时积极配合版权方打击其上存在的盗版侵权内容。另一方面，还推出社会新闻、政经资讯、旅游和亲子等贴近主流民生需求的频道，提升媒体形象。这些手段促使广告主重新审视视频网站的商业价值，尝试在视频营销方面进行更多投入。在这样的趋势下，更具资金实力的视频网站，能拿到热播或热映的电视栏目和电影的网站会在竞争中生存下来。那些只依靠盗版、侵权来作为谋生手段的视频网站们必将被时代所淘汰，"版权为王"的网络视频时代已经到来。

为了满足广告主对广告的精准度越来越高的要求，同时为了提升网络视频用户的黏性，2009 年各视频分享网站和 P2P 网络视频公司将陆续推出 SNS 概念的相关功能，目前已有部分网站开始研发。此外，P2P 运营商为了降低版权采购成本并增加平台节目量，将强化通过搜索聚合 UGC 网站内容的形式来转移风险。部分视频分享网站也将推出 P2P 直播功能，强化其媒体性。各视频网站正在调整定位，凸显其差异化的竞争策略，市场的细分化已经成为视频行业发展趋势。

趋势一：网络视频用户基础进一步扩大，用户数和流量将创新高

首先，中国网民基数增长迅速，网络视频作为中国网民的重要互联网应用将获得更广大的用户基础；其次，2009 年适逢建国 60 周年，各大事件和不断增长的庆祝活动和文艺汇演将成为新的热点，网络视频作为电视转播的重要补充形式，将获取可观的流量，用户的网络视频收看习惯在深度和广度上将会进一步得到培养。再次，随着金融危机的爆发，百姓消费能力的下降以及工作人群压力的增加，将会有更多人在家里或者单位通过网络观看网络视频。最后，随着电信运营商不断拓宽带宽和高清网络视频的推出，观看网络视频的用户体验将越来越好，这将吸引更多用户选择观看更多的网络视频。

趋势二：网络视频行业将吸引更多广告主，营收压力将进一步影响行业走势

在金融危机的影响下，企业营销预算将变的更为有限，由于网络视频的广告投放具有较强的可控性及精准性，广告主将逐渐将营销预算由传统电视媒体向网络视频转移。随着各大视频分享网站调整其网站的技术架构与内容体系，视频分享网站将会与视频点播类网站一起，逐步加强网络视频行业对正版视频资源和广告主的吸引力。在网络视频广告业务领域形成新的业务增长点。在这一进程中，广告价值不高的 UGC 将逐渐边缘化，而影视点播模式和 P2P 播放平台的正版内容正在成为网络视频行业的主流。

视频服务作为互联网基本应用的高度扩散是摆在视频网站面前的另一个重大主题，这意味着独立的视频网站完全以视频服务为基础在短期内是可行的，但是从长期而言有可能像独立的 BSP（博客服务提供商）一样被更综合的互联网服务提供商比如门户、更有资源实力的传统电视媒体力量双重挤压而走向边缘化。未来拥有雄厚资金实力的门户网站、有电视传媒背景的视频网站将在视频分享网站等其他各方力量之间进行一定整合。

18.6　P2P 流媒体对网络视频发展的影响

基于 P2P 技术的 P2P 流媒体网络视频，可以让用户享受到体育比赛和重大活动的直播、影视节目轮播、点播、聊天室广播和网络电台等业务。根据易观国际的统计数据，2008 年中国 P2P 直播的市场规模为 2.47 亿元，高于其他网络视频形式。在北京奥运会期间，P2P 直播发挥了巨大作用，其中 PPStream，PPLive 和悠视网三家均从央视网获得授权得到奥运会互联网转播权。奥运会开幕式的网络直播吸引了众多网民，据 DCCI 互联网数据中心统计显示，2008 年 8 月 8 日晚上 8 点至 11 点半，3200 多万用户观看了奥运开幕式的视频，在此期间覆盖的不重复的全站独立用户数为 5081 万人。从这些数据中可以看出，P2P 网络视频发展迅速，其应用有着巨大的市场发展空间。

P2P 网络视频产业链包括内容提供商、网络视频运营服务商、技术提供商和第三方广告商和终端用户。2008 年产业链发生了明显的变化：（1）融合趋势。伴随激烈的市场竞争，产业链的主要角色出现了不同程度的优胜劣汰，强势的服务商开始向产业链的其他方向进行资源整合与业务拓展，试图通过多元化战略规避单一业务风险。（2）内容为主。2008 年，多种因素促使各运营商重视版权建设，增加视频平台的正版内容比例，内容提供商弱势地位得到了极大的提升，由过去利益受损的一方变成了获益方，且议价能力也明显提升。（3）加强营销。2008 年网络视频广告行业整体收入实现了超过 100%的增长。为此，网络视频服务商普遍扩建了广告营销团队，加强了对大型广告主的直销服务力度。（4）用户分化。随着实践经验的积累，网络视频用户逐渐成规模地分化出一批具有专业视频制作技术和经验的社会团体（或个人），并开始在网络视频产业链中扮演重要角色，其特点是创作的视频内容创意优秀，贴近草根网民的生活，具备良好的传播效应，成为主流影视视频内容之外的重要补充。

2008 年 P2P 网络视频已不再局限于以往搞笑、非主流的小众传播和渲染力，正式跻身主流新媒体，并在诸多重大社会事件中表现出巨大的传播价值和影响力，带动了整个网络视频行业媒体价值的提升。在美国，奥巴马赢得美国总统竞选让世界看到了 P2P 网络视频的力量。在国内，P2P 视频网站借助南方雪灾、汶川地震、北京奥运会和“神七”升天等重大社会事件，通过为网民提供及时、便捷和丰富的视频服务，极大地提高了自身的影响力。

为了 P2P 网络视频业务发展的需要，除了需要加强内容监管外，P2P 网络视频还需要加强流量控制和提高盈利能力。从运营商的收益统计来看，彩铃和 SMS 等数据业务占用的带宽不到 5%，收益却占 90%以上；P2P 业务对带宽的占用比是 40%～60%，在极端情况下这一比例甚至会达到 80%～90%，而其收益只占 5%左右。带宽占用与收益倒挂问题越来越尖锐，已经成为困扰宽带业务发展的最重要因素之一。因此当前从事 P2P 网络视频的运营商、内容提供商和 P2P 网络视频服务商正在顺应事物发展的客观规律，开始联手合作，以解决困扰宽带业务发展的问题。

P2P 网络视频服务商的收入方式大致有四种，分别是广告、付费点播、移动互联网增值业务和流媒体视频技术服务。其中，广告收入是最主要的收入来源；付费点播的收入明显下滑；移动互联网增值业务，随着 3G 产业的发展而大有可为，一旦采用低价格政策的包月制，该项业务将拥有爆炸性的收入；P2P 网络视频技术具有一定技术壁垒，有此技术需求的企业尚属少数，目前该项业务规模并不大。总之，网络视频服务商的生存和发展面临极大的挑战，需要不断开发其市场价值，形成“自我造血”功能，这样，中国的 P2P 技术及其应用，必将能够在互联网和传统经济、文化等领域里发挥越来越重要的作用。

（中国互联网络信息中心　赵慧斌中国互联网协会宽带 P2P 应用推进联盟　雷紫东）

第 19 章　2008 年中国网络音乐发展情况

19.1　发展概况

网络音乐（也称数字音乐）指通过互联网和移动通信网等各种有线和无线方式传播的音乐产品，其主要特点是形成了数字化的音乐产品制作、传播和消费模式。

在传播方式上，网络音乐主要由两部分组成：一是通过计算机互联网提供的在计算机终端下载或播放的在线音乐；二是无线网络运营商通过无线增值服务提供的在手机终端播放的无线音乐。在表现形式上，网络音乐则主要包括网络歌曲和手机铃声。

2008 年，网络音乐稳步向前发展，日益成为整个音乐产业发展的重要组成部分和推动力量。而一直困扰网络音乐的版权问题正开始逐步解决，华纳、环球和百代等全球各大唱片公司纷纷与服务商签订版权协议，美国唱片工业协会等 5 家协会就如何计算网络音乐版权费达成了协议，谷歌中国公司也推出了免费正版音乐搜索，逐渐趋向健康的市场环境促进了网络音乐的有序发展。

网络音乐仍然是国内网民使用率最高的第一大娱乐应用服务。中国互联网络信息中心（CNNIC）截至 2008 年年底的调查显示，虽然使用该服务的网民比例从 2007 年的 86.6%下降至 2008 年的 83.7%，但用户数量仍然增长了 6700 万人，见表 19.1。

表 19.1　2007—2008 年网络音乐应用用户对比

	2007 年年底		2008 年年底		变化	
	使用率	网民规模（万人）	使用率	网民规模（万人）	增长量（万人）	增长率
网络音乐	86.6%	18 200	83.7%	24 900	6700	36.8%

数据来源：中国互联网络信息中心（CNNIC）《第 23 次中国互联网络发展状况统计报告》

从应用群体来看，国内网民的最大构成群体是学生，占 33.2%，其次是企业公司管理者和职员（19.5%）、党政机关事业单位工作者（10.3%）、专业技术人员（8.7%）等办公室职员，农村外出务工人员则占 2.6%。其中，学生群体对网络音乐的使用最为普遍，大学生的使用普及率更高达 94%，见表 19.2。

表 19.2　网络音乐应用在重点群体中的普及率

	中小学生	大学生	办公室职员	农村外出务工人员	总体网民
网络音乐	86.9%	94.0%	83.4%	78.2%	83.7%

数据来源：CNNIC《第 23 次中国互联网络发展状况统计报告》

19.2　网络音乐主要分类

一般情况下，网络歌曲指一首完整的歌曲，通常人们可以通过互联网或手机进行全曲下载或在线试听。而手机铃声包括手机的铃音、彩铃和炫铃等，通常不是一首完整的歌曲。

19.2.1　网络歌曲

在中国，虽然网络音乐一直是网民经常使用的一大应用，网络歌曲具有非常大的下载量，但由于其中大部分为在线歌曲下载，而许多在线歌曲下载并未获得合法版权，因此无法统计准确下载量，这种情况也在一定程度上阻碍了我国在线音乐市场的发展。另外，目前手机全曲下载在移动市场上还只占较小份额。以中国移动公司的无线音乐业务为例，其具体业务包括彩铃、振铃、音乐俱乐部、点歌和音乐搜索等，其中大部分业务是手机铃声服务，而其音乐销量榜更是以彩铃下载量为统计标准的。

随着国内网络音乐版权问题的逐步改善，市场环境的健康发展，以及 3G 的推动作用，可以预见，未来几年，网络歌曲在中国将有较好的发展前景及较大的发展空间。据艾瑞咨询发布的《2008 年中国无线音乐搜索行业分析报告》，2008 年中国无线搜索用户规模首次突破 1 亿，娱乐类信息依然是无线搜索的重点，其中音乐搜索最多。这一点，从 2008 年全球网络歌曲的快速发展中也可窥见一斑。国际唱片业协会（IFPI）2009 年 1 月公布的报告称，2008 年全球网络歌曲（取得了合法版权的歌曲）下载量达到 14 亿人次，同比 2007 年增长了 24%。

此外，中国网络歌曲的另一个特点是产生了大量网络原创歌曲，并有许多歌手因此走红。这一方面说明网络歌曲的生产成本较低，使行业进入门槛有所降低；另一方面则反映了一些网络歌曲具有非常快的传播速度，并能够在民众中产生较大的影响力。

19.2.2　手机铃声

据中国互联网络信息中心（CNNIC）于 2009 年 2 月发布的《中国手机上网行为研究报告》，截至 2008 年年底，中国手机用户已超过 6.4 亿，而通过手机上网的用户数量已超过 1.176 亿，随着手机普及率的逐年提高，手机互联网在规模上呈现直追传统互联网的趋势。而手机音乐已成为手机互联网群体的最大应用，约有 600 万活跃用户。2008 年，借助北京奥运会的成功举行，以手机铃声下载为主要业务之一的无线音乐在中国取得了快速发展。中国移动无线音乐平台 2008 年 10 月发布的数据显示，通过其平台下载的奥运歌曲彩铃数量突破了 1700 万。奥运倒计时 100 天主打歌《北京欢迎你》在短短一个月内，下载量就接近 3 万。2008 年上半年的数据显示，彩铃业务已占全部中国移动的增值业务收入的 18.07%，是仅次于短信的第二大增值业务。截至 2008 年 6 月 30 日，中国联通的炫铃用户也达到了 4229 万，比去年同期增长了 20.8%。

但与网络歌曲相比，手机铃声自 2002 年推出以来，经过了快速发展期，目前已进入相对成熟阶段，市场规模增速已趋缓，市场趋向更加细分化、个性化。

19.3 市场分析

2008 年，据赛迪顾问的数据显示，中国互联网总体市场规模达到 1389.9 亿元，持续了 20%以上的增长速度。互联网应用服务在整体市场中的占比继续提升，成为市场发展的主导力量，网络音乐市场发展则趋于成熟，增长较为平稳。

2008 年中国互联网市场发展的特点也影响着网络音乐市场的发展。首先，牌照化运营已经成为中国互联网企业发展的趋势。中国互联网进入牌照化管理时代，对规范市场起到了一定的积极作用。网络音乐市场也逐渐向正规化发展，困扰已久的版权问题正逐步得到改善。其次，2008 年大事不断，互联网价值因此得到一定提升。从年初的冰雪灾害，到汶川地震，再到北京奥运会，互联网借这些事件显现出了巨大的影响力，许多网络音乐也因此走红，网络音乐市场得到了进一步巩固和发展。再次，SNS（社交网站）成为 2008 年互联网产业的亮点。SNS 数量迅速增加，并很快与网络音乐融合。著名社交网站 MySpace 的音乐服务于 2008 年 9 月在全球推出，立即吸引了大量的网站流量，并受到了唱片公司的欢迎。

19.3.1 市场规模

虽然 2008 年全球音乐产业受到了经济危机的影响和冲击，但网络音乐市场还是取得了一定发展，并弥补了部分传统音乐市场的下滑，当然，两者并不能完全抵消。据新华信国际信息咨询公司发布的《2008 年数字音乐产业调研报告》显示，2008 年中国在线音乐市场规模超过 2 亿元，2009 年音乐产业市场规模将达 4.5 亿元。另据中国移动公布的数据显示，2008 年移动的无线音乐俱乐部会员增加了 1823 万人，达到 8511 万人。2008 年 1 月至 11 月，手机无线音乐下载次数超过 11.97 亿次，彩铃的收入达到 143 亿元，同比增长 21.9%。

从用户角度分析，2008 年网络用户的音乐消费有所增加，但仍处于较低水平。据 DCCI 互联网数据中心调查数据显示，2007 年，中国互联网用户月网络音乐消费平均仅有 2.7 元，有 94.2%的用户无该项支出。2008 年，中国互联网用户网络音乐消费虽然仍主要集中在 10 元以下，但仅有 33.5%的用户无该项支出，人数比 2007 年大幅减少，见图 19.1。在网络消费结构统计中，网络接入费用、网络购物和网络游戏费用占网络消费的主要份额，音乐下载费用虽有所增加，但仍仅占 4.6%。

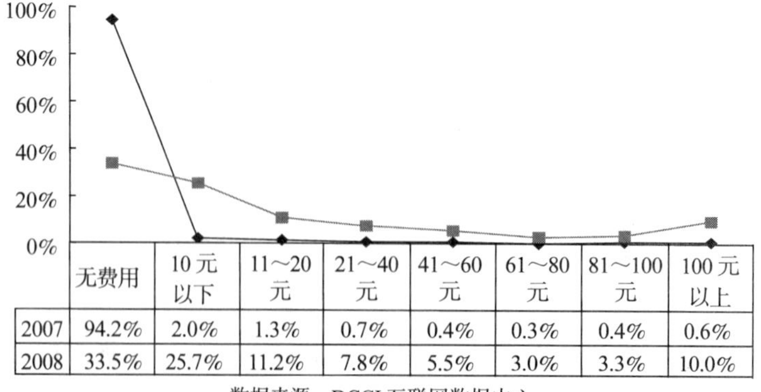

	无费用	10元以下	11～20元	21～40元	41～60元	61～80元	81～100元	100元以上
2007	94.2%	2.0%	1.3%	0.7%	0.4%	0.3%	0.4%	0.6%
2008	33.5%	25.7%	11.2%	7.8%	5.5%	3.0%	3.3%	10.0%

数据来源：DCCI 互联网数据中心

图19.1　2007年和2008年中国互联网用户网络音乐月消费情况

总体来看，2008 年国内网络音乐市场的用户规模有所扩大，但市场价值的增长尤其是在线音乐市场的增长仍十分有限。在全球的网络音乐市场方面，IFPI 报告显示，2008 年全球网络音乐市场增长了 25%以上，产值达到 37 亿美元。网络音乐的销售约占音乐销售的 20%，而一年前仅占 15%，见图 19.2，而中国网络音乐市场所占全球网络音乐市场价值的份额较少，因此我国网络音乐市场还有较大的发展空间。

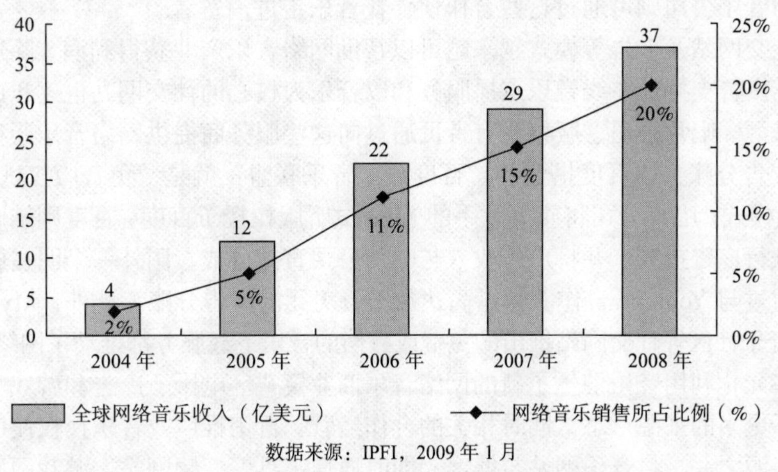

数据来源：IPFI，2009 年 1 月

图19.2　2004—2008年全球网络音乐收入

19.3.2　市场格局

2008 年，许多传统唱片零售商开始介入网络音乐零售领域，如 Amazon，HMV 和 Walmart 等，同时如 MySpace 等一些其他类型的网站也开始提供音乐服务，使网络音乐市场格局更加复杂。与国外的网络音乐市场格局略有不同，国内的网络音乐市场价值主要是靠移动服务推动形成的，而且大部分利润也由移动运营商和 SP 获得，唱片公司或音乐版权所有人所获利润非常有限，音乐的销售渠道从传统音像店转到手机，唱片产业话语权也从唱片公司到了电信运营商和 SP 等手中。

随着 3G 的发展，预计中国无线音乐市场格局可能会从中国移动一家独大的情况向更加多元化的方向发展，并且无线音乐会继续取得较快发展。因为在许多欧洲市场上，3G 的增长都带来了无线音乐市场的发展。同时，中国在线音乐市场格局的健康发展在很大程度上取决于打击非法音乐下载的力度，以及能否形成合理的商业模式和利益分配格局，相信随着全球市场格局和竞争的不断发展及中国商业模式和市场格局的日趋完善，中国在线音乐市场的发展格局将更加合理。

19.3.3　商业模式

2008 年，网络音乐的商业模式变得更加多样化。为了吸引消费者，商家为消费者提供了各种可能的音乐消费方式，如自选音乐下载，获得广告支持的免费音乐服务等。除没有获得知识产权许可的音乐下载这种非法模式在中国仍然存在外，一些合法的商业模式在中国也取得了一定的发展，如网络音乐平台 A8 音乐主要通过其原创互动平台以及与唱片公司合作获取合法的音乐内容，A8 音乐于 2008 年在港交所主板挂牌上市，成为了我国香港资本市场首只网络音乐概念股。此外，2008 年，以下商业模式发展特点也引起了业界的关注。

首先，音乐接入（Music Access）模式开始流行。该模式大致是通过捆绑终端厂商硬件或 ISP 的服务向消费者提供免费或者优惠的音乐下载订阅服务。诺基亚的 Comes With Music 手机就是最典型的案例。通过这种模式，ISP 和硬件制造商等能够通过音乐产业提升他们服务的价值，而音乐公司则可通过这些合作伙伴让音乐走进消费者。

其次，社交网站及广告等模式越来越可以帮助网络音乐产业获得利润。除通过音乐下载获得利润外，广告支持的在线音乐点播服务和以音乐为核心的社交网站也逐步成为网络音乐获取利润的来源。唱片公司、版权所有者可通过向这些服务商提供网络音乐版权获得直接收益或相应的广告分账，如百度搭建的“百度数字音乐联盟”就是“免费版权试听+广告收入分成”的商业模式。唱片公司将旗下歌手的 MP3 试听版权授予百度，百度则结合相关版权作品为广告主进行广告投放，并将广告收入与唱片公司直接分成。国外一个明显的例子是环球音乐集团，通过与 Youtube 合作获得了高达数千万美元的广告分账。此外，MySpace 音乐服务和 imeem 音乐社区等社交网站推出的免费或有偿的音乐下载服务都推动了网络音乐的发展。

再次，多元化利用音乐催生了新的网络音乐商业模式。电影、广告和游戏中的音乐为网络音乐提供了更多的来源形态，同时相关的合作经营、行销推广及音乐授权使用都可成为音乐产业利益来源之一，将音乐网站与博客、即时通信工具、视频网站、游戏网站、唱片公司和电信运营商等有效整合，可形成多元化的商业模式。如与电视传媒、唱片公司等结盟，网络公司直接介入原创乐坛，开办原创音乐大赛；推出代表公司形象的网络歌手；发表原创音乐的 A8 音乐模式；将音乐与博客或聊天工具捆绑，付费会员可以在博客上或聊天过程中收听或使用歌曲，与聊友共享歌曲的腾讯模式；将网络游戏中的原创音乐进行多方位营销等。

但总体来说，从 2001 年至今，中国在线音乐尚未形成非常清晰成熟的商业模式，加上版权问题和相对滞后的消费意识，目前在线音乐收入大部分还是来源于有限的广告费，很多服务商依靠的是无线音乐的收入，许多唱片公司通过向电信运营商和服务商提供音乐得到回报，但这种回报是极其有限的，无法给唱片公司带来更大发展。同时，虽然使用音乐网站的人数越来越多，但是这并未带动音乐销量的增长，反而让音乐爱好者花的钱比以前更少了。调查机构 music2.0 联手 10 多家音乐服务相关网站所做的《2008 互联网音乐调查报告》显示，50%的消费者已经不购买或者极少购买 CD，近 70%的调查对象每周使用音乐搜索引擎来满足自己的“听觉需求”，而只有 33%的消费者愿意为 MP3 音乐付费。近年来唱片赔本赚吆喝的现状引起了不少中国音乐人的不满，网络音乐的发展反而在一定程度上成为了阻碍整个音乐产业发展的因素，而这种阻碍也会反作用于网络音乐自身，因为原创音乐的减少也意味着网络音乐资源的匮乏。

19.4 音乐网站发展情况

19.4.1 网站规模

根据中国互联网络信息中心（CNNIC）的报告，截至 2008 年 12 月 31 日，我国国内的网站数达到了 287.8 万个，较 2007 年增长 91.4%，是 2000 年以来增长最快的一年。而 2008

年网站数量的快速增长，也在一定程度上促进了音乐网站数量的增长。由于音乐网站更新频繁，又有许多综合网站或各地的信息港中都设有音乐栏目，很难统计出音乐网站的准确数字。通过百度搜索“音乐网”，可得到 3540 万个相关页面，其中不但有许多专业的音乐商业网站，还包括不少个人音乐网站。此外，通过一些网站对音乐网站进行排名的榜单来看，根据各自网站的不同指标，排名结果十分不同，这从一个侧面说明，目前国内音乐网站数量较多，类型庞杂，还没有出现明显的“领军人物”，见表 19.3。

表 19.3　音乐网站的排名情况

排名	“中国网站排名”网站（根据网站访问流量）	百度音乐排行（根据百度联盟的流量统计）	谷歌 265 导航（热门网站排行）
1	百度 MP3 搜索	5nd 音乐网	vcdmp3 音乐网
2	搜狗音乐搜索	捌零音乐论坛	百度 MP3 搜索
3	我 99 伴奏翻唱网	YYMP3 音乐网	MP3 音乐网
4	分贝网	552200 流行歌曲网	中国音乐网
5	搜谱网	蹦迪 DJ 网	搜狐音乐
6	我听音乐网	缘分吉他网	新浪音乐
7	网易音乐搜索	杂碎音乐论坛	广州视听在线
8	音乐巴士・天籁旅行	九九音乐网	去听去听
9	5nd 音乐网	潜江 DJ 舞曲网	天籁村

（数据采集时间均为 2009 年 4 月 7 日）

分析以上排名可以看出，除音乐搜索、在线听歌等网站受到欢迎外，翻唱（如我 99 伴奏翻唱网）、歌谱（如搜谱网）和吉他（如缘分吉他网）等更为专业化的网站也受到了部分网民的青睐。

19.4.2　发展特点

与我国在线音乐市场的特点——“免费”模式为主相对应，2008 年我国音乐网站的发展有其自身的特点，总体来看，有以下三个方面：

1．音乐搜索引擎使用率高

《2008 互联网音乐调查报告》显示，在中国，音乐搜索引擎一直占据着在线音乐市场的主导地位，对网络音乐甚至整个音乐产业在中国的发展产生了直接的影响。调查显示，只有不到 2%的在线音乐消费者从来不使用音乐搜索引擎，而近 70%的调查对象则每周都会使用音乐搜索引擎。但是目前音乐搜索引擎最显著的特征是支持免费下载。

2．大量音乐网站以个人形式运营

目前许多国内著名的音乐网站，如好听音乐网、我 99 伴奏翻唱网、天籁村、我爱音乐网、去听去听网、YYMP3 音乐网等都是以个人形式运行的网站，这些个人音乐网站大多缺少正版授权，主要依靠广告收入。缺少商业化的个人网站的大量存在，说明我国音乐网站发展仍不成熟，而整个网络音乐产业也缺少成熟的商业模式。

3．版权问题仍未得到充分解决

相对国外来说，国内网络音乐版权问题的解决难度更大，音乐搜索和个人音乐网站的盛行也说明了这一点，人们已经习惯了“免费午餐”，不愿意或不习惯为正版音乐支付费用。

有业内人士认为，曾经发生的“百度版权门”事件是中国互联网的一个拐点，正版音乐的生存条件已渐趋成熟，并且蕴藏着巨大的商机。目前，百度正在积极地与相关唱片公司合作，解决非法音乐下载问题，谷歌中国公司也推出了正版免费的音乐搜索平台，目前已有 35 万首正版歌曲上线，而谷歌与各大唱片公司已经达成将近 110 万首歌曲的正版授权。谷歌中国公司会将部分广告费以版税的形式返还给唱片公司以及音乐人，从而达到用户免费下载正版音乐的目标。可见，虽然目前国内网络音乐盗版问题仍大量存在，但已露出曙光，相信版权问题的解决将极大地促进国内音乐网站及整个网络音乐产业的发展。

目前我国在线音乐网站发展缓慢，商业模式不成熟；加上运营商及版权提供商对 SP 的双重挤压，无线音乐网站发展也整体放缓。未来几年，中国网络音乐行业将会面临一定挑战。但随着宽带和 3G 等技术的不断发展，网络音乐的应用前景仍较为乐观，音乐网站仍需不断探索创新，才能获得良好的发展。

19.4.3 典型案例

1．A8 音乐：首只在我国香港上市的网络音乐概念股

2000 年，A8 音乐在深圳注册成立。2004 年，A8 音乐推出了原创音乐互动平台，全面转型为网络音乐公司。2008 年 6 月，A8 音乐成功在我国香港上市，上市当日股价上涨 35.8%，全日总成交量约 1.24 亿股，总成交金额约达 2.92 亿港元。

A8 音乐的主要运营模式是：一方面通过原创音乐互动平台与音乐作者签署合作协议获得音乐内容，在此过程中，一首歌曲从创作到演唱完全在互联网上实现，A8 音乐以买断或收入共享等形式获得其中具有流行潜力的歌曲的授权；另一方面，A8 音乐还从国际及国内唱片公司获取授权的音乐内容。对于以上两方面音乐内容，A8 音乐通过移动运营商的无线网络和互联网推广并提供给用户，从中收费获益。目前，A8 音乐的主要获利渠道还是手机用户。

A8 音乐公布的 2008 年业绩报告显示，公司全年收入达到 7.06 亿元，较 2007 年上升了 147%。其中，原创音乐收益增长了 270%，达 1.83 亿元。据分析，A8 音乐营收与利润的增长主要得益于中国手机音乐市场的增长。A8 音乐没有一首歌大红大紫，前 50 首歌的收入占公司收益的 20%，这种商业模式的特点是用户的小额多次消费，而正是长尾效应让 A8 音乐获得了较为稳定的收益和现金流。相比之下，传统音乐推广通常把精力集中在一两首主打歌上，结果经常难以预料。

2009 年 4 月，A8 音乐宣布买断来自台湾的华研音乐目前以至未来两年的所有歌曲在内地手机上的版权，这是 A8 首次以买断“未来”的方式大规模收购无线音乐使用版权，也显示了 A8 音乐对 3G 之后手机音乐市场的乐观态度。

2．走网络音乐正版化之路的腾讯

腾讯公司于 2004 年推出 QQ 音乐，致力于打造在线音乐社区，用户能免费试听正版音乐。在 QQ 音乐的商业模式中，唱片厂商提供正版的音乐内容，QQ 音乐则搭建在线音乐社区性平台，吸引更多的用户免费试听，由此带来的音乐流量及整合创新的网络宣传资源，吸引商家投放广告。

用户试听 QQ 音乐内容需使用 QQ 音乐播放器，这是腾讯公司研发的一款同时支持在线音乐和本地音乐播放的免费软件，具有音乐搜索、推荐、新歌在线首发和手机铃声下载等多种互动功能。除去广告收入外，腾讯公司利用自身的 QQ 聊天软件、QQ 空间和 QQ 形象等多种已有的资源，创新经营模式，延伸出了多种盈利方式。如用户通过付费成为“绿钻尊贵”，就能够享受更高品质的 MP3 下载，使用更多 QQ 空间背景音乐，上传本地音乐和与聊友分享音乐等。

2007 年，QQ 音乐已经实现了盈利。可以说，腾讯对网络正版音乐下载商业模式的探索取得了一定的成绩。2009 年，腾讯还发布了 QQ 音乐的网页版，其在功能上与谷歌和网易发布的音乐视听服务有相似之处。可以说，网络音乐的试听与下载服务市场竞争日趋激烈，中国的网络音乐市场正日趋成熟。

（中国互联网协会　胡　欣）

第 20 章　2008 年中国网络游戏发展情况

20.1　发展概况

1．2008 年中国网络游戏行业发展情况

2008 年对于中国互联网产业可谓不平凡的一年，受到全球经济危机影响，部分互联网行业发展出现“疲态”，企业纷纷采取各种方式“过冬”，但作为互联网主要服务之一的网络游戏受到经济危机影响却微乎其微，市场营收增长率依然超过 50%，分析网络游戏能过上“暖冬”的原因，主要由其行业特征决定。

首先，网络游戏对用户黏合度较高，此外网络游戏属于花费相对较低的娱乐形式，降低了用户因为经济原因而放弃的几率。其次，经济危机影响的主要是资金占用巨大，周转速度缓慢的企业，而网络游戏行业却相反，其不需要大量银行贷款，此外，大型网络游戏公司现金储备也较为充足。再次，网络游戏销售链快捷、简便，其不需要大面积进行渠道建设，而互联网支付的普及也为运营商与消费者架设了直接交易的桥梁，杜绝了传统渠道层层押账等问题，极大减小了运营风险。综上所述，网络游戏特性促使其受经济危机影响较少。根据 IDC 数据统计，2008 年中国网络游戏市场规模达到 183.8 亿元人民币，增长率达到 76.6%。

2．网络游戏开发商发展状况

根据游戏工委与 IDC 调查显示，截至 2008 年 10 月，中国网络游戏研发公司数量已达 131 家，比 2007 年增长了 4%。作为网络游戏研发厂商的主要集中区域，上海的网络游戏研发公司达到 28 家，比 2007 年增长了 27%。北京地区略有下降，有 38 家网络游戏研发企业，比 2007 年下降了 7.3%。虽然开发商整体规模一直保持增长的态势，但游戏品质与游戏发达国家依然存在一定差距，除此以外，随着市场份额较大厂商竞争壁垒的加大，新进厂商的生存环境将越来越严峻。

3．网络游戏产品发展情况

2008 年，中国网络游戏产品出口也实现了较大幅度提升，根据游戏工委与 IDC 调查显示，有 15 家中国网络游戏企业自主研发的 33 款游戏产品进入海外市场，实现销售收入为 7074 万美元，比 2007 年增长了 28.6%。但游戏出口地点主要以东南亚等游戏产业发展较低的地区为主，日韩及欧美等地区出口相对较少。

4．网络游戏玩家发展情况

根据中国互联网络信息中心（CNNIC）第 23 次《中国互联网络发展状况统计报告》数

据显示，2008 中国网络游戏用户规模达到 1.87 亿，此规模是指半年内至少通过互联网使用过一次网络游戏的用户群体，与此同时，中国互联网络信息中心（CNNIC）针对中国网络游戏主体用户，即至少每月通过互联网使用过一次大型游戏的网络游戏用户调研，中国大型网络游戏用户规模为 5550 万人，从整体行业发展趋势分析，未来该用户规模还将进一步扩大。

5. 相关产业带动情况

网络游戏并不是单一的、独立的行业，其对其他行业带动作用相当明显，根据游戏工委与 IDC 调查显示，2008 年，电信业务受网络游戏带动产生的直接收入达 312.8 亿元人民币，比 2007 年增长了 20%，为网络游戏市场实际销售收入的 1.7 倍；IT 行业由此产生的直接收入达 112.4 亿元人民币，比 2007 年增长了 15%，为网络游戏市场实际销售收入的 0.6 倍，此项收入的主要来源是 PC、网络游戏服务器、网络及存储产品、软件及服务等；出版和媒体行业（主要是相关的杂志和书籍）产生的直接收入达 53.2 亿元人民币，比 2007 年增长了 25%，为网络游戏市场实际销售收入的 30%，如图 20.1 所示。

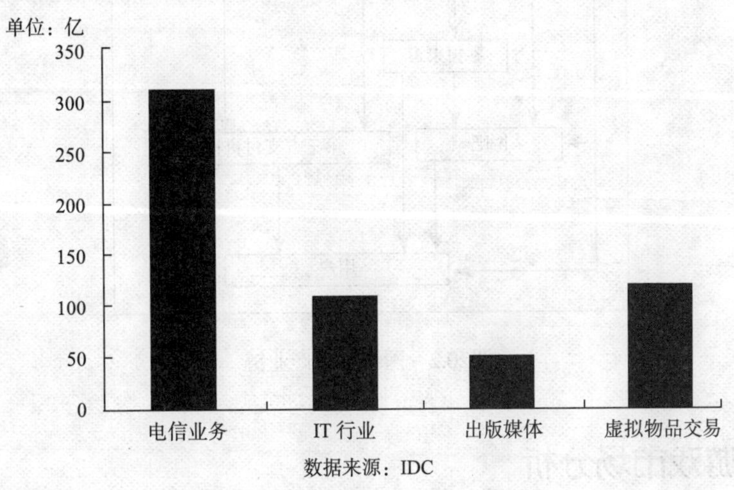

图20.1 网络游戏带动产业

20.2 产业链制约关系

随着网络游戏行业的扩张，越来越多的机构开始加入到网络游戏产业链当中，如图 20.2 所示，从产业链条走向分析诉讼虽然关系复杂，但整个产业链的直接或者间接的最终指向都是网络游戏用户，即游戏用户是整个产业链中各个方面经济活动的最终目标。网络游戏产业通过提供数码娱乐方式，满足人们的精神消费需求，实现产业化的供给与需求互动。而整个产业内各行业、各企业的收入来源，是游戏用户的消费支出，是消费者可支配收入中用于支付精神消费的那一部分。在网络游戏的整个供应链中，只有客户（玩家）贡献的正现金流，是整个产业链的价值源泉，其余都是分享价值、增加价值。不管是会员收费还是广告销售抑或合作分成，无论哪一种收入方式，其利益源头归根结底来自于网络游戏客户。

此外，网络游戏产业各环节存在着上、下游的相互关联和制约关系。在整个产业链中，越接近末端客户的环节就越处于下游，越远离客户的就越处于上游，它们之间相互依赖、拉动和制约。如运营商要受制于上游游戏开发商提供的游戏产品，获得代理权并与之运营收入分成，同时又依赖下游的经销商的宣传、推广和销售。在这里，上、下游之间存在相互扩张和整合的可能性。如游戏开发商研发制作出一款优秀的网络游戏产品，具有广阔的市场空间和良好的盈利前景，则可能直接扩张到游戏运营领域；游戏运营商为取得自主知识产权，避免利益被瓜分的问题，则可能实施研发和运营一体化战略，以此整合产业链资源，打通上游向下游扩张的出口。

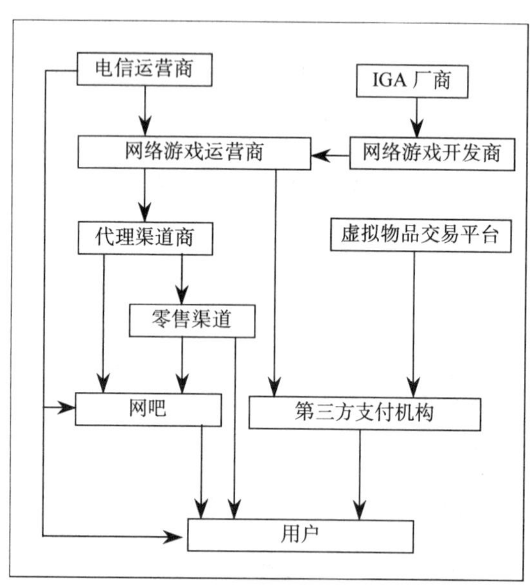

图20.2　网络游戏产业链

20.3　网络游戏市场分析

1. 市场规模

根据游戏工委与 IDC 调查显示，2008 年，中国网络游戏市场实际销售收入为 183.8 亿元人民币，比 2007 年增长了 76.6%。预计 2013 年中国网络游戏市场实际销售收入将达到 397.6 亿元人民币，2008 年到 2013 年的年复合增长率为 16.7%。

2. 市场份额

2008 年，中国网络游戏上市公司营收占到中国整体市场营收的 80%以上，其中，排在市场前三位的是盛大、网易和腾讯，市场份额分别为 18.6%，13.6%以及 11.7%，如图 20.3 所示。其中，腾讯发展速度较快，已经从 2006 年和 2007 年的第二梯队升至行业第三，但与此同时，中国网络游戏的市场集中度也进一步下降。

2006 年，中国网络游戏市场份额前三的公司占到整体份额的 64%，2007 年这一数字下降到 51%，而 2008 年，这一数字下降至 44%，且公司排名也发生变化。市场集中度明显下下降，这预示着各运营商之间收入差距缩小，行业竞争的加剧。受 2006 年和 2007 年网络游戏企业上市热潮影响，原先并不引人注目的企业纷纷露出水面，目前已经形成了较大规模，以完美时空和金山为代表的厂商成为国产网络游戏公司的中坚力量。

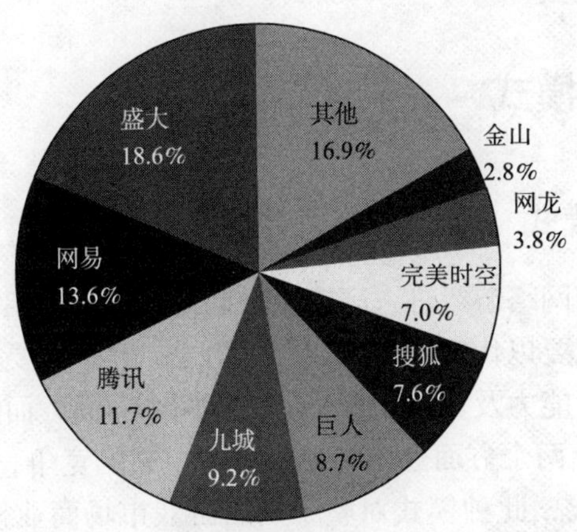

图20.3　2008年网络游戏上市公司市场份额

3．竞争格局

从市场份额分析，盛大和网易等成立时间较早的公司稳定的占据着头两名的地位，从季度收入分析，腾讯、九城和巨人都曾位居市场第三名的地位，但从公司目前运营状况分析，市场中盛大、网易和腾讯的前三名位置短期内变化不会很大，这些公司构成了第一梯队；另一方面，以搜狐和完美时空为代表的厂商构成了第二梯队，该梯队厂商由于企业规模、产品数量类似，未来竞争也更为激烈，最后，其他小厂商构成了第三梯队，虽然网络游戏总体市场规模上升，但大多数厂商运营状况不佳，70%的厂商处于亏损状态，而这 70%主要是处于第三梯队的中小厂商。

4．竞争方式

不同网络游戏运营商市场规模差距明显，第一梯队为市场营收前三的厂商，其特点是进入该领域时间较早，如盛大、网易，或者具有雄厚的支持平台，如腾讯。第二梯队为市场份额 4～15 位的厂商，如久游、网龙和完美时空等，这些厂商进入相对较晚，但往往采取差异化或地域化竞争策略，在很短的时间内取得良好的业绩。其他规模较小的厂商占据了整个市场的第三梯队。对于不同梯队的厂商而言，竞争手段也有所差异。

首先，第一梯队厂商拥有强大的游戏运营经验以及资金积累，发展条件相对轻松，在研发以及代理方面均占有绝对优势，在资金的支持下，这一梯队往往采取扩展渠道以及收购其他厂商或者产品的形式保持其领先地位。其中最典型厂商非盛大莫属，2008 年盛大将其 SDO 与 SDG 业务分离，使其成为一个游戏产品平台，摆脱了以往单纯依靠游戏自身产品盈利的方式，平台方便了盛大对于其他厂商产品引入的可能，这种方式极大地降低了运营风险。

其次，第一梯队的资金优势也促使整个行业向资本层面竞争的推进。自 2005 年底至 2006 年，处于第二梯队的厂商得到了迅猛的发展，一方面，他们往往采用差异化产品的竞争策略，弥补市场空缺，在短期内取得良好的市场业绩，另一方面，又纷纷采取上市的策略扩大资本，保持自己在资本层面的竞争力。

再次，对于其他游戏运营商，由于其在渠道建设，产品推广等方面并没有一、二梯队优势，一直保持在低位发展，他们往往采取细分市场的策略，用以推广其产品，如将游戏市场定位于二、三级城市，挖掘现有客户等，随着前两个梯队的扩张，第三梯队的发展环境更为艰难，一些有潜力的厂商有很大可能成为大运营商的收购对象。

20.4　网络游戏盈利模式

20.4.1　网络游戏收费模式

自 2001 年开始，中国网络游戏进入高速发展期，而这一时期的网络游戏运营商并不具备自主研发的实力，因此主要以代理国外游戏产品为主，竞争主要集中在与国外游戏软件开发商合作资源、游戏的运营能力及资源的整合能力等两个方面，而随着市场的成熟，网络游戏运营商的竞争已经从以上两个方面逐步转换到商业模式的竞争，2005 年年底，盛大推出 CSP（Come-Stay-Pay）模式，此种模式对整个网络游戏市场商业模式起到转折作用，2006 年，免费模式已经得到了高速发展，游戏运营商以及其产品纷纷采取免费运营模式，时至 2007 年，部分网络游戏运营商开始实行时间与道具两种收费方式，用以满足不同需求的用户，2008 年，时间收费、道具收费、时间与道具并行三种收费模式已经基本固定，其中，道具收费为主流模式。

时间收费。时间收费主要包含两种形式：点卡和包时卡。点卡即将点数按一定比例兑换用户使用游戏的时间，时间单位（小时、分、秒）进行消费，退出游戏之后不会形成消费，这种方式适合不定期以及短时间玩游戏的玩家。而包时卡则是中国网络最早出现的收费模式，即一次性购买某个时间段，无论是否在游戏中都将形成消费，超过时间段则需重新购买才能进行游戏，各个游戏运营商根据市场需求设立了周卡、月卡、季卡和年卡等产品。这种方式适合长时间玩游戏的玩家，商家收入稳定、用户流失率相对较低，但与此同时，利润增长空间也较小。

道具收费。道具收费模式即通常的免费运营模式，2005 年底至 2006 年初，盛大 CSP（Come Stay Pay）模式的推出推动了免费运营模式的兴起。这种先体验后付费的游戏方式降低了用户的进入门坎，从而促进新客户的开发，与此同时，对于已经运行过一段时间的游戏而言，免费模式的推出又对客户的回归起到促进作用。

时间与道具并行的收费方式。即一款游戏同时存在道具收费与时间收费两种方式，2006 年 8 月，史克威尔艾尼克斯（中国）互动科技有限公司宣布，《魔力宝贝》道具收费服务器上线，《魔力宝贝》产品的玩家将可以根据自己的需要选择同一游戏的不同模式，成为最早开展双轨并行的游戏厂商之一，2007 年，征途也加入此行列。

20.4.2　内置广告模式

随着网络游戏用户的不断增加，网络游戏的媒体特性也进一步发挥，由于网络游戏的表现形式多样，这也使其成为广告传播途径创造基础。目前流行的植入式广告主要包含以下几种类型：

（1）直接将广告以 2D 形式加入到游戏背景，此类广告表现较为直观；

（2）在游戏中预留广告接口，用广告服务器分发，此类广告优势在于不需要对于游戏产品频繁升级；

（3）将产品直接以技术手段体现在游戏中，该类型指将游戏中使用的场景或者道具以现实物品。

但是如下几个方面的因素会影响游戏内置广告的发展。

首先，游戏产品中并未给广告预留空间，靠升级包下载升级增加内置广告会影响用户体验。这里的产品是指游戏自身，IGA 正处于发展初期，绝大多数运营中的游戏并没有为广告预留空间，IGA 的植入必然会引起游戏的更改，进而造成升级包的频繁下载，影响客户体验。此外，存在影响用户体验的另一个原因就是 IGA 与游戏产品风格的冲突，IGA 对于游戏类型要求较高，角色扮演以及古代背景游戏植入难度较大，如果广告与游戏产品存在匹配方面的缺失，必然会影响玩家对游戏的接受程度。

其次，客户认知度是 IGA 发展初期的又一影响因素。对于广告主而言，其更关心广告的有效性以及覆盖率，但在游戏研发以及推出初期，游戏玩家数量的不确定性会影响广告主对其的选择，尤其在同质化产品严重的市场形势下，游戏前景的不确定性将这一问题更加扩大。

再次，除了技术和认知度之外，游戏运营商的接受程度也有待提高，以 2007 年市场为例，IGA 只占到整体网络游戏市场规模的百分之一左右，对于大多数游戏而言，这一比例差距还会扩大，造成游戏运营商对 IGA 的引入。根据艾瑞咨询数据显示，2007 年国内网络游戏内置广告达到 1.2 亿元人民币，2008 年该规模约在 2.5 亿元人民币左右。

20.4.3　其他模式

目前网络游戏的盈利模式已经确定，包括点卡和虚拟物品等，但如果进一步开发游戏的潜在价值，与其他领域的合作已经成为不可缺少的一步，通过与不同领域公司的合作，可以起到相互促进的作用。上文所述的 IGA 只是合作中一个具体方面，随着游戏产品数量的增多，其与线下实体行业的联系度也会进一步紧密，从形式上划分，主要包含游戏向线下延伸以及线下向游戏延伸两个方面：游戏向线下延伸指游戏产品带动的线下产品，网络游戏作为动漫产业的一个重要组成部分，其内容涉及的角色以及品牌已经深入到用户思维当中，这也带动了一些线下业务，如游戏角色玩具和游戏出版媒体等。另一方面，线下传统行业也与游戏实现了良好的结合，如饮料包装中加入游戏内容元素，游戏主题的信用卡等，均为双方的业务起到促进作用。

20.5　网络游戏用户分析

1．用户特征分析

中国网络游戏用户主要集中在 18～25 岁年龄段。18～22 岁是网络游戏最大的用户群体，占到整体网络游戏用户的 36.0%，23～25 岁以及 26～30 岁用户比例分别为 19.6%和 18.0%，18 岁以下游戏用户比例为 16.5%，呈现出以 18～25 岁群体为中心，两端年龄为辅助的用户结构，如图 20.4 所示。

中国整体网络游戏用户学历偏低。除在校学生群体以外，中国社会网络游戏用户学历以大学专科和高中学历为主，比例分别为 34.2%与 32.6%；学历为本科及以上网络游戏用户占到整体用户数的 22.9%，如图 20.5 所示。（注：高中学历包括技校、中专以及高级中学）

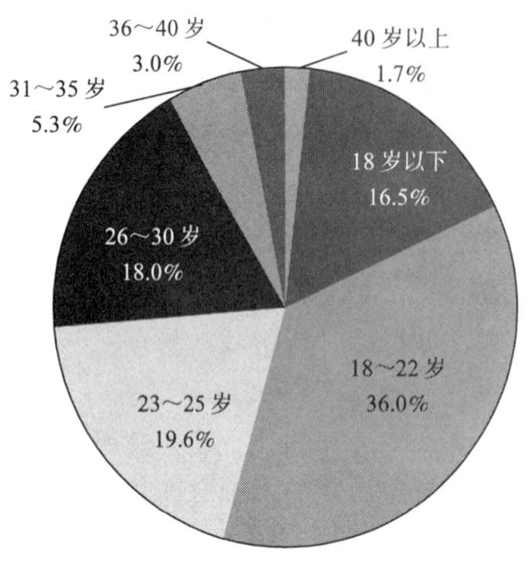

图20.4　中国网络游戏用户年龄构成

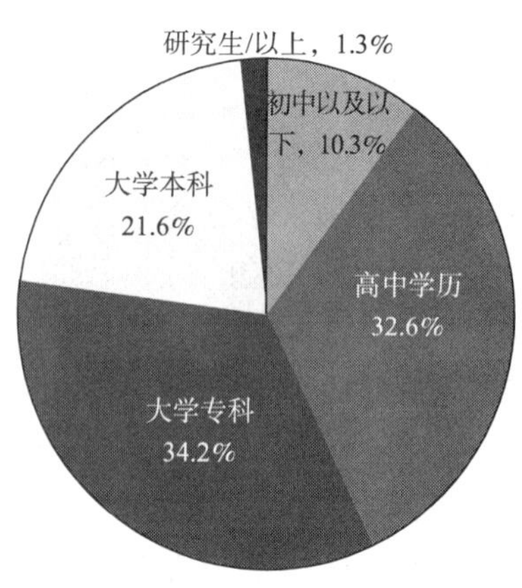

图20.5　中国网络游戏用户学历构成

中国整体网络游戏用户收入偏低。在整体中国网络游戏用户中，无收入人群占到 31.2%，该人群主要由在校学生构成；收入在 1001～2000 元的用户群体最大，占到 25.5%，而收入在 5000 元以上的游戏用户比例仅为 5.8%，如图 20.6 所示。

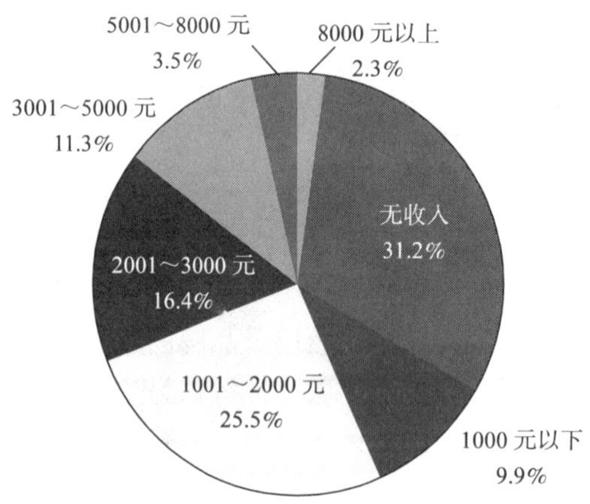

图20.6　中国网络游戏用户收入构成

2. 用户地域分析

中国城镇地区与乡村地区网络游戏用户比例分别为 78.2%与 21.8%，与城市用户规模相比，农村用户比例明显偏小，根据 2008 年《中国统计年鉴》数据显示，中国城镇与乡村人口比例为 44.9%与 55.1%；另一方面，中国互联网络信息中心（CNNIC）第 23 次《中国互联网络发展状况统计报告》表明，中国城市与农村地区网民比例为分别为 71.6%与 28.4%；因此，综合网络游戏发展中两个重要宏观基础因素“人口结构”以及“网民结构”可以预见，农村网民规模仍然存在很大开发空间；除此以外，农村地区市场特有的游戏消费特点，也为运营商对这一市场的开发降低了风险。

3. 城镇、农村地区网络游戏用户行为比较

农村地区网吧人群使用网络游戏的比例高于城市。中国互联网络信息中心（CNNIC）2008 网络游戏用户调研数据显示，农村地区用户网吧使用网络游戏的比例为 43.5%，高于城市的

41.8%，家庭使用网络游戏的用户比例为 78.0%，低于城市的 89.7%，如图 20.7 所示。

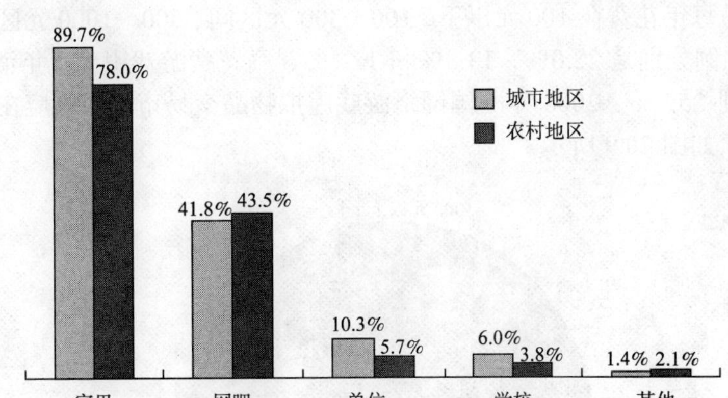

图20.7　城市、农村网络游戏用户使用地点

网吧以及依附性渠道建设成为网络游戏农村市场开发的关键要素。与游戏使用地点类似，由于农村电脑普及率低于城市，网吧在成为农村网络游戏用户主要地点之后，也是用户购买充值卡的首要地点。调研数据显示，62.1%的农村地区网络游戏用户从网吧购买充值卡，而从报摊、商店购买的游戏用户只有 41.9%，远低于城市地区的 56.3%。除此以外，农村对于依附性渠道比例较大，通信手段（手机、电话、宽带）支付、手机充值卡支付均高于城市，如图 20.8 所示。

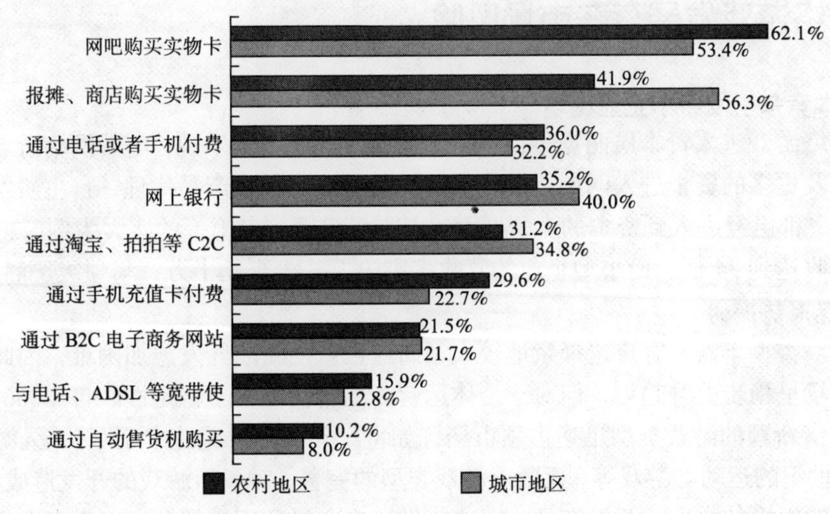

图20.8　城市、农村网络游戏购买方式比较

4．虚拟物品购买行为分析

中国网络游戏行业的成熟带动了虚拟物品交易产业的兴起。自 2002 年开始各种虚拟交易机构开始成立，专业虚拟物品交易公司、代练公司，甚至 C2C 等电子商务网站也纷纷加入这一市场，虚拟交易物品的类型、数量以及规模均在逐步增多。中国互联网络信息中心（CNNIC）2008 网络游戏用户调研数据显示，通过非游戏运营商途径购买过虚拟物品的网络游戏用户占总体用户的 19.6%。

中国互联网络信息中心（CNNIC）2008 网络游戏用户调研数据显示，26.5%的网络游戏用户虚拟物品交易每年花费在 100 元以下，100～300 元区间、500～1000 元区间以及 200～500 区间的用户比例分别是 22.0%，13.8%和 12.1%，高花费游戏用户（年消费额 1000 元以上的用户）占到 25.7%。2008 年中国网络游戏虚拟物品交易市场规模应在 100 亿～130 亿元人民币区间，如图 20.9 所示。

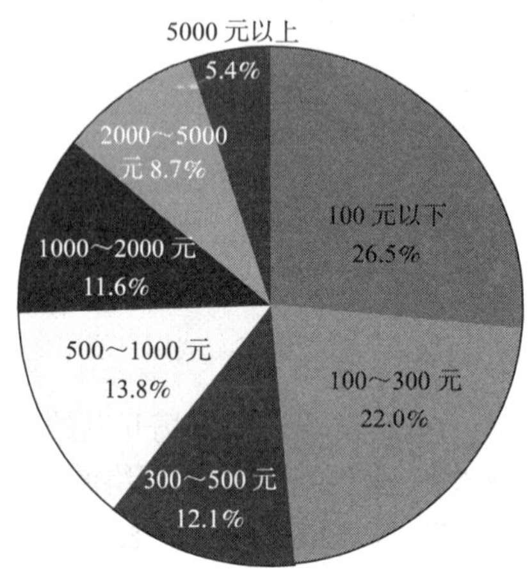

图20.9　中国虚拟物品交易用户花费构成

20.6　网络游戏发展存在市场风险

1．资本竞争引发中小企业困境

中国网络游戏进入资本层面竞争，中小企业生存状况不容乐观，随着网络游戏运营商的资本积累以及更多的资金进入网游领域，中国网络游戏市场在产品代理，自主研发以及渠道建设等方面，都已经进入到资本的竞争层面，以市场份额排名第一的盛大为例，2008 年盛大游戏业务营收达到 34 亿，而小型企业的营收多则千万，少则几十万，与顶级厂商差距巨大。

2．产品形势严峻

国内游戏类型丰富，客户选择余地较大，而这也致使新品开发愈加困难，因此虽然网络游戏整体市场呈稳步上升趋势，但对于个体运营商而言仍存在不稳定性。自 2006 年以来，许多厂商凭借新颖的游戏类型迅速占领市场，如世纪天成的《跑跑卡丁车》，久游的音乐类游戏，天联世纪的运动类游戏等，而随着游戏类型的完善，对于新游戏的开发造成一定压力，许多厂商开始以模仿的形式开发产品，而这一做法也会导致用户的分流，为未来市场的恶性竞争埋下伏笔。从中国互联网络信息中心（CNNIC）调查数据显示，近 2 年来，取得良好市场地位的游戏产品凤毛麟角，大多以运营时间在 2 年以上的游戏为主。

3．IGA 广告形式限制其发展

IGA 广告应该以加深用户“印象”为目的，而广告形式则是广告有效性关键。从 IGA 部分调研结果分析，虽然 IGA 的用户印象率较高，但直接促成购买行为的可能性较低，这主要由 IGA 的形式决定；相比于传统 On-site 营销，IGA 所提供的内容有限，其形式往往为“一闪而过”，并不能提供给客户详细的参数配置，对比性较差，此情况限制了其只能以“印象记忆”为主要广告目的，而要加深“印象”则需要两个主要因素支持：用户重合度以及 IGA 的形式：IGA 广告首先保证 IGA 产品（或者品牌）针对的用户群与网络游戏用户结构的重合，此外 IGA 产品内容应以“加深印象”目的，开发合适的表现方式。而相比于 IGA 广告，异业合作发展的空间更大。

20.7　网络游戏发展管理现状

1．政策管理效果亟待提升

2007 年年初，国家为了保证青少年健康网络游戏行为，文化部、公安部和原信息产业部（现工信部）等 14 个部委联合印发《关于进一步加强网吧及网络游戏管理工作的通知》，通知主要包含五方面内容：严厉查处网吧违法经营行为，坚决取缔黑网吧，根治黑网吧生存的条件和环境，规范对学校内上网场所的管理，打击和防范网络游戏经营活动中的违法犯罪行为；该通知涉及内容较为完善，但效果却并不明显，中国互联网络信息中心（CNNIC）2008 网络游戏调研显示，仍然有 20.5%的未成年（18 岁以下）网络游戏用户在网吧使用网络游戏，而这里的网吧主要由黑网吧和违规经营网吧构成。该通知的另一个关键方面是虚拟货币的监管，通知规定要严格限制网络游戏经营单位发行虚拟货币的总量以及单个网络游戏消费者的购买额；虚拟货币不能用于购买实物产品，消费者如需将虚拟货币赎回为法定货币，其金额不得超过原购买金额；严禁倒卖虚拟货币等，从执行效果看，目前私下虚拟货币交易数量并没有受到影响，反而愈演愈烈，淘宝等 C2C 平台虚拟货币交易量仍然巨大，根据中国互联网络信息中心（CNNIC）虚拟物品交易推算，2008 年虚拟物品交易规模在 100 亿～130 亿人民币区间，其中相当部分由虚拟货币构成。

2．防沉迷效果有待提升

为了确保未成年人健康的网络游戏使用行为，2007 年 4 月开始，新闻出版总署与教育部、公安部等 8 部委联合下发《关于保护未成年人身心健康实施网络游戏防沉迷系统的通知》，该系统通过身份证号码识别年龄，对于未成年的游戏用户，如果游戏时间在 3～5 小时之间，游戏中收益减半，如果在 5 小时以上将不会获得收益；而目前的状况是，在用户认知方面，认为防沉迷系统没有效果的用户比例达到 41.3%，认为效果一般的用户比例为 39.2%，而认为非常有效的用户比例仅有 10.2%，此外，仍然有 9.4%的网络游戏用户不知道有防沉迷系统；与整体网络游戏用户相比，青少年用户对防沉迷系统的认知则更应该值得关注：认为防沉迷系统非常有效的未成年用户只占到 13.7%，同时，认为防沉迷系统完全没有效果的未成年用户高达 32.6%。

3．虚拟货币收税执行过早

2008 年年底，国家税务总局日前批复各地方税务局，个人通过网络买卖虚拟货币取得的收入将征收个人所得税。但直至目前为止，国内虚拟货币买卖征税情况并不乐观，主要由以下原因造成：

首先，私人虚拟货币获取渠道较多，除了正规渠道购买以外，虚拟货币的可转让性，使用户可以通过赠与，个人私下交易甚至盗窃等方式获得，如果对于所有获取方式都采取“一刀切”式的征税，在影响其公正性的同时也对非法获取的虚拟货币起到了保护作用。其次，虚拟货币交易方式的多样性加大监管难度，虽然此次征税范围限制在“网络交易”，但其巨大的交易网站数量、频次以及数额很难得到有效的监督。再次，虚拟货币征税制度自身存在缺失，“财产转让所得税”应该以转让财产的收入额减除财产原值和合理费用后的余额，作为纳税计算基础，但目前虚拟货币原值判定标准并未明确，虽然会制定原值相关办法，但受到获取途径的影响，不同渠道获取的虚拟货币原值并不一致，原值的判定工作也必然成为本次征税过程中的又一难点。因此，诸多阻碍因素的影响加大了虚拟货币税收的难度。

（中国互联网络信息中心　刘　鑫）

第 21 章　2008 年中国网络广告发展情况

2008 年中国互联网广告市场中，综合门户、视频、搜索、交友和电子商务等依旧持续发展和壮大。尽管仍然是以展示广告为主，但是随着技术的发展和视频、SNS 类网站的风靡，视频广告、置入式广告、口碑营销、搜索广告表现出强劲的一面。根据 Nielsen Online 对中国互联网展示广告的监测，本文只针对互联网展示广告市场进行分析和解读。

21.1　互联网展示广告市场规模和发展状况

根据 Nielsen Online 对中国互联网 627 个频道、175 个网站（截止到 2008 年 12 月 31 日的监测数据）的监测，2008 年中国互联网广告的市场价值估算达到了 132.3 亿元人民币。与 Nielsen Media 同期监测的电视、报纸、杂志相比，互联网展示广告市场在增长趋势和在四大主要媒体广告市场中的份额，都有显著的增长。与去年同期相比，四大媒体的增幅比例依次为：互联网 41.6%、杂志 30.9%、电视 18.8%和报纸 11.5%[1]，如图 21.1l 和图 21.2 所示。

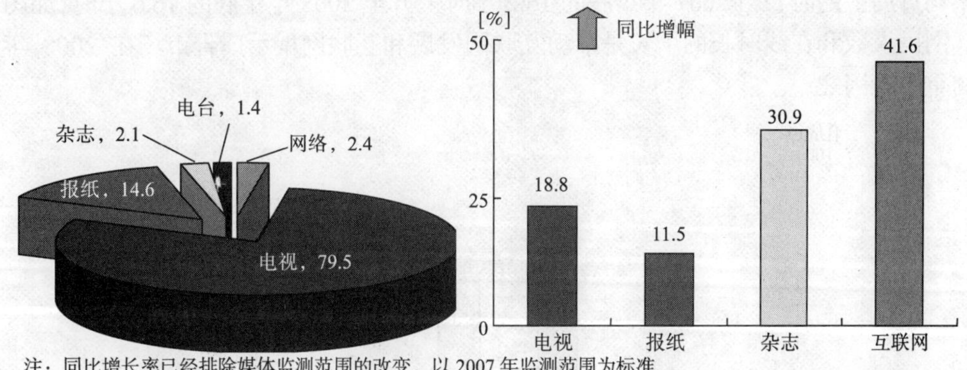

注：同比增长率已经排除媒体监测范围的改变，以 2007 年监测范围为标准.
Data Source: Nielsen Online & Media。

图21.1　2008年1—12月份五大主流媒体市场份额

1. 与传统媒体的对比

2008 年广告市场的发展状况，还突出表现了互联网媒体在“特殊年份”和“特殊事情”的媒体时效性和信息的传播影响力。2008 年 2 月的冰灾，5 月的汶川大地震，8 月的奥运，都显著体现出在重大事件和突发事件上，互联网媒体相对于传统媒体的报道即时，用户创造价值，曝光率等方面都有明显优势，因此，也带动了互联网广告的市场价值。

[1] 电台是 2008 年新加入的监测媒体，因此，没有与 2007 年的增幅对比。

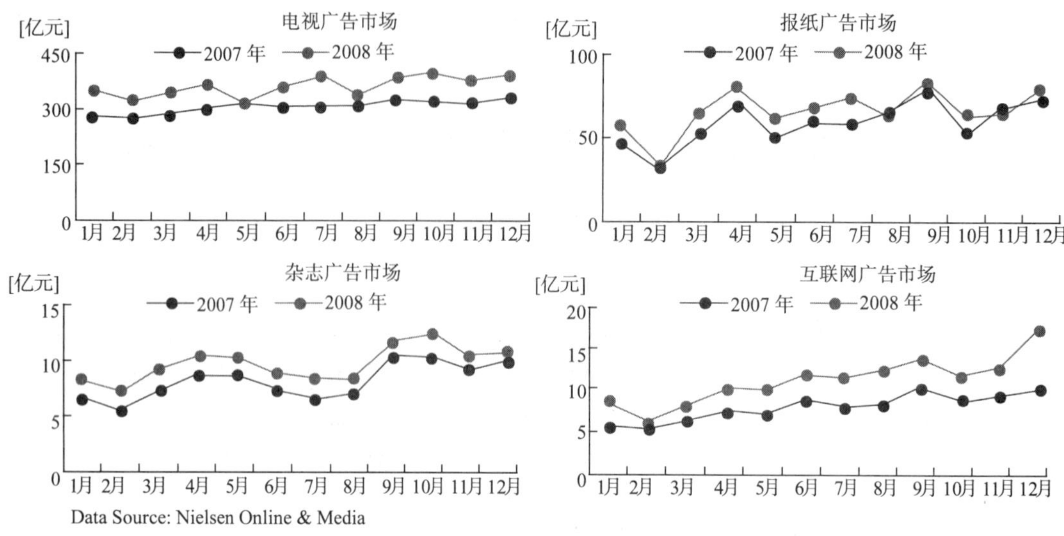

图21.2　2008年电视、报纸、杂志、互联网广告市场规模状况

2. 互联网快速发展的原因

根据中国互联网络信息中心（CNNIC）发布的《第 23 次中国互联网络发展状况统计报告》，截至 2008 年 12 月 31 日，中国网民总数达到 2.98 亿，普及率达到 22.6%。其他一些统计数字也体现了中国互联网的高速发展：宽带网民规模达到 2.7 亿人，手机上网网民规模达到 11 760 万人，农村网民规模增长迅速，网民规模达到 8460 万人，如图 21.3 所示。中国网民的平均每周上网时长由 2007 年年底的 16.2 小时上升至 2008 年年底的 16.6 小时，如图 21.4 所示。网民人数和在线时长的增长是推动互联网发展和互联网展示广告市场在 2008 年显著增长的重要原因之一。

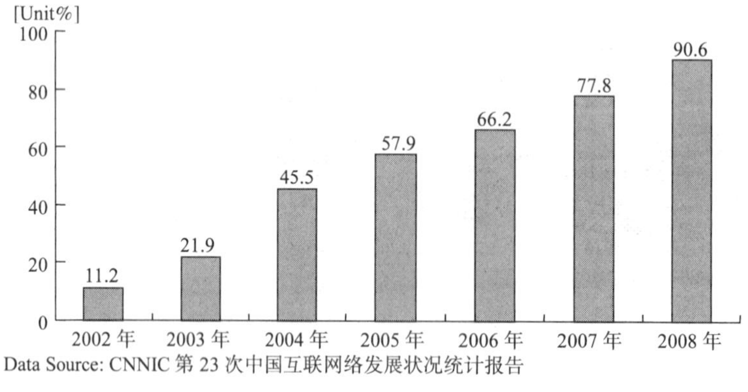

图21.3　中国网民使用宽带的比例

同时，互联网应用更加普及和多样化。例如，2008 年中国互联网市场的一个重要热点就是 SNS 发展。Facebook 推出简体中文网站和 Myspace 的本土化，显示了国际两大 SNS 巨头对中国网络市场的前瞻性。借鉴 Facebook 和 Myspace 的技术和功能，并结合中国市场需求发展起来的开心网（kaixin001.com）、校内（xiaonei.com）和 51（51.com）等，其突飞猛进的用户增长显示出网民对此类媒体的追捧。随着越来越多的用户参与，广告成为 SNS 网站的重要盈利点，所以，市场可以看到广告主对人群定位清晰的 SNS 网站的关注和青睐，如百事

可乐在 51（51.com）上的广告投放、MOTO 在开心网（kaixin001.com）上的广告投放。

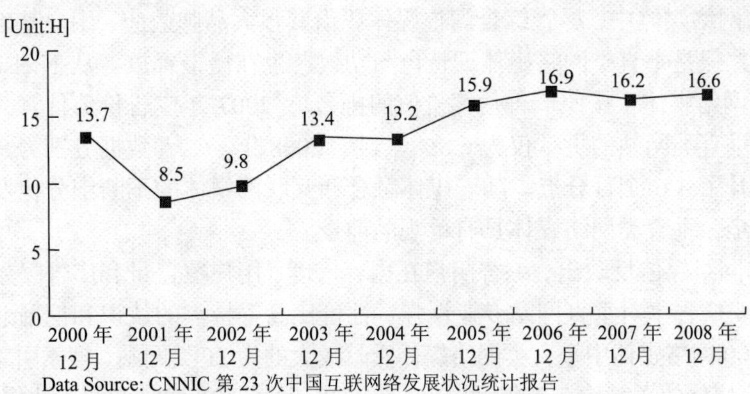

图21.4　中国网民在线时长（小时/周）

3．互联网展示广告的行业发展特征

2008 年互联网展示广告的行业分布充分显示了中国经济发展现状和消费特点。汽车、计算机及电子产品仍然是互联网广告的前二大行业。快速消费品在 2008 年的广告市场价值估算有稳步的增长，时尚类、交友聊天类和招聘类广告在 2008 年投放明显增长，成为快速成长的三个行业。

美国次贷危机对中国的影响，一年来持续低迷的房地产市场，使得这些对资金流行性较高依赖的行业受到较大的影响。2008 年的汶川大地震，对娱乐广告的影响也有一定的制约。因此，互联网广告在一定程度上成为经济发展状况的晴雨表。

互联网广告市场投放较多的行业为汽车、计算机及电子产品、时尚类、快速消费品、财经类、娱乐类和房地产类广告，所占市场份额分别为：汽车 17.3%、计算机及电子产品 13.6%、时尚类 11.4%、快速消费品类 10.1%、财经类 7.3%、娱乐类 6.5%和房地产类 5.8%。在七大主要互联网广告行业中，时尚类和快速消费品类在市场份额上有 6.6 和 0.4 个百分点增长，汽车、计算机及电子产品、财经类、娱乐类和房地产类广告的市场份额都有一定幅度降低，如图 21.5 所示。

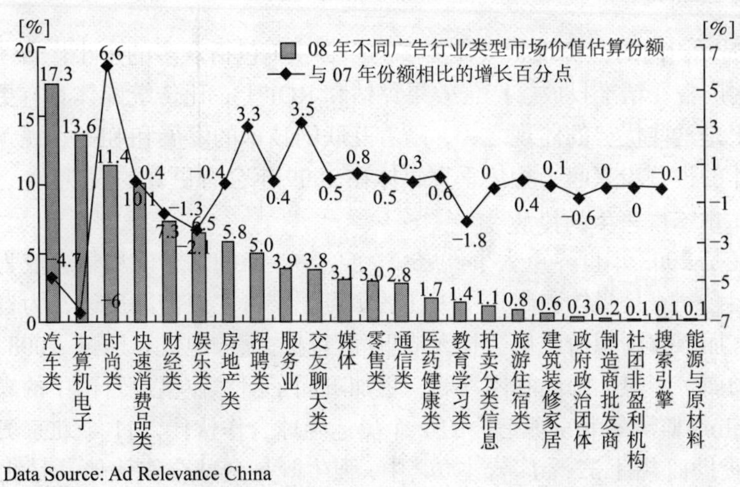

图21.5　2008年互联网展示广告行业类型市场份额和增长百分点

4．垂直类网络媒体的发展

2008 年的网络媒体中，尽管综合门户媒体凭借其强大品牌效应、用户基础和内容建设占据了优势地位，但是垂直类网络媒体“特色与功效”也在慢慢释放。从 Nielsen Online 监测到的 TOP100 网络媒体（按照广告估算价值的排名），2007 年广告价值估算，综合门户的贡献为 93.1%，垂直类网站的贡献仅为 6.8%。到了 2008 年，二者数据分别为 91.6%和 8.4%，垂直类网站上升了 1.6 个百分点。随着媒体融合和互联网媒体的不断细分化发展，广告投放技术的不断进步，垂直类网络媒体具有可观的前景。

2008 年的网络媒体反映出，综合门户在内容广度、用户覆盖量和广告曝光量上拥有的绝对优势，也说明广告主对垂直网站专业性强、性价比高等特点的认识和挖掘上还有很大的提高空间。TOP100 网络媒体中垂直类网络媒体贡献较大的为 IT 类网站、搜索引擎和房地产类网站，这三类网络媒体的贡献均在 1 亿元以上，在 TOP100 垂直类网站中所占比例分别为 30.5%、29.8%和 12.9%，如图 21.6 所示。

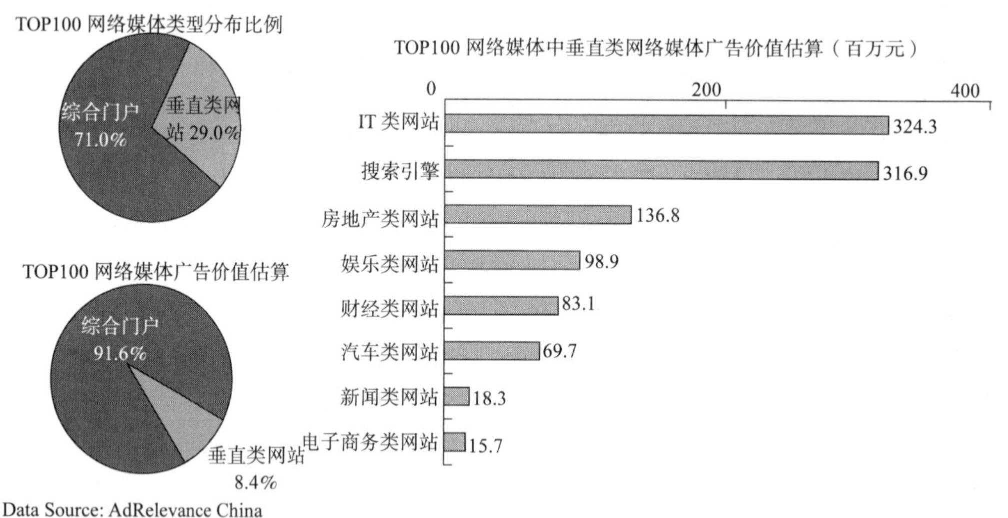

图21.6　TOP100网络媒体类型分布

2009 年，国际国内的经济现状会让更多的广告主（包括众多的中小广告主）关注互联网广告。而互联网广告在精准投放、广告效果评估和 ROI 上，比传统媒体具有更大的优势。垂直类网络媒体正是这些优势的体现之一，随着互联网技术的发展和 SNS、视频和社区等垂直类新兴网络媒体的进一步兴起，相信垂直媒体在 2009 年会有更好的表现。

5．2008 年奥运广告主的投放

北京奥运会是 2008 年世界重大事件之一。自 1984 年的洛杉矶奥运会成为首次盈利的奥运会以来，奥运会一直是媒体和广告主关注的焦点。广告主想借助奥运，为自身的品牌和产品的推广助力。而媒体则想借此机会扩大或巩固自身的优势地位。通过 2008 年奥运会、搜狐（互联网赞助商）新浪、腾讯和网易等，更加巩固了门户在奥运营销中的媒体导向。

Nielsen Online 监测的北京奥运会的 2 个奥运全球合作伙伴，11 个北京奥运合作伙伴和 10 个北京奥运赞助商共计 32 个广告主（其中，强生既是全球合作伙伴又是北京奥运合作伙伴）的互联网广告活动，随着奥运会的日益临近，投放呈稳步增长的状况，并在 6—9 月份达到高峰期，这 4 个月的投放，平均每月均在 1.3 亿～2 亿元。9 月份之后，广告投放呈显著下降趋势，如图 21.7 所示。

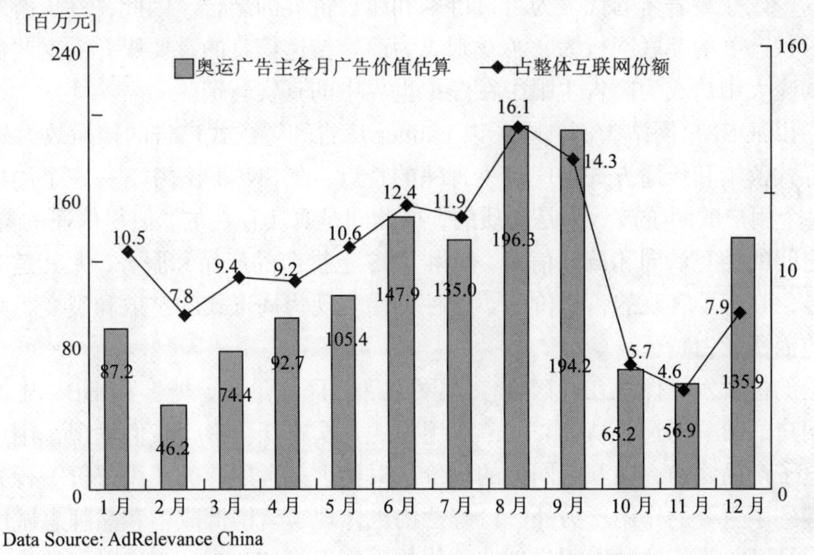

图21.7　2008年各月奥运广告主互联网广告投放占互联网广告整体市场的份额

21.2　互联网广告的发展特点

2008 年的互联网广告市场异彩纷呈。尽管 Nielsen Online 致力于展示广告的监测，但是我们不难发现互联网广告市场广告形式和发展的多样性。同时，互联网广告也越来越多地表现出内容与广告的相得益彰，使得用户在使用体验不受影响的情况下，很好地传播了广告的信息，使得广告投放的 ROI 得到进一步提升。

目前互联网广告形式有文字链广告、展示广告、置入式广告、IM 广告、分类广告、富媒体广告、搜索广告和视频广告等形式。而展示广告是互联网广告的主要形式，其中又包括多种展示形式，如横幅、按钮、对联、悬浮、背投、焦点图和弹出等。随着其他广告类型的发展，展示广告在画面的展示上则越来越重视内容和创意的结合。并且，在投放的媒体选择上，以及定向技术的结合上，进行了更加优化和精准的定位，使得广告所面向的目标人群有更多的曝光。

2008 年以来，随着互联网技术的日趋发展，P2P 使得网络上的沟通变得容易，更直接共享和交互，因此，P2P 在改变互联网以大型网站为中心的状态的同时，将更多的沟通和互动移交到了用户一方。在这样的技术发展下，SNS、社区/社交、视频网站和搜索的发展，带动了互联网广告的发展，尤为显著的是置入式广告、口碑营销和视频广告的增长。而且，广告与内容相得益彰的结合，不再让用户觉得干扰。

以当下较为流行的某 SNS 网站的广告为例，汽车品牌与“争车位”中的汽车相结合，很多商品在“送礼物”中被当作礼物传递，有的广告创意表现在“争车位”、“买房子”的场景中……这些置入式广告在对用户没有任何干扰的情况下，将产品的信息有效地在“同质化”的用户中传递。其实，置入式广告并不是 2008 年的新事物，它是伴随着游戏类网站的发展而发展起来的，以往最著名的代表为可口可乐和魔兽世界的结合。因此，基于游戏本身的强大用户在休闲状态下的互联网行为，游戏则成为商家传递信息的重要媒介。这些消费能力高且需求迥异的庞大用户成为广告主眼中在虚拟世界中的真实营销。

同样的，以某 SNS 网站为例，除了以 banner 广告和置入式广告的传播效力外，SNS 网站特有的病毒式营销和传播方式是广告主青睐的特点。在 SNS 网站中，每一个用户都是营销的节点，而每个用户的圈子被认为是同质的，彼此间是真实存在的，值得信任的群体。因此，这种人与人之间的相互认同和彼此信赖，使得 SNS 上推广的产品和服务，尤其是其好友使用的产品和服务，具有了客观的营销价值。这种传播表现为病毒式的扩散和裂变，且具有某一类细分群体的消费能力特征。

口碑营销的极大发展体现在社区/社交类网站。社区、论坛、博客和 BBS 中的意见领袖对社区中的用户的影响深远。从 Nielsen 对用户的几次座谈会中，我们发现，用户在购车和购买消费类电子产品之前，在互联网上的询价、对比、参考用户的使用评价等行为，对用户的实际决策起到了重要的作用。另外，口碑营销也体现了营销低成本和品牌忠诚度的有效结合。互联网上社区、论坛这种以用户创造价值的内容，将 Web1.0 时代以网站为中心向用户传播信息的方式转换成 Web2.0 时代以各个用户为中心的碎片化传播。

因此，口碑营销在互联网的庞大用户和用户间的互动中，将“广而告之”的效能进一步发扬光大，进而得到了越来越多的广告主的关注。CGM（Consumer Generated Media）则成为广告代理公司和广告关注的焦点。Nielsen Online 在国外的口碑营销测量产品 Buzz Metrics，在汽车、医药、财经、FMCG 等领域的研究报告，真实反映了互联网的 CGM 价值，互联网对消费者在品牌传播、品牌决策、品牌忠诚上的影响力。

视频广告的发展是伴随在宽带和 P2P 的发展而发展的。随着数据传输能力的提高，视频改变了网民对媒体的选择和浏览方式。越来越多的用户抛弃了电视和电影转向了互联网，不再受时间和地点的限制。同时，视频带给用户的视觉和声效的冲击又打破了以往互联网单纯的文字或者图片形式相对“静态”的方式。前不久播放的《我的团长我的团》，在几个电视台首播的轮番争抢中，就显示出了电视用户、媒体和广告主对热播剧的关注。同样的现象也在互联网视频中得到充分的体现，几大视频网站竞相争夺《团长》的首播权，争的是用户，争的是广告。

视频广告的形式主要有前后插播广告、暂停广告、互动广告和背景广告等。插播广告，尤其是前播广告的优势在于能够很好地捕捉到播放视频的受众。当播放的视频受众与广告产品的受众具有较高的一致性时，前播广告的效果则更受到广告主的青睐。暂停广告只在用户暂停播放或者视频出现缓冲时，在视频播放框内出现的广告。这类广告不会对用户体验有过多的干扰。互动广告是通过小的游戏使得用户参与或点击，其优势则在于对品牌的传播和印象更加深刻。背景广告是通过把视频播放框嵌入到一个广告背景的画面中，广告自始至终伴随着视频的播放而存在。背景广告区别于其他类型的视频广告之处是，不会主动或被动地中断视频的播放来达到信息传播的效果。

21.3　2009 年市场展望

随着经济危机对实体经济的影响，广告投放的预算也将受到波及。广告投放的媒体选择则成为广告主和广告代理公司的考虑重点。虽然，传统广告主在微观上对传统强势品牌媒体的心理依赖性较高，但在宏观意识和认同上，对新媒体的营销和广告会更加青睐。互联网相对于传统媒体来说，ROI 会更高，更具可评估性，互联网广告在 2009 年的发展应该是乐观的。具有更精准投放技术和效果评估能力的网络媒体，带给广告主和广告代理公司更多的投资回报率和性价比，因此，诸如垂直、搜索、社区、SNS 和视频等网络媒体在 2009 年的发展将有更大的价值体现。

（说明：本文第一部分主要是基于 Nielsen Online 的互联网广告监测产品 AdRelevance 数据进行撰写的 2008 年互联网展示广告市场规模的内容。第二部分主要是基于笔者对互联网广告新形式和新发展的理解，不代表 Nielsen Online 的观点。）

（华瑞网标公司　李　雪）

第 22 章　2008 年中国博客发展情况

22.1　博客市场概况

1. 用户规模

2008 年中国博客应用取得了飞速的进展，根据中国互联网络信息中心（CNNIC）第 23 次《中国互联网络发展状况统计报告》显示：截至 2008 年 12 月底，中国共有网民 2.98 亿。拥有个人博客/个人空间的网民比例达到 54.3%，用户规模已经达到 1.62 亿人。博客空间总规模达到 29 484 万个。

在博客数量持续攀高，用户聚集带来的规模效应，博客频道在各类型网站中成为标准配置和 SNS 氛围提升博客活跃程度的三重作用下，博客作者表达的积极性大幅提高，活跃博客数量呈现爆发式增长。经常更新博客/个人空间的博客用户比例为 62.7%。活跃博客作者规模达到 10 157 万。经常更新博客/个人空间的博客用户占到全国网民总数的 34.0%。

2. 服务市场

（1）市场概况

2008 年中国博客应用取得了飞速的进展，专业博客网站、门户网站博客频道、SNS 网站提供的博客服务等都为网民使用博客提供了更为便捷的条件。

由于竞争激烈，加上长时间以来没有找到适合自身发展的商业模式，专业博客网站逐渐式微，不管是博客网，还是 BlogBus 和 Blogcn 等专业博客网站，发展多年都没有形成可靠的收入，曾经在国内博客圈中处于领先位置的博客网也面临着越来越深重的危机。以目前的状况看，博客服务在短期依然内无法盈利。而门户网站的博客频道依靠门户强大的品牌影响力和雄厚的资金基础，迅速构建起自身的博客服务平台，一方面，大量明星博客作者选择在门户网站开博以在更广泛范围内获取知名度，另一方面，门户网站的内容体系越来越多地使用博客平台的原创内容，形成了良性循环。社交网络网站迅速普及，用户数量快速增长，好友和现实关系进驻网上的增多进一步使互联网用户对社交网站服务及产品的黏着性增强，主要体现在用户使用社交网络的频率增多，停留时间增长等方面。由于社交网络网站大都设置了博客日志功能，用户可以很方便地表述情感发表意见，并即时被好友知晓。这一点也吸引和分流了很大一部分博客作者。

总之，在目前市场的状况下，拥有强大品牌影响力的门户网站，即时通信工具绑定的博客空间，蓬勃发展的 SNS 网站博客，已经成为读者阅读时的优先选择。收费的博客托管服务已经没有迅速崛起的可能。

（2）服务水平

通过数年的发展，中国的博客运营商提供的运营和服务质量有了长足的进步，提供的功能和服务已经基本满足了博客作者的客观要求。博客作者对目前使用的博客感到满意的占比超过了半数，达到了 61.1%，其中“非常满意”的占到了 9.6%，感觉“满意”的约占总数的一半，达到 51.5%，感觉“一般”的有 36.9%，对使用博客不满意和非常不满意的只有 2.0%，如图 22.1 所示。

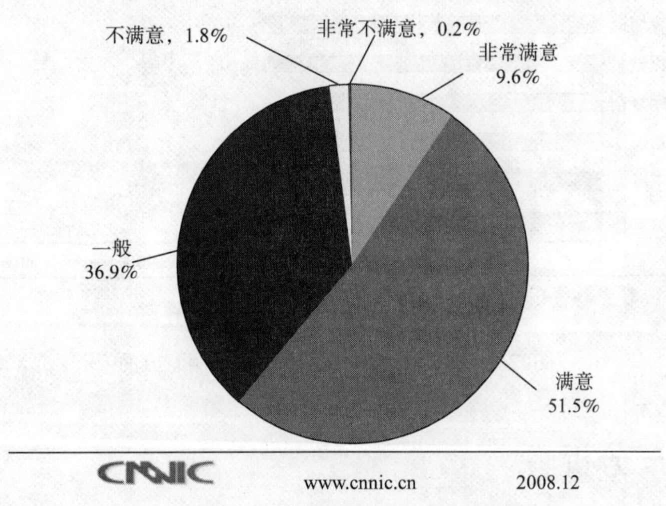

图22.1　博客作者对目前使用的博客的满意程度

“登录快捷”是博客作者的首选，“功能完备”与其持平，分别有 57.8%和 57.6%的博客作者选择了这两个选项。选择注册程序简单和界面友好的分别占了 49.1%和 48.3%，在针对博客空间的各种插件式应用越来越丰富的趋势下，有 40.8%的人把是否有良好的拓展性作为满意与否的一个因素，如图 22.2 所示。

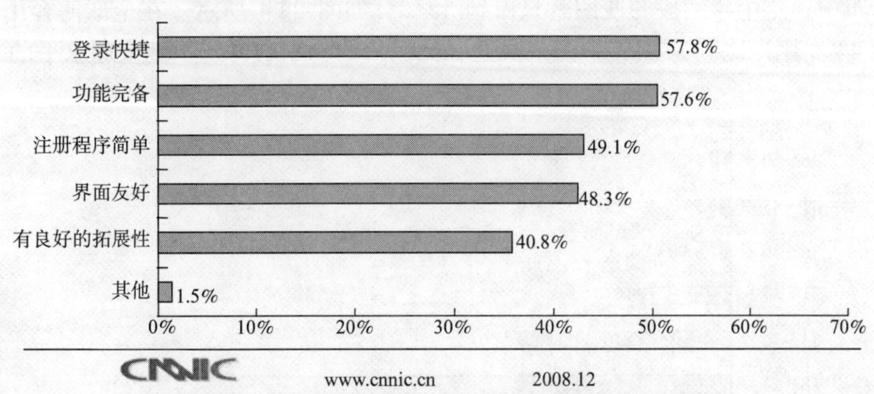

图22.2　博客作者对博客空间的满意方面

在博客作者对博客空间不满意方面的复选选择中，有 54.2%的博客作者觉得功能不够完备，操作不方便，33.3%的博客作者认为空间不稳定，29.2%的用户认为登录过程烦琐，而且不能设置个性化域名。注册程序复杂，没有良好的拓展性，界面不友好均占到了25%，如图22.3所示。

从以上分析可以看出，博客服务商在服务上已经有了很大发展，但是仍然有很大的提升空间。

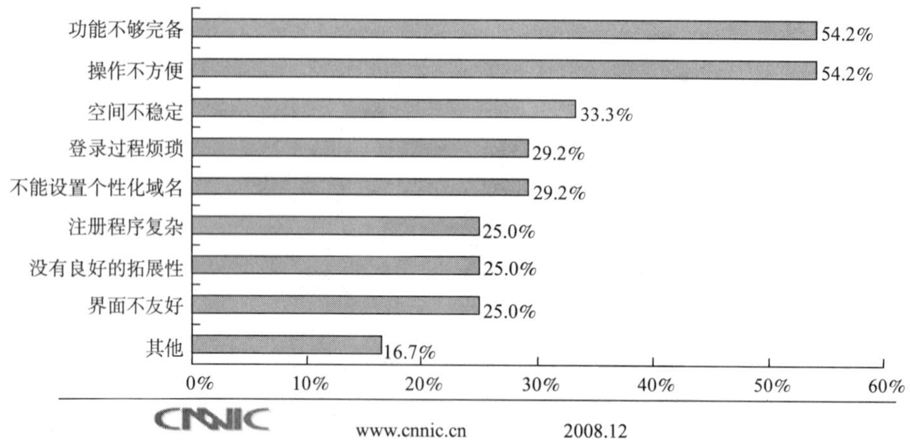

图22.3 博客作者对博客空间的不满意方面

22.2 博客用户分析

1. 博客作者

（1）博客应用年轻化特点突出，女性普及率高于男性

中国互联网络信息中心（CNNIC）研究显示，中国的博客使用者体现出年轻化的特点，博客使用者中30岁及以下用户占到总数的86.1%以上。其中以18～24岁年龄段的使用人群为主，占到了用户总数的50.5%，比同年龄段全国网民比例高出15.3个百分点。在全球博客的年龄分布中，这个年龄段的使用者只占到13%，如图22.4所示。在全球博客用户中占主流的25～44岁用户比例为64%，而中国这一比例只约为30.7%，不到全球水平的一半。

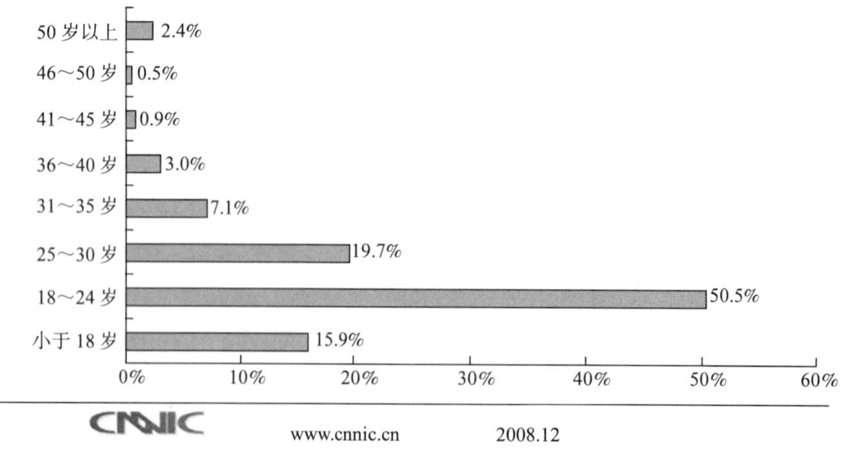

图22.4 博客使用者的年龄分布

由于博客自身适于表达个人情感的特性非常适合女性用户，同时很多博客运营商在博客空间添加了娱乐化元素，因此，在中国博客生态环境产生了数量巨大的年轻女性用户。中国互联网络信息中心（CNNIC）报告显示，在博客使用者中，女性比例占到了 54.5%，比男性高近出 10 个百分点。目前中国网民中女性比例为 47.5%，与全国网民的性别比例相比，博客写作在女性中的普及率要明显高于男性，如图 22.5 所示。

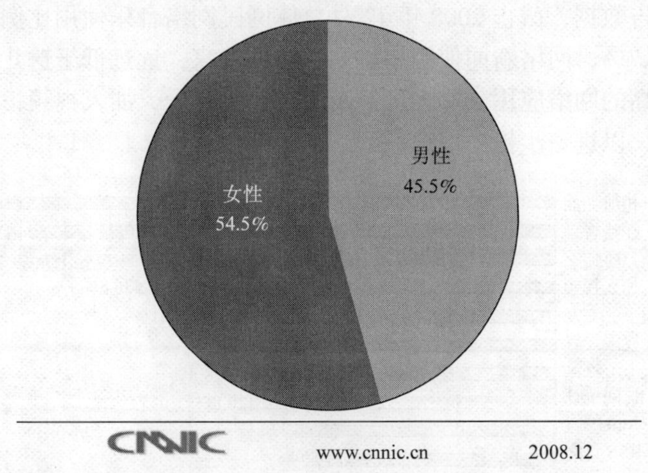

图22.5　博客使用者的性别结构

（2）博客用户中白领比例上升

同比 2007 年的情况，博客使用者中高收入人群出现小幅增长，博客在白领阶层中的使用人数有逐渐扩大的趋势。被调查者中收入在 3000 元以上的占到了 24.3%，同比增长 13.3 个百分点。月收入在 5000 元以上的人群占到了 11.3%，同比增长了 8.3 个百分点。

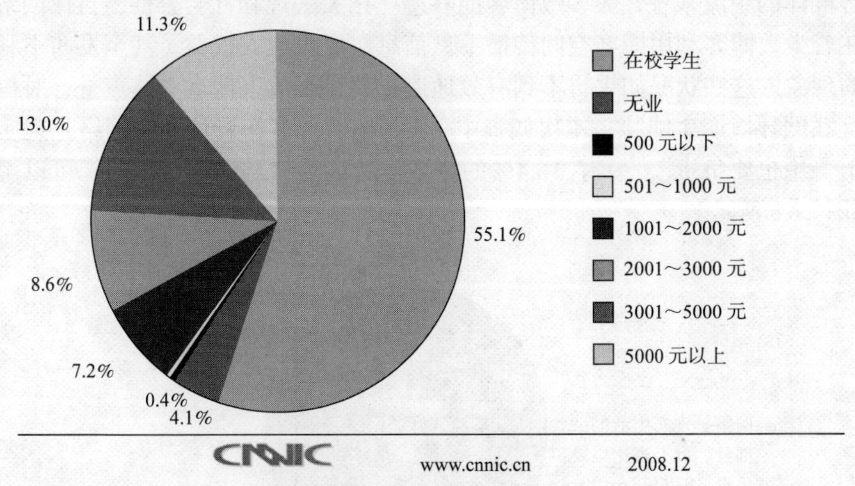

图22.6　博客使用者的月收入结构分布

（3）功能应用多元化

与博客使用人群的变化相对应，博客所使用的博客功能也日趋多元化。

在博客使用者对博客中提供的哪些功能感兴趣一题中，对相册功能感兴趣的有 50.8%，对在线音乐功能感兴趣的有 46.3%，自主设置二级域名 40.1%，加入视频 36.8%,。圈子、交友功能感兴趣的有 32.1%，读者权限设置 29.2%，访问统计 26.8%，都不感兴趣的有 8.6%，如图 22.7 所示。

博客作者中表示对在线音乐功能感兴趣的占 46.3%，对加入视频功能感兴趣的有 36.8%，增加 RSS 订阅功能的有 19.2%，对比中国互联网络信息中心（CNNIC）第 23 次中国互联网络发展状况统计报告数据，截止 2008 年 12 月总体网民网络音乐使用比例达到 83.7%，网络视频使用率达到 67.7%，网络新闻使用率达到 78.5%而言，远远低于这几项的使用率，作为一项普及率越来越高的网络应用，博客运营商应对在线音乐，加入视频，RSS 订阅等功能应用引起足够的重视，以进一步提高用户黏度。

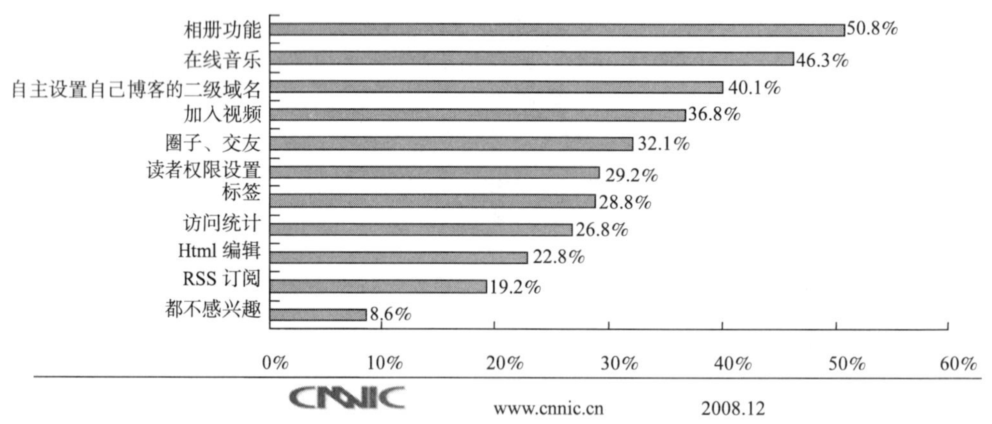

图22.7 博客对于博客空间功能选择的偏好

（4）应用理性化

由博客群体的主流来看，大多数博客能够遵守相关法规和社会公德，自律网络行为。另外，也存在着少数博客利用博客空间传播不良信息、侵犯他人权益，甚至发布不利于国家安全的言论的现象。这些状况如果得不到有效地遏止，势必危害博客整体声誉，对构建健康文明和谐的互联网环境产生威胁。本次调查中，83.6%的博客作者认同“网络是现实生活的一部分，网上言论也要负责”，另有 16.4%的博客作者认为“网络是虚拟的，可以想说什么说什么”，如图 22.8 所示。

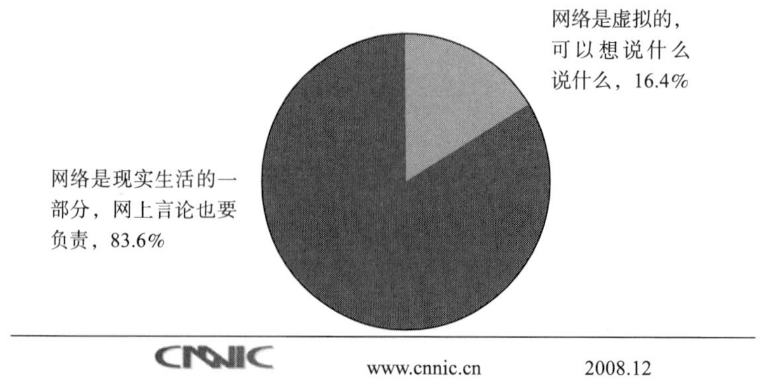

图22.8 博客作者对在网上发表言论的态度

大多数博客作者认同于网络生活的现实属性，博客作者发布在网上的言论，同样要受到现实生活中的道德与法律制度的规范。

2．博客读者

读者是博客这一互联网应用的受众构成面，根据中国互联网络信息中心（CNNIC）对博客读者的研究，可以反映出博客市场的如下两个特点：

（1）博客的社会化网络特征明显

有 74.1%的人“访问朋友、同事的博客”，成为博客读者的主要阅读来源，这也从另一个方面说明了博客与社会化网络的紧密关系；“通过搜索引擎或博客搜索访问所需内容”的占到 35.6%，接近于选择“访问兴趣相同的博客”的 34.2%的比例，高于访问“社会名人的博客”的比例 31.6%和阅读“网上活跃网民的博客”的比例 18.6%，如图 22.9 所示。表明现实社会对网络的渗透力不容忽视，也说明了读者在关注名人和焦点事件的同时，更倾向于自主选择内容。

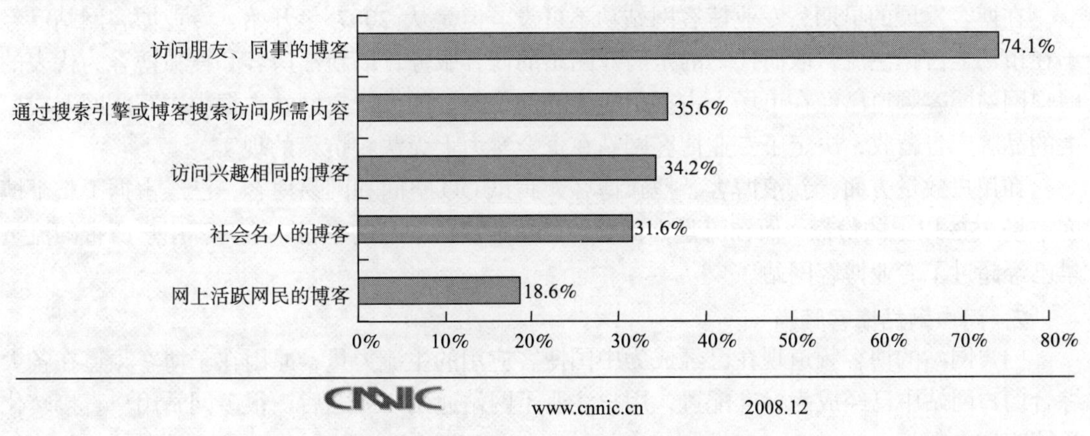

图22.9　博客读者浏览博客的偏好

（2）博客内容信任度有待提升

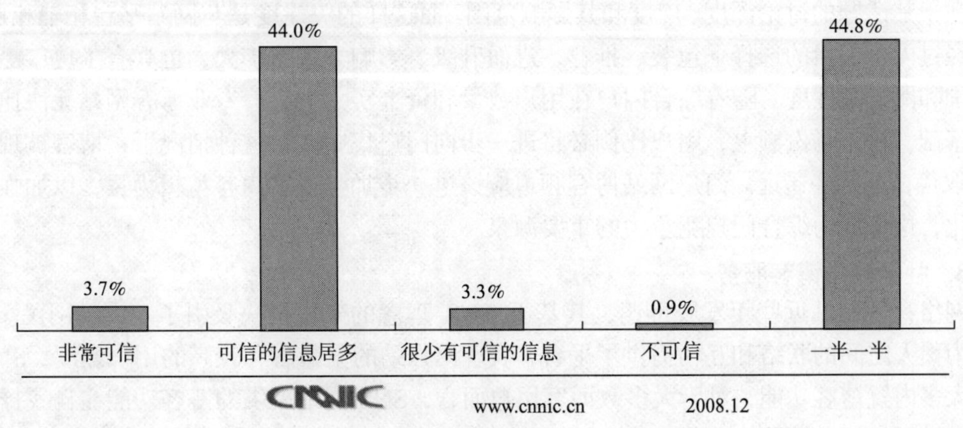

图22.10　阅读者对博客内容的信任程度

有 44.0%的读者认为博客内容中“可信的信息居多”，有 3.7%的读者认为“非常可信”；

有 3.3%和 0.9%的读者认为博客内容“很少有可信的信息”和“不可信”。另有 44.8%的读者表示较难分辨可信和不可信内容的比例，认为博客中可信内容和不可信内容是“一半一半”的比例关系。

总体上读者对博客内容的可信任程度不高，这与部分博客传播虚假内容、阅读者对于博客内容难以判断有关。

22.3　运营模式

1．专业博客网站

在门户网站的挤压下，专业的博客网站逐渐在吸引人气和广告盈利方面面临越来越艰难的处境，鉴于综合性门户网站的流量价值越来越倚重于博客频道，这些由博客内容带来差异化的专业博客网站正面临危机。

在博客发展的早期，专业博客网站功不可没。但是从 2007 年开始，专业博客网站已经不在市场上占据主流，取而代之的是门户网站的博客服务，以新浪博客和搜狐博客为代表的门户网站博客频道已经在市场上占据了最主要的份额。四大门户网站占据中国互联网七成以上的品牌广告营收，决定了专业博客网站在资金实力上无法相抗衡的现实。

在用户数量方面，新浪博客、搜狐博客、腾讯 QQ 空间和网易博客，已经占据了整个博客市场 85%以上的份额。而在流量方面，门户网站依托本身的平台，给博客用户所带的流量早已经超过了专业博客网站。

2．门户网站博客频道

门户网站的博客频道现在已经成为中国博客应用的主流力量，原因在于博客频道在各大综合门户网站中已经成为标准配置，用户注册了网站通用 ID 之后，很多网站用户直接转化为博客用户。

在内容上，综合门户在内容上越来越重视基于博客产生的原创内容，门户博客已经形成了一定的媒体影响力。相对专业博客网站和社区网站博客服务，现有的门户网站博客频道的优势在于其话题的讨论深度、广度和其影响范围。而这样的关注度是与网站平台相辅相成的，话题经过内容编辑的选择、包装、推荐，进而升级、影响力快速扩大，也具有了更广泛的传播范围和网民关注度。随着综合门户在用户数量和资金实力上有着专业博客网站无法比拟的雄厚基础，在市场份额上，用户比例必将进一步向门户集中。在这种情况下，博客被现有的 SNS 取代，还有些遥远。门户网站博客频道应该进一步加强博客内容编辑力量，以加强内容差异化，这将成为综合门户竞争力的重要源泉。

3．社区网站博客服务

网络社区网站近些年发展迅速，其基于 SNS 理念的架构很快吸引了一大批网民。SNS 网站为熟人之间的联络和互动提供了平台，表现出强劲的生命力和较高的用户黏度，SNS 平台上大多内置博客功能，对于大多数博客用户而言，SNS 网站提供的博客功能在自我抒发情感方面已经足够。但是，总体而言，比较博客网站，SNS 网站会分流一部分博客网站的流量，但并不是所有博客作者最好的选择。成熟的 SNS 网站必有其明确的用户定位，而用户定位决定了它只对特定圈子内博客用户具备迁移能力。对于主打娱乐化的 SNS 网站，其只会迁移偏好娱乐化内容的博客群体。

对于一些高端用户，由于 SNS 网站最主要的功能是实现了熟人之间的互动，其长处并非在于内容的传播，加上 SNS 网站本身具有一定的封闭性，其对搜索引擎并不友好，只是内置博客日志功能的 SNS 网站并不会转移以传播效率为第一选择的高端博客用户。

放眼未来，名人博客、专家博客和专业博客这三类博客会更有读者群，成为博客 BSP、门户博客频道的忠实客户，或者走向独立博客、个人门户；而生活化、娱乐化博客，将越来越多地走进 SNS 网站。

22.4　发展趋势

随着互联网正从提供信息服务向提供平台服务延伸，以博客播客（视频分享）等为代表的 Web 2.0 服务模式使互联网的平台功能更加突出，网民不仅是信息的消费者，也成为了信息的提供者和创造者。随着博客的普及度越来越高，以及在 SNS 氛围中的良好成长性，博客将会在未来继续成为互联网应用的一个热点。

在整个互联网内容体系上面，由于社会化网络的进一步发展，社区化的互动进一步加深，SNS 网站中的博客功能部分将会随之继续增长，单独的博客门户网站正在向社区化转型。我国的博客发展将会呈现以下趋势：

（1）媒体传播的特性上，新闻博客的即时性的传播能力和无处不在的博客群体，使其非常适合于对突发事件的报道。博客的传播方式具有了全时性和即时性的特点，博客的新闻报道可以实现与新闻事件发生、发展的同步。对比日韩的经验，随着中国 3G 牌照的发放，用手机发布博客在 3G 时代的趋势看好，活跃博客数量将在移动终端的进一步普及和二三线城市的普及率上升的带动下延续高速增长的趋势。

（2）博客盈利方面，在互联网应用领域，我国互联网正从信息传播和娱乐消费为主向商务服务领域延伸，电子商务迅速发展，互联网开始逐步深入到国民经济的更深层次和更宽领域。博客加深外界互动的个人传播效应会更加强化，一部分人可能将由名人效应中获得商业收益，例如从写专栏、做广告、举办讲座、出书、企业赞助等活动中获利。另外，第三方网上支付系统的完备与便利，将带领博客空间走向电子商务领域。

（3）就信息传播而言，博客实名制将会成为博客世界的客观需要。网络世界的信息良莠杂陈、真假难辨，对博客真实身份的要求，在客观上成为促进以上应用健康发展的内在动力。博客空间既是博客人群自我展现的舞台，也是与好友们真诚沟通与交流的平台，博客社交圈在网络与现实生活之间实现了交叉延伸，但其最为核心的还是现实生活中的真实关系。不管是 SNS 网站的规模化兴起还是博客网站发展过程中出现的社区化趋势，真实的身份信息是进一步建立真实关系的基础。

（4）与在电子商务活动中广泛采用的个人真实身份信息认证制度相似，博客真实身份的确认同样也会成未来博客生态中保障交易双方交易安全的重要手段。在真实身份的基础上诚信交易才能成为可能。其中网络实名制的实施将为在我国社会树立网络世界也存在伦理法制的社会意识，保护网民权益，规范网民行为，预防和查处网上犯罪奠定基础，同时也将促进我国网上银行和网络消费等应用的快速发展，吸引大批资金进入网络产业，带动网络产业不断升级，提升网络服务的质量。

22.5 博客与社会重大事件

博客从诞生的那一天起，其网络传播的潜在价值就被挖掘出来，现已逐步成为一种新型的媒体形式。作为一个不设门槛的媒体，普通人通过博客拥有了话语权，既能提供新闻，又能评论新闻，实现了由信息接受者向信息传播者的角色转换。博客群的迅速膨胀，对新闻传播起着越来越大的作用，有时甚至可以左右舆情，使传统媒体不敢小觑。

从 2008 年年初的南方冰冻灾害，到震惊世界的 5・12 汶川地震，再到 8 月 8 日盛况空前的第 29 届奥林匹克运动会。在这些重大事件中，中国的互联网发挥了巨大的能量，成为我们救灾抢险，战胜困难，向全世界传递中国人友谊的最主要的信息传播途径。可以说，互联网已进入中国主流媒体行列。为传播经济、社会、文化信息，反映人们的愿望与呼声，为推动经济发展，促进社会进步，丰富人民精神文化生活发挥着主导作用。

互联网第一时间报道了“汶川大地震”。5 月 20 日，国务院新闻办公室网络局副局长彭波在北京举办的 2008 年新媒体高峰论坛上表示，对拉萨 3・14 事件和汶川 5・12 地震的传播标志着网络媒体正成为当今中国社会的主流媒体。

9 月 11 日，三鹿集团发表声明承认三鹿婴幼儿奶粉受到三聚氰胺污染，“毒奶粉”事件爆发。网友检索发现，早在 2008 年的 6 月份，已有自称为“小儿泌尿外科医生”的网友在国家质检总局网站投诉三鹿奶粉，但留言如石沉大海。徐州儿童医院外科医生冯东川，早在 2008 年 7 月 24 日，在其博客发表了题为《是不是奶粉有问题？为什么婴幼儿肾结石肾衰会爆发出现？》的博文，记录了大量双肾结石、输尿管结石并肾功能衰竭的病例，质疑病源为三鹿奶粉。网友间互相传阅他的博客地址，并对他在“三鹿奶粉事件”的执着深表赞许，他也被网友们誉为“最有良知”的儿科医生，对“三鹿奶粉”事件的进一步曝光起到了积极的作用。

8 月 1 日，山西省娄烦县某铁矿发生了山体滑坡的事故，根据当地媒体的报道，有 11 人被埋。后此事被当地确定为一起因为山体滑坡所致的自然灾害。8 月底，《瞭望东方周刊》记者孙春龙发表《娄烦：被拖延的真相》，指出娄烦事故存在着瞒报谎报的行为，死亡人数至少在 41 人以上，是一起重大责任事故。但报道并没有引起反响。9 月 15 日，一封致山西省长王君的举报信出现在孙春龙的博客上。这封信终于引起了中央领导的重视，并最终促成国务院组成调查组彻查娄烦事故。

在博客时代，由于每一个网民都是潜在的记者——“网民记者”，他们可以“深度介入”新闻传播的全过程，从而有可能使新闻传播历来由媒体专业人员“操作”的格局发生重大变化。而随着越来越多的“博客记者”参与到社会事件当中，互联网正在发挥着不可或缺的重要作用，其作为主流媒体的地位不断提升。博客的健康发展对中国人的独立意识、公民意识、责任意识，乃至自觉的文化意识，都将起着极大的促进作用。

（中国互联网络信息中心　赵慧斌）

第 23 章　2008 年中国 SNS 发展情况

23.1　中国 SNS 网站发展概况与特点

基于六度空间理论发展起来的 SNS（Social Networking Service）通过网络服务，不仅能够帮助人们找到朋友、合作伙伴，而且能够帮助用户实现个人数据处理，个人社会关系管理，信息共享和知识分享，最终帮助用户利用信任关系拓展自己的社交网络，达成更有价值的沟通和协作，从而带来丰富的商业机会和巨大的社会价值。

2008 年是中国 SNS 市场发展迅速的一年，SNS 成为中国互联网产业发展的新亮点。SNS 网站数量迅速增加，除了垂直 SNS 网站的增加，门户网站如新浪、搜狐、腾讯也推出 SNS 服务，以中移动为代表的电信运营商开始试水 SNS 服务。

中国 SNS 网站发展也经历了互联网发展的各个阶段。1999 年的 ChinaRen 校友录，是 SNS 在中国最早的概念实践者，当时中国互联网处于萌芽阶段。2005 年创立的 51.com 和校内网（xiaonei.com），是中国最早的校园 SNS 社区，只是当时 SNS 概念处于被认知和待普及阶段。

2006 年 Myspace 进入中国，SNS 网站才得以为人所知。2008 年，Facebook 的横空出世，又让更多的人开始重新思考 SNS 的发展模式。2008 年 5 月开始，开心网用游戏结合邀请模式，在数月内即在中国白领一族中快速流行，使 SNS 更进一步为网民所熟知。同一时间，Facebook 从微软和李嘉诚基金会获得巨额融资，国际主流资本市场对于 SNS 关注达到顶点。由此，中国 SNS 网站开始风起云涌，资本市场的行动随之引发连锁效应。目前，国内 SNS 服务提供商超过 100 家，SNS 网站群逐步成型。

中国的 SNS 主要定位于以下群体：商务、文化、工具、情感、校园、娱乐、社群以及平台等，各细分市场逐渐涌现出一些比较有代表性的 SNS 网站，如校园 SNS 较有影响的主要是：校内网、亿聚网、占座网、Chinay、Chinaren、优点网；继校内、51.com 等先行者已经拥有了庞大的流量后，开心网（www.kaixin001.com）的火爆更使得 SNS 成为整个互联网行业瞩目的焦点。

此外，中国庞大的年轻和未婚网民数量给 SNS 交友网站提供了广阔的发展空间，基于婚恋理念的 SNS 网络社区获得了长足的发展。而商务、白领这样的概念虽然很好，但是到目前为止这些网站的用户规模仍显不够，用户的黏度较低。

不可否认的是，中国的 SNS 网站无论是经营思路还是理念和产品都严重同质化，以模仿 Facebook 为主，但没有 Facebook 丰富的应用开发平台，如音乐和视频等。

经过 2008 年下半年的一个快速发展阶段，OpenAPI 以及大量 Widget 软件的应用使 SNS 已经不单纯是交友社区，而是已经成为人们互联网沟通和应用工具的集成平台，人们在 SNS 上的应用也不再只是聊天和发照片，争车位、朋友买卖、咬人等游戏大大提升了用户的黏性，SNS 真正赢得了市场的认可。SNS 已经不再是大学校园的群体，而是转向了上班一族，更多企业白领的加入，让互联网用户需求呈现出多样性和现实性。

尽管如此，SNS 仍然无法摆脱盈利模式的困扰，即便是被视为典范的 Facebook 也依然没有做出明确的表态。但毋庸置疑的是，OpenSocial 和 Widget 应用是 SNS 未来的发展趋势，而 SNS 作为互联网应用整合平台的作用也将会日益凸显。

中国 SNS 市场发展主要呈现如下特点：

（1）用户规模持续扩大，SNS 所受关注持续提高

根据艾瑞咨询《2007—2008 社区交友行业发展报告》数据显示，2007 年我国社区交友用户规模达到 8000 万，2008 年将突破 1 亿，达到 1.1 亿人。同时，根据艾瑞咨询网民连续用户行为研究系统 iUserTracker 最新数据显示，2006 年 12 月以来，中国社区交友服务用户月度覆盖人数持续攀升，到 2008 年 9 月已经达到 171 万人。社区交友已经成为重要的网络应用之一。

（2）国际 SNS 运营商进入，国内群雄并起

国际上，韩国的赛我网、美国的 Myspace、Facebook，以及日本的 Mixi 先后进入中国市场；国内的 51.com 和校内网等针对不同用户群体进行产品定位和品牌构建，积累了大量用户；海内、5G 和天际等网站先后涌现，而开心网针对白领群体推出以娱乐为核心的各种服务，短时间内成为关注焦点。

此后，其他领域网络运营商开始涉足 SNS 领域，2008 年 10 月，雅虎推出基于生活信息服务的人际平台“雅虎关系”，并与电子商务进行对接；电信运营商移动和联通也开始推出 SNS 服务；电子商务平台当当网也加入 SNS 服务功能。

（3）同质化严重，急需创新

由于中国 SNS 网站主要是模仿 Facebook 和 Myspace 等国际社交网站，如校内、51.com、海内等较早成立的 SNS 网站，在功能设置、服务模式等各方面都延续了 Facebook 的模式；同时，一些新进入市场的 SNS 网站在整体上并没有创新之处，导致整个 SNS 市场同质化严重，创新不足。

产品和服务的同质化，导致该领域竞争的日趋激烈，SNS 行业在未来一年将面临洗牌。因此，SNS 网站在快速发展的同时，需要不断深入挖掘用户根本需求，基于细分用户提供产品和服务，打造独有的核心竞争力。

（4）缺乏营收，生存能力有待提高

虽然中国主流 SNS 网站在用户规模上已经有很大突破，如 51.com 注册用户数突破一亿，校内网注册用户数近 2000 万，商业价值初步显现；但整体上 SNS 网站尚未实现盈利，更多的网站并无营收来源，主要靠投资支撑。同时，持续低迷的全球经济，导致投资锐减，风投在项目选择上更为谨慎，未来一段时间内将很难获得新的融资。因此，未来一段时间内部分 SNS 网站将面临生存和发展困境，在用户规模、营收能力方面竞争力较低的一些 SNS 网站将很快退出市场。

23.2　SNS 网站

2008 年是 SNS 尽显风采的一年，很多号称 SNS 的网站几乎一夜之间从互联网的各个角落里诞生。

目前的 SNS 网站主要有 4 类：以校内网和开心网为代表的综合型 SNS；以新浪空间和雅虎关系为代表的门户型 SNS；以风行和 56 为代表的垂直型 SNS；以中移动等三大运营商为代表的电信 SNS，见表 23.1。

表 23.1　2008 年中国主要 SNS 网站情况对比

网站	创建时间	平台属性	用户定位	用户规模	实力（已公开的资金）	盈利状况	主要优势
校内网	2005 年 12 月	独立 SNS 网站	学生为主，白领人群	2707 万（艾瑞）	4.3 亿美元	未	在大学领域里已经占有绝对优势的市场份额，并向高中和白领两极延伸
开心网	2007 年年底	独立 SNS 网站	白领为主	80 万	自筹 400 万美元	未	获得白领青睐，拥有很好口碑，采用病毒式营销取得了很好的效果
51.com	2005 年	独立 SNS 网站	青少年为主（15～25 岁）	2355 万（艾瑞）	1200 美元 +5100 万元	未	目前国内第二大社交网站，史玉柱投资 51.com
海内网	2007 年年底	独立 SNS 网站	上班族及部分大学生	28 万	自筹，具体不详	未	真人网络，整合了饭否网很多功能
占座网	2006 年 4 月	独立 SNS 网站	大学生	1000 万（官方）	第二轮融资为 720 万美元	未	大学生市场中，仅次于校内网
5G	2008 年	垂直 SNS 网站	IT 人士为主	0.7 万	—	未	垂直 SNS 网站，有着明确的用户定位
同事录	2008 年	垂直 SNS 网站	上班族	0.7 万	—	未	依托于 techweb 的垂直 SNS 网站，为其辅助产品
sohu	2008 年	门户 SNS 网站	搜狐博客用户	—	—	未	门户优势
sina	2008 年	门户 SNS 网站	—	—	—	未	门户优势

注：表中资料来源于 CNET 及网上公开数据。

23.2.1　综合型 SNS 网站

校内网、51.com 和开心网是现在公认人气最旺的三个综合型 SNS 网站，校内网用户主要是在校学生，51.com 抓住了网吧用户，开心网主要着重于都市白领，这三类人群，基本就涵盖了中国互联网 90%的用户。

此类网站的特点是纯粹的 SNS 概念，均处于快速聚集人气的阶段，因此圈地扩张是其目前生存的唯一目的，而在此过程中，盈利模式已经被暂时忽略。为了达到迅速覆盖的目的，让用户通过好友邀请把真实世界里的人际关系转移到互联网平台上，并且让用户通过平台提供的外挂插件，与圈内好友不停地进行互动，因此诸如抢车位和好友买卖等应用成了维系用户黏性的手段。

这三个网站覆盖的人群虽然不同，但是用户之间互动最多的都是娱乐游戏。娱乐能很快地吸引住人，但也容易让用户感到厌倦，娱乐类的网站要保证人气，长期发展，必须建立在强大的用户基础上。

23.2.2 垂直型 SNS

2008 年，垂直门户网站向 SNS 社区的延伸刚刚开始起步。而基于垂直门户网站的 SNS 社区，传承垂直门户网站这种专注深入的理念，使其架构朝纵深方向发展，依托于网站本身的资讯信息，将信息内容延伸进 SNS 社区，进一步推动用户之间的互动交流，从而使网站对用户产生更大的黏性。

垂直型 SNS 网站有雅虎关系、风行和普加邻居等，其共同之处是：在原有社区的基础上，整合 SNS 概念，让 SNS 迅速从一种概念变成一种应用，而且由于本身具备较强的资源优势，因此，垂直型网站只是把 SNS 当成一种应用，而不是一个产品，终极的产品是本身已经具备商业价值的内容，SNS 只是把这些内容更好地推向用户的一个手段。

例如，风行整合了 SNS 概念，使 P2P 影视社区从单一的可看模式变成可交流模式。雅虎中国结合口碑网推出“雅虎关系”，这是一种介于门户型与垂直型之间的 SNS 平台，一方面依靠雅虎社区的用户架构，另一方面又整合了生活服务等电子商务关系的运用，不仅具有强大的生活服务消费体验和分类信息体系，而且有关生活的衣食住行玩医等问题，用户都可以在自己认识的真实朋友的帮助下得到满意的答案，时刻分享生活中的信息。

23.2.3 门户网站 SNS 服务

面对传统的门户网站，网民被动地接受网站提供的内容，而通过 SNS 则可以看到朋友的各类活动，阅读到好友的推荐文章和图片等信息，并且自己的动态也能即刻传递给朋友。

对于综合门户网站来说，因为有着巨大的用户积累，所以推行 SNS 也相对容易，只要将自身产品进行比较好的整合，用户的个人中心就成了 SNS 的入口。然而综合门户网站本身架构的横向发展，使得依附于网站的 SNS 社区如同网站本身一样，呈现的是一种横向发展的结构趋势。

新浪在不声不响中悄然倚仗庞大的用户进军 SNS 领域，新浪空间虽然没有开心网这样的积累过程，而仅通过短暂的转型便成为最大的 SNS 平台。2008 年 8 月，新浪开始推广其 SNS 系统。新浪的 SNS 系统以“新浪空间”的形式出现，该产品合并了新浪互动空间现有的一些 Web2.0 应用服务，如博客、相册、播客和圈子等，并将互动产品整合，买卖奴隶和抢车位等应用成为缺省配置，使新浪空间成为一个新的 SNS 产品。曾经的新浪博客通过名人效应做推广，取得了不俗成绩，同时带动了博客的普及。同时作为门户，新浪空间也同样可以带来巨大流量。

在国内的门户网站中，腾讯 QQ 具有先天的 SNS 关系，他们做 SNS 比其他门户更具优势。腾讯的全业务布局中的各种业务逐步开始整合，QQ 空间已经实现撰写日志、发布图片、随时交流和关注好友动态等功能。QQ 空间实现的 SNS 功能，依靠的是庞大的 IM 用户群，而且这类用户群是真实的社会关系集合体，是最有价值的社区。SNS 功能的强化，既增加了用户黏性，也拓展了用户。

23.2.4　运营商进军 SNS

进军 SNS 是近年来电信行业往互联网渗透的又一重要举措，随着电信重组带来的竞争加剧，电信运营商急需发展其他业务以改善目前语音业务增长疲弱的现状，而 SNS 良好的用户黏性正是电信稳固用户并进行增值业务扩展的极佳选择。

2008 年 9 月，中国移动首个互联网社交网站“139 社区”悄然上线。随后，中国联通针对青少年的品牌“新势力”也推出了一个 SNS 社交网站。

对于中国移动、中国电信和中国联通等基础运营商来说，进军 SNS 领域的最大推动力是移动互联网与传统互联网的融合，移动互联网将成为行业未来的发展趋势。随着 3G 时代的到来，移动互联网的发展势头日趋明朗，电信运营商逐渐将战略重心向这方面倾斜，一方面是为了盈利的增长，另一方面也是为了迎合电信业务的未来发展趋势，避免沦为服务提供商的通道。SNS 社交网站业务正是运营商布局移动互联网的基础。

电信 SNS 建立社会关系的优势在于用户话机通信薄的关系转化，在用户积累上只需加以引导，把真实的社会关系直接拷贝至互联网运用，便可完成庞大用户群的转化。他们拥有庞大的用户群，以及唯一的身份识别即手机号码，而每个人的手机号码群里，都是实实在在的社会关系集合。仅中国移动一家便有 4.2 亿的手机用户，如果把固有的用户关系导入 SNS 平台，那将是任何互联网公司所望尘莫及的。加上电信运营商在无线互联网上的绝对优势，传统互联网很难与其竞争。

目前来看，在传统互联网上的 SNS 已经整合了许多已有的热点应用和服务，包括 BBS、社区、博客、交友、音频视频分享、即时通信以及各式各样的新鲜应用，正是这样强大的业务整合阵容，使 SNS 对用户来说具有极强的渗透力和使用黏性，而这种渗透力和黏性正是电信运营商所需要的。

面对专业 SNS 网站和传统互联网 SNS 化的占位和夹击，电信运营商插足 SNS 使市场份额的划分又增加了一个难以猜测的维度，开发适合于手机的移动应用或许是电信运营商在竞争中破局的思路之一。相应地，对于传统互联网公司来讲，未来 SNS 的市场份额，有一部分甚至是相当大一部分是要留给电信运营商的。

然而电信 SNS 并不是没有软肋，首先，把用户的真实社会关系硬搬到虚拟的网络化社区，与互联网社区的匿名不同的是，其用户群以通信号码为身份特征，这种真实得可怕的社会关系，未必能得到用户的认可；其次，电信运营商在 SNS 领域扮演何种角色，目前没有明确的思路，如果独自运营自己的平台，那么电信无疑把自己摆在各方角力的位置，竞争将会非常惨烈，另一条路是整合资源提供 API 接口做平台商，与其他中小企业合作并形成产业链，这样可以把自己放在产业链的核心位置，但这条路似乎非常漫长。

23.2.5　国外 SNS 发展情况

在国外，SNS 网站的发展取得了巨大成功，Facebook，Myspace，LinkedIn 和 Twitter 等都积累了上千万的会员，尤其是 Facebook，Myspace 迅猛发展，是目前社会化网络和 Web2.0 的风向标。

Facebook 创建于 2004 年 2 月，互联网市场占有率和用户黏性都很强，目前全球用户数量为 1 亿，被称为世界第一大社交网络，在美国有 90%的大学生在使用，其中 60%每天登录。微软公司宣布投资 2.4 亿美元收购 Facebook 1.6%的股权，按这个价位计算，创建才 3 年多的 Facebook 市值一举超过 150 亿美元。

Facebook 使用户构建自己的网络交友平台或者重组自己的现实生活，并将逐渐改变人们的思维方式和谈论话题。通过第三方程序插件，Facebook 将现实生活重现在网络上，用户除了可以在上面结交好友外，还可以养宠物、买股票、买房子、外出旅行、借款和买股票等，与“第二人生”（Second Life）一样，只不过它要求用户以个人的真实信息参与到虚拟游戏中。

这样的高速增长和短短四年多取得的成就，Facebook 成为当今互联网发展的一个奇迹，也是后来所有社交网站的模仿对象，为后来的网站提供了功能、架构及页面设计的一个绝佳范本。

MySpace.com 成立于 2003 年 9 月，是目前全球最大的社交网站之一，被世界第一大媒体公司新闻集团以 5.8 亿美元成功收购。它为全球用户提供了一个集交友、个人信息分享、即时通信等多种功能于一体的互动平台。经过四年的高速发展，现已拥有超过 2 亿注册用户，并且正在以每天新增 23 万注册用户的速度继续增长。

在其他国家 SNS 网站发展也比较理想。Mixi.jp 为日本目前最大社交网站，于 2006 年 9 月在日本证券交易所成功上市，市值高达 19 亿美元。截至 2008 年 6 月，Mixi 的注册用户数为 1500 万，比 2007 年同期增长了 40%。Mixi 用户多为追赶时尚的年轻人，其中包括中学生、大学生及刚参加工作不久的企业员工，这种定位受到了日本年轻用户的青睐，并给它取了个“kawaii（‘可爱’之意）”的绰号。2007 年通过手机登录 Mixi 网站的用户量已超过基于 PC 登录的用户量，如今，Mixi 页面浏览量有 67%来自移动设备。排名第二位的 Gree 主要定位于职场人士，用户经常讨论政治等严肃话题。2008 年 12 月 17 日，Gree 在东京证券交易所创业板上市，上市首日开盘价超过发行价 52%，募集资金 133 亿日元（约 1.5 亿美元），市值超过 1000 亿日元，居该创业板首位。

韩国的 Cyworld.com 是目前韩国最大社交网站，会员量达到 500 万时被韩国第一大电信公司成功收购。Xing.com 是德国最大社交网站之一，会员量达到 150 万时于 2006 年 11 月在德国法兰克福证券交易所成功上市，市值达 1.5 亿欧元。

23.2.6 SNS 三大发展趋势

1．人群细分化，服务需更具针对性

目前，主要的 SNS 网站都有其基于细分人群的主流用户群体，如 Facebook 主流用户为大学生及白领，而 51.com 则是 15～25 岁的青少年网民，这些主流 SNS 网站在某一群体中已经拥有较大的市场占有率和品牌影响力，新进入者处于竞争弱势地位，面临很高的门槛，因此 SNS 领域未来的新进入者，需要深入挖掘用户需求，针对细分群体构建 SNS 平台的运营理念和方式；再者，网民的需求更加理性化和个性化，客观上需要提供更为细致和更具针对性的服务。开心网针对白领群体提供娱乐化服务的成功表明，虽然目前主流 SNS 平台地位难以撼动，但其提供的服务不可能满足所有用户的需求，因此针对细分用户群体的 SNS 网站依然具有发展机会，地域性、年龄段和爱好等都可以成为切入点。

2．应用立足务实，多领域结合更具发展优势

与互联网发展脉络相似，SNS 发展也将从娱乐到生活、从虚拟到务实。Myspace 为广大音乐爱好者提供良好的互动平台成为其成功的第一步，Facebook 是用户的自我展示平台，开心网的成功则将国内 SNS 的娱乐性推上了一个高峰。

目前，主流 SNS 平台解决了“交朋友”的问题，从马斯洛需求理论角度而言，满足了人们的社交需求；但面临的是结交朋友之后去“干什么”的问题，去实现一个什么样的目的。开心网的成功就在于提供给用户一个选择：结交朋友或找到朋友之后，和朋友们去玩游戏，这在很大程度上提高了用户的黏性。

SNS 平台的发展不是独立的，需要与其他具有更强实用价值的网络应用相结合，如婚恋交友和商务交友网站，分别满足用户结交朋友用以“寻找人生另一半”和“扩大职业人脉”的需求。因此，SNS 平台未来的发展，可以与电子商务、旅游等垂直领域相结合，使得 SNS 的发展走向务实，从而使用户具有更高的聚合性和持久性。

3．打造开放平台，促进信息流动和共享

SNS 的注册使用制以及非朋友之间的信息屏蔽制度，导致用户创造的内容传播受阻，仅限于朋友之间和平台内部，传播范围的有限使得众多有用的信息不能及时地影响到更广泛的用户，不利于营销的展开和用户口碑的形成。

因此，艾瑞咨询认为，要在 SNS 平台上开展网络营销和电子商务等商业模式，需要构建开放式平台，有效促进平台内部用户之间和平台之间信息的流动及资源整合。基于此理念，2008 年 6 月，谷歌联合天涯、天际网、Myspace、豆瓣等多家网站开发 OpenSocial 平台；7 月，校内网正式推出其开放平台 OpenPlatform。各网络社区不约而同构建开放式平台，允许第三方软件开发商们为各个社区网站开发通用软件程序，降低了各家社区网站网络应用开发成本，有利于资源的整合；同时也促进了信息在各个平台之间的流通传递，扩大了信息传播范围。

23.3　用户分析

23.3.1　用户规模

随着 SNS 概念的逐步深入，中国 SNS 用户规模也在持续扩大。但由于大部分 SNS 主推实名制，因此 SNS 的用户数量不会出现网络游戏、网络交友、虚拟社区等用户数大幅猛增的现象，但用户群体相对具有较高的稳定性。艾瑞咨询研究数据表明，2008 年中国 SNS 用户规模达到 1.2 亿，网民渗透率突破 40%，已经成为较为重要的网络服务，如图 23.1 所示。

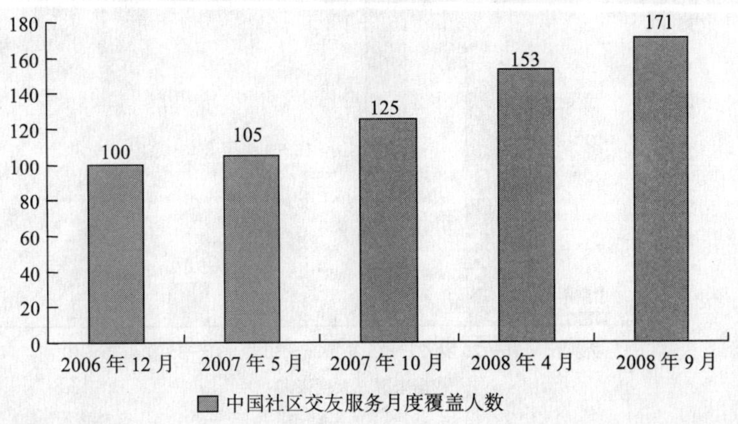

图23.1　2006年12月—2008年9月中国社区交友服务用户规模变化情况

根据艾瑞咨询统计，截至 2008 年 6 月，交友社区类网站用户覆盖人数达到 7503 万人。其中，校内网和 51.com 分别以 16.34%和 14.21%的网民到达率排在第一和第二位，在交友社区网站中优势明显。此前，校内网与 51.com 先后获得重量级投资，这使得 SNS 行业整体受到极大的关注。事实上，就在近几个月，开心网的兴起也掀起了 SNS 短时间内的又一次“井喷”，SNS 已经是目前互联网行业最受瞩目的新兴领域。

23.3.2 用户特征

1. 性别构成情况

图 23.2 为目前国内 SNS 网站用户的男女性别分布状况。

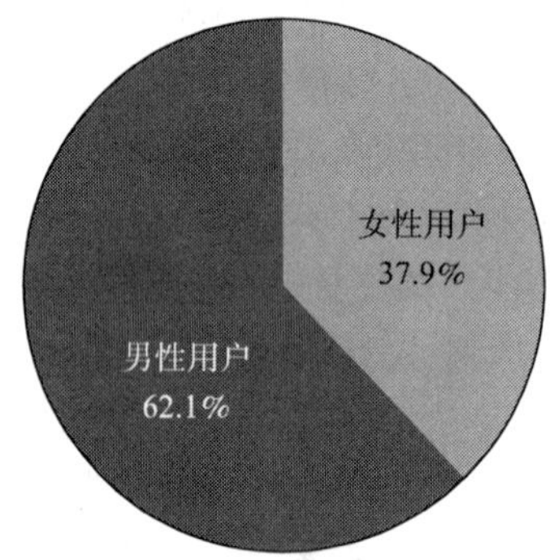

数据来源：大度咨询

图23.2 国内SNS网站用户性别构成

当前国内 SNS 网站用户中，男女用户比例约为 62.1%：37.9%，男性用户数量明显高于女性用户。对比中国互联网络信息中心（CNNIC）最新公布之男女网民比例（53.6%：46.4%）数据，SNS 网站在我国男性网民中的渗透率要高于女性网民。

2. 年龄构成情况

图 23.3 为我国 SNS 网站用户的年龄分布状况。

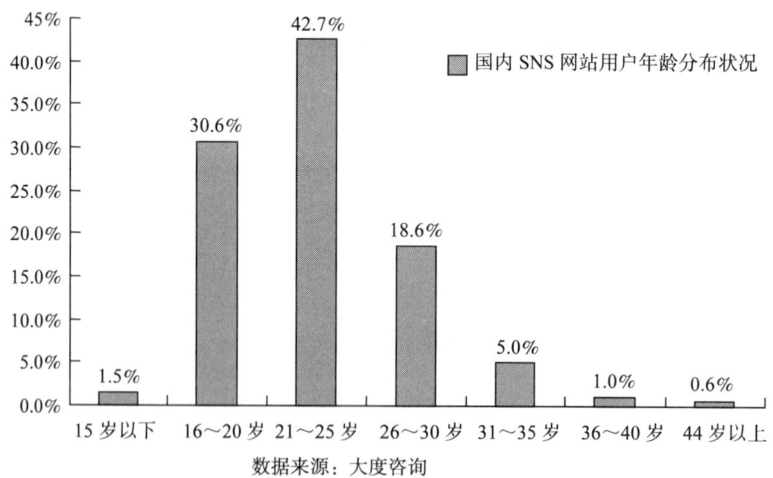

数据来源：大度咨询

图23.3 国内SNS网站用户年龄分布状况

SNS 网站用户与整体网民年龄分布相比，更具年轻化特征。目前 21～25 岁这一年龄段为 SNS 网站用户的主力军，占整体的四成以上（42.7%）；其次为 16～20 岁年龄段，约占三成（30.6%）；30 岁以下的用户占 SNS 网站用户的 90%以上。

图 23.4 为中国 SNS 网站男女用户年龄分布状况。

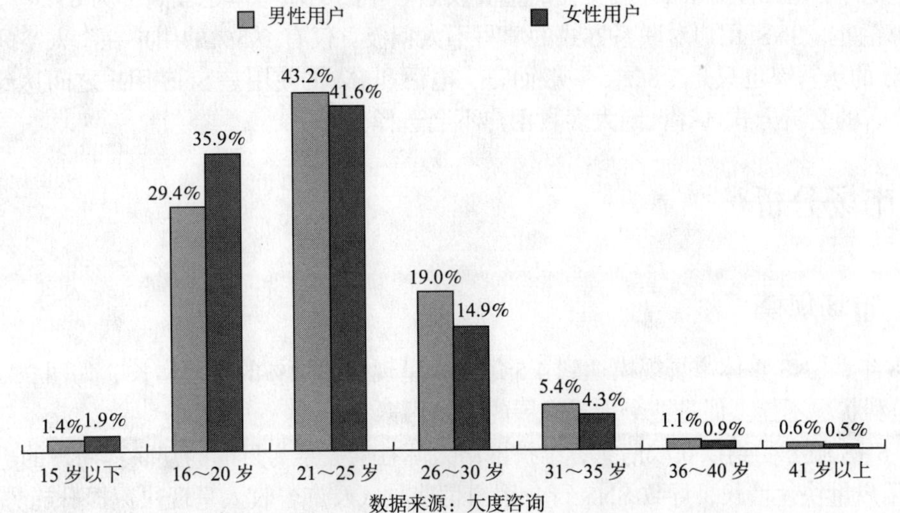

图23.4　国内SNS网站男女用户年龄分布状况

与整体分布类似，21～25 岁均为男女用户的最集中年龄段，其次为 16～20 岁。相比之下，女性用户的低龄化分布更为明显，20 岁以下的用户比例，女性要高于男性，21 岁之上的分布比例则均低于男性。

3．填写真实性信息情况

图 23.5 为国内 SNS 用户填写真实性个人信息的情况，包括真实姓名、真实头像、年龄、家乡/居住地，电话、IM（不包括 SNS 网站的自带 IM）。

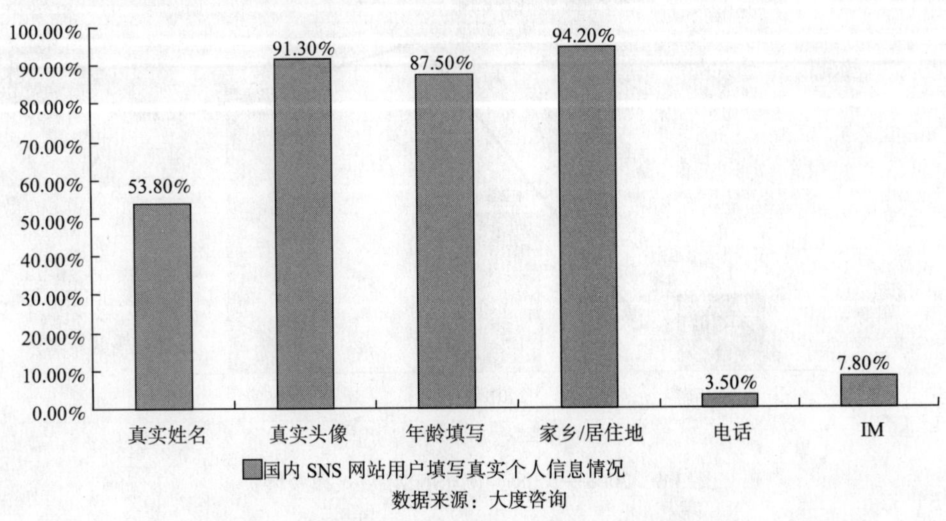

图23.5　国内SNS网站用户填写真实性个人信息情况

目前国内主要 SNS 网站用户的整体真实姓名填写率为 53.8%（各 SNS 网站之间差异很大）；而头像的真实性则较高，达到了 91.3%。SNS 用户交流中，对姓名真实的敏感度要弱于对头像是否真实的敏感度。

家乡/居住地的填写比例最高，达到 94.2%，这与主要 SNS 网站注册时的要求有关；另外，这也是用户在 SNS 网站开展交互的重要线索。年龄的填写率也较高，为 87.5%。

除邮箱外，SNS 用户对联系方式的填写不太积极。仅有 3.5%的用户在个人空间里留有电话；IM 的填写率也只是 7.8%。一般而言，电话和 IM 的使用是 SNS 用户之间达到一定交流深度之后的交流方式选择，绝大多数用户不会选择公开。

23.4 市场分析

23.4.1 市场规模

2008 年，SNS 整体市场规模达到 4.5 亿元，呈现出 82.2%的快速增长，如图 23.6 所示，但整体盈利状况不佳。促进整个市场发展的主要因素有：

（1）SNS 服务受到以获取信息，维护网络人际社会关系为目的的互联网用户的追捧，促使 SNS 用户量快速增长，导致 SNS 行业用户付费收入及广告收入呈现快速提升趋势。

（2）SNS 服务日趋细化，与用户需求日益贴近，带动用户的黏性进一步提升。

（3）网络营销产业的快速发展，带动传统广告主对 SNS 平台投放的广告效果认可度进一步提升。

（4）无线增值业务的快速发展，为 SNS 产业营收的增长提供了动力。

（5）一些明星 SNS 网站（如开心网、校内网等）的火爆，带动了整个市场的发展。

（6）大量风险投资的进入，使得主流 SNS 网站能够平稳渡过经济危机时期。

（7）SNS 网站与其他网络服务（如网游）的结合，存在着广阔的发展前景。

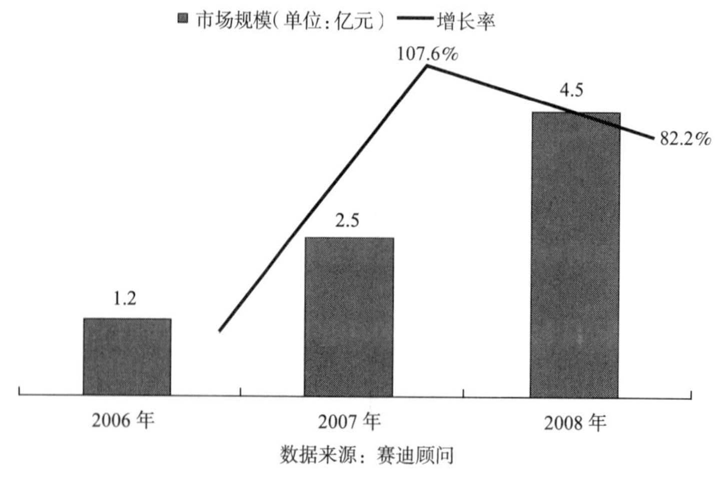

图23.6　2006—2008年中国SNS市场规模及增长

在 2008 年 SNS 市场的产品结构方面，从用户对不同类型 SNS 网站的选择来看，休闲娱乐类 SNS 网站占据领先的地位，所占比例达到 54.6%；而校园 SNS 网站发展迅速，所占比例达到 28.4%；商务 SNS 用户规模增长相对稳定，所占比例达到 11%左右，如图 23.7 所示。

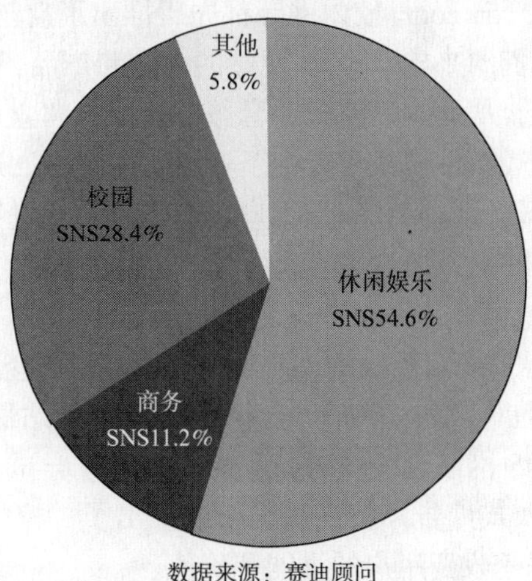

数据来源：赛迪顾问

图23.7　2008年中国SNS产品结构

23.4.2　市场特点

1．三类 SNS 网站发展迅速

经过三、四年的摸索和尝试，中国 SNS 市场雏形已经基本形成，而随着参与企业和投资者逐步增多，SNS 的服务模式和商业模式正在逐步形成，用户群的定位也呈现出明显的差异化。

从 2008 年市场发展的格局来看，三大类 SNS 网站发展非常迅速，成为目前带动市场的三股主流力量：一是以休闲娱乐为主的 SNS 网站，如新近崛起的开心网和 51.com，这类网站在 2008 年发展非常迅速，并且在服务模式和盈利模式创新方面都有所突破；二是以服务校园学生为主的校园 SNS 网站，如校内网、占座网等，这类网站在一定程度上效仿 Facebook 的模式，并以占据最具活力的大学生群体作为核心竞争优势；三是以商务沟通和交友为主的 SNS 网站，如联络家、XING 网等，这类网站起步较早，发展较为稳定。

2．校园 SNS 成为市场焦点

2008 年 Facebook 的成功为中国校园 SNS 的发展树立了偶像，校内、51 和同学网等成功融资也为整体市场的发展注入了活力。从 2008 年整个中国 SNS 市场来看，校园 SNS 的发展受到了广泛关注，发展非常迅速。

一方面，从用户覆盖率来看，根据赛迪顾问对全国 1 万多高校在校学生的问卷调查显示，使用过校园 SNS 网站的用户比例已经达到 90%以上，其中 40%左右的学生对校园 SNS 网站具有较高的依赖性。另一方面，从用户价值来看，高校用户无疑是网民当中最具活力的一群，具有接受程度高且口碑宣传密度高等特性，更重要的是他们的潜在商业价值和未来消费能力是非常巨大的。目前，很多校园 SNS 网站已经不满足于仅仅服务校园用户，而是逐步从校园逐渐向白领等人群过渡，拓展更广阔的市场。

3．开放 API 和游戏组件引领创新

在全球 SNS 市场 OpenAPI 和 OpenSocial 浪潮的带动下，中国 SNS 网站也逐步接受并开始尝试推行 OpenAPI 的模式，51.com、校内网等都先后推出了自己的开放 API 服务。OpenAPI 不仅可以借助更多第三方的资源来丰富 SNS 网站的内容和产品，更为重要的意义在于借助平台的力量能够整合更多资源，从而构建形成一套服务标准，树立自身的行业领先地位。

与此同时，开心网的游戏组件模式也得到了业界普遍推崇。通过不断更新推出的游戏组件，不仅能够增强网站的娱乐性，同时加强用户之间通过游戏进行互动，提高用户的黏性，也为商业模式的创新找到新的突破口。

4．盈利模式仍需积极探索

中国 SNS 尽管已经获得了一定规模的用户积累，也得到了企业和投资者的支持，但从目前来看，还缺乏真正有效的盈利模式，网络广告仍然是 SNS 网站最主要的盈利模式。2008 年，在业务模式创新的同时，SNS 网站也纷纷对盈利模式进行了尝试，例如开心网在“争车位”、“买房子”等游戏中探索植入式广告，校内网则拓展推出了“校内豆”以及虚拟物品交易等增值服务，51.com 则继续深挖收费用户的潜能和价值。

23.4.3 市场竞争

众多本土网站正在努力成为中国的 Facebook，千橡、开心、腾讯、新浪旗下的社交网络服务高调上线，百度空间在悄然升级中，搜狐也宣布其独立 SNS 产品将推出，抢占国内用户似乎已经成为众多网站的当务之急。

面对全民 SNS 的环境，活跃在各行各业的站长群体自然也不例外。伴随着 SNS 概念在中国的普及，康盛创想（Comsenz）推出的 UCenter Home，让五分钟搭建一个社交网站不再是梦想。从产品开源到开放平台上线，不到一年的时间里，UCenter Home 经过站长口碑相传，已经有 10 万以上用户（网站），成为国内社区建站的标配产品。

伴随着通用 SNS 建站产品的出现，网络编辑圈、落伍者、5G、同事录、爱聚集、IT 茶馆、站长俱乐部等一大批站长和 IT 类社交网站在国内快速兴起。2008 年，全国各地的站长聚会让 SNS 真正在国内落地生根走向了线下，充了显示了网络草根的活力和能量。

除了近水楼台先得月的站长、IT 类社交网站外，一些垂直细分的社交网络，也显示出 SNS 在垂直细分领域强大的生命力。消费投资类的社交网站由于贴近用户心声，特别受普通用户欢迎。例如：经济寒冬股市低迷，股民朋友们对于股市的激情大受影响，一个名为“瞄股网”的股民俱乐部一经推出就受到了广大会员的支持。

普通网民不深究 SNS 的概念，而是在关注 SNS 能给他们带来什么，例如通过一些社交网站进行网上记账可以帮月光族省钱的观念也比较受欢迎。据了解目前 Manyou 开放平台上提供的在线记账应用，让用户在自己熟悉的网络社区，就可以对自己的收支情况一目了然。类似这样的垂直细分的 SNS 应用，可以很轻松的聚集不错的人气。

你校内我海内，你开心我伤心。与 Facebook 远在异国的大一统梦想相比，普通站长得益于免费开源的 SNS 建站系统，以最贴近网民生活的社交网站定位，粘着垂直细分的用户群，独享一份自在天空。

经过 2008 年的发展，中国 SNS 市场已呈现行业寡头（仅校内、51、开心三家就已占据了 SNS 市场 70%以上市场份额）和群雄并起的局面，见表 23.2 和图 23.8。

表 23.2

网站名称	人气值	市场份额	网站名称	人气值	市场份额
开心网	160.53	30.01%	Heyspace 交友社区	4.86	0.90%
校内网	159.32	29.78%	友乐网	4.79	0.89%
51.com	59.58	11.13%	海内	4.28	0.80%
行网	42.06	7.86%	天际网	3.31	0.61%
友你友我	28.77	5.37%	若邻网络	3.05	0.56%
360 圈	15.03	2.81%	游鱼	2.7	0.50%
赛我网	11.39	2.13%	爱的根源交友网	1.82	0.34%
中国同学录	11.1	2.07%	亿唐	1.34	0.25%
亿友交友社区	9.34	1.74%	根本网	1.33	0.24%
圈网	6.28	1.17%	优友地带	1.07	0.20%

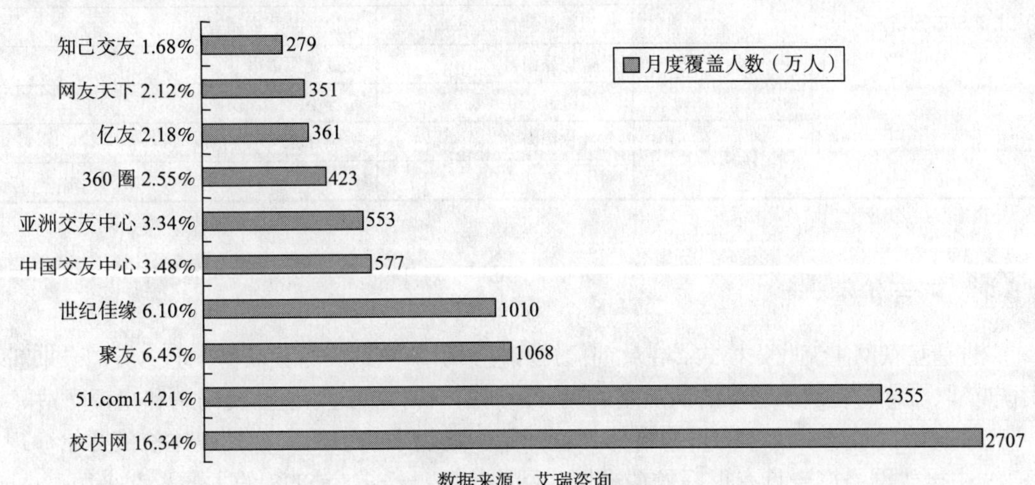

数据来源：艾瑞咨询

图23.8　2008年6月交友社区网站月度覆盖人数

23.5 盈利模式

作为最新的互联网发展方向之一的 SNS 也没能避开盈利模式的困扰，业界普遍认同 SNS 拥有巨大的潜在商业价值，但几乎所有 SNS 网站依然还没有清楚地看到 SNS 的盈利前景，除了有限的广告收入以外，目前被普遍看好的游戏等模式的盈利能力也极其有限。

在国内，校内网所在的千橡集团获得了 4.3 亿美元的融资，这一举动引起行业的高度关注；随后巨人集团也以 5100 万美元的价格收购 51.com 25%的股权，引起国内网站对 SNS 行业的关注。

目前中国 SNS 网站依然尚未实现盈利，主流 SNS 网站如校内、51.com 等的主要营收来源为网络广告、虚拟物品销售和会员收费。其中 2006 年校内网收入 600 万，绝大部分为广告收入；51.com 收入约 4500 万，其中广告收入近 1000 万。而世纪佳缘等婚恋交友类网站则以会员收费为主要营收来源，见表 23.3。

表 23.3 国内外主要 SNS 网站盈利模式

	网站	盈利模式	产品支撑
国外主要 SNS 网站	Myspace	网络广告为主	与谷歌合作
			Hypertargeting 平台
			SelfServe 广告平台
			移动版本无线广告
	Facebook	网络广告	SocialAds 广告平台
		虚拟物品销售	虚拟应用软件及虚拟礼物
国内主要 SNS 网站	校内网	网络广告为主	—
		虚拟物品	开通校内豆和网上支付系统
	51.com	网络广告	与广告代理商合作
		VIP 会员服务	约 10 元/月
		虚拟物品销售	虚拟礼品、饰品等
	赛我网	虚拟物品销售	红豆虚拟货币
		网络广告	品牌小窝广告投放平台
	世纪佳缘	会员收费为主	按照月度/年度付费
		网络广告	—

资料来源：艾瑞咨询

23.5.1 广告价值

广告是互联网主流收入模式，在此前门户和搜索引擎网站成为互联网中心，但是未来互联网用户获取信息途径越来越多的向更多的 Web2.0 媒体转移，比如说社交网站和视频网站等。

SNS 开始拥有越发庞大的用户群体，也开始影响越来越多的人，其媒体价值开始显现。在 SNS 中投放网络广告具有很好的精准性，网络广告已经成为 SNS 的主要盈利来源。

但由于信息在 SNS 中的传播受限于平台内的朋友之间，因此其媒体特征较弱，并不是良好的网络广告投放平台，Facebook 广告平台 Beacon 的失败表明在 SNS 网站上投放网络广告需要更加慎重。

MySpace 和 Facebook 都允许用户快速创建拥有明确目标的广告，并在自己网站上发布。不过，MySpace 目前允许用户创建显示广告，而 Facebook 只允许用户创建文本广告。预计 Facebook 今年的广告营收约为 1.8 亿美元。

正式启动于 2008 年 10 月 12 日的 MySpace 广告服务平台 MyAds，在不到一个月的时间里，每天平均收入在 14 万美元到 18 万美元之间，这意味着 MyAds 每年可以为 MySpace 带来 5000 万美元的收入。通过 MyAds 平台，用户可以选择 728×90 和 300×250 两种大小的显示广告，该服务可以帮助用户通过预先设置好的模板以及 Flash 工具来创建广告，用户也可以上传自己的模板，并根据广告点击次数来付费，单次点击的最低费用为 0.25 美元。

23.5.2 植入式品牌广告

社交网站以朋友之间或者兴趣群组这些社会化关系传递为主，所以信息传播的影响力更胜于一般网站，它本身的广告价值也更高。植入式品牌广告就是目前 SNS 网站都在积极探索的广告模式。

植入式广告近年来得到了越来越多广告主的认可，一方面因为传统广告太形式化、单调、点击率降低，效果开始越来越差。另一方面植入式广告可以巧妙地和网站一些产品结合，让用户不知不觉地增加对该品牌的印象，如开心网在“抢车位”应用中放置宝马的广告，在“买房子”应用中内置了万科房地产的广告，这些内置广告一般对用户没有多大影响，用户一般容易接受，反感度很低。

23.5.3　电子商务：C2C，B2C

艾瑞咨询最新调研数据表明，87.9%的消费者在购物之前会到网络上寻找他人的体验评价。在 SNS 平台上开展电子商务，由于用户之间的朋友关系更有利于口碑效应的产生和传播，在规范商家行为、促进口碑产品的销售都具有更大的优势。虽然在电子商务方面现在还没有太多尝试，不过像雅虎和豆瓣都在积极探索这类模式。如中国雅虎基于信息服务推出“雅虎关系”，将 SNS 应用推向了实用。

从 C2C 看，用户建立自己的商店，由于有了社会关系的基础，在信任机制方面可以解决很大的问题，用户信息更加透明和真实，违反商业作法所付出的代价会更高，这也是 SNS 网站建立个人电子商务诚信方面的一个有利条件。

从 B2C 看，通过对 SNS 网站人群兴趣和爱好的挖掘，可以引导用户直接销售。比如开心网上的很多商品广告，可以不单纯是品牌推广，也可以直接跟电子商务挂钩，可以成立 B2C 平台，也可以跟传统的电子商务网站合作，成为销售入口。

23.5.4　游戏模式

中国网民具有较强的娱乐化倾向，同时 SNS 网站用户持续攀升，并具有很高的活跃度，其网游价值开始受到关注。开心网游戏娱乐战略的成功，使得 SNS 与网游的结合成为关注焦点，SNS 网站做游戏会成为常态。

在 SNS 上做游戏，可以做小游戏、休闲游戏和网页游戏等，然而包括 Webgame 在内的更多网游运营商开始试水与 SNS 网站进行结合，直接采用游戏的增值收入方式。

基于 SNS 网站庞大的用户数，也可以把这些用户流量引导进入大型的游戏中，并通过大型游戏与社区功能的结合来实现增加黏度的效果，让社区的应用和用户属性与游戏产生密切的关联，让彼此能够相互提升。例如 51.com 和校内通过开心农场等应用把用户流量导入游戏，然后参考游戏已有的成熟模式获得收入。

值得注意的是，巨人注资 5100 万与 51.com 打通用户通道，以打造社区化网游。但我们也需要认识到，SNS 上众多小游戏只是娱乐化的功能插件，用户兴奋度衰退很快，不断的开发更新将带来很大的成本压力。

23.5.5　数据挖掘

SNS 网站潜在商业力量的强大在于用户数据的真实，搜索引擎利用网民的搜索行为分析用户，从而提供很多有商业价值的调查研究报告，而 SNS 网站由于用户的直接参与，产生了更强大的数据互动行为，同样具有巨大的商业价值。把握好 SNS 网站用户的心理特点，并能有针对性的设计相关产品和功能，能产生巨大的收益。

LinkedIn 定位为商务社交网站，目的是帮助人们很好地利用过去和现在的人际关系，实现自身的价值。通过挖掘分析用户资料及信息，LinkedIn 为广告主提供细分的定向人群，广告主可以根据职业、行业或者其他用户属性选择投放人群，而 LinkedIn 用户可以自行选择拒绝。与其他社交网站相比，广告主在 LinkedIn 投放显示广告的支出更高。LinkedIn 的千人成本（CPM）广告——即广告主为使广告在 LinkedIn 上显示 1000 次付出的价格——在美国国内为 75 美元，英国为 50 美元，这一收费远高于 MySpace 等社交网站。除了广告营收外，LinkedIn 的收入来源还包括收费招聘服务。LinkedIn 还于 2008 年 2 月发布了一个名为“猎头”（Recruiter）的人力资源协作系统，可以对允许该系统搜索的用户进行筛选。

23.5.6 APP 应用分成的模式

随着中国网民网络使用习惯的生活化和商务化，具有一定使用价值的插件应用将是 SNS 平台未来的主要营收来源之一。

越来越多的 SNS 网站推出了开放平台，提供一定数量的 API 接口，允许其他公司开发 APP 让自己网站的用户自由选择使用。这种形式，既可以满足取悦自己网站的用户，也能给开发者带来一定的金钱收益。自 Facebook 从 2007 年 8 月推出开放平台后，到现在大概吸引了超过 40 万的开发人员，APP 程序超过了 4 万个，有一款扑克类的游戏 APP，去年在 Facebook 上一年的收入在 5000 万美金。

API 开放后的盈利方式就是共赢的商业平台，商家通过其开发自己的 APP 去营销、去做调查报告，建立一个庞大的用户基础，开创整合互惠营销。

23.5.7 增值道具收费

增值服务是所有社区网站天然和主流的盈利模式之一。增值服务并不单独存在，而是隐藏在各个模式中。由于社区是由人作为主体组成的，增值服务成功的关键在于服务的差异化，基本的服务是免费的，用以培养用户的消费习惯，而要获得更高级的服务就需要交费。这种模式类似于腾讯的 QQ 秀，是腾讯最成功的商业收入模式之一。

Facebook2008 年虚拟物品营收约为 5000 万～6000 万美元。对于 SNS 网站来说，通过差异化的服务满足个性的需求来获得收入将成为未来非常重要的收入来源之一。比如虚拟礼物，获取更高级的虚拟礼物需要收费，住更好的虚拟房子，开更好的虚拟汽车，这些不同的用户需求都可以通过差异化的服务转化为实际的销售收入。

国内的 SNS 网站采取这样的盈利模式似乎并不能产生多少收入，用户已经买过 QQ 秀了，没有必要到各个 SNS 网站再分别买一套虚拟服装。目前这种模式 51.com 一直在做，但是效果不甚理想。一些专业的垂直 SNS 网站，还有一些类似向用户收费的增值服务，例如世纪佳缘，百合网等，用户缴纳一部分费用成为高级别的会员能享受更多的服务，如可以查看一些用户的照片等，或者花费一定的虚拟货币，把自己征婚的照片放到首页，能让更多的用户了解自己。

23.6　典型案例

23.6.1　校内网

校内网（xiaonei.com）成立于 2005 年 12 月，为目前国内最大的校园 SNS，已覆盖全国 2000 所高校、2 所高中及 65 家公司，以及海外 8 个国家 550 所学校，注册人数超过 2000 万，并呈高速增长态势，是目前中国大学生市场具有垄断地位的校园网站。

校内网具备了国内校园 SNS 所共有的功能特点，并有自己的创新扩展，其服务内容有：

（1）展示自己，结识新朋友，找到老同学。

（2）用日志和相册记录生活点滴。

（3）和朋友们分享照片、群组、音乐、电影、书籍。

（4）第一时间了解身边好友的最新动态。

（5）评价上过的课，认识选同一门课的人。

（6）结识兴趣相投的朋友。

（7）通过完善高中、初中和小学的资料，找到失散已久的老同学。

校内网具有以下特点：

（1）一个真实网络，注重个人资料的真实，要求用户填写真实姓名、真实头像，真实信息。进行人工审核后才能成为星级用户。

（2）有完善的个人主页，可以创建个性空间、发表日志、上传照片、分享好友新鲜事。

（3）重视对用户隐私权的保护，提供较为全面的隐私设置来保证用户的信息安全。

（4）搜索方式详尽精确，可以点击个人空间上的大学、院系、高中、家乡等链接搜索到同校、同系、同学、同乡，也可以按姓名、公司名称、大学、中学、小学信息、入学年份，E-mail 等条件进行精确搜索。

（5）有自己的即时通信工具“校内通”，方便好友沟通。

（6）善于进行主题活动推广，先后组织了校园总经理计划、“点亮天空，照亮希望”救助青海牧区贫困小学生大型公益活动、“毕业了，留住你心中的毕业楼”主题照片征集活动、CCTV 慈善 1+1 大型暑期公益、慈善实践活动“青春 V 计划”、可口可乐公司 2008 年校园奥运火炬手选拔活动、线上迎接新生活活动，并开通了 55 所港澳台大学和数百所海外大学的大学生互动社区，加强了内地和海外学子的交流，迅速成为国内外大学生市场具有垄断地位的校园网站，

23.6.2　51.com

51.com 成立于 2005 年 8 月，是目前中国最大的社交网站，由美国红杉资本中国基金（SequoiaCapitalChina）、巨人网络集团（GiantInteractiveGroup）、海纳亚洲创投（SusquehannaInternationalGroup）、英特尔资本（IntelCapital）、红点创投（RedpointVentures）等国际著名企业和风险基金联合投资而成，致力于为用户提供稳定安全的数据存储空间和便捷的交流平台。注册成为 51 用户，不但可以方便地发布照片、日记、音乐等，还可以方便地将这些数据与朋友分享。截至 2008 年 6 月，51.com 已拥有 1.2 亿注册用户，月独立用

户超 3150 万。

51.com 率先推出游戏平台，打响国内社交网站向游戏商业化转型的第一炮。51.com 力图通过游戏这一途径将交友网站上的客户源吸引进来，从而将 SNS 上的客户源变成游戏的真实在线人数的增长变量，从而创造真正的财富。同时，由于有游戏这一有效载体作为支撑，又可以进一步加深 SNS 用户的黏度，特别是游戏可以使他们在交往中有更多的交际空间和渠道，而鉴于 SNS 网站用户均使用真实信息交友，使得 51.com 的这个游戏平台有着极大的不同，即真实交友，51.com 通过对玩家身份验证等方式保证用户在游戏的时候如同置身于现实环境中，交到真正的朋友，这些都可以进一步加强交友网站的交友乐趣，而且远比普通 SNS 网站上的那些抢车位、咬人之类的小游戏更具有吸引力和开放性。与此同时，游戏中吸引来的用户群体又可以反哺 SNS 网站，从而增加 SNS 的用户量。

（海南天涯在线网络科技有限公司　朱　志）

第 24 章　2008 年中国移动互联网发展情况

24.1　发展概况

目前，移动互联网正逐渐渗透到人们生活和工作的各个领域，短信、图铃下载、移动音乐、手机游戏、视频应用、手机支付和位置服务等丰富多彩的移动互联网应用迅猛发展，正在深刻改变信息时代的社会生活。工业和信息化部（MIIT）公布的数据显示，截至 2008 年年底，中国手机用户已经达到达到 64 123 万户，全球手机用户已达 30 亿，中国用户占 21%，如图 24.1 所示。中国手机用户已经超过全欧洲国家手机用户总和，成为全球最大移动通信市场。中国市场的手机终端和移动通信应用在未来一段时间将得到飞速发展。

截至 2008 年年底，中国手机网民数达 1.176 亿，较 2007 年翻了一番还多，手机上网已成潮流，如图 24.2 所示。预计 2011 年中国手机网民规模达 3.6 亿。

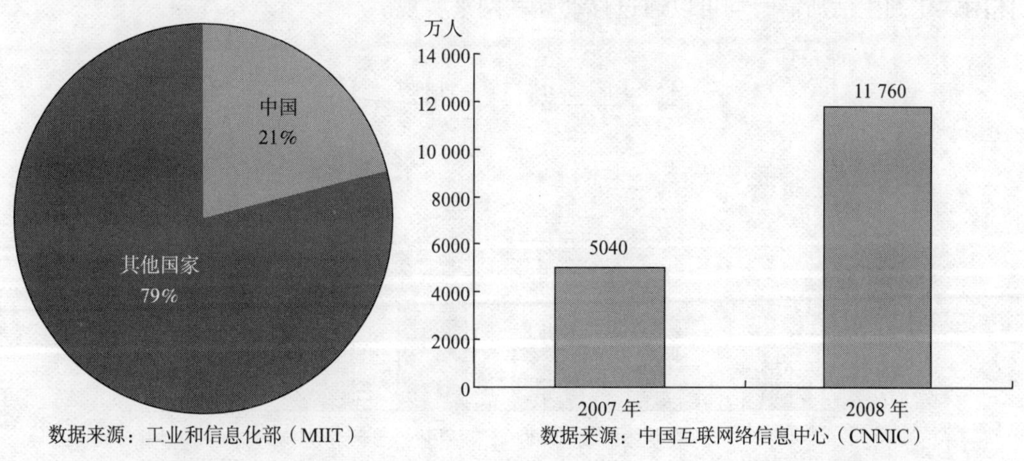

图24.1　全球手机用户对比

图24.2　2007—2008年中国手机网民规模对比

移动互联网是最适合 3G 发展的业务之一，为了顺应 3G 业务的发展，2008 年 5 月 24 日，工业和信息化部、国家发展和改革委员会以及财政部联合发布《关于深化电信体制改革的通告》，公布了电信重组方案。经过调整和合并，中国电信收购联通 CDMA 网（包括资产和用户），中国联通与中国网通合并，中国卫通的基础电信业务并入中国电信，中国铁通并入中国移动。经过调整的电信格局，将更加有利于分配资源，提高市场竞争，完善中国电信运营商的能力。

24.2 市场分析

24.2.1 市场发展规模

根据艾瑞咨询统计显示，2008 年移动互联网市场规模达 96.6 亿元人民币，同比增长 54.5%，其中用户支付的流量费和信息费占营收主体，广告主付费及游戏道具等费用占比较少，见图 24.3。广告主对无线广告认知度低是 WAP 广告收入较少的主要因素。从现阶段广告主结构看，中小广告主成为 WAP 广告投放主体，而众多品牌广告主对无线广告投放仍持观望态度。此外，手机支付渠道的匮乏以及用户对道具类增值服务付费意愿较低也成为影响移动互联网市场规模增长的短板。但是，3G 带宽的改善及资费的持续下调使移动互联网用户呈现高速增长态势。得益于手机上网速度的提高以及上网资费的下降，手机游戏市场吸引了越来越多的用户参与，其收入比重达到 29.7%，其次为移动音乐，占据 27.4%的市场份额；接下来依次为移动 IM、手机视频、移动广告、移动搜索以及移动支付，见图 24.4。

2008 年是中国移动互联网企业快速成长的一年，许多从事多元服务的企业涌入这个市场，重点发展移动互联网业务，部分企业已经在移动互联网领域形成了品牌。面对企业的移动互联网产品更加多样化，如中国移动在集团客户部基于移动互联网平台推出的一系列服务，有手机 CRM 和手机邮箱等；对于个人用户而言，可用的移动互联网产品更加丰富，从休闲娱乐到生活所需，均可以通过移动互联网来实现。

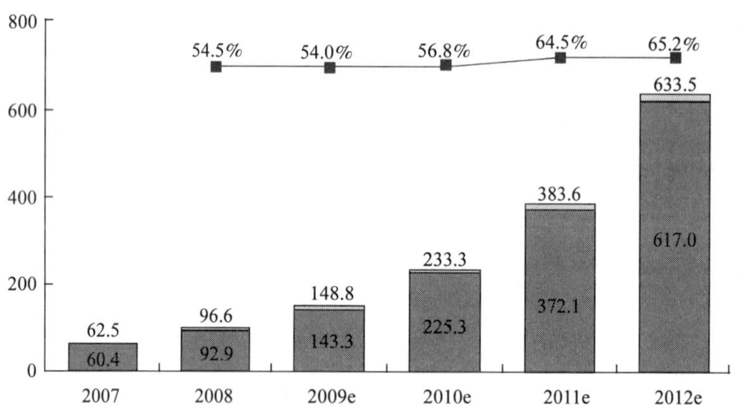

WAP 广告及游戏道具等费用（亿元） 信息费、流量费规模（亿元） 增长率(%)

注：此处市场规模包括广告主付费及用户支付的信息费、流量费及游戏道具等费用。

Source：综合企业及专家访谈，根据艾瑞统计预测模型核算及预估数据。

@2009.3 iResearch Inc. www.iresearch.com.cn

图24.3 2007—2012年中国移动互联网市场规模

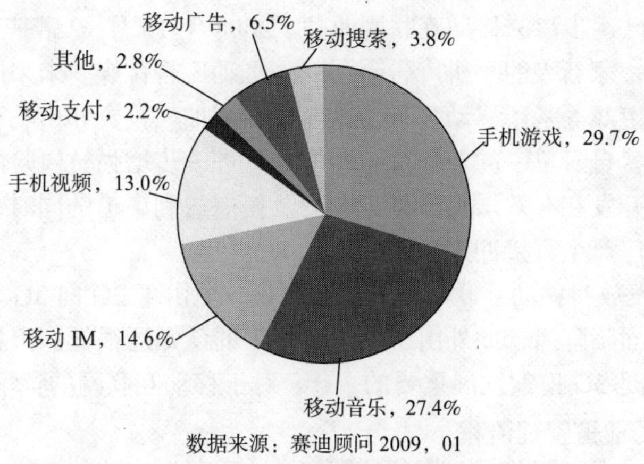

图24.4　2008年中国移动互联网细分市场结构

24.2.2　市场竞争格局

互联网产业链参与者的增多在给移动互联网市场带来更多新兴应用和创新服务的同时，也加速了市场竞争的进一步升级。目前整体移动互联网产业仍以信息费和流量费为主，相关的应用收入较低，但随着 2008 年电信重组和 2009 年 3G 牌照的发放，市场潜力将逐步放大。从移动互联网市场整体竞争格局看，除移动运营商、SP、独立 WAP 及第三方应用提供商参与外，有越来越多的传统互联网厂商及终端厂商看好移动互联网市场潜力，逐步渗透其中。参与者的增多在给移动互联网市场带来丰富应用的同时，也将打破原有产业链的竞争格局。除独立 WAP 外，传统互联网厂商、终端厂商也将从移动互联网市场中与移动运营商分一杯羹。根据艾瑞咨询研究，目前移动互联网市场竞争发展主要呈现以下特点：

1．非官方对官方 WAP 形成持续分流

虽然运营商对移动互联网市场的盘整使非官方门户独立站点有所减少，但用户对非官方站点的认可使其收益和流量有所增长。2008 年非官方门户带来的流量费用和官方门户的流量费用比值约为 7∶3，非官方对官方 WAP 流量已形成持续分流。此外，各类客户端软件的兴起在降低用户使用门槛，改善用户业务体验的同时，也参与了移动运营商的业务和应用，对运营商业务的管理能力和产业链主导地位形成严峻挑战。

2．传统互联网厂商加速移动化进程

2008 年有更多的传统互联网企业进军移动互联网，并迅速在移动互联网舞台上扮演重要角色，并且这种从传统互联网向移动互联网业务延伸的模式，也将成为未来重要的移动互联网发展之路。继百度、谷歌等互联网公司进军移动互联网市场后，阿里巴巴集团旗下两大子公司——国内最大的网络零售商淘宝网、国内最大独立第三方支付平台支付宝联合宣布进入无线互联网市场，发布移动电子商务战略。进军移动互联网有利于传统互联网企业开拓新增用户及提高现有互联网用户的黏性。但由于移动互联网和传统互联网在终端界面和商业模式中还存在较大差异，因此如何针对移动互联网进行业务及商业模式的创新是传统互联网企业亟需解决的问题。

3．终端厂商涉足移动互联网业务

除了传统互联网厂商外，Iphone、Android 手机操作平台，再到 Nokia 在移动互联网上的全面布局，终端厂商已逐步渗透移动互联网业务。2008 年 10 月，“诺基亚成长基金”宣布将中国首笔风投资金给一家新兴的手机广告公司——亿动广告传媒。未来诺基亚将会在位置服务、音乐下载和手机游戏等基于移动互联网的业务领域加大投资和市场布局。终端厂商涉足移动互联网有利于改善自身单一的业务及盈利模式，进一步增强抗风险能力，另一方面对基于移动互联网应用的开发在有效增强产品竞争力及拓展盈利渠道的同时，也将对移动运营商的移动互联网业务推广产生直接冲击。

尽管 3G 牌照的发放对移动互联网发展是个利好，但由于 2G 向 3G 转换，加上几大运营商业务整合过程必然面临阵痛，此外由于用户对 3G 的认知还很低，市场还有待培养等一系列问题，2009 年也将是 3G 摸索发展重要的一年。对于移动互联网的竞争，现提供几点参考：

1. 制定规范化的业务管理流程

作为产业链的主导者和相关行业规范的制定者，运营商应从整个行业的良性健康发展考虑，提高相关规范的战略性和连续性。对于移动互联网的发展，尤其是面对移动互联网公司与运营商之间的关系，应理性看待。2008 年不乏移动互联网公司为移动创收的案例。中国移动新推出的 DO 平台，也是一种很好的尝试。

加快相关 3G 新业务技术标准的制定和业务流程的规范化步伐，避免规范和政策滞后于市场发展所带来的问题。同时通过运营商品牌，加大全国范围内移动互联网资费优惠策略等的宣传，有效实施扩大移动互联网业务的受众，持续增强移动互联网用户的使用黏性。

2. 借鉴互联网，打造独特的移动互联网

运营商应积极应对移动网络与互联网的融合趋势。根据中国互联网络信息中心（CNNIC）在 2008 年年底的调查，目前移动互联网用户中，有 95%的用户都是互联网用户。不能否定移动互联网与互联网之间的用户争夺，但更要肯定两网合作的未来趋势。在移动互联网业务的创新中，应充分借鉴互联网成功的内容和服务模式，突出手机应用的特点，在力求移动互联网业务多元化的同时，形成自身特色，避免与互联网服务的同质化。

3. 细分用户需求

中国移动互联网处于快速发展阶段，未来有足够的用户可供挖掘。但在业务发展过程中，从业企业（包括运营商）应充分利用现有用户资源，对用户属性和行为进行研究和细分，充分挖掘用户对移动互联网业务的认知和使用习惯。传统的以产品捆绑为核心的产品组合营销、以降价为主的促销策略以及依托于渠道控制力的渠道营销等方式已无法与用户注重服务价值和强调个性化的需求相对接。

24.3 用户分析

1. 用户规模

2008 年，随着 TD-SCDMA 的试用和电信重组的进行，以奥运会为契机，移动互联网快速发展。根据工业和信息化部的统计数据，截至 2008 年 12 月 31 日，国内移动电话用户合计 64 123.0 万户。

手机上网以其特有的便捷性获得了很多网民的认可。根据中国互联网络信息中心（CNNIC）第 23 次《中国互联网发展状况统计报告》调查显示，截至 2008 年年底，中国 2.98 亿网民中，手机上网用户规模达到 11 760 万人，占网民总体的 39.4%。与 2007 年 5040 万人的手机网民数量相比，年增长率达 133%。手机上网用户人数的快速增长一方面与移动用户规模高速增长有关，另一方面也与移动运营商的营销推广活动和奥运热潮密切相关。

2．用户特征

从用户性别来看，根据中国互联网络信息中心（CNNIC）的统计，目前手机网民仍以男性用户为主，占到 74.6%，女性用户比例只占到 25.4%。但女性用户的比例正在逐年增长，中国互联网络信息中心（CNNIC）预计在五年内，移动互联网用户能实现男女比例的基本平衡，从而趋近于中国总人口的性别结构。

从用户年龄来看，根据中国互联网络信息中心（CNNIC）的统计，20～29 岁年龄段网民最多，占到 66.3%，手机上网主要是年轻网民的选择，如表 24.1 所示。

表 24.1　各年龄段网民使用手机上网的比例

年　龄	使用手机上网的网民
10 岁以下	0.1%
10～19 岁	16.7%
20～29 岁	66.3%
30～39 岁	13.7%
40～49 岁	2.8%
50 岁以上	0.4%
合计	100.0%

资料来源：中国互联网络信息中心（CNNIC）

移动互联网作为新兴的互联网应用服务，以其便捷、及时的特性吸引了对新事物有较强接受能力的年轻群体。年轻群体对手机娱乐、移动即时通信、手机联游、手机阅读需求的不断增长使其成为手机上网应用的主要消费者。这部分用户消费敏感度很高，因此业务的资费及打包优惠策略均成为影响此类用户活跃度的重要因素。但随着 3G 牌照的发放以及手机上网服务的逐渐普及，移动互联网用户的年龄层次分布将会变得更加均匀。

从婚姻状况来看，移动互联网用户中已婚用户所占比例为 55.2%，略高于未婚用户，如图 24.5 所示。

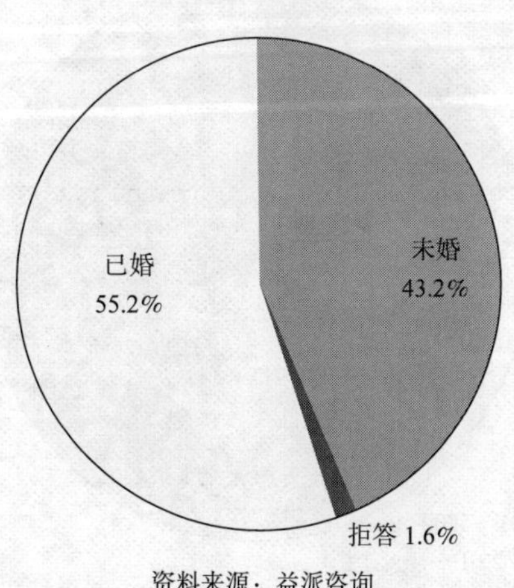

资料来源：益派咨询

图24.5　移动互联网用户的婚姻状况

从学历水平来看，移动互联网用户的学历水平普遍较高，以高中以上学历的人群为主。根据艾瑞咨询调研数据显示，学历为高中（中专）、大学的手机网民比例分别为37.7%，35.1%，远高于中国国民平均高中和大学学历为 11.5%和 5.1%的水平，如图 24.6 所示（数据来源于中国国家统计局《2005 年全国 1%人口抽样调查主要数据公报》）。

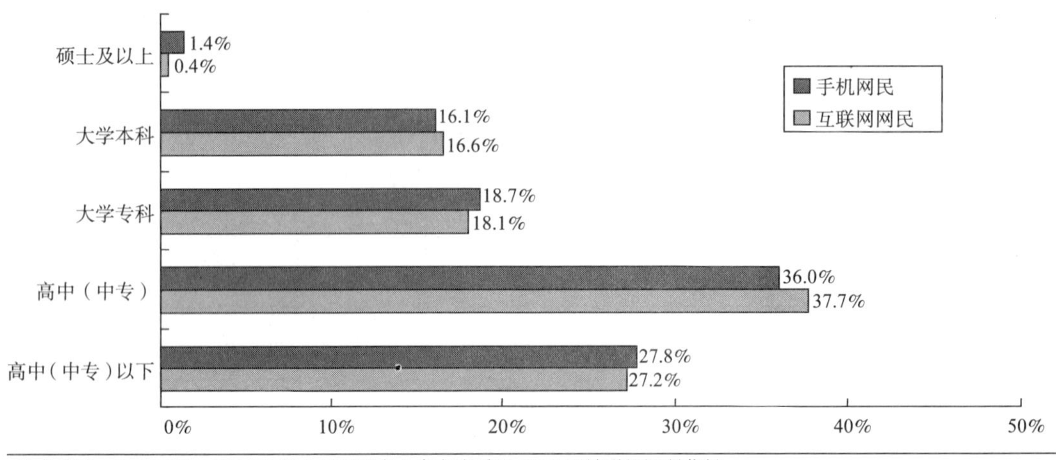

图24.6 2008年中国手机网民与传统网民学历层次对比

从收入水平来看，移动互联网用户以中低收入人群为主。其中，个人月收入在 1001～3000 元的用户占 34.8%，月收入在 3001～5000 元的用户占 22.1%；月收入在 1000 元以下的低收入群体仅占 10.2%。另外，高收入人群也占有一定比重，个人月收入在 5001～8000 元的用户所占比例为 12.1%，还有 10.2%的移动互联网用户个人月收入在 8000 元以上，如图 24.7 所示。

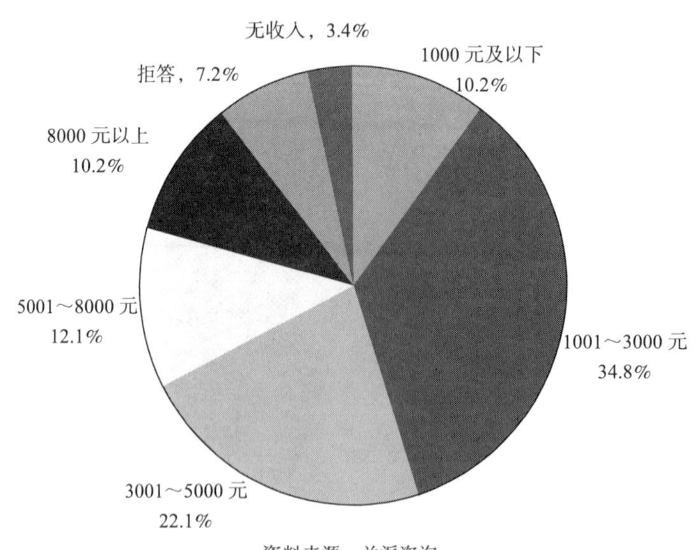

图24.7 移动互联网用户的个人月收入

移动互联网用户在用户数量增长的同时，上网的黏性也在逐步提高。根据中国互联网络信息中心（CNNIC）的统计，目前移动互联网用户的每日上网时间主要集中在 2 小时以内，这部分用户数量占到了全部移动上网网民数量的 89.6%。其中最主要的上网时间每天约 30 分钟，占到总体移动网民的 34.6%。

24.4 移动信息传播

1．移动信息传播现状

信息传播是移动互联网最基础的价值体现。从信息传播的形式来看，可以分为文字传播、声音传播和视频传播，在此基础之上可以打造无数的应用。目前基于移动互联网的手机报、手机音乐和手机电视等业务都在走向成熟。

根据中国互联网络信息中心（CNNIC）2008 年年底对四个发达城市的调研，手机报业务的普及率已经达到了 39.6%，是手机媒体业务中普及率最高的业务。而手机电视业务的普及率只达到了 3.8%，是手机媒体业务中普及率最低的业务。由于技术基础与网络带宽，产业链的成熟度不同，各种移动信息传播形式所处的阶段也不同，并且面临着不同的发展阻碍。随着 3G 网络的建设和其他相关政策、终端等的逐步完善，移动信息传播也将产生更为重要的影响。

2．Android 等终端对移动互联网发展的促进

能够提供综合信息服务将是未来支撑 3G 运营的关键所在，成为综合信息服务提供商的重要前提条件就是电信网络及相关的运营要件都能够充分支持综合信息的提供。谷歌开发的 Android 不仅有接近 PC 的操作性，更为无线联网进行了优化，同时为各种应用留下丰富的接口资源，而且其多层软件架构相当有创意，能大幅提升原有硬件平台的性能表现力，因此其对终端产品的创意和思路是促进移动互联网发展的重要因素。

为解决 3G 时代 TD-SCDMA 在终端发展中的不足，中国移动出巨资资助具有品牌优势、研发实力和技术支持的外资手机制造品牌，推进终端产业的快速突破，针对 3G 业务特色出击上网本市场，确保 3G 业务流量的快速增长，弥补手机终端不足造成的 3G 业务发展困难，并利用谷歌的免费开源 Android 平台推出自己手机操作系统，引进 HTC 的 G2 为 TD 终端的主力机型来应对 Iphone 的竞争。

24.5 商业模式

商业模式能否创新将事关移动互联网产业的兴衰，它是移动互联网企业生存发展的关键环节。目前，我国移动互联网发展主要在以下几种模式上进行探索：

1．“终端+服务”一体化商业模式

随着智能手机的普及，手机终端的网络化逐渐显现。终端从只能承载语音业务变成既能承载语音，又能传送数据、图片、视频等多媒体业务，还能连接互联网，具有收发邮件、移动办公、网上交易等互联网终端的业务特性，终端变成了多媒体信息收发的智能化信息终端。未来移动终端与应用的结合将非常紧密，“终端+业务”一体化模式成为未来移动互联网领域竞争的重要商业模式之一。

2．“软件服务化”商业模式

移动互联网在数据、语音等方面的增值服务产业更多以软件厂商与运营商的合作方式来实现。随着移动互联网领域各路新进入者在多方面展开较量，软件平台与应用服务的结合也将成为竞争的新焦点。在移动互联网领域的产品及服务模式发展过程中，软件服务化也将是一个趋势，以手机软件平台为核心的应用服务在产业中将会起到越来越重要的推动作用。如在手机客户端软件上，视频、图书、股票和音乐等是最为重要的领域，每一个手机软件都蕴藏着巨大的商业价值。与互联网连接后，手机软件的作用得以最大化，带给用户更多的便利。通过这些操作简便、界面友好的软件，用户可以快捷、方便地使用手机娱乐等应用，用手机看电视、看电影、听音乐、看书、炒股、查地图和搜索等，从而增加了用户的黏性。目前，国内比较大的手机客户端企业大部分是从现有的用户资源发展起来的，无论是 3G 门户的 GG 系列，还是腾讯的手机 QQ，移动书城的墨客系列，都是先拥有千万级的注册用户，再利用其强大的用户基础，推出“手机客户端+手机媒体门户”形成强大双核战略。

3．广告商业模式

根据艾瑞咨询 2007 年 8 月的调研数据显示：高收入、高学历和白领用户集中的特点为手机广告价值的传播提供了可能。手机门户网站正因其终端的私人化、随身随地性以及新媒体特性，日益成为广告业看好的新营销渠道。据市场调研公司 Marketing Sherpa Inc 公布的一份关于 10 万美元广告经费投放意向的实验性研究报告显示，在各类网络新兴广告形式中，无线广告的受选率最高，达到 9.6%，即受访者（广告主）在拥有 10 万美元广告预算的情况下，与互联网各种新型广告形式相比，接近 10%的广告主会投放无线广告。手机广告处于非常重要的战略地位。比如，对于移动搜索和移动广告业务来说，移动运营商作为平台运营商基本不收取用户的使用费用，甚至还补贴费用，它主要是通过向广告商收费来弥补这一损失，从而获得盈利。

4．电信与广电双网运营商业模式

电信和广电的双网结合无疑是移动互联网发展的一大商业模式。现行的手机电视采用的是 CMMB 网络标准，广电 CMMB 标准有着明显的优势：一是广电网有大量丰富多彩的内容；二是 CMMB 网上的一些电视节目是免费的，有利于吸引用户。然而现阶段的 CMMB 网络只有下行通道，没有上行通道，还不能实现互动点播。因此，以后的发展方向就是广电运营商与移动运营商进行合作，这样，既可以向用户提供大量内容资源，还可以实现用户的内容点播互动。双网合作不仅有利于满足用户的多样化与个性化需求，还有助于移动互联网产业的快速和良性发展，也必将为 3G 业务的发展起推波助澜的作用。

5．全新移动增值模式

中国移动在 2008 年年底，推出一个独立于移动梦网之外的全新无线互联网收费和付费平台——DO，力邀独立 WAP 网站入门。DO 平台的重要意义有两点：一是向拥有梦想、坚持做自主品牌的独立 WAP 网站敞开了大门，与当年移动梦网企图以“地主”姿态一揽移动互联网大权的做法截然相反；二是与移动梦网的计费平台不同，这个 DO 平台主要面向独立 WAP 网站。此前，独立 WAP 网站由于无法使用中国移动的计费平台，要么就免费提供服务和内容，要么就是通过第三方支付平台，如联动优势和易宝支付等，让消费者以手机话费或数字点卡的方式进行支付。

DO 平台为 3G 时代的移动互联网商业模式发展提供了更便捷的平台，但也是中国移动自身利益保障的关键。移动互联网在发展初期，存在 SP 业务模式和免费 WAP 业务模式，两者在商业模式上存在的差异，主要来自于资金流。DO 平台是解决移动梦网发展不力与扶植产业竞合关系的重要一笔。

24.6　移动互联网业务发展

1．移动网和传统 Internet 在终端层面趋向融合

移动终端和传统的互联网 PC 终端出现了融合发展的趋势。移动终端性能已达到十年前 PC 的水平，并且仍在飞速发展；移动终端互联网化成为新浪潮，越来越多具备互联网特性的移动终端出现在市场上。2008 年，谷歌推出第一款 Android 终端 Dream，更是将谷歌的一系列互联网服务全面部署到了移动终端上。而随着用户的要求的提高，移动终端设备性能逐步升级，宽屏手机、触摸屏手机等智能手机的出现，以及 3G 版手机的上市，增强了用户对移动互联网业务的体验满意度，有力地支撑了移动互联网的发展。

2．移动增值业务已经成为电信运营商收入增长的重要动力

随着移动通信用户规模增长的日趋稳定，用户对移动电话以及移动通信服务的使用程度逐步提高，语音业务收入增长趋缓，移动增值业务已经成为拉动移动运营商收入的重要动力。同时，增值业务的发展增强了移动运营商的盈利能力，运营商正在与服务提供商、内容提供商加强合作，以进一步扩大增值业务收入，提高盈利水平。

3．移动网络的升级为移动互联网发展带来更多空间

移动增值服务的业务随着通信技术的进步而升级。2.5G 以来，以彩信和 WAP 等为代表的多媒体增值业务发展迅速也让企业看到了移动互联网的发展潜力。在即将到来的 3G 时代，以流媒体业务为核心的视频等增值服务还将获得更加广阔的发展空间。从国外运营商 3G 增值业务格局来看，面向个人用户的应用主要以下载（音乐、图片、视频、游戏等）、可视电话视频点播、位置服务以及移动互联网等业务为主，见表 24.2。其中移动互联网业务已经成为全球移动运营商发展的重点。

表 24.2　移动网络升级带来的增值业务提升

<table>
<tr><th>服务类型</th><th colspan="2">代表企业</th></tr>
<tr><td>移动门户</td><td colspan="2">3G 门户、乐讯网、手机搜狐网、手机腾讯网、掌中天涯</td></tr>
<tr><td>移动搜索</td><td colspan="2">易查、儒豹、直搜、UUCUN、百度搜索</td></tr>
<tr><td>移动垂直门户</td><td colspan="2">搜房手机网、移动书城、风网 TV100、手机口碑网、手机天极</td></tr>
<tr><td>手机游戏</td><td colspan="2">乐当、捉鱼、随手互动、掌上明珠、掌上乾坤、魔龙</td></tr>
<tr><td>移动 IM</td><td colspan="2">PICA、手机 QQ、 手机 MSN、飞信</td></tr>
<tr><td>手机视频</td><td colspan="2">CCTV、 QQLIVE、小虎在线</td></tr>
<tr><td rowspan="4">手机客户端</td><td>浏览器</td><td>星际浏览器、UCWEB、航海家</td></tr>
<tr><td>阅读器</td><td>掌上书院、V8 书客、亿门楼</td></tr>
<tr><td>邮件</td><td>尚邮、UCmail、UUmail</td></tr>
<tr><td>导航</td><td>瑞图、灵图</td></tr>
</table>

数据来源：赛迪顾问 2009 年 01 月

24.7 无线城市发展情况

无线城市，是指利用 Wi-Fi 和 WiMAX 等技术作为接入手段，在整个城市的范围内实现无线网络的覆盖和服务，提供随时随地接入速度更快的无线网络， 其覆盖面广，不仅仅是局限在一个房间、一栋楼里，而是如手机信号那样覆盖整个城区。用户可以通过 WiFi 用手机看电视，打网络游戏，手机视频聊天，可以随时召开或参加视频会议，家庭数字网络，无线传输文稿和照片等大文件，还可以提供无线网络硬盘、移动电子邮件，等等。无线城市被认为是未来城市信息化发展的重要方向，是提高城市信息化水平的重要手段。从 2004 年以来，无线城市经历的发展阶段，如表 24.3 所给出。

表 24.3 无线城市发展的阶段

	2004 年	2006 年	2008 年
	无线城市 1.0 Wi-Fi	无线城市 1.5 Wi-Fi+BWA	无线城市 2.0 NGBWA+Wi-Fi
标准	802.11 b/g	802.16d	802.16 e/m
覆盖	热点覆盖	热点覆盖+区域覆盖	热点覆盖+城域覆盖
安全性	差	部分安全保证	强
使用场景	固定	固定	固定+游牧
业务	要求低的个人业务，如热点网络接入	有限的个人、公共业务	要求高的个人和公共业务，如公安指挥控制、移动视频
频谱	公共频谱，干扰严重	公共频谱+授权频谱	授权频谱，质量有保证
终端种类	笔记本，手机	笔记本，CPE	双模笔记本， PCMCIA/USB 卡，消费电子产品， MID，手机
案例	费城	北京，嘉定	台北，新加波

24.7.1 无线城市的发展模式

从经营主体和经营方式来分，无线城市的发展模式基本可以分为四类，见表 24.4。

1．社会开放共享模式

在这种模式下，公共和私人拥有的分散的 Wi-Fi 网络通过共享方式开放给他人，通常是免费为加盟者开放。参与者只要愿意共享自己的接入点，就可以获得接入其他加盟者接入点的权利，通过分散的方式实现无线城市。

这种松散的模式存在很多问题，比如加盟热点质量参差不齐、安全及网络流量难以控制、涉嫌利用运营商网络资源获取利益，等等。这种模式与 P2P 方式共享音乐的模式相类似，很可能会引起法律纠纷。管理方面的难题将成为这种模式发展的最大障碍。

2．租金模式

无线城市网络的大部分运营商都采取了租金模式或者租金模式与其他模式的结合。这种模式就跟固定宽带接入方式一样，直接收取服务费用，只不过前期试用期采取免费方式促销。一般是按时间收费，同时结合用户的使用时间提供优惠政策，例如推出包月套餐、包季度和全年套餐等。由于无线宽带前期成本较高，使用费和固网的宽带相比并没有优势。而无线宽带的使用往往并不是必须的，这就造成业务对用户的吸引力不足，客户发展缓慢。

3．广告模式

由企业建设、运营网络，为普通市民提供免费的带宽较低的服务，通过广告支持免费服务。这种“广告商买单”的模式在一些国外无线城市建设中多次采用。有些城市会与租金收费模式相结合，通过广告模式，用户享有免费的、较窄的带宽使用权。如果想要更快速的网络接入服务，用户就需要支付较高的费用。这种模式通常是网络建设主导方与 ISP 合作，由 ISP 负责广告运营，并与网络运营商洽谈合理的分成模式。

4．政府主导模式

由市政府利用市政收入独立建设、运营和维护网络，为市民和游客提供免费或低价服务，收费的前提条件是不以盈利为目的。

这种模式有利于网络的快速建设，但由于长期免费并不现实，网络运营者仍需要尽快找到明确的商业应用模式，来维持无线城市的长久发展。

上述几种模式均有助于实现“无线城市”的目标，各城市政府部门可从信息化建设的需要出发，根据自身需求、资金情况、日常维护需求和未来发展趋势选择适用的方案，采取相应的措施。由于市政部门对网络运用和维护缺乏经验，因此大多数城市选择将网络和业务经营委托给有经验的 ISP 或运营商，市政府配合做好配套设施的工作（如电线杆、路灯设施的征用）。

表 24.4　无线城市商业模式

商业模式	盈利特点	资金来源	网络所有者	收费模式	案例
社会开放共享模式	接入服务非盈利	募集资金或广告	个人或民间非盈利机构	免费	伙聚网
租金模式	接入服务直接盈利	运营商或 ISP	运营商或 ISP	月租/实时零售，用户包括个人、企业和政府	BT
广告模式	大众接入服务非盈利，广告、大客户服务等盈利	企业、集成商、ISP	出资方	带宽较低服务：免费（通过广告盈利）带宽较高服务：批发（针对企业和政府）	谷歌、MetroFi
政府主导模式	非盈利	市政府	市政府（建网和运维委托给运营商或 ISP）	为市民或游客提供免费或低价的服务	美国 Houston Country

24.7.2　国内发展现状与趋势

截至 2008 年年底，我国大陆已经有十一大城市明确了无线城市计划，正在建设当中。这十一大城市是：北京、天津、青岛、武汉、上海、南京、杭州、广州、深圳、扬州和成都，此外还包括中国香港、台北。

杭州无线城市的商业模式是政府推动，企业运作，分三期建设。第一期工程是 2008 年，主要覆盖杭州市六个主城区，进行热点、主要街道、楼宇、景区的建网，以微蜂窝建设为主，主要是解决带宽问题，提供专网业务、个人业务为主。到 2008 年年底，杭州绕城高速内市区主要道路和重要景区将被无线网络完全覆盖，加上部分园区写字楼和小区公共区域，总面积约达 728 平方千米，这是总投资额为 8.5 亿元人民币的杭州 WLAN 无线城市项目一期将要达到的效果。杭州无线城市在建设之初就充分考虑了无线网络的应用模式，例如，2008 年 7

月 1 日投入试运行的无线城管停车收费系统，就是全国首屈一指的。第二个应用是交警以及公安无线应用，包括无线监控、视频资料的回传、现场事故处理信息上传，以及无线定位功能。第三个应用是公众的交通应用，例如，公交车、轨道交通。大家如果在杭州旅行的话，会发现公交车上无线网的应用是非常普遍的，杭州的公交站台都有数字显示下一班要多长时间才能来。第四个应用包括政府部门的应用，例如园林、水利和教育等行业。

国外无线城市的发展思路多是在产业中先形成强大的联盟和市场，然后游说政府支持。在借鉴国外发展经验的基础上，我国广电 CMMB 手机电视标准也成功形成事实商用的局面。为了提高政府的效率，降低行政成本，改进公共服务，加强公共安全，消除数字鸿沟、改善人民生活，优化投资环境，促进经济繁荣，我国多数无线城市均由当地政府牵头，给政策、创造便利条件，由一家公司投入资金并进行运营维护，如中电华通在北京、艾维通信在武汉的无线宽带城域网的建设。但需要注意的是：无线城市在国外的发展经历过坎坷的阶段，发展模式与商业模式等问题都深深困扰着无线城市运营商。如果没有可靠的盈利渠道，无线城市项目无法获得持续的资金来源，使得网络建设难以进行。

（中国互联网协会　钱海英；中国互联网络信息中心　池大治）

第 25 章　2008 年中国 SaaS 发展情况

25.1　SaaS 发展概况

SaaS 是 Software as a Service（软件即服务）的缩写，是一种通过互联网提供软件服务的模式，在这种模式下，用户不必专门购买软件，而是根据需要通过租用基于网络的软件来进行用户自身的业务活动。与传统软件模式相比，SaaS 模式拥有随时随地、低成本和快速应用等优势，能够满足国内中小企业信息化建设低成本、易应用的需求。

2008 年，中国 SaaS 行业蓬勃发展，SaaS 供应商已涉足中小企业客户关系、基础办公及人力资源等各个管理领域，在中小企业信息化过程中发挥着重要推动作用。

中国 SaaS 行业以提供在线管理应用软件为主。2008 年，中国本土的专业 SaaS 运营商发展迅速，许多厂商通过提供专业的免费版或是试用服务，以真实的产品体验来巩固用户对于 SaaS 产品的信赖，同时这也是 SaaS 用户初步积累的阶段，主要以八百客、铭万和 XToolsCRM 为代表。今目标的企业目标管理软件、八百客的 CRM 等凭借早期进入 SaaS 领域，企业用户数都在稳定增长。

随着传统软件开发商研发观念从"以产品为中心"到"以客户为中心"的转变，自 2007 年起，已经不断有传统软件厂商转向 SaaS 服务，如以金蝶为代表的传统管理软件企业和以提供互联网服务为主的阿里巴巴和神码在线等，都开始全面介入 SaaS 行业；一些硬件厂商也开始进入 SaaS 行业，思科系统公司于 2007 年 5 月以 32 亿美元完成了对 WebEx 通信公司（提供在线的视频会议租用的公司）的并购，全力进入利润率较高的在线协同服务领域。WebEx 是随需网络视频会议的开路先锋，为客户终身提供专为业务功能而优化的专业网络视频会议解决方案，不需要安装软件或购买硬件，无论用户使用何种平台，只需单击鼠标就可以开始会议，主要采用按月或者按次按时的灵活付费方式。

SaaS 吸引了电信运营商投入热情。中国电信、中国网通和中国移动等电信企业都把 SaaS 看作一个契机。他们已经拥有访问带宽资源和中小企业客户资源，通过 SaaS 模式可以在短时间内获得企业对互联网软件产品的使用，因此，全国的电信运营商积极投入到在线提供企业软件服务中，成为推动 SaaS 在中国发展不可忽视的一支力量。

SaaS 的迅速发展也带来了软件开发商营销观念的改变。软件开发商改变改变传统的营销模式，将软件营销从分销渠道模式向电子商务发展。传统的低端套装企业管理软件畅销的重要原因是渠道，无论是用友的通系列，还是金蝶的 KIS，均以销售产品为主，不参与实施，其服务主要通过渠道来完成。而 SaaS 电子商务模式类似直销，渠道分销的服务成本大为降低，客户软件的安装和实施更为方便，产品价格更为低廉，推动软件在中低端市场的利润大幅增长。

25.2 SaaS 主要软件服务发展情况

随着网络技术的快速发展，以及中小企业管理需求的多样化，SaaS 这种按需软件服务产品种类日益丰富，服务模式越来越趋向个性化。2008 年，不仅在线 CRM 及在线进销存等应用已发展相对成熟，而且出现了人力资源服务、在线 ERP、在线会计服务、在线供应链管理、协同工作管理、网络会议、决策支持管理和项目管理等多种应用，针对不同行业和不同企业的发展特点制订个性化的解决方案，满足其多样化的经营及管理需求。其中，主流 SaaS 提供商主要有：800app、阿里软件、用友伟库网、金蝶友商网和 XTools 等，如图 25.1 所示。

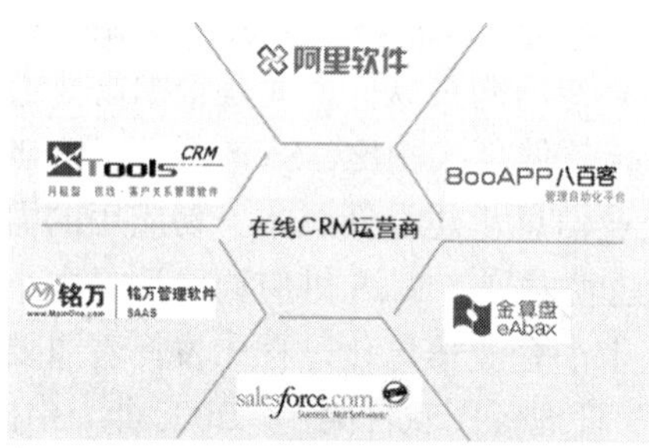

图25.1　在线CRM运营商

1. 800app 八百客

作为专业的 SaaS 开发运营商，800app 八百客是涉足 SaaS 领域最早的国内厂商，现在是国内最大的 SaaS 模式企业管理应用系统提供商。资料显示，八百客一直占据国内 SaaS CRM 软件排行榜的首位。八百客的核心产品都基于 PAAS 平台，这是国内独一无二的开发平台，也是全球第二个 PAAS 产品，用户可以利用此平台零代码在线开发管理软件模块。据悉八百客已经成为国内最大的 SaaS 服务提供商，近万家企业使用八百客的租用服务。

2. 阿里软件

阿里软件是阿里巴巴集团旗下的软件公司。日前阿里软件高调推出“钱掌柜”在线财务版本，具备传统财务管理软件总账报表等财会功能。阿里软件主要适用于阿里巴巴和淘宝等网商的记账需求。其中阿里巴巴承诺三年内从软硬件采购，软件升级到服务培训的全面免费，让中小企业无需投入即可实现管理体系全面转型升级。

3. 用友伟库网

伟库网是用友软件为了进一步巩固财务软件市场而专门开发的在线财务软件平台，于 2008 年下半年上线，定位于一个在线商务与管理服务平台，以财务管理为主，推出了四个平台，比如客户营销平台、网上订货平台、移动营销平台和网上记账平台，凭借用友软件的技术开发实力和运营服务，为中小企业提供电子商务服务和信息化建设。

4. 金蝶友商网

金蝶友商网于 2007 年 11 月推出，采用全程电子商务服务模式，将传统的管理软件服务和商机撮合为主的初级电子商务进行整合，主要提供在线会计、在线供应链两大 SaaS 产品，其核心是借助在线管理服务 SaaS 交付模式，将企业内部管理和外部商务进一步打通，为客户提供全过程、全方位和一站式的服务，加速企业业务决策和对市场变化的灵活反应。

5．XTools

XTools 也是国内较早进入 SaaS 领域的公司，于 2004 年 7 月成立，是“月租型 CRM”的倡导者，其产品功能覆盖了中小企业管理的各个方面，如客户管理、销售机会管理、合同订单管理、产品管理、采购管理、库存管理、客户服务管理和市场管理等，并在 CRM 基础上提供电子账本功能；Xtools 产品强调工具化和易用性，功能全面，在国内有一定的市场地位。

SaaS 在线管理软件行业中，在线客户关系管理（Customer Relationship Management，CRM）软件是应用广泛的软件类型，全球按需 CRM 解决方案的领导者 Salesforce 一直坚持于在线 CRM 软件的开发，而中国大部分 SaaS 软件开发商都将在线 CRM 作为基础软件类型，为用户提供客户关系管理的功能。

企业资源计划（Enterprise Resource Planning，ERP）是建立在信息技术基础上，以系统化的管理思想，为企业决策层及员工提供管理平台。ERP 系统集信息技术与先进的管理思想于一体，成为现代企业的运行模式，反映时代对企业合理调配资源，最大化地创造社会财富的要求。在线 ERP 软件也称为 eERP，主要运行平台都基于 Internet 平台，即“扩展的 ERP”，是企业整合内外资源、协同运作，以便更好、更有效地适应电子商务的必要手段。目前，中国 eERP 服务提供商主要以金算盘和速达软件为代表。

25.3　SaaS 市场分析

虽然我国的 SaaS 服务正处在起步阶段，但 2008 年的 SaaS 服务市场增长较快。据计世资讯（CCW Research）发布的《2008—2009 年中国软件运营服务（SaaS）产业发展状况与趋势研究报告》显示，2008 年中国软件运营服务（SaaS）市场规模达到 198.4 亿元，比 2007 年 157.5 亿元增长了 26.0%，如图 25.2 所示，其中，工具型软件运营服务（SaaS）市场规模为 190.5 亿元，市场增长率为 24.5%；管理型软件运营服务（SaaS）市场规模为 7.9 亿元，市场增长率为 75.6%。

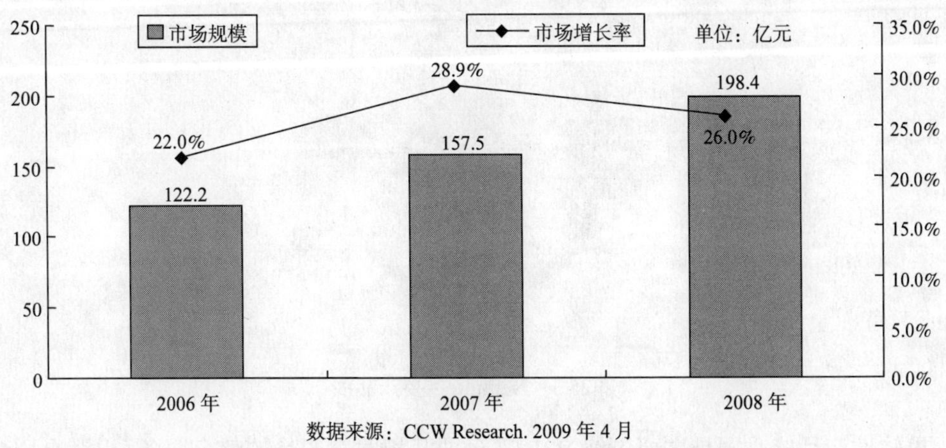

图25.2　2006—2008年软件运营服务（SaaS）市场规模状况

25.4 SaaS 发展特点

1. 产品销售平台服务商的发展

SaaS 软件产品平台销售指集 SaaS 软件应用、运行、推广、平台接口（API）、支付、统计、数据分析及维护为一体的平台环境，可以为第三方 SaaS 软件提供直接运行平台，使其能够快速找到卖家和买家，为 SaaS 软件开发商提供一个可实现快速盈利的整合性平台。

SaaS 平台运营商需要具备的条件为：

（1）具有大量个人和企业用户；

（2）具有雄厚技术研发团队和实力；

（3）具有大量的资金储备。

目前，国外 SaaS 平台主要以 Salesforce 的 Force.com 和谷歌的 App Engine 平台为代表，中国主要以阿里巴巴旗下的阿里软件 AEP 平台为代表，未来中国电信和中国移动等拥有大量企业有户和个人用户的运营商也将加入这一阵营。一些大企业在布局 SaaS 平台化，充分说明 SaaS 产业在未来将有良好的发展环境。

SaaS 软件平台服务商，通过自身的用户资源帮助 SaaS 第三方软件开发商销售产品、获得利润，或者通过获得大量第三方软件开发商和技术人员的参与，进一步扩大平台自身的影响力进而开拓其他商业模式。

2. 软件产品多元化

SaaS 开发商所开发的软件类型，已经不再局限于某一种应用软件，而是不断开发多种应用软件以满足企业用户和个人用户的商务和个性化需求。

作为目前国际上 SaaS 模式下发展最正规最大规模的平台之一. NetSuite 集 ERP、CRM、电子商务、协同办公等为一体，通过整合 ERP、CRM、电子商务、协同办公等全套企业业务流程，支持财务、数据传输、手机、物流等接口，从网上购物到物流配送，从库存管理到客户支持，管理所有产品的流通与服务，如图 25.3 所示。

图25.3　NetSuite主要产品线

阿里软件产品核心则是主要围绕 B2B 平台展开相关性产品的整合服务，以满足用户的不同需求。如阿里软件外贸版为外贸企业提供一个专业的外贸管理工具；好店铺统计为阿里巴巴 B2B 用户进行网站流量统计分析等，如图 25.4 所示。

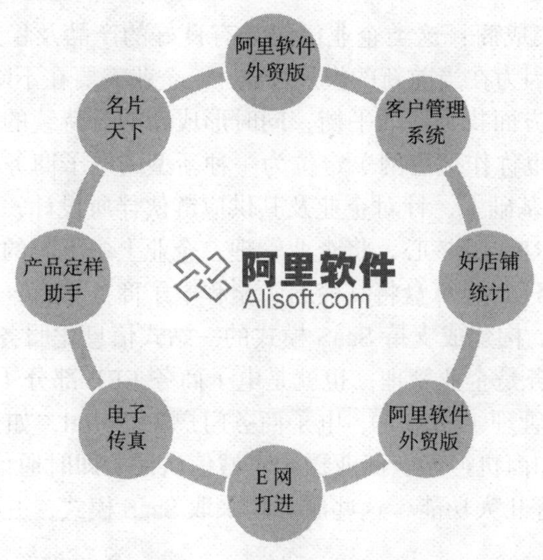

图25.4　阿里软件主要产品线

3．客户企业化

由于 SaaS 产品主要满足于企业用户需要，有助于企业降低人力、技术和维护等方面的信息化投入成本，这也正是 SaaS 软件拥有的优势，因此，未来 SaaS 用户将由原来的个人用户为主向企业用户转移。同时，对于 SaaS 软件开发商来说，对企业收费要比对个人收费相对容易一些，而且这也是核心商业模式。

25.5　SaaS 产业链分析

产业链是各个产业部门之间基于一定的技术经济关联，并依据特定的逻辑关系和时空布局关系客观形成的链条式关联关系形态。产业链的本质是一个具有某种内在联系的企业群结构，存在结构属性和价值属性。产业链中上游环节向下游环节输送产品或服务，下游环节向上游环节反馈信息。

在 SaaS 软件行业的发展过程中产业链也逐步形成，产业链以 SaaS 软件平台为核心，向上下游产业不断延伸。在基础服务的下游，包括 SaaS 运营平台的技术、管理、安全、存储、CDN 和服务器托管等方面；上游则包括以开发 SaaS 产品为主的产品开发商和以市场推广为主的 SaaS 平台运营商，把大量 SaaS 用户引导到平台之上进行订购和使用。从 SaaS 整个产业角度来看，SaaS 应用中产业链上的各个环节正在逐步成形，主要类型包括：SaaS 软件提供商、SaaS 软件运营服务集成商、SaaS 平台运营服务商、以及硬件和网络基础设施提供商等。

SaaS 软件提供商：建立初期即以 SaaS 模式为商业模式，如讯鸟等，这类公司与传统的提供商不同，主要是以客户的突出需求为切入点，进而提供软件+服务的解决方案。讯鸟软件作为专业的呼叫中心中间件供应商，不仅拥有自主研发的核心技术，在业界也拥有较好的口碑，其推出的呼叫中心产品启通宝正是完全基于互联网的 SaaS 产品，非常适合资金投入有限的中小企业使用。

SaaS 软件运营服务集成商：这类企业已经具有良好的产品及稳定的客户基础。开展 SaaS 模式的应用，主要是因为在当前新的模式冲击下，企业需要在不断扩大自己的用户群，以及不断增加维护成本等方面找到新的平衡，同时形成新的可持续的收入，如金算盘等厂商。金算盘的 72ec 网（也称作亿禧网）定位为一种新型的电子商务平台，它建立在传统 ERP 软件和电子商务应用基础上，针对企业及其供应链伙伴所设计，以新型的、支持电子商务的 ERP 系统（即 eERP）为核心，将企业管理、企业上中下游的业务协同及电子商务完美融合（B2B+SaaS 服务）。金算盘将其命名为全程电子商务平台，意在帮助中小企业实现全程电子商务经营模式，构建成支持 SaaS 模式的一站式信息化服务平台。具体来讲，全程电子商务平台的核心服务是企业管理，也就是电子商务 ERP 部分（eERP）；它包括有客户管理（eCRM）、供应商管理（eSRM）、电子商务门户（ePortal，如企业 B2B、B2C 等）、网络营销（eMarketing，如商机搜索、商业撮合、诚信认证、即时通信、短信等）、移动商务（Mobile Commerce）等几大功能，这些服务均采取 SaaS 模式，并且还提供管理资讯，帮助建立企业商圈。

SaaS 平台运营服务商主要是为 SaaS 服务提供商提供运营平台，为客户提供运营环境和相关的销售服务，如神州数码和阿里软件等。阿里巴巴完成了自有产品（在线 CRM）的开发和部署，并且搭建了自己的 SaaS 平台，开放其 AEP 接口，正整合 Fax99（电子传真运营商）、亿泰利丰（VoIP 运营商）等运营商产品，仰仗庞大的注册用户和上市融资，期望三年获得 200 万用户。铭万开放其 SaaS 产品八方通宝底层接口，接入 IBM 的 SFA 产品，双方实现用户及数据的互通，并与国外在线视频会议产品提供商接洽，尝试在现有 SaaS 平台中融入在线会议产品，为更多平台用户提供综合在线应用。神州数码的 SaaS 平台更加希望自己是一个 SaaS 超市，他们也和专业 SaaS 运营商合作，比如：其平台也销售“红杉树”公司的视频会议系统，还注重行业应用服务，并联合一些 SaaS 软件商对机械制造、外贸行业提供在线软件。

SaaS 基础设施提供商，为 SaaS 软件厂商提供服务器托管、数据存储、CDN 服务、安全管理等基础设施服务，主要是电信服务商，另外，提供服务器托管、运营服务的企业还有世纪互联、万网，提供 CDN 服务的企业有网宿科技、蓝汛科技、蓝芒科技等。这类提供商具有良好的服务网络，面向中小企业打造一个全面的网络应用平台，如中国电信的“商务领航”依托中国电信的品牌、产品、服务、网络、渠道和客户资源优势及企业信息化综合服务平台，将众多 IT 软、硬件产品与电信的基础通信业务和增值业务相融合，为商业客户搭建了一个专业的、安全可靠的、高效的电信级网络和服务平台，能够更好地解决商企客户信息化应用需求，有效控制企业管理成本，加速企业信息化进程。

25.6 SaaS 发展面临的问题

1. 中小企业接受度

企业在采购 SaaS 服务时，首先要知道有哪些 SaaS 运营商，了解 SaaS 运营商的详细情况。中国的 ASP 模式曾经经历曲折，因此，同属租赁软件模式的 SaaS 在线服务，中小企业在选择软件运营商时仍然存在一些疑虑。

2．价格因素

SaaS 在线管理服务存在着价格优势，企业前期投入的成本较低，但随着实施应用的逐步深入，投入的成本可能会有上升趋势。

通常情况下企业购买的 SaaS 软件只具备最基本的应用服务，在企业内成功应用还需要在实施和服务上投入成本。

SaaS 运营商的盈利模式属于长尾模式，前期在服务器、网络硬件以及在线管理软件研发上投入成本较大，只有客户规模达到一定程度后才能盈利，运营商后期的维护成本较高，将使 SaaS 运营商在入不敷出的情况下退出 SaaS 市场，造成软件商和企业客户双方都遭受损失。

3．实施难度

SaaS 运营商在一家大企业内实施大型 SaaS 服务，需要进行大量前期准备工作，了解企业用户的需求，从有效性和效率两个维度帮助企业提高收入，降低成本，优化资产配置，提升企业财务表现，这样才能成功将 SaaS 应用于企业。

传统软件商在实施过程中也会出现不确定因素影响实施的成功率，由于 SaaS 管理软件应用架设于远端服务器，如果 SaaS 管理软件必须集成到企业客户的其他系统中，并和企业原有的业务系统以及桌面系统进行集成，那么相关的开发工作会十分艰难。

4．操作熟练性

SaaS 属于网络应用，SaaS 运营商乐观预估企业用户的应用水平和网络现状，事实上，大部分中国用户的网络应用操作水平处于初级阶段。

5．数据安全性

SaaS 不仅是技术的创新，而且是服务模式和商业模式的创新，与用户的行为习惯、消费观念关系密切。在当前中国信用制度不是很健全的情况下，中小企业很难放心地将财务数据、客户信息等核心数据和机密信息放在第三方服务器上，特别是服务器和网络有时会遇到不可预知的故障，如黑客攻击、系统瘫痪、数据丢失，数据安全性是大多数用户一直担忧的问题。有能力的企业还是会倾向于使用传统软件的应用模式：购买软件，购买服务器，购买实施和服务。

（艾瑞咨询集团　丁　利）

第 26 章　2008 年中国财经网站发展情况

26.1　发展概况

随着全球金融危机的蔓延，2008 年国内证券市场持续将近两年的牛市宣告终结，国内财经网站也受到极大的冲击，国内网络财经服务行业无论是在用户人数，还是收益等方面均出现明显的增长放缓趋势。

中国互联网络信息中心的数据显示，从 2007 年年底至 2008 年年底，作为国内财经网站用户群体最重要组成部分的网上炒股（基金）用户数量约减少了 420 万人，网民对网上炒股的使用率减少了 6.8%，见表 26.1。

表 26.1　2007 年年底—2008 年年底中国财经网站网上炒股（基金）用户数量变化情况

时间	2007 年 12 月	2008 年 6 月	2008 年年底	变化
使用率	18.2%	16.9%	11.4%	减少 6.8%
规模（万人）	3822	4288	3400	减少 422

（数据来源：中国互联网络信息中心 2009 年 1 月、2008 年 7 月第 23 次、第 22 次《中国互联网络发展状况统计报告》）

艾瑞咨询的数据显示，以运营商营收总和计算， 2008 年中国网络财经信息服务市场收入规模大约将达 10.3 亿元，比 2007 年（8.7 亿元）增长了 17.9%，增长率为 2005 年以来的最低值，见图 26.1。

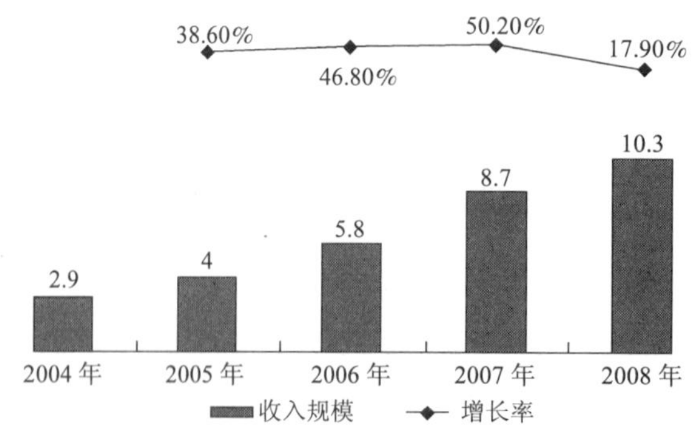

数据来源：艾瑞咨询《2008 年中国网络财经信息服务行业发展报告》

图26.1　2004—2008年中国财经那个网络信息服务市场收入规模

市场的调整引发了行业格局的变化，一些竞争力相对较弱的财经网站逐渐退出行业，而规模较大的行业巨头则加大了整合力度。如百度与和讯网合作推出百度—和讯财经频道，和讯网、东方财富网等网站注重强化其社区服务，扩展新用户。同时，市场的调整也孕育着新的机会：首先，经济形势的恶化并不必然意味着顾客对财经信息服务需求的下降。美国市场调查公司 comScore2008 年 7 月进行的调查显示，在金融危机袭来后美国财经新闻网站 2008 年 5 月份的访问量反而比一年前增长了 35%，经济形势的动荡让人们更加关注财经信息，使得财经新闻以及研究网站迅速增长。在国内尽管缺乏相应的权威统计数据，但类似的效应同样存在，金融危机对网络财经信息服务的需求不仅存在抑制效应，同样也存在刺激效应，对于国内的财经网站来说危机中同样蕴涵着机遇。其次，境内外财经信息服务巨头仍然看好中国新兴的网络财经信息服务市场，市场的调整为其进军中国市场提供了契机。2008 年先后出现了汤森路透收购和讯股份、谷歌推出中文版财经网站、香港财华社进军内地市场以及《财经》杂志推出“财经网”等多起案例，为国内网络财经服务行业的发展带来了新的活力。

26.2　各类网络财经服务发展情况

26.2.1　垂直类财经网站

作为专业提供财经资讯和其他财经信息服务的网站，近两年国内垂直类财经网站经历了一个相对迅猛的发展阶段，产品服务和盈利模式逐渐成熟。长期以来，垂直类财经网站和综合门户网站的财经频道无论从影响力还是从市场份额来看都是目前国内财经网站中的佼佼者。随着市场的不断发育，近年来垂直类财经网站与综合门户财经频道差异化竞争的格局日益明显，从两者的定位差异中可以看到二者各自的特点。

在财经资讯内容提供服务方面，垂直类财经网站与门户网站相比在网民访问流量方面有一定的劣势，但在内容方面能够提供更为专业深入的财经资讯和分析，因此与门户网站财经频道主要吸引普通网民的定位不同，垂直类财经网站对于专业人士或对资讯内容要求更高的网民往往具有更大的吸引力。由于目前还缺乏权威的网站流量分析统计数据，我们只能从有关机构发布的数据中大致了解垂直类财经网站与门户网站财经频道访问流量情况。

艾瑞咨询发布的 2008 年 1—5 月国内综合门户财经频道和垂直类财经网站的平均月度覆盖人数数据见表 26.2。

表 26.2　2008 年 1—5 月国内 8 大财经网站平均月度覆盖人数

新浪财经	和讯网	腾讯财经	东方财富网	网易财经	搜狐财经	金融界	证券之星
4026	3915	3371	3185	2408	1750	1455	937

资料来源：艾瑞咨询《2008 年中国网络财经信息服务商竞争力分析报告》，网站月度覆盖人数是在该网站该月的独立访问用户总数，用户重复访问的不重复统计

根据美国 Alexa Internet 公司的 Alexa 网站排名相关数据，国内前三大垂直类财经网站和三大门户网站财经频道的访问流量对比情况如表 26.3。

表 26.3 国内重要财经网站访问流量对比情况

	和讯网	东方财富网	金融界	新浪网	网易网	搜狐网
User Reach	0.4077%	0.1944%	0.0509%	2.48%	1.34%	0.917%
Page Views	8.46	6.08	5.39	7.01	6.5	8.85
财经频道访问比率	—	—	—	9.8%	4.3%	3.3%

数据来源：美国 Alexa.com 网站截至 2009 年 3 月 22 日的网站 3 个月平均访问流量统计数据。User Reach 表示每百万 Alexa 统计用户中每天访问某网站的平均人数（百分比），Page Views 是每天所有访问该网站的 Alexa 统计用户在该网站上浏览总页面数的平均值，同一用户对相同页面的重复浏览每天只计算一次。财经频道访问比率表示在每天访问该门户网站的 Alexa 统计用户浏览网页总数中财经频道所占的比率

在业务模式方面，相对于门户网站主要依靠提供资讯内容和浏览量吸引广告，垂直类财经网站的盈利模式更为丰富，包括广告、收费订阅资讯（如金融界的大参考、和讯网的楚河汉界）、交易所数据查询软件（如东方财富网等网站的 topview 系列）、炒股软件（如金融界的股讯通和证券之星）和理财工具（如金融界的财道纵横）等。金融界是垂直类财经网站盈利模式多样化的典型，根据该网站 2008 年第四季度季报，网站（含证券之星网站）个人客户订阅服务费净收入为 1227 万美元，占季度净收入的 80%；移动增值服务收入为 19.7 万美元，占季度净收入的 1%；机构客户订阅服务费净收入为 24.8 万美元，占季度净收入的 2%；广告相关服务收入为 83.9 万美元，占季度净收入的 6%；证券经纪相关服务费收入为 18.7 万美元，占季度净收入的 1%；其他收入为 154 万美元，主要来源于技术服务收入，占季度净收入的 10%。

26.2.2 综合门户财经频道

与垂直类财经网站相比，门户网站财经频道的业务模式相对较为单一，主要是提供财经资讯内容服务，并通过财经资讯所聚集的用户浏览数量吸引企业的广告投放。门户网站财经频道的经营状况直接取决于网站本身的影响力。数据显示，目前新浪、搜狐、网易三大商业门户网站的财经频道是门户网站财经频道中的佼佼者，在国内财经网站广告市场收入份额中占据了较大比重，见图 26.2。

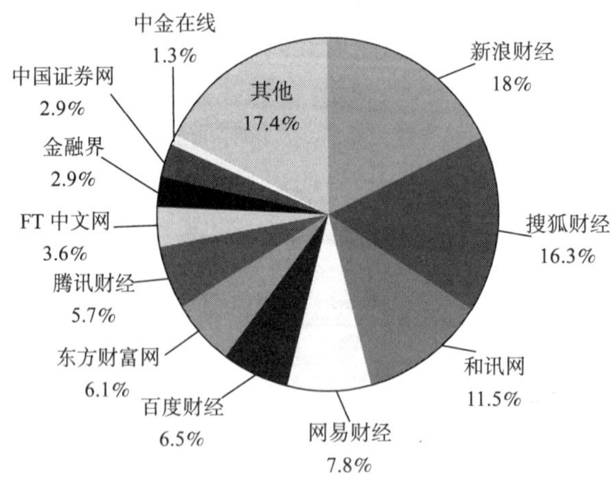

资料来源：艾瑞咨询《2008 年中国网络财经信息服务商竞争力分析报告》

图26.2 2008年财经网站广告市场收入份额

值得关注的是，2008 年谷歌、百度和腾讯等网站都先后推出或者加大了对财经频道的投

入，由于谷歌、百度具有搜索引擎的优势，而腾讯具有庞大的 QQ 和社区用户群，因此这些网站的财经频道在业内人士看来具有较好的发展前景。从目前的情况来看，这些网站的财经频道基本上延续了门户网站财经频道的运营模式，如何在未来的发展中探索搜索引擎、即时通信业务与财经服务的结合点，打造自身的独特优势是这些网站需要考虑的问题。

目前，门户网站财经频道过度依赖广告业务对其发展造成了不利的影响，尤其是受到金融危机的影响，证券、保险等广告大户的广告投放量有所下降，对网站的收入造成了很大的影响。因此，对于门户网站财经频道来说，有必要在收费订阅和增值服务等方面进行拓展，减少对广告业务的过度依赖。

26.2.3　网络财经媒体

在我国，网络财经媒体主要是指平面或电视媒体上网所形成的网络财经信息传播平台。其中，平面财经媒体推出的财经网站在网络财经媒体中占有相当大的比重。目前，我国三大证券报（《中国证券报》、《上海证券报》、《证券时报》）和《经济参考报》、《经济日报》、《中国经济时报》等官方权威财经报刊以及《21 世纪经济报道》、《第一财经日报》、《每日经济新闻》等主流的商业财经报刊均推出网络版或电子版。2008 年 3 月 25 日，国内著名的财经杂志《财经》推出中文网站，引起了业内的广泛关注。与此同时，目前国外一些顶级的权威财经媒体对中国网络传播市场的关注程度逐渐升温，英国《金融时报》、路透社、美国《华尔街日报》等均推出了中文网站。随着中国经济的不断发展，中国市场重要性的日益提高以及媒体开放的不断深化，预计这类由国外权威财经媒体针对中国内地市场推出的中文网络财经媒体数量还会不断增加。

随着近年来视频分享网站的兴起，网络财经媒体开始出现一类新成员，即网络视频财经媒体。这类媒体的来源主要有两种：一是传统电视媒体上网，如中央电视台的“中国财经报道”以及上海第一财经集团旗下的财经电视节目推出的网络版；二是专业视频分享网站与券商等机构合作推出的网络财经视频服务，目前已初步形成一定的规模，如国内著名网络电视门户网站悠视网公布的数据显示，该网站与多家证券商及财经机构合作推出的财经直播视频节目最高日访问量已超过 50 万，同时在线人数最高达到 5 万。

从目前的经营模式来看，网络财经媒体主要是以提供财经新闻报道和评论为主，收入主要来源于广告，与门户网站财经频道较为接近。但是与门户网站财经频道的新闻主要来源于转载其他媒体不同，网络财经媒体依托于特定的“母媒体”，具有强大的新闻采编报道资源，能够提供独家、深入的报道采访和分析，一些知名的财经媒体由于其本身具有较强的专业性和权威性，已经形成了“品牌效应”，能够有效地提升其旗下网络媒体的知名度和品牌价值，由此可见，网络财经媒体比其他类型的财经网站具有独特的传播优势。

26.2.4　财经博客及论坛

随着 Web2.0 的兴起，博客、论坛因其实时互动交流的特征受到用户的追捧，尤其对于股民等群体来说，在网上与其他投资者进行互动，交流经验、获取消息对其进行投资决策具有重要的帮助和参考作用。财经博客、论坛的特征高度契合了他们的需求，成为财经网站用户使用率较高的服务，也是近年来各大财经网站吸引用户，增加访问流量的重要“杀手锏”。

艾瑞咨询的数据显示，2008 年中国网络财经用户使用的热点财经服务中，财经论坛和财经博客分别以 64.5%和 60.1%的使用率分别列第二位和第三位，见表 26.4。

表 26.4 2008 年中国网络财经用户使用的热点财经服务

	财经软件	财经论坛	财经博客	财经搜索	财经视频	无线财经
2008 年已使用	68.4%	64.5%	60.1%	55.6%	45.7%	37.4%
2009 年计划使用	65.2%	63.8%	56.5%	52.0%	40.0%	30.9%

资料来源：艾瑞咨询《2008 年中国网络财经信息服务商竞争力分析报告》

对于财经网站来说，推出财经论坛和博客服务在增加访问流量方面具有明显的效果。根据美国 Alexa Internet 公司的 Alexa 网站截至 2009 年 9 月 22 日的统计数据，我国最早推出博客服务的财经网站和讯网的总访问流量中有 21.9%是由博客频道创造的，和讯网博客频道所贡献的网站访问流量仅次于股票频道的 62%，在所有频道中居第二位；而在以“股吧”论坛的火爆而闻名的东方财富网，网站总访问流量中有 34.9%是由“股吧”论坛贡献的，在所有频道中居第一位。

尽管部分财经网站的社区和博客在吸引流量方面表现比较突出，但是总的来看，目前财经网站还没有找到能够契合论坛和博客等社区特点的盈利模式。近年来，“社区化营销”和“口碑营销”等高度契合社区特征的业务模式已经成为电子商务领域的一大热点，在这方面财经网站如何进行探索和创新，很可能会成为未来财经网站的社区和博客的发展方向。

此外，由于国家有关部门加大了对类似“带头大哥 777”等在网上非法从事证券咨询活动的打击，以及 2008 年股市的整体走软，在 2007 年曾经红极一时并创造诸多话题的个人财经博客在 2008 年稍显沉寂。但是，诸如“老沙博客”、“叶弘博客”、“凯恩斯博客”和“时寒冰博客”等财经股票“名博”在网上仍具有较强的影响力。

26.3 网络财经服务市场分析

网络财经信息服务行业近几年迅猛发展。艾瑞咨询的《2008 年中国网络财经信息服务行业发展报告》和 DCCI 互联网数据中心《Netguide2008 中国互联网调查报告》两份报告均显示，2008 年国内网络财经信息服务行业保持较高增长，总体市场规模约在 10 亿元左右，见表 26.5。

表 26.5 2007—2008 年中国网络财经信息服务市场规模及增长率对比

	市场规模（亿元）		增长率	
	2007 年	2008 年	2007 年	2008 年
艾瑞咨询数据	8.7	10.3	50.2%	17.9%
DCCI 互联网数据中心数据	9.2	13.1	58.6%	42.4%

目前，国内网络财经信息服务行业已拥有上百家运营商，从竞争格局来看，这些运营商大致可以分为四个阵营：

（1）垂直类财经网站，是专注于网络财经信息服务的专业网站，业务模式和盈利模式相对多样化，具有较强的综合竞争力。和讯网、东方财富网和金融界是这一阵营占据前三名的“领头羊”，其中，和讯网是国内最大的专业财经资讯网站，金融界是国内网络财经信息服务行业中唯一的上市公司。

（2）门户网站的财经频道和网络财经媒体，其主要业务模式是提供财经资讯内容，主要盈利模式是广告。由于门户网站具有庞大的访问量，财经媒体在采访报道资源方面有一定权威性，因此这类运营商在财经资讯内容供应方面具有较强的竞争力。新浪、搜狐、网易三大门户网站的财经频道以及财经网、三大证券报网站等是这一阵营的代表。

（3）搜索引擎和及时通信网站推出的财经频道，其业务模式和盈利模式与门户网站的财经频道有较强的同质性。从未来发展看，这类网站在结合搜索引擎推出财经搜索、利用即时通信开发财经增值服务等方面具有较大的创新空间。谷歌财经、百度财经以及腾讯财经是这类网站的代表。

（4）部分券商及专业服务运营商网站。一些券商网站依托自身客户群体在提供交易服务的同时提供财经资讯、收费订阅等业务，形成了一定的规模。此外，大智慧、同花顺等主流交易工具供应商依托自身优势扩展服务范围，在信息服务方面也形成了一定的特色。

26.4 财经网站盈利模式分析

26.4.1 广告模式

广告是财经网站一项重要的收入来源，尤其对于门户网站财经频道和网络财经媒体来说，其收入的绝大部分是由广告贡献的。对于盈利模式相对多样化的垂直类财经网站来说，广告收入在一些网站的总收入中也占有较大比重，根据艾瑞咨询《2008 年中国网络财经信息服务竞争力分析报告》的数据，2008 年和讯网总收入为 0.82 亿元，其中广告收入为 0.6 亿元，占比重约为 73%；东方财富网总收入为 0.8 亿元，广告收入为 0.32 亿元，占比重为 40%。

与国内网民的整体水平相比较，财经网站的主要用户群体为学历和收入水平相对更高的中青年群体，他们对金融理财产品、房产、汽车和奢侈品等高端产品具有较高的需求和购买力，因此也成为相关企业的主要目标客户群体，客观上为财经网站吸引广告投放创造了先天的优势。在过去连续两年牛市的大背景下，金融理财类产品一度成为国内财经网站广告投放的大户。易观国际的数据显示，2008 年尽管国内证券市场整体不景气，但金融行业网络广告投放依然维持增长态势。2008 年 12 月，金融行业网络广告投放总额约为 5029.6 万元，比上月增长 18.03%，其中，银行、保险和基金占据了金融行业网络广告投放的前三名，主要投放网站的分布图如图 26.3。

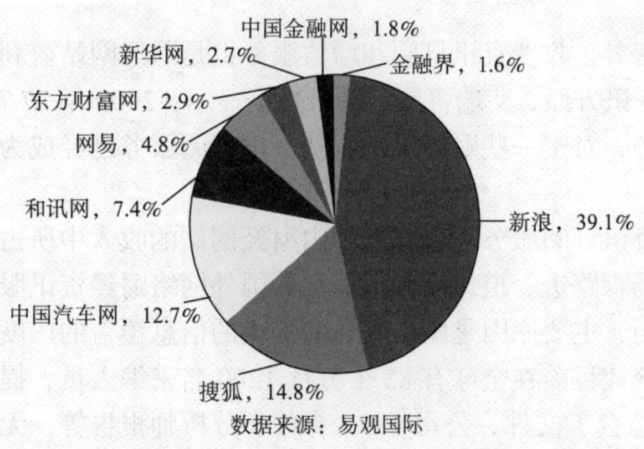

图26.3 2008年12月份国内金融行业网络广告投向

26.4.2 软件销售

随着网民理财和证券交易需求的不断增长，收费财经软件服务逐渐被越来越多的网民所接受。艾瑞咨询的调研数据显示，2008 年 29.3%的财经网站用户使用过收费软件服务。大智慧、同花顺和证券之星成为 2008 年国内用户覆盖率最高的收费财经软件提供商，见表 26.6。

表 26.6　2008 年中国收费财经软件提供商用户覆盖率情况

大智慧	同花顺	证券之星	金融界	东方财富网	和讯网	中金在线	全景网	其他
52.8%	37.5%	37.2%	17.9%	16.9%	17.1%	12.4%	8.6%	2.3%

数据来源：艾瑞咨询 2008 年 6 月 iUserSurvey 调研数据

目前，证券交易软件成为财经软件市场的主流。市场上主要的证券交易软件可分为以下三类：第一类是提供海量数据型。除市场行情、个股资料等多数软件都能够提供的数据外，还有自身独特的，整合交易所行情数据并深入挖掘汇聚成的最新数据，这一类软件包括金融界的“快赢”及大智慧的“超赢”等。第二类是提供海量资讯型。这类软件不仅提供上市公司所在的行业、公司经营业绩和股东持股等方面的详细情况，而且还有来自管理层和政策面的一手信息，金融界网站的“大行情”软件便是以海量信息为卖点，其信息产品包括高端观察、直通管理层等多个栏目，帮助投资者第一时间获得有关个股信息和政策动向的海量信息。第三类是提供技术分析参考型。这一类产品的代表包括大智慧、指南针等，通过提供各种 k 线图指标以及各种优化技术指标，为投资者选股和选择恰当的交易时机提供参考。目前一些交易软件在市场上已经形成较高的占有率和知名度，例如，同花顺软件已被全国 95 家证券公司的 2400 多家营业部使用，占国内证券公司营业部总数的 89%以上，据统计有 5000 多万证券投资人使用该软件，而大智慧则在个人投资者中具有较大影响。

当前，国内证券交易软件市场主要存在两方面问题：一是市场上的产品良莠不齐，大量“山寨”软件打着提供信息服务和交易服务的幌子进行非法荐股、代客炒股等违规业务，有的甚至盗取客户个人资料和账户交易信息，给客户造成巨大损失；二是盗版现象比较严重，在互联网上利用搜索引擎可以搜索到大量提供各种知名炒股软件破解版的网页，对正规服务商的利益造成了极大的侵害。

26.4.3 其他

除广告和软件销售外，收费资讯订阅和增值服务也是财经网站盈利模式中比较重要的组成部分。在收费订阅资讯方面，艾瑞咨询的调研数据显示，2008 年 27.7%的财经网站用户使用过收费资讯订阅服务，对于一些财经网站收费资讯订阅服务已经成为重要的盈利来源，例如金融界网站。

总体来看，收费资讯订阅服务的收入在国内财经网站的收入中所占比重偏低，尤其是与收入达数十亿美元的汤森路透、道琼斯和彭博社等国外网络财经资讯服务巨头相比，国内服务商还存在巨大的差距，主要原因是国内服务商提供的信息覆盖的广度、深度和权威性还不够。以彭博社为例，该社目前在全球有 85 个分社 1200 名采编人员，提供的资讯内容从债券收益到 SEC（美国证监会）文件、公司 CEO 自传、分析师报告等，无所不包，彭博资讯已成为金融资讯的代名词，国内的财经资讯服务商远远难以望其项背。另一财经资讯巨头汤森路透每日可提供全球 200 个交易市场的资讯，而国内财经资讯服务的领头羊新华财经的资讯仅能涵盖 20 家交易市场。面对与国际巨头如此巨大的差距，国内的财经资讯服务供应商需要进一步提升其整体实力。

26.5　金融危机对财经网站的影响

2008 年全球金融危机进一步蔓延，对我国造成了极大影响，我国的经济增长率从前三季度的平均 9.9%骤降到第四季度的 6.8%，市场对经济增长前景的信心也随之下降，A 股市场此前连续两年的牛市行情宣告终结，沪深指数从年初开盘的 5265 点一路下跌到年底收盘的 1851 点，年跌幅达 65%，创下 A 股市场有史以来的最大年跌幅记录。

过去两年受益于 A 股市场的大牛市，国内财经网站获得了空前的发展，而此次国际金融危机的蔓延对国内财经网站带来了直接的影响。中国人民银行 2008 年 6 月发布的《2008 年第 2 季度全国城镇储户问卷调查》显示，从 2007 年第四季度开始国内居民投资股市的意愿持续下降，这导致国内财经网站与证券市场直接相关的金融产品广告和软件销售等业务收入受到较大冲击。在国内目前已上市的网络财经信息服务商中，新华财经传媒 2008 年出现 2.75 亿美元的净亏损，金融界净利润为 1900 万美元，但是其账面营业收入中有相当部分是上年转入的递延收入，随着市场环境的进一步恶化，该公司在 2008 年年报中预计其 2009 年一季度将出现营业收入下滑。

另外，随着市场出现调整，国内网络财经信息服务行业的调整与整合力度逐渐加大。一些网站在内容方面进行调整，从过去主要依靠与股市相关的业务和产品转向多元化经营，如在广告和资讯内容方面加强了理财、汽车等方面的内容，财经网站之间的并购合作案例在 2008 年也明显增加。客观来看，金融危机既给国内网络财经服务行业带来了极大的冲击，同时与危机相伴而来的调整也为行业下一步的健康发展打下了一定的基础。

26.6　网络财经服务重大事件

2008 年 3 月，国内知名财经杂志《财经》正式发布“财经网”。

2008 年 4 月，搜索引擎谷歌推出谷歌财经中文版网页。

2008 年 4 月，全球财经资讯服务巨头汤森路透通过和讯网控股公司间接收购和讯网 40%的股权。

2008 年 6 月，中国香港最大的财经资讯网站之一财华社进军大陆市场，并正式推出财华社大陆版网站。

2008 年 7 月，国内零售企业新华都收购网络金融信息服务商港澳资讯 60%的股权，并将新收购企业的目标定位为打造“中国的彭博社”。

2008 年 8 月，据媒体报道，国内某机构网站违反国家规定非法推出的“黄金期货”交易爆仓，导致交易参与者蒙受巨额损失。

2008 年 9 月，据媒体报道，中国证监会设立网络监控办公室，对互联网上传播的各种证券市场资讯进行监控分析。

2008 年 10 月，国内著名搜索引擎百度与和讯网合作，合作运营百度—和讯财经频道。

26.7 存在问题及分析

首先，有关加强行业监管问题。目前，一些网站打政策“擦边球”非法从事证券投资咨询业务甚至进行欺诈活动的现象屡禁不止；一些财经网站和论坛博客上充斥大量的虚假财经信息甚至谣言，严重干扰了证券市场交易秩序，以致中国证监会不得不于 2008 年 9 月专门设立网络监控办公室对网络财经信息进行监控；2008 年少数财经网站违反国家规定非法推出所谓“黄金期货”、“地下炒金”等业务并最终爆仓，不仅给交易参与者带来了极大损失，也造成了极为恶劣的社会影响。这些问题都应该引起有关监管部门的重视。目前，公安以及网络主管部门已经会同证券、金融等行业主管部门展开对网上相关违法行为的打击行动。同时，从长远来看，我国在证券、外汇等交易和相关业务的开展方面还需要进行创新，为投资者提供更为便利和安全的交易手段，彻底消除各种不法活动生存的土壤。

其次，业务模式比较落后。目前，国内的财经网站相对于整个互联网行业来说已经形成了比较完善和多样化的营业模式，但是，与国外领先的行业巨头相比，中国的财经网站仍然存在着业务规模普遍偏小的问题；同时，国内的财经网站主要侧重于为个人用户提供服务，这也与国外财经网站机构用户占大头的情况形成了对比。对机构用户市场开发的滞后是限制网站业务规模扩张的一个重要因素，体现出国内财经网站在核心竞争力方面还存在一定的缺陷。影响财经网站核心竞争力的最主要因素，是提供信息的权威性、专业性和时效性，国内财经网站要想在国外同行长期垄断的市场上分一杯羹，就必须在这方面强化自身的核心竞争力。

再次，行业抗风险能力不强。前两年牛市期间获得快速发展的财经网站在 2008 年不可避免地受到了全球金融危机的冲击，这一方面是由财经网站自身的特点所决定的，但是另一方面也反映出国内网络财经服务行业的整体抗风险能力还很薄弱。如何避免行业发展过度地跟随股市的波动而大起大落，是整个行业应该思考的问题。

（中国互联网协会　赵志云）

第 27 章　2008 年中国网络教育服务发展情况

2008 年，中国网络教育服务市场继续快速发展，与 2007 年相比，不仅在市场细分方面有了更为突出的表现，更涌现出一批新的商业模式。经过早期的原始积累阶段后，中国网络教育已进入服务时代，各大网络教育相关企事业和办学机构以服务带动产业，以质量吸引用户，中国网络教育市场日渐成熟。

27.1　政府政策

2008 年，我国政府进一步加强对网络教育发展的政策支持，国家“十一五”规划重申要进一步加快教育信息化步伐。《中国共产党第十七次全国代表大会上的报告》明确提出了“现代国民教育体系更加完善，终身教育体系基本形成”的奋斗目标，报告中“发展远程教育和继续教育，建设全民学习、终身学习的学习型社会”的要求为成人继续教育发展指明了方向。

2008 年，教育部以及各级教育主管部门多次表明要鼓励发展网络教育，教育部年度工作会议上提出要进一步加强农村中小学现代远程教育，扩大农村现代远程教育网络覆盖面，加强基础教育信息资源建设，做好教学应用指导和技术支持服务工作，坚持应用为主，把远程教育与推动实施素质教育，加强教师培训，促进农科教结合和提高农民素质进一步密切结合起来。教育部还指出现代远程教育的主要形式是网络教育。网络教育因其独特优势将成为终身学习的首选形式。

但目前网络教育还处于试点阶段，面临教学资源不足，管理制度不健全，政策不配套，质量标准和监控制度不完善等问题，都影响了网络教育的发展。为改善网络教育现状，教育部提出包括建立资源共享和资源可供自由挑选的“数字化信息港”等一系列方案来推动网络教育发展。同时教育部门要求在发展职业教育时要健全县域职业教育培训网络，深入推进实施“一网两工程”，即以县级职教中心为主要基地，充分发挥各级各类农村学校和中小学现代远程教育的作用，推动形成覆盖县、乡、村的职业教育与培训网络。进一步加强“三教统筹”，促进农科教结合，深入实施新型农民培养培训工程和农村劳动力转移培养培训工程。

教育部门已开始着手积极发展成人继续教育，努力建设覆盖全民的终身教育支撑平台，按照全民学习、终身学习的要求，以现代国民教育体系为基础，充分利用现代教育技术的手段，在广播电视大学，自学考试制度方面采取措施支持和引导各级各类教育面向全社会，实行更加灵活多样的办学形式，充分发挥全社会教育文化科技资源的作用，形成开放立体的教育网络，建设全民学习、终身学习的支撑平台，努力使人人享有终身学习的机会。

27.2 网络教育服务市场分析

中国网络教育市场正处在高速增长期，艾瑞咨询预计 2008 年以后国内网络教育市场将每年增长 23%以上。到 2011 年，网络教育市场整体规模将达到 405 亿元人民币，如图 27.1 所示。由于受到金融危机的冲击，许多准备进入其他领域的产业资本和风险投资把目光聚焦到了教育行业，如图 27.2 所示，网络教育更是首当其冲，网络教育培训已成为中国最有价值的投资项目之一。据“ChinaVenture 投资中国”数据显示，2008 年前 10 个月，国内已披露的教育业投资已达 18 起，披露投资金额超过 2.85 亿美元。与同期其他大行业相比，超越 IT 和房地产等传统热门行业，占据创业投资市场份额的 1/3 以上，另有数据称 2008 年发生在教育培训的投资案例约有 30 起之多，涉及金额 4.58 亿美元， 与 2007 年相比，增幅达 62%。

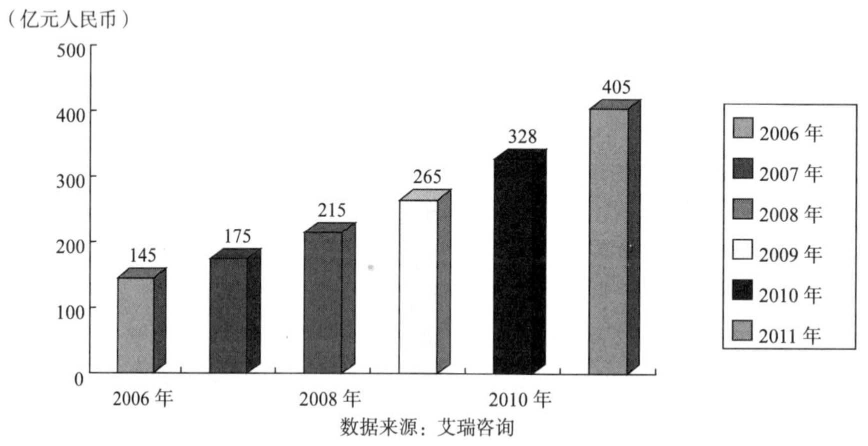

图27.1　2006—2010年中国网络教育市场规模

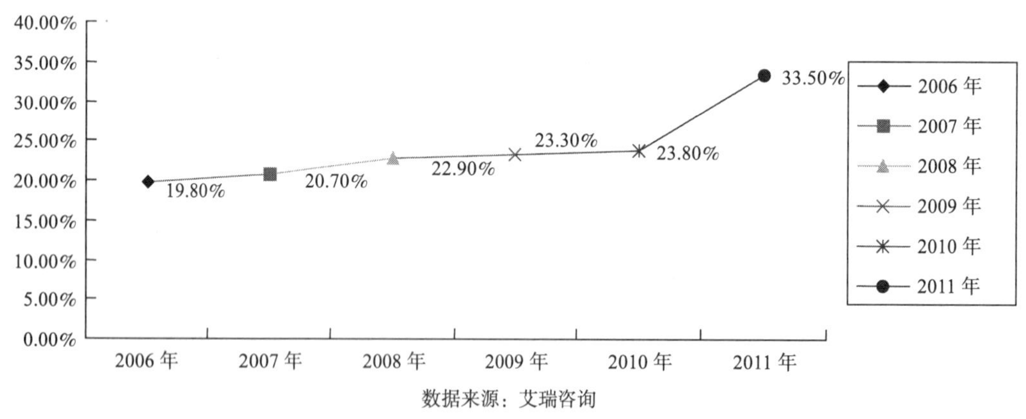

图27.2　2006—2011年中国网络教育市场增长率

但目前我国网络教育行业还处于产业发展的初期，网络教育与资本市场对接不够充分，受政策的影响很大，上市的网络教育机构少之又少。资本进入之后，网络教育市场的竞争将进一步加剧，网络教育相关企业将更加细分业务部门，并极力扩张业务，这种情况下，市场将更加艰难。

目前，网络教育市场的驱动力主要有三个：证书、相对经济的课程和兴趣。网络教育还主要体现在远程教育、营销渠道和技术平台等几方面的应用，不过在宽带通信技术普及的今天，网络教育的商业模式创新空间更大，网络教育形式不仅是网络教育专门办学机构的主要业务模式，也将成为传统培训机构不可缺少的增值业务模式。

27.3　网络教育用户分析

中国网络教育用户规模预计在 2008 年增长到 1510 万，与 2007 年 1220 万相比，增长 23.80%，未来几年仍会以较高的速度增加，但增长幅度可能会有所降低，如图 27.3 和图 27.4 所示。

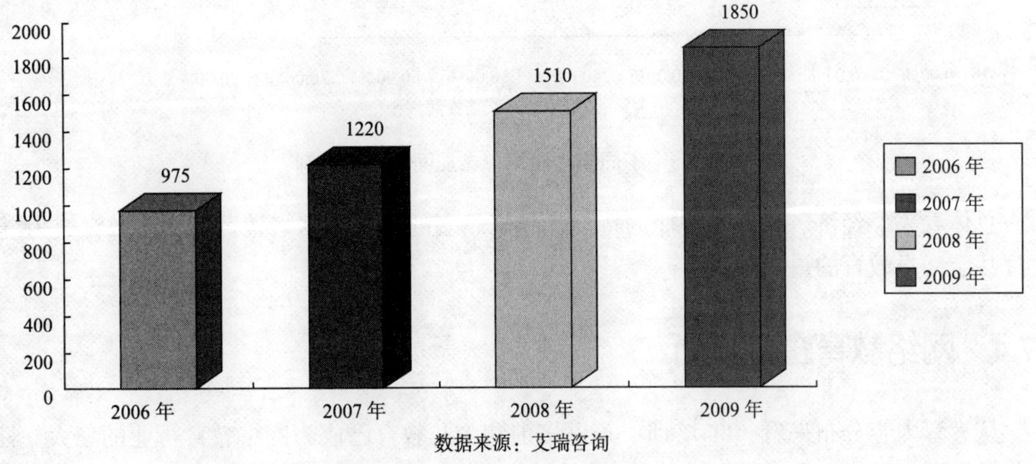

图27.3　中国网络教育市场用户规模

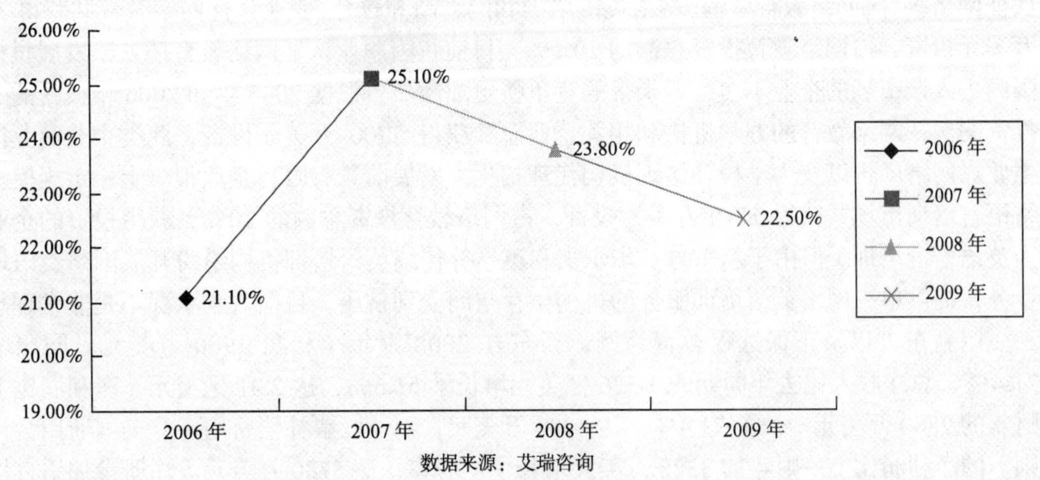

图27.4　中国网络教育市场用户增长率

根据艾瑞咨询的调查显示，18～40 岁的成年人是中国网络教育用户的主体，网络教育是其主要上网行为之一，他们对于网络教育的需求主要集中于语言类网络教育、高等职业网络教育、专业类网络教育和认证类网络教育等方面，这与仅集中在学历教育方面有所区别，网络教育服务正在为越来越多不同年龄的用户群提供教育内容和服务。但 18 岁以下以及 40 岁以上的人群对网络教育服务的需求仅占不到 30%的比例，针对这一年龄段的大部分人口网络教育仍有欠缺，如图 27.5 所示。

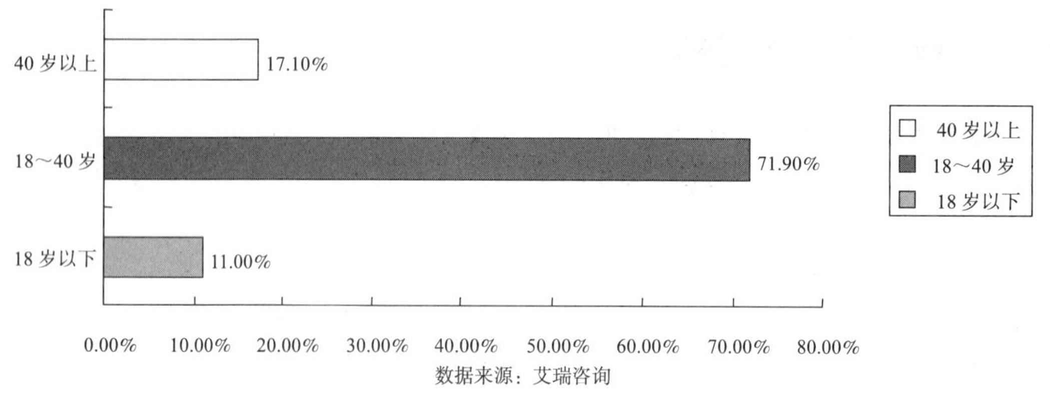

图27.5　不同年龄段用户参加网络教育比例

总体看来，经济、灵活、便捷的特征让越来越多的人选择网络教育，网络教育成为继续教育甚至终身教育的重要途径。

27.4　网络教育企业分析

从教育内容分布来看，IT 培训、英语培训和少儿教育已成为网络教育行业的三大支柱。创业投资研究机构 ChinaVenture 统计数据显示，在过去几年内网络教育各领域中小学网络教育所获投资金额最高，共获得 7525 万美元，占网络教育所获投资额的 43.8%；其次为职业认证网络教育、网络教育营销、网络英语培训和网络高等教育，职业认证网络教育共获得 3450 万美元投资，占网络教育投资总额的 20.1%，目前我国职业认证网络教育还处于发展早期，国内进入该市场的企业不多，但未来的竞争将更加激烈。根据 2005 年和 2006 年披露的 3 起投资案例，网络教育的办学机构和相关企业总共获得 2700 万美元投资，此类企业商业模式主要靠网络广告以及为学校和培训机构代理招生，发展前景有限，企业很难上一定规模。网络语言培训市场共获得 1710 万美元投资，占网络教育投资总额的 10%，获得投资的企业多为英语语言培训。但由于新东方、华尔街和英孚等传统英语培训机构纷纷开展网络英语培训业务，提供单一网络英语培训服务的机构生存空间受到挤压，目前盈利状况不是非常理想。

以新东方以及正保远程教育为例，新东方 2008 财年净利润 4900 万美元，同比增长 71.4%，总净收入比去年同期的 1.326 亿美元增长了 51.6%，达 2.01 亿美元，净利润比上一财年的 2860 万美元增长了 71.4%，达 4900 万美元，不计股票补偿费用（非美国通用会计准则）的净利润比上一财年的 3320 万美元增长了 73.7%，达 5780 万美元。注册参加语言培训和考试辅导课程的总学生人数比上一财年的 1 068 000 人增长了 19.1%，达到 1 271 700 人左右。而正保远程教育 2008 年第四财季网络教育服务净营收为 550 万美元，比 2007 年同期增长 36.5%。至 2008 年第四财季末，正保远程教育注册学生总数约为 28.5 万人，比 2007 年同期增长 212.7%，如图 27.6 所示。

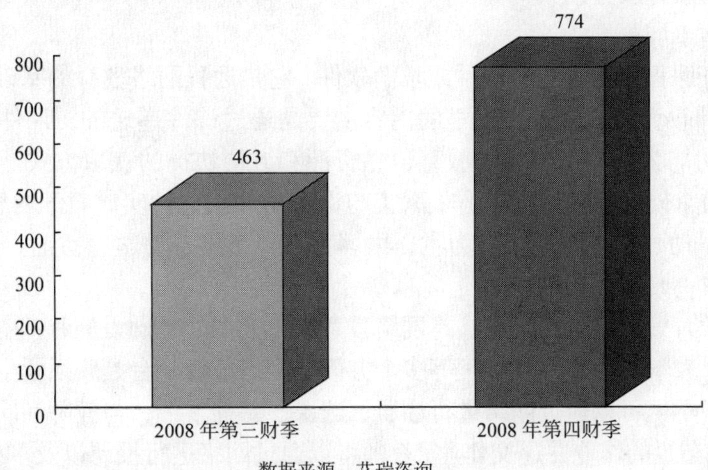

图27.6　正保远程教育净营业收入规模

正保远程教育 2008 财年净营收为 1760 万美元，比 2007 财年增长 48.4%；净利润为 400 万美元，比 2007 财年减少 26.6%，净利率为 34.9%，不计入人民币股权奖励支出及汇兑亏损（不按照美国通用会计准则），正保远程教育 2008 财年净利润为 550 万美元，比 2007 财年增长 0.5%。增长原因有以下几个方面：

（1）资本推动下的业务高增长。2008 年 7 月 30 日，正保远程教育在纽约证券交易所高增长板正式挂牌上市，共募得资金约 6125 万美元。获得融资后的正保远程教育，借助多种市场营销模式，开拓新市场。其中，正保远程旗下中华会计网校随着市场的进一步打开增长速度迅速，并带动集团整个远程教育网站的发展。

（2）品牌的影响力。正保远程教育成立于 2000 年，并于 2001 年通过中华会计网校首次推出在线会计培训课程，其后几年时间将网络教育拓展到其他领域。截至 2009 年 2 月，公司已拥有 14 家专业远程教育网站，并在中国形成强有力的远程教育品牌。

2008 年第 3 财季开始美国金融危机爆发，中国也受到一定影响。国家统计局数据显示，2008 年 9 月中国消费者信心指数为 93.4，到 12 月份下降到 87.3，下降高达 6 个百分点，这也影响到培训教育行业的招生。但经济危机也给网络教育带来了新的契机：失业率升高以及各大公司裁员的同时，用户对自身能力提升和学习更关注；政府为增强民众消费信心和提高大学生就业率推出了培训再就业计划，这也对专业远程教育培训市场的发展起到了拉动作用。

27.5　网络教育软件发展情况

网络教育离不开远程教育软件，网络教育软件的质量直接关系到教学质量及网络教育的运营。目前我国网络教育服务大致可分为两种，一种是产品主导型，即以教育产品为敲门砖与学校达成合作；另外一种则是整体服务先行，产品贯穿在整个合作过程中，这种形式因其整体性，产品的实用性及服务反映的灵活性，正逐步受到越来越多学校的青睐。

目前，远程网络教育软件产品大致可分为网络教育资源类、网络教育平台类、网络教育工具类以及网络教育服务四大类：

络教育资源类软件

主要指教育课程内容相关的课件或教学软件。它是远程网络教育的基础，也是跟传统教学最接近的一种教育软件。网络教学的内容主要是通过课件递送的，课件集教学内容、学习栏目和交互功能为一体。丰富的教育信息资源和方便快捷的获取方式是信息化教学的重要特征。课件通常以多媒体形式制作，采集与课程密切相关的实时教学内容和音视频资源，以视频、音频、动画等多媒体素材为主，内容生动、活泼、易学、易记。

网络教育平台类软件

这是网络教育管理软件的集合，是网络教育得以开展的基础设施和基本技术平台，通常包括教务管理、教学管理和课程管理等多个方面。网络教育平台是联系学生、教师和管理人员三者的纽带，学生可以通过网络进行注册、选课、课程学习，与教师和同学讨论问题，做练习，完成老师布置的作业并递交作业；教师可以通过网络进行授课以及多种教学辅导活动，与学生讨论，回答学生问题，布置作业，批改作业，出习题，维护习题库等；教务管理员可以进行招生管理、学务管理、财务管理和教务管理以及网校系统维护等。网络教育平台软件是网络教育软件的发展方向，也是一种趋势。

网络教育工具类软件

主要包括课件制作软件和其他一些工具软件。课件制作软件是用来管理、处理和集成与教学内容相关的多媒体文件的工具。利用该软件可以把相关教育内容的视频和音频等的数字信号输入设备，形成文本、图形、动画、视频图像和声音文件，并能在同一屏幕画面内融合多种媒体要素，并提供循环等寻踪路径，使教学内容生动、活泼，从而制作出丰富多彩的各种多媒体网络课件产品。通过对教师教学现场的视频流、音频流、课件浏览、讲稿演示和共享白板等多个媒体的教学信息，形成数据流，进行编码和压缩，形成实时教学资源，并利用城域网或互联网，实时传送到远端学生的电脑上，学生可以即时通过举手提问、共享教师端程序、文字交流等方式实现远程互动教学。除此以外，课件的制作工具一般还提供编辑、检索、查询、统计、权限、监控和计费等应用及管理功能。

网络教育服务类软件

主要面向网络教育的辅助管理及服务，包括针对学生的课件点播服务，针对教师的任课服务、排课服务、选课服务和课表制作服务，针对办学机构的教育资源管理服务等。课件点播服务支持各种视频、音频、课件、文本、图片、动画、执行文件的网上点播、广播服务，可以运行于局域网、广域网等复杂的网络环境，使学生可以方便快捷地选择点播学习内容，这类产品主要有安博视频/课件点播系统等。教师的任课、排课、选课、课表制作服务项目作为开展教学工作的前提，具有学生、教师、教室等多因素自动综合的求优排课算法，课程时间分布的自动平衡和时间段限定，听课人数和教室大小的自动求优和人数模糊、教室功能模糊，适应较大地域分散特点的教室地理位置自动求近和位置限定算法等，由计算机生成课程安排表为教师提供方便，减轻教师负担。

目前，由于国家的鼓励和扶植，推进高等教育信息化，构筑学习型社会平台已成为教育行业的主题，网络教育软件大有用武之地，网络教育软件产品也层出不穷。只有能真正为用户提供实实在在的内容，提供真真切切服务的厂家，才会赢得市场。

27.6　各类网络教育服务发展情况

与传统教育相比，网络教育各类教育情境，均以教师和学生的分离为特征，目前我国网络教育服务可以划分为幼儿网络教育、基础网络教育、网络高等教育、企业 E-learning 以及职业认证几个方面。

27.6.1　幼儿网络教育

近几年，幼儿网络教育市场由于婴儿潮的到来成长迅速，中国的第四波婴儿潮自 2005 年开始，2006 年进一步增长，2007 年因为“金猪”诱因而爆发性增长，2008 年的“奥运宝宝”同样让婴儿潮高度亢奋，婴儿出生率直线上升，据《中国人口统计年鉴》，中国每年有 3000 万婴儿出生，目前城市中 0～3 岁的婴幼儿人数已达 1090 万。在一项关于城市儿童消费的调查中，中国城市儿童消费在家庭总支出中占比超过 33%，全国 0～12 岁的孩子每月消费总额超过 35 亿元。7 岁之前都是幼儿教育阶段，1.2 亿幼儿持续 6 年的教育需求，其中市场空间不言而喻，“婴儿潮”引发幼儿教育市场需求激增。传统的幼儿教育渠道父母培训班、早教中心、幼儿园等受师资、人员、资金等限制，很难快速扩张满足急剧增长的父母育儿教育需求。传统幼儿教育模式，失衡兼匮乏的教育资源供给，家长必须支付高额的经济成本，致使幼儿网络教育蓬勃发展起来。

幼儿网络教育凭借 IT 技术的应用，实现了教育资源的可复制性，解决了制约教育业投资中的“规模化”、标准化问题，使得制约传统教育发展的瓶颈问题迎刃而解。通过网络教育平台，家长支付低廉的经济成本可以让孩子享受到同等高质量的教育机会。目前，虽然幼儿网络教育需求强劲，但中国在这一领域可以提供的产品屈指可数，缺乏全面满足家长 0～6 岁教育需求的产品，幼儿网络教育市场还存在很多机会。

27.6.2　基础网络教育服务发展状况

在中国，大多数青少年都是独生子女，这一年龄段的升学压力也最小，家长对孩子的能力培养非常重视。从长远看，中国建设创新型国家，促进应试教育转向素质教育的政策以及名牌大学扩大自主招生的趋势，都催生了青少年素质教育的广阔市场，少儿素质培训这个百亿元级的市场每年以 20%～30%的速度增长，基础网络教育市场同时在蓬勃发展。

仅从语言教育市场来看，尽管国内外语市场竞争激烈，但是没有一个青少年英语品牌具有绝对的优势，各地零散的青少年英语培训机构，大多不具备研发和师资培训的能力，更没有能力应对激烈的竞争，网络教育机构恰恰能够在品牌、产品、管理经验以及教师培训上对这一部分市场提供补充。

目前中小学课外网络辅导市场前景也十分广阔，中国有超过 70%的中小学生选择用课外辅导的方式来弥补学校教育的不足，而大考冲刺阶段的学生选择课外辅导的比例更高，某项调查显示每年愿意拿出上万元为孩子参加辅导的家长占到调查总数的 1/3。根据 ChinaVenture 的研究，全国中小学课外辅导市场是最受投资者关注的细分市场，仅 2007 年一年，就有 6

家中小学课外辅导机构获得总额 7000 万美元投资，按 70%的比例计算，仅在中国各大城市，就有 4000 万～5000 万的中小学生参加课外辅导，即便平均每年每人只花费 1000 元，这个市场也具有 400 亿～500 亿元的规模。中小学课外辅导市场可分为三个方面：家教、本校教师补习班和独立辅导学校。不过，国家已经禁止校中校或者学校内的辅导班，而大学生家教很难产生专业化、规模化的经营模式，这就给市场化的辅导学校留下了更大发展空间，也为网络辅导发展带来了机遇。市场化辅导学校中“精品学习班模式”是市场的主流模式，另一类“1 对 1 个性化辅导”模式即在校式的家教，满足了高端家教市场的需求，而网络辅导更是传统家教市场“1 对 1 个性化辅导”的有力补充，改变了传统“1 对 1 个性化辅导”只能作为高端服务模式的现状，通过网络技术的应用，资源的重复利用以及人力成本的降低能够实现更高的利润率。

27.6.3 网络高等教育服务发展状况

据了解，2008—2009 学年度全国共有 68 所试点高校拥有招收网络高等学历教育学生资格，仅北京地区就有北京大学、中国人民大学和北京外国语大学等近 20 所。网络学院一般依托于重点高校，采用现代远程教育模式，专业设置一般分两类：一类是该高校招牌专业，另一类是就业前景良好的热门专业，如计算机技术应用和管理等应用学科。

网络学院注重实用性，很受用人单位欢迎，每年分春季、秋季两次招生，实行弹性的学习和学分制，学员可自主安排学习时间，选择学习内容。网络学院虽然有着费用低、学习方式灵活的特点，但其特殊的学习方式要求学生有良好的自学能力和自制力适应远程教学，并要求能够满足上网环境的学习条件。需要指出的是，网络教育是新生事物，其文凭虽然是国家承认的网络学院专科本科学历文凭，但未被社会广泛认可。

27.6.4 企业 E-learning 以及职业认证发展状况

企业 E-Learning 正在发生实质性变化，大量新技术围绕 E-Learning 发展起来，如 LMS 学习管理系统，LCMS 学习内容管理系统，编辑和协作工具，同步远程学习平台和流媒体技术等。目前，E-Learning 的商业模式正逐渐从以客户—内容开发和离线内容为中心向提供产品和服务发展。

对企业 E-Learning 需求较高的行业多为工作领域对学习需求很高的行业，这些领域中 E-Learning 生动而有说服力，远远超越传统的培训方法，同时更加节约成本。企业 E-Learning 能有效增加公司生产力，改进员工意图和编制，形成更灵活和有竞争力的结构。企业 E-Learning 需求可以细分为如下几方面：

1. 认证驱动

认证主要是证明学习者已获的技能或知识，使业主能了解该学习者的当前能力和未来潜力。认证培训有助于培训产业的整体发展。目前，几大 IT 企业已经开发基于技术认证的 IT 培训项目，Cisco，Sun，Microsoft 都在积极参与这项活动。同样，财政服务和保险业企业 E-Learning 也在广泛增长，Merrill Lynch 和 Prudential 等许多大投资银行和保险公司也开始增加 E-Learning 的培训项目；医疗保健、工程、建筑和人力服务等行业的 E-Learning 也蓬勃发展起来。

2．规章驱动

企业必须培训员工满足政府的规章要求。基于规章的培训同基于认证的培训有许多重叠，例如医疗保健和财政服务。严格强调规章的行业也可以通过 E-Learning 来解决所面临的大量培训，并减少培训成本，提高培训效率。基于同样的原因，其他的制造商，如石化、配药、能源、食物处理和食物保存业，也提出强大的 E-Learning 需求。E-Learning 提供商跟随规章需求步伐和提供简化培训规章的能力区分提供商之间的竞争力。

3．集约驱动

目前国内许多大公司都已利用 E-Learning 培训来提升员工能力，越来越多的公司、实体（包括军事和外交）、国际组织等机构意识到 E-Learning 能够有效减少培训成本，提高培训效率和学习质量。通过在线学习平台，E-Learning 以学习资源为中心的方式有效控制了培训成本支出，高科技领域的制造商，包括 IT 硬件厂商以及软件厂商都是 E-Learning 的忠实拥护者，而在跨国公司的销售领域，对 E-Learning 也提出了很高的培训需求。E-Learning 培训超越传统课堂培训的优势正使其被越来越多的公司所采纳使用。

27.7　制约因素及分析

中国网络教育在过去几年里已经取得了长足发展，但不足之处仍然显而易见，目前制约中国网络教育发展的因素主要有如下几方面：

1．网络教育地域分布不均

我国网络教育发达的省份多是经济发达的省份，经济欠发达的省份网络教育严重或缺，同时城乡差异显著，农村远程教育和继续教育发展力度不足，削弱了网络教育无地域差异的优点。

2．网络教育分类分布不均

我国网络教育基本集中在网络高等教育以及职业认证培训两个方面，各校专业设置过于集中，严重制约了网络教育的发展，同时也与发展远程教育和继续教育，建设全民学习，终身学习的学习型社会的要求有悖。

3．资源重复现象严重

不同的网络教育服务提供商针对同一门网络教育课程往往进行重复开发，甚至同一本书同样的内容都存在多个不同版本的资源，不但致使资金无法充分利用，还为学习者设置了一定障碍，不利于网络教育资源优化组合。

4．支持服务不到位

目前，多数网络教育服务提供商对服务支持的力度不足，网络教育仍以单方面灌输为主，学生缺乏沟通交流的机会，这点与传统教育面对面的授课方式相差甚远，从而教学质量难以保证，制约了网络教育形式的继续发展。

因此，有必要采取措施促进网络教育更加平稳发展。

首先，应该采取措施减少地域差异，目前我国网络教育大部分定位在城市，农村教育依然空缺，由于地区之间经济、社会、文化和教育发展不平衡，城乡之间、区域之间的教育存在很大差异。在农村推行网络教育主要有以下两方面好处：第一，教育模式灵活，使学生能够自主选择学习地点、时间、进度、学习方式，从而减少城乡、地域教育质量差距；第二，打破日常生活和学生学习的分离，技术的应用和灵活性为个人提供学会学习和生活的机会，学习不一定要在教室里，学生能从现实生活中引出真正的问题，并解决问题。学生学到的技术，尤其在农村职业教育方面尤为突出。同时网络教育还能加强农村教师教育技术的培训，教师是教育信息化实现可持续发展的关键因素，农村地区以及西部偏远地区可利用因特网为教师提供培训，进而减少城乡、区域教育水平差异。

其次，要注重资金和资源的整合，各级政府、各类办学机构、社会团体以及商业机构要统一协调，将各自的经费和资源统一规划，相互配合，有计划、有目的地开展远程教育，避免不必要的重复和浪费，可由政府兴建统一网络平台，学生通过平台自由选择不同种类的课程进行学习，这样既避免了同一课程由不同教育机构反复设计、制作、教学的情况，又可以发挥每个教育机构教育资源的优势。目前来看，网络平台工作正在有序开展，2008 年 9 月 10 日，工业和信息化部与微软公司签订战略合作协议，双方共建的 E-learning 网络教育平台和技术培训实验室正式揭牌投入使用，将依托这一平台逐步开展综合性 IT 培训服务。该平台能够有效地从课程、师资和实训基地建设等方面着手整合资源、建立培训模式和机制，推动培训模式的创新。

此外，还应广泛发挥技术和媒体的多样化优势为网络教育服务，提高网络教育的质量，减少与传统教育的差异。

最后，政府相关部门还要促进远程教育意识的普及，遵照国家终身教育的目标，使得偏远地区的公民也能够积极参与远程教育，充分利用远程教育的技术和资源进行自我提高和学习。

（中国互联网协会　秘蓉新）

第 28 章　2008 年中国网络招聘发展情况

网络招聘现在已经逐渐成为人才市场信息和人员流通的重要渠道。网络求职不仅是大城市求职者青睐的工具，越来越多中小城市的求职者也已经很熟悉其应用，甚至很多外出打工的年轻农民工也开始通过地方性招聘网站寻找工作机会。另一方面，越来越多的用人单位，尤其是中小民营企业也认识到网络招聘的优势，很多企业通过网络招聘节约了招聘成本，并且拓展了人才来源。

中国网络招聘市场发展的动力巨大。2008 年中国网络招聘的市场规模约为 11 亿人民币，同美国接近 30 亿美元相比，仍有相当大的差距。因此，中国网络招聘产业仍有巨大的发展潜力。面对国际金融危机，中国就业形势严峻，却为网络招聘提供了众多的潜在使用者。此外，其发展动力还包括：求职者对网络招聘的接受度和依赖程度不断提高；中国企业数量居全球之首，通过网络招聘员工的比重逐渐提高；网络招聘和手机、电视等多媒体技术相结合能大大拓展服务的种类和范围等。

28.1　网络招聘网站发展概况

2008—2009 年的中国网络招聘产业不可避免地受到全球金融危机的冲击，很多用人单位面对危机都缩减了招聘规模，甚至取消了招聘计划，而单个雇主的招聘预算降低，直接导致网络招聘企业营收增速放缓，甚至出现大量亏损。对广大中小企业而言，招聘网站的发布费用使得流动性较大的低端人才的招聘成本变得很高，难以承受。

但也应该看到，在危机中求职者对网络招聘的依赖度反而显著提高，各类地方性招聘网站的访问流量大幅增长。据浙江省人才市场统计，2009 年春节前浙江人才网招聘供应信息大幅回落，招聘岗位从日均 7 万个下降到 4 万多个。但与此同时，浙江人才网日访问量一直维持在 25 万人次以上。3 月份以来，通过浙江人才网在线投递简历高达 13.32 万人次。来自河南最大的招聘网——九博人才网的数据显示：春节后九博人才网以及旗下的洛阳九博人才网、开封九博人才网等 17 个地市分公司网站人才招聘供需信息大幅度提升，网上招聘岗位从日均约 5 万个上升到 8 万多个，日访问量一直维持在 100 万人次以上，在线投递简历高达 400 万人次。

28.2 市场分析

28.2.1 市场规模

根据市场研究机构艾瑞咨询的统计，以运营商营收总和计算，2008 年中国网络招聘市场规模达 11 亿元人民币，比 2007 年的 9.7 亿元人民币年增长 13.6%，与前几年每年 20%以上的增速相比，增长明显放缓，见图 28.1。

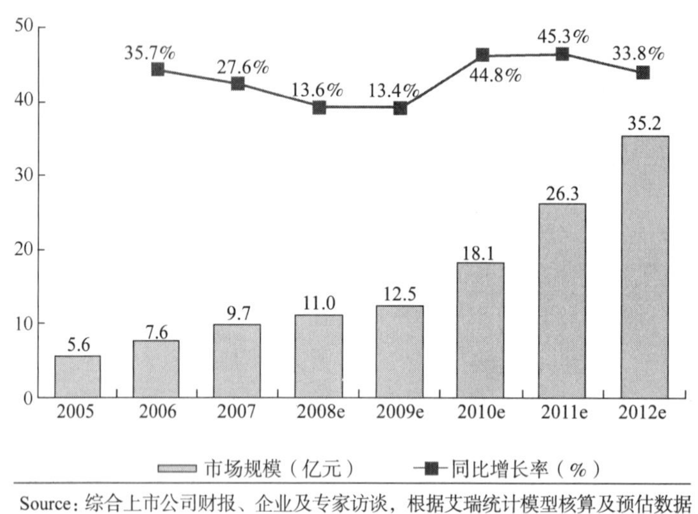

资料来源：艾瑞咨询

图28.1　2005—2012年中国网络招聘市场规模

根据艾瑞咨询的统计，目前网络招聘网站的数量已经超过 2000 家；在用人单位方面，接近 73%的企业采用过网络招聘方式，有近 35%的企业将网络招聘作为企业人才招募的首选模式，超过人才交流会和报纸等传统方式；在求职者方面，90%左右的求职者使用过前程无忧等综合性招聘网站，超过 66%的求职者将招聘网站作为寻找职位信息的首选渠道。

大学生网上求职规模不断扩大。近十年大学猛烈扩招，随之而来的是就业压力的不断增大。2008 年年底尚未就业学生将近 100 万，2009 年新增毕业生又将达 610 万人，而网络求职是大学生求职的首选途径，为此，国家也通过专场网络招聘会形式为大学生就业提供平台。同时，各大招聘网站的求职信息也逐渐增加，例如，58.com 网站 2008 年 3 月份的信息环比增长了 40%，该网站还开辟了实习生频道，应届生可以在该频道寻找自己期望的实习机会。

网络招聘占整个招聘市场份额仍然较低。根据艾瑞咨询统计，网络招聘所占市场份额不足 11%，报纸招聘和人才市场招聘仍是中国招聘市场的主流，占比约为 39%和 28%，猎头服务占比约为 16%，其他占比约为 6%。

28.2.2　市场竞争

我国网络招聘市场高度集中和竞争激烈。综合类门户招聘网站凭借起点高，涉入行业早和定位准确等优势，以经济发达的一线城市为起点，成为网络招聘市场的主流。其中，前程无忧、智联招聘和中华英才三家网站牢牢占据行业领先位置，艾瑞咨询数据显示三家合计占网络招聘市场浏览时间的 66%以上，平均市场份额均在 20%左右，相比之下其余网站的单位市场份额均低于 7%，见图 28.2。专家预计网络招聘三巨头的地位短期内不可能遭遇挑战，网络招聘市场的集中状态将有望维持较长时间。

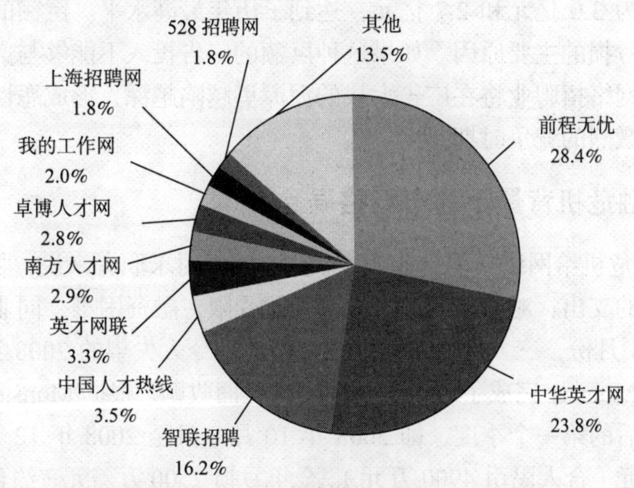

资料来源：艾瑞咨询

图28.2　2008年中国网络招聘运营商市场份额

艾瑞咨询的数据显示，2008 年 10 月招聘类网站月度浏览量排名前十的网站中，综合类网站的总访问量占 82%，前程无忧、智联招聘和中华英才网位列前三，其中又以前程无忧的表现最为突出，占 28%的浏览份额。前程无忧数据显示，近 5 年来，平均每年有 500 多万人通过前程无忧网找到工作，2008 年前程无忧占据约 30%的全国总体市场份额，居行业首位。

尽管综合类招聘网站的优势明显，但地方招聘网站和专业技能招聘网站正对综合类网站构成威胁，2008 年这类网站已经占据整体市场份额的 20%左右。地方区域性招聘网站的优势在于地方市场积累的求职者、用人单位会员，以及他们对外资的吸引。

另外，面对中国网络招聘市场的巨大潜力，外资纷纷在此跑马圈地，美国 Monster 全面收购中华英才网，日本 Recruit 入股了 51job，澳大利亚 Seek 收购智联招聘股权。很多地方招聘网站已经得到资本市场认可和重视，被作为国外资本进入中国网络招聘市场的跳板，如爱尔兰 Keyland 进军各大地方性招聘网站，中国台湾最大的招聘网站 104 人力银行进入上海市场等。

同时，多种网络招聘模式共存，更加细化的招聘网站层出不穷。针对某些特定求职人群的招聘网站也在迅猛发展，如校内网业务现在与网络招聘的契合度非常高，而在校的应届大学生把网络作为择业和应聘的首选渠道。千橡集团董事长兼 CEO 陈一舟认为校内网一年之内必将切入该市场，校内网的择机进入必将加剧招聘网站的激烈竞争，降低网络招聘行业的平均利润率。

2008 年，网络招聘市场的竞争继续维持白热化状态，全球经济危机更加剧了这场竞争。前程无忧、中华英才网和智联招聘仍在继续实施“烧钱扩张”的战略，主要反映在居高不下的宣传开支上。2008 年，中华英才网和智联招聘两家公司均进入互联网行业 TOP50 广告主排名，投放额分别为 3.0 亿元和 2.7 亿元，达到了历年最高水平。巨额的广告费是造成其中两家网站年末巨额亏损的主要原因。如果这种巨额的广告投入不能够与产品、服务或推广渠道创新有效结合，网络招聘业将在广告大战的泥潭里越陷越深，形成恶性循环，中国网络招聘市场将进入非常激烈的竞争时期。

28.2.3 全球金融危机背景下的市场格局

2008 年的金融危机给网络招聘行业带来较大冲击。对求职者来说，职位减少，竞争者增多，必需加大应聘的支出；对招聘网站来说，营收受限，融资困难，同业竞争加剧。

截至 2009 年 3 月份，三大网络招聘网站都传出了令人失望的 2008 年业绩。2008 年 10 月，美国招聘巨头 Monster 完成了对中华英才网的全面收购。根据 Monster 最新公布的财报，中华英才网被收购后的第一个季度，即 2008 年 10 月 8 日至 2008 年 12 月 31 日期间，该公司共亏损 710 万美元（合人民币 4900 万元），全年亏损 2500 万美元，约合人民币 1.75 亿元，相比 2007 年的 1.43 亿元总亏损增加了 20%以上。

智联招聘由于尚未上市，没有公布业绩，但多个信息来源显示其 2008 年亏损总额和中华英才网在伯仲之间。前程无忧 2008 年第四季度财报显示，公司营业收入和运营利润在连续下滑三个季度后，环比再度大幅下滑，2008 年净利润总额为 9680 万元，同比下降 31%。而前程无忧财报显示，2008 年第四季度该公司以人事外包和企业培训为代表的其他人力资源相关收入同比增长了 64.5%。该公司能够维持盈利，很大程度上得益于其较为丰富的产品。

2008 年下半年以来，招聘网站发布的职位数量下滑明显。根据前程无忧的统计，从 2008 年 7 月份起，在线招聘职位数量由增转降，第三季度逐月减少 14 000 个，约占在线职位数量总数的 1.3%，其中外资企业、民营外贸型企业和资金主导型企业受影响较大，在地域分布上珠江三角洲企业受影响较为明显。前程无忧的财报还显示，其用人单位用户数量由 2008 年第二季度的 64 813 家下降到第 3 季度的 62 023 家，下降了 4.3%，这是前程无忧自 2006 年以来首次出现季度负增长。用人单位平均支出减少，由 2008 年第二季度的平均支出 1285 元下降到第三季度的 1253 元，下降了 2.5%。

经济下滑造成求职者数量有所增加。自 2008 年 3 季度以来，很多民营企业和在华外资企业都采用裁员或“软性”裁员（无薪假）的方法削减运营成本，造成人才市场的供应量大幅增加。这些新进入的求职者将与 2009 年 600 万以上的高校毕业生一起，竞争不断减少的职位。经济危机期间求职者会逐渐加大在找工作上的投入，其中大部分人会借助招聘网站寻找工作机会，一些本来不通过网络求职的失业者也开始尝试网络求职这一新的服务。根据艾瑞咨询的数据，2008 年 3 季度主要招聘网站季度有效浏览时间明显增长，见图 28.3。因此，招聘网站应当抓住危机期间求职者数量激增的契机，从拓展服务种类和改善服务水平入手，积极提升求职用户的忠诚度，为危机缓和后的市场竞争积累资源优势。

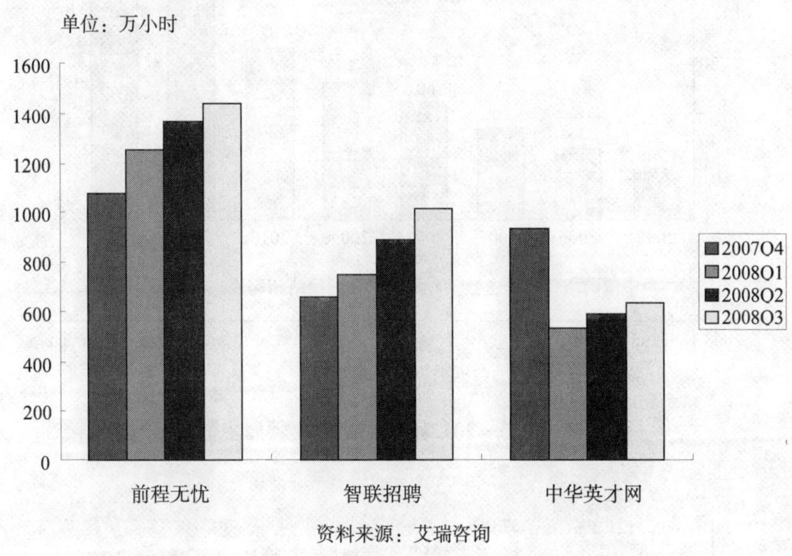

图28.3　三大招聘网站季度浏览量增长情况

28.3　用户分析

28.3.1　用户规模

按照使用网络招聘的主体不同，用户可分为用人单位和求职者。

网络招聘已成为用人单位最常用的招聘方式。网络招聘的免费浏览申请，快捷搜索职位，便于互动等优势将吸引大量的招聘单位。艾瑞咨询研究发现，2008 年，使用网络招聘的用人单位数量依然保持了 30.4%的高增速，从 2007 年的 46 万上升到 2008 年的 60 万。2008 年，使用网络招聘的用人单位的增量多来源于二、三线城市，前程无忧等三大招聘网站和地方招聘网站正积极开拓二、三线城市市场。艾瑞咨询预测，随着互联网在城乡的普及，在未来 5 年新增使用网络招聘的用人单位将来自于二、三线城市以下的城镇，届时，网络招聘将实现全国较大范围的覆盖。艾瑞咨询预计到 2012 年，使用网络招聘的用人单位数量将达到 140 万，2008—2012 年年复合增长率为 23.6%，见图 28.4。

艾瑞咨询认为，2008 年，中国网络求职者规模大约达到 5000 万人，相比 2007 年的 3800 万人年同比增长 31.6%，预计到 2012 年，网络求职者规模将达到 7120 万人，届时，该规模将保持稳定，网络求职者在所有求职者中的比重将达到 60%～70%，见图 28.5。

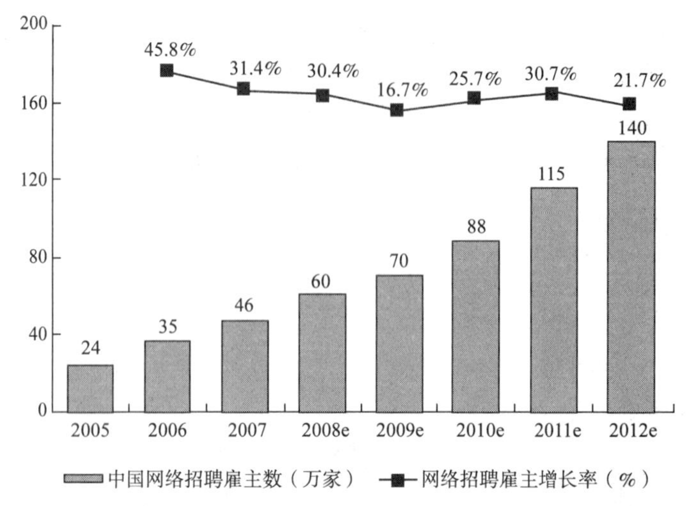

数据来源：艾瑞咨询

图28.4　2005—2012年中国网络招聘雇主数量

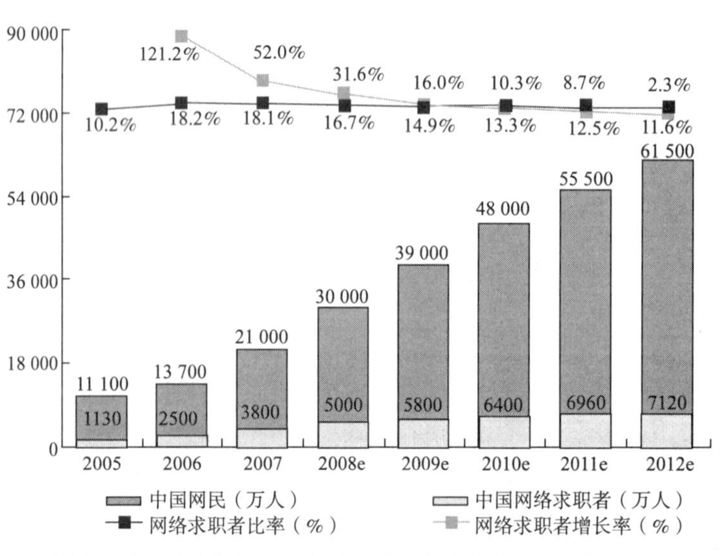

数据来源：艾瑞咨询

图28.5　2005—2012年中国网络求职者占网民的比重及变化趋势

易观国际发布的《2008 年第四季度中国网络招聘市场季度监测》数据显示，受经济大环境影响，2008 年第四季度中国网络招聘市场营收规模为 2.95 亿元人民币，较上季度环比下降 5%，同比则增长 17%。报告还显示，求职者的求职意愿在目前经济形势下大幅度增加，致使 2008 年第四季度中国网络招聘市场求职者注册规模达到 12 884.1 万人，环比增长 13%；相反，用人单位的招聘需求却出现下降，2008 年第四季度活跃客户数为 23.82 万家，环比下降 3.1%。

28.3.2　用户特征

艾瑞咨询结合 iUserTracker 最新数据发现，从 2008 年 10 月主要招聘网站用户 TGI 值(即“目标群体指数”，可反映目标群体在特定研究范围内的强势或弱势。其计算方法是：TGI 指数=［目标群体中具有某一特征的群体所占比例/总体中具有相同特征的群体所占比例×标准数 100］) 可以看出，网络招聘求职者主要集中于 19～30 岁。通过分析他们的年龄及职业差异发现，中华英才网在学生用户群中占有优势，而前程无忧用户年龄相对较大，在销售人员和专业人士中普及率较高。分析求职者的地区分布差异发现，北京用户倾向于使用智联招聘和中华英才网；上海、广东等南方用户则更倾向于使用前程无忧；智联招聘用户中四川用户的比例略高于其他两家，见表 28.1。

表 28.1　2008 年 10 月主要招聘网站 TGI 值对比

iUserTracker-2008 年 10 月主要招聘网站用户 TGI 值对比				
类别		前程无忧	智联招聘	中华英才网
年龄	18 岁及以下	54	54	61
	19～24 岁	155	149	167
	25～30 岁	118	105	97
	31～35 岁	78	86	67
	36～40 岁	48	75	50
	40 岁以上	52	56	62
地址	北京	137	193	184
	广东	126	98	99
	江苏	100	98	101
	其他	90	94	96
	山东	69	105	95
	上海	158	109	96
	四川	140	148	121
	浙江	70	71	83
职业	工人	45	71	53
	技术人员	95	95	85
	教师	46	57	66
	其他	74	86	96
	文职/办事人员	107	96	78
	销售人员	124	114	104
	在校学生	117	127	154
	专业人士	108	95	93
Source: iUserTracker, 2008.10，基于对 10 万多名样本的长期网络行为监测，代表 2.1 亿中国家庭及工作单位（不含网吧等公共上网地点）网民的整体上网属性数据。				
@2008.12iResearch Inc.				www.iresearch.com.cn

资料来源：艾瑞咨询

艾瑞咨询数据显示，网络招聘服务 2008 年 2 月的用户结构与 2007 年 10 月的用户结构有明显的差别。2007 年 10 月的用户中，19～24 岁的用户集中度高，覆盖人数 TGI 达到了 155，收入在 1000 元以下的用户尤其是无收入用户的集中度也高于 2008 年 2 月。而 2008 年 2 月的用户中，收入在 3000 元以上的用户更为集中。从用户的职业分布可以看出，2007 年 10 月用户中在校大学生的集中比例远高于其他职业用户，而 2008 年 2 月则是已工作的销售人员、专业人士等用户集中比例更高。

艾瑞咨询认为，在 2007 年 10 月和 2008 年 2 月使用网络招聘的求职者结构的差异与求职规律相符。10 月和 2 月是招聘求职的两个高峰期，但 10 月是应届毕业的大学生为求职主力军，用户集中在 19～24 岁无收入的大学生；3 月前后则是已就业人员的跳槽高峰，相应 3 月的用户中高收入人群集中度更高。

28.3.3 用户行为

1．用人单位的行为

综合性招聘网站是用人单位招募人员的首选。在未使用网络招聘的用人单位中，未来打算使用综合性招聘网站的居多，占 38.9%。地方网站和分类服务也逐渐得到用户认可，未来打算使用地方性招聘网站的用人单位约占 27%。

网络招聘占用人单位招聘费用在 20%以下的居多，占 34.9%。招聘网站的知名度是招聘单位最为看重的因素。知名度较高的网络招聘企业，由于技术、市场服务、资金以及品牌影响力等要素，成为用人单位的首选，占 57.6%。

2．求职者的行为

在求职者获取招聘信息的渠道中，专业招聘网站服务优势较为明显。据艾瑞咨询调查，求职者使用专业招聘网站获取招聘信息和面试机会占比例都是最高，分别占 51.5%和 32.8%。人才交流市场、报纸招聘和熟人介绍等传统招聘方式获取面试机会较高，但获取信息有限。

求职者多倾向于使用综合性的招聘网站，其中，使用过前程无忧等综合性招聘网站的占 89.6%，最常使用的占 66.3%。地方性招聘网站也开始崭露头角，求职者使用比例已经超过分类的招聘网站，使用过比例高达 50.5%。求职者在使用招聘网站提供的服务中，获取招聘信息居首位，占 86.5%，刊登简历占 65.2%，了解专业招聘信息占 57.1%。用户满意度位列前三位的分别是前程无忧、中华英才网和中国人才热线。招聘网站的服务满意指数还有待进一步提高，各网站非常满意度均在 20%以下。

求职者最希望招聘网站提供的服务是求职建议和显示同职位投递人数，比例分别达到 65.8%和 64.5%。求职者找工作时看重的因素较广，其中对福利待遇尤为重视，占比高达 83.2%；对个人成长以及公司发展前景也较为看重，占比分别达到 76.5%和 68.5%。

在不使用网络招聘服务的求职者中，担心招聘信息不真实占比例最高，达到 31.3%。此外，担心个人招聘信息被泄露比例也较高，达到 25.5%。网络招聘服务中招聘信息更新不及时，以及招聘内容不齐全都较大程度影响求职者使用网络招聘。由此可见，如何提高招聘信息的真实性，加大对企业审核机制，以及保证个人信息安全性都是招聘网站亟待解决的问题。

28.4 商业模式

招聘网站主要是以向用人单位收费作为主要收入来源，线上收费包括用人单位在网站投放招聘广告的费用和使用人才简历库的收费，线下收入来源包括传统出版物的广告、猎头和中介服务和企业人事外包服务等。

随着竞争的加剧，网络招聘行业不断细分，新的商业模式不断出现。虽然综合门户类招聘网站是目前最为主流的招聘网站商业模式，以前程无忧、中华英才网和智联招聘三家网站为代表，但同时各类地方性招聘网站和专业技能招聘网站也在蓬勃发展，如搜索类招聘模式、SNS 类（社会网络型）招聘模式和行业类招聘模式等，见表 28.2。

1．搜索类招聘模式

基于内容的搜索引擎类服务，典型的应用就是搜索到工作岗位需求的简历。对招聘经理来说，希望能根据简历上下文环境来判断候选人的经验、相关技能以及教育培训等情况，并与职位描述进行匹配，按照匹配程度自动排序并给每份简历打分，招聘经理只要查看排在前边的最合适的简历便可，摒弃了以往大海捞针式的简历筛选过程。此类网站有职友集、搜职网和淘职网等。

2．行业类招聘网站

与综合门户类招聘网站相对应，行业类招聘网站从行业角度对网络招聘市场进行细分。以数字英才网为代表的行业型招聘网站在经营理念上突出迎合用人单位对专业人才的需求，其优势在于其行业性和专业性。

3．SNS 类招聘模式

同传统综合性招聘模式有所不同，商务圈推荐的招聘服务发挥了社交网络的优势。招聘者本身必须是网站的会员，具备完整的个人资料。招聘者在发布职位时，可以要求这个职位只允许自己朋友来应聘或者只允许自己的朋友推荐他们的朋友来应聘，也可以让所有网站的会员来应聘或者推荐朋友来应聘，大大增加求职者的诚信度。

表 28.2 中国招聘网站的分类

类别	特点	商业模式	典型企业
搜索类	依托于搜索引擎的求职招聘系统，通过一站式来搜索企业个人求职信息。与传统的搜索引擎相比，求职搜索结果更为精确	网络广告、竞价排名	搜职网、深度搜索、职友集、淘职网
行业类	每一个行业是一个细分市场，通过将主流的网络招聘的商业模式应用在行业中，整合业内资源，提供更加具有针对性和专业化的服务	网络广告、招聘会、猎头服务	数字英才网、博思人才网、塑料制造人才网、华人螺丝网
SNS	通过社交类网站建立的人脉关系，朋友推荐方式获取工作信息	网络广告、高级会员、线下活动	天际网、联络家、XING
地方性	专注于地方的招聘市场，主要提供本省或本市的招聘服务，市场竞争力较低	网络广告、人才市场、报纸招聘	上海招聘网、思博招聘网、我的工作网、易才网、天府人才网
综合类	服务范围广、服务类型齐全、用户基础庞大、成立时间早、资金丰厚，市场竞争力强	猎头服务、网络广告、培训服务、报纸服务、校园招聘服务	中华英才网、前程无忧、智联招聘、中国人才热线

资料来源：艾瑞咨询

28.5 典型案例

28.5.1 前程无忧的盈利情况和经营策略

“前程无忧”是国内领先的集多种媒介资源优势的专业人力资源服务机构，提供包括招聘猎头、培训测评和人事外包在内的全方位专业人力资源服务，现在在全国包括中国香港的26个城市设有服务机构。

前程无忧2008年财务报告显示，该公司全年实现收入8.06亿元人民币，较2007年增长了1.9%；而盈利则为9680万元，同比下降了31.2%。前程无忧盈利下降主要是由于其跨国企业客户比例很高，这些企业受累于经济大形势，纷纷削减招聘计划或招聘预算。虽然前程无忧在全国各地建立本地化的服务机构，利用经营模式的复制去占领中国市场，并加强在二、三线城市市场的力度，在全国拥有25个服务机构，但这些企业的招聘预算有限、招聘理念与前程无忧的平台并不十分契合，难以弥补大型跨国企业客户方面的损失。前程无忧2008年第四季度网络招聘服务营收为人民币7270万元（约合1070万美元），比2007年同期的7690万元（人民币）下滑了5.4%，这主要由于市场需求下滑和公司减少了在网络招聘产品方面的支出。前程无忧第四季度经理人搜索服务营收为人民币240万元（约合30万美元），低于2007年同期的400万元人民币。

前程无忧财务报告同时显示，2008年第四季度该公司以人事外包和企业培训为代表的其他人力资源相关收入为人民币6140万元（约合900万美元），高于去年同期的人民币3730万元，比去年同期增长了64.5%，这主要得益于客户对业务流程外包服务需求的提升，以及计入了来自特定报纸承包商的580万元（人民币，约合80万美元）服务费。在经济危机下，一些用人单位可能会更加倾向于压缩自身的人力资源配置，将这部分业务外包以节约成本；同时，很多用人单位都会优化自身人力结构的需求以求做到资源的最优配置。

一直以来，出版物业务都是前程无忧最核心的业务，出版物广告占据了约50%的营收。2008年第4季度，前程无忧在线招聘收入占比达到37.1%，首次超越出版物业务成为最大的收入来源。从受经济环境影响的程度来看，第4季度，在线业务环比仅下降6.4%，而出版物业务环比下降达28.2%。究其原因，出版物业务的实效性很强，一般都是有短期招聘需求的企业才会选择，而随着各家企业大幅削减招聘计划，出版物业务受到了直接影响。而网络招聘客户通常重视长期的效果，合同签约时段较长（如一年）；而且网络招聘同时具备提升企业形象的营销广告作用，因此，网络招聘受到的影响较小。

28.5.2 中华英才网的经营策略

中华英才网（ChinaHR.com）成立于1997年，是国内最早的人才招聘网站之一。中华英才网在专注于网络招聘的基础上，建立呼叫中心，以北京、上海、苏州和广州为核心，利用互联网超越空间和整合数据资源的特性来迅速扩张市场。根据对大中小企业HR部门和求职者需求的理解，中华英才网推出一系列细分服务，为网络招聘发展提供了新的思路。如解决方案型产品——“英才招聘宝”，针对中小企业缺乏专业HR人员或者专业人力资源部门的情况，优化和规范企业人才招聘过程中的每个环节，从而使企业能够筛选出合适的人选，其用户数量目前已经达到 15 000 家，成为中华英才网营收的重要组成部分；针对大客户人才需求量大，设计范围宽，高端人才需求强的特点，推出“英才 SSS”服务，按照企业的需求情况成立项目团队，提供专业的招聘流程外包服务；针对中高端求职人才，推出“英才网猎”，主要解决中高端人才流动的“机会成本”以及企业寻求中高端人才的效率问题，首次实现网络招聘与猎头服务的有效结合。

对于求职者而言，个人并不具有专业的职业规划意识和充分的资源储备，个人求职也同样有着“外包咨询”的需求。中华英才网首先将简历分为普通人才库和高级人才库两类，满足一定条件的简历经审核可以进入高级人才库，免费享受网络猎头和大量的个人职业规划服务。中华英才网还规划专门面向大学毕业生的网络专场招聘会，以及针对校园求职开展市场活动和提供职业辅导服务，这使得中华英才网多年来牢牢地把握着大学生招聘的细分市场。此外，中华英才网率先将 Blog 引入服务体系，联手大量的人力资源专家推出“伯乐谷”服务，也成为创新的产品服务之一。

28.5.3　智联招聘的经营策略

智联招聘成立于 1997 年，其前身是 1994 年创建的猎头公司智联（Alliance）公司。智联招聘面向大型公司和快速发展的中小企业，提供一站式专业人力资源服务，包括网络招聘、报纸招聘、校园招聘、猎头服务、招聘外包、企业培训以及人才测评等，并创办了人力资源高端杂志《首席人才官》，是拥有政府颁发的人才服务许可证和劳务派遣许可证的专业服务机构。

智联招聘拥有覆盖全国超过 20 个主流城市的《智联招聘周刊》，与网络招聘形成“线上+线下”的联动跨媒体招聘平台，拥有遍布全国的智联猎头业务，已经在北京、上海、天津、深圳、南京、成都和苏州等城市设有猎头部，在全国拥有近百人的顾问团队。

智联招聘积极与网络媒体、电视台开展广泛的合作。2008 年之前就与搜狐和空中网等网络媒体开展合作，进行网络招聘服务，同时与中央电视台、凤凰卫视合作，开展宣传与招聘活动。2008 年，智联招聘与北京电视台展开全面合作，联手打造四档职场栏目——BTV-8 日播访谈类节目《第八区》、BTV-5 日播脱口秀《上班这点事儿》、BTV-8 周播职场真人秀《替身》、BTV-3 周播电视招聘节目《职场训练营》。智联招聘还独具创意推出一系列让人印象深刻的广告，如“张飞卖肉”和“找人才，去这一站”的平面广告等。

（中国互联网协会　姚正凡）

第 29 章　2008 年中国网络出版发展情况

29.1　发展概况

网络出版也称互联网出版，是指互联网信息服务提供者将自己创作或他人创作的作品经过编辑加工和数字化制作，登载在互联网上或者通过互联网发送到用户端，供公众在线浏览、阅读、交互使用或者下载的传播行为。这种以互联网为载体，用于在线浏览、阅读、交互使用或下载、具有出版物的内容功能的作品，称为网络出版物，也称互联网出版物。

目前，网络出版主要有简单出版、多媒体出版和混合出版三种形式：简单出版（Simple e-publishing）指以文字、图片为主的出版形式，如网络图书和网络文学等，具有易于检索，阅读方便和传输占有带宽少等特点；多媒体出版（Multimedia e-publishing）指以多媒体作品为主的出版形式，包括各种用于网上传播的音像出版物、游戏出版物和电子出版物等；混合出版（Consolidated e-publishing）指将简单出版、多媒体出版和在线服务结合在一起形成不可分割的出版形式，如游戏社区和手机出版等。

按网络出版发展的特点以及学科分类、表现形式和使用终端的不同，网络出版物大致分为网络学术文献、网络文学、网络教育读物、网络报纸、网络杂志（也称电子杂志）、网络图书（也称电子书）、网络地图（也称电子地图）、网络游戏、网络音像（动漫）和手机出版等类别。事实上，网络出版已经覆盖了传统出版的所有内容领域，并在市场需求和技术创新的促进下，不断拓展新的空间，形成诸多新的出版形式，呈现出不均衡的发展态势。

经过近 15 年的发展，网络出版产业已经成为我国出版产业的重要组成部分。随着网络技术和通信技术的迅猛发展，以及市场需求的不断增加，以互联网为载体的网络出版产业日益兴盛繁荣。据粗略统计，目前全国涉及网络出版的网站约有 60 万家，占总网站数的近 1/5。2008 年，随着网络应用的日益普及，网络学术文献出版，网络游戏出版，网络杂志出版，网络图书（电子书）出版，网络报纸出版，网络文学出版，手机出版和网络地图出版等已成为我国网络出版产业发展的热点门类，并产生了令人瞩目的市场效应。

29.2　各类网络出版服务发展情况

29.2.1　网络学术文献出版

由于具有集约程度高，分销环节少，检索快捷和收费低廉等特点，网络学术文献出版较好地解决了长期以来困扰传统出版界的学术著作出版难问题，已找到较好的盈利模式，形成了学术研究、信息采集、资源建设、网上服务和产权保护等较为完善的产业链。据统计，2008 年网络学术文献出版的销售收入在 6 亿元人民币左右。

在网络学术文献出版领域比较有影响的企业有同方知网、万方数据和维普资讯等。

2008 年，同方知网的销售收入达 3.5 亿元人民币，净利润为 8000 多万元人民币，目前已经出版了《中国学术期刊全文数据库》和《中国博硕士论文数据库》等 40 种大型数据库电子期刊，文献总量达 6000 多万篇，仅 2008 年在全球的下载总量就达 18 亿篇次。作为我国网络学术文献出版产业的领头羊，同方知网现已拥有 3000 多万人的最终用户，并逐渐发展成为我国学术文献“走出去”的重要媒体。目前，同方知网已先后落地北美、西欧、澳洲、日本、中东、东南亚和中国港澳台等国家和地区，并拥有 600 多家海外机构用户。此外，同方知网还在 2008 年上半年构建了在个性化增值服务主导下的数字出版超市，实现了数字出版与传统出版、数字出版与数字图书馆的真正结合和融合，对做大做强数字出版产业做出了开创性的突破。

定位于专业出版的维普资讯，2008 年的销售总收入则突破了 4000 万元人民币，并成为谷歌最大的中文学术内容提供商。目前，维普资讯的《维普中文科技期刊数据库》已收录 12 000 种期刊，并拥有注册用户 300 万个，已进入全国同类企业前 3 强之列。

29.2.2　网络游戏出版

2008 年，在金融危机全球蔓延，多数实体经济受到冲击，出口下降的情况下，被业界称为中国互联网经济发展“火车头”之一的网络游戏出版产业逆势增长，取得了骄人的业绩。

据《2008 年中国游戏产业报告》统计，2008 年全国网络游戏重度用户数达 4936 万人，实际销售收入达 183.8 亿元人民币，比 2007 年增长了 76.6%，并为电信业和 IT 行业等带来了高达 478.4 亿元人民币的直接收入，其收入规模远远超过传统的三大娱乐内容产业——电影票房、电视娱乐节目和音像制品发行的收入。

中国网络游戏原创力量在 2008 年则继续保持着稳步发展的态势，“中国创造”已经成为我国民族网络游戏出版产业的核心竞争力。2008 年，我国网络游戏研发公司达 131 家、研发专业人员有 24 768 人，自主研发网络游戏总数达 286 款，较 2007 年增长了 14.4%。自主研发网络游戏 2008 年的实际销售收入为 110.1 亿元人民币，比 2007 年增长了 60.0%，占我国网络游戏出版市场总收入的 59.9%，中国原创网络游戏已经连续 4 年牢固占据市场的主导地位。在排名前 10 位的最受欢迎的网络游戏中，自主研发的网络游戏占据了 6 席，实现了市场价值和用户人数的双突破。在短短 5 年时间内，中国网络游戏原创力量实现了从以进口代理外国游戏为主转变为以自主创新为主，具有中国文化元素的原创网络游戏已经成为市场的主导。

2008 年也是中国原创网络游戏“走出去”的丰收年。在实体产业出口普遍紧缩的形势下，总计有 15 家网络游戏企业 33 款自主研发的网络游戏作品进入海外市场，覆盖北美、欧洲、日本、韩国、东南亚以及中国港澳台等在内的 40 多个国家和地区，实现年销售收入超过 1 亿美元，比 2007 年增长了 28.6%。

29.2.3　网络杂志出版

作为网络出版的重要组成部分，网络杂志在推动中国社会经济发展，促进科技进步，传播文化知识和满足人们丰富多样生活需求等方面正发挥着日益明显的作用。

近年来，我国网络杂志的市场规模增长迅猛，并已发展成为继网络学术文献出版、网络游戏出版之后网络出版产业的第三大热点。据中国出版科学研究所《2007—2008 中国数字出版产业年度报告》统计，2007 年仅数字期刊和互动杂志的销售收入就达 7.6 亿元人民币。随着整个传统媒体行业的转型，我国网络杂志的市场规模预计到 2010 年有望超过 12 亿元人民币。

随着网络杂志概念的深入人心，网络杂志用户占网民比例将逐年增大，越来越多的网民会尝试接触这种与众不同的媒体形式。据调查统计，中国网络杂志用户数量预计到 2010 年将突破 1 亿人，在网民中的比例将达到 40%。随着网络杂志市场成熟期的逐渐到来，这个比重将更加趋于稳定。

在市场表现方面，同方知网、万方数据、维普资讯、龙源期刊网和中文在线等企业在传统杂志资源数字化方面继续开展着大量卓有成效的工作。ZBOX，ZCOM，XPLUS 等网络杂志出版平台则凭借自身的平台资源优势继续拓展“疆域”，增强实力，并采取多元化的营销模式推动产业进入全新的发展阶段。

29.2.4 网络图书（电子书）

目前，国内主流的网络图书（电子书）出版主要是传统出版社借助技术公司的数字出版技术，将传统图书的内容制作成电子图书并通过网络进行出版发行，传统出版社依然是网络图书（电子书）出版的主体。

据统计，全国 578 家出版社中约有 90%已经开展了网络图书（电子书）出版业务，仅应用方正阿帕比（Apabi）技术及平台出版发行的网络图书（电子书）数据库就超过了 50 万种。目前，该数据库已经成为全球最大的单一语言网络图书数据库。2008 年，我国网络图书出版的市场规模已超过 3 亿元人民币。由于网络图书出版行业的市场发展潜力巨大，预计到 2020 年全球范围内网络图书的销售将超过传统纸质图书。

作为全球领先的数字出版技术及产品服务提供商，方正（阿帕比）网络图书（电子书）出版的机构用户已经超过 5000 家，并有包括美国哈佛大学图书馆和英国牛津大学图书馆等在内的近 200 家海外知名高校长期采购其数字资源产品。2009 年 1 月 27 日至 2 月 2 日，温家宝总理在对英国进行正式访问期间，还将一套由其亲自题字的方正阿帕比（Apabi）电子书及数字图书馆系统——“中华数字书苑”作为国礼，赠送给英国剑桥大学。

29.2.5 网络文学出版

近年来，在经济环境、社会条件、技术支持、政策扶持等的不断利好和推动下，我国网络文学出版产业获得了持续发展。1997 年，我国网络文学出版产业的市场规模仅为 1.3 亿元人民币，2008 年则达到了 36 亿元人民币，预计到 2010 年将达 46 亿元人民币。

目前，我国的网络文学网站约 4100 多家，主要分为网站读书频道、文学积累型网站、原创文学网站、文学论坛和实体书数字化网络文学网站。随着盈利模式的逐步成熟、盈利点的逐步多元化以及市场需求的增强，预计 2010 年网络文学网站将达 4400 多家。从网络文学读者用户规模看，2008 年网络文学读者的规模已达到 1 亿多人，预计到 2010 年将达 1.24 亿人。网络文学的创作队伍已超过 1600 多万人，其中 18～35 岁的青年作者所占比例达 70%，凭借其生活阅历的逐步丰富，创作手法的逐步成熟等，这一群体正在成为网络文学最为核心的创作力量。

作为目前国内用户数量最大、收藏最全面、受关注度最高，同时也是最有影响力的网络原创文学网站，起点中文网已拥有 1000 万的注册用户。目前，起点中文网网站每天的网页浏览数近 1 亿 PV。除了公开刊载大量文学作品外，起点中文网还拥有数量众多的 VIP 付费用户，及逾千部签约作品，超过 5 万名原创作者和 7 万余本原创文学作品，总字数超过 50 亿字，在整个付费阅读领域具有绝对的影响力，业内最具有活力和影响力的作者大多都在起点中文网内。目前，起点中文网拥有原创网络小说发布市场 80%以上的资源。

29.2.6　手机出版

手机出版是一种以移动终端和无线网络为载体的网络出版的新形态，随着相关技术环境的改善，手机出版必将成为与有线网络出版并行的两大网络出版形式。由于受原有内容资源、技术服务环境以及盈利模式划分等诸多因素的影响，我国手机出版的发展速度整体上弱于日韩等国家，但近年来始终保持着持续上升的态势。

截至 2008 年年底，我国手机用户已超过 6.4 亿，使用手机上网的人数达到 1.176 亿。如此规模巨大的用户基数，以及高新技术的发展，使得手机出版产业蕴藏着巨大的经济效益和潜力。调查显示，我国的手机出版服务占据着 80%以上的手机信息服务业务量，同时也是电信增值服务的重要组成部分。随着手机出版行业盈利模式的进一步清晰化和市场教育成本的逐渐降低，手机出版服务在电信增值服务中所占的比重将继续提升，同时也将吸引更多的产业参与者加入进来。

据统计，2007 年手机音像、手机游戏、手机报纸、手机文学、手机动漫、手机图书和手机杂志等手机出版服务的总产值近 162 亿元人民币，手机出版物的用户总数则达到了 3.8 亿人，如此快速的发展也奠定了手机出版在出版领域的重要地位。

目前，除全民所有制的电信运营商外，引领手机出版产业发展的产业参与者以技术和服务提供商为主体，其企业所有权多归民营经济和私营经济主体所有人所拥有。此外，随着手机使用的普及、无线数据传输技术的发展，尤其是 3G 的应用必将给手机出版带来革命性的影响，这也将进一步推动手机音像、手机游戏、手机报纸、手机文学和手机动漫等手机出版物的快速发展。

29.2.7　其他网络出版服务

网络报纸主要分为纸质报纸的电子版、报社自办网站和各种网站以“网络报纸”为名创办的报纸三种类别，纸质报纸的电子版依然是网络报纸市场的主流。截至目前，全国定期出版的网络报纸已达 697 份，全国 39 家报业集团中已有 37 家发布了网络报纸。在营销模式方面，网络报纸的盈利模式主要还是依靠广告增值和网络报纸的发行收入，2008 年的总体规模约 10 亿元人民币。

我国网络地图服务主要涉及有线互联网、手机和车载三个平台，其整体市场规模持续保持较高增长态势。据调查显示，2006 年中国网络地图服务整体市场规模达 2.2 亿元人民币，2007 年已实现翻番达 5 亿元人民币，2008 年的整体市场规模更是达到了 11 亿元人民币。而随着 3G 技术的投入使用以及网络地图服务的深入人心，预计中国网络地图服务市场规模到 2010 年将达 43 亿元人民币，2011 年将有望突破 67 亿元人民币。在未来市场规模的增长中，来自手机平台的营收增长将是主要的市场驱动力。

29.3 网络出版管理建设情况

29.3.1 继续强化网络出版监管工作

1. 全面实施网络游戏防沉迷系统及评测工作

为保障未成年人的合法权益，有效解决青少年沉迷网络游戏的问题，新闻出版总署牵头于 2007 年 7 月 16 日正式开始实施网络游戏防沉迷系统，要求游戏运营企业必须在其产品中开发防沉迷系统并同步实施，否则不予审批或备案，亦不准公开测试运营。

新闻出版总署专门建立了监督评测队伍，先后共完成了对 54 家网络游戏运营企业共 95 款网络游戏防沉迷系统的评测工作，除 5 款网络游戏因防沉迷系统不达标而停止运营外，其余 90 款网络游戏防沉迷系统全部达标。网络游戏防沉迷系统的实施，得到了广大家长、教师和青少年的欢迎，同时也得到了国内相关机构和国外媒体的高度评价。

2. 加强对网络出版企业的监管

作为网络游戏出版产业的主要管理部门，新闻出版总署在推动产业升级和发展的同时，将进一步加强对网络出版企业的监管，主要包括 5 个方面：

（1）在巩固防沉迷系统实施工作已有成果的基础上，与公安部合作推进防沉迷系统中玩家实名身份信息的认证工作。同时，加快面向家长的查询系统的推广工作，帮助家长有效监督未成年子女上网行为，防止未成年子女冒用家长的身份信息沉迷网络游戏。

（2）加强对网络游戏企业的前置审批和监督管理，进一步完善审批标准，规范审批流程。对那些经营信誉良好，具有较大影响力的网络游戏企业，可择优赋予其具有网络游戏出版经营资质的互联网出版许可。

（3）严格做好进口网络游戏的审批和国产网络游戏的备案管理，提高审查水平，完善专家审读制度，加强对国产网络游戏的备案和监督管理。

（4）加强对网络游戏出版运营过程中的动态监管，健全对网络游戏出版运营过程中的动态监管制度，做到对不良内容及时发现、及时处理。

（5）严厉打击“私服”、“外挂”和“盗号”等非法行为。

29.3.2 多渠道推动网络出版繁荣

1. 推动部市合作机制和上海数字出版基地的建设

2008 年 7 月 10 日，新闻出版总署向上海市人民政府发函，同意其建立部市合作机制，以及在上海浦东建立国家数字出版基地的请示。上海张江数字出版基地的成立，标志着新闻出版总署与地方政府共同推动数字产业发展的工作已进入实质操作过程，必将对全国数字出版产业基地建设和产业推动，产生积极而深远影响。

2. 积极总结网络游戏动漫基地经验，建立评估体系

新闻出版总署批准设立的国家网络游戏动漫产业发展基地数量已达 12 个。目前，所有基地建设已初具规模，并全部投入运营，产业孵化作用日益明显。为规范基地的审批和管理，新闻出版总署在充分调研的基础上，起草了《国家动漫产业发展基地认定和管理办法》。该办法对动漫基地准入、运行、管理、孵化作用、优惠政策以及退出等多个环节设立评估

指标。

3．成功举办 2007 年度中国游戏产业年会和第六届中国国际数码互动娱乐展览会

2008 年 1 月 16 日，新闻出版总署组织的 2007 年度中国游戏产业年会在苏州成功举办，整个活动突出鼓励游戏研发自主创新，扶持各民族企业做大做强，提倡进一步加强行业自律。7 月 17 日，新闻出版总署主办的第六届中国国际数码互动娱乐展览会在上海成功举办，来自中、美、欧、日、韩等 10 多个国家和地区的约 200 家国内外数码互动娱乐企业参展，展出近 400 款游戏作品以及开发工具等相关产品。在三天展览期间，来自国内外的观众近 11 万，其中专业观众 3840 人次，海外专业观众 936 名。11 月 4 日，第六届 China Joy 优秀游戏作品评选大赛“金翎奖”颁奖典礼也在京成功举行。

4．继续组织实施“中国民族网络游戏出版工程”

为继续做好“中国民族网络游戏出版工程”，提高民族网络游戏原创力，新闻出版总署于 2008 年 5 月完成了“中国民族网络游戏出版工程”第四批入选评审及发布工作，同年 11 月落实第五批申报相关工作。与此同时，新闻出版总署还宣布在“中国民族网络游戏出版工程”之后，将于 2009 年推出“中国绿色网络游戏出版工程”，力争用 5 年左右时间，使绿色网络游戏成为中国游戏市场的主导力量，使网络游戏这一新兴文化产业成为中国主流文化的重要组成部分。

29.4　存在问题

1．法律法规亟待健全

我国与网络出版直接相关的现行法规主要是《互联网信息服务管理办法》和《出版管理条例》，由于这两个法规只对网络出版管理提出了原则性意见，尚缺乏全面、系统规范网络出版的专门法规。新闻出版总署和原信息产业部 2002 年联合颁发的《互联网出版管理暂行规定》由于法律层级不够，急需提高立法层次。此外，由于网络出版涉及面广、门类多、发展程度各有不同，因此在制定相关网络出版法律法规的同时，对一些已发展成型的网络出版门类及时制定专门的规章，也显得尤为重要。

2．监管手段落后，监管力量薄弱

互联网产业的迅猛发展，给网络出版监管带来了极大的难度，监管手段落后，监管力量薄弱已经成为制约管理工作的“瓶颈”。目前，新闻出版总署对网络出版内容的监管基本上采用的是计算机智能抓取处理和人工上网搜索相结合的方式，但面对互联网实时更新的海量信息，仅依靠现有的技术手段和人员力量就如同大海捞针，难以实施及时有效的监督管理。

3．非法网络出版活动猖獗

互联网所具有的传播速度快，操作便捷和交互性强等特点，在方便人们及时了解信息、增强沟通的同时，也存在被滥用和非法使用的风险。此外，一些网站为了片面追求经济利益，在互联网上主动传播或任由网民上传宣扬淫秽色情、低俗等内容的出版物，或利用网络游戏平台从事赌博等活动，这些非法网络出版行为均严重违反了社会公德，极大地危害着青少年的身心健康。

4．网络侵权现象屡禁不止

由于互联网开放性、海量存储和传输迅速的特点，网络侵权盗版活动形势依然严峻。例如，一些网站未经授权，大量提供文学、图书、期刊和音像作品等的非法传播或下载；一些网站通过盗取网络游戏源代码，破坏技术保护措施等，以“私服”、“外挂”方式从事非法网络游戏出版。这些网络侵权盗版活动的存在，在侵害权利人合法权益的同时，也严重制约了我国网络出版产业的创新与发展。

（新闻出版总署科技与数字出版司副司长　寇晓伟）

第 30 章　2008 年其他专业网络信息服务发展情况

2008 年的互联网信息服务市场可以说是喜忧参半。一方面，随着互联网的全面普及和宽带网络的发展，互联网在社会经济生活中发挥的作用日益突显，越来越多的实体经济转战互联网市场。中国互联网信息中心（CNNIC）报告显示，截至 2008 年年底，中国网民数达到 2.98 亿，宽带网民数达到 2.7 亿，国家 CN 域名数达 1357.2 万，三项指标继续稳居世界第一，显示出中国互联网的规模价值正在日益强大。另一方面，2008 年下半年，受美国金融危机的拖累，全球经济陷入衰退，我国经济在经历了多年的高速增长后，进入调整期，与实体经济紧密相联的互连网信息服务业也不可避免的受到了影响，如房地产网站、旅游网站和汽车网站市场等。然而，尽管宏观经济形势不容乐观，仍有少数行业逆势上升，如母婴网站市场 2008 年备受资本市场关注，让人们在市场的寒冬中感受到一丝暖意。

30.1　房产信息服务发展情况

近几年，我国房产市场已经逐渐开始从卖方市场向买方市场过渡，2008 年中国房地产行业受到宏观经济形势的影响较为突出，各地房地产销售价格均出现下滑。2008 年 1—8 月，销售面积 345 922.8 千平方米，比 2007 年同期降低了 14.7%，而销售价格在二、三线城市的下滑率也几乎保持在 20%左右。

艾瑞咨询日前发布的《中国房产网络服务发展研究报告》显示，虽然 2008 年房产交易量持续萎缩，但租房市场却呈现出增长趋势。2008 年通过网络成交的租房单数较 2007 年增加了 35%左右，实体店客户和网络租房者比例约为 3∶1，有些中介网上的客户量甚至达到 50%。业内人士分析，在金融危机的刺激下，消费者对商品价格敏感度增强的大趋势导致用户在互联网上需求不断延伸，网民的网上行为发生了较大的变化，逐渐从娱乐化向生活化和商务化进行转变。更多的网民通过互联网上可靠、翔实的生活消费信息资讯，来降低自己的生活成本。

30.1.1　网站发展情况

2008 年，我国的房地产网站市场集中度进一步增加。互联网实验室发布的《2008 年度中国房产网站市场份额统计报告》显示，房地产网站领域流量非常集中。2008 年，搜房网、焦点房产网和新浪房产继续占据房产网站市场份额前三名的位置，分别为 47.91%，15.49% 和 4.3%。搜房和焦点房产占据了整个市场的半壁江山，前三强的市场份额为 67.71%，如图 30.1 所示。

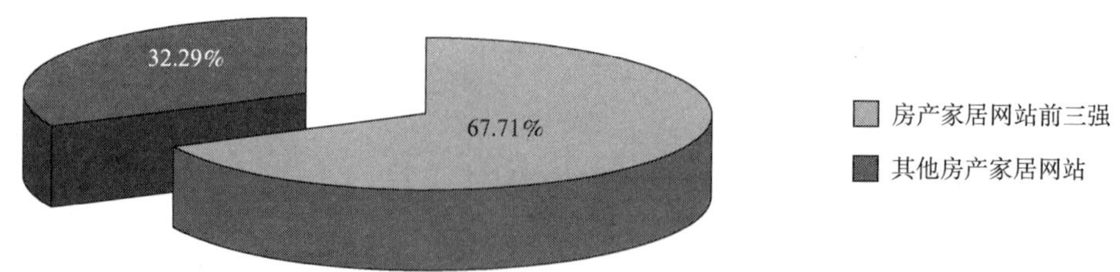

图30.1　2008年房产网站市场份额比例图

大型房产中介开始加快布局互联网的步伐。2008 年 2 月，北京知名房产中介我爱我家宣布千余家“网店”同步开张，并宣布后期还要增开 3000 家。此外，许多房产中介开始和房产网络平台合作，以寻求新的发展。2007 年年初，淘宝网和中国最大的本地化生活社区口碑网合作，设立淘宝网口碑房产频道，正式进入房产交易领域。2007 年 9 月，21 世纪不动产宣布与口碑网展开战略合作，借助后者在全国的房产网络平台，在全国建立起 400 家“e 房宝”中介网店，包括北京、上海、广州和深圳等重点城市以及部分二级城市。目前，口碑网“e 房宝”房产网店已经接近万家，21 世纪、迅驰和中原等房产中介商相继开通了口碑网的“e 房宝”房产网店。

30.1.2　用户分析

艾瑞咨询调查显示，2008 年 10 月，中国房产网络服务月度覆盖的网民人数已达到 8223 万人，占我国全部网民数量的 32.5%，到 2008 年年底，中国房产网络服务月度覆盖的用户人数达到 9000 万。

随着 25～35 岁人群成为房产消费的中坚力量，购房网络化趋势也日益明显。相比传统的房地产营销模式，网上找房平台具有互动性强，目的性强，房源信息量大，搜索便捷和展示生动直观等优势。

根据艾瑞咨询网民连续用户行为研究系统 iUserTracker 的数据显示，中国房产服务类网站每季度的访问次数，在 2007 年 Q3 实现了明显回升，环比增长 36%达 5.64 亿次之后，于 2008 年 Q2 又出现了一次回升，环比增长了 38%，达到 6.65 亿次，并在 2008 年 Q3 保持了稳定的增长，环比增长 21%，达到了 8.07 亿，如图 30.2 所示。

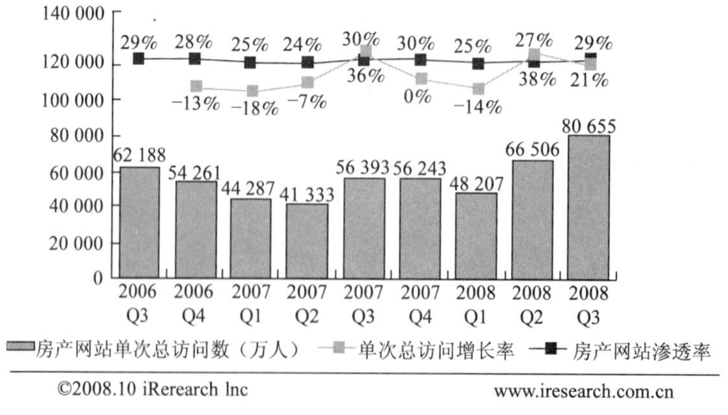

图30.2　2006Q3—2008Q3房产网站渗透率

从网民关注的内容来看，百度 2007 年 Q4 的统计数据显示，网民所检索过的房地产类相关信息中，对具体楼盘相关信息的查询比例占到 85.20%，对房地产商品牌相关信息的检索比例则为 8.26%，如图 30.3 所示。

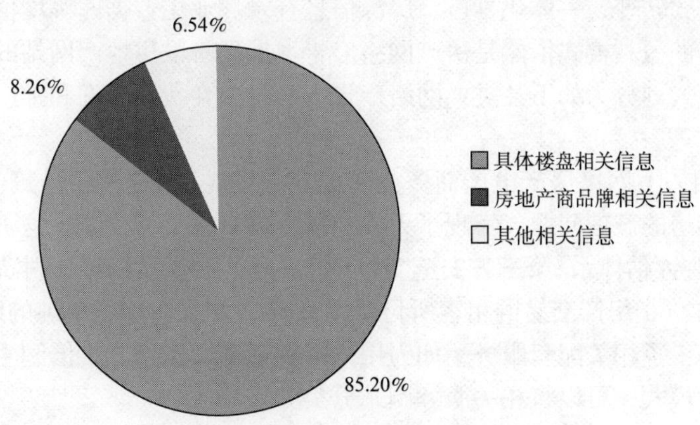

N=42 331 数据来源：百度数据研究中心 2007 年 Q4

图30.3　2007年Q4网民所关注的具体房地产行业信息

30.1.3　市场分析

2008 年，房地产中介网络化趋势明显，中介公司一改之前的散兵作战方式（即由个别代理人在网上发布房源信息），开始有组织、有系统地在网上发布房源信息，主要采取以下三种方式：

（1）房产中介在分类信息网站（如口碑网、手递手等）上免费发布求购和出售等房屋信息。

（2）房产中介在专业房地产网站（如搜房网等）上发布信息。这类网站专业性较强、信息比较集中，信息真伪也有专人监管，并能为购房者提供一定参考和合理建议。个体用户可以免费浏览及刊登房屋信息，而中介商发布信息则需要向网站支付一定的费用。

（3）拥有实体店面的房地产中介公司在网上开通房产中介网店。这样不但可以降低运营成本，而且可以集“地图”式全新搜索引擎、开放性数据库、互动交流和房源展示效果等服务于一体。

随着互联网逐渐发展成为房源“超市”，房产中介人员也从线下走到“线上”，网络经纪人不断增多。网络经纪人是房地产业网络化的产物，指房产经纪人借助互联网来发布信息，为消费者提供业务咨询服务。以雅虎口碑网的房产网络经纪人为例，网络经纪人可以利用网络对自己熟知的某一地区范围内的信息进行细化处理，提供专业并且详细的介绍，包括提供房源以及周边交通、便民措施、噪声影响等的信息服务。调查显示，目前国内至少有 10 万名房产中介人员已经转变成网络经纪人。

房产中介网络化的优势在于：

（1）房产中介网络化使房源信息更集中、更丰富，传递的范围更广，让购房者在选房环节不必四处奔波，从而大大地提高了购房的效率。

（2）房产中介网上开店，省去了实体门店支出，从而节省了房租、宣传印刷和人力成本，总体费用减少，相应地房产中介也会靠降低中介费来吸引更多的客户。

30.1.4 商业模式

伴随着经济发展和技术革新，中国房地产网络媒体的盈利模式逐渐由依靠网络广告的单一模式向多元化模式转变，一体化推广、房源信息登录和业主数据库等增值服务的前景非常乐观。但目前主要的盈利模式依然是房产网络广告。据现阶段房地产网站的收入来源进行细分，可以将盈利模式划分为如下几类：网络广告、信息中介费、咨询和推广服务、网络房产电子商务交易模式等。

这里重点介绍一下网络房产电子商务交易模式。这类服务提供商与第三方支付平台合作，解决了网上租房的诚信问题，实现了无中介侵扰的自主交易模式。这种模式主要采用：实名认证制度+信誉评估体系+第三方安全支付。房主不用付费，租客所付费用要比传统中介服务费低很多，如 960 房产交易网租客所付费用只有 300 元。除了单纯的线上交易外，960 房产交易网还延伸出了相关配套服务，如为用户提供搬家、保洁、维修和生活圈子服务等。

根据以上各种模式，可以将相关服务网站分类如下。

1. 盈利来源主要依托网络广告的网站

这类网站代表就是门户网站的房产频道：新浪房产和搜狐焦点网，其收入来源 95%以上都是网络广告收入。

2. 主要盈利来自网络广告，同时积极拓展其他收入模式的网站

代表性网站是搜房网，其收入分为网络广告、房产报告、一体化推广收入和房源信息四部分，目前，搜房网的广告份额已占到全国房地产网站广告总额的 50%以上。

3. 收入来源主要是房产相关信息和二手房交易信息费的网站

代表网站是 21 世纪不动产网、中原地产网和顺驰置业网。顺驰置业网 2004 年 11 月完成线上线下的资源整合，他们的主要收入是完成房屋租赁和转让后的中介费用的分成。

4. 地方网站与特色网站

地方网站：上海热线房地产、深圳房地产信息网、北京四季房展和广州写字楼网，业务范围以区域市场为主，主要收入来源是房产信息费用和部分广告。

特色网站：易居网，以特色服务为主；中国厨卫网，通过切入厨卫细分市场，以丰富的产品种类、供求价格信息等专业化服务吸引消费者；筑巢网，以独立经纪人为特色的房产网站；上海房地产法律网，针对房地产领域不同的法律法规解释，提供专业律师的咨询服务。

30.2 2008 年中国 IT 产品网站发展情况

30.2.1 发展概况

2008 年中国 IT 网站广告收入稳定增长，根据艾瑞咨询的统计，中国各行业的网络广告投放费用均保持快速增长，其中网络服务类和服饰类增长尤为迅猛，增长率分别为 87%和 221%；而占中国网络广告市场半壁江山的交通、IT 产品、网络服务和房地产四大行业中，IT 产品和网络服务两大行业的广告费用将投向 IT 网站，这构成了 IT 网站稳步发展的基础。

同 2007 年相比，中国 IT 网站市场的格局并没有发生根本变化。网站数量众多（有一定收入规模和用户群的 IT 各类网站不少于 30 家），同质化竞争严重，综合门户网站和搜索引擎网站对 IT 产品和网络服务两类客户的分流，依然是每一家 IT 网站不得不面临的市场态势，IT 网站市场仍旧是互联网领域竞争最激烈的市场之一。

2008 年，IT 网站的发展主要表现为以下几个方面。

1．外国资本介入，加速行业整合

2008 年，澳洲电讯同时收购 IT168 和泡泡网两家公司各 55%的股份，成为这两家以 IT 网站起家的网络公司的最大股东，之后，皓辰传媒和泡泡网被合并，两家公司的管理团队在合并后的公司担任重要角色。这是继中关村在线（ZOL）和电脑之家（PCHOME）同时被美国 CNET 收购之后，在 IT 网站领域内的又一个两家网站同时被国外机构收购并进行整合的案例。

2．IT 企业级网媒市场将成为 IT 网站新的增长点

同 IT 消费类网站市场的惨烈竞争状况相比，以关注企业信息化和 IT 应用技术为主的 IT 企业级网媒市场在 2008 年之前则竞争较弱。2008 年，这个细分市场的竞争也明显加强，天极传媒加强发展旗下的比特网和 IT 专家网等，而计世传媒集团旗下计世网以及新兴的 51CTO，CSDN 等网站也都有发力迹象。IT 网站在企业 IT 市场的争夺，很可能成为 IT 网站竞争的下一个焦点。

3．一线网站创新模式成为 IT 网站新亮点

“IT 分众”模式使天极传媒得到了发展。天极传媒在签署 MSN、东北新闻网等知名网站的频道合作之后，又签下腾讯网、凤凰网和新华网等多家一线综合性网站，使频道资源更加丰富。

中关村在线也在积极创新，尝试转型电子商务。一直以 IT 垂直网络媒体定位的中关村在线（ZOL.COM）从 2008 年年底开始转型电子商务平台。IT 数码产品领域的电子商务网站近年来也正在成为资本市场关注的一个新热点，如京东商城在 2008 年年底获得由今日资本、雄牛资本及亚洲投资银行家“红筹之父”梁伯韬的私人公司联合注资的 2100 万美元。

30.2.2　市场分析

DCCI 互联网数据中心研究认为，在所有类别网站中，包括 IT 网站在内的垂直网站广告对于用户购买行为的影响力已经居于第二位，2008 年垂直和专业网站广告营收规模增长至 29.4 亿元，增长率约为 47.7%，见图 30.4。这表明，2008 年 IT 网站市场基本上保持了跟整个网络营销市场同步高速发展的态势。

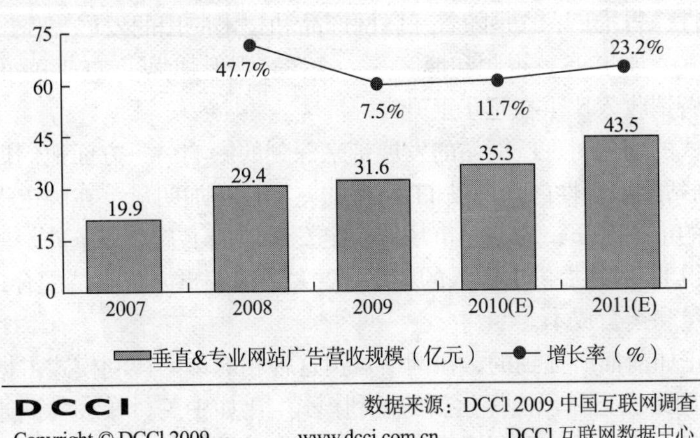

图30.4　中国垂直&专业网站广告营收规模及预测

根据 DCCI 互联网数据中心的调查，我们可以看到包括 IT 网站在内的垂直网站市场的发展趋势：

趋势 1：海量信息面前，用户对服务专业化，运作规模化，业务垂直化的垂直网站喜好度提高，垂直网站用户群体规模呈增长趋势。IT 垂直网站的线下产业程度较高，可渗透到产业链的各个环节，满足了不同受众群体的特色需求，用户黏度提高，用户规模呈现增长趋势。

趋势 2：垂直网站由资讯平台逐渐向资讯、社区及服务三者融合的平台过渡。2008 年 IT 垂直网站逐渐进入新的发展阶段，提供较为全面的服务平台，如产品报价、比较和推荐等服务，资讯类内容向资讯、服务和社区三者融合的平台过渡。

趋势 3：互联网用户 IT 数据产品消费意愿较为强烈，IT 网站面临的潜在市场仍不可低估。DCCI 互联网数据中心 2008 年年度调查数据显示：中国互联网用户 IT 数码产品消费意愿强烈，未来一年打算购买手机的为 44.6%，购买数码相机的为 24.4%，购买数码摄像机的为 11.3%，购买笔记本电脑的为 26.8%，购买台式机电脑的为 10.9%。因此，IT 数码网站面临的潜在市场不可低估，IT 数码网站应通过构建有效的资讯、服务、社区平台来吸引这些消费者，更好地提高网站的营销价值。

30.2.3 盈利模式

2008 年，中国 IT 网站的主要盈利模式仍是以网络广告为主的整合营销服务。据估算，网络营销收入占 IT 网站总收入 85%以上，此外还包括少量的无线增值服务、线下活动和调研服务等收入，但这些基本上尚未形成规模，盈利模式相对比较单一。同时，尽管 IT 网站的盈利模式主要是网络营销，但是由于市场需求、网络技术和应用的变化，网络营销的形式和内涵正发生着持续性的变化：包括 Button，Banner 等在内的所谓传统“硬性”网络广告在下降，而专题、软文等“软性”广告以及博客、论坛、视频等新型网络营销推广方式在快速上升。

这种变化主要有两个原因：一是网络广告主的需求变化，他们在投放广告时，为了达到“渗透式”效果，不再只是简单地要求媒体提供广告的形式和排期，而是要求在投放网络广告的同时，配合专题、专区、口碑宣传等软性的推广资源，有的广告主甚至逐步减少硬性广告投放而加大软性广告推广；二是随着互联网产品和技术应用的发展，不少 IT 网站都在极力搭建新的产品形式，如 SNS、视频和博客等，这在客观上加强了 IT 网站的服务营销能力，使得这些形式的营销收入比重在逐步上升。

这种盈利模式的变化对 IT 网站的发展带来深刻的影响。一方面他们提供服务的深度在加强，使得 IT 网站跟综合性门户网站 IT 频道的差异性更加明显，在一定程度上避免了综合性网站强势品牌的市场挤压，为这一市场的稳定发展创造了基础和条件。另一方面，这种盈利模式的变化使得 IT 网站提供更深入的策划，更大量的编辑人员支持配合，这无疑会增加它们的服务人员数量和运营成本。

除此之外，正如前面所提到的，在网络营销这种相对单一盈利模式占据主要收入来源的情况下，中国 IT 网站也正在积极探索新的盈利模式，比如中关村在线尝试通过提供电子商务服务平台，以探索电子商务的盈利模式；天极传媒在积极探索无线互联网带来的发展机会，推出手机报、手机天极 WAP 网站等产品和新的盈利模式。虽然这些收入规模都还不大，但都是有价值的探索。

30.3　旅行服务发展情况

受雪灾、地震等重大事件的影响，以及下半年全球金融风暴的影响，2008 年中国整个旅游市场遭受较为严峻的打击，我国网络旅游的市场规模增长幅度比 2007 年明显放缓。据艾瑞咨询统计，2008 年中国网上旅行预订市场规模达到 27. 89 亿元，比 2007 年的 22.73 亿元增长了 22.7%，而 2007 年中国网上旅行预订市场的增幅高达 47.5%。

30.3.1　网站发展情况

网络旅游服务提供商是指以互联网平台形式面向旅游者提供机票、酒店和旅游线路等旅游产品的在线预订、在线支付与销售服务，同时也涉及食、住、行、游、购、娱等方面综合信息检索与咨询服务的新兴互联网服务商。主要类型见表 30.1。

表 30.1　中国旅行预订网站主要分类及典型企业

网站类型	国内典型企业
在线旅游预订服务商	携程、e 龙
传统旅游服务商线上分支	芒果网、阳光旅行网、遨游网
在线旅店预订服务商	莫泰 168 连锁旅店、So-Hotel
传统航空公司自营	春秋航空旅游网
在线旅游搜索引擎	去哪儿 （Qunar.com）

根据易观 Enfodesk《2008 年第 4 季度中国网络旅游市场季度监测》数据显示，2008 年第 4 季度，中国网络旅游总体市场规模达到 8.03 亿元人民币，季度营收环比增长 4%，同比增长 9%。携程、E 龙和芒果网分别以 52.2%，11%和 9.9%，占据了市场份额的前三位，如图 30.5 所示。

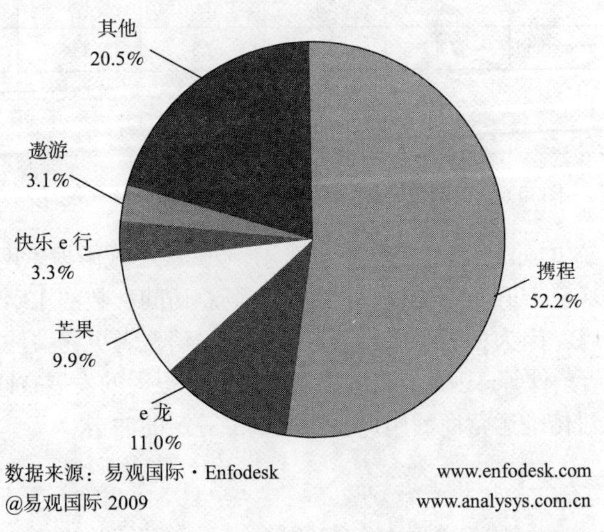

图30.5　2008年第4季度中国网络旅游市场厂商市场份额

旅游&预订网站市场一直是集中度较高的市场，长期以来，都被携程网、e 龙占据着八成以上的市场份额，但是，随着我国旅行&预订市场的进一步成熟，以及遨游网、芒果网、去哪儿和酷讯等一系列新进入者的快速成长，两大巨头垄断的局面有所改变，目前的市场集中度已经出现下降的趋势。DCCI 互联网数据中心对 2008 年上半年的旅行&预订网站的月度人均访问频次统计发现，如图 30.6 所示，月度人均访问频次分散的趋势更为明显，携程、e 龙均出现了下降，而去哪儿和阳光旅游等则明显上升。

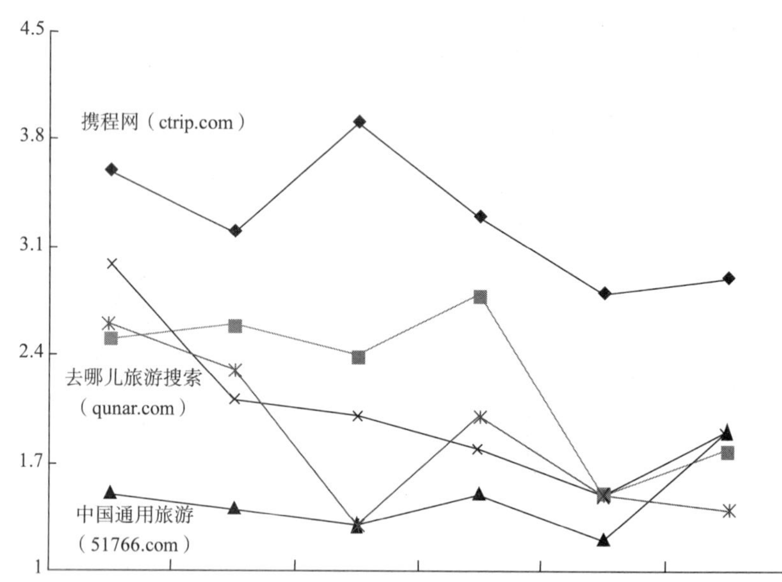

月度人均访问频次（次）	2008 年 1 月	2008 年 2 月	2008 年 3 月	2008 年 4 月	2008 年 5 月	2008 年 6 月
—◆— 携程网（ctrip.com）	3.6	3.2	3.9	3.3	2.8	2.9
—■—去哪儿旅游搜索（qunar.com）	2.5	2.6	2.4	2.8	1.5	1.8
—▲—中国通用旅游（51766.com）	1.5	1.4	1.3	1.5	1.2	1.9
—×— e 龙（elong.com）	3.0	2.1	2.0	1.8	1.5	1.9
—✱—火车票网（huochepiao.com）	2.6	2.3	1.3	2.0	1.5	1.4

DCCI　　DCCI Netmonitor 网络监测 2008 上半年

　　www.dcci.com.cn　　DCCI 互联网数据中心

图30.6　中国旅游&预订网站月度人均访问频次统计

艾瑞咨询研究系统 iUserTracker 的数据也显示，2008Q1 旅游搜索网站去哪儿发展迅速，用户季度访问次数份额已上升至第二位，占整个市场总访问次数的 13.4%，旅游搜索业务正受到更多消费者的青睐，因为相对于旅行预订的平台，消费者更为关注的是产品本身，比如价格、飞行时间和酒店条件等。因此，旅游搜索网站具有很大的发展空间及较高的市场价值。同时，其快速发展也对传统运营商的用户黏性造成了一定的冲击。

30.3.2　用户分析

随着我国经济的发展，人们的生活水平逐渐提高，外出旅游成为人们主要的休闲放松方式。据调查，年轻人获取旅游资讯的渠道分别为：互联网（42%）、电视（28%）、书报杂志

（20%）、广播（10%），可见互联网已经成为获取旅游信息的主要渠道。

2008 年旅游资讯服务用户数不断攀升，根据艾瑞咨询数据显示，至 9 月已突破 4000 万达 4140 万人，10 月则下降了 5.5%至 3914 万，如图 30.7 所示。旅游资讯服务用户数量受假期影响较为显着，五一小长假及十一黄金周前用户数量均出现较快增长，4 月和 9 月的月度覆盖人数环比增长率分别达 25.7%和 29.9%。

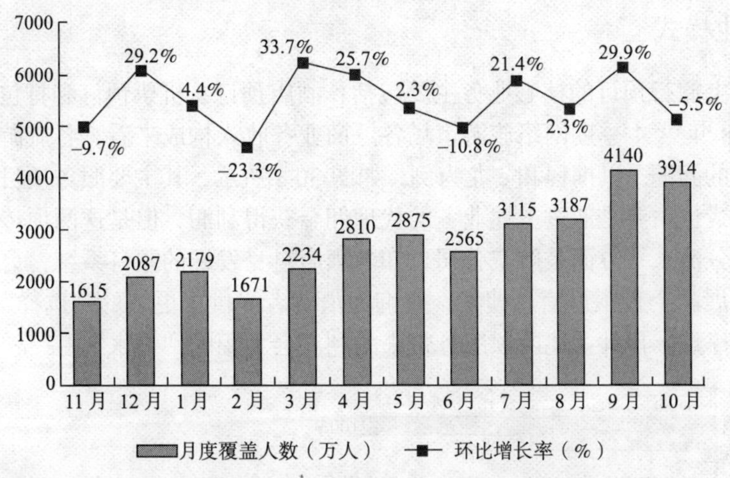

图30.7　2007年11月—2008年10月旅游资讯服务月度覆盖人数及增长率

用户获取信息的渠道中，互联网的地位日益加重，旅游资讯服务用户数长期将保持增长趋势。但在金融危机影响下，用户的出游需求在 2008 年 10 月后明显下降，短期内旅游资讯服务用户出现一定的回落。

30.3.3　市场分析

据艾瑞咨询统计，2008 年中国网络旅游预订市场规模达到 27. 89 亿元，相比 2007 年的 22.73 亿元，同比增长 22.7%。尽管我国网络旅游市场已经经历了数年的高速增长，从长远看，我国网络旅游市场前景仍十分广阔。易观国际预测，到 2011 年中国网络旅游服务商收入规模将达到 75.7 亿元，从 2003 年到 2011 年网络旅游市场规模的年均复合增长率达到 43.63%。

（1）我国旅行服务市场还有巨大的增长空间。2008 年北京奥运会对中国旅游经济产生了强大拉动效应，2010 年上海世博会和广州亚运会等国际性活动的开展，也将对中国旅游经济产加巨大的拉动效应。市场研究公司 eMarketer 预计，中国个人和商业旅游市场的总产值将于 2011 年达到 3000 亿美元，从而一举超越德国，成为全球第三大市场。

（2）随着我国在线支付环境的成熟，用户习惯的养成，我国网络旅游交易的普及率将不断提升。当前，旅游市场只有非常少的一部分交易真正通过网络完成，而随着网络的普及和网络旅游服务市场的日趋完善，将会有越来越多的网络用户通过在线预订各类旅游服务。

（3）个性化旅游市场走向成熟将推动我国网络旅游预订行业进一步细分。我国的旅游市场日趋成熟，随着五一黄金周假期的取消，带薪休假制度逐步完善，人们集中选择在黄金周旅游的热情已经被理性所取代，旅游逐渐成为一件个性化十足的活动，无论是线路、时间、旅游的方式与团队都可以根据消费者的爱好与时间自由的安排，因此，旅游市场有了被继续细分的必要，众多以细分市场为目标的网站将会分流一部分用户。

30.3.4 商业模式

目前，网上旅行预订的核心业务主要包括：酒店预订、机票预订和打包旅游。从易观国际发布的 2008 年第 4 季度网络旅游市场各厂商业务收入构成来看，各旅游预订网站仍存在盈利模式单一的问题。以携程和 e 龙为例，如图 30.8 所示，其主要服务项目还是酒店和机票预订，盈利模式也主要是通过上述业务的代理佣金获得利润，但是这两项传统业务目前带来的利润被大量分流，一方面是航空公司、知名酒店自身发展的预订系统；另一方面就是去哪儿、酷讯等发展的个人预订信息搜索，查询为消费者提供了更多的“选择”。如果不迅速寻找新的盈利支撑点，预计上述两项服务带来的利润会大幅的“缩水”。

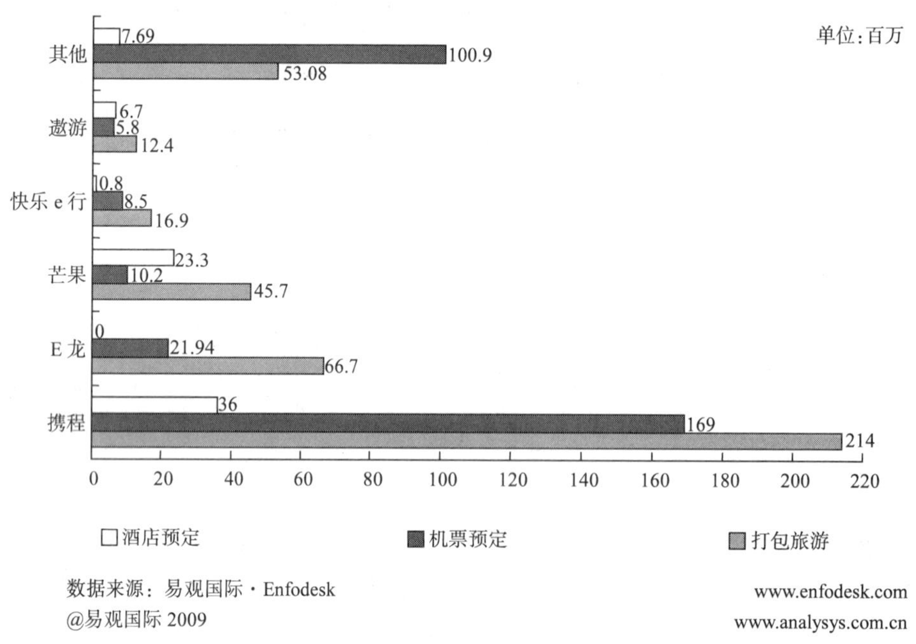

图30.8 2008年第4季度网络旅游市场各厂商业务收入构成

此外，用户在线预订旅游产品的比例有待进一步提升。目前国内众多的网络旅游厂商，虽然已经建立了完善的在线预订与在线支付系统，但大部分用户还是习惯通过呼叫中心来进行机票和酒店的预订。易观国际分析指出，几家国内领先的网络旅游厂商，其在线预订比例大部分都在 40%以下，如图 30.9 所示，大部分用户都是在线浏览网页然后电话预订或者直接电话预订。目前，机票佣金已经开始出现下滑趋势，在线预订的成本优势将进一步凸显。

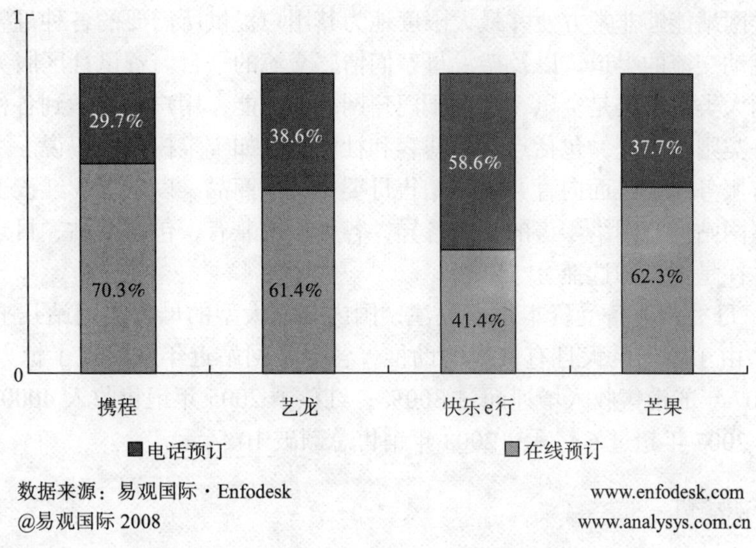

图30.9　主流网络旅游厂商电话预订与在线预订用户比例

30.4　母婴信息服务发展情况

母婴市场通常定位于为 0～6 岁年龄段婴幼儿及孕妇和婴幼儿母亲提供产品和服务的市场。

国家统计局的数据显示，我国每年新增人口约 1600 万，出生率在 12%左右。其中，2007 年新生人口为 1594 万人，2008 年为 1608 万人。庞大的年轻妈妈和婴幼儿群体催生了庞大的信息需求和消费需求，母婴网站的作用日益突显。

一方面，年轻的父母需要科学方便的渠道学习母婴保健和早教知识，而通过互联网学习育儿知识、传播育儿知识具有天然的优势。另一方面，随着婴幼孕食品和用品的日益精细化和多样化，对这类商品的选购方式也在发生变化，母婴电子商务网站出现使妈妈们免去了实地采购中东奔西走，货比三家的辛苦。母婴网站正在成为另一种强大而又颇具发展潜力的销售渠道，以乐友、红孩子和丽家宝贝为代表的母婴类电子商务网站受到越来越多年轻妈妈的欢迎，成为她们选择和购买婴幼用品的首选。

30.4.1　网站发展情况

母婴类消费需求旺盛，为母婴类网站的诞生奠定了坚实的基础。在我国，由于母婴类网站的介入门槛较低，因此数量众多，目前约有 2000 多家此类网站。其中，尚未找到成熟盈利模式的占绝大多数。这些网站大都以育儿咨询门户、博客和社区等形式存在，针对的用户群体也从 0～1 岁、0～3 岁、0～6 岁不等，大多规模尚小，生存艰难。与之形成鲜明对比的是，少数找到成熟盈利模式的龙头企业则频频受到风险投资的青睐，在巨额资本的支持下，网站经营步入正轨，与其他竞争者的差距越来越大，垄断态势基本形成。

目前，母婴类网站大致可划分为两类：资讯社区服务和网络零售服务。

资讯社区服务类网站主要是指打造门户，提供社区博客等服务，供妈妈群在线沟通交流的平台。这类网站能够非常方便并最大限度地为其用户提供所需要的各种母婴信息资讯，开通与其他人互动交流的渠道，以及架设母亲们情感交流的平台。资讯社区服务类网站从内容上又可分为两大类：一类是资讯，类似于门户网站的功能，用户可以学到各种有用的知识，如摇篮网；一类则是交流，包括点评、博客和社区等，如宝宝树和妈妈说。

网络零售服务主要是面向育儿家庭销售母婴相关的商品，以乐友、红孩子和丽家宝贝等为代表。这些网站进行网络零售的模式各异，各种渠道兼有，包括网站、目录和实体店等，复合型渠道往往是主流的选择。

2008 年，母婴产业备受资本市场关注，国内几家大型的母婴类网站几乎都获得了风险投资的垂青。由于市场巨大且有资本的助推，各母婴网站近年来实现了惊人的增长。乐友 2006 年和 2007 年的销售收入增速超过 300%；红孩子 2005 年销售收入 4000 万元，2006 年达到 2 亿元，2007 年超过 6 亿元，2008 年销售总额破 10 亿元。

30.4.2 市场分析

2008 年下半年以来，随着美国金融危机影响的扩散，全球经济持续低迷，中国的资本市场也同样受到冲击，众多的企业融资计划纷纷泡汤。据相关数据统计，金融风暴以来国内互联网风险投资规模降低 6 成。而母婴市场却逆市而行，2008 年不乏大笔金额的投入，足以见资本市场对母婴消费市场的看好。母婴类网站近年来重大融资事件不断，见表 30.2。

表 30.2 母婴类网站近年重大融资事件

企业	发生时间	投资金额	投资机构
乐友	2007 年 7 月	1100 万美元	永威投资
	2008 年 6 月	3700 万美元	永威投资、德意志银行
红孩子	2005 年 11 月	300 万美元	NEA、北极光创投
	2006 年 9 月	700 万美元	NEA、北极光创投、赛伯乐
	2007 年 11 月	2500 万美元	KPCB
宝宝树	2008 年 3 月	1000 万美元	经纬创投
妈妈说	2007 年 2 月	50 万美元	德同资本、卓凡、天使投资人何庆源
	2008 年 3 月	200 万美元	德同资本、卓凡
摇篮网	2008 年 3 月	1710 万美金	Sutter Hill Ventures、成为基金、Foundation Capital、NSA Investments

30.4.3 商业模式

从商业模式上看，目前，中国母婴网站主要分为三类：（1）以电子商务+目录销售育儿产品的红孩子和爱婴网；（2）以网站+目录+连锁门店销售的乐友、丽家宝贝、酷菲儿和好孩子；（3）提供资讯、交流、博客和社区的网站，如宝宝树、摇篮网和妈妈说等，它们大多没有找到稳定的盈利模式，但已经在妈妈群中产生了不小的影响力，接下来有望走向母婴服务领域。

1. “目录+网站模式”

属于网络零售类网站，主要以上下游之间的差价为利润来源。红孩子是其中的典型代表，2004 年进入母婴用品行业的红孩子，在成立之初就选择了成本相对较低的目录直投和网上商城模式，凭借低价策略，很快打开了市场，并且实现了当年盈利。然而，由于适合网上销售的奶粉、纸尿裤等利润越来越低，促使红孩子向家庭购物平台转型，目前，红孩子已将其产品线从单一的母婴用品，扩展到健康产品、化妆品、家居用品，非母婴产品占比越来越高，正在向综合类购物网站发展。

2."网站+目录+实体店模式"

也属于网络零售类，与前一种类型相比，采用此类商业模式的网站还增加了实体店经营模式。网络和目录能够为企业带来大量顾客，而实体店可以成为新品牌和新产品的推广平台，提高整体利润率。2001 年 3 月，乐友开设了第一家直营店，之后在北京、天津、沈阳和西安四地陆续开设了六十余家品牌直营店，并计划在五年内实现"百城千店"的发展目标。

3. 以交流互动为主的社区育儿网站

此类网站的价值诉求在于满足父母的信息和沟通需求，通过打造人气旺盛的社区吸引广告投放，从而实现盈利。以宝宝树为例，作为育儿社区互动平台，在上线一年时间里，宝宝树就迅速聚集了大量人气，网站流量和用户活跃度均十分可观，然而，要想把流量转变为金钱，在当前来说仍很难实现。为实现盈利，2008 年 6 月，宝宝树推出定制型产品，开始涉足电子商务。今后，电子商务在宝宝树的经营占比会逐渐增高，2009 年比例预计增加到 15%至 20%，三年之内，预计电子商务和门户广告将会各占 50%。

30.4.4　典型案例：摇篮网

2008 年 12 月，在投资界有"硅谷圣经"之称《红鲱鱼》杂志评出红鲱鱼亚洲 200 强，包括摇篮网在内的 5 家和母婴行业相关的企业入围，摇篮网更是进入 2008 年"红鲱鱼亚洲 100 强"。而此前，该网站已经凭其"媒体+教育"的商业模式获得中国创业投资"最具潜力企业 50 强"等称号。

摇篮网于 1998 年在美国硅谷创建，1999 年 12 月 15 日正式上线。它定位于专业的母婴垂直网站，提供从准备怀孕到孩子六岁期间各方面的知识、在线服务和产品资讯。10 年来，摇篮网已经打造了摇篮网（www.yaolan.com）和摇篮电子杂志等多个跨媒体专业平台，拥有一支在国内外儿科、孕产妇、婴幼儿喂养、医学、儿童教育等各领域上百个权威专家组成的专家团队，构建了 21 个频道，积累了超过 6 万篇专业文章。

摇篮网营收模式为"广告+教育产品在线支付"。2007 年，专注于育儿门户的摇篮网开始构建了完善的营销网络，广告销售迅速突破千万大关，2008 年，这一数据再次被刷新，以 2 倍速度不断增长。摇篮网赢得广告主青睐的原因在于：

1. 庞大的用户群

目前，摇篮网拥有超过 182 万注册用户，并以每月 5 万的速度增长。这些注册用户平均年龄在 25～35 岁，而且都是具有一定的知识、文化修养和消费能力的女性用户，这对广告主来说无疑具有很强的诱惑力。

根据权威第三方监测机构 AC Nielsen 数据报告显示，摇篮网日均浏览量 180 万，日均独立访客 21 万次，日均发帖量近 7000 个，上传照片 5000 张。在 AC Nielsen 监控的所有网站中，摇篮网页面停留时间最长，网络用户在摇篮网的重合访问数最低，这意味着摇篮网用户群是一个独立的特殊用户群。

2. 坚持创新

摇篮网保有原有门户、社区等业务稳步发展的前提下，大力进军在线育儿教育领域，完善服务和产品，形成媒体加社区两条路，从盈利模式上，未来的摇篮除了广告收入，开拓全面的在线育儿教育产品形成独立的盈利点。

2007 年，摇篮网推出全球首个在线育儿收费产品——成长阶梯，如今这款收费产品的使用人数已经超过 45 万，并以较快速度增长。

2008 年，摇篮网在全球推出首个针对母婴人群，聚焦亲子教育的 3D 虚拟社区，通过多媒体和拟人化等手段，旨在将在线亲子教育变得更加轻松、直观，更有乐趣。

在销方式上的创新。摇篮网打破了传统网络媒体营销形式单一的困境，通过品牌专区、新品体验、品牌植入营销和线上线下互动营销等多种手段，建立了一套日趋成熟的营销服务模式。

30.5 网络科普服务发展情况

随着我国互联网的快速发展，使用互联网进行科普宣传，已经成为科普工作的重要方式。2008 年我国科普网站数量呈快速增长趋势，一批深受公众喜爱的科普门户网站、特色网站陆续建成，推动了网络科普资源共建共享；随着互联网新技术的应用，网站内容质量、交互性和专业化水平不断提高，向社会公众提供科普信息服务的能力明显提升；在重大科技事件、科普活动的宣传报道中发挥着重要作用，科普网站为提高公众科学素质和绿色网络文化建设做出贡献。

30.5.1 我国科普网站发展状况

截至 2008 年年底，我国科普网站数量达到 606 个，全国 30 个省、自治区、直辖市科协建设了科普网站，181 个全国学会网站开设了科普栏目，主要新闻门户网站、大型商业网站开设了科普频道（栏目），形成了覆盖全国的科普网站群。据 2008 年 12 月的统计，以科普为关键词的网页数量在谷歌上达到 1760 万个页面，在百度上达到 1640 万个页面。

1．用户特征

根据对 606 个科普网站用户进行的调查，从用户年龄上看，我国科普网站的用户年龄 70.60%集中在 25 岁以下，其中，18 岁及以下用户占 20.37%，18～24 岁用户占 49.23%；25～29 岁用户占 15.75%，30 岁以上用户占 13.65%。

从用户性别上看，我国科普网站用户男性占 81.04%，女性占 18.96%，男性用户远远高于女性。

从用户受教育程度上看，科普网站用户以初中、高中学历居多，占 53.23%，其中，初中以下学历占 5.01%，初中学历占 20.77%，高中/中专/技校学历占 32.46%。其次为大专、本科学历的用户，占 37.08%，而研究生学历用户较少，仅占 4.27%。

从用户收入上看，年收入低于 25 000 元的占 31.93%，25 000～50 000 元的用户占 21.20%，而 50 000～75 000 元的用户占 6.65%，75 000～100 000 元的用户占 4.20%，100 000～150 000 元的用户占 2.78%，150 000 元以上的用户占 4.47%。

2．网站建设

2008 年，我国网络科普信息日益丰富，服务形式多样化，涉及学科广泛。科普网站的栏目类型主要包括新闻、学科、资料和专题等 13 种，可以提供文字、图片、视频和动漫等近

20 种形式及功能的服务，信息内容涉及物理、化学、天文、航天和交叉学科等 24 个学科。

例如，中国数字科技馆、中国公众科技网、中国科普博览等科普网站增加了虚拟演示和互动参与等内容，受到用户欢迎。化石网、苏州科普之窗等科普网站依托主办单位的资源优势，重点开发具有学科、地域特色的内容资源，逐渐形成自身特色。人民网、中国网、新浪网、搜狐网、腾讯网等门户网站的科技频道在科普新闻报道、专题制作和网上直播等方面具有独特优势。由于 Web2.0、手机上网等互联网新技术的应用，在线服务和互动功能的增强，W3C 技术标准的推广，科普网站建设专业化水平不断提高。

同时，为满足用户的个性化需求，向用户提供专业化科普信息和服务的科普门户网站初步形成。科普门户网站属于垂直门户网站，其特点是可以方便用户快速、高效地获取自己感兴趣的信息和服务，发布的信息全面、真实和权威。例如，中国公众科技网，现有一级科普栏目 23 个，发布原创和专有信息内容 8700 多万字，稳定的用户群体，同时还提供搜索引擎、网络视频和网络社区等服务，是我国关心科普内容用户上网的首选网站。其“科普网站导航系统”，能够为用户提供科普网站导航和推介服务，使用户能够直观地了解国内各科普网站的特点，便捷地查找和浏览符合自己需求的内容。

此外，2008 年我国科普网站在资源建设中，充分发挥科协系统、科研机构、高等院校和科普机构的自身优势，开展跨地区、跨部门的协同合作，优势集成、共建共享，提高了科普资源的利用率和质量。中国数字科技馆是典型的网络科普资源共建共享服务平台；中国互联网协会网络科普联盟、北京科技传播与科学普及研究中心合作研发的“科普搜索平台”投入使用，解决了网络科普资源分散的问题，提高了网络科普资源的使用效果和共享能力，满足了广大用户的个性化需求，也降低了科普网站的运行成本。

30.5.2　多样化的科普信息服务

1．围绕重大事件、科普活动开展科普宣传

2008 年，围绕四川汶川地震、载人航天发射、全国科技周、全国科普日、南极考察和日全食等重大事件和科普活动，中国数字科技馆、中国公众科技网、中国科普博览、中国科普网和中国地震科普网等科普网站，以及人民网、中国网、新浪网、搜狐网、腾讯网、北方网等新闻网站和门户网站的科普频道，通过开设活动专题，举办专家访谈，网络直播，发布活动信息等形式进行科普宣传，全年参加科普宣传的网站达到 365 个。通过网络科普宣传普及了科学知识，在全国掀起了网络科普宣传的高潮，取得很好的社会效果。

2．开展丰富多彩的网络科普活动，提高公众科学素质

2008 年 1 月，开展了“第二届全国青少年网络科普行系列活动”。活动以“节约资源能源、保护生态环境”为主题，内容包括科普 Flash 作品征集展播和科普图片征集等，共有 167 所学校参加，提高了青少年科学素质和创新意识。

2008 年 4 月组织纪念中国科协成立 50 周年网络有奖评选活动，这是国内在互联网上开展的最大的一次综合性科普活动，107 个网站发布了活动信息，4437 万公众浏览了评选活动专题网站，508.6889 万人参加了投票，共投票 2216.2291 万。活动激发了公众热爱科学，关注科技的热情。

2008 年 4 月举办“大学生中国能源可持续发展辩论赛”，活动主题是：中国能源可持续发展。辩论赛在人民网和中国网等网站上播出。全国有 16 所大学组织代表队参加活动。通过活动使大学生了解我国能源供应现状、存在问题和发展方向，提高了他们对我国能源可持续发展重要性的认识。

2008 年 6 月举办“资源、环境、健康”网上科普知识竞赛，来自北京和上海等 14 个省、自治区、直辖市的 15 万名中小学生参加了竞赛。活动培养了中小学生节约资源，保护环境的意识，提高了对建设资源节约型和环境友好型社会的认识。

30.5.3 我国网络科普发展中存在的问题及对策

2008 年我国网络科普发展存在着以下问题：

（1）虽然科普资源总量很大，但是缺乏原创内容，科普网站之间相互转载信息的现象普遍，对公众吸引力差；（2）科普网站数量增加较快，但是精品网站少，访问人数不多，知名度有待提高；（3）部分科普网站规模小，内容更新不及时，时效性差；（4）科普网站在技术水平、运行环境和硬件水平等方面还存在一定差距，建设规范性方面还需要进一步完善。

今后在网络科普发展中要把提高原创内容作为工作重点，着力打造精品网站和特色网站；要充分考虑用户特征和需求，服务内容和形式要更加专业化、精细化、多样化，增加趣味性、互动性，提高在线服务水平；要加快互联网新技术的应用，提高科普网站的稳定性、访问成功率、反向链接数量，不断提升专业化水平。

30.5.4 典型案例

1. 中国科普博览

于 2005 年代表中国因创意内容荣获“2005 世界信息峰会大奖”的中国科普博览网站（http://www.kepu.net.cn/）2008 年在内容建设和技术应用等方面有较大的发展，初步形成中国科学院的网络科普门户，其发展在同类网站中具有一定的代表性。

（1）适应社会需求，整合构建资源体系。集成科学院属机构的科普资源，在原有 73 个虚拟博物馆的基础上，新建 10 个虚拟博物馆、5 个虚拟科学实践中心、5 个网络科普专题和数字化科普资源库，初步形成由多种形式的主题科普内容组成的网络科普资源体系，主题基本覆盖自然科学特色领域。面向公众传播科学知识，弘扬科学精神，剖析重大科技事件和社会热点，跟踪国际科技前沿，新增《科技助力奥运》、《神舟七号》、《日全食》和《手足口病》等 12 个科普专题以及《物理学的诱惑》和《安全用药》等 29 场科普报告。

（2）跟踪科技热点，开展科普活动。配合 2008 年 3 月份启动的第四次国际极地年中国区活动，支持以“变化的地球：过去和现在”为主题的国际极地年全球科普视频会议，承担北京分会场，开展科普报告，制作网络科普专题。为满足众多不在日食带上的天文爱好者观测 21 世纪首次日全食的需求，联合各方资源，于 2008 年 8 月 1 日 18：20—20：00 通过“中国科普博览”网站直播西安日全食的全过程，总访问量达到 82 550 人次，页面浏览量 302 789 次，新浪科技、新华网、青岛有线与中国科普博览合作，以提供视频信号和网络链接等多种方式转播日全食，累计访问人数达到 18 万人次，取得了良好的效果。

（3）加强技术集成，完善门户功能。为专业人员和科普工作者参加科学传播，进行网络科普资源的创建、加工、组织管理和集成提供便利条件，成为支撑科学传播活动的基础网络平台。对中国科学院下属的 80 余家科普网站和科普栏目的内容进行信息聚合，及时反映内容更新。构建 2TB 集中存储环境，为科普网站提供稳定运行环境。Web 门户集群、应用服务、数据库服务器可支持每日千万级页面访问量规模。P2P 流媒体直播/点播系统面向社会公众，提供实时、直观、交互式的网络流媒体直点播服务，将公众感兴趣的科技热点、科学事件、科普报告和科学实验等科学现场活动延伸到网上，支持上万人并发直播访问规模。

（4）从网络向传统媒体延伸。2008 年“中国科普博览”网站结合自身的内容资源优势，联合中国发展出版社，共同策划出版“中国科普博览”科普丛书。该科普丛书以“中国科普博览”网站现有的六大展区作为丛书内容的组织架构，依托“中国科普博览”网站现有的 74 个虚拟博物馆的内容和资源，邀请相关科学家进行补充、修改和润色，计划用五年时间分期出版近 50 册图文并茂的科普图书。2008 年 12 月，由中国科学院科学传播工作领导小组组长李静海院士亲笔作序的丛书第一辑《认识地球》、《走向海洋》、《湖泊揽胜》和《直面地震》四本图书正式出版。

2．中国数字科技馆

中国数字科技馆（http://www.cdstm.cn/）是由中国科协、教育部和中国科学院共同建设的一个基于互联网传播的国家公益性科普服务平台，是国家科技基础条件平台项目中唯一一个面向公众开放的科普项目，于 2005 年年底开始建设，其建设目的是：运用现代信息技术，最大限度地集成，整合全社会优质数字化科普资源，搭建科普资源共建共享服务平台，为广大公众和科普工作者提供方便、快捷的公共科普服务，在未成年人思想道德建设方面发挥积极作用，成为公众与科学家沟通的纽带。

2008 年，国家对中国数字科技馆建设非常重视，在政策上给予了大力支持，中国数字科技馆完成了一期项目的资源建设任务。国家发改委、科技部、财政部和中国科协联合发布了《科普基础设施发展规划（2008—2010—2015）》，其中把数字科技馆建设列入重点任务之一，要求健全数字科技馆共建共享机制，集成社会现有科普资源并进行数字化开发和转化，加快支撑服务体系建设，重点建设科普基础设施资源门户系统和面向社会的展示服务系统，搭建功能完备、运行高效的科普传播平台。截至 2008 年 12 月，在一百七十多所高等院校、科研院所、科普机构的共同努力下，中国数字科技馆已经建成 90 个专题馆，拥有 1TB 的科普资源，其中：科普图片 10 万张，科普动漫作品 3000 件，科普报告 1300 场，科普教育基地 2000 个，科技博物馆展品 6700 件，专题科普展览 230 份，科普音像制品 5000 小时，科普研究资料 3000 份，科技馆展品 1600 件。2008 年中国数字科技馆访问量达到 2 736 891 人次，访问页面 32 072 705 个。

根据 2008 年 9 月 21 日在全国科普日北京主会场对 4500 名公众随机进行的中国数字科技馆问卷调查显示，49%的被调查者认为中国数字科技馆的大多数内容能够理解，公众经常关注的内容是生态环境、医药健康和生活科技类信息；99%的被调查者对中国数字科技馆满意，83.38%的被调查者对参与数字科技馆的宣传体验活动表现出了浓厚兴趣。不过，尽管中国数字科技馆的社会影响力和公众关注度不断提高，但也存在如何提高访问量、吸引公众的问题，需要在内容建设、服务质量、艺术表现力上进一步提高。

中国数字科技馆获得了“2007 世界信息峰会”（WSA2007）最佳电子科学奖，这是国际社会对中国在普及科学技术，缩小信息差距和数字鸿沟方面所取得成就的充分肯定，表明了中国数字科技馆在我国乃至世界科技馆的领先地位，为中国的数字科技馆建设起到了示范作用。在中国数字科技馆的示范作用下，北京、上海、山东、江苏、湖北、湖南、福建、广东和江西等省、市已经陆续开始建设数字科技馆。数字科技馆这种基于互联网的科普服务平台已经得到社会的广泛认同和公众的欢迎，将成为今后我国网络科普的发展方向。

30.6 互联网个性化服务发展情况

近年来，随着互联网服务的经营方式向最终客户转移，尤其是无线移动用户对互联网服务“随时随地”要求的迅猛增长，新的运营模式 B2C，甚至端对端的服务模式已经形成。像所有传统产业一样，一旦最终用户牵扯到运营中来，用户丰富的背景和千变万化的需求都将对互联网服务产生紧迫和深远的影响。美国加州大学伯克利分校的研究人员预言，互联网服务的个性化要求是不可避免的，其最终目标是满足任何个人用户复杂多变的需求。进一步而言，互联网服务需要把个人用户的需求划分为不同类型，并根据其分类决定是否有相应的服务满足该需求。今天，互联网服务已开始提供一些简单的“以用户为中心”的个性化服务，包括个性化产品定制服务、个性化信息定制服务和个性化网络教育服务等。

30.6.1 个性化定制网站

在国外，个性化定制网站已是一个较为成熟的产业。美国著名个性化定制网站 Zazzle 成立于 1999 年，主要从事“在线定制印刷”，客户可以直接上传自己喜欢的图案或是选择其他用户上传的图案，Zazzle 则将客户选定的图案印刷在 T 恤，甚至是邮票上，寄送给客户。2008 年年初，在美国著名的互联网行业 TechCrunch 年度评选中，Zazzle 获得了 2007 年度最佳商业模式奖。

自 2006 年以来，我国的个性化定制网站也出现遍地开花的局面。这些网站依托在线设计互动平台，提供个性印刷品（贺卡、台历、挂历、明信片、请柬、名片等）、T 恤和马克杯等。它们将网民个人喜好的图片、照片与产品结合，制作出独一无二的产品。虽然这种生产在一些街边小店早已出现，但是，互联网服务令购物者更有自己创作、制作的条件与积极性，正合时尚青年的胃口。当前，卡当网、中国秀客网、艺酷和秀酷等一批个性化定制网站日益活跃。

30.6.2 网上试衣间

近年来，越来越多的年轻女性热衷于方便快捷的网上购物，但像衣服这类用品，由于无法亲身试用，总令购物者感觉不放心，“网上试衣间”应运而生。所谓网上试衣间，是指商家在网上开设的虚拟空间，该空间提供了虚拟的人物及大量款式的服装，用户可以随意在虚拟人物身上套入各类服装进行搭配，如图 30.10 所示，某些高级应用还提供身高体重与服装尺码的转换计算等功能。

最早推出网络试衣间服务的是美国 H&M 公司。登录进入该公司网页，选择“试衣间”，用户可选择一位标准模特，或自创一位类似于自己体型的模特，并选择模特的肤色、发型、身体特征、高度、体重以及眼睛的颜色、鼻子、嘴唇等。之后注册进入“我的模特”，一旦注册得到确认，就可以用所有 H&M 销售的服装为模特进行搭配。找到满意的组合后，即可进入“你的衣柜”，并将衣柜中的组合打印出来，最后带到商场直接购买。

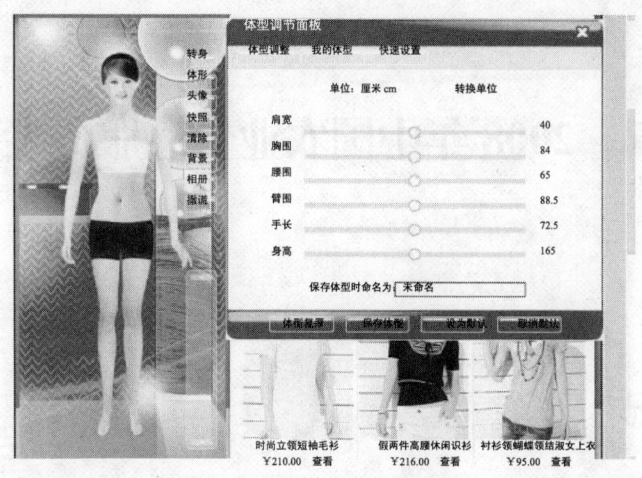

图30.10　虚拟模特

2007 年年底，网上试衣间开始在中国出现并逐渐流行起来。现在，国内的试衣网站正如"雨后春笋"般涌现。目前，已有 face72，41go，okbig 以及和炫网等多家"试衣网"。网上试衣间迅速得到网民认可的原因在于：

（1）网上试衣间具有快速、便捷、成本低的特点，网络试衣省去了人们跑去各大商场挑衣服、试穿的麻烦，吸引了不少热衷于网上购物的年轻人。网上试衣间特别适合购物网站的服装销售，可以作为网络营销的一种手段。

（2）网上试衣间具有娱乐性，可以吸引女性买家。试衣网拥有和网上游戏一样的 3D 购物商场，可以边玩边试穿。一些网站还允许网民上传自己的照片，之后，网上就会有个自己相貌的三维立体模特出现，用户可以像游戏主角一样，随意更换自己的服装，在娱乐中完成对衣服的选购。这种购衣方式的出现，极大地冲击了传统的购衣理念。

由于网络试衣间需要网络卖家的资金投入，出于成本和技术考虑，现在大部分的试衣间都存在一些不尽如人意的地方：

（1）针对人群比较有限。目前，大部分的试衣网只针对女性网民进行服务，而孕妇、男性及儿童并未涉及，还未形成全面系统的服务。

（2）模型的表情比较呆滞。大多试衣网中使用一些固有的模型，尽管部分试衣网支持真人照片传送，但由于照片的表情、角度、色彩都比较单一，单纯的换头式模型还难以代表真人着衣的效果。

（3）对模型的制造只需要三围、身高等简单数据，臂围、腿围等数据并未包括在内，难以十分具体地体现一些细节。针对不同人群的不同特点考虑不够全面，有千篇一律之嫌，和真人试穿还存在不小的差距。

（4）缺乏完善的三维立体图像功能，多是平面图像的试穿，不能全方位地展现试穿的效果等。

（中国互联网协会　孙小宁；中国互联网协会网络科普联盟　张小林、肖　云、闫　伟、吴晨生、吴小林、莫　扬、黎　文；中国互联网协会网络营销工作委员会　范　锋）

第 31 章　2008 年中国农业信息服务发展情况

31.1　发展概况

进入 21 世纪以来，信息技术在现代农业和新农村建设中的应用日益广泛，在农产品生产、流通和销售中的作用日益显现。同时，随着信息化进程的不断加快，手机和互联网等现代媒体深刻改变了农业信息的传播速度和方式，一些事件和消息能够在短时间内传播到全国，对农产品、农业产业、地区的农业生产产生重大影响。信息化对农业农村社会经济发展的改造、推动和融合日益深化。

中共十七届三中全会指出，要推进农业信息服务技术发展，实现生产经营信息化。2008 年的中央一号文件对农业农村信息化建设提出了一系列明确要求："抓紧建立健全重要农产品供求和价格监测预警体系。鼓励优势农产品出口，推进出口农产品质量追溯体系建设……完善大宗农产品进口管理和贸易救济预警制度……驻外机构特别是我驻农产品主要贸易国使领馆要加强国际农产品市场信息服务和农业合作交流。""积极推进农村信息化。按照求实效、重服务、广覆盖、多模式的要求，整合资源，共建平台，健全农村信息服务体系。推进'金农'、'三电合一'、农村信息化示范和农村商务信息服务等工程建设，积极探索信息服务进村入户的途径和办法。在全国推广资费优惠的农业公益性服务电话。健全农业信息收集和发布制度，为农民和企业提供及时有效的信息服务。""实施中西部农村和边疆地区骨干教师远程培训计划……深入实施广播电视'村村通'、农村电影放映、乡镇综合文化站和农民书屋工程，建设文化信息资源共享工程农村基层服务点……普遍开展农村党员干部现代远程教育。"

2008 年，农业部在机构改革中调整了市场信息部门机构设置，突出强化了农村市场信息工作归口管理及信息采集整理和分析预警职责，增强了农业市场信息工作力量，加强了信息统计制度规范管理。从 12 月份开始，农业应急信息采集系统开始运转，农业部在全国选择 50 家大型农产品批发市场作为重点信息采集点，重点监测 58 种"菜篮子"产品每天的价格和交易量，全面提高了信息采集快速反应能力，同时利用信息技术开发统计信息资源，研究开发了农业电子地图，加快实施金农工程，初步设计和实施了 20 个省份的项目，新建"三电合一"地县级平台 109 个，其中重庆市搭建了覆盖全市的服务平台，截至年底，项目覆盖全国 1000 多个县，受惠群众超过 3 亿人，还制订了《农业部关于加快推进农村信息化示范工作的意见》，明确了示范单位的工作目标和具体任务。

各级农业部门注意充分利用互联网及广播电台、电视台和报纸等各种媒体开展信息服务。20 个省份相继开通 12316“三农”服务热线，分别建成了一部分省级、地市级、县级 12316 农业综合信息服务平台（呼叫中心），为农民提供科技、市场、政策和农资投诉打假等综合信息服务。农业部与省级及部分地市、县农业部门实现卫星视频会议系统双向通信。在应对低温雨雪冰冻灾害和汶川特大地震等期间，农业部门通过手机短信开展信息服务累计向农户发布指导生产管理的信息 1 亿多条。山东省由农业专家坐诊，通过网上视频为农民提供技术服务；河南省发展了信息服务超市等新的服务模式，综合运用计算机网络、热线电话、电视节目和信息大厅等手段，“面对面”地服务农民。各级农业部门切实开展农业信息工作人员的素质教育和培训，加强队伍建设。陕西在全省推进农村信息服务站建设，由政府出资建设农村信息员队伍；山东省实施了农村信息员培训工程。全国已有 4 万个农业产业化龙头企业，17 万个农村合作中介组织，61 万个行政村，95 万个农业生产经营大户，240 万个农村经纪人，可以通过信息网络和其他有效形式接收农业部门的信息服务。

工业和信息化部实施“村村通电话”工程五年来，累计完成工程投资约 460 亿元，共计为约 13 万个行政村及自然村新开通电话，大大改善了农村通信面貌。中国电信、中国移动和中国联通三家企业在有关地区建设了基础性农村综合信息服务平台，为广大农民提供功能强大、种类丰富、灵活便捷的各类涉农信息服务业务，为各地农民提供了语音咨询、短信、彩铃、电子邮箱和互联网站等适农信息服务。

中国互联网网络信息中心（CNNIC）日前发布的《第 23 次中国互联网络发展状况统计报告》显示，2008 年中国农村网民达 8460 万人，较 2007 年增长 60.8%，增速远远超过城镇（35.6%）（2007 年年底农村网民数量仅有 5262 万人），网民中乡村人口所占比重不断提升，互联网正高速向农村地区渗透。

31.2　农业网站发展情况

31.2.1　网站规模

农业部网站形成了包括中国农业信息网主站和近 38 个专业/行业网站以及 68 个各省（区、市）农业行政主管部门网站为一体的农业系统网站群，为各级政府部门、企业和社会公众提供政务、政策、农情、市场行情和经济信息等服务，成为具有权威性和广泛影响的国家农业综合门户网站。中国农业信息网日均访问量 465 万次左右，比 2007 年的 313 万次增长了近 49%，日点击数最高时达到 700 万次，比 2007 年的 537 万次增长了 30%；页面浏览量达日均 144 万次，比 2007 年的 87 万次增长了 65%；访问者日均 6 万多人，比 2007 年的 4.7 万人增加了 28%以上；获“2008 年度中国政府网站绩效排名第二”、“第三届中国特色网站综合创新奖第一名”，在国际农业网站、国内各部委网站中流量排名仍基本位于第二，在国内农业网站中居首位。

31 个省（区、市）、新疆生产建设兵团、计划单列市农业行政主管部门均建立了农业网站，80%以上的地（市）和60%以上的县级农业部门建立了农业信息网站；97%的地（市）和80%的县级农业部门都设有信息管理和服务机构，64%的乡镇设立了信息服务站，发展了20多万人的农村信息员队伍，超过60%的乡镇有农村信息服务站并可以上网，初步建立起从中央到地方的农业信息工作体系。许多省（区、市）的省、地、县和乡四级网络已全线贯通。

科技、教育、气象、水利、商务和文化等涉农部门，以及中央组织部、共青团中央、全国妇联等，通过网站积极面向农业农村提供信息服务。全国文化信息资源共享工程，农村党员干部现代远程教育工程，农村中小学现代远程教育工程以及电话，广播电视村村通工程等都取得了显著成效，提高了农村信息基础设施水平，使越来越多的农民掌握了一定的信息知识和技能。许多中介组织、大的涉农企业集团、民营企业结合自己的服务对象和业务，也开设了具有特色的面向农业、农村和农民的服务网站。

31.2.2 服务类型

从功能角度分析，农业网站提供服务主要有以下几种类型：

（1）政务公开。这是政府农业行政主管部门网站服务的一个重要方面，包括政府信息公开，行政审批，网上办事，政民互动等内容。以农业部网站为例，信息公开包括政策法规、规划计划、人事、财务、机构概况和工作动态等信息，其中在线办事一共有八十余项行政许可审批事项实现网上办理，结果公开，并开设了在线访谈、部长信箱、网上信访等栏目，实现与公众互动交流。

（2）资讯信息。这是各类涉农网站提供的一类主要服务，从主题角度看，包括农业农村新闻动态、政策法规、行政通知、质量标准、科学教育、技术推广、招商引资、分析预测、环保资源、产品推介和生活消费等方面；从行业领域来看，覆盖了种植业（粮食、油料、棉花、糖料、丝麻、茶叶、烟草、蔬菜、水果等）、畜牧业（牛、猪、羊、鸡、鸭等）、水产业（鱼、虾、贝、藻等）、花卉园艺业（苗木、草坪、花卉、园艺、观赏园林等）、特种种植业（草药、食用菌、杂粮豆等）、特种养殖业（蜂、蝎、鹿、狗、宠物等）和农副产品加工业（食品、饮料、保健品等）等。从农业生产环节来看，覆盖了产前（种子、化肥、农药、农膜、农机、燃油等）、产中（气象、农情、植保、疫情、兽医等）和产后（供求、加工、流通、价格、消费、外贸等）等环节。

（3）业务应用。主要针对农业生产加工以及管理领域的具体业务应用需求，提供如农业农村远程教育，动植物疫病远程诊断，农业专家智能服务系统，专家在线，语音咨询，短信服务，数据库查询，统计调查和项目申报等应用性服务。

（4）商务服务。主要通过网络环境为农民、涉农企业提供市场行情信息，发布销售，求购，投资合作信息，进行网上招商购物、发布定单直至开展网上交易服务等。

（5）网上社区。主要提供论坛、博客等社区服务，以及乡村文化生活、乡村旅游信息服务等。

（6）门户。不论政府部门、企业、农户个人，还是农民合作组织、社团、中介服务组织等各类涉农主体，所办网站基本都有一个主要功能，即是作为主体对外宣传展示的一个重要平台、渠道。

31.3 农业信息资源开发情况

2008 年，农业部门更加注重紧紧围绕农产品市场监测预警、政策协调、产销衔接和信息服务，加强了市场信息分析和调研。农业部针对国内外农产品价格形势，及时进行深入分析研判并提出稳定农产品价格的任务和建议，针对国际金融危机对我国农产品的影响了对由流通和消费领域向生产加工领域渗透的严峻形势，全面评估金融危机对我国农业的影响，深入分析重点产业、品种应解决的突出问题，及时提出政策建议和决策信息支持，针对农业农村经济监测预警工作，构建了统一的数据共享平台，为准确把握市场动态，针对主要农产品和农业生产资料，分别建立了价格日报、周报、月报制度，针对大宗农产品产业预警需要，建立了小麦、玉米、大豆、棉花、食用油、食糖等主要农产品监测机制。各级农业部门与有关科研院校协作，建立了覆盖全国的农产品市场监测预警分析队伍，完善多方参与、合作攻关的合作研究机制。

农业部门继续开展国际农业信息资源开发工作，形成了较为稳定的渠道，农产品贸易、国际农产品价格、供需、韩国蔬菜批发市场价格、动物源性食品标准数据库、植物源性食品标准数据库、农业进出口企业和国际采购商数据库等，正常运行更新，为宏观决策和微观经营提供了良好支撑。

各级农业部门积极整合农业、科技、教育等部门的信息资源，建设信息交换体系，形成信息共享机制，继续开发完善农业资源、实用技术、名优新特等实用信息数据库，积累大量图片和视频数据；开发绿色食品、农机监管、测土配方施肥智能专家管理系统，开辟广播、电视专栏，建设农业标准、经济合作组织、龙头企业等应用数据库，逐步开发有效信息服务内容。北京市实现全市二十多家大型农产品批发市场每日行情数据采集、分析、查询和汇总及趋势图分析的自动化，以及市场信息的趋势预测电子化、市场异常行情变化跟踪监测的常态化。云南省实施“数字乡村”建设工程，建成了乡村基本情况数据库。

农业部继续组织实施电视、电话、电脑“三电合一”农业综合信息服务平台建设工作，充分挖掘现有资源的潜力和动力，以项目带动农业信息服务和资源开发。农业部坚持“信息发布日历”等多种形式的信息发布制度，商务部每月发布农产品进出口月度统计报告。

31.4 网上农产品贸易发展情况

31.4.1 平台发展情况

全国统一应用系统平台应用工作继续推进，为农产品产销衔接，科技信息服务直接提供网络平台。“一站通”农村供求信息全国联播系统、网上展厅、全国农产品批发市场价格信息系统、“三电合一”农村综合信息服务平台、新农村商网等系统正常运行，各地农民和农业经纪人都可以通过平台发布产品供求信息，了解市场行情，实现产销对接。2008 年，农业部网站营销促销平台会员已达 25 万多家，全国农产品批发市场价格信息系统覆盖全国六百多个大中型批发市场、四百九十多种农产品。

农业部门深入探索网络促销方式，直接推动产销衔接。农业部建立了中国农产品促销平台，作为金农工程的一项重要内容，进行了功能扩展和性能优化。中国农业信息网商务版上线运行，重点开展网上农产品推介，网络交易服务，通过信息流带动农产品物流配送，连锁销售工作。吉林省实施农业电子商务示范工程，以企业为依托，开展创建现代物流、网上交易于一体的电子商务应用试点示范，重点管理供应链服务，实现仓储、运输和商贸等企业的业务协同。浙江省实施农民信箱万村联网工程，在统一平台上为行政村、农业企业和农家乐等单位和个人提供免费自助建站服务，拓展经营内涵，已完成 7422 个行政村、78 个农家乐、184 个农业企业网站建设，发布各类信息 19.3 万条。

31.4.2 网上交易发展情况

针对各地各个季节鲜活农产品上市量大、不便储藏而容易出现滞销和卖难的问题，各级农业部门充分发挥网站的作用，积极利用网络促销平台开展了一系列农产品促销活动，大力推动网上农产品交易和产销对接，累计发布农产品供求信息 100 万条，开辟促销专栏或举办网上对接会近 1000 个，实现对接金额 150 多亿元。如云南省通过各级农业网站促成农产品交易 2100 多笔，交易额达 11.6 亿元，促进农业合作项目九十多个，引进资金九千多万元。

各级农业部门通过网络及时监测农产品流通情况，通过电话追踪销路，延伸网络服务。针对部分鲜活农产品出现滞销现象，各级部门积极实行网上促销与网下活动相结合，较好解决了马铃薯、柑橘、瓜菜和鸡蛋等农产品卖难问题，并通过网站初步建立起部分省地县快速沟通、快速解决农民“卖难”的服务模式，为引导农产品市场经营决策和流通消费，降低农民市场风险，增加农民收入发挥了巨大作用。

据农业部网站统计统计，截至 2008 年年底，涉及市场信息服务的网站约 860 余家，基本以在网站发布供求信息、市场行情、招商引资、各类农林牧渔产品信息，新产品发布，价格、会展等信息，实现供需衔接，促进流通销售服务为主。一些企业还以电子商务供应链及 OA 系统为核心，构建企业自身的覆盖全国各地的连锁专卖网络、单位配送网络、批发网络和出口网络体系，提供网上订购、网上咨询和在线交易等活动。少数农业电子商务类网站构建了 B2B、B2C 形式电子商务平台，通过构建第三方支付中心提供网上交易服务，如阿里巴巴网站的农产品交易服务。一些电子交易平台通过会员制构建网上交易信用体系，交易只在平台认证的会员之间进行。总体上我国农产品网上交易仍处于信息发布与交流的初级阶段。

31.5 农业信息服务发展存在问题及解决对策

当前，农业信息服务发展中存在多头投入，重复建设，涉农信息资源比较散乱而匮乏，信息化服务对象差异较大，信息需求差异明显，信息化普及水平仍然较低，农民和涉农企业应用信息化动力不足等问题，主要表现在：

（1）管理体制上仍存在一定问题。目前，政府许多涉农部门都在做农业农村信息服务，业务分工不明确，职能交叉，“十龙争水”，造成重复投入，重复建设，而没有充分从行业或部门本身应该发挥的职能和业务挖潜上下工夫，造成很多信息孤岛和大量资源浪费。在各级农业部门内部，一定程度上对农业农村信息化的范畴规律和发展策略上还缺乏全面、系统、深入、透彻的认识和把握，仍然有不少人对农业农村信息化工作没有清醒的认识，在思维方式、价值观念、利益格局以及管理方式等方面还跟不上全球信息化发展的大趋势，对发展农业农村信息化没有足够重视。

（2）法规标准和资源建设严重滞后。目前，农业农村信息化领域还没有制订出相应的法律法规甚至全局性的信息化建设管理条例，农业农村信息化工作缺乏法制保障，还没有制订出完整、系统的标准规范，信息系统建设和信息化工作的推进缺乏一系列软硬件技术标准、数据标准、信息采集和加工标准。总体上，信息资源建设滞后，个别地区严重不足，有效信息资源匮乏，现有资源散乱，梳理融合难度大，缺乏共享基础，信息资源开发分析工作对农产品监测预警，宏观管理和微观经营决策，服务支持能力不足，针对农民需要的服务，内容数量少。对全国农业农村信息化的发展建设没有进行详细的战略架构，系统的工程设计和具体的实施计划。

（3）信息服务能力仍有很大差距。目前，全国仍然有近五分之一的县和三分之一的乡镇没有建立起农业信息服务平台和服务站，大部分基层农业部门的信息工作基础设施条件严重不足。面向基层和农民开展信息服务的覆盖面还有一定的局限，广播、电视、电信和报刊等常规媒体以及信息技术网络传播农业信息、开展服务的作用尚未得到充分发挥，农业农村信息工作力量不足，人员素质还有很大差距，服务技能有待进一步提高。农民的收入有限，农民的消费能力受经济水平的限制，因此其上网成本仍然较高。有效的重点信息和有效的需求信息对接不上，农业产业化、组织化和企业信息化水平还有很大的差距。

（4）信息化提升和改造传统农业产业的步伐缓慢。目前，农业生产、加工、流通、科研教育、技术推广、消费以及农业农村经济社会管理等领域的信息化进程总体上还比较缓慢，一些关键的信息应用系统产品研发和技术推广应用还没有得到系统、快速地推进。农业和农村信息化区域发展相当不均衡，特别是东西部差距很大。经费投入不足，国家对基层农业农村信息化建设的投入还受到一些因素的制约。

（5）农村手机上网潜力需要挖掘。虽然台式电脑是网民上网的主要设备，但由于农村人均年收入较低，消费支付能力有限，在农村地区网民的上网设备相对匮乏之际，手机以较低的价格获得农村网民的青睐，成为农村网民上网设备的有益补充。同时，农村手机上网也将成为未来移动互联网产业关注的焦点。截至2008年年底，中国手机上网用户达到1.2亿，城镇手机上网用户7789万人，占城镇网民总体的36.5%。农村手机上网用户约为4010万人，占农村网民总体的47.4%。农村手机网民的互联网应用程度较深，平均每周使用互联网14.2小时，平均每人使用6.4个网络应用，均高于农村未使用手机上网用户的使用深度。因此农村手机网民是农村网民中价值较高的用户群体，应该针对该部分人群对农村手机上网的潜力进行深入挖掘。

今后较长的一个时期内，需从以下几个方面采取切实措施，加快推进农业农村信息服务的发展。

（1）改革完善政府部门的涉农信息服务发展机制，加强统筹规划与组织协调，各部门各司其职，建立统一有序的投入和服务渠道。

（2）推进标准法规建设，全面研究、制定农业和农村信息化标准规范体系，加快推动农业和农村信息化立法的进程，为农业农村信息服务发展提供法制保障，有效地规范农业领域信息化建设的科学性。

（3）大力推进农业农村信息资源建设，面对复杂的信息需求，针对专业化、精细化、多样化趋势，大力开发公共服务产品，完善公共服务网络平台，提供有效的权威性、针对性公益信息服务。

（4）加快传统产业改造步伐，在农业信息技术关键领域和关键环节，加强技术创新和技术研发，加大国家支持农业信息技术的应用和推广力度。

（5）加快提升信息服务能力，加强农业信息服务体系建设，推动农业信息服务产业发展，强化农业信息服务网络延伸和农村信息员队伍建设工作，结合公益性农技服务体系建设等农业社会化服务体系的改革，创新服务运行机制，强化财政保障。

（6）大力推进基于手机下乡的信息下乡。信息下乡的含义包括两个层面：一是通过“村村通工程”和“手机下乡”等信息服务，更好地为广大农村地区提供一条“信息高速路”。二是针对农村地区的经济发展特征，结合农民的生产和生活需要，提供具有针对性的信息服务，提高农民使用手机获取信息的意愿，切实有效地让手机等移动终端设备所搭建的信息获取平台，惠及广大农民的生产和生活。

针对第一个层面的信息下乡，从政府角度来看，首先，应该严格监督“手机下乡”政策的执行机制，严格把关下乡手机的质量和销售渠道，使“手机下乡”政策能够惠及到每个农民。其次，国家应该从政策上号召和鼓励各大运营商，着力解决中国广大农村地区使用手机上网的技术困难，使手机成为上网设备相对匮乏的广大农村地区的有益补充。再次，国家应该在政策上鼓励专业技术人员走入农村，积极帮助农民更好地使用手机。而从各大运营商的角度来看，应该从多方位、多层次展开手机通信和上网的资费优惠政策，并提供有针对性的增值服务，使农民能够积极购买手机、积极使用手机。同时，在全国的 3G 业务开展中，要着眼于中国城乡的共同发展。

针对第二个层面的信息下乡，各运营商应该根据农村居民使用手机和使用互联网的信息需要，结合农村居民和网民的结构特征，有针对性地为广大农民的生产和生活提供信息服务，以手机为载体，为农民提供政策法规、农业科技、价格行情和市场供求等信息，使农民在使用过程中真实地体会到互联网信息带来的价值，提高农民使用手机上网的需求和积极性，使互联网信息在中国 7 亿多农民的生产和生活中发挥作用，这也是中国农村信息化的真正意义所在。

31.6 典型案例

1. 三门峡市：“三电一厅”农业信息化建设

河南省三门峡市地处豫西浅山丘陵地带，社会经济发展相对缓慢，信息不畅的问题尤为突出。近年来，该市农业部门把农业信息化建设作为农业部门转变职能、促进农民增收的重大举措，建成了“市有中心，县有平台，乡有信息站，村有信息员”比较完善的农村信息服务体系，建起了黄河农网等一批专业网站，建成先进的现代化网络机房，开通了 12316 农业热线电话，建成农业电视节目制作中心，在全市建成 30 个乡镇信息服务大厅，探索出了以“三电一厅”（即电脑上网、电话热线、电视节目、信息服务大厅）为载体、多种服务形式有机结合的信息服务模式，初步构建了现代农村信息服务网络，通过七种渠道即农业龙头企业带动，农村合作经济组织带动，批发市场带动，农民经纪人带动，种养大户带动，信息网络协会带动，传统媒体信息服务带动等方式推广应用，在农业生产，农产品营销，促进农村经济增长中发挥了积极作用，取得了显著的社会效益和经济效益，一是促进了特色农业的快速发展，全市果、牧、林、烟等特色农业产值占农业总产值的比重已达到了 80%，粮经饲比例由“九五”末的 64∶36∶0，调整到现在的 49∶44∶7；二是促进了农业产业化进程，全市农业龙头企业年实现销售收入 18.1 亿元，利税 1.68 亿元；无公害农产品基地发展到 80 多万亩，辐射带动农户 32.2 万户；三是促进了农业实用技术的广泛应用，科技进步对农业增长的贡献率已由 2000 年 40%提高到现在的 48%，良种覆盖率达到了 95%以上；四是促进了农村劳动力的转移以及农民增收，信息服务发挥了重要作用。“三电合一”工作经验在全国推广，三门峡市被确定为国家“农村信息化示范基地”、河南省“农业信息化试点市”，三门峡市农业信息中心被团中央命名为“青年文明号”，黄河农网进入全国农业网站百强。

2．宁夏回族自治区：实现农村网络全覆盖的宁夏模式

宁夏回族自治区积极践行科学发展观，大胆创新工作思路，在全国率先实现了农村网络覆盖，创造性地突破“三网融合”部门网络资源分割的体制障碍，在优势互补的基础上实现了“合作共赢”。2008 年 9 月 3 日，宁夏回族自治区被工业和信息化部正式授予“宁夏回族自治区国家级社会主义新农村信息化工作省域示范”牌匾，成为全国首个国家级社会主义新农村信息化工作省域示范点，创造了独具特色的“宁夏模式”。其主要经验有：一、建立信息服务站，宁夏 2362 个行政村均建有信息服务站，每个服务站配有计算机、摄像头、网线、电视机和打印机等基本设备，并且每个村都配有一名信息员教会农民使用计算机，指导农民上网，不但实现了村村通网络，而且真正解决了农民用得上网的问题，使农民真正享受到了信息化带来的实惠。截至 2008 年，宁夏通过信息服务站上传和发布农产品供求信息 29 万多条，实现农产品网上销售收入 2.3 亿元。二、搭建全区统一平台，充分整合全区的信息资源，在全区范围内实现资源的有效利用和共享，直接对市、县、乡镇、村提供服务，面向全区农民提供一站式服务，有效解决了国家综合信息服务体系投入专项资金缺乏，地方信息供给平台层级建设和重复建设造成的资源浪费等问题，从而节约了逐级建平台和购置设备的成本以及房屋、人员维护等成本，并克服了越往下走技术水平和维护能力越弱的弊端。自治区政府组织全区三百多名优秀专家，为农民提供实时的在线视频信息咨询服务，使农民尝到了甜头，得到了实惠。三、突破体制障碍率先实现“三网融合”， 确定以宽带作为多业务承载平台，利用电信数据传输网传输广电提供的高清晰电视节目，利用机顶盒等设备，在一条入户网线上为用户实现上网、打电话、看有线电视等多种业务的 IPTV 发展模式，宁夏电信投资 2 亿多元使全区 2362 个行政村都可通过互联网与外界联系，宁夏成为全国第一个实现村村通互联网的省区。四、通过培训、提供政策补贴、服务提成、鼓励创业和争取财政支持等方式，培养和稳定信息员队伍，调动信息员的积极性，提高信息员素质，将信息服务站管好、用好，谋求农村信息化的可持续发展。

3．农博网：中国农业门户网站

定位于中国农业门户网站的农博网一直致力于“服务农业，E 化农业”，综合利用网络资讯、手机短信和电子期刊等媒介立体传播农业信息和科技知识，通过农业网络传媒平台、农业人才招聘平台和农业电子商务平台等三大平台，为农业企事业单位和广大农民提供农业资讯、网络推广、农产品网上交易、供求信息、人才招聘和网上社区等服务，网站日更新信息量约 1000 条。利用自身的媒体优势，农博网为农业龙头企业、专业合作社和种养大户等进行品牌推广，带动相关农户增收。农民和农民经纪人可以在农博网的商务平台免费发布供求信息，中小型农业企业利用网上商店发布企业动态，展示企业风采，发布及管理产品信息，在线洽谈留言，快速推广产品特色。为促进农业中小企业信用体系建设，农博网对用户发布的产品供求信息及网店进行质量管控，率先在农产品电子商务中推出“信星计划”诚信认证，使用“信用之星”电子标识，为中小农业企业电子商务提供基础的在线信用管理服务，并启用信星积分制度，促进农业企业诚信建设。农博网积极为农民提供与业内专家沟通交流的渠道，使农民或种养殖大户可以通过农博网论坛咨询业内专家；并通过与中国农民大学合作在农民创业培训中开设信息化专门课程，提高农民上网技巧，引导农民利用网络为自己业务发展服务。在 2008 年中国香港举行的“2009 世界信息峰会大奖[1]”大中华区选拔赛上，农博网获得“电子商务与贸易”组别第一名，并代表大中华区参与全球角逐，获得了联合国 2009 年度“电子商务与贸易”组别“世界信息峰会大奖”。

（农业部信息中心　张魁林）

[1] “世界信息峰会大奖”（World Summit Award，WSA）是与联合国“信息社会世界高峰会议”同期举办的国际性会议之一，是国际上唯一由联合国组织的专门针对数字内容的大奖，是全球互联网领域的最高奖项。大奖赛每两年一度，面向全球共分 8 个领域，每个领域选出 5 个网站/项目授予该领域“世界信息峰会大奖”。

第 32 章　互联网与 2008 北京奥运会

2008 年北京奥运会是举世瞩目的一件大事。具有强大媒体功能的互联网对奥运会的参与则在这一届奥运会基础上达到了新的高度，另外，北京奥运会的召开对中国互联网的发展也带来了难得的机遇，从技术、服务、理念、经营和管理等方面极大地推动了中国互联网的发展。北京奥运会与中国互联网在 2008 年集中交织在一起，相辅相成，共同提升了中国的国际影响力，让世界人民带着惊奇的眼光重新认识了中国。

2005 年 11 月 7 日，北京奥组委宣布搜狐公司正式成为北京 2008 年奥运会赞助商，为北京奥运会、北京奥组委和中国体育代表团提供正式互联网内容服务。这是奥运历史上第一次设立互联网赞助类别。

2007 年 12 月 18 日，国际奥委会与中国中央电视台共同签署了“2008 年北京奥运会中国地区互联网和移动平台传播权”协议。这是奥运史上首次将互联网和手机等新媒体作为独立转播平台列入奥运会的转播体系。

这两件代表性的大事，凸显了互联网全面进入奥运报道的主流媒体行列。互联网这种媒体地位的转变和互联网的快速发展不可分割。

32.1　互联网的渠道价值不断提升

截至 2008 年年底，全球网民规模达到 15.8 亿，每不到五个人中就有一个网民，同时还在以年均约 20%的速度增长。中国的互联网发展更是抢眼，在 2008 年年底，中国网民达到 2.98 亿，年增长率超过 40%，成为全球网民最多的国家。网民是互联网发展的基础推动力，网民规模的快速提升，带动了互联网价值的提升。

（1）互联网独占一部分受众，媒体价值不断提升

我们把广播、电视、互联网等媒体看作是受众获取信息的一个个渠道，它们各自占有不同规模的用户。从图 32.1 可以看出，互联网独占着一个群体，这个群体除了互联网外，很少使用其他媒体获取奥运信息。这个群体是互联网的核心受众，他们的存在提升了互联网的媒体价值与广告价值。

研究发现：网民获取奥运信息的主要途径只有 1 个的占到全部网民的 23%，而这其中，56%的人把互联网作为他们唯一的奥运信息渠道。将这两个比例相乘，即大约有 13%的网民完全靠互联网获取奥运信息，结合中国当时超过 2.5 亿网民规模核算，在奥运期间，可能有

一个接近 2700 万[1]的群体，仅依靠互联网获取奥运信息。

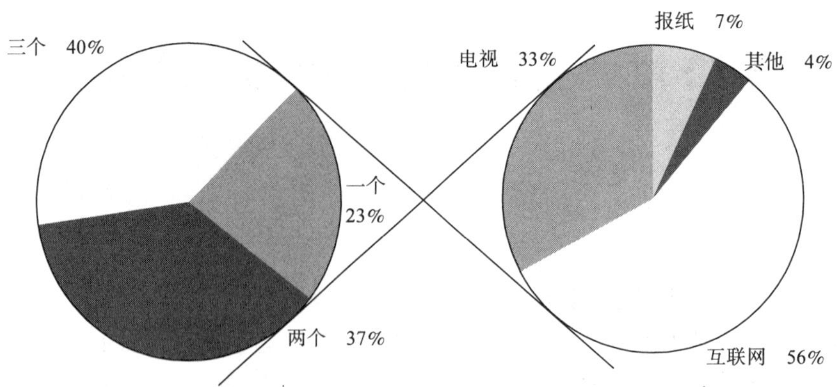

图32.1 网民获取奥运信息的主要途径数与只有一个途径的网民选择的媒体

（2）互联网广告价值不断提升

互联网广告价值的提升，根据 ZenithOptimedia 的测算，2008 年全球网络广告市场规模为 498.76 亿美元，较 2007 年增长了 21.3%，如图 32.2 所示。

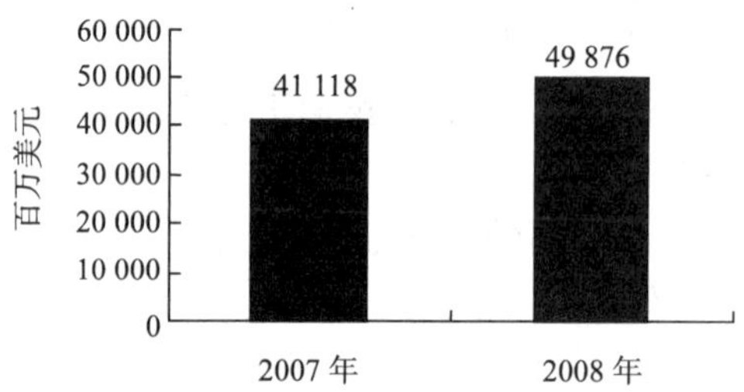

图32.2 2007—2008年全球网络广告市场规模

根据尼尔森的统计，2008 年中国大陆网络展示广告规模达到 132.3 亿元人民币，较 2007 年增长了 41.6%。显然，中国网络广告市场的增长率要远远高于全球平均水平，如图 32.3 所示。

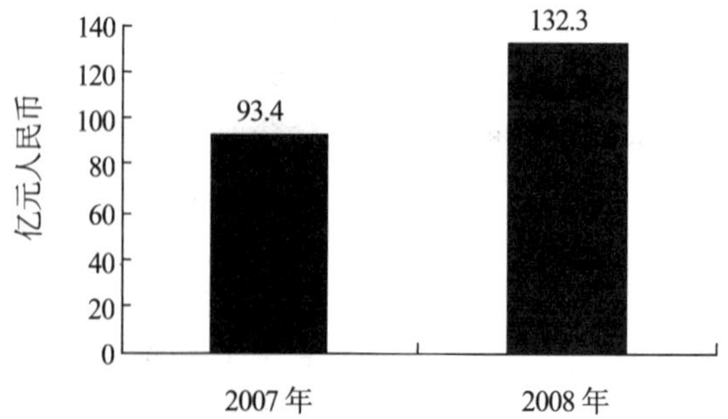

图32.3 2007—2008年中国大陆网络展示广告市场规模

[1] 根据中国互联网络信息中心（CNNIC）统计，截至 2008 年 6 月底，中国网民规模为 2.53 亿，2700 万的独占群体系根据这一网民规模计算得出。

（3）互联网作为消费平台和支付渠道的地位与价值也在不断提升

根据中国互联网络信息中心（CNNIC）统计，截至 2008 年年底，中国的网络购物网上支付人数分别达到 7400 万和 5200 万，较 2007 年分别增长了 60.9%和 57.6%，如图 32.4 所示。而 2008 年北京奥运会则把奥运门票的销售工作大部分放在了互联网上。

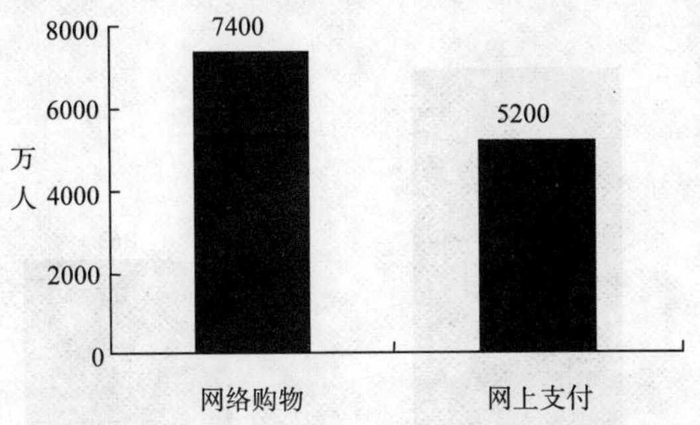

图32.4　中国大陆网络购物、网络支付用户规模

从以上三个方面可以看出，中国互联网的渠道价值不断提升，正是基于中国巨大的网民群体以及他们通过网络媒体对奥运会的关注，互联网的媒体价值得以提升，同时这也奠定了互联网全面参与奥运的基础。

32.2　网民高度关注奥运

2008 北京奥运会，作为中国乃至全球的一项盛事，承载了中国人巨大的民族自豪感和爱国热情。中国互联网络信息中心（CNNIC）的一项调查显示 82%的网民关注 2008 北京奥运会，如图 32.5 所示。

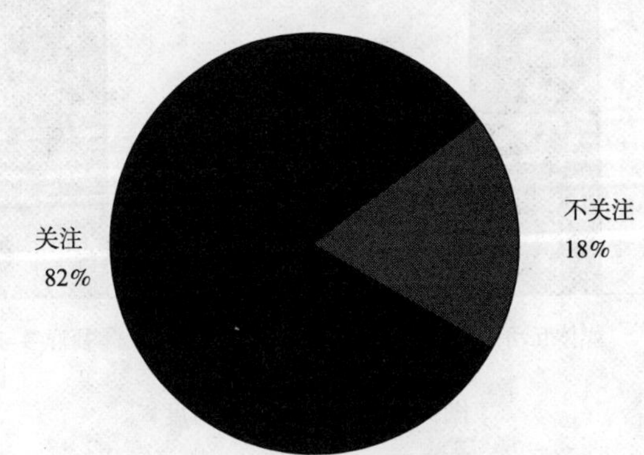

图32.5　中国关注2008北京奥运会的网民比例

消费力是用户消费特定内容时投入的时间和精力以及消费的量，而时间和精力的投入在一定程度上存在高度相关性。因此，此处我们用两个指标——消费时长和消费的内容量——来衡量网民在奥运相关内容上的消费力。

数据监测显示，在 CCTV 奥运网、搜狐奥运官网、新浪奥运站和网易奥运等 9 大奥运网站奥运频道中，在中国大陆（不含中国港台、中国澳门）奥运期间共产生 83.5 亿页次的浏览量[1]。

中国互联网络信息中心（CNNIC）的调查显示：网民在奥运期间，平均每天花在互联网上的时间近 3.4 个小时，如图 32.6 所示，而其中近一半的时间花在了奥运相关内容上。

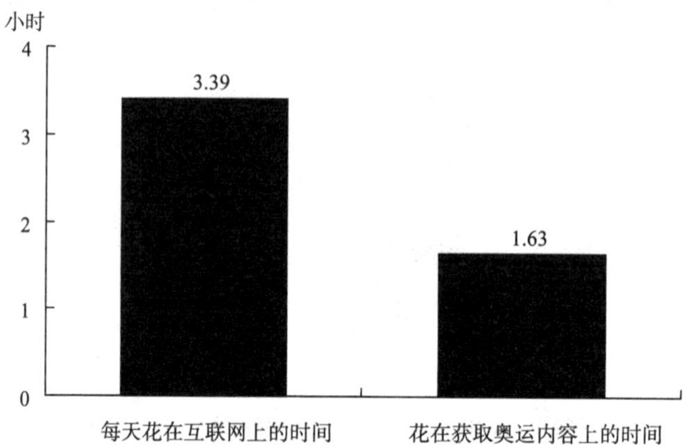

图32.6　奥运网民花在互联网和奥运内容上的时间

基于互联网互动、用户可自创内容的特点，中国互联网信息中心（CNNIC）的研究测评了网民的奥运参与度[2]。

调查显示：26.2%的网民参与了媒体互动，17%的网民在奥运期间通过互联网转发了和奥运相关的内容，22.5%的网民参与了奥运相关内容的社群讨论，如图 32.7 所示。

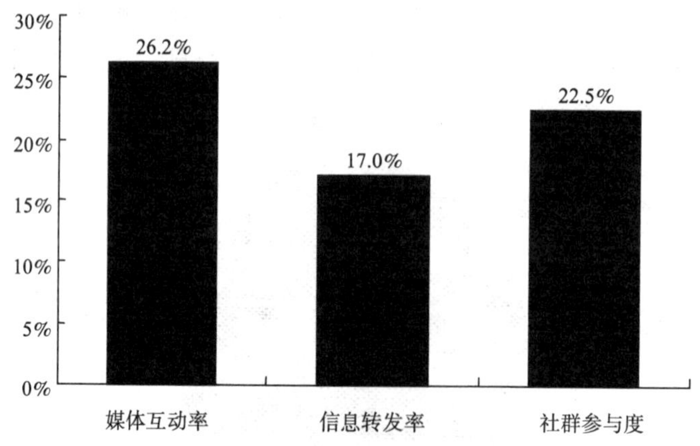

图32.7　奥运网民参与度

[1] 数据来源：北京缔元信互联网数据有限公司。

[2] 测评的网民奥运参与度主要指网民的主动行为，而类似于传统媒体的信息获取行为，不界定在网民的奥运参与度分析中。

媒体互动率、信息转发率、社群参与度是测评网民奥运参与度的三个主要指标。

其中媒体互动指网民根据互联网提供的内容，通过参与评论的方式对相关内容的反馈；

信息转发指网民对自己获取到的奥运相关内容，通过邮件、即时通信、转贴等行为向其他网民的信息再发送行为；

社群参与指网民通过社区、BBS、博客群、即时通信等工具参与的奥运相关内容的多人在线讨论活动。

与传统媒体受众不同，互联网的受众既是奥运的信息消费者，同时也是奥运信息的传播者与生产者。他们对奥运的参与，丰富了奥运资讯的内容，也活跃了奥运消费市场。

32.3　互联网全面参与奥运

奥运会前后，北京奥组委充分认识和认可互联网的强大功能，积极利用互联网渠道发布各种奥运相关信息，提供网上服务，全面打造“绿色奥运、科技奥运、人文奥运”的理念。

1．门票预售——挤爆互联网

中国互联网信息中心（CNNIC）在奥运门票预订初期开展的一项调查证实了互联网在网民预订门票中的重要作用：

（1）网民预订门票最主要的渠道为互联网，通过中国银行营业厅预订的比例仅有一成左右；

（2）预订者通过互联网预订奥运门票要通过奥委会官方网站进行，其中有 8 成预订者通过英文域名来访问，启用的中文域名“奥运门票.CN”的使用比例也达到了 18.9%，超过了使用中国银行营业厅预订的比例，如图 32.8 所示。

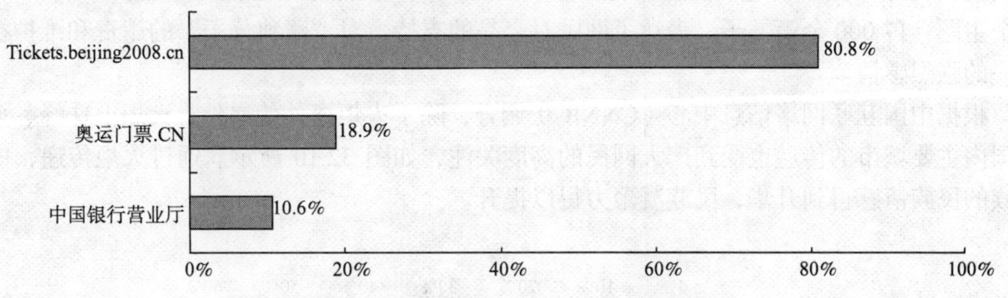

图32.8　调查样本中预订奥运门票的渠道分布

根据奥组委票务中心的统计，在第一阶段（2007 年 4 月 15 日—6 月 30 日）的预订中，共收到 72 万余份订单，合计预订超过 518 万张门票，而据 2008 年 6 月 20 日对此前提交的订单统计，90%通过奥运官网提交。

2007 年 10 月 30 日早上 9 点钟，北京奥运会第二阶段门票销售工作启动。由于采取了“先到先得，售完为止”的政策，公众的参与热情在这一时刻同时爆发。官方票务网站流量曾瞬时达到每小时 800 万次，超过了系统设计的每小时 100 万次的承受量，票务系统一度瘫痪。

2．火炬传递——互联网放大爱国声音

火炬传递是传播奥运精神的一项重要活动。2008 年北京奥运会的火炬传递在传递范围、传递里程和传递高度上都创造了历史之最。然而，奥运火炬的传递过程并不顺利，特别是海外传递，遭到了藏独分子的破坏：

2008 年 4 月 8 日，法国巴黎，奥运火炬手残疾人金晶，以自己的身体保护奥运火炬，遭藏独分子冲击和殴打；4 月 10 日，美国旧金山，由于藏独分子的干扰，火炬传递路线被迫临时改变。

藏独分子对奥运火炬海外传递的干扰与破坏，极大地伤害了中国人民和海外华人的民族感情。海外华人华侨和留学生自发组织起来护卫奥运火炬传递，支持北京奥运会。

根据互联网监测机构缔元信的监测数据，在 4 月 8 日和 10 日火炬海外传递遭到破坏的两天，奥运相关网站的流量迅速提升。而对页面浏览量的监测则显示：在 4 月 6 日—4 月 12 日这一周，缔元信监测的网民最常访问的 50 个网页里，35 个网页内容和火炬传递相关，而其中 27 个为火炬传递遭破坏相关的内容，显示了中国广大网民对破坏事件的高度关注和强烈谴责，如图 32.9 所示。

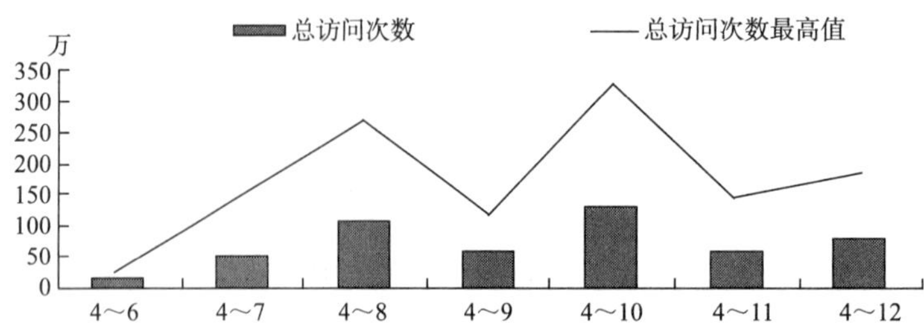

图32.9　4月6日—12日主要网站奥运频道总访问次数均值和最高值

4 月 8 日，残疾人火炬手金晶用自己的身体护卫奥运火炬的举动，感动了所有的中国人。网民们用键盘和鼠标表达了对金晶的声援和支持：在百度贴吧“金晶吧”里，形成了 2000 多个主题，17 000 余篇帖子，表达了网民对金晶的支持、对“藏独分子”的谴责和维护祖国统一的强烈感情。

根据中国互联网络信息中心（CNNIC）调查，除了火炬海外传递外，火炬上珠峰、火炬在国内主要城市的传递也受到广大网民的高度关注，如图 32.10 所示。通过火炬传递，中华民族的民族情感得到升华，民族凝聚力得以提升。

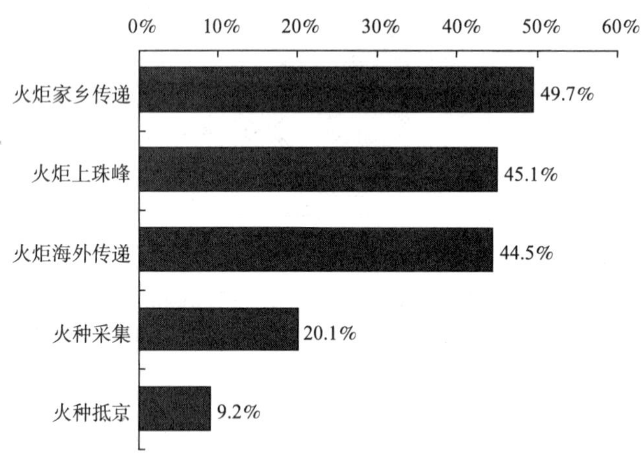

图32.10　网民关注的奥运火炬传递活动

3. 赛事报道——创新成就互联网

2008 年北京奥运会首次设立互联网类别赞助商，首次将互联网作为转播平台列入转播体系，这是奥运会对互联网媒体地位的认可。而互联网则以自己的活跃和创新，还给奥运会一个又一个奇迹。

根据缔元信对 9 家主要的奥运信息传播网站的奥运频道的监测，2008 奥运会期间（8 月 8 日—24 日），全球网民访问过这 9 家网站奥运频道的不同 URL 链接总数达到 749 万。其中新闻图文占比最高，达到 60.4%，图片有效资源量超过百万，占比 14%；博客有效资源量接近二百万，占比 24.6%；视频是本次奥运的一大亮点，视频有效信息资源量达到 72 432 条，按时间计算，包括 3800 小时的直播内容和 4000 小时的点播内容，见表 32.1。

表 32.1　不同形式信息资讯数量

	图文新闻	视频	图片	博文
有效信息资源数量	4 528 099	72 432	1 049 456	1 841 617

互联网参与奥运并获得巨大成功，与互联网的创新应用不可分割。而这其中，不可不提的是搜狐奥运赛事信息系统和 CCTV 网络电视奥运台。

奥运信息系统（INFO2008）是奥运会期间通过遍布各奥运场馆、奥运村和其他设施的终端连接的一个在线内部网信息系统。该系统为奥林匹克大家庭成员，包括媒体和国家奥委会代表队，提供由各职能部门撰写、编辑和发布的内容，如比赛日程、竞赛信息、运动员简介、赛事回顾与预告、新闻发布会报告、新闻快讯、新闻发布稿以及天气预报和交通信息。

北京奥运会的创新之处在于，把互联网与奥运信息系统对接。在第一时间将最权威的官方比赛数据以最快的速度发布到网民面前。这一系统极大地吸引了用户的注意力。根据监测数据，该系统的用户平均单页停留时长高达 1426 秒[1]。

CCTV“网络电视奥运台”（cctvolympics.com）是以互动为基础，集奥运视频直播、点播、轮播、图片、互动为一体的网络电视台，它基于 FLEX 和 FMS 等先进互联网技术，提供给网民包括 60 个直播和轮播频道的 3D 频道墙，以及即时赛事信息和边看边聊功能，同时还提供了分类赛事点播、高清新闻图片、场馆卫星地图、奥运休闲游戏和中国军团谱等产品服务。

据统计，开幕式当天，网络电视台页面浏览量达到 1.5 亿，边看边聊在线人数最高达到 69 869 人，整个奥运期间边看边聊日均在线人数保持在 45 000 人左右。

32.4　奥运带动互联网价值提升

互联网对奥运的积极参与和网民通过互联网对奥运的参与，带动了互联网广告价值的提升。根据 Nielsen Online 监测，12 个奥运全球合作伙伴、11 个北京奥运合作伙伴和 10 个北京奥运赞助商共计 32 个广告主（其中，强生既是全球合作伙伴优势北京奥运合作伙伴）的互联网广告活动随着奥运会的日益临近，投放呈稳步增长的态势，并在 6—9 月份达到高峰期，这 4 个月的投放，平均每月均在 1.3～2 亿元。而在 9 月份之后，广告投放呈显著下降趋势。

而根据缔元信的监测，8 月 8 日—8 月 24 日奥运 17 天中，三大门户网站及央视网网站首页和奥运频道共投放网络广告 6102 天次。平均每天投放量为 359 次。其中，奥运赞助商奥运期间网络广告投放量为 2191 天次，占总体投放量的 36.4%从奥运开始，网络广告投放量呈日平稳增长趋势，如图 32.11 所示。

[1] 数据来源：北京缔元信互联网数据有限公司。

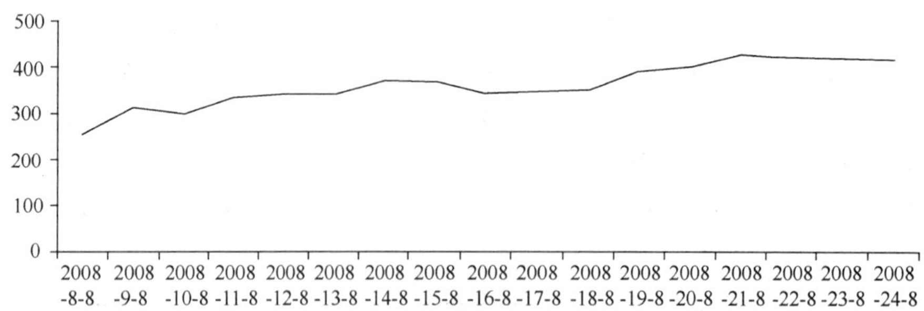

图32.11　网络广告总体投放量（单位：天次）

奥运期间，共有 203 家企业在三大门户及央视网站首页和奥运频道投放网络广告。除 8 月 8 日外，每天均维持 120 家左右。其中共有 18 家奥运赞助商在三大门户及央视网站首页和奥运频道投放网络广告。其中包括 TOP 赞助商、合作伙伴、赞助商在内的前三类赞助商 16 家，占该级别 33 家赞助商的 48.5%，如图 32.12 所示。

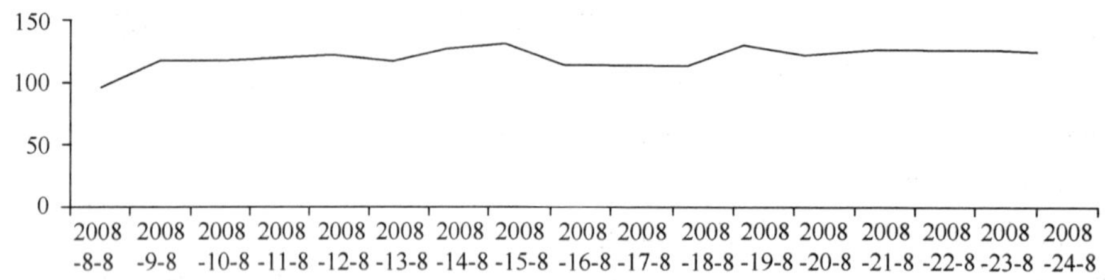

图32.12　网络广告广告主数量（单位：家）

为了最大限度发挥互联网广告传播的价值，奥运期间各大网站网络广告从深度和形式上都有所扩展。从深度上看，网络广告从网站首页到奥运频道以及奥运各二级频道到最终的内容页面都进行了全面覆盖；从广告形式上看，通栏广告、按钮广告、栏目冠名广告、对联广告以及各种形式的富媒体广告都得到了充分利用。各大网站为了更好地报道奥运会，在栏目上精耕细作，推出各种热点栏目满足用户奥运资讯需求，而厂商也充分利用这种效应进行栏目冠名，以达到更好的传播效果。如“中国银行焦点新闻”、“阿迪达斯奥运快讯”和“中国移动奥运加油团”等都是典范之作。

当前，互联网在全球都还处在一个快速发展的时期，在中国尤其如此；互联网媒体价值的提升还处在一个快速发展的时期，在中国尤其如此。2008 奥运会在北京的成功举办，给中国互联网的媒体价值提升提供了一个重要机遇，而中国的互联网则抓住了这一机遇，以创新还了奥运会一个奇迹。

但是，奥运会毕竟只是一个事件。在 2008 北京奥运会之后，中国互联网的发展之路、媒体之路还很长，其价值还远未被充分挖掘出来，包括它的广告价值、媒体价值、渠道价值、平台价值……我们期待互联网给国家和社会带来更多惊喜、更多进步。

（中国互联网络信息中心　陈建功）

第五篇

附录篇

2008 年中国互联网发展大事记

2008 年中国互联网政策法规

2008 年中国电信业统计公报

2008 年中国互联网发展状况数据表

2008 年中国香港特别行政区互联网使用状况调查报告

2008 年中国澳门特别行政区互联网使用状况统计报告

2008 年中国台湾地区互联网使用状况调查报告

本书英文缩写附表

附录 A　2008 年中国互联网发展大事记

2008 年 1—2 月，一批中国香港女艺人的不雅照片被泄露到网上，并迅速流传，被称为“艳照门”事件。该事件引发社会公众对网络环境净化及互联网上个人隐私保护问题的讨论。

2008 年 2 月 25 日，八部委联合印发《关于加强互联网地图和地理信息服务网站监管意见》，要求进一步加强对互联网地图和地理信息服务网站的监管。这八部委分别是：国家测绘局、外交部、公安部、原信息产业部、国家工商行政管理总局、新闻出版总署、国务院新闻办公室和国家保密局。

2008 年 3 月 11 日，根据第十一届全国人民代表大会第一次会议批准的国务院机构改革方案，设立工业和信息化部，为国务院组成部门。将原信息产业部和原国务院信息化工作办公室的职责划给工业和信息化部。工业和信息化部成为我国互联网的行业主管部门。

2008 年 4 月 28 日，工业和信息化部委托中国互联网协会设立 12321 网络不良与垃圾信息举报受理中心，举报方式包括电话、网站、邮件、短信和移动互联网 WAP 网站共五种方式。

从 2008 年 5 月开始，开心网和校内网等 SNS（Social Networking Service）网站迅速传播，SNS 成为 2008 年的热门互联网应用之一。

截至 2008 年 5 月 23 日，在四川“5・12”抗震救灾报道中，人民网、新华网、中国新闻网、中央电视台网已发布抗震救灾新闻（含图片、文字、音视频）约 123 000 条，发挥了主导作用；新浪网、搜狐网、网易网、腾讯网整合发布新闻 133 000 条。上述八家网站新闻点击量达到 116 亿次，跟帖量达 1063 万条。互联网在新闻报道、寻亲、救助和捐款等抗震救灾过程中发挥了重要作用，我国网络媒体的发展进入到了一个新的阶段。

2008 年 6 月 20 日，国家主席胡锦涛通过人民网强国论坛同网友在线交流。互联网作为信息交流的重要渠道，正受到中国党政高层越来越多的重视。

截至 2008 年 6 月 30 日，我国网民总人数达到 2.53 亿人，首次跃居世界第一。7 月 22 日，CN 域名注册量以 1218.8 万个首次成为全球第一大国家顶级域名。

2008 年 7 月 2 日，北京市工商局正式下发了《加强电子商务市场秩序监督管理意见》，规定自 8 月 1 日起，营利性网上商店必须到工商部门办理营业执照。

2008 年 9 月 17 日，国务院总理温家宝对《有博客刊登举报信反映 8 月 1 日山西娄烦县山体滑坡事故瞒报死亡人数》做出批示，要求核查该起重大尾矿库溃坝事故。互联网的舆论监督功能进一步受到党政中央领导的重视。

2008 年 9 月 28 日国家税务总局对各市地税局批复，个人通过网络收购玩家的虚拟货币加价后向他人出售取得的收入，属于个人所得税应税所得，应按照“财产转让所得”项目缴纳 20%的个人所得税。

2008 年 11—12 月，中央电视台连续曝光国内两大搜索引擎百度和谷歌商业模式的弊端。该事件引发网民对搜索引擎的信任危机，搜索引擎竞价排名模式的利弊也成为社会舆论关注的热点。

2008 年 12 月 22 日，新浪网宣布以约 13 亿美元收购分众传媒旗下的户外数字广告业务，这是目前中国互联网最大的一桩并购案。

截至 2008 年 12 月 31 日，中国互联网络信息中心（CNNIC）统计数据显示，我国网民数达到 2.98 亿人，互联网普及率达 22.6%。宽带网民规模达到 2.7 亿人，占网民总体的 90.6%。我国域名总数达到 16 826 198 个，其中 CN 域名数量达到 13 572 326 个，网站数约 2 878 000 个，国际出口带宽约 640 286.67Mbps。

（中国互联网络信息中心）

附录 B　2008 年中国互联网政策法规

1. 国务院办公厅转发发展改革委等部门关于鼓励数字电视产业发展若干政策的通知

（国办发［2008］1 号）

各省、自治区、直辖市人民政府，国务院各部委、各直属机构：

发展改革委、科技部、财政部、信息产业部、税务总局、广电总局《关于鼓励数字电视产业发展的若干政策》已经国务院同意，现转发给你们，请认真贯彻执行。

中华人民共和国国务院办公厅

二〇〇八年一月一日

关于鼓励数字电视产业发展的若干政策

发展改革委　科技部　财政部　信息产业部　税务总局　广电总局

广播电视数字化是国民经济和社会信息化的重要组成部分，在坚持正确方向，确保文化和信息安全的前提下，为加快我国数字电视产业发展，丰富人民群众的精神和物质文化生活，培育国民经济新的增长点，制定以下政策：

一、明确发展目标

（一）以有线电视数字化为切入点，加快推广和普及数字电视广播，加强宽带通信网、数字电视网和下一代互联网等信息基础设施建设，推进"三网融合"，形成较为完整的数字电视产业链，实现数字电视技术研发、产品制造、传输与接入、用户服务相关产业协调发展。

（二）加快有线电视网络由模拟向数字化整体转换。2008 年，通过数字高清晰度电视向世界播出北京奥运会节目；2010 年，东部和中部地区县级以上城市、西部地区大部分县级以上城市的有线电视基本实现数字化；2015 年，基本停止播出模拟信号电视节目。

（三）实现我国电视工业由模拟向数字的战略转变，2010 年，数字电视机及相关产品年销售额达到 2500 亿元，出口额达到 100 亿美元；2015 年，力争使我国数字电视产业规模和技术水平位居世界前列，成为全球最大的数字电视整机和关键件开发和生产基地，实现由电视生产大国向数字电视产业强国的转变。

二、优化投融资环境

（四）发展改革委、信息产业部、广电总局负责组织实施数字电视专项工程，积极支持数字电视标准开发、关键产品产业化以及基础平台建设等重要项目。

（五）积极支持数字电视相关企业通过上市、发行债券、上市公司配股和增发新股等方式筹集资金，增加对数字电视产业的投入。

（六）鼓励金融机构在科学、审慎、风险可控的原则下，积极支持数字电视网络和基础平台建设，进一步为数字电视产业发展提供金融服务。

（七）国家投资的数字电视示范网建设，其有关工程建设和系统集成优先由国内企业承担，在同等性能价格比条件下优先采用国产设备和产品。

三、加强税收优惠支持

（八）对属于《外商投资产业指导目录》及《产业结构调整指导目录》范围内的数字电视领域投资项目，在投资总额内进口的自用设备和按照合同随设备进口的技术（含软件）及配套件、备件，除列入《外商投资项目不予免税的进口商品目录》和《国内投资项目不予免税的进口商品目录》的商品外，免征关税和进口环节增值税。

（九）2010 年年底前，广播电视运营服务企业收取的有线数字电视基本收视维护费，经省级人民政府同意并报财政部、税务总局批准，免征营业税，期限最长不超过三年。

四、推动技术进步

（十）推动建立以企业为主体，产学研联合的数字电视技术创新体制，鼓励企业联合开发共性技术和关键技术，支持具有自主知识产权的数字电视技术和产品发展。加强数字电视标准化工作，积极参与国际标准制订。

（十一）充分利用国内外资源，在现有科研院所和企业基础上组建数字电视国家工程研究中心，加强数字电视产业关键共性技术开发，促进科技成果转化，为我国数字电视产业发展提供支撑和服务。国家有关科技计划和基金重点支持数字电视关键技术的研究开发及相关技术标准的研究制订。

（十二）积极发展地面数字电视，加强农村地区广播电视覆盖，大力推进广播电视网络的数字化升级改造，满足数字电视发展的需要。

（十三）鼓励境外有关研发机构和企业来华设立数字电视技术开发中心，并与国内研发机构和企业开展数字电视关键技术领域的合作。

（十四）有线数字电视接收终端（包括机顶盒和一体机）实行机卡分离技术体制（即数字电视接收终端与条件接收模块完全分离）。从 2008 年起，有线数字电视运营机构应按照机卡分离的技术体制开展数字电视业务，在境内销售的具备地面数字电视信号接收功能的数字电视机应符合国家标准要求。

（十五）数字电视传输等重要的国家标准应经适当规模试验验证。发展改革委、广电总局、信息产业部等部门应组织建设数字电视试验区，为试验、推广数字电视传输等重要的国家标准和机卡分离等重大技术提供条件。

（十六）统筹规划、合理安排、有效利用数字电视广播业务所需无线电频谱资源和卫星轨位资源，保障数字电视广播业务的健康发展。

五、加强市场培育和监管

（十七）转变广播电视运营方式，推进实施网台分离，形成适应数字化发展需要的广播电视运营机制。

（十八）积极推进电视节目制作数字化，进一步加强公益性电视服务，鼓励为用户提供专业化节目，充分发挥数字电视的信息服务功能。

（十九）加强业务监管，规范市场秩序，确保信息安全，维护用户权益。广电总局和信息产业部要按照职责分工，组织制定并监督执行相应的制度、标准和规范。广电总局要加强对数字电视节目制作、集成、播出等环节的监管，确保数字电视内容导向正确和播出安全。

（二十）为确保数字电视系统安全，鼓励采用以国内技术为主体的数字电视广播系统，已采用国外接收系统的应与国内产品同密。

（二十一）完善数字电视价格形成机制。有线数字电视基本收视维护费实行政府定价，增值业务服务费和数字电视付费节目收视费根据情况实行政府指导价或由有线电视运营机构自行确定，具体价格管理办法另行制订。

六、推进“三网融合”

（二十二）有关部门要加强宽带通信网、数字电视网和下一代互联网等信息网络资源的统筹规划和管理，促进网络和信息资源共享。

（二十三）在确保广播电视安全传输的前提下，建立和完善适应“三网融合”发展要求的运营服务机制。鼓励广播电视机构利用国家公用通信网和广播电视网等信息网络提供数字电视服务和增值电信业务。在符合国家有关投融资政策的前提下，支持包括国有电信企业在内的国有资本参与数字电视接入网络建设和电视接收端数字化改造。

七、强化知识产权保护

（二十四）有关执法机关应依照《中华人民共和国专利法》等法律法规，加大执法力度，严厉惩处数字电视设备制造、技术开发和应用等领域的知识产权侵权行为。

（二十五）充分发挥行业协会、商会和企业在制订产品标准工作中的重要作用，建立健全数字电视技术标准专利拥有人、软件著作权拥有人、设备制造商、内容服务商和网络运营商之间的知识产权许可机制。

本政策自发布之日起 30 日后实施，由发展改革委、科技部、财政部、信息产业部、税务总局、广电总局负责解释并共同推进贯彻落实。

2. 文化部游戏产品内容审查委员会关于向社会推荐第三批适合未成年人网络游戏产品的公告

为贯彻十七大精神，加强网络文化建设与管理，营造良好的网络文化环境，合理引导未成年人的游戏娱乐需求，努力用健康向上的游戏产品占领市场，在文化部文化市场司的组织指导下，文化部游戏产品内容审查委员会以国产原创、健康益智、寓教于乐、适合未成年人作为征集标准，从社会各界广泛推荐的几十款游戏产品中遴选出第三批适合未成年人的网络游戏产品，供家长和社会各界作为寒假期间指导未成年人适度游戏的参考。

经文化部游戏产品内容审查委员会认定的第三批适合未成年人的网络游戏产品名单如下：

一、角色扮演类

QQ 华夏　　深圳市网域计算机网络有限公司
富甲西游　　广州网易计算机系统有限公司
大话战国　　广州网游数码科技有限公司
　　北京千橡互联科技发展有限公司
彩虹岛 Online　　上海盛大网络发展有限公司
开心　　福建网龙计算机网络信息技术有限公司

二、休闲类

QQ 音速　　深圳市腾讯计算机系统有限公司
联众中国象棋　　北京联众电脑技术有限责任公司
联众桥牌　　北京联众电脑技术有限责任公司
疯狂赛车　　上海盛大网络发展有限公司

三、教育类

幻境游学　　深圳市南天门网络信息有限公司

文化部游戏产品内容审查委员会
二〇〇年一月十八日

3. 关于开展打击制售假发票和非法代开发票专项整治行动的通知

（国税发［2008］12 号）

各省、自治区、直辖市公安厅、局，国家税务局、地方税务局，新疆建设兵团公安局，各计划单列市国家税务局、地方税务局：

2006 年 8 月以来，公安部、国家税务总局联合组织开展了整治制售假发票和治理涉税违法信息专项行动，各地公安、税务机关通力合作，集中统一行动，查处了一批制售假发票案件，捣毁了一批制售假发票的窝点和网络，打掉了一批犯罪团伙。但是，随着金税工程网络控管能力和税收管理的加强，发票违法犯罪活动出现了一些新动向，一些不法分子将重点目标从增值税专用发票转向其他发票，专业分工明确，单线联系，形成产供销一条龙网络，涉及面广，游离不定，难以追踪，其印制环节隐蔽极深，不易发现；销售时以网络、手机短信、电子邮件、街头广告等形式推销假发票或招揽代开发票业务，凭借信息技术和现代化通信、交通工具，采用专业化分工的手法，逃避执法机关的监控与打击。最近，国务院领导批示“要严肃查处，严加整顿”。为了进一步贯彻落实全国整顿和规范税收秩序的总体部署，巩固和扩大打击发票违法犯罪活动的工作成果，经国务院领导同意，公安部、国家税务总局决定，从 2008 年 2 月开始在全国范围内集中开展打击制售假发票和非法代开发票专项整治行动。现将有关事项通知如下：

一、工作重点

打击制售假发票和非法代开发票专项整治行动的重点是针对一些不法分子伪造、非法印制发票，利用手机短信、互联网、传真、邮递等交易方式大肆进行兜售假发票和非法代开发票的活动，以及专门发送发票违法信息和专门从事代开发票的团伙。要对假发票的集散地车站、码头等地方集中整治。各地要结合本地区的实际，确定集中整治的重点，力求打掉更多犯罪团伙，端掉更多犯罪窝点。

二、工作安排

打击制售假发票和非法代开发票专项整治行动分三个阶段进行。

（一）准备阶段（2008 年 2 月至 3 月）。各地公安、税务机关要对本地制售假发票和非法代开发票情况进行摸底调查，利用发票违法短信息梳理案件线索，确定打击整治的重点区域和重点对象。要尽快组成联合领导小组，对专项整治行动进行具体部署，明确工作目标要求和方法步骤，确定工作重点，并加强监督检查。联合领导小组下设联合办公室，由公安机关牵头，国税、地税机关参加，制订整治工作计划和实施方案，随时了解掌握工作进展情况，协调解决工作中遇到的困难和问题。各省、自治区、直辖市公安厅、局，国家税务局、地方税务局要在 2008 年 3 月 20 日之前将专项整治行动的工作计划和实施方案联合报送公安部、国家税务总局。各计划单列市国家税务局、地方税务局要按照上述时限向国家税务总局报告有关情况。

（二）集中整治阶段（2008 年 3 月至 8 月）。各地公安、税务机关要组织专门力量，根据工作计划和实施方案，梳理出工作思路和摸排出突破线索，集中统一行动。要突出重点，深入进行整治，查处一批大案要案，捣毁一批制售假发票窝点，打掉一批犯罪团伙，务求更大实效。各省、自治区、直辖市公安厅、局，国家税务局、地方税务局要每两个月向公安部、国家税务总局报告一次专项整治行动情况；重要事项和重大案件随时报告。各计划单列市国家税务局、地方税务局要按照上述规定向国家税务总局报告有关情况。两部局将适时通报各地专项整治行动情况，并将派工作组深入部分地区进行督导。

（三）收尾总结阶段（2008 年 9 月）。各地公安、税务机关对专项整治行动期间查处的案件要快办快结；对涉嫌犯罪的案件，公安机关要尽快移送起诉，并及时了解检察机关起诉和法院审判情况。要认真总结专项整治行动情况，对专项整治行动中发现的政策和管理上的问题，要认真提出改进建议；对好经验好做法要积极推广。对专项整治行动中表现突出的单位和个人，要给予通报嘉奖。各省、自治区、直辖市公安厅、局，国家税务局、地方税务局要在 2008 年 9 月 30 日前将专项整治行动总结分别报送公安部、国家税务总局。各计划单列市国家税务局、地方税务局要按上述时限向国家税务总局报送总结。两部局将对各地专项整治行动情况和成果进行通报。

三、工作要求

（一）提高认识，切实加强组织领导。制售假发票和非法代开发票问题是社会治安管理和税收管理中久治不愈的顽症，其危害很大，引发大量的逃税、骗税、贪污、贿赂、洗钱、滥发奖金、挥霍公款等违法犯罪。各地公安、税务机关特别是领导同志应当深刻领会国务院领导的批示精神，充分认识发票违法犯罪的复杂性和危害性，以及与发票违法犯罪作斗争的长期性和艰巨性，进一步增强做好整治工作的责任感和紧迫感，切实把整治工作抓紧抓好，抓出更大的成效。要主动向当地党委、政府请示汇报，可报请当地政府领导担任专项整治行动领导小组组长。要紧紧依靠当地党政领导的大力支持和相关部门的积极配合，把专项整治行动不断引向深入，不断扩大整治工作成果，促进税收秩序明显好转。

（二）明确职责分工，加强协调配合。各地公安、税务机关要按照公安部、国家税务总局的统一部署，各司其职，各负其责，密切配合，充分发挥两个部门协作的优势，形成打击合力。对税务机关移送和检举人提供的案件线索，公安机关要及时审查，对符合立案条件的，要及时受理。在这次专项整治共同行动中，向公安、税务机关检举制售假发票和非法代开发票案件线索，经查证属实，对检举人的奖励可参照《检举纳税人税收违法行为奖励暂行规定》（2007 年 1 月 13 日国家税务总局、财政部令第 18 号）的有关规定和程序执行。各地公安、税务机关要按照“破大案、打团伙、捣窝点、破网络”的总体方针，始终将大要案件和职业犯罪团伙作为主要打击对象，力争在行动中破获一批大要案件，打掉一批职业犯罪团伙，有效遏制制售假发票犯罪日益猖獗的势头。

（三）突出重点，以点带面开展整治。各地公安、税务机关要根据制售假发票和非法代开发票的成因和态势，针对此类违法犯罪在一些地区、行业猖獗的势头，选定重点地区和对象，迅速集中力量进行专项整治，以重点地区为突破口，带动专项整治行动全面开展，争取捣毁和端掉更多的犯罪窝点和团伙，有效遏制发票违法犯罪活动。要以目前网络上、手机短信发布的非法代开发票等信息为重要案源，先行重点查处，顺藤摸瓜，刨根溯源，要追查真票的购领单位，一查到底。要根据专项整治行动开展情况确定一批案件进行重点督办。

（四）充分利用媒体，展开舆论攻势。各地公安、税务机关要积极通过各种媒体宣传这次专项整治行动的意义和目标，开辟专栏、制作专题或举办相关活动，向广大群众、纳税人宣传发票法制知识，以及虚假发票的危害性。要用正反典型事例进行宣传教育，警示使用虚假发票的法律后果，提高群众依法取得发票、使用发票以及识假防骗的意识。要鼓励群众对制售假发票和非法代开发票的检举。要加大对发票违法犯罪案件的曝光力度，以震慑分化不法分子，教育鼓舞广大群众，扩大专项整治行动的社会效果。

公安部

国家税务总局

二〇〇八年一月二十三日

4. 关于 2008 年扎实推进村通工程发展农村信息服务的意见

（信部电［2008］42 号）

各省、自治区、直辖市通信管理局，中国电信集团公司、中国网络通信集团公司、中国移动通信集团公司、中国联合通信有限公司、中国卫星通信集团公司、中国铁通集团有限公司：

2004年以来，信息产业部贯彻落实党中央、国务院关于构建和谐社会、统筹城乡发展、建设社会主义新农村的战略部署，组织6家基础电信企业在全国范围开展了声势浩大的村村通电话工程，累计投资300多亿元，为7.5万个行政村和2万个自然村新开通了电话，29个省份实现全部行政村通电话，行政村通电话率达到99.5%，乡镇通宽带率达到92%；建成服务“三农”的信息服务平台2000多个，涉农互联网站6000多个。农村通信和信息服务发展成效显著，为新农村建设发挥了积极作用。

2008年，信息产业部将深入贯彻落实党的十七大精神，以科学发展观引领村村通电话工程向纵深发展。在已取得的各项成就的基础上，结合当前新形势下建设新农村的新要求，在继续完善农村通信基础设施的同时，加大农村信息服务的推广应用力度，推动工程由“以建为主”到“建用并举”的转变，实现工程由量变到质变的跃升，促进农村通信发展和农村信息化建设迈上一个新台阶。

一、2008年村通工程主要目标和任务

（一）推进自然村村通工程，实现服务对象向更广人群的延伸：在行政村通电话目标基本实现的基础上，继续实施自然村的村通工程建设项目，进一步提高农村电话普及率和网络覆盖率，让更多的人民群众享受到信息沟通的方便快捷。

——自然村的村通工程任务：落实“十一五”规划目标，加快建设步伐，年内计划为约2.4万余个20户以上已通电自然村新开通电话，力争年底全国自然村村通率提高1个百分点（具体任务分配见附件）。

——行政村的村通工程任务：全国尚有 3500 余个无电话行政村位于藏、川高原藏区，西藏、四川通信行业要以落实党的民族政策、缩小“数字鸿沟”为己任，按照“十一五”规划目标，逐步解决偏远地区广大农牧民的通电话问题（按计划西藏今年将为670个行政村新开通电话，由西藏移动公司和西藏电信公司各按55%、45%的比例承担任务）。

——继续鼓励各地为生产建设兵团、农场林区、油田矿区等未在行政村编制之列的基层单位解决通电话问题。

（二）加快农村互联网建设，实现服务水准向更高层次的提升：在为广大农村建设电话网、提供基础语音业务基础上，进一步发展农村互联网宽带接入，增加互联网数据服务功能，提升业务层次和网络质量，为农民享受更加现代先进的信息通信服务提供良好的网络服务支撑。

——乡镇互联网建设任务：乡镇一级基本具备互联网上网接入条件，80%以上行政村具备拨号上网条件。力争年内实现“乡乡能上网”的“十一五”规划目标。

——农村宽带建设任务：为全国95%以上乡镇开通宽带，其中东、中部省份实现所有乡镇通宽带。

（三）着力发展农村信息服务，实现服务应用向更大范围的推广：充分利用和发挥村通工程建成网络的作用，狠抓应用和服务，进一步完善农村信息平台，加快推广涉农业务，加强农村特色信息内容和适用技术的开发应用。

——基础电信企业要加快完善和推广现有农村信息平台和信息服务，不断开发新的涉农

业务，年内力争在所有本地网上，开通针对农民的短信、互联网、电子邮箱、语音热线等经济实用的信息服务。

——增值电信企业要转变观念、面向“三农”，积极会同各级政府和有关涉农单位，大力开发针对农村、贴近农民的信息内容，提供形式多样的特色业务应用。

——设备厂商和研发部门要深入研究农村需求，进一步开发更多的物美价廉、经济实用的技术手段、网络设备和终端产品，使农民群众“用得起、用得好”，更好地服务于农民信息服务需求。

二、2008 年村通工程主要举措和要求

（一）多方协作形成合力，扎实推进村通工程各项工作。

发展农村通信和信息服务是一项社会化大工程，电信行业要在各级党委政府领导下，联合社会各界力量，调动各方面积极性，围绕村通工程年度目标和任务，齐心协力抓好各项工作。部相关司局要各司其职，密切协作，精心组织，大力推进，加强现场督导，及时通报进度，保障工程的顺利进行。各地通信管理局应主动向地方党委政府汇报，加强当地村通工程的组织协调和任务落实，及时解决遇到的问题。电信企业要继续发扬顽强拼搏精神，采取得力措施和有效手段，确保各项年度任务的完成。

（二）合理安排新建项目，保建保通已建项目。

各地在村通工程建设项目过程中，应围绕当地经济社会发展需要和农村建设规划，科学安排，逐步推进，务求实效。同时加强对已建成农村通信设施的运行维护，保障农村通信网络畅通，制定和完善农村通信和信息服务的优惠资费政策，采取措施引导和激励农民使用通信和信息服务业务。

（三）发挥基础电信企业优势，当好农村信息服务主力军。

村通工程中设施建设是手段、服务应用是目的。六家基础电信运营企业要发挥网络资源、技术实力等方面优势，在农村信息服务领域中发挥基础性、主导性作用，重点推广普及一些效果好、有特色的适农信息服务如“农信通”、“信息田园”、“农村党员远程教育网”、“农业新时空”等。在加强农村信息服务开发推广的同时，要高度重视农村信息服务的管理和引导，认真探索农村信息服务站管理模式，要将“阳光绿色网络工程”深入农村，加强农村网络和信息安全管理，杜绝不良信息内容对农村的侵袭。

（四）发挥增值电信企业和行业组织力量，多方面推进农村信息服务。

鼓励支持为数众多的增值电信企业和信息服务商加入农村信息服务大潮中，引导增值服务业开拓农村新市场，开发农民喜闻乐见的特色服务，为农村信息服务作贡献，为增值业务市场寻找新的增长空间。同时适时举办研讨会、交流总结会，开展示范试点项目、扶持一批特色项目，会同相关部门推进中国互联网络信息中心“乡乡有网站”项目，会同互联网协会农村信息服务工作委员会开展“农村信息扶贫论坛”等系列活动。

（五）注重宣传和引导，营造工程良好氛围。

全行业应高度重视和进一步加强村通工程的对外宣传工作，创造良好的舆论环境，以树立行业良好形象，弘扬工程先进事迹，激励斗志，推广经验，引导各方积极参与。各省通信管理局和各电信企业、各行业媒体要以全国改革开放 30 周年成果回顾活动和举办奥运会为

契机，举办丰富多彩的村通工程总结宣传活动，对外展示村通工程这一利国利民工程的成就和意义。

附件：2008年度自然村村通工程任务分配表（略）

中华人民共和国信息产业部
二〇〇八年一月二十八日

5. 国家发展改革委办公厅关于组织实施2008年新一代宽带及网络通信产业化专项的通知

（发改办高技［2008］362号）

各省、自治区、直辖市及计划单列市、新疆生产建设兵团发展改革委，国务院有关部门办公厅，有关中央管理企业：

为贯彻落实党的“十七大”精神和“十一五”信息产业发展规划，着力提高信息产业自主创新能力，增强核心竞争力，推动增长方式转变，2008年我委将组织实施新一代宽带及网络通信产业化专项。现就有关事项通知如下：

一、专项目标和支持重点

（一）专项目标

1．加强对宽带通信领域中基础性、战略性、先导性关键产业技术的研发和产业化支持，培育自主知识产权体系，掌握相关核心技术，形成新一代产品。

2．着力消除影响宽带通信产业发展的技术瓶颈，促进重大科技成果的工程化和规模应用，支持产业发展所需关键器件、芯片的研发和产业化。

3．促进宽带通信产业发展的应用需求，支持数字内容、软件、网络协同技术等产业发展，进一步推动信息化应用和信息服务业发展，为宽带通信产业持续发展创造良好环境。

（二）支持重点

1．关键网络设备

高性能路由器、高性能服务器、高速远距离光传输设备、系列IMS网络设备、海量存储系统、宽带接入设备（含光纤、无线等）、新型智能网关等。

2．宽带通信关键器件、芯片

面向新一代移动通信、全光网、宽带无线接入等所需的核心芯片及高速光收发模块、放大器等。

3．宽带及网络应用

新一代宽带通信安全产品；针对宽带有线/无线网络的增值服务、新兴互联网应用等；数字版权保护技术及产品；面向大型网络应用的软件平台、构件库和工具等；网络协同互联相关产品及应用示范等。

二、具体要求

（一）项目主管部门应根据投资体制改革精神和《国家高技术产业发展项目管理暂行办

法》的有关规定，按照专项实施重点的要求，结合本单位、本地区实际情况，认真做好项目组织和备案工作，组织编写项目资金申请报告并协调落实项目建设资金、环保、土地、规划等相关建设条件。

（二）项目主管部门应对资金申请报告及相关附件（如银行贷款承诺、自有资金证明等）进行认真核实，并负责对其真实性予以确认。

（三）项目承担单位应实事求是制定建设方案，严格控制征地、新增建筑面积和投资规模。项目资金申请报告的具体编写要求及所需附件内容参见附件一。

（四）各地申报项目数量原则上不超过 8 项。请各项目主管部门于 2008 年 4 月 25 日前，将项目的资金申请报告和有关附件、项目简介和基本情况表（见附件二）、项目的备案材料等一式二份（同时须附各项目简介及所有项目汇总表的电子文本）报送我委高技术产业司。

（五）在项目主管部门申报的基础上，我委将按照公正、公平的原则，组织专家评审，择优支持。

特此通知。

附件：

一、项目资金申请报告编制要点（略）

二、项目及项目单位基本情况表（略）

国家发展和改革委员会办公厅

二〇〇八年二月四日

6. 关于继续深入治理整顿网上非法“性药品”广告和性病治疗广告的通知

各省、自治区、直辖市及计划单列市工商行政管理局：

为继续依法打击整治网络淫秽色情等有害信息，深入开展互联网长效管理机制建设，进一步综合治理人民群众反映强烈的网上突出问题，最近，公安部、中央宣传部、最高人民法院、最高人民检察院、教育部、信息产业部、文化部、国家工商总局、国家广电总局、新闻出版总署、国务院新闻办、银监会、全国“扫黄打非”工作小组办公室决定，自 2008 年 1 月至 9 月，在全国范围内组织开展依法打击整治网络淫秽色情等有害信息专项行动，并制定印发了《依法打击整治网络淫秽色情等有害信息专项行动工作方案》（以下简称《方案》）。现就贯彻落实《方案》要求，继续深入治理整顿网上非法“性药品”广告和性病治疗广告的有关工作通知如下：

一、高度重视，加强领导，切实抓好专项行动的部署落实

深入开展依法打击网络淫秽色情等有害信息专项行动，是规范互联网管理秩序，整治网上低俗之风，净化网络环境，保障互联网健康发展的重要举措。依法整治网站发布非法“性药品”广告和性病治疗广告，是这次专项行动确定的重点内容之一。《方案》明确了有关职能部门的职责分工和具体任务，要求工商部门继续采取有力措施，深入进行清理整治，严把市场主体准入关，进一步加强网上广告监管和广告经营资格检查，对发布非法“性药品”广告和性病治疗广告的行为，坚决依法从严查处。同时根据工作需要，全国依法打击整治网络淫秽色情等有害信息专项行动协调小组增加国家工商总局为成员单位。

各地工商部门要充分认识这次专项行动对于加强网络文化建设和管理，维护网上和谐稳定的重要意义，进一步增强政治意识、大局意识和责任意识，充分发挥职能作用，按照《方案》的要求，高度重视，加强领导，周密部署，狠抓落实。一是迅速将《方案》和本通知传达至各基层单位，深入动员，进一步统一思想，把这次专项行动作为今年广告监管工作的重要内容，紧密结合本地实际，针对网上广告监管存在的问题和薄弱环节，确定整治重点，制定具体工作方案，分解落实整治任务，确保专项行动部署到位。二是继续落实工商广字[2007]266号文件精神，搞好与专项行动的衔接。工商系统先期部署和正在进行的治理整顿网上非法“性药品”广告和性病治疗广告工作，是这次专项行动的重要组成部分，各地工商部门要充分利用已经建立的广告监管联合工作机制，继续发挥牵头作用，加强与有关部门的协调配合，共同落实好专项行动的有关工作。

二、再接再厉，把整治网上非法“性药品”广告和性病治疗广告工作继续推向深入

2007年11月27日，国家工商总局等12部门联合下发《关于进一步治理整顿非法“性药品”广告和性病治疗广告的通知》，要求在春节前，集中开展一次针对网上非法“性药品”广告和性病治疗广告的专项整治行动。各地工商部门高度重视，迅速行动，积极协同有关部门，依法查处和关停了一批发布非法涉性广告问题严重的网站。截至春节前的不完全统计，全国工商系统共监测、清查网上非法“性药品”广告和性病治疗广告41 360条，责令停止发布26 795条，责令整改10 937条，查处案件486件，监测发现发布非法涉性广告的网站10 320家，通知有关部门关闭和移送686家，责令停业整顿560家。网上非法“性药品”广告和性病治疗广告蔓延的势头得到有效遏制，整治工作取得阶段性明显成效，集中整治工作目标基本实现，得到了社会各界的充分肯定。

在集中整治取得明显成效的同时，也要清醒地看到存在的问题。目前网上广告监测和巡查还没有做到全部覆盖，有的地区、网站发布非法“性药品”广告和性病治疗广告没有得到有效监控和取缔，留有死角；个别曾被处理的网站还在继续发布违法广告；有的网站在规范了一段时间后，出现反弹。从总体上看，网上非法“性药品”和性病治疗广告虽然得到遏制，但还没有从根本上彻底解决。因此，必须充分认识整治网上非法“性药品”广告和性病治疗广告的长期性、复杂性和艰巨性，认真总结经验，完善整治措施，落实工作责任，巩固整治成果，进一步加大整治力度，强化网上监测和巡查，狠抓案件的查处，继续把含有性生活、性暗示等低俗内容的违法药品、保健食品、消毒类产品以及性仿真器械等广告作为整治的重点，毫不放松地继续深入做好整治工作，不断取得新的成效。前一阶段总局部署查处的3批176家网站，仍有30家继续发布非法“性药品”广告，有关省市工商部门要尽快通知电信部门，坚决予以关闭。对总局部署查处的第4批21家网站，要抓紧进行查处。

三、大力推进网上广告长效监管机制建设

网上广告是广告监管的重点内容之一。当前，迅猛发展的互联网等信息网络正在成为重要的商品交易技术平台和信息传播平台，以网络技术为依托的广告活动越来越活跃，相应的广告监管工作必须以改革创新的思路，勇于实践，积极探索，尽快适应网上广告监管面临的新情况、新要求。目前从全国工商系统的情况看，多数地方网上广告监管工作基础薄弱，还处在起步和摸索阶段。通过前段时间网上广告集中整治的实践，各地工商部门加深了对互联网广告特点和规律的认识，积累了一定的监管经验，为建立网上广告长效监管机制打下了基础。各地要抓住这次专项行动提供的契机，按照总局党组提出的“积极推进制度化、规范化、程序化、法治化建设，努力构建长效管理机制”的要求，充分利用有利条件，大力推进网上广告长效监管机制建设，促进网上广告监管工作跃上新台阶。省及省会城市工商局要在现有工作的基础上，加强网上广告监管能力建设，逐步形成网上广告监测、监管等基本制度和工作规范，加快建立网上广告监管体系，全面提高网上广告监管水平。

专项行动期间，各地要加强工作信息的汇总，每月 5 日前，向总局上报上月工作进展情况，并同时报送当地依法打击整治网络淫秽色情等有害信息专项行动协调小组。

国家工商行政管理总局

二〇〇八年二月十八日

7. 关于进一步加强违禁品网上非法交易活动整治工作的通知

（公通字［2008］14 号）

各省、自治区、直辖市公安厅、局，通信管理局，商务厅，工商局，食品药品监管局（药品监管局），银监局（含各计划单列市银监局），邮政管理局：新疆生产建设兵团公安局、商务局、工商局、食品药品监管分局：

近年来，随着互联网的普及应用和国家对电子商务的大力推动，以及寄递业务的快速发展，网上交易已成为当前一种常见的经济活动形态，一些不法分子乘机在网上非法贩卖违禁品（国家规定限制或禁止生产、购买、运输、持有的枪支弹药、爆炸物品、剧毒化学品、窃听窃照专用器材、毒品、迷药、管制刀具等物品），给社会治安和公共安全带来较大隐患。为进一步加强违禁品网上非法交易活动整治工作，及时堵塞危及公共安全的漏洞，现就有关工作要求通知如下：

一、充分认识加强违禁品网上非法交易活动整治工作的重要性

违禁品网上非法交易活动严重干扰市场经济秩序，危害国家和社会安全，侵害人民群众合法权益，整治违禁品网上非法交易活动，既是保障互联网健康发展的必然要求，也是维护国家安全、社会和谐稳定的重要举措。各部门要从构建社会主义和谐社会的高度，充分认识加强违禁品网上非法交易活动整治工作的重要性，切实增强政治责任感和工作紧迫感，采取有力措施。进一步加强对网上销售违禁品相关信息的监管和对网上销售违禁品违法犯罪活动的打击，有效维护良好的互联网管理秩序，促进社会和谐稳定。

二、明确职责，进一步落实各部门监管责任

各部门要进一步理顺管理机制，明确职责分工，做到各司其职，各负其责，实现对违禁品网上非法交易活动的有效管控。

（一）工商行政管理部门负责网上广告活动监管，主要职责是：加强日常监督管理，密切与电信管理、公安、食品药品监管等部门的协作配合，加大对网上广告违法行为的查处力度；对在网上广告监管中发现的违法从事网上广告经营活动的网站，通知电信管理部门对网

站予以取缔。

（二）电信管理部门负责进一步加强互联网行业管理。主要职责是：强化经营性网站许可制度和非经营性网站备案制度，对未取得许可的经营性互联网信息服务网站，未备案或提供虚假备案信息的非经营性互联网信息服务网站依法予以处理；建工和完善域名注册信息留存制度，对域名持有者提交的域名注册信息不真实、不准确、不完整的，要求域名注册机构对域名予以注销；对域名注册信息未予留存或者存在大量虚假域名注册信息的域名注册机构，依法责令其限期整改；强化互联网接入服务提供者的日志留存制度，对未依法落实日志留存制度的要依法予以处罚；向公安、工商行政管理等执法部门提供网站主体备案信息数据查询。

（三）邮政部门负责加强对快递市场的监管。主要职责是：落实寄递企业对邮递物品收寄验视的职责，禁止通过快递渠道寄送违禁品，加强对寄递企业的监管，加快建立快递市场准入制度，对未落实收寄验视职责，寄递违禁品的企业，一经发现，立即要求寄递企业进行整改直至取消寄递服务资格。

（四）商务部门配合有关部门加强对网上交易活动的规范。主要职责是：进一步完善、明确网上交易基本规则和要求、网上交易参与各方权利和义务，以及有关部门实施监管的职责，形成规范网上交易活动的管理办法，条件成熟时考虑出台相应的行政法规。

（五）公安、食品药品监管等涉及违禁品监管的有关部门按照职责分工，负责对违禁品网上销售活动的监管。主要职责是：针对本部门所监管违禁品，加强上网监控，对违反相关法律法规开展经营活动的，依法予以查处；对构成犯罪的，移送公安机关立案调查。对发现的发布销售违禁品广告的网站，及时通报电信管理部门和工商行政管理部门，由电信管理部门负责核实备案情况，对未依法备案的，依法予以取缔；由工商行政管理部门负责依法查处和取缔非法从事违禁品网络经营活动，对因从事违禁品生产经营而被相关部门依法取消行政许可的，依法吊销其营业执照。

（六）银监部门负责加强对网上银行业务的监管。主要职责是：加强对网上银行的监管，落实网上银行业务支付实名制；促进商业银行加强网上银行系统的电子签名和身份认证机制，提高网上银行交易数据的真实性、完备性、可追溯性和安全性；部署各商业银行依法积极配合执法部门查处违禁品网上非法交易活动，重点解决跨地域银行查询、冻结、划扣问题。

三、采取切实有效措施，认真抓好违禁品网上非法交易活动整治工作

（一）集中清理违禁品相关违法信息。公安等违禁品监管部门会同电信管理部门，对网上违禁品交易信息进行集中清理。集中监控、删除网上销售违禁品信息；落实商业对商业（B2B）、商业对客户（B2C）、客户对客户（C2C）服务商的职责，要求其落实管理制度，及时发现、删除贩卖违禁品信息；加强对互联网的公开管理，完善举报制度，建立群众举报受理、内容核实、信息通报、查处打击工作流程；对构成违法犯罪的，依法立案打击，争取打掉一批重大网上销售违禁品案件，并予以曝光，以有效震慑犯罪。

（二）整顿网络安全管理秩序。针对违禁品网上非法交易问题，电信管理部门会同各违禁品监管部门对网站、域名注册服务机构、网络接入服务商进行整顿，清理一批违规经营的互联网服务单位。对我国境内网站进行全面清理，对未备案的非经营性网站和未取得许可的经营性网站，依法予以处理；对域名注册服务机构进行整顿，对不留存相关信息或大量域名注册信息不真实、不准确、不完整的，要求限期整改；对互联网服务提供商（ISP）、互联网数据中心（IDC）进行整顿，对于未落实日志留存记录的 ISP 和 IDC，依法予以处理。

（三）整顿违禁品生产经营秩序。工商行政管理等违禁品监管部门，对网上声称经营销售违禁品的企业逐一核查。核实网上销售违禁品企业的真实性，对于销售违禁品的企业未在工商部门登记注册的，一律予以取缔；核实网上销售违禁品企业的经营范围，对于不属该企业经营范围的，通知相关企业予以整改；对于网上销售违禁品的企业已在工商行政管理部门登记注册且在其经营范围之内的，将有关情况通报相关违禁品监管部门，由其责令相关企业进行整改。

四、常抓不懈，建立健全违禁品网上非法交易活动整治工作的长效机制

（一）加强统一协调，建立各部门紧密配合的违禁品网上非法交易活动管控机制。各部门对发现的网上销售违禁品信息，要及时互相通报，由各个部门按照职责分工对涉案网站、企业和网络运营商予以查处。

（二）加强网上监管，将网下违禁品管理的各个环节延伸到网上。各部门要按职责分工，将网下违禁品的管理的各个环节延伸到网上，对属本部门监管的违禁品，按照法定职责上网执法，切实将违禁品网上非法交易纳入监管视野，加强对本部门监管的违禁品的网上交易活动的监控和查处。

（三）加强行业自律，建立违禁品网上交易防范机制。各部门要加强对有关生产经营单位的行业监管，通过行业规范、行业自律的方式禁止通过互联网销售违禁品和发布销售违禁品广告信息，切实保证违禁品在传统的监管机制下生产、销售。

（四）加强信息共享，建立违禁品网上非法交易“黑名单”制度。各部门对参与违禁品网上交易活动的企业和个人要记入“黑名单”，并及时通报银监部门和工商行政管理部门，由银监部门和工商行政管理部门对“黑名单”进行相应的风险分类、重点监测和风险预警。

公安部
信息产业部
商务部
国家工商行政管理总局
国家食品药品监督管理局
中国银行业监督管理委员会
国家邮政局
二〇〇八年二月二十六日

8. 关于印发强化服务 促进中小企业信息化意见的通知

（发改企业［2008］647 号）

各省、自治区、直辖市及计划单列市、新疆生产建设兵团发改委、经贸委（经委）、中小企业局（厅、办），信息化主管部门，科技厅，信息产业主管部门，商务厅，中国人民银行上海总部、各分行、营业管理部、各省会（首府）城市中心支行、各副省级城市中心支行，

国家税务局、地方税务局，统计局：

为深入贯彻落实科学发展观，推进信息化与工业化融合，促进中小企业信息化，根据《中华人民共和国中小企业促进法》、《2006—2020年国家信息化发展战略》和《国务院关于鼓励支持和引导个体私营等非公有制经济发展的若干意见》的要求，我们制定了《关于强化服务，促进中小企业信息化的意见》，现印发你们。请结合本地实际，加强对中小企业信息化的服务，营造发展环境，采取有效措施，提高我国中小企业应用信息技术的水平和能力，促进中小企业实现创新发展。

附件：关于强化服务　促进中小企业信息化的意见

国家发展改革委
国务院信息办
科技部
信息产业部
商务部
人民银行
税务总局
统计局
二○○八年三月十一日

附件　关于强化服务　促进中小企业信息化的意见

为贯彻落实科学发展观，发展现代产业体系，推进信息化与工业化融合，促进中小企业信息化，提高我国中小企业生存、发展、创新和竞争能力，根据《中华人民共和国中小企业促进法》、《2006—2020年国家信息化发展战略》和《国务院关于鼓励支持和引导个体私营等非公有制经济发展的若干意见》的要求，就强化政府公共服务和完善社会服务体系，提出以下意见。

一、高度重视和务实推进中小企业信息化

（一）提高对中小企业信息化的认识。中小企业对构建和谐社会、促进经济发展、增加就业机会、推动自主创新、优化贸易结构都具有不可替代的作用。中小企业信息化对加快转变经济发展方式，提高中小企业的发展质量和素质，促进信息服务业发展具有重要作用。近年来，我国中小企业信息化取得了长足进步，但是应用普及不够，总体水平较低，发展环境不完善，公共服务不到位，社会服务体系不健全。为解决这些制约中小企业信息化发展的问题，必须发挥中小企业的主体作用，以满足中小企业市场、信息、技术、人才、资金、生产、经营、管理等实际需求为导向，强化服务理念，营造发展环境，提高公共服务能力，完善社会服务体系，鼓励公益性服务，促进市场化服务，让广大中小企业共享信息化的成果。

（二）中小企业信息化发展目标。到2012年，中小企业信息化的相关政策基本配套，发展环境明显改善，社会服务能力显著提高；中小企业利用互联网发布和获取信息的比例超过90%，利用信息技术开展生产、管理、创新活动的比例超过40%，利用电子商务开展采购、销售等业务的比例超过30%。

二、强化政府对中小企业信息化的公共服务

（三）加强组织协调。中小企业信息化工作相关部门要建立健全联合工作机制，明确职责，统筹协调，制定规划，将中小企业信息化工作纳入重要议事日程。

（四）健全法律标准环境。贯彻落实《中华人民共和国中小企业促进法》、《中华人民共和国电子签名法》等法律。完善相关配套法律法规，加快研究制定信息安全、个人信息保护、网上支付、网络信用、网上交易等法律法规和标准。根据中小企业信息化特点，制定修订地方和部门的管理规章和规范，重点完善技术装备、标准、电子认证、信息安全、信息系统集成和工程监理等规章。

（五）完善政策措施环境。进一步落实有关财政、税收、金融等鼓励企业创新发展的各项政策。制定针对中小企业信息化社会服务体系的优惠政策。研究制定对政府投入项目的先评估后补贴的政策和标准。

（六）建设信任保障环境。建立健全中小企业信息化服务商的信用评估制度和进入、退出机制，推动中小企业信息化服务商信用信息的公示与共享，加强信息安全保障工作，提高中小企业对社会服务体系的信任度。

（七）营造社会人文环境。利用宣传、文化、广电、新闻、出版等渠道，以及专题巡讲、研讨座谈、信息发布、展览展示等形式，开展中小企业信息化宣传普及活动，提高对中小企业信息化的认知度，形成良好的社会氛围。

（八）加大对中小企业信息化服务的投入力度。中央财政在中小企业发展专项资金、中小企业国际市场开拓资金、科技型中小企业技术创新基金、电子信息产业发展基金等专项资金和计划中，加强对中小企业信息化的支持，并向经济欠发达地区倾斜。鼓励地方设立中小企业信息化发展专项资金，重点支持中小企业信息化社会服务体系建设，鼓励中小企业优先采用国产软硬件产品和服务。

（九）加强对中小企业信息化的引导。编制中小企业信息化发展报告和指南。实施中小企业信息化推进工程。开展中小企业信息化试点示范工作，发现、培育和推广典型。加强行业和地区引导。

（十）加强电子政务面向中小企业的公共服务。加强政策法规信息引导，提高基础信息服务能力。完善中小企业便捷获得政府信息的渠道。加快实现面向中小企业的网上申报、许可、审批和招标采购。利用电子政务成果，简化办事手续，提高办事效率，为中小企业提供有效服务。

（十一）推动电子商务在中小企业的应用。在电子商务行动计划、中小企业公共服务平台建设等有关规划和计划中，重点支持面向中小企业的电子商务服务和应用。

（十二）建立中小企业信息化评价机制。持续开展中小企业信息化调查工作，建立健全绩效评估机制，逐步将中小企业信息化主要指标纳入国家统计体系。加强对有关政策和资金投入效果的评价。

（十三）加强国际交流与合作。积极参加国际组织有关推进中小企业信息化的活动。借鉴各国成功经验，帮助中小企业提高利用信息化手段参与国际竞争的能力。

三、完善中小企业信息化社会服务体系

（十四）为中小企业开拓市场提供服务。支持行业信息化服务平台建设，为中小企业利

用互联网开展洽谈、采购、销售、支付、物流等交易活动提供服务。鼓励各种交易市场采用信息技术，及时提供国内外市场动态信息，帮助中小企业提高响应和开拓市场的能力。结合农业和农村信息化工作的开展，依托农村基层产业服务组织，帮助中小企业建立和拓宽产品的销售渠道。

（十五）为中小企业利用信息提供服务。扶持基础性信息资源平台建设，推进中小企业信息服务网络建设，形成宽领域、多层次、多元化的信息服务体系。引导和支持中小企业信息服务机构开展公益性信息服务和增值信息服务，推动信息咨询服务产业化。

（十六）为中小企业利用技术提供服务。鼓励公共技术平台利用信息技术，为中小企业开展“专、精、特、新”产品的研发和创新提供服务。鼓励开发针对中小企业信息化需求的技术和产品，推动面向中小企业的宽带和移动通信技术的应用与服务，支持设立信息化应用体验中心，促进信息技术应用。鼓励外包服务和“一站式”服务。

（十七）为中小企业培养人才提供服务。支持社会服务机构提供网上人才交流、远程教育、创业辅导和培训服务。支持建立多元主体、多种机制的中小企业信息化教育培训体系。组织实施百万中小企业信息化培训工程，重点提高企业决策者和管理人员的信息化意识和能力。

（十八）为中小企业融资提供服务。鼓励中小企业利用网上银行和电子商务平台等增强融资能力。引导和鼓励信贷、保险、资本市场加大对中小企业信息化的服务力度。鼓励商业银行利用征信系统增加中小企业融资机会。支持担保机构为中小企业信息化提供融资担保服务。支持网上融资洽谈活动，探索中小企业融资服务平台建设经验。

（十九）为中小企业生产、经营、管理提供服务。支持社会服务机构利用信息化手段，提供市场营销、客户关系管理、企业资源计划、供应链管理、质量管理、研发设计、人才培养、身份认证、支付网关、自动交易、风险评估、履约评估、中介担保、物流配送、安全保障等服务。研究制定财政补贴政策，为中小企业信息化提供免费或廉价的社会服务，降低进入门槛和应用成本。

（二十）支持社会服务平台发展。重点支持大型企业（集团）、行业和地区信息技术服务商、电子商务运营商建设规模化服务平台。推动电信运营商与应用服务商紧密结合，为中小企业提供低风险的服务。协调推动规模化应用服务商与金融、物流等企业深度合作，形成服务产业链和配套服务网络。鼓励多渠道、多方式参与服务平台建设。鼓励功能衔接和互补的服务平台相互链接和协作。

（二十一）发挥各类社会组织的作用。促进行业协会承担信息化标准、监理、评估、咨询、信息发布等方面的服务，编制行业信息化规范。推动信息化相关协会、商会和产业联盟等行业组织建立自律和协调机制，维护公平竞争的市场秩序，为中小企业信息化提供更有针对性和实效性的服务。

9. 关于印发《关于实施青少年网络建设工程的方案》的通知

（中青办发［2008］7号）

共青团各省、自治区、直辖市委，军委总政治部组织部，全国铁道团委，全国民航团委，中直机关团工委，中央国家机关团工委，中央金融团工委，中央企业团工委：

按照团中央书记处的统一部署，全团从 2007 年起实施了青少年网络建设工程，并把这项工作作为全团的一项重点工作。各地团组织按照团中央的统一部署，不断加强青少年网络建设工作，取得了初步的成效。2008 年，这项工程要在全团范围内全面实施。

在总结前一阶段和各地工作的基础上，团中央研究制定了《关于实施青少年网络建设工程的方案》（以下简称《方案》）。现将《方案》印发给你们，请按照《方案》的总体部署和要求，结合各自的实际情况，进一步做好青少年网络建设工程各项工作。

附件：1．关于实施青少年网络建设工程的方案

2．团中央实施青少年网络建设工程领导小组名单（略）

共青团中央

2008 年 3 月 13 日

附件 1　关于实施青少年网络建设工程的方案

为深入贯彻中央关于加强网络文化建设和管理的要求，大力加强青少年网络文化建设，充分运用互联网做好新形势下青年群众工作，服务青少年健康成长，共青团中央决定全面实施青少年网络建设工程。有关方案如下。

一、指导思想

以邓小平理论和“三个代表”重要思想为指导，全面贯彻落实科学发展观，深入贯彻党的十七大精神，按照中央领导同志关于加强网络文化建设和管理的要求，充分发挥共青团组织优势，切实加强青少年网上思想舆论阵地建设，不断满足青少年的网络文化需求，努力掌握在网上引导服务青少年的主动权，积极探索网上开展共青团宣传思想工作的新途径、新方法，为促进青少年健康成长创造良好的网上舆论氛围。

二、基本原则

1．坚持正确的舆论导向。积极开辟网上阵地，宣传科学真理、传播先进文化、倡导科学精神、塑造美好心灵、弘扬社会正气，以社会主义核心价值体系引领青少年网络文化建设，发挥网络在教育引导服务青少年中的积极作用。

2．手段为青少年的学习成长、就业创业、生活娱乐提供多种形式的服务，把教育和服务结合起来。

3．发挥青少年的主体作用。充分认识广大青少年作为网络的使用者和建设者的主体地位，充分调动他们的积极性、主动性、创造性，参与健康向上的网络文化建设，使广大青少年成为互联网建设的一支积极力量。

4．共青团组织优势和网络优势结合起来。充分发挥共青团的优势，引导广大青少年参与网络文化建设。注重利用网络传播的新技术、新手段，探索网上教育引导服务青少年的新思路。

5．坚持开放的工作机制。推动形成党政支持、社会资助、共青团主导、青少年参与的青少年网络建设工作机制，加强协调，汇聚力量，共同推动青少年网络文化建设。特别是推动团属报刊、出版、网络媒体以市场为导向、以资本为纽带，创建新型网络产业实体。

6. 着眼长远，稳步推进。青少年网络文化建设是一项长期、复杂、艰巨的任务。要着眼长远，做好青少年网络建设的长期规划。同时要立足当前，因地制宜，把握重点，着眼基础性的建设，从能做的方面入手，一步一步扎实推进。

三、工作目标

实施青少年网络建设工程，要力争用2～3年的时间，实现以下主要工作目标。

1. 建设网上共青团组织活动阵地。依托中国共青团网等主体网站，采用先进网络技术，充分整合各地共青团工作网站，建设一个共青团工作网站集群。以此为平台依托，凝聚广大团员，并为各级团组织和广大团员提供全面的在线服务，形成一个团员广泛参与的网上组织活动阵地，使之成为广大团员的网上精神家园。

2. 构建青少年网络服务平台。以中青网等主体网站为龙头，大力发展服务青少年的专业性网站。丰富网站内容，突出特色项目，开发多种功能，为青少年提供全方位的在线服务，建设一个高效便捷的综合性青少年网络服务平台。

3. 建设全团信息化网络。以发展电子团务为核心，深入推进各级团组织的信息化建设，实现全团一体化的工作格局，实现“组织在线、活动在线”的创新工作方式。建立全团互联网舆情信息管理系统，实现对全团互联网舆论宣传重大突发事件的应急响应、协调配合和及时处理。

4. 建立联系网络工作者的组织渠道。依托全国青联、中国青少年网络协会等平台，联系一批热心青少年事业的网络工作者，引导他们积极服务青少年，共同推进青少年网络建设工作。联系各级各类青少年网络社团，广泛团结联系网络从业人员和青少年网民。

5. 团结为青少年提供健康网络文化服务的社会网站。采取多种形式，团结一批青少年喜爱的社会网站，发挥这些网站的资源优势，向青少年提供形式多样的服务，扩大为青少年健康成长服务的网络阵地。

6. 建设网络产品研发基地。立足团属事业单位，发挥团组织优势，吸纳社会资源，运用市场化手段，建设一个网络产品综合研发基地，培养研发团队，开发一批适合青少年的健康的网络文化产品，满足青少年多样化的网络文化需求。

四、近期主要工作

实施青少年网络建设工程，加强青少年网络文化建设，近期工作主要包括以下五个方面的内容：

一是大力建设团属青少年网站，构建青少年网上阵地。加大扶持力度，加强中青网、中国共青团网、中青在线、中少在线等团属网站建设，坚持“全团办网、服务全团”，整合全团力量，共同参与建设。积极建设网上共青团组织，依托中国共青团网，针对团员和团组织，开发提供电子团务、网上组织生活等多样化的功能和服务。加强“民族魂”、“血铸中华”、“中国大学生网”、“中国志愿者网”、“中国青少年广播网”、“青年职业促进网”等青少年重点专题网站建设，加强各地方团属青少年网站建设和管理。创新网站建设发展思路，结合党政中心工作、当地生产生活实际、社会文化资源和青少年的实际需求，进一步明确网站定位，开发特色信息资源，跟踪网络发展趋势，强化专业性、服务性内容制作的能力，提升网站的竞争力和影响力。

二是广泛开展青少年网络宣传教育活动，努力掌握网上引导服务青少年的主动权。加强同重点新闻网站和主要商业网站的协调，做好共青团重点工作和重大活动的网上新闻宣传。加强舆情信息搜集和舆论引导工作，及时跟踪分析网上舆情，运用网民易于接受的方式和生动的语言引导网上舆论，营造积极正面的舆论氛围。开展“未成年人放心网站”评选活动，团结和扶持一批弘扬先进文化、为青少年提供健康内容和服务的社会网站，营造有利于青少年成长的网络环境。开展文明办网、文明上网活动，深入推进中国青少年绿色网络行动、中国未成年人网脉工程、戒除网瘾大行动，加强青少年网络素养教育，引导有关网站和广大青少年文明办网、文明上网。利用青少年宫等青少年校外场所，开办公益性绿色上网服务。配合有关部门做好打击网上侵害青少年权益行为、打击淫秽色情网站和网吧整治等工作。开展青少年网络图文、音视频竞赛等互动性活动，探索在网上开展青少年思想教育的新途径。重视网络作为一种新型组织动员方式的重要作用，利用互联网、移动通信等技术手段，构建新的组织动员青少年的渠道和平台。

三是积极开发网络文化产品和服务，不断满足青少年的网络文化需求。为青少年提供积极健康的网络文化信息服务，开发多种形式、青少年喜闻乐见的网络视频、网络歌曲、网络游戏、网络动漫等网络多媒体产品。加大对优秀网络文化产品的推介力度，广泛争取主管部门和社会各方面的支持，联合有关部门开展各类青少年网络文化产品的评比和展示活动。创造条件，建设青少年网络文化产品研发基地，培养研发团队，形成较强的青少年网络文化产品开发能力，推动优秀网络文化产品不断涌现。

四是切实加强青少年网络人才队伍的培养，充分发挥青少年网络人才的作用。加强对团属网络从业人员的教育培训，建立和完善优秀青少年网络人才的选拔和培养机制，造就一批优秀的青少年网络文化建设和经营管理人才，形成团的网络工作骨干力量。广泛团结凝聚一批 IT 行业的技术研发人员、经营管理人员、网站编辑记者等网络人才，形成青少年网络建设的重要外围力量。依托“未成年人放心网站”评选等工作平台，成立青少年网络社区版主联盟、青少年网络游戏玩家联盟、青少年网络写手联盟等，广泛团结联系网络从业人员和青少年网民。加强网络评论员队伍建设，以团干部、青年学生、青年学者为主体，组建一支青年网络评论员队伍。开展优秀青年网站编辑记者、青年版主、青年博客、青年网络评论员等评选活动，推动青少年网络人才脱颖而出。

五是不断加强网络的基础建设，积极推动青少年网络建设事业的发展。从软件、硬件两个方面入手，建设先进的青少年网络信息平台，推动共青团组织更好地运用互联网开展工作。深入推进县县上网工程和各级团组织的信息化建设，实现“县县上网、全团互联”。建立全团独立运行的电子邮件服务平台，建立健全共青团信息上报系统、文件发布系统，建设专职团干基本信息数据库、青年人才数据库、全团工作数据库等，实现共青团工作的信息化。支持并推动团属青少年网站的改革与发展，增强青少年网络阵地的自身发展能力。争取有关部门和社会各方在政策、资金上的支持，充分整合各类资源，积极推进青少年网络建设事业和青少年网络文化产业的发展。联合有关教育、研究机构，整合团内研究力量，针对网络文化建设有关课题开展调查研究，加强青少年网络理论建设。

五、工作要求

1．提高认识，加强领导。各级团组织要高度重视青少年网络建设，把这项工程作为贯彻中央关于加强网络文化建设和管理的重要精神、服务青少年健康成长的重要举措，加强领导，积极推进。团中央成立青少年网络建设工程领导小组，负责全团青少年网络建设工程的领导和协调。各省级团委也要参照成立相应领导机构，负责这一工程在本地区、本系统范围内的实施。宣传部门或指定的相关部门要承担起牵头和协调的责任，有条件的地方可成立常设机构，抓好本地的网络宣传教育工作。各级领导小组要建立健全工作机制，抓好任务分解和工作协调，精心组织，落到实处，有效发挥领导和协调工程建设的作用。

2. 大胆探索，积极实践。实施青少年网络建设工程是一项新的事业，要深入研究青少年网络建设面临的新情况、新问题，了解和掌握青少年对网络的实际需求，认识和把握网络技术发展的特点和规律，积极探索新形势下加强青少年网络文化事业和网络文化产业发展的新机制，善于在更加开放的环境中加强青少年网络文化建设。要更新观念，大胆探索，积极实践，立足长远思考谋划青少年网络建设，不断创新青少年网络宣传教育的思路和方式，不断拓展青少年网络建设的新领域。

3. 做好宣传，加强引导。要大力宣传青少年网络建设工程各项工作，积极推广各地的成功经验，营造有利于推进工作发展的浓厚舆论氛围。要通过宣传引导，充分调动广大青少年的积极性、主动性、创造性，参与健康向上的网络文化建设，使广大青少年成为互联网建设的一支积极力量。

4. 加强协调，注重整合。青少年网络建设工程是全团重点工作，涉及共青团工作的多个领域，需要各个部门共同来完成。要充分发挥团组织的优势，加强协调合作，整合社会资源，特别要发挥一些重点网络文化单位的作用，形成推进青少年网络建设的合力。宣传部或指定的牵头部门，要切实发挥牵头主导作用，协调其他战线和部门，共同推进青少年网络建设工作。各地在推进青少年网络建设过程中要加强横向的沟通与合作，实现资源共享、优势互补、平台共建。

10. 国家发展改革委办公厅关于组织开展信息化试点工作的通知

（发改办高技［2008］618号）

各省、自治区、直辖市及计划单列市发展改革委、经贸委（经委），国务院有关部门办公厅，有关中央企业集团：

为了贯彻党的十七大精神，落实国民经济和社会发展信息化“十一五”规划及电子商务发展“十一五”规划提出的重点任务，我委拟于近期组织开展信息化试点工作。现将有关事项通知如下：

一、试点工作的主要目标和重点任务

（一）针对当前电子商务发展中企业信息化成本偏高、基础薄弱，支付、信用、认证、物流等支撑体系不健全、公共服务缺失等主要矛盾，以加快电子商务服务业发展为目标，鼓励具有一定实力的信息服务企业和行业信息服务机构搭建公共信息服务平台，为企业和公众提供专业、优质的交易服务和业务、技术外包服务，改善电子商务运行环境。

（二）针对当前信息资源公益性开发中政府多方投入难以形成合力、公益信息服务缺乏长效发展机制的主要矛盾，以促进信息资源公益性开发为目标，围绕推动政府信息资源开放

和吸引社会资本参与公益信息服务，开展相关领域的信息资源整合和深度开发工作。通过政府引导、市场化运作的方式，探索信息资源公益性开发的良性发展模式和长效发展机制。

（三）基于近年来我国在无线射频技术（RFID）产业化方面取得的成果，以推动自主创新新技术新应用为目标，选择有条件的行业开展自主创新 RFID 技术的应用试点工程建设，培育我国 RFID 产业，有效发挥信息化在交通运输、物品流通领域的节能、降耗作用，提高国民经济运行质量和效率。

二、近期工作重点

拟在大型骨干企业信息系统外包服务、中小企业电子商务服务、移动电子商务、电子认证服务、信用信息服务、新农村综合信息服务、无线射频技术应用等七个领域重点开展试点工作，各领域详细内容参见附件。

三、具体工作要求

（一）请各省市区发展改革委、经贸委（经委）、国务院相关部门及中央企业结合各自特点，主要围绕附件提出的重点组织开展试点工作，并及时总结经验，报送典型材料。

（二）我委根据各省市区、相关部门和中央企业选送的典型材料，在充分调研、广泛听取意见的基础上，择优遴选一批具有示范推广意义的项目做为国家发展改革委信息化试点示范工程，并于今年 8 月底前启动第一批试点示范工作。

特此通知。

附件：信息化试点工作重点（略）

国家发展和改革委员会办公厅

二〇〇八年三月十四日

11. 关于开展互联网药品信息服务和交易服务监督检查工作的通知

（国食药监市［2008］130 号）

各省、自治区、直辖市食品药品监督管理局（药品监督管理局）：

当前，一些互联网站违法提供药品信息服务和药品交易服务问题日益突出，有的公然在网上销售假药，严重危害公众用药安全，已经成为社会关注的焦点问题，国家局已将整治互联网违法发布虚假信息销售药品行为作为 2008 年的一项重点工作。为严厉打击互联网站欺骗和误导消费者的行为，现就有关事项通知如下：

一、提高对互联网药品信息服务和交易服务监督管理工作的认识，深入贯彻落实科学发展观，大力实践科学监管理念，以整治公众反映强烈的突出问题为重点，积极主动地做好互联网药品信息服务和交易服务监督检查工作。

二、按照《行政许可法》、《互联网药品信息服务管理办法》、《互联网药品交易服务审批暂行规定》等规定，在互联网药品信息服务和交易服务审查工作中，严格审批程序和验收标准，把申请单位提交的关于保证互联网药品信息来源真实、合法以及互联网药品交易安全的制度和措施等作为审查工作的重点，从严审查。同时，加大对已获得批准网站的监督检查力度，凡是违反《互联网药品信息服务管理办法》等相关规定的网站，应立即责令其整改，并依据有关法律法规进行查处。

三、对辖区内的企业未经审批擅自从事互联网药品信息服务和交易服务的，采取有效措施加大检查力度，一经发现违法网站，应立即按照《互联网药品信息服务管理办法》、《互联网站管理协调工作方案》的规定处理；要认真贯彻落实《关于进一步治理整顿非法“性药品”广告和性病治疗广告的通知》(工商广字［2007］266号)的要求，加强对网上发布含有“性生活、性暗示”等低俗内容违法药品广告的监测，并按照要求进行查处。

四、针对目前部分综合性门户网站为“发布虚假药品信息、邮寄假劣药品网站”提供链接的现象，各省（区、市）食品药品监督管理部门要重点加大对辖区内影响范围大、公众浏览频率高的综合性门户网站的监督力度，对于网站ICP备案地址不在本辖区内的，应及时将监测的结果向网站ICP备案地食品药品监督管理部门或国家局移送；要把这项工作同打击互联网违法销售药品行为紧密结合起来，通过与有关部门的配合，以网上发布的信息为线索，严厉查处制售假劣药品的窝点，使互联网违法销售药品的行为得到有效的治理。

五、为了深入开展兴奋剂整治工作，各省（区、市）食品药品监督管理部门要加大对辖区内生产、经营蛋白同化制剂、肽类激素企业从事互联网药品信息服务和交易服务的监督检查。对未经审批擅自通过互联网站发布蛋白同化制剂、肽类激素信息、提供在线订购服务的，应立即责令其改正，并向同级通信管理部门移送；涉及犯罪的，应及时移交公安机关进行查处。

六、要加大对消费者安全购药知识的宣传，在各级食品药品监督管理部门的网站上开设《网上购药安全警示》栏目，普及网上购药安全知识，并及时将监测到的违法发布药品信息、销售药品的网站向社会公示，提高消费者自我保护和防范的意识；要充分发挥社会监督的力量，畅通公众举报的渠道，加大对公众举报案件的查处力度，确保公众用药安全有效。

各省（区、市）食品药品监督管理部门接到通知后，要认真组织落实，并于2008年6月底前将开展互联网药品信息服务和药品交易服务监督检查工作情况报我局药品市场监督司。

国家食品药品监督管理局

二〇〇八年四月一日

12. 关于对互联网地图和地理信息服务违法违规行为进行专项治理的通知

（国图宣教管［2008］4号）

各省、自治区、直辖市、计划单列市测绘行政主管部门、外办、公安厅（局）、通信管理局、工商局、新闻出版局、新闻办、保密局：

为贯彻落实经国务院同意印发的《关于加强互联网地图和地理信息服务网站监管的意见》(国测图字［2008］1号，以下简称《意见》)，国家测绘局、外交部、公安部、工业和信息化部、国家工商行政管理总局、新闻出版总署、国务院新闻办公室、国家保密局（以下简称八部门）决定2008年5月至12月，在全国开展一次对互联网地图和地理信息服务违法违规行为的专项治理行动。

一、指导思想和工作目标

（一）指导思想。以邓小平理论和“三个代表”重要思想为指导，坚持科学发展观，认真贯彻党的十七大精神，进一步加强网络文化建设，开展互联网地图和地理信息服务网站专项治理，严厉打击违法违规行为，建立健全长效监管机制，促进互联网地图和地理信息服务产业健康有序发展。

（二）工作目标。通过一段时间的集中治理，使互联网地图和地理信息服务环境得到净化，违法违规行为得到有效遏制，互联网地图编制、出版、登载和地理信息上传等行为得到有效规范，公民的国家版图意识和安全保密意识进一步增强。

二、政策法规依据

（一）法律法规和部门规章。《中华人民共和国测绘法》、《中华人民共和国保守国家秘密法》、《中华人民共和国地图编制出版管理条例》、《中华人民共和国测绘成果管理条例》、《出版管理条例》、《互联网信息服务管理办法》、《地图审核管理规定》、《外国的组织或者个人来华测绘管理暂行办法》、《互联网出版管理暂行规定》、《电信业务经营许可证管理办法》、《非经营性互联网信息服务备案管理办法》等。

（二）政策文件。《国务院关于加强测绘工作的意见》（国发［2007］30 号）、《关于加强互联网地图和地理信息服务网站监管的意见》（国测图字［2008］1 号）、《国务院办公厅转发测绘局等部门关于加强国家版图意识宣传教育和地图市场监管意见的通知》（国办发［2005］5 号）、《国务院办公厅转发国家测绘局等部门关于整顿和规范地图市场秩序意见的通知》（国办发［2001］79 号）等。

三、工作任务

（一）认真组织全面检查。按照《意见》的要求，各地要组织对本行政区域内的互联网地图和地理信息服务网站进行全面、彻底的检查。

一是依法查处存在损害国家主权、安全和民族尊严的“问题地图”。重点是：违反“一个中国”原则把我国台湾省按国家表示，错绘国界线，漏绘南海诸岛、钓鱼岛、赤尾屿等重要岛屿的地图，标注有涉及国家秘密地理坐标数据和属性内容的地图。

二是依法查处互联网地图未经测绘行政主管部门进行审核批准擅自登载的行为。重点是：利用涉及国家秘密的测绘成果开发生产的地图，未经国务院测绘行政主管部门进行保密技术处理和审核批准在互联网上登载的行为。

三是依法查处互联网地图和地理信息服务网站擅自提供信息服务的违法行为。重点是：未取得电信业务经营许可或者未履行备案手续，从事互联网地图和地理信息服务的行为。

四是依法查处违法编制互联网地图的行为。重点是：未取得测绘行政主管部门颁发的地图编制测绘资质证书，从事编制互联网地图的行为；外国的组织或者个人在我国境内从事互联网地图编制的行为。

五是依法查处互联网地图违法出版行为。重点是：未取得新闻出版行政部门颁发的具有互联网地图出版服务范围的互联网出版许可证，从事互联网地图出版服务的行为。

（二）严肃查处违法违规案件。各地在对从事互联网地图和地理信息服务的网站进行检查时，要集中查办互联网地图和地理信息服务网站的违法违规行为。

对登载有违反“一个中国”原则等“问题地图”的有关责任单位、个人要依法进行查处，限期纠正；对涉嫌泄露国家秘密的地图网站要依法予以关闭。

对未经国务院或省级测绘行政主管部门审核批准的互联网地图，要在指定期限内依法履行审批手续，否则一律不得登载和转发。

对擅自从事互联网地图和地理信息服务的网站，要在指定期限内履行许可或者备案手续，逾期不履行手续的，责令互联网接入服务提供者终止或暂停对其服务。

对未经测绘行政主管部门和新闻出版行政部门审批，擅自从事互联网地图编制活动和出版服务的经营主体，要一律停止互联网地图编制活动和出版服务。

要以情节严重、社会反响强烈的典型违法案件为突破口，进一步加大打击违法从事互联网地图和地理信息服务活动的力度。

（三）规范市场准入制度。各地要对互联网地图和地理信息服务网站的检查结果进行梳理，规范市场准入行为。对符合法律法规及其相关规定的，要准予从事互联网地图和地理信息服务活动；对存在问题的，要停止经营，限期整改；对拒不整改的，要坚决予以关闭。

（四）深入开展宣传教育活动。各地要在继续深入开展国家版图意识宣传教育的同时，按照国务院新闻办公室、国家测绘局《关于加强网上地理信息安全教育增强网民保密意识的意见》（国新办发文［2007］3号）的要求，组织开展有关地理信息网上安全政策法规宣传教育活动，进一步增强网民的保密意识和保密观念。通过公布互联网地图和地理信息服务严重违法的单位和企业名单以及典型违法案件的查处情况，进行警示教育。

（五）建立健全长效机制。各地要从互联网地图监管与服务系统的建设入手，采取技术手段，着力加强对互联网地图和地理信息服务网站的日常监管。要通过专项治理，对互联网地图和地理信息服务领域的市场秩序进行规范，进一步完善促进互联网地图和地理信息服务产业健康发展的长效机制。同时，畅通举报渠道，鼓励网民对网上“问题地图”和地理信息泄密行为进行监督和举报。

四、职责分工

专项治理工作由国家测绘局牵头，外交部、公安部、工业和信息化部、国家工商行政管理总局、新闻出版总署、国务院新闻办公室、国家保密局根据职能分工，各负其责，协调配合，认真做好本部门涉及互联网地图和地理信息服务市场秩序的监管工作。专项治理工作由全国国家版图意识宣传教育和地图市场监管协调指导小组负责协调指导，各成员单位要加强协作，相互配合，共同做好这次专项治理工作。根据各部门在专项治理中所承担的工作任务，明确职责如下：

测绘行政主管部门：负责专项治理工作的组织协调，提出总体思路和工作方案；组织实施专项治理；组织对相关网站进行搜索，发现问题及时通知有关主管部门；依法查处非法编制、登载互联网地图行为。

外事部门：按照职能分工，负责专项治理的相关工作。

公安部门：按照职能分工，负责专项治理的相关工作。

通信管理部门：对拒不执行相关主管部门依法做出关闭网站行政处罚的，依据相关主管部门所做的处罚以及提供的相应网站名称和互联网接入服务提供者名单，依法通知并监督互联网接入服务提供者终止或暂停为其网站提供接入服务。

工商行政管理部门：按照职能分工，负责专项治理的相关工作。

新闻出版行政部门：负责对违反国家出版法规的互联网地图出版行为进行查处。

新闻主管部门：负责组织开展有关地理信息网上安全政策法规宣传教育。

保密部门：负责对互联网地图和地理信息安全保密工作的指导以及泄密事件查处的密级鉴定工作，会同有关部门查处泄露国家秘密的违法违规行为。

各省、自治区、直辖市人民政府测绘、外事、公安、通信管理、工商、新闻出版、新闻管理、保密等部门要切实加强指导和监督，精心组织，周密部署，务求专项治理工作取得实效。

五、方法步骤

（一）动员部署阶段（2008 年 5 月）。

1．八部门及全国国家版图意识宣传教育和地图市场监管协调指导小组制定专项治理工作方案，提出工作要求，对网上地图监管人员进行培训，与部分专门地图网站经营者座谈，广泛动员社会力量积极参与治理行动。

2．各地测绘行政主管部门接到本通知后，要积极发挥牵头部门的作用，及时向党政领导汇报有关精神，会同有关部门结合本地实际，制定部署专项治理行动方案。

（二）自查阶段（2008 年 5—6 月）。

各地测绘行政主管部门要对本行政区域内的互联网地图和地理信息服务网站进行梳理，督促相关网站对照《意见》要求进行逐项自查，并提交自查报告。对自查出来的问题情节轻微的，以批评教育和自我纠正为主；对拒不自查、纠正违法违规问题的，要对网站和责任人严肃批评并组织查处。

（三）检查阶段（2008 年 7—10 月）。

1．组织执法检查（7—9 月）。八部门和省、自治区、直辖市人民政府有关部门对互联网地图和地理信息服务网站进行检查。对检查中发现问题的网站，由服务器所在地的省级测绘行政主管部门牵头发出整改意见，限期整改，会同有关部门依法作出处理，严厉打击互联网地图和地理信息服务领域的违法违规行为，直至关闭其网站。

2．组织工作检查（8 月）。八部门将组成检查组，对部分省、自治区、直辖市开展的专项治理工作情况进行抽查；国家测绘局地图技术审查中心将通过技术手段对各地负责查处的网站整改情况进行督察。

3．推广交流典型经验（9 月）。八部门组织召开部分省、自治区、直辖市有关负责机构负责人座谈会，总结推广专项治理工作经验，进一步推动此项工作的开展。

4．典型案例通报。八部门将对典型违法案件进行梳理，经部门联席会议审议后，适时在国家测绘局等部门网站公布严重违法单位名单、典型违法案件以及处理情况。

（四）检查验收阶段（2008 年 11—12 月）。

各地要于 11 月 30 日前对专项治理情况进行检查和评估，总结工作经验，分析存在的问题，并将专项治理情况报国家测绘局。国家测绘局将会同有关部门根据各地上报和抽查的情况，形成综合总结报告报国务院。在适当时机，对专项治理成效显著的地区、单位和个人予以表彰，对问题突出、治理不力的地区予以通报批评并限期整改。

全国国家版图意识宣传教育和地图市场监管协调指导小组

二〇〇八年五月十三日

13. 关于严禁通过互联网非转播奥运赛事及相关活动的通知

（国权联［2008］3 号）

各省、自治区、直辖市版权局、通信管理局、广播影视局：

今年 8 月，举世瞩目的第 29 届奥林匹克运动会将在北京举行，为成功举办奥运创造良好氛围，保证本届奥运会赛事及开闭幕式、测试赛、赛前赛后文化活动、圣火采集、火炬传递等相关活动转播的顺利进行，有效维护奥运版权及相关权利，根据《奥林匹克宪章》和中国政府与国际奥委会签署的有关协议，特作如下通知：

一、第 29 届奥林匹克运动会赛事及相关活动在中国大陆和中国澳门地区的新媒体（互联网和移动平台）转播权已由国际奥委会独家授予中国中央电视台。未经中央电视台授权许可，其他任何互联网和移动平台等新媒体均不得擅自转播。

二、通过互联网和移动平台非法转播奥运赛事及相关活动的行为，将纳入国家版权局、公安部、工业和信息化部共同开展的“2008 年打击网络侵权盗版专项行动”，对未经许可转播奥运赛事及相关活动的互联网和移动平台，将依法严厉查处。

三、在奥运期间，各地要加强对辖区内经合法许可或备案的互联网和移动平台的监管。发现互联网和移动平台非法转播奥运赛事及相关活动的，版权部门应依法从快、从严处理。通信管理部门将根据版权执法部门认定的违法情况，依法实施停止接入、关闭网站等行政处理措施。广电管理部门要引导、监督、督促本辖区持有《信息网络传播视听节目许可证》的互联网和移动平台，不得违规使用奥运赛事及相关活动的视音频节目信号。对于互联网和移动平台非法转播情节严重涉嫌构成犯罪的，应移送公安机关追究刑事责任。

四、对于未经许可或备案的互联网和移动平台从事非法转播奥运赛事及相关活动的，一经查证属实，将由通信管理部门依法取缔。

五、为避免奥运赛事转播权被非法侵害，同时促进我国新媒体的发展，各互联网和移动平台可通过取得中央电视台网络传播中心授权的形式，合法使用奥运赛事及相关活动的视音频节目信号。

六、本通知所称“转播”，指通过互联网或移动平台同步或不同步地传输奥运赛事及相关活动的行动。

奥运赛事及相关活动的版权保护工作，事关我国的国际形象，事关我国的国家利益，各级版权执法部门、通信管理部门及广电管理部门要以高度的责任感和使命感，加大执法力度，为进一步净化互联网版权保护环境，为奥运会的成功举办，做出积极贡献。

国家版权局
工业和信息化部
国家广播电影电视总局
二〇〇八年六月二十日

14. 最高人民检察院、公安部关于印发《最高人民检察院、公安部关于公安机关管辖的刑事案件立案追诉标准的规定（一）》的通知

（公通字［2008］36 号）

各省、自治区、直辖市人民检察院，公安厅、局，军事检察院，新疆生产建设兵团人民检察院、公安局：

为及时、准确的打击犯罪，根据《中华人民共和国刑法》、《中华人民共和国刑法修正案（二）》、《中华人民共和国刑法修正案（三）》、《中华人民共和国刑法修正案（四）》、《中华人民共和国刑法修正案（六）》和《中华人民共和国刑事诉讼法》的规定，最高人民检察院、公安部制定了《最高人民检察院、公安部关于公安机关管辖的刑事案件立案追诉标准的规定（一）》，对公安机关治安部门、消防部门管辖的刑事案件立案追诉标准作出了规定。现印发给你们，请遵照执行。各级公安机关应当依照次规定立案侦查，各级检察机关应当依照此规定审查批捕、审查起诉。

各地在执行中遇到的问题，请及时分别报最高人民检察院和公安部。

最高人民检察院
公安部
2008 年 6 月 25 日

最高人民检察院、公安部关于公安机关管辖的刑事案件立案追诉标准的规定（一）（节选）

第八十二条　［制作、复制、出版、贩卖、传播淫秽物品牟利案（刑法第三百六十三条第一款、第二款）］以牟利为目的，制作、复制、出版、贩卖、传播淫秽物品，涉嫌下列情形之一的，应予立案追诉：

（一）制作、复制、出版淫秽影碟、软件、录像带五十至一百张（盒）以上，淫秽音碟、录音带一百至二百张（盒）以上，淫秽扑克、书刊、画册一百至二百副（册）以上，淫秽照片、画片五百至一千张以上的；

（二）贩卖淫秽影碟、软件、录像带一百至二百张（盒）以上，淫秽音碟、录音带二百至四百张（盒）以上，淫秽扑克、书刊、画册二百至四百副（册）以上，淫秽照片、画片一千至二千张以上的；

（三）向他人传播淫秽物品达二百至五百人次以上，或者组织播放淫秽影、像达十至二

十场次以上的；

（四）制作、复制、出版、贩卖、传播淫秽物品，获利五千至一万元以上的。

以牟利为目的，利用互联网、移动通信终端制作、复制、出版、贩卖、传播淫秽电子信息，涉嫌下列情形之一的，应予立案追诉：

（一）制作、复制、出版、贩卖、传播淫秽电影、表演、动画等视频文件二十个以上的；

（二）制作、复制、出版、贩卖、传播淫秽音频文件一百个以上的；

（三）制作、复制、出版、贩卖、传播淫秽电子刊物、图片、文章、短信息等二百件以上的；

（四）制作、复制、出版、贩卖、传播的淫秽电子信息，实际被点击数达到一万次以上的；

（五）以会员制方式出版、贩卖、传播淫秽电子信息，注册会员达二百人以上的；

（六）利用淫秽电子信息收取广告费、会员注册费或者其他费用，违法所得一万元以上的；

（七）数量或者数额虽未达到本款第（一）项至第（六）项规定标准，但分别达到其中两项以上标准的百分之五十以上的；

（八）造成严重后果的。

利用聊天室、论坛、即时通信软件、电子邮件等方式，实施本条第二款规定行为的，应予立案追诉。

以牟利为目的，通过声讯台传播淫秽语音信息，涉嫌下列情形之一的，应予立案追诉：

（一）向一百人次以上传播的；

（二）违法所得一万元以上的；

（三）造成严重后果的。

明知他人用于出版淫秽书刊而提供书号、刊号的，应予立案追诉。

第八十四条 ［传播淫秽物品案（刑法第三百六十四条第一款）］传播淫秽的书刊、影片、音像、图片或者其他淫秽物品，涉嫌下列情形之一的，应予立案追诉：

（一）向他人传播三百至六百人次以上的；

（二）造成恶劣社会影响的。

不以牟利为目的，利用互联网、移动通信终端传播淫秽电子信息，涉嫌下列情形之一的，应予立案追诉：

（一）数量达到本规定第八十二条第二款第（一）项至第（五）项规定标准二倍以上的；

（二）数量分别达到本规定第八十二条第二款第（一）项至第（五）项两项以上标准的；

（三）造成严重后果的。

利用聊天室、论坛、即时通信软件、电子邮件等方式，实施本条第二款规定行为的，应予立案追诉。

15. 关于集中开展查处取缔黑网吧专项行动的通知

（工商个字［2008］138号）

各省、自治区、直辖市工商行政管理局：

近年来，全国各级工商行政管理机关在网吧管理工作中，依照《互联网上网服务营业场所管理条例》（以下简称《条例》），对黑网吧坚决予以取缔，有力地遏制了黑网吧蔓延的势头。为贯彻落实中央 8 号文件精神和全国社会治安综合治理工作会议精神，进一步规范互联网上网服务业经营秩序，为未成年人健康成长创造良好的社会文化环境，国家工商总局决定，自 2008 年 7 月 1 日至 9 月 30 日集中开展为期三个月的查处取缔黑网吧专项行动。现就专项行动的有关事项通知如下：

一、认清形势，增强责任感和使命感

黑网吧规避有关部门管理，大量接纳未成年人进入，使许多中小学生迷恋网络，贻误学业；黑网吧不安装过滤软件，大量传播有害信息，败坏社会风气，影响未成年人的身心健康；一些未成年人为获得上网资金，诱发了盗窃、抢劫等违法犯罪活动动机；黑网吧经营管理不规范，存在严重的消防安全隐患，威胁人身安全。黑网吧严重影响了网吧市场的正常经营秩序，已经成为社会公害。各级工商行政管理机关要统一思想，提高认识，以高度的政治责任感和使命感，加大查处取缔黑网吧工作力度，把查处取缔黑网吧作为一项重要的民心工程和保护未成年人健康成长的希望工程，切实抓紧抓好。

二、严把市场准入关，依法确认网吧市场主体资格

各级工商行政管理机关要严格依照《条例》的规定，加强互联网上网服务营业场所的工商登记管理，严把市场主体准入关。凡申请设立互联网上网服务营业场所的，必须提交文化部门核发的《网络文化经营许可证》，并符合工商行政管理登记条件，方可核发营业执照。对在中学、小学校园周围 200 米和居民住宅楼（院）内申请设立互联网上网服务营业场所的，一律不予核准。对已登记的网吧，一要复查《网络文化经营许可证》是否到期，对《网络文化经营许可证》到期的，责令停止经营活动，限期办理《网络文化经营许可证》，逾期不办的，吊销营业执照。二要复查是否符合工商登记条件，对不符合条件的，责令改正，逾期不改的，依法查处。要加强网吧营业执照管理，对买卖、出租、转让营业执照的，要依法查处。

农业信息服务站和电子竞技俱乐部不属于互联网上网服务营业场所，工商机关对这些场所已经登记注册且无其他经营项目的，收回营业执照，履行注销手续；有其他经营项目的，进行变更登记，撤销农业信息服务站和电子竞技俱乐部互联网上网服务经营项目。

三、抓住重点，重拳出击

各级工商行政管理机关要以农村、城乡结合部和学校周边为重点，加大对黑网吧查处取缔力度。要全面落实属地监管责任制，以“经济户口”为基础，大力推行“局所联动，以所为主，上级督导”的监管模式，要强化基层工商所的监管职能，分片包干，责任到人，开展全面排查，确保纵向到底，横向到边。要增加巡查次数，加大巡查力度，做到发现一起，及时查处取缔一起，决不手软。对已经取缔的黑网吧，要进行回头看，严防死灰复燃。对非法经营黑网吧，构成刑事犯罪的，要依法及时移送公安机关。

四、加强部门协调，动员社会力量参与

各级工商行政管理机关要将开展专项行动的进展情况及时向当地党委政府汇报，发生重大案情或遇有紧急突发事件，要积极争取当地党委政府的重视和支持。要与当地文化、公安、工信等部门密切配合和沟通，努力形成网吧管理合力。要进一步做好宣传工作，充分依靠群

众，广泛发动群众，形成灵敏、高效的社会监督举报机制。要充分发挥12315综合执法网络的作用，认真受理查处举报，做到有报必查，查必有果。

五、积极研究探索，构建查处取缔黑网吧长效机制

各地要对近年来网吧监管经验进行全面总结，同时结合当前网吧监管工作中出现的新情况、新问题，认真研究治本之策。要努力在当地党委、政府的统一领导下，积极探索，大胆创新，建立健全查处取缔黑网吧的长效机制，掌握工作主动权，确保查处取缔黑网吧工作取得实效。

暑期即将到来，为使广大青少年学生在暑假期间有一个良好、文明的社会环境，各省、自治区、直辖市工商行政管理局接到通知后，要迅速做好落实工作。同时，专项行动结束后，各地要做好总结工作。将总结报告与附件中的两个统计表于11月1日前一并上报国家工商行政管理总局个体私营经济监管司。

联系电话：（010） 88650804

传真：68050284

电子邮件：chenyufang@saic.gov.cn

附件：1．2008年开展网吧专项整治工作情况表（略）

　　　2．网吧等工商登记监管情况统计表（略）

国家工商行政管理总局

二○○八年六月二十七日

16. 文化部、国家工商行政管理总局、公安部关于网吧管理工作有关问题的通知

（文市发［2008］25号）

各省、自治区、直辖市文化厅（局）、工商行政管理局、公安厅（局），新疆生产建设兵团文化局、公安局，北京市、上海市、重庆市、宁夏回族自治区文化市场行政执法总队：

2007年文化部等部门印发了《关于进一步加强网吧及网络游戏管理工作的通知》（文市发［2007］10号），对网吧管理工作做出了全面部署，各地认真贯彻，网吧市场总体秩序日趋规范，群众满意度进一步提高。当前的网吧管理工作，要继续抓好文市发［2007］10号文件的落实，狠抓严格执法，推进网吧连锁，改善宏观调控，加强内容管理，完善法制体系，深化网吧管理长效机制建设。结合当前网吧市场的实际情况，现就有关问题通知如下：

一、改善宏观调控

妥善处理宏观调控与市场机制的关系，充分发挥网吧总量布局规划对调控市场的重要作用。根据《互联网上网服务营业场所管理条例》和文市发［2007］10号文件的有关规定，各省级文化行政部门于2008年9月底前将本辖区网吧总量布局规划的实施情况自评报告和2008—2009年网吧总量布局规划修订方案报文化部。省级文化行政部门根据文化部同意的规划（可分年度实施），组织实施本辖区的网吧许可工作。

坚持“有进有出”，综合运用市场准入、执法监管等手段促进网吧市场秩序规范。省级

文化行政部门要认真总结、评估本辖区网吧总量布局规划的实施成效，对市场混乱、监管不力、群众意见大的地区，要严格限制网吧数量，不得增加总量；对市场已经饱和的地区，要着重调整存量，优化结构；对原有规划数量与现实市场需要矛盾比较突出，且目前市场秩序较为规范、网吧接纳未成年人现象得到有效遏制的地区，可修订规划。修订方案要摸清和研究当地网吧市场的现状和规律，充分考虑当地经济社会发展水平、人口结构、市场需求、消费习惯、监管实效、监管力量和社会反映等因素。市、县级文化行政部门要完善辖区网吧区域布局规划，通过规划促进合理布局，防止恶性竞争。规划修订工作要广泛征求意见，提高科学性、有效性和针对性。

加强和完善网吧许可的政务公开，公平、公正、公开地开展许可工作。定期向社会发布网吧总量布局规划与实际许可情况的信息，防止盲目投资。加强对《网络文化经营许可证》变更环节的管理，依法打击转让《网络文化经营许可证》的非法行为。各地要严格按照经文化部同意的规划实施网吧许可工作，对违反规定审批网吧的，要按照文市发［2007］10 号文件的有关规定追究责任。

各级文化行政部门在实施网吧许可工作前，要将本地区网吧总量布局规划抄送同级工商、公安等部门。工商行政管理部门凭文化行政部门核发的互联网上网服务《网络文化经营许可证》，依法为网吧经营单位办理营业执照。

二、强化日常监管

文化行政部门要以禁止网吧接纳未成年人为工作重点，落实各项已有规定，继续实行量化管理和严管重罚，强化市场退出机制。建立和完善网吧市场信用监管体系，科学调配监管力量，实施分级分类监管，激励与约束并重。加强对农村、城乡结合部和学校周边地区网吧的执法巡查。加强对网吧内利用服务器等设备传播的文化内容的监管。

落实文化市场行政执法责任制，完善评估考核机制。省级文化行政部门要建立本辖区未成年人进入网吧情况的统计分析和通报制度。上级文化行政部门要定期统计下级文化行政部门对网吧接纳未成年人进入行为的行政处罚执行情况，对累计 2 次和 3 次接纳未成年人的网吧，要及时督促有关文化行政部门实施责令停业整顿或吊销《网络文化经营许可证》的行政处罚。

加强对网吧行业协会的指导，大力发挥行业协会作用，提高网吧从业人员职业素质，提高行业自律水平。经常性地组织网吧经营单位法定代表人和经营管理人员学习政策法规，剖析典型案件。拟对违法经营网吧实施吊销许可证等重大行政处罚的，要召开听证会，组织辖区内的网吧经营单位法定代表人和经营管理人员旁听，发挥行政处罚的警示教育作用。

工商行政管理部门要保持打击黑网吧的高压态势。要在总结网吧专项整治工作经验的基础上，部署更有针对性的措施。加大巡查次数和巡查力度，加强日常监管。以农村、城乡结合部、学校周边及各类变相黑网吧为重点，继续开展查处和取缔黑网吧专项整治行动。广泛开展打击黑网吧的宣传工作，积极动员社会力量参与。全面强化基层工商所的监管职能，建立责任追究制度。对明知是黑网吧，却仍然为其提供互联网接入服务和场所的，要依法予以处罚。公安、文化部门要大力支持配合工商部门取缔黑网吧。

三、稳步推进网吧连锁

稳步推进网吧连锁化、规模化、专业化、品牌化，积极培育和扶持若干经营规范、业绩明显、声誉良好、品牌价值高、核心竞争力强、市场影响力大的网吧连锁经营企业，努力通过市场机制和政策激励扶持改善、优化网吧市场结构，提高连锁网吧的市场占有率，改造和提升网吧产业。

要对网吧增量市场和存量市场分类指导。注重通过连锁经营体系整合存量市场并加以规范、提升。支持和引导非连锁经营网吧向连锁业态发展；规范和引导网吧连锁经营体系；积极引导同城区域内的网吧连锁经营。加强对网吧连锁经营单位的指导，积极引导其提高经营管理水平，按照连锁经营标准化、专业化的要求，完善经营管理体系和服务标准。

特此通知。

二〇〇八年七月七日

17. 关于进一步加强奥运期间新闻媒体广告发布管理的通知

（工商广字［2008］154号）

各省、自治区、直辖市及计划单列市工商行政管理局、党委宣传部、监察厅（局、委）、纠风办、广播影视局、新闻出版局：

举世瞩目的 2008 年北京奥运会、残奥会即将举办。为充分发挥新闻媒体广告在服务奥运、宣传奥运中的正确导向作用，大力营造和谐有序的广告市场环境，现就加强奥运期间新闻媒体广告发布管理的有关工作通知如下：

一、进一步增强做好奥运期间新闻媒体广告发布管理工作的责任感和紧迫感

举办2008年北京奥运会、残奥会是我国政治、经济、社会、文化生活中的一件极其重要的大事，是中华民族的百年期盼。党中央、国务院高度重视北京奥运会、残奥会的筹办和组织工作，全国人民心系北京奥运会、残奥会，全国各行各业都在为北京奥运会、残奥会的成功举办尽职尽责。广告业肩负着对外宣传和展示国家形象的社会责任，奥运广告市场秩序直接关系到国家形象。广播、电视、报刊作为大众传播媒体，是广告发布的主要渠道，在服务奥运、宣传奥运中承担着重要的职能与使命，有责任、有义务为维护良好的奥运广告市场秩序发挥积极的主导作用。当前，奥运会、残奥会筹办工作已进入最后的关键阶段，广大新闻媒体单位要从党和国家工作大局出发，进一步增强责任感和紧迫感，围绕“和谐奥运、平安奥运”的目标，充分认识加强奥运期间广告管理的极端重要性，牢固树立政治意识和大局意识，坚持正确的广告导向，把社会效益放在首位，严格把好广告发布审查关，确保广告市场的规范有序和安全稳定，为成功举办一届有特色、高水平的奥运会、残奥会做出积极贡献。

二、进一步强化奥运期间新闻媒体的广告发布审查和内部管理

各新闻媒体单位要进一步强化广告经营自律和内部管理，全面检查各项广告管理制度的执行情况，制定广告发布管理应急措施，依法履行广告审查义务，严格落实责任追究制。新闻媒体单位主要负责人对发布广告的真实性、合法性和广告导向负领导责任；主管广告业务的负责人对广告发布的终审、把关负直接责任；广告业务部门负责人对广告内容的审查负具

体责任，不得将广告发布审查职责交由广告代理公司行使。

各新闻媒体单位要重点加强对下列广告的审查：一是涉及国家主权、领土完整、国家安全内容的；二是涉及宗教、民族、种族内容的；三是涉及传销、非法集资等影响社会稳定内容的；四是涉及奥运有关内容的；五是涉及抗震救灾和灾后重建内容的；六是涉及与兴奋剂有关内容的；七是涉及医疗用毒性药品及处方药药品内容的。

广播电视播出机构要严格执行广电总局 17 号令的规定，严禁超时、超量和各种形式的违规插播广告；严禁播出导向错误、内容低俗、格调低下的广告以及虚假违法广告；严禁在转播节目中，以任何形式插播自行组织的广告。

报刊出版单位要严格执行新闻出版总署、国家工商总局《关于禁止报刊刊载部分类型广告的通知》中的有关规定，重申报刊禁止刊载含有淫秽、色情、迷信内容或格调低下的广告；禁止刊载介绍赌博技术的广告；禁止刊载介绍汽车解码器、万能钥匙、麻醉专用药等各种可用于犯罪技术的广告。药品、保健食品、消毒及其他生活用品的广告，不得出现表示提高、增强性生活能力及性生理器官的内容。非法印刷品广告不得随报刊发行配送。

严禁利用广播、电视、报纸、期刊、互联网发布烟草广告；严禁发布 A 型肉毒毒素及其制剂生产、经营、使用的广告。与此同时，各新闻媒体单位要按照有关部门要求，紧紧围绕“迎奥运、讲文明、树新风”主题，积极参与、创作、发布更多积极向上、格调高雅、富有感染力的公益广告作品，大力宣传“绿色奥运、科技奥运、人文奥运”理念，展现中国特色主旋律和时代精神。

三、进一步加大奥运期间新闻媒体广告发布的监督管理力度

各地党委和政府有关部门要认真贯彻落实中央关于奥运筹办工作的重要指示精神，切实履行职能，深入细致地做好广告监督管理工作，加强协调配合和工作联动，确保相关监管措施落实到位，及时排除广告市场存在的各种安全隐患，齐心协力共同维护好奥运期间的广告市场秩序。

党委宣传部门要进一步加强奥运期间新闻媒体广告发布管理工作的领导，继续强化对媒体广告内容导向的管理，采取更加严厉的措施，实行发布违法广告行为领导责任追究制，严肃处理发布严重违法广告的新闻媒体，追究有关责任人的相应责任。

监察机关和纠风部门要加强对有关部门履行职责的监督检查，督促落实新闻单位主管领导负责制和责任追究制，对违法发布广告的有关责任人依法依纪进行处理。

广播影视、新闻出版行政部门要按照相关法规和有关规定，进一步加强对广播、电视、报纸、期刊等媒体的管理，指导和督促媒体强化广告审查把关责任，加强系统内部的审看、审读和监测，对刊播违法广告的新闻媒体进行行政处理。

工商机关要认真贯彻国家工商总局《关于进一步营造和谐有序的奥运广告市场环境的通知》（工商广字［2008］125 号）。加强对新闻媒体广告发布的监测，对违法广告易发媒体实施动态监管，及时发现、制止和查处虚假违法广告以及含有不良内容的广告。对有关 A 型肉毒毒素及其制剂生产、经营、使用的广告，要坚决依法取缔。对广告违法率居高不下或者发布影响市场秩序和社会稳定等性质恶劣、情节严重违法的广告媒体，要立即发出警示告戒，限期整改。必要时，要依法暂停其广告业务，情节严重的吊销广告经营许可证。

请各地接到此通知后，迅速传达至辖区内各新闻单位，并认真贯彻执行。

国家工商行政管理总局
中央宣传部
监察部
国务院纠风办
国家广播电影电视总局
新闻出版总署
二〇〇八年七月十五日

18. 国家发展改革委办公厅关于组织实施2008年下一代互联网业务试商用及设备产业化专项的通知

（发改办高技［2008］1811号）

国务院有关部门办公厅（室），各省、自治区、直辖市及计划单列市、新疆生产建设兵团发展改革委（局），有关中央管理企业：

为积极、稳妥推动我国下一代互联网业务应用和产业发展，按照中国下一代互联网示范工程（CNGI）总体安排，2008年我委将组织实施下一代互联网业务试商用及设备产业化专项。现就有关事项通知如下：

一、专项目标

（一）充分利用并优化CNGI骨干网、驻地网基础设施，继续推动下一代互联网在科研、运营以及重要行业的应用，服务于科研开发及经济和社会发展，并促进人才培养；

（二）在过去几年已开展工作基础上，针对薄弱环节，进一步提升自主创新能力和关键设备规模生产能力，基本形成包括核心网设备、接入设备、终端设备、测试仪器在内的完整产业链，推动下一代互联网标准化进程，增强我国在下一代互联网领域的核心竞争力；

（三）探索合理运营模式，大力促进IPv6业务试商用，在2010年底前发展50万以上IPv6试商用用户，积极推进下一代互联网由试验向商用的转型，培育形成新的经济增长点，带动我国信息产业持续、健康发展。

二、支持重点和要求

（一）新型技术及业务的应用和试商用

1．基于下一代互联网的科研基础设施建设及应用示范

要求：（1）基于IPv6并兼容IPv4；（2）在已有CNGI试验网基础上，主要针对安全、可控、可管的高性能超级计算环境、大容量数据资源中心、大信息量文献情报资源平台、网络科普和教育资源平台、大科学工程和台站等应用需求，建设新型网络环境；（3）开展高性能计算、科学数据管理技术、文献情报、高速虚拟实验室、大科学工程科研支撑等实际应用示范。

2．下一代互联网在重要行业领域的应用示范

要求：（1）基于IPv6并兼容IPv4，项目应具有较好的技术和应用基础；（2）以已建设

的 CNGI 骨干网、驻地网为依托，面向智能交通、地震监测、环境监测、安全监控、汽车网络、农林水利等具有重要示范意义的行业领域，或结合上海 2010 年世博会、深圳 2011 年世界大运会等大型活动的需求，以产学研用结合方式构建具有一定规模的下一代互联网应用平台；（3）优先考虑曾获得我委下一代互联网专项支持且已完成验收项目的后续建设。

3．校园网络 IPv6 技术升级和应用示范

要求：（1）基于下一代互联网网络资源，在具备条件的高校和中小学继续推进校园网络升级改造，在 2010 年底前至少将 50 所高校的网络升级到下一代互联网；（2）结合实际需求，开展远程教育、资源共享、教学实验、网络科普等应用。

4．IPv6 宽带接入业务试商用

要求：（1）改造现有 IPv4 宽带接入网络体系，使终端用户可获取并使用 IPv6 地址；（2）向用户提供基于 xDSL、xPON、LAN 等接入技术的 IPv6 宽带接入业务；（3）基于 IPv4 的相关网络业务同时对 IPv6 终端用户开放；（4）在 2010 年年底之前，试商用规模达到 5000 用户。

5．基于 IPv6 的宽带网络业务试商用

要求：（1）改造现有 IPv4 宽带网络业务体系，部署支持 IPv6 的网络和业务设备；（2）向用户提供基于 IPv6 的语音、视频、娱乐及其他增值业务；（3）基于 IPv6 的相关网络业务同时对 IPv4 终端用户开放；（4）在 2010 年年底之前，试商用规模达到 2 万用户。

6．基于 IPv6 的内容分发业务试商用

要求：（1）基于 IPv6、CDN 与 P2P 技术构建内容分发网络；（2）支持用户和业务的统一管理、认证和鉴权，具备业务运维监测能力，提供用户和网络行为分析；（3）提供 3 种以上以高清晰度视频为主的数字媒体业务系统；（4）在 2010 年年底之前，试商用规模达到 2 万用户。

7．新型 IP 承载网试商用

要求：（1）兼容 IPv4/IPv6；（2）安全、可控、可管，支持 QoS 机制；（3）建设网络运营和管理体系，在新型 IP 承载网上承载现有网络业务系统，不影响用户业务正常提供；（4）在 2010 年年底之前，试商用规模达到 2 万用户。

（二）关键设备产业化

配合新型技术及业务的应用和试商用，实现具有自主知识产权的下一代互联网关键设备的批量生产能力。

1．移动通信网 IPv6 接入网关

要求：（1）支持 IPv4/IPv6 双栈及多种 IPv4/IPv6 过渡技术；（2）支持主流加密算法，保证控制信令的安全传输；（3）具有电信级可靠性，支持多种备份机制；（4）在移动通信网和 CNGI 示范网络上进行设备验证和业务试验。

2．支持广播应用的 IPv6 宽带多媒体接入网关

要求：（1）支持 IPv4/IPv6 双栈及多种 IPv4/IPv6 过渡技术；（2）支持多媒体数据在广播电视网和通信网之间的双向传输处理；（3）实现融合广播和通信功能的接入认证；（4）在广播电视网和 CNGI 示范网络上进行设备验证和业务试验。

3．IPv6 宽带多模式接入终端

要求：（1）基于 IPv6 并兼容 IPv4，面向家庭和中小企业应用环境；（2）支持 xDSL、xPON、

LAN 等多种宽带接入技术，支持对终端的统一远程管理机制；（3）支持 QoS 机制，具有较高级别的安全性；（4）在 CNGI 示范网络上进行设备验证和业务试验。

4．支持移动 IPv6 的多媒体终端

要求：（1）兼容 IPv4/IPv6，可实现无缝移动切换；（2）支持个人通信、信息管理、个人娱乐、互联网接入等功能；（3）具有良好的安全性和抗攻击能力；（4）在 CNGI 示范网络上进行设备验证和应用试验。

5．IPv6 无线视频监控系统

要求：（1）基于 IPv6 并兼容 IPv4，支持多种无线组网技术；（2）支持高清视频监控和智能识别；（3）具有良好的安全性、可靠性、实时性，支持多种备份机制；（4）在 CNGI 示范网络上进行系统验证和应用试验。

6．下一代互联网可信域名服务系统

要求：（1）基于 IPv6 并兼容 IPv4；（2）支持海量查询，具有快速响应能力；（3）具有良好的安全性、可靠性和抗攻击能力；（4）在 CNGI 示范网络上进行系统验证和应用试验。

7．下一代互联网协议测试和分析设备

要求：（1）支持对 IPv4/IPv6 基本协议簇、IPv4/IPv6 相关路由协议、IPv4/IPv6 过渡技术的一致性测试；（2）支持对 IPv4/IPv6 双栈的协议性能测试；（3）支持远程与多机协同测试；（4）在 CNGI 示范网络上进行设备验证，并进行协议测试和分析演示。

8．下一代互联网业务测试和分析设备

要求：（1）基于 IPv6 并兼容 IPv4；（2）构建典型网络业务的分析和评价指标体系，支持大规模并发仿真测试；（3）支持远程与多机协同测试；（4）在 CNGI 示范网络上进行设备验证，并进行典型业务测试和分析演示。

9．面向业务感知的下一代互联网流量控制设备

要求：（1）基于 IPv6 并兼容 IPv4；（2）精确识别 P2P、VoIP、IPTV 和其他多媒体业务流量；（3）识别和定位网络异常流量，支持系统级的异常流量抑制与安全防御；（4）在 CNGI 示范网络上进行设备验证和业务试验。

（三）重要标准规范的研究制定

结合 CNGI 业务试商用、行业应用示范、新型技术试验和设备研发，制定我国下一代互联网关键领域的标准规范。

1．真实 IPv6 源地址验证标准体系

要求：（1）构建系统化的 IPv6 源地址验证体系；（2）设计并实现相应的原型系统；（3）在 CNGI 示范网络上进行大规模试验和验证；（4）完成 IPv6 源地址验证技术的规范化工作，形成较完备的国际标准草案。

2．面向 CNGI 项目的系列标准规范

要求：（1）基于自 2005 年来 CNGI 相关项目已有成果；（2）以可管可控的体系架构、端到端性能指标体系、应用层业务流量识别管理、网络安全认证等领域为重点；（3）研究制定行标和国标，积极推动形成国际标准；（4）相关标准规范应在 CNGI 示范网络上进行技术和系统验证。

3．下一代互联网关键设备测试标准规范

要求：（1）以网络互联设备、网络接入设备、业务支撑系统、信息安全产品、多功能终

端设备为重点；（2）完成测试方法和指标体系的标准化工作，形成系列行标和国标；（3）相关测试标准规范应在 CNGI 示范网络上进行技术和系统验证。

三、申报要求

（一）项目主管部门应根据投资体制改革精神和《国家高技术产业发展项目管理暂行办法》的有关规定，按照专项实施重点的要求，结合本单位、本地区实际情况，认真做好项目组织和备案工作，组织编写项目资金申请报告并协调落实项目建设资金、环保、土地、规划等相关建设条件。

（二）项目主管部门应对资金申请报告及相关附件（如银行贷款承诺、自有资金证明等）进行认真核实，并负责对其真实性予以确认。

（三）项目承担单位原则上应为企业法人。在制定建设方案时，应实事求是，严格控制征地、新增建筑面积和投资规模。项目资金申请报告的具体编写要求及所需附件内容参见附件一。

（四）各项目主管部门申报项目数量原则上不超过 8 项。为加强高技术产业发展项目管理工作，本次专项继续采取纸质材料申报和网上申报并行的组织实施方式。

请项目主管部门于 2008 年 10 月 31 日前，将项目的资金申请报告和有关附件、项目简介和基本情况表（见附件二）、项目的备案材料等一式两份（同时须附各项目简介及所有项目汇总表的电子文本）报送我委高技术产业司，另送一份至中国工程院（联系人：戈金钟、安耀辉，联系电话：010-59300347，59300330）。

同时，请项目主管部门登录国家发展改革委高技术产业发展项目管理系统 http://ndrc.jhgl.org/xxcyh，履行相关网上申报手续。纸质材料申报和网上申报的截止时间相同，项目信息应完全一致，未履行网上申报手续的项目将不予受理。

（五）在项目主管部门申报的基础上，我委将按照公正、公平的原则，组织专家评审，择优支持。

特此通知。

附件：1. 项目资金申请报告编制要点（略）

2. 项目及项目单位基本情况表（略）

国家发展和改革委员会办公厅

二〇〇八年八月十四日

19. 商务部关于下放外商投资商业企业审批事项的通知

（商资函［2008］51 号）

各省、自治区、直辖市、计划单列市、新疆生产建设兵团商务主管部门、国家级经济技术开发区：

为贯彻落实党的十七届二中全会精神，进一步转变政府工作职能，改进外商投资审批工作，根据《国务院关于第四批取消和调整行政审批项目的决定》（国发［2007］33 号），现就有关事项通知如下：

一、外商投资设立商业企业及已设立的外商投资商业企业的变更由省级商务主管部门审核（第二条涉及事项除外）。

二、通过电视、电话、邮购、互联网、自动售货机等无店铺方式销售的企业或从事音像制品批发，图书、报纸、期刊销售的企业继续由商务部负责审批。

三、省级商务主管部门应严格按照国家有关法律法规规定和相关产业政策审核外商投资商业企业，并及时将有关批复报商务部备案。

四、本通知自发布之日起执行。

中华人民共和国商务部

二〇〇八年九月十二日

20. 关于个人通过网络买卖虚拟货币取得收入征收个人所得税问题的批复

（国税函［2008］818号）

北京市地方税务局：

你局《关于个人通过网络销售虚拟货币取得收入计征个人所得税问题的请示》（京地税个［2008］114号）收悉。现批复如下：

一、个人通过网络收购玩家的虚拟货币，加价后向他人出售取得的收入，属于个人所得税应税所得，应按照“财产转让所得”项目计算缴纳个人所得税。

二、个人销售虚拟货币的财产原值为其收购网络虚拟货币所支付的价款和相关税费。

三、对于个人不能提供有关财产原值凭证的，由主管税务机关核定其财产原值。

国家税务总局

二〇〇八年九月二十八日

21. 文化部、财政部、国家税务总局关于印发《动漫企业认定管理办法（试行）》的通知

（文市发［2008］51号）

各省、自治区、直辖市、计划单列市文化厅（局）、财政厅（局）、国家税务局、地方税务局：

现将《动漫企业认定管理办法（试行）》印发给你们，请遵照执行。

特此通知。

文化部

财政部

国家税务总局

二〇〇八年十二月十八日

动漫企业认定管理办法（试行）

第一章　总则

第一条　为扶持我国动漫产业发展，落实国家对动漫企业的财税优惠政策，根据《国务院办公厅转发财政部等部门关于推动我国动漫产业发展的若干意见的通知》（国办发（2006）332 号，以下简称《通知》）规定，制定本办法。

第二条　按照本办法认定的动漫企业，方可申请享受《通知》规定的有关优惠和扶持政策。

第三条　动漫企业认定管理工作坚持为动漫企业服务、促进动漫产业发展的宗旨，遵循公开、公平、公正的原则。

第四条　本办法所称动漫企业包括：

（一）漫画创作企业；

（二）动画创作、制作企业；

（三）网络动漫（含手机动漫）创作、制作企业；

（四）动漫舞台剧（节）目制作、演出企业；

（五）动漫软件开发企业；

（六）动漫衍生产品研发、设计企业。

第五条　本办法所称动漫产品包括：

（一）漫画：单幅和多格漫画、插画、漫画图书、动画抓帧图书、漫画报刊、漫画原画等；

（二）动画：动画电影、动画电视剧、动画短片、动画音像制品，影视特效中的动画片段，科教、军事、气象、医疗等影视节目中的动画片段等；

（三）网络动漫（含手机动漫）：以计算机互联网和移动通信网等信息网络为主要传播平台，以电脑、手机及各种手持电子设备为接受终端的动画、漫画作品，包括 FLASH 动画、网络表情、手机动漫等；

（四）动漫舞台剧（节）目：改编自动漫平面与影视等形式作品的舞台演出剧（节）目、采用动漫造型或含有动漫形象的舞台演出剧（节）目等；

（五）动漫软件：漫画平面设计软件、动画制作专用软件、动画后期音视频制作工具软件等；

（六）动漫衍生产品：与动漫形象有关的服装、玩具、文具、电子游戏等。

第二章　认定管理

第六条　文化部、财政部、国家税务总局共同确定全国动漫企业认定管理工作方向，负责指导、管理和监督全国动漫企业及其动漫产品的认定工作，并定期公布通过认定的动漫企业名单。

第七条　全国动漫企业认定管理工作办公室（以下称办公室）设在文化部，主要职责为：

（一）具体组织实施动漫企业认定管理工作；

（二）协调、解决认定及相关政策落实中的重大问题；

（三）组织建设和管理“动漫企业认定管理工作平台”；

（四）负责对已认定的重点动漫企业进行监督检查和年审，根据情况变化和产业发展需要对重点动漫产品、重点动漫企业的具体认定标准进行动态调整；

（五）受理、核实并处理有关举报。

第八条　各省、自治区、直辖市文化行政部门与同级财政、税务部门组成本行政区域动漫企业认定管理机构（以下称省级认定机构），根据本办法开展下列工作：

（一）负责本行政区域内动漫企业及其动漫产品的认定初审工作；

（二）负责向本行政区域内通过认定的动漫企业颁发"动漫企业证书"；

（三）负责对本行政区域内已认定的动漫企业进行监督检查和年审；

（四）受理、核实并处理本行政区域内有关举报，必要时向办公室报告；

（五）办公室委托的其他工作。

第九条　各级认定机构应制定本辖区内的动漫企业认定工作规程，定期召开认定工作会议。推进认定工作电子政务建设，建立高效、便捷的认定工作机制。

动漫企业认定管理工作所需经费由各级认定机构的同级财政部门拨付。

第三章　认定标准

第十条　申请认定为动漫企业的应同时符合以下标准：

（一）在我国境内依法设立的企业；

（二）动漫企业经营动漫产品的主营收入占企业当年总收入的60%以上；

（三）自主开发生产的动漫产品收入占主营收入的50%以上；

（四）具有大学专科以上学历的或通过国家动漫人才专业认证的、从事动漫产品开发或技术服务的专业人员占企业当年职工总数的30%以上，其中研发人员占企业当年职工总数的10%以上；

（五）具有从事动漫产品开发或相应服务等业务所需的技术装备和工作场所；

（六）动漫产品的研究开发经费占企业当年营业收入8%以上；

（七）动漫产品内容积极健康，无法律法规禁止的内容；

（八）企业产权明晰，管理规范，守法经营。

第十一条　自主开发、生产的动漫产品，是指动漫企业自主创作、研发、设计、生产、制作、表演的符合本办法第五条规定的动漫产品（不含动漫衍生产品）；仅对国外动漫创意进行简单外包、简单模仿或简单离岸制造，既无自主知识产权，也无核心竞争力的除外。

第十二条　申请认定为重点动漫产品的应符合以下标准之一：

（一）漫画产品销售年收入在100万元（报刊300万元）人民币以上或年销售10万册（报纸1000万份、期刊100万册）以上的，动画产品销售年收入在1000万元人民币以上的，网络动漫（含手机动漫）产品销售年收入在100万元人民币以上的，动漫舞台剧（节）目演出年收入在100万元人民币以上或年演出场次50场以上的；

（二）动漫产品版权出口年收入100万元人民币以上的；

（三）获得国际、国家级专业奖项的；

（四）经省级认定机构、全国性动漫行业协会、国家动漫产业基地等推荐的在思想内涵、艺术风格、技术应用、市场营销、社会影响等方面具有示范意义的动漫产品。

第十三条　符合本办法第十条标准的动漫企业申请认定为重点动漫企业的，应在申报前开发生产出 1 部以上重点动漫产品，并符合以下标准之一：

（一）注册资本 1000 万元人民币以上的；

（二）动漫企业年营业收入 500 万元人民币以上，且连续 2 年不亏损的；

（三）动漫企业的动漫产品版权出口和对外贸易年收入 200 万元人民币以上，且自主知识产权动漫产品出口收入占总收入 30%以上的；

（四）经省级认定机构、全国性动漫行业协会、国家动漫产业基地等推荐的在资金、人员规模、艺术创意、技术应用、市场营销、品牌价值、社会影响等方面具有示范意义的动漫企业。

第四章　认定程序

第十四条　动漫企业认定的程序如下：

（一）企业自我评价及申请

企业认为符合认定标准的，可向省级认定机构提出认定申请。

（二）提交下列申请材料

1．动漫企业认定申请书；

2．企业营业执照副本复印件、税务登记证复印件；

3．法定代表人或者主要负责人的身份证明材料；

4．企业职工人数、学历结构以及研发人员占企业职工的比例说明；

5．营业场所产权证明或者租赁意向书（含出租方的产权证明）；

6．开发、生产、创作、经营的动漫产品列表、销售合同及销售合同约定的款项银行入账证明；

7．自主开发、生产和拥有自主知识产权的动漫产品的情况说明及有关证明材料（包括版权登记证书或专利证书等知识产权证书的复印件）；

8．由有关行政机关颁发的从事相关业务所涉及的行政许可证件复印件；

9．经具有资质的中介机构鉴证的企业财务年度报表（含资产负债表、损益表、现金流量表）等企业经营情况，以及企业年度研究开发费用情况表，并附研究开发活动说明材料；

10．认定机构要求出具的其他材料。

（三）材料审查、认定与公布

省级认定机构根据本办法，对申请材料进行初审，提出初审意见，将通过初审的动漫企业申请材料报送办公室。

文化部会同财政部、国家税务总局依据本办法第十条规定标准进行审核，审核合格的，由文化部、财政部、国家税务总局联合公布通过认定的动漫企业名单。

省级认定机构根据通过认定的动漫企业名单，向企业颁发“动漫企业证书”并附其本年度动漫产品列表；并根据本办法第五条、第十一条的规定，在动漫产品列表中，对动漫产品属性分类以及是否属于自主开发生产的动漫产品等情况予以标注。

动漫企业设有分支机构的，在企业法人注册地进行申报。

第十五条　已取得“动漫企业证书”的动漫企业生产的动漫产品符合本办法第十二条规定标准的，可向办公室提出申请认定为重点动漫产品，并提交下列材料：

1．重点动漫产品认定申请书；

2．企业营业执照副本复印件、税务登记证复印件，“动漫企业证书”复印件；

3．符合本办法第十二条规定标准的相关证明材料：经具有资质的中介机构鉴证的企业财务年度报表（含资产负债表、损益表、现金流量表）等企业经营情况，并附每项产品销售收入的情况说明；获奖证明复印件或版权出口贸易合同复印件等版权出口收入证明；有关机构的推荐证明；

4．认定机构要求出具的其他材料。

办公室收到申报材料后，参照本办法第十四条第三款规定的程序予以审核。符合标准的，由办公室颁发“重点动漫产品文书”。

第十六条　已取得“动漫企业证书”的动漫企业符合本办法第十三条规定标准的，可向办公室提出申请认定为重点动漫企业，并提交下列材料：

1．重点动漫企业认定申请书；

2．企业营业执照副本复印件、税务登记证复印件，“动漫企业证书”复印件，“重点动漫产品文书”复印件；

3．符合本办法第十三条规定标准的相关证明材料：经具有资质的中介机构鉴证的企业近两个会计年度财务报表（含资产负债表、损益表、现金流量表）等企业经营情况或版权出口贸易合同复印件等版权出口收入证明；有关机构的推荐证明；

4．认定机构要求出具的其他材料。

办公室收到申报材料后，参照本办法第十四条第三款规定的程序予以审核。符合标准的，由文化部会同财政部、国家税务总局联合公布通过认定的重点动漫企业名单，并由办公室颁发“重点动漫企业证书”。

第十七条　动漫企业认定实行年审制度。各级认定机构应按本办法第十条、第十三条规定的标准对已认定并发证的动漫企业、重点动漫企业进行年审。对年度认定合格的企业在证书和年度自主开发生产的动漫产品列表上加盖年审专用章。

不提出年审申请或年度认定不合格的企业，其动漫企业、重点动漫企业资格到期自动失效。

省级认定机构应将对动漫企业的年审情况、年度认定合格及不合格企业名单报办公室备案，并由办公室对外公布。

重点动漫企业通过办公室年审后，不再由省级认定机构进行年审。

第十八条　动漫企业对年审结果有异议的，可在公布后 20 个工作日内，向办公室提出复核申请。

提请复核的企业应当提交复核申请书及有关证明材料。办公室收到复核申请后，对复核申请调查核实，由文化部、财政部、国家税务总局做出复核决定，通知省级认定机构并公布。

第十九条　经认定的动漫企业经营活动发生变化（如更名、调整、分立、合并、重组等）的，应在 15 个工作日内，向原发证单位办理变更手续，变化后不符合本办法规定标准的，省级认定机构应报办公室审核同意后，撤销其“动漫企业证书”，终止其资格。不符合本办法规定标准的重点动漫企业，由办公室直接撤销其“重点动漫企业证书”，终止其资格。

动漫企业更名的，原认定机构为其办理变更手续后，重新核发证书，编号不变。

第二十条　经认定的动漫企业、重点动漫企业，凭本年度有效的“动漫企业证书”、“重点动漫企业证书”，以及本年度自主开发生产的动漫产品列表、“重点动漫产品文书”，向主管税务机关申请享受《通知》规定的有关税收优惠政策。

第二十一条 重点动漫产品、重点动漫企业优先享受国家及地方各项财政资金、信贷等方面的扶持政策。

第五章 罚则

第二十二条 申请认定和已认定的动漫企业有下述情况之一的，一经查实，认定机构停止受理其认定申请，或撤销其证（文）书，终止其资格并予以公布：

（一）在申请认定过程中提供虚假信息的；

（二）有偷税、骗税、抗税等税收违法行为的；

（三）从事制作、生产、销售、传播存在违法内容或盗版侵权动漫产品的，或者使用未经授权许可的动漫产品的；

（四）有其他违法经营行为，受到有关部门处罚的。

被撤销证书的企业，认定机构在 3 年内不再受理该企业的认定申请。

第二十三条 对被撤销证书和年度认定不合格的动漫企业，同时停止其享受《通知》规定的各项财税优惠政策。

第二十四条 参与动漫企业认定工作的机构和人员对所承担的认定工作负有诚信以及合规义务，并对申报认定企业的有关资料信息负有保密义务。违反动漫企业认定工作相关要求和纪律的，依法追究责任。

第二十五条 对违反本办法规定的省级认定机构，由办公室责令整改。

第六章 附则

第二十六条 “动漫企业证书”、“重点动漫产品文书”、“重点动漫企业证书”等证书、文书，由办公室统一监制。

第二十七条 按照本办法认定的动漫企业及其自主开发生产的动漫产品享受的财税优惠政策的具体范围、具体内容由财政部、国家税务总局另行发布。

第二十八条 本办法中涉及数字的规定，表述为“以上”的，均含本数字在内。

第二十九条 本办法由文化部、财政部、国家税务总局负责解释。

第三十条 本办法自 2009 年 1 月 1 日起实施。

（工业和信息化部政策法规司　朱秀梅整理）

附录 C　2008 年中国电信业统计公报

C.1　总体情况

初步核算，2008 年累计完成电信业务总量 22 439.5 亿元，同比增长 21.0%；实现电信业务收入 8139.9 亿元，同比增长 7.0%；完成电信固定资产投资 2953.7 亿元，同比增长 29.6%；实现电信增加值 4726.2 亿元，同比增长 0.3%。

2008 年，电信综合价格水平同比下降了 11.5%。移动通信资费下降明显，移动电话用户基本实现单向收费（包括准单向收费），移动长途和漫游资费也大幅下降，如图 C.1 所示。

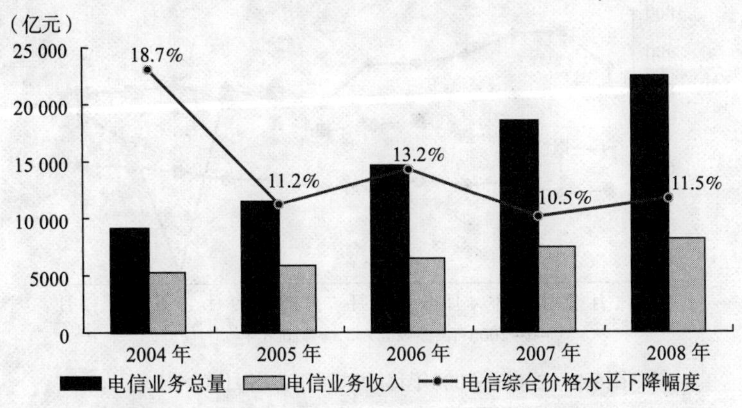

图C.1　2004—2008年电信综合价格水平下降情况

C.2　电信用户

2008 年，全国电话用户净增 6909.2 万户，总数达到 98 203.4 万户，见表 C.1。移动电话用户在电话用户总数中所占的比重达到 65.3%，移动电话用户与固定电话用户的差距超过 3 亿户，如图 C.2 所示。

表 C.1　2004—2008 年电话用户到达数和净增数

	单位	2004 年	2005 年	2006 年	2007 年	2008 年
到达数	万户	64 658.1	74 385.1	82 884.4	91 273.4	98 203.4
净增数	万户	11 388.1	9727.0	8499.3	8389.1	6909.2

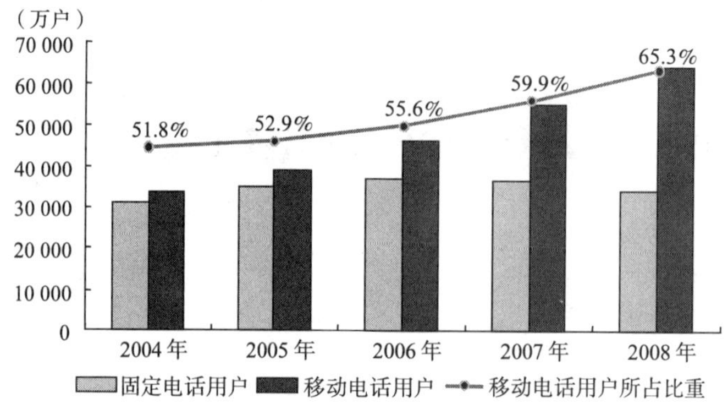

图C.2　2004—2008年移动电话用户所占比重

1. 移动电话用户

2008 年，全国移动电话用户净增 9392.4 万户，达到 64 123.0 万户。2008 年是移动电话用户增长最多的一年，其中 2 月份净增移动电话用户 945.8 万户，刷新单月增长记录。移动电话普及率达到 48.5 部/百人，比上年年底提高 6.9 部/百人，如图 C.3 所示。

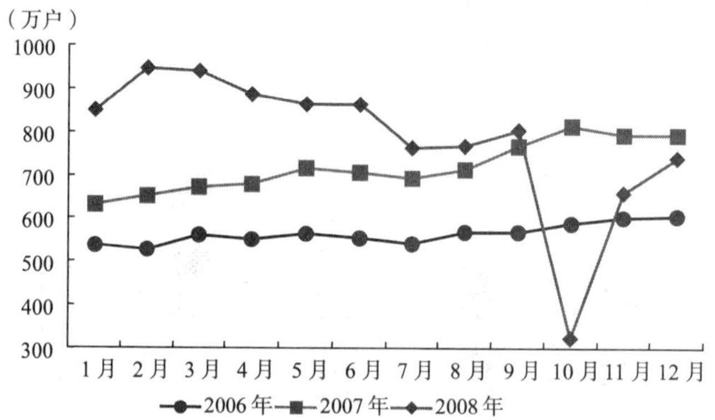

图C.3　2006—2008年移动电话用户各月净增比较

移动电话用户中，移动分组数据用户净增 9478.0 万户，达到 25 392.5 万户。移动分组数据业务的渗透率从上年年底的 29.1%进一步上升到 39.6%，如图 C.4 所示。

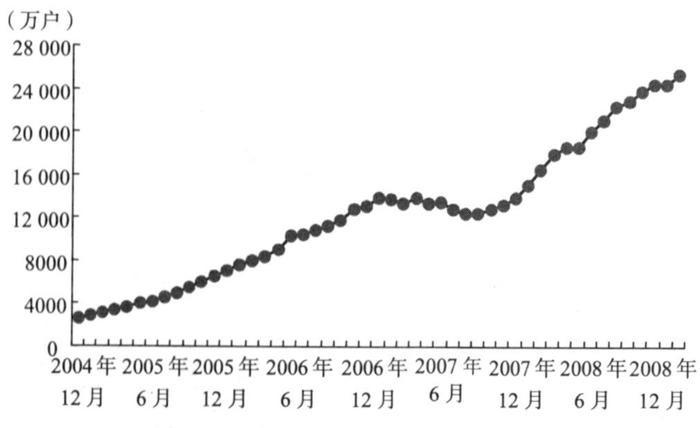

图C.4　2004年以来各月移动分组数据用户发展情况

2．固定电话用户

2008年，全国固定电话用户减少2483.2万户，达到34 080.4万户。其中，城市电话用户减少1660.2万户，达到23 199.5万户；农村电话用户减少823.0万户，达到10 881.0万户。固定电话普及率达到25.8部/百人，比上年年底下降2.0部/百人，如图C.5所示。

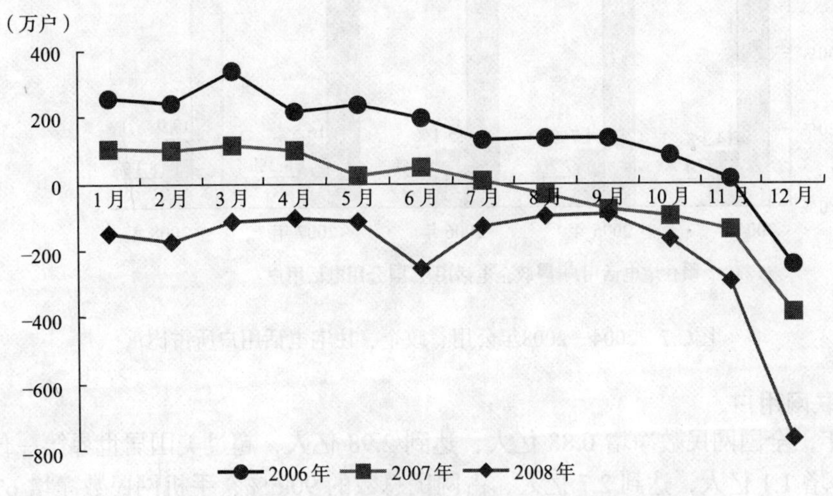

图C.5　2006—2008年固定电话用户各月净增比较

固定电话用户中，传统固定电话用户减少920.1万户，达到27 187.3万户；无线市话用户减少1563.1万户，达到6893.1万户。无线市话用户在固定电话用户中所占的比重从上年年底的23.1%下降到20.2%，如图C.6所示。

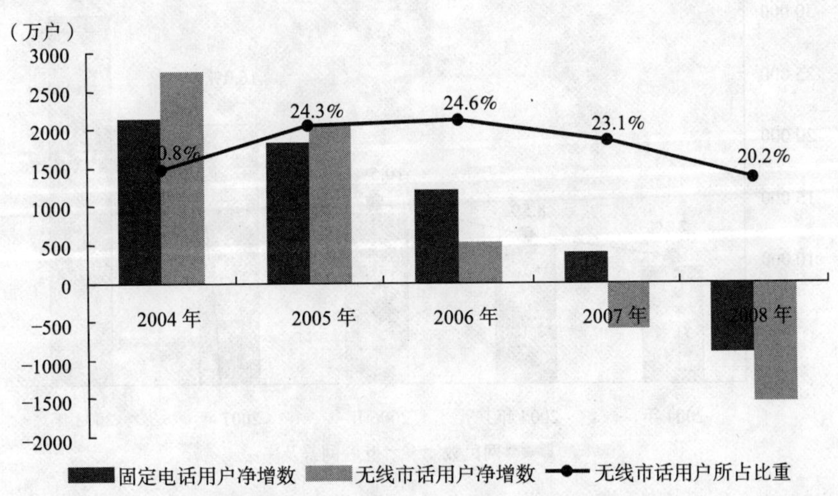

图C.6　2004—2008年无线市话用户所占比重

固定电话用户中，住宅电话用户虽然仍是我国固定电话用户的主体，但其所占比重逐年下降；政企电话用户略有增长，所占比重也逐年上升；2008年年底，我国每千人所拥有的公用电话数达到21.0部，比2007年年底下降1.8部，如图C.7所示。

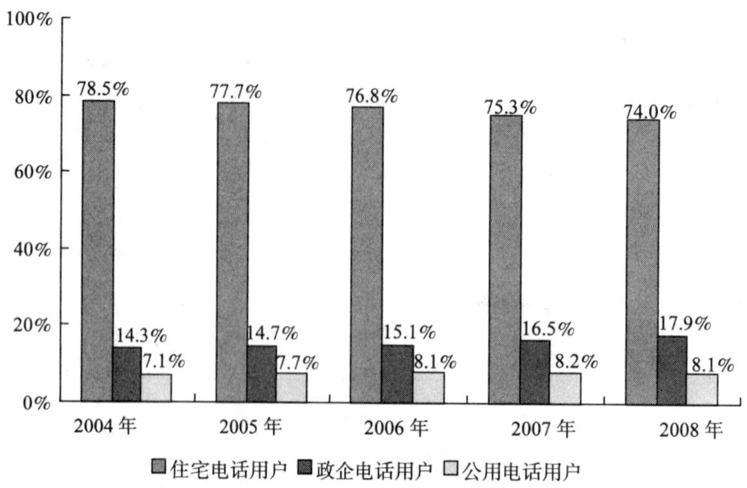

图C.7　2004—2008年公用、政企、住宅电话用户所占比重

3．互联网用户

2008 年，全国网民数净增 0.88 亿人，达到 2.98 亿人，超过美国居世界第一位。其中宽带网民数净增 1.1 亿人，达到 2.7 亿人，占网民总数的 90.6%；手机网民数净增 6720 万人，达到 11 760 万人；农村网民数净增 3190 万人，达到 8460 万人。互联网普及率达到 22.6%，超过全球平均水平（21.9%），如图 C.8 所示。

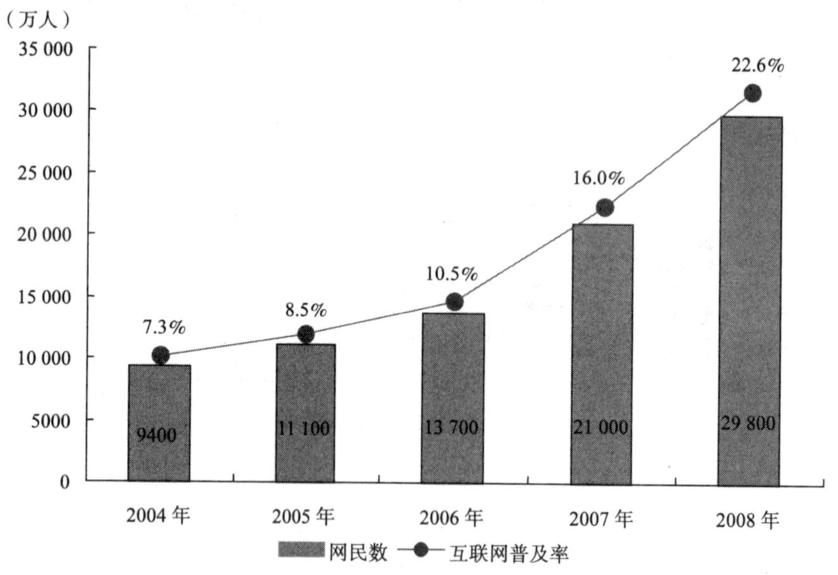

图C.8　2004—2008年网民数和互联网普及率

2008 年，基础电信企业的互联网拨号用户减少 503.3 万户，达到 1437.7 万户，而互联网宽带接入用户净增 1701.0 万户，达到 8342.5 万户，如图 C.9 所示。

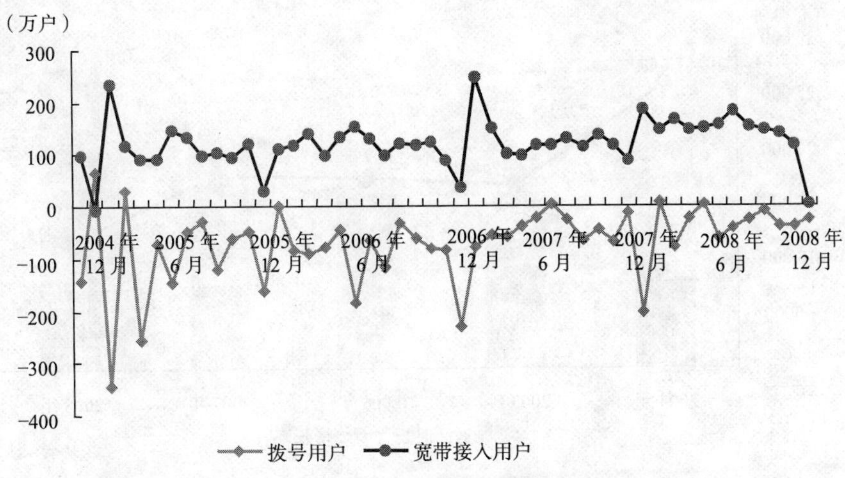

图C.9 2004年以来各月互联网拨号、宽带接入用户净增比较

C.3 业务使用情况

1. 本地电话业务

2008年，固定本地电话通话量累计达到6185.5亿次，同比下降8.5%。其中，本地网内区间通话量745.4亿次，下降4.6%；区内通话量5324.8亿次，下降8.1%；拨号上网通话量115.3亿次，下降37.5%。固定本地通话中，传统电话通话量4639.2亿次，下降7.8%；无线市话通话量1546.2亿次，下降10.7%，如图C.10所示。

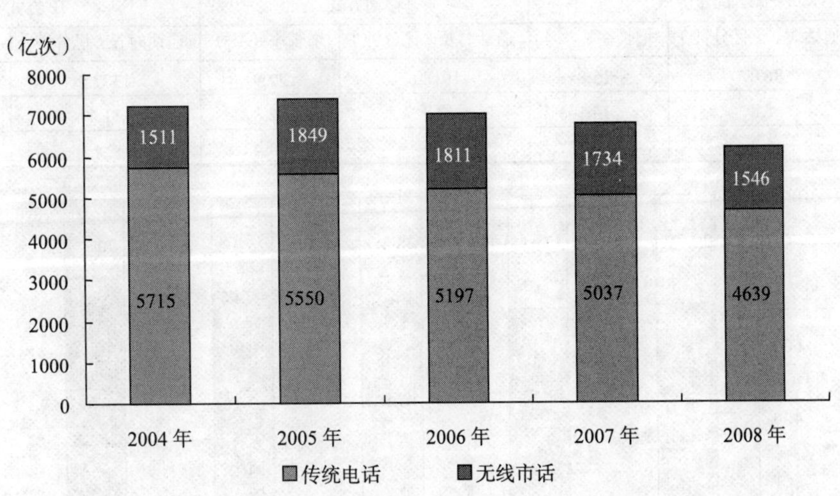

图C.10 2004—2008年固定本地电话通话量

2008年，移动本地电话通话时长累计达到27 461.8亿分钟，同比增长27.8%，如图C.11所示。

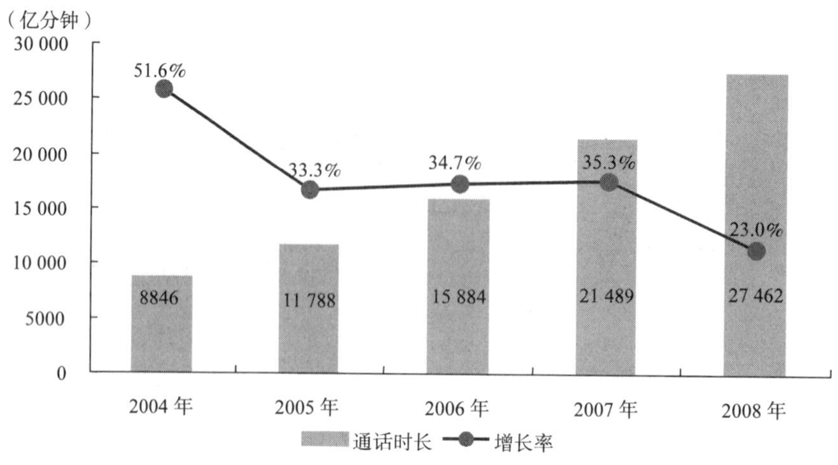

图C.11　2004—2008年移动本地电话通话时长

2. 长途电话业务

2008 年，全国长途电话通话时长累计达到 4213.0 亿分钟，同比增长 2.5%。其中，国内长途电话通话时长 4165.8 亿分钟，增长 2.5%；国际电话通话时长 25.0 亿分钟，增长 0.6%；港澳台电话通话时长 22.2 亿分钟，增长 2.9%，见表 C.2。

长途通话中，固定传统长途电话通话时长 880.7 亿分钟，下降 15.8%；移动长途电话通话时长 1935.9 亿分钟，增长 23.0%；IP 电话通话时长 1396.3 亿分钟，下降 6.4%，如图 C.12 所示。

表 C.2　2008 年长途电话通话时长

	固定方式		移动方式		IP 方式	
	通话时长（亿分钟）	增长率（%）	通话时长（亿分钟）	增长率（%）	通话时长（亿分钟）	增长率（%）
国内长途	869.7	-15.8	1918.6	22.9	1377.5	-6.4
国际	5.8	-14.1	7.7	32.8	11.4	-6.6
港澳台	5.2	-12.9	9.6	43.4	7.4	-16.9

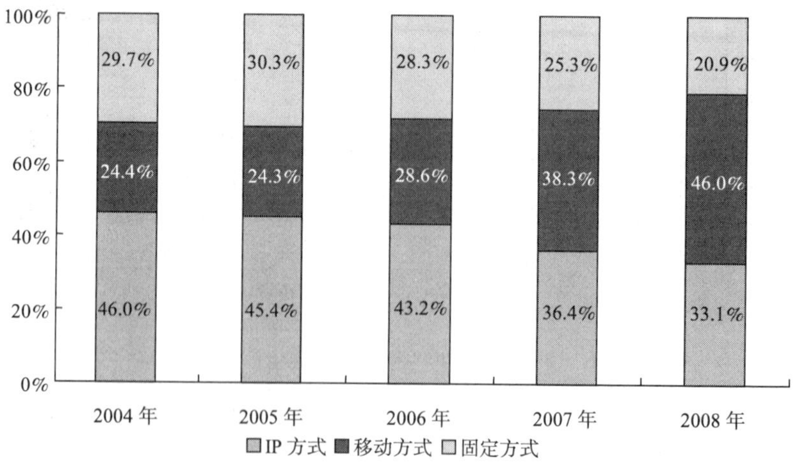

图C.12　2004—2008年长途电话市场构成

IP电话中，从固定电话终端发起的通话时长678.9亿分钟，同比下降4.9%；从移动电话终端发起的通话时长717.4亿分钟，同比下降7.9%。通过移动电话终端发起的IP电话所占比重从2007年年底的52.1%下降到51.4%，如图C.13所示。

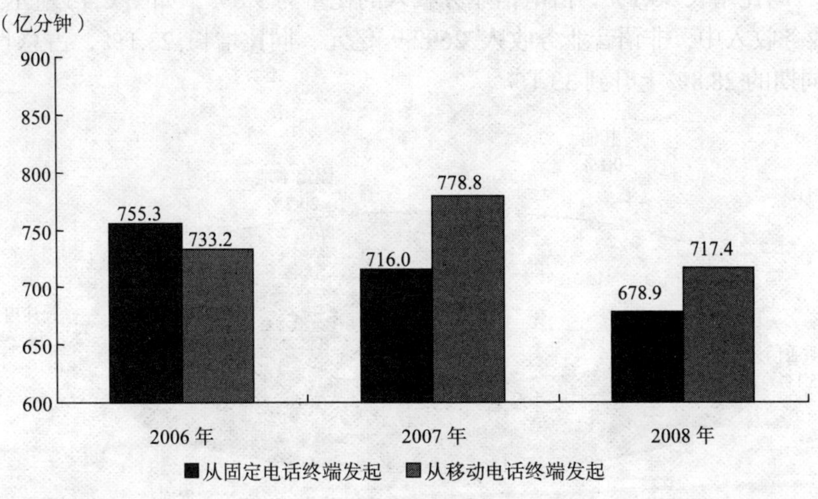

图C.13　2006—2008年IP电话发起方式

3．短信业务

2008年，各类短信发送量达到7230.8亿条，同比增长16.0%。其中无线市话短信业务量234.1亿条，下降24.8%；移动短信业务量6996.7亿条，增长18.2%，如图C.14所示。

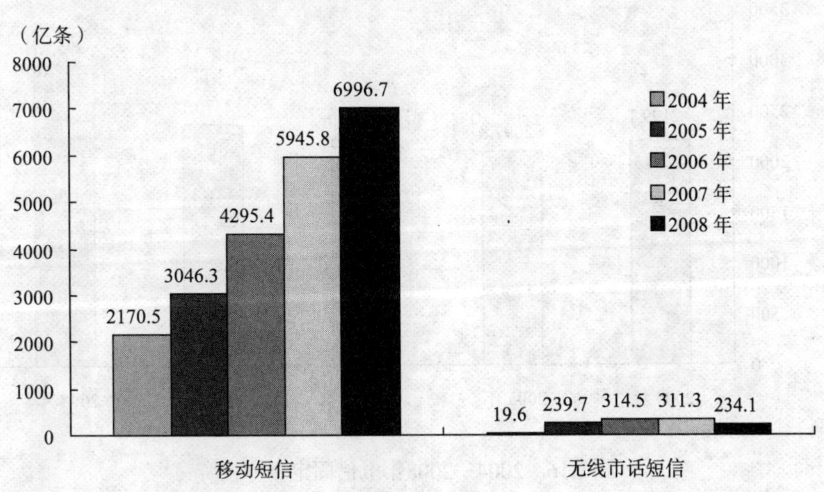

图C.14　2004—2008年短信业务发展情况

C.4　经济效益

2008年，全国电信业务收入累计完成8139.9亿元，同比增长7.0%。其中，移动通信网业务收入 4485.9 亿元，同比增长 15.1%，占电信业务收入的比重为 55.1%；固定本地电话网业务收入 1685.7 亿元，同比下降 9.4%，占电信业务收入的比重为 20.7%；长途电话网业务收入 1159.0 亿元，同比下降 7.0%，占电信业务收入的比重为 14.2%；数据通信网业务收入 798.4 亿元，同比增长 35.1%，占电信业务收入的比重为 9.8%，如图 C.15 所示。

电信业务收入中，非语音业务收入 2692.9 亿元，同比增长 23.1%，占总收入的比重从 2007 年年同期的 28.8%上升到 33.1%。

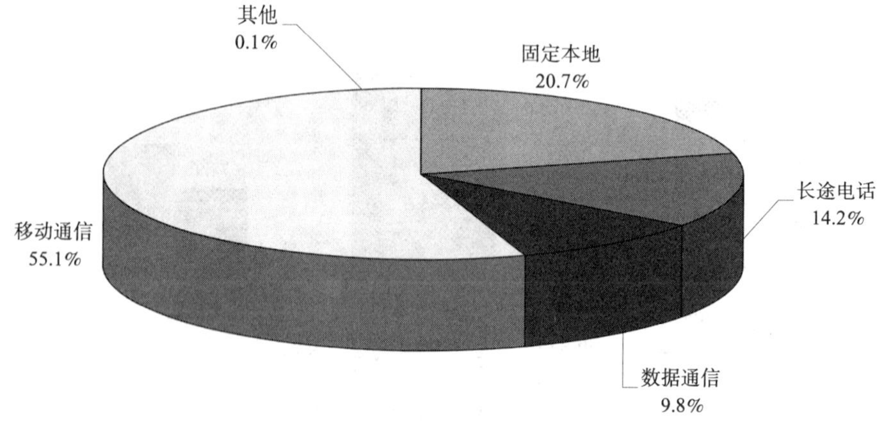

图C.15　2008年电信业务收入构成

2008 年，完成电信固定资产投资 2953.7 亿元，同比增长 29.6%，如图 C.16 所示。

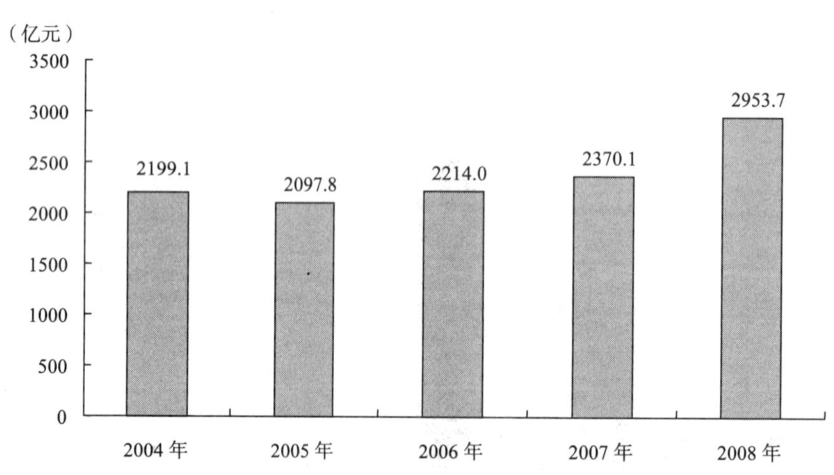

图C.16　2004—2008年电信固定资产投资

C.5　电信能力建设

2008 年，全国光缆线路长度净增 99.1 万千米，达到 676.8 万千米。其中，长途光缆线路长度达到 79.3 万千米，与 2007 年年末基本持平。固定长途电话交换机容量减少 4.7 万路端，达到 1704.6 万路端；局用交换机容量（含接入网设备容量）减少 155.7 万门，达到 50 878.9

万门。移动电话交换机容量净增 28 854.6 万户，达到 114 350.8 万户。基础电信企业互联网宽带接入端口净增 2388.8 万个，达到 10 928.1 万个。全国互联网国际出口带宽达到 640 286Mbps，同比增长 73.6%，见表 C.3。

表 C.3　2008 年主要电信能力指标增长情况

指标名称	单位	2008 年	比 2007 年年末净增
光缆线路长度	千米	6 767 957	990 669
其中：长途光缆线路长度	千米	792 554	400
固定长途电话交换机容量	万路端	1704.6	-4.7
局用交换机容量	万门	50 878.9	-155.7
移动电话交换机容量	万户	114 350.8	28 854.6
互联网宽带接入端口	万个	10 928.1	2388.8
互联网国际出口带宽	Mbps	640 286	271 360

C.6　增值电信业务

到 2008 年年底，全国共有增值电信企业 2 万家左右。

2008 年，基础电信企业实现增值电信业务收入 1769.2 亿元，同比增长 18.2%，占总收入的比重从 2007 年年底的 20.1%上升到 21.7%，如图 C.17 所示。

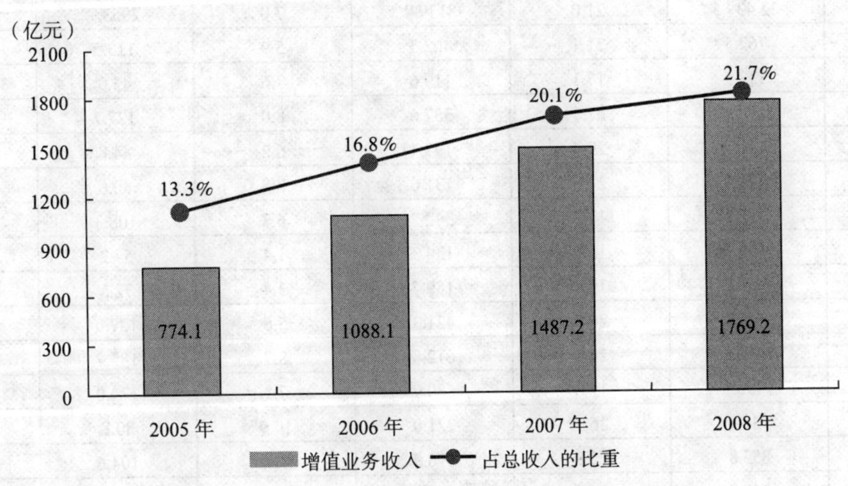

图C.17　2005—2008年基础电信企业的增值业务收入

C.7　村通工程与农村信息化建设

2008 年，各家基础电信企业用于村通工程和农村信息化建设方面的工程直接投资达到 122 亿元。

自然村、行政村通电话方面：2008 年，全年共为 30 996 个 20 户以上的无电话自然村新开通电话，全国通电话自然村的比重达到 92.4%；为 1322 个无电话行政村新开通电话，全国通电话行政村的比重达到 99.7%；还为新疆、黑龙江等地 1047 个建设兵团连队和林场矿区新开通电话。

农村互联网建设方面：2008 年，全年共为 593 个乡镇提供上网接入，601 个乡镇开通宽带，目前全国 98%的乡镇能上网、95%的乡镇通宽带，全国有 27 个省份已经实现“乡乡能上网”。2008 年，全年共为 12 364 个行政村开通互联网，全国能上网的行政村比重达 89%，已有 19 个省份基本实现行政村“村村能上网”。

农村信息服务方面：适农业务和平台推广迅速，农村信息化步伐不断加快。“农信通”、“农民用工信息平台”、“信息田园”等农村综合信息服务平台得到进一步完善和扩大。“乡乡有网站”项目已在安徽等 8 个省份试点，免费建成乡镇政府网站 1600 多个，免费培训乡镇信息员 2000 余人。宁夏、四川等近 10 个省份推行了县信息中心、乡信息站、村信息员的农村信息网络模式。部分乡村通过“通信光电缆+机顶盒”方式，在一条线路上实现了电话、互联网和广播电视的共享传送。

附表　2008 年电信业主要指标分省情况

表 C.4　2008 年电信业务总量、收入、投资分省情况

	电信业务总量		电信业务收入		电信固定资产投资	
	2008 年（万元）	比上年（±%）	2008 年（万元）	比上年（±%）	2008 年（万元）	比上年（±%）
全国	22 439.5	21.0	8139.9	7.0	2953.7	29.6
北京	762.5	21.1	402.5	5.9	113.5	5.7
天津	332.3	17.1	119.6	7.6	43.9	45.4
河北	1035.3	27.7	357.6	8.0	127.7	53.2
山西	531.1	29.4	197.4	6.2	84.8	64.6
内蒙古	451.4	27.8	131.6	8.8	60.6	24.6
辽宁	785.5	17.3	342.7	6.7	108.3	25.4
吉林	441.7	12.4	134.3	1.4	57.2	55.4
黑龙江	574.4	19.4	189.7	3.4	72.5	39.1
上海	799.3	20.9	421.3	5.6	127.0	14.8
江苏	1456.1	20.2	612.8	8.7	187.7	24.7
浙江	1498.1	17.0	580.9	7.3	174.0	18.1
安徽	532.4	26.9	221.0	10.9	80.8	29.1
福建	853.8	12.8	316.9	10.0	104.6	25.8
江西	468.0	21.8	157.4	7.0	64.0	24.7
山东	1421.7	21.9	495.0	6.9	148.6	27.8
河南	1077.8	21.8	343.5	5.8	129.9	61.2
湖北	678.1	23.3	258.6	8.2	104.5	34.1
湖南	737.4	22.2	264.2	9.5	96.6	35.8
广东	3525.8	18.0	1214.9	4.6	303.1	26.8
广西	568.7	22.4	186.9	9.3	68.0	38.4
海南	154.1	29.3	55.0	11.1	20.3	31.4
重庆	407.9	16.3	139.5	9.8	52.6	27.5
四川	892.2	24.3	327.9	7.2	147.8	76.9
贵州	360.4	27.6	122.9	15.6	61.6	67.8

续表

	电信业务总量		电信业务收入		电信固定资产投资	
	2008年（万元）	比上年（±%）	2008年（万元）	比上年（±%）	2008年（万元）	比上年（±%）
云南	565.9	23.9	178.6	12.2	72.2	36.7
西藏	39.7	39.1	17.7	13.7	12.3	40.3
陕西	615.2	21.7	191.6	12.0	79.1	26.5
甘肃	279.9	32.7	92.7	14.3	49.7	60.4
青海	68.8	31.9	28.3	14.5	14.8	43.7
宁夏	94.1	22.1	32.3	10.7	14.0	40.7
新疆	369.0	25.7	122.0	12.1	60.0	46.1

表C.5　2008年电信用户分省情况

	固定电话用户		移动电话用户		互联网宽带接入用户	
	2008年（万户）	比上年（万户）	2008年（万户）	比上年（万户）	2008年（万户）	比上年（万户）
全国	34 080.5	−2483.2	64 123.0	9392.4	8342.5	1701.0
北京	884.9	−29.7	1616.3	18.0	409.4	61.6
天津	395.9	−15.5	865.0	126.7	141.4	24.0
河北	1457.5	−131.6	3214.1	399.3	387.0	103.8
山西	803.0	−56.4	1698.5	278.1	214.5	45.6
内蒙古	462.5	−62.8	1344.4	297.5	114.6	18.7
辽宁	1604.3	−124.2	2421.5	462.6	418.1	91.3
吉林	621.7	−123.8	1362.9	51.8	175.9	32.4
黑龙江	1028.0	−84.2	1646.3	197.1	238.8	29.5
上海	1015.4	−6.6	1880.9	104.4	390.6	55.6
江苏	2968.3	−255.8	3957.0	643.8	722.0	169.2
浙江	2297.6	−110.3	3976.7	447.5	691.9	125.9
安徽	1379.9	−116.2	1715.1	305.0	186.8	28.0
福建	1431.0	−51.5	2368.1	559.4	288.7	63.6
江西	846.9	−38.3	1277.3	94.9	180.5	26.2
山东	2421.1	−168.0	4627.9	889.8	621.7	153.2
河南	1562.4	−378.0	3501.0	586.5	374.5	85.6
湖北	1178.7	−101.6	2528.7	588.1	286.4	42.6
湖南	1257.3	−64.4	2240.3	442.3	221.0	5.4
广东	3573.3	−176.9	8395.7	553.7	956.9	249.7
广西	848.4	−42.6	1623.9	239.6	182.4	34.0
海南	224.7	−15.4	396.2	71.4	36.7	8.5
重庆	688.1	−34.4	1281.7	104.8	157.7	41.2
四川	1689.7	−65.5	2852.3	451.9	322.4	77.4
贵州	499.6	−21.6	1179.0	345.0	84.6	16.2
云南	616.3	−12.4	1635.9	289.5	138.8	21.8
西藏	70.7	3.3	87.0	13.3	7.2	1.2
陕西	881.2	−44.5	1912.2	299.6	172.9	41.8
甘肃	519.0	−66.3	895.3	208.9	66.5	6.1
青海	119.4	−3.7	247.2	25.4	21.3	5.8
宁夏	121.5	−18.8	323.3	53.5	25.3	5.7
新疆	612.2	−65.9	1051.3	243.0	106.1	29.6

表 C.6　2008 年电信能力、电话普及率分省情况

	光缆线路长度（千米）	互联网宽带接入端口（万个）	局用交换机容量（万门）	移动电话交换机容量（万户）	固定电话普及率（部/百人）	移动电话普及率（部/百人）
全国	6 767 957	10 928.1	50 878.9	11 4350.8	25.8	48.5
北京	81 237	463.1	1542.3	3106.0	54.2	99.0
天津	42 788	163.1	592.8	1560.0	35.5	77.6
河北	280 475	466.8	2121.3	5851.0	21.0	46.3
山西	370 130	283.0	1072.7	2363.9	23.7	50.1
内蒙古	131 294	135.9	719.1	2673.0	19.2	55.9
辽宁	248 915	427.1	2085.6	3600.5	37.3	56.3
吉林	133 501	210.5	900.1	2253.7	22.8	49.9
黑龙江	228 935	295.8	1397.4	3223.7	26.9	43.1
上海	93 950	611.3	1402.1	3370.0	54.7	101.2
江苏	480 237	973.0	5508.2	6382.4	38.9	51.9
浙江	433 720	822.1	3199.8	7900.6	45.4	78.6
安徽	249 922	248.3	1613.8	3341.6	22.6	28.0
福建	237 445	411.7	1956.4	4629.1	40.0	66.1
江西	230 338	219.1	1229.4	2741.0	19.4	29.2
山东	357 175	749.8	3396.4	9210.9	25.8	49.4
河南	320 090	498.0	2338.6	6300.3	16.7	37.4
湖北	259 796	327.4	1794.8	4296.0	20.7	44.4
湖南	239 297	321.3	1790.5	3635.0	19.8	35.3
广东	517 413	1442.9	5405.2	12 833.9	37.8	88.9
广西	212 319	272.4	1385.7	2556.4	17.8	34.1
海南	37 871	55.5	308.6	620.0	26.6	46.9
重庆	136 223	231.1	1151.5	2448.3	24.4	45.5
四川	389 973	396.1	2453.4	6712.5	20.8	35.1
贵州	157 248	125.8	867.5	1909.4	7.4	17.4
云南	272 631	205.5	1018.2	3172.1	13.7	36.2
西藏	17 061	11.5	125.8	126.5	24.9	30.6
陕西	204 201	238.4	1389.3	3146.4	23.5	51.0
甘肃	154 009	108.5	809.7	1539.0	19.8	34.2
青海	49 836	25.7	164.3	408.0	21.6	44.8
宁夏	30 585	32.8	224.6	593.6	19.9	53.0
新疆	169 340	154.6	911.9	1846.0	29.2	50.2

（工业和信息化部　运行监测协调局）

附录 D　2008 年中国互联网发展状况数据表

表 D.1　2007—2008 年各省份网民规模和互联网普及率

	2007 年年底		2008 年年底		增长率（%）
	网民数（万人）	普及率（%）	网民数（万人）	普及率（%）	
全国	21 000	15.9	29 800	22.6	41.9
北京	737	46.6	980	60.0	32.9
天津	287	26.7	485	43.5	69.1
河北	762	11.1	1334	19.2	75.0
山西	536	15.9	819	24.1	52.8
内蒙古	322	13.4	385	16.0	19.7
辽宁	783	18.3	1138	26.5	45.3
吉林	434	15.9	520	19.0	19.8
黑龙江	476	12.5	620	16.2	30.2
上海	830	45.8	1110	59.7	33.7
江苏	1757	23.3	2084	27.3	18.6
浙江	1509	30.3	2108	41.7	39.7
安徽	587	9.6	723	11.8	23.1
福建	866	24.3	1379	38.5	59.3
江西	511	11.8	610	14.0	19.5
山东	1256	13.5	1983	21.2	57.9
河南	956	10.2	1283	13.7	34.2
湖北	706	12.4	1050	18.4	48.7
湖南	690	10.9	999	15.7	44.7
广东	3344	35.9	4554	48.2	36.2
广西	560	11.9	734	15.4	31.1
海南	144	17.2	216	25.6	49.9
重庆	356	12.7	598	21.2	67.9
四川	809	9.9	1103	13.6	36.4
贵州	224	6.0	433	11.5	93.4
云南	303	6.8	548	12.1	81.0
西藏	36	12.7	47	16.4	29.5
陕西	517	13.9	790	21.1	52.8
甘肃	219	8.4	327	12.5	49.5
青海	60	11.0	130	23.6	117.4
宁夏	61	10.1	102	16.6	66.4
新疆	363	17.7	625	27.1	72.1

表 D.2　中国大陆地区与港澳台地区 IPv4 地址数

地区	地址量	折合数
中国大陆	181 273 344	10A+206B+3C
中国台湾	24 004 864	1A+110B+73C
中国香港特别行政区	7 917 312	120B+207C
中国澳门特别行政区	163 072	2B+125C

数据来源：亚太互联网信息中心（APNIC）、中国互联网络信息中心（CNNIC）

表 D.3　IPv4 地址分配单位表

单位名称	地址量	折合数
原中国电信集团公司	65 490 944	3A+231B+80C
原中国网络通信集团公司	35 546 112	2A+30B+100C
原中国移动通信集团公司	14 319 616	218B+128C
中国教育和科研计算机网	13 560 320	206B+234C
原中国铁通集团有限公司	7 012 352	107B
国家信息中心	4 194 304	64B
原中国联通有限公司	1 925 120	29B+96C
北京教育信息网服务中心有限公司	1 572 864	24B
北京电信通电信工程有限公司	1 397 760	21B+84C
东方有线网络有限公司	1 138 688	17B+96C
北京诚亿时代网络技术工程有限公司	786 432	12B
北京时代宏远通信科技有限公司	786 432	12B
北京宽带通电信技术有限责任公司	753 664	11B+128C
北京比通联合网络技术服务有限公司	688 128	10B+128C
长城宽带网络服务有限公司	655 360	10B
北京维仕创洁技术开发有限责任公司	655 360	10B
北京屹立由数据有限公司	655 360	10B
北京新比林通信技术有限公司	655 360	10B
北京神州长城通信技术发展中心	524 288	8B
北京京宽网络科技有限公司	524 288	8B
中信网络有限公司	524 288	8B
华夏视联控股有限公司	524 288	8B
北京世纪互联宽带数据中心有限公司	509 952	7B+200C
中电华通通信有限公司	487 424	7B+112C
北京万网志成科技有限公司	466 944	7B+32C
北京华夏普天技术有限公司	458 752	7B
北京数讯达通信技术有限公司	446 464	6B+208C
中国科技网	428 032	6B+136C
深圳市天威视讯股份有限公司	425 984	6B+128C
北京北大方正宽带网络科技有限公司	401 408	6B+32C
中国有线电视网络有限公司	401 408	6B+32C
北京国研网络数据科技有限公司	385 024	5B+224C
山东三联电子信息有限公司	327 680	5B
江西广电信息网络有限公司	327 680	5B

续表

单位名称	地址量	折合数
广州市广播电视网络有限公司	327 680	5B
大庆中基石油通信建设有限公司	307 200	4B+176C
华北石油通信公司信息中心	294 912	4B+128C
北京中电飞华通信股份有限公司	286 720	4B+96C
北京歌华有线电视网络股份有限公司	278 528	4B+64C
佛山市睿江科技有限公司	278 528	4B+64C
济南广电嘉和宽带网络有限责任公司	270 336	4B+32C
廊坊开发区华瑞信通网络技术有限公司	262 144	4B
上海山泽信息通信技术有限公司	262 144	4B
深圳市英达通信技术有限公司	249 856	3B+208C
广州恒汇网络通信有限公司	233 472	3B+144C
上海奥融信息科技服务有限公司	229 376	3B+128C
二六三网络通信股份有限公司	220 160	3B+92C
润迅通信集团有限公司	196 608	3B
深圳市沃通网络发展有限公司	196 608	3B
广东有线广播电视网络股份有限公司	196 608	3B
深圳市品极通达通信技术服务有限公司	196 608	3B
北京宽捷网通信技术有限公司	163 840	2B+128C
长信数码信息文化发展有限公司	147 456	2B+64C
北京东方优创网络技术有限公司	131 072	2B
陕西广电网络传媒股份有限公司	131 072	2B
天津瑞鼎数字科技有限公司	131 072	2B
上海广电（集团）有限公司	131 072	2B
北京恒川建业科技有限公司	126 976	1B+240C
中企网络通信技术有限公司	98 304	1B+128C
天津广播电视网络有限公司	77 824	1B+48C
可口可乐企业管理（上海）有限公司	73 728	1B+32C
上海佰隆网络科技有限公司	67 584	1B+8C
北京息壤传媒文化有限公司	67 584	1B+8C
金汉王科技有限公司	65 536	1B
原中国网络通信集团公司重庆市分公司	65 536	1B
中国国际电子商务中心	65 536	1B
四川省广播电视网络有限责任公司	65 536	1B
艾维通信集团有限公司	65 536	1B
天津市新北宽带数码网络有限公司	65 536	1B
北京北大青鸟通信技术有限公司	65 536	1B
北京寰岛通信有限公司	65 536	1B
佛山市盈辉在线网络有限公司	65 536	1B
安徽省教育厅	65 536	1B
中国数码港科技有限公司	65 536	1B
北京互联通网络科技有限公司	65 536	1B
北京彩卉达技术有限公司	65 536	1B
上海传网通信科技有限公司	65 536	1B

续表

单位名称	地址量	折合数
北京金丰伟业科技有限公司	65 536	1B
上海翰平网络技术有限公司	65 536	1B
北京网联光通技术有限公司	65 536	1B
广州歌华网络科技发展有限公司	65 536	1B
北京航数宽网科技有限责任公司	65 536	1B
北京市燕阳世纪科技有限公司	65 536	1B
上海世纪互联信息系统有限公司	65 536	1B
北京首信网创网络信息服务有限责任公司	65 536	1B
河南晟鸿科技有限公司	65 536	1B
福建光通互联通信有限公司	65 536	1B
北京智洋环亚科技有限公司	65 536	1B
北京商务中心区通信科技有限公司	65 536	1B
广东金昇投资发展有限公司	65 536	1B
小计	166 362 624	9A+234B+126C
其他单位	14 910 720	227B+133C
合计	181 273 344	10A+206B+3C

数据来源：亚太互联网信息中心（APNIC）、中国互联网络信息中心（CNNIC）

注 1：中国互联网络信息中心（CNNIC）作为经亚太互联网信息中心（APNIC）认定并由原信息产业部认可的中国国家互联网注册机构（NIR），召集国内有一定规模和影响力的 ISP，组成 IP 地址分配联盟，目前中国互联网络信息中心（CNNIC）分配联盟共有 282 家成员，IP 地址持有量为 48 824 320 个，合 2A+233C。上表中大部分都是 CNNIC 分配联盟成员单位；

注 2：IPv4 地址分配表只列出拥有 IPv4 地址数大于等于 1B 的单位。

表 D.4 中国大陆与港澳台地区 IPv6 地址数

地区	IPv6 数量（/32）	地区	IPv6 数量（/32）
中国大陆	57 块/32	中国香港特别行政区	19 块/32
中国台湾	2309 块/32	中国澳门特别行政区	2 块/32

表 D.5 中国大陆地区 IPv6 地址分配表

单位名称	IPv6 数量（/32）	单位名称	IPv6 数量（/32）
北京天地互连信息技术有限公司	16	北京电信通电信工程有限公司	1
中国教育和科研计算机网	11	重庆网通信息港宽带网络有限公司	1
北京神州长城通信技术发展中心	8	东莞市博路电信科技有限公司	1
原中国电信集团公司	2	北京万网志成科技有限公司	1
原中国联合网络通信有限公司	2	北京软件与信息服务业促进中心	1
中国南方电网有限责任公司	2	中国中信集团公司管理信息部	1
中国互联网络信息中心	1	东方有线网络有限公司	1
原中国铁通集团有限公司	1	北京谷翔信息技术有限公司	1
中国国际电子商务中心	1	长城宽带网络服务有限公司	1
中国科技网	1	杭州世导科技有限公司	1
原中国移动通信集团公司	1	平煤集团信息通信技术开发公司	1

数据来源：亚太互联网信息中心（APNIC）、中国互联网络信息中心（CNNIC）

注：IPv6 地址分配表中的/32 是 IPv6 的地址表示方法，对应的地址数量是 $2^{(128-32)}=2^{96}$ 个，同样，/48 对应的地址数量是 $2^{(128-48)}=2^{80}$ 个。

表 D.6　各省 IPv4 地址数

省份	比例（%）	省份	比例（%）
安徽	2.0	辽宁	4.3
北京	23.8	内蒙古	0.8
福建	2.3	宁夏	0.2
甘肃	0.5	青海	0.2
广东	11.2	山东	4.7
广西	1.9	山西	1.1
贵州	0.6	陕西	2.5
海南	0.8	上海	5.9
河北	3.1	四川	2.6
河南	3.4	天津	1.6
黑龙江	2.0	西藏	0.2
湖北	2.6	新疆	0.7
湖南	2.2	云南	0.9
吉林	1.7	浙江	6.9
江苏	6.2	重庆	1.8
江西	1.6		
合计			100%

数据来源：亚太互联网信息中心（APNIC）、中国互联网络信息中心（CNNIC）

表 D.7　分省域名数和分省 CN 域名数

省份	域名		其中：CN 域名	
	数量（个）	占域名总数比例	数量（个）	占 CN 域名总数比例
安徽	197 537	1.2%	150 406	1.1%
北京	3 600 797	21.4%	3 261 297	24.0%
福建	902 861	5.4%	580 093	4.3%
甘肃	41 037	0.2%	32 476	0.2%
广东	1 895 269	11.3%	1 275 617	9.4%
广西	155 304	0.9%	127 179	0.9%
贵州	90 123	0.5%	82 874	0.6%
海南	79 527	0.5%	66 213	0.5%
河北	261 328	1.6%	207 110	1.5%
河南	324 970	1.9%	252 892	1.9%
黑龙江	176 414	1.0%	144 046	1.1%
湖北	382 873	2.3%	320 641	2.4%
湖南	508 352	3.0%	452 276	3.3%
吉林	105 099	0.6%	83 942	0.6%
江苏	737 334	4.4%	451 342	3.3%
江西	149 836	0.9%	126 247	0.9%
辽宁	364 082	2.2%	266 039	2.0%
内蒙古	68 194	0.4%	58 193	0.4%
宁夏	27 510	0.2%	23 430	0.2%

续表

省份	域名		其中：CN 域名	
	数量（个）	占域名总数比例	数量（个）	占 CN 域名总数比例
青海	14 832	0.1%	13 176	0.1%
山东	690 963	4.1%	559 996	4.1%
山西	129 223	0.8%	88 457	0.7%
陕西	154 027	0.9%	112 117	0.8%
上海	1 088 825	6.5%	818 261	6.0%
四川	529 211	3.1%	292 009	2.2%
天津	127 684	0.8%	82 880	0.6%
西藏	14 332	0.1%	13 371	0.1%
新疆	60 422	0.4%	47 893	0.4%
云南	93 273	0.6%	69 871	0.5%
浙江	1 089 032	6.5%	813 178	6.0%
重庆	189 348	1.1%	149 545	1.1%
其他	2 573 138	15.3%	2 545 818	18.8%
合计	16 822 757	100.0%	13 568 885	100.0%

表 D.8 中国分类 CN 域名数

域名	数量（个）	占 CN 域名总量比例
.cn	8 878 139	65.41%
.com.cn	3 629 375	26.74%
.net.cn	505 333	3.72%
.org.cn	218 703	1.61%
.adm.cn	278 336	2.05%
.gov.cn	45 555	0.34%
.ac.cn	13 438	0.10%
.mil.cn	6	0.00%
edu.cn	3441	0.03%
合计	13 572 326	100.0%

表 D.9 分省网站数

省份	网站数量（个）	占网站总数比例
安徽	33 117	1.2%
北京	370 148	12.9%
福建	128 949	4.5%
甘肃	7508	0.3%
广东	433 017	15.0%
广西	35 972	1.2%
贵州	33 535	1.2%
海南	6071	0.2%
河北	56 971	2.0%
河南	68 880	2.4%
黑龙江	26 193	0.9%

续表

省份	网站数量（个）	占网站总数比例
湖北	71 511	2.5%
湖南	121 713	4.2%
吉林	16 067	0.6%
江苏	163 739	5.7%
江西	27 839	1.0%
辽宁	65 016	2.3%
内蒙古	11 518	0.4%
宁夏	3730	0.1%
青海	1585	0.1%
山东	149 829	5.2%
山西	23 079	0.8%
陕西	30 816	1.1%
上海	178 762	6.2%
四川	76 508	2.7%
天津	26 039	0.9%
西藏	1331	0.0%
新疆	8607	0.3%
云南	16 149	0.6%
浙江	218 167	7.6%
重庆	26 259	0.9%
其他	439 428	15.3%
合计	2 878 053	100.0%

注：CN 下网站总数不含.EDU.CN 下网站。

表 D.10 中国.CN 下的分类网站数

	数量	占.CN 下网站数比例
.cn	1 358 581	61.3%
.com.cn	651 863	29.4%
.net.cn	97 534	4.4%
.org.cn	46 878	2.1%
.adm.cn	34 612	1.6%
.gov.cn	24 912	1.1%
.ac.cn	2057	0.1%
合计	2 216 437	100.0%

注：CN 下网站总数不含.EDU.CN 下网站。

表 D.11 按编码分类的网页情况

网页编码类型	比例
中文	98.3%
繁体中文	0.6%
英文	0.7%
其他	0.4%

表 D.12　按照后缀形式分类的网页情况

网页后缀形式	比例
/	1.9%
asp	14.3%
aspx	4.7%
cfm	0.1%
cgi	0.5%
dll	0.1%
do	0.4%
htm	5.5%
html	19.4%
jhtml	0.1%
jsp	1.1%
nsf	0.0%
php	24.4%
php3	0.0%
phtml	0.0%
pl	0.0%
shtml	7.5%
txt	0.0%
xml	0.0%
其他后缀	19.9%

表 D.13　按更新周期分类的网页情况

网页更新周期	比例
一周更新	12.5%
一个月更新	24.1%
三个月更新	29.1%
六个月更新	14.4%
六个月以上更新	20.0%

表 D.14　按多媒体形式分类的网页情况

网页多媒体形式	比例（在多媒体网页中）
jpg	31.0%
gif	22.1%
zip	0.1%
swf	0.1%
doc	0.1%
pdf	0.3%
rm	0.0%
mid	0.0%
ram	0.0%
mp3	0.1%
ppt	0.0%
mpg	0.0%
其他多媒体	46.4%

表 D.15 分省网页数

	总数	静态	动态	静、动态比例
安徽	278 050 097	94 322 187	183 727 910	0.51:1
北京	4 021 927 610	2 153 640 158	1 868 287 452	1.15:1
福建	798 744 042	367 672 233	431 071 809	0.85:1
甘肃	31 229 656	10 383 412	20 846 244	0.50:1
广东	1 847 348 489	866 038 217	981 310 272	0.88:1
广西	163 359 299	77 091 390	86 267 909	0.89:1
贵州	27 807 971	9 180 946	18 627 025	0.49:1
海南	75 172 443	14 449 323	60 723 120	0.24:1
河北	328 969 336	194 554 720	134 414 616	1.45:1
河南	356 299 696	157 865 508	198 434 188	0.80:1
黑龙江	95 146 446	39 337 786	55 808 660	0.70:1
湖北	317 475 961	140 310 915	177 165 046	0.79:1
湖南	152 509 575	59 784 991	92 724 584	0.64:1
吉林	43 932 952	15 290 352	28 642 600	0.53:1
江苏	1 115 347 545	486 462 649	628 884 896	0.77:1
江西	301 993 801	134 173 771	167 820 030	0.80:1
辽宁	189 779 455	80 257 275	109 522 180	0.73:1
内蒙古	17 944 771	6 019 061	11 925 710	0.50:1
宁夏	17 432 103	8 553 729	8 878 374	0.96:1
青海	2 126 295	1 085 645	1 040 650	1.04:1
山东	587 622 167	273 354 574	314 267 593	0.87:1
山西	36 978 019	12 102 205	24 875 814	0.49:1
陕西	130 433 675	54 196 851	76 236 824	0.71:1
上海	2 101 844 127	1 074 576 069	1 027 268 058	1.05:1
四川	504 160 055	208 203 542	295 956 513	0.70:1
天津	532 766 393	335 003 911	197 762 482	1.69:1
西藏	898 267	399 721	498 546	0.80:1
新疆	31 240 081	10 387 469	20 852 612	0.50:1
云南	52 525 382	21 289 940	31 235 442	0.68:1
浙江	1 747 933 549	913 212 503	834 721 046	1.09:1
重庆	177 370 975	72 187 219	105 183 756	0.69:1
全国（不含港澳台）	16 086 370 233	7 891 388 272	8 194 981 961	0.96:1

表 D.16 分省网页字节数

	总页面大小（KB）	平均每个网页的字节数（KB）
安徽	7 132 411 321	25.7
北京	122 505 008 530	30.5
福建	20 125 081 582	25.2
甘肃	756 443 885	24.2
广东	52 124 669 514	28.2
广西	4 835 213 519	29.6
贵州	682 744 347	24.6

续表

	总页面大小（KB）	平均每个网页的字节数（KB）
海南	2 505 953 408	33.3
河北	9 545 877 347	29
河南	9 276 989 821	26
黑龙江	2 594 959 517	27.3
湖北	8 288 528 469	26.1
湖南	4 000 227 879	26.2
吉林	1 099 148 832	25
江苏	30 544 511 397	27.4
江西	7 600 313 980	25.2
辽宁	5 738 332 102	30.2
内蒙古	507 043 195	28.3
宁夏	490 856 878	28.2
青海	55 907 553	26.3
山东	15 439 405 184	26.3
山西	933 390 586	25.2
陕西	4 535 661 654	34.8
上海	60 164 405 529	28.6
四川	12 471 634 749	24.7
天津	16 291 356 370	30.6
西藏	20 253 012	22.5
新疆	856 753 144	27.4
云南	1 381 659 163	26.3
浙江	53 044 201 447	30.3
重庆	4 668 442 185	26.3
全国（不含港澳台）	460 217 386 099	28.6

表 D.17　各省按更新周期分类的网页比例

	一周更新	一个月更新	三个月更新	六个月更新	六个月以上更新
安徽	11.7%	26.0%	30.0%	11.9%	20.4%
北京	12.8%	22.6%	28.6%	15.9%	20.1%
福建	11.5%	24.3%	30.8%	13.3%	20.1%
甘肃	8.3%	23.1%	28.0%	15.4%	25.2%
广东	11.6%	24.1%	29.4%	14.3%	20.5%
广西	12.6%	25.2%	28.7%	12.8%	20.6%
贵州	10.7%	25.3%	30.8%	13.6%	19.7%
海南	11.1%	20.7%	23.4%	19.9%	24.9%
河北	13.6%	23.2%	28.6%	14.8%	19.9%
河南	12.3%	25.8%	29.6%	12.4%	19.9%
黑龙江	11.0%	24.4%	31.0%	12.0%	21.6%
湖北	11.7%	25.0%	29.6%	13.6%	20.2%
湖南	11.3%	25.5%	30.4%	12.7%	20.2%

续表

	一周更新	一个月更新	三个月更新	六个月更新	六个月以上更新
吉林	11.5%	24.9%	29.4%	12.7%	21.6%
江苏	12.2%	25.3%	30.1%	12.6%	19.9%
江西	12.9%	26.5%	30.2%	10.8%	19.7%
辽宁	12.0%	24.6%	29.4%	13.1%	21.0%
内蒙古	9.6%	23.0%	29.1%	13.8%	24.5%
宁夏	15.5%	30.8%	29.2%	8.4%	16.1%
青海	7.9%	18.2%	32.1%	12.4%	29.4%
山东	11.2%	24.3%	27.8%	15.2%	21.6%
山西	10.2%	25.7%	31.8%	12.4%	19.8%
陕西	13.1%	24.0%	28.9%	14.6%	19.5%
上海	13.6%	24.6%	28.9%	14.1%	18.8%
四川	11.4%	25.4%	29.3%	12.8%	21.1%
天津	13.4%	21.4%	24.6%	17.9%	22.7%
西藏	6.3%	20.2%	25.0%	13.5%	35.2%
新疆	10.6%	25.1%	30.7%	11.5%	22.2%
云南	13.0%	25.2%	32.9%	12.3%	16.7%
浙江	13.3%	25.0%	29.9%	13.9%	17.9%
重庆	11.3%	24.1%	29.5%	14.2%	20.9%
全国（不含港澳台）	12.5%	24.1%	29.1%	14.4%	20.0%

表 D.18　各省按编码类型分的网页比例

	简体中文	繁体中文	英文	其他
安徽	98.8%	0.4%	0.6%	0.2%
北京	98.2%	0.8%	0.7%	0.3%
福建	97.0%	0.9%	1.6%	0.5%
甘肃	97.7%	1.3%	0.6%	0.4%
广东	97.2%	1.0%	0.9%	0.9%
广西	99.0%	0.2%	0.5%	0.3%
贵州	98.1%	0.7%	0.5%	0.7%
海南	98.7%	0.8%	0.3%	0.3%
河北	99.0%	0.4%	0.3%	0.2%
河南	98.9%	0.1%	0.7%	0.3%
黑龙江	97.5%	1.2%	0.5%	0.7%
湖北	98.7%	0.5%	0.6%	0.3%
湖南	98.3%	0.3%	1.1%	0.3%
吉林	98.3%	0.6%	0.7%	0.5%
江苏	98.5%	0.4%	0.8%	0.3%
江西	98.4%	0.7%	0.6%	0.3%
辽宁	98.8%	0.2%	0.6%	0.4%
内蒙古	99.2%	0.1%	0.4%	0.3%
宁夏	99.3%	0.0%	0.6%	0.1%
青海	88.0%	0.3%	7.4%	4.3%
山东	98.6%	0.5%	0.6%	0.4%

续表

	简体中文	繁体中文	英文	其他
山西	98.9%	0.4%	0.4%	0.4%
陕西	98.3%	0.8%	0.7%	0.3%
上海	98.6%	0.5%	0.7%	0.3%
四川	98.5%	0.3%	0.8%	0.5%
天津	98.4%	0.6%	0.6%	0.4%
西藏	98.0%	1.7%	0.0%	0.3%
新疆	98.5%	0.7%	0.4%	0.4%
云南	99.1%	0.1%	0.4%	0.4%
浙江	98.6%	0.3%	0.7%	0.3%
重庆	98.5%	0.5%	0.6%	0.4%
全国（不含港澳台）	98.3%	0.6%	0.7%	0.4%

（中国互联网络信息中心）

附录 E　2008 年中国香港特别行政区互联网使用状况调查报告

注：本次调查统计数据截止日期为 2008 年 12 月 31 日。

E.1　中国香港互联网网络发展的宏观状况

1. 家庭上网计算机数[1]

表 E.1　家庭上网计算机数

家庭总数	上网计算机总数	拨号上网家庭数	宽带上网家庭数
229.8 万	191 万	4 万	187 万
占家庭总数的比例	83%	2%	81%
占上网家庭的比例	100%	2%	98%

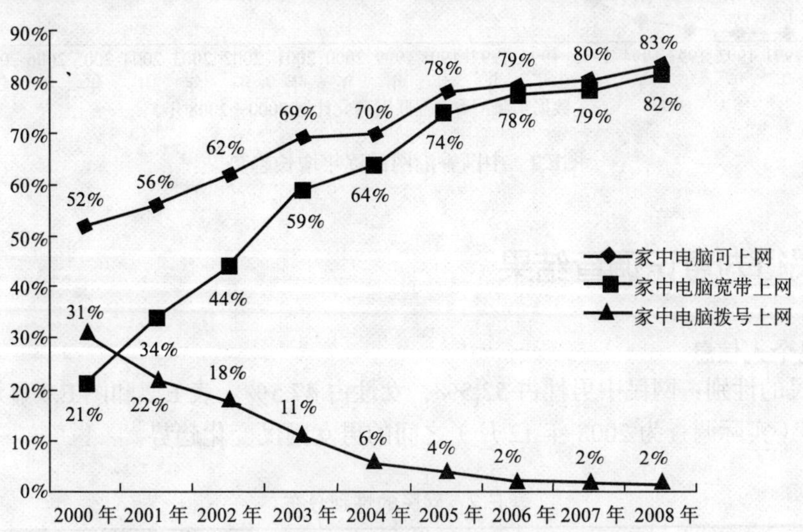

资料来源：香港互联网研究计划 2000—2008 年

图E.1　中国香港居民家庭上网情况

注：宽带上网包括 DSL、ADSL 和 Cable Modem 方式，但不包括 ISDN（计入拨号上网）和手机上网。

如表 E.1 和图 E.1 所示，中国香港的互联网家庭（即家中有可上网的电脑）比例继续呈

[1] 表 1 中的计算机指家庭内连入互联网的桌面电脑和手提电脑，不包括可以上网的掌上电脑或手机电话。

稳定而缓慢的上升趋势，从 2007 年的 80%增长到 2008 年的 83%。其增长是由宽带上网家庭数量的增加而带来的，宽带上网家庭在互联网家庭中的比例从 2007 年的 79%增加到 2008 年的 82%。拨号上网的家庭所占比例保持不变，维持在 2%左右，如图 E.1 所示。

2．网民人数

在年龄为 18～74 岁之间的 531 万中国香港常住居民中，有 365 万为网民（即占对应总体中的 68.7%），如考虑到抽样误差，实际网民人数可能为 356 万～374 万，如图 E.2 所示。

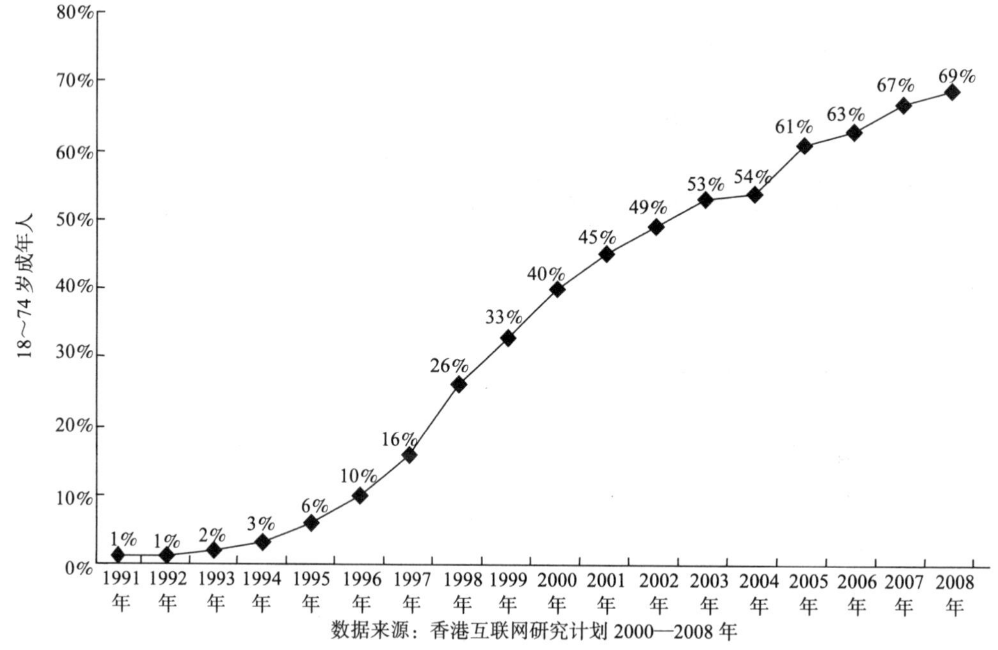

图E.2　中国香港网民逐年增长趋势

E.2　网民行为意识调查结果

1．网民个人信息

（1）网民的性别：网民中男性占 52.5%，女性占 47.5%。表 E.2 和图 E.3 显示了从 2000 年到 2008 年（实际调查为 2008 年 12 月）之间的男女网民变化趋势。

表 E.2　网民的性别分布

		2000.12	2001.12	2002.12	2003.12	2004.12	2005.12	2006.12	2007.12	2008.12
网民构成	男性	53%	54%	55%	53%	50%	51%	52%	52%	50%
	女性	47%	46%	45%	47%	50%	49%	48%	48%	50%
网民普及率	男性	44%	50%	53%	54%	57%	66%	69%	74%	73%
	女性	38%	39%	42%	43%	51%	57%	57%	61%	65%

注：“网民构成”中的男性% =男性网民人数/所有网民人数；女性%=女性网民人数/所有网民人数。“网民普及率”中的男性%=男性网民人数/所有男性人数；女性%=女性网民人数/所有女性人数。以下各图表中的“网民构成”和“网民普及率”，也分布采用相同的分母计算得出。

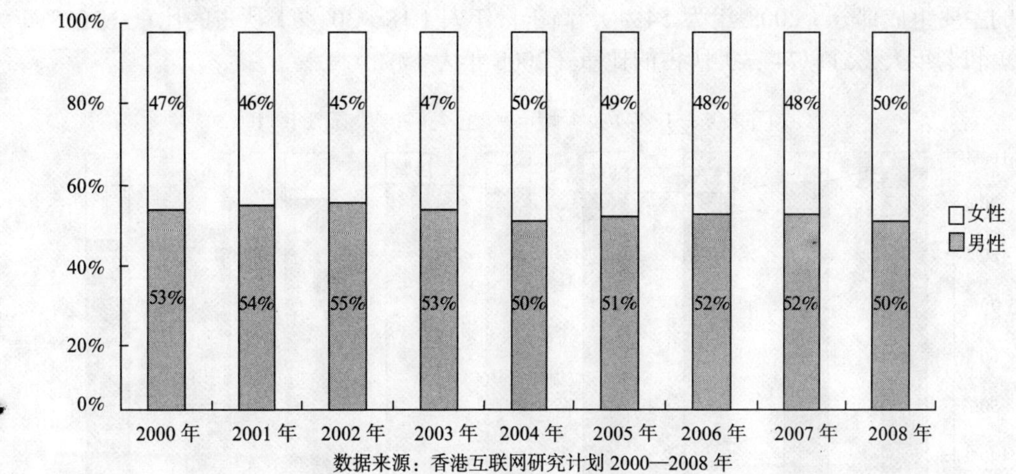

图E.3　网民的性别分布

从普及率的角度来看，中国香港男性人口中的 73.2%为网民，而女性人口中的 64.9%为网民。男女性中的网民普及率之间有 8%的差别，比 2006 年和 2007 年的差别有所缩小，如图 E.4 所示。这九年期间，女性网民的增长率（平均每年为 6.9%）略高于男性网民的增长率（6.6%）。

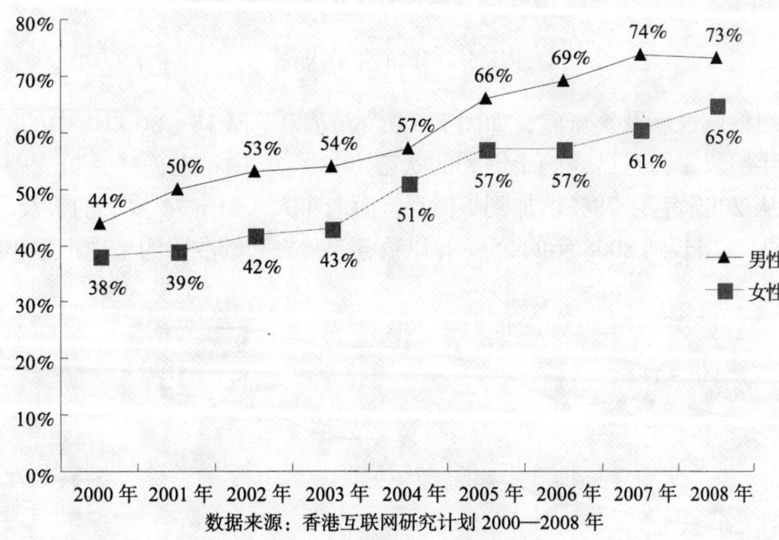

图E.4　不同性别的网民普及率

（2）网民的年龄分布，如表 E.3 第一行。

表 E.3　2008 年网民年龄分布

	18～24 岁	25～30 岁	31～35 岁	36～40 岁	41～50 岁	51～60 岁	61～74 岁
网民构成	15%	14%	13%	14%	27%	14%	4%
网民普及率	99%	96%	89%	87%	75%	48%	17%

按网民中各种年龄对构成来看，如图 E.5 所示，中年人（即 31～50 岁）一直是中国香港

网民的主要组成部分（2008 年为 54%），高于青年人（18～30 岁）所占的比重（2008 年为 29%）和老年人（51～74 岁）所占的比重（2008 年为 17%）。

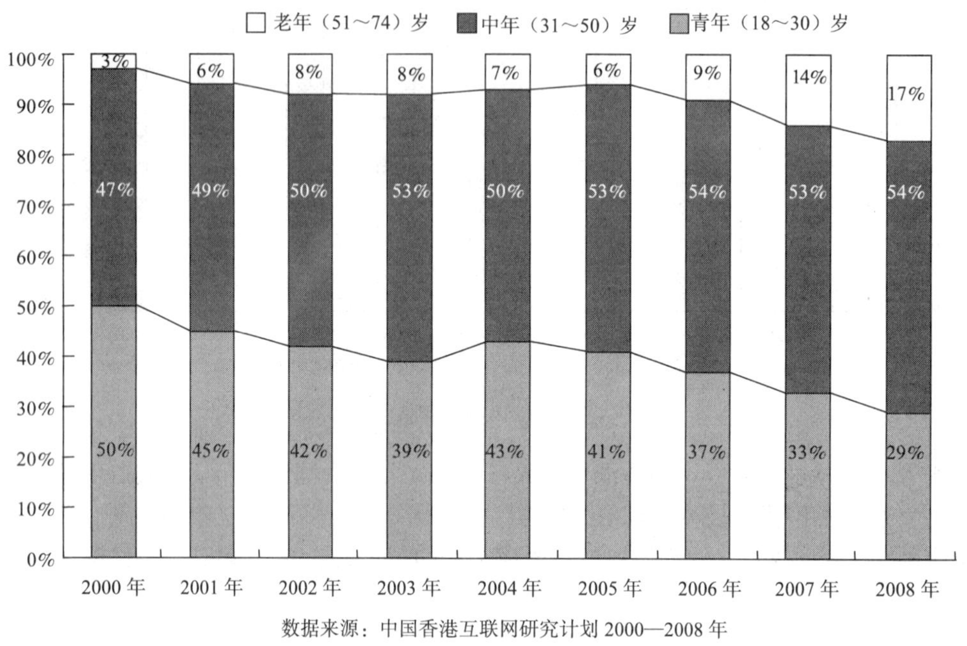

数据来源：中国香港互联网研究计划 2000—2008 年

图E.5　网民的年龄构成

从各年龄组的网民普及率来看，如图 E.6 所示，青年人（18～30 岁）中的网民普及率一直领先于其他年龄段，而且已经趋于饱和的状态（98%）。中年人（31～50 岁）的普及率继续有所增长（从 2007 年的 78%增加到 81%），而老年人（51～74 岁）的普及率相对增长更快(从 2007 年 31%增长到 2008 年的 35%)，以致各年龄之间的数码沟呈现出逐年缩小的趋势。

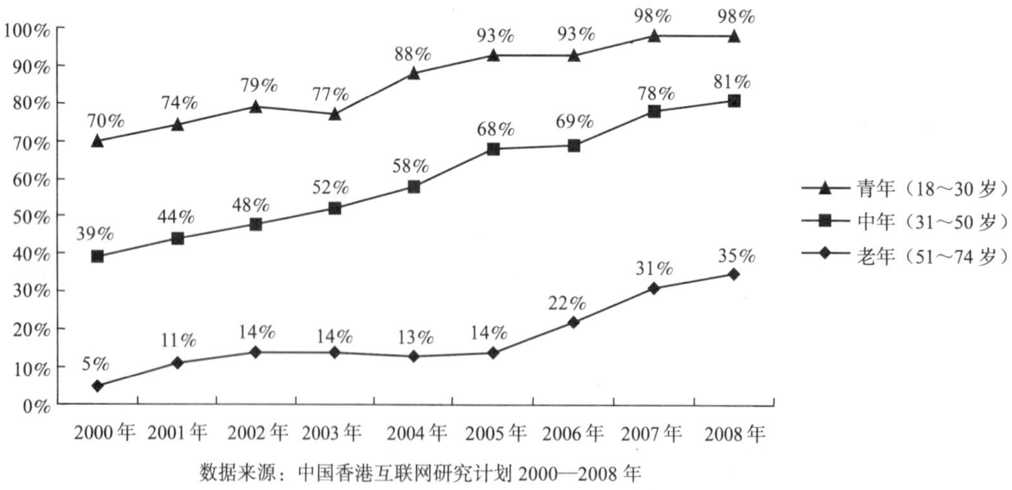

数据来源：中国香港互联网研究计划 2000—2008 年

图E.6　不同年龄组的网民普及率

（3）网民的婚姻状况：在 18～74 岁的网民中，未婚（包括离婚和丧偶）占 41%而已婚占 59%，与往年类似，如表 E.4 所示

表 E.4　网民婚姻状况分布

	2000.12	2001.12	2002.12	2003.12	2004.12	2005.12	2006.12	2007.12	2008.12
网民构成									
已婚	49%	53%	52%	52%	51%	53%	56%	54%	59%
未婚	51%	47%	48%	48%	49%	47%	44%	46%	41%
网民普及率									
已婚	30%	36%	36%	37%	42%	50%	52%	57%	61%
未婚	65%	61%	64%	67%	74%	86%	86%	86%	85%

如图 E.7 所示，2008 年中国香港网民中已婚的比例比 2007 年增加了 5%，未婚的则相应地减少了 5%。

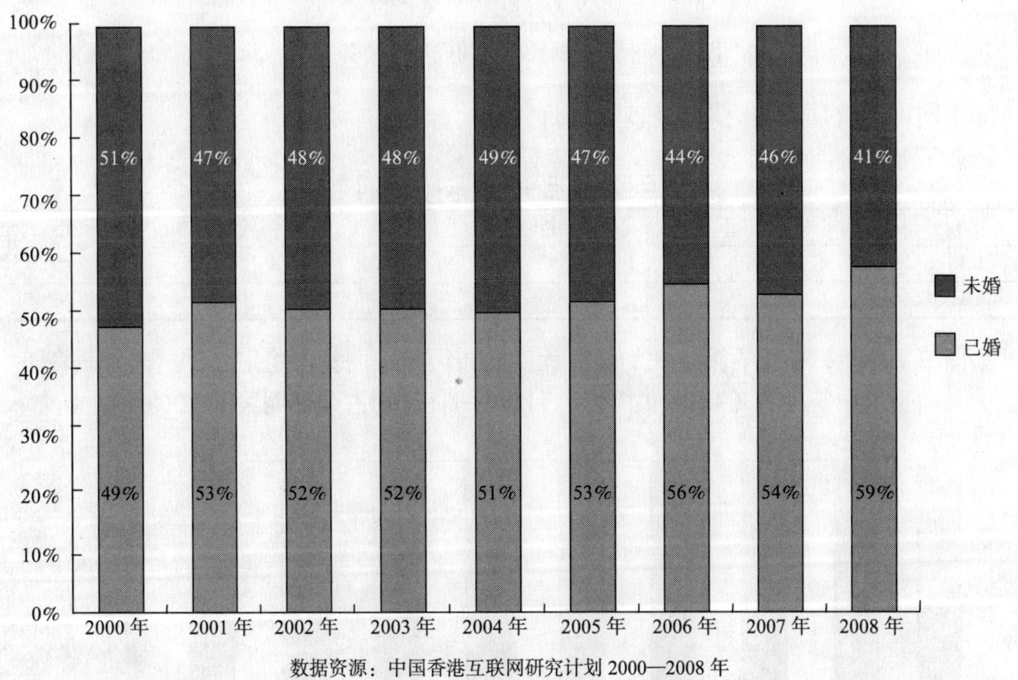

数据资源：中国香港互联网研究计划 2000—2008 年

图E.7　成年网民的婚姻状况分布

从普及率的角度来看，未婚（包括离婚和丧偶）人口中的网民普及率在最近 4 年中一直保持在 85%左右，而已婚人口中的网民普及率则在不断增加，从 2005 年的 50% 增加到 2006 年的 52%，2007 年的 57%和 2008 年的 61%，从而使得未婚与已婚者之间在普及率上的差别从 2005 年的 36% 降低到 2006 年的 34%，2007 年的 29%和 2008 年的 24%，如图 E.8 所示。

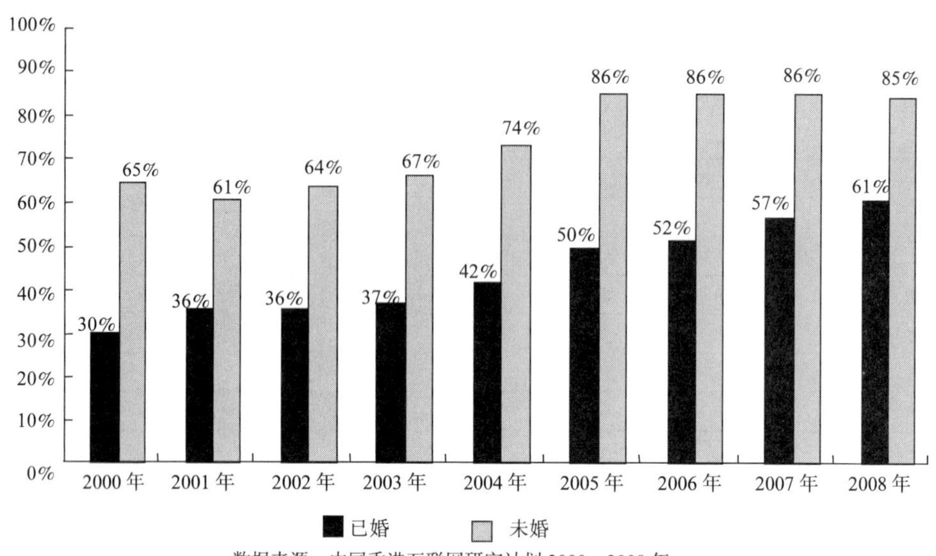

数据来源：中国香港互联网研究计划 2000—2008 年

图E.8 不同婚姻状况下的成年网民普及率

（4）网民的教育程度，如表 E.5 第一行

表 E.5 2008 年网民教育程度分布

	初中及以下	高中（中专）	大专	本科	硕士、博士
网民构成	14%	42%	13%	27%	6%
网民普及率	29%	79%	97%	97%	95%

如图 E.9 所示，中国香港网民的教育程度分布历年来内基本稳定，受过高等教育（大专以上）者和受过中等教育（高中和中专）者网民一直分别占全部网民的 40%～45%。

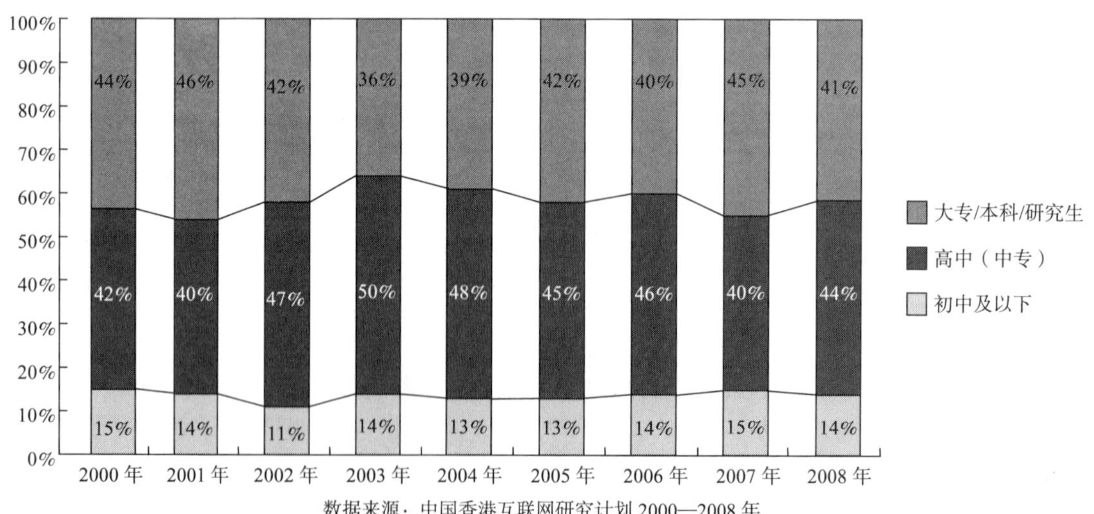

数据来源：中国香港互联网研究计划 2000—2008 年

图E.9 网民的教育程度分布

从普及率的角度看，如图E.10所示，具有大专以上教育程度的人口中网民普及率一直领先，而且在近两年已经接近100%。具有高中和中专教育程度者中间的网民普及率从2000年的49%增长到2008年的79%。具有初中或以下教育程度者中间的网民普及率从2000年的13%增长到2008年的29%。

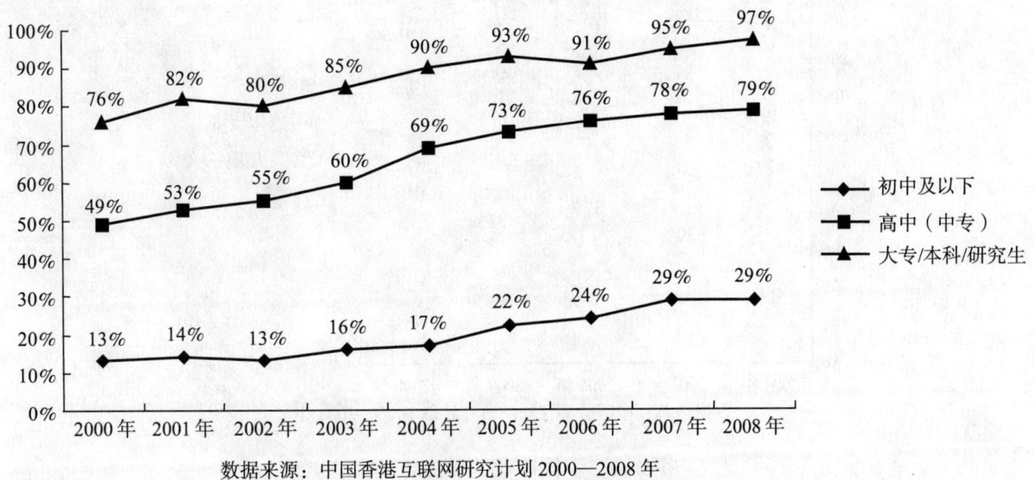

图E.10　不同教育程度下的网民普及率

（5）网民的职业分布，如表E.6第一行所示

表E.6　2008年网民职业分布

	公务员	管理或专业人员	工人/服务员/文员	自雇	学生	退休、无业
网民构成	4%	17%	45%	4%	10%	21%
网民普及率	86%	95%	77%	91%	100%	41%

图E.11显示了9年来中国香港网民中的职业分布。

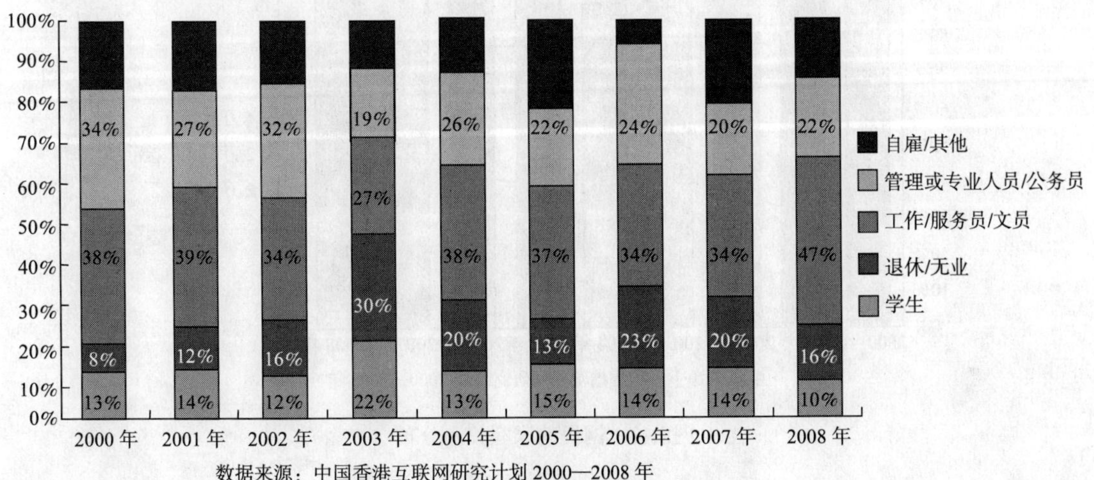

图E.11　网民的职业分布

从普及率的角度看，如图 E.12 所示，几乎所有的学生都已经使用了互联网。管理阶层、专业人士以及公务员当中的普及率也已经超过 95%。而退休/无业人员的网民普及率则相对有较快增长，这与前述老年人中的普及率有较快增长是一致的。

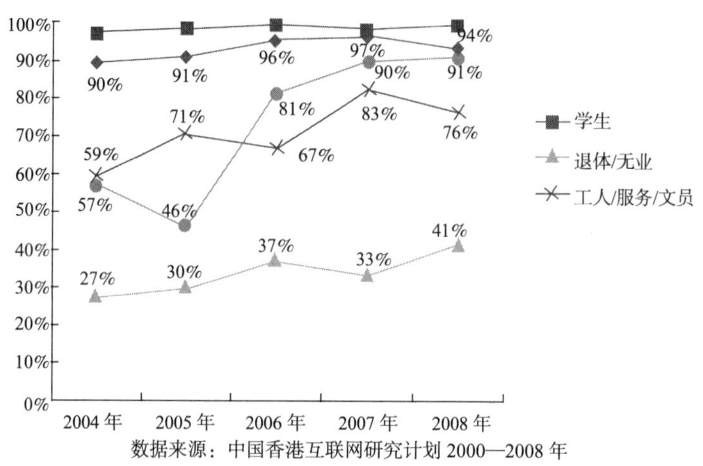

图E.12　不同职业的网民普及率

（6）网民的家庭月收入，如表 E.7 第一行所示

表 E.7　2008 年网民家庭月收入分布

	1 万港元以下	1 万～2 万港元	2 万～3 万港元	3 万～4 万港元	4 万港元以上
网民构成	9%	29%	25%	14%	23%
网民普及率	32%	68%	82%	88%	94%

图 E.13 显示了九年来中国香港网民的家庭月收入分布。

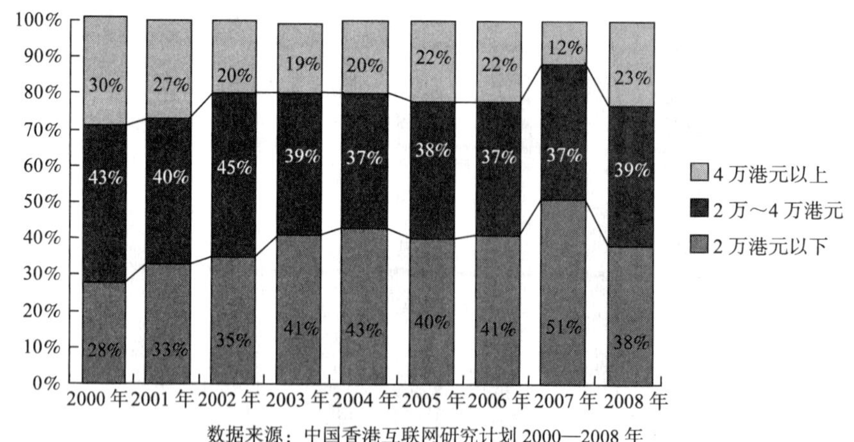

图E.13　网民的家庭收入分布

如图 E.14 所示，从普及率的角度来看，高收入阶层（家庭月收入 4 万港元以上）的普及率一直领先于中低收入阶层，并已经达到了 95%左右。虽然低收入阶层（月收入 2 万港元以

下）的普及率远远落后于中高收入阶层，但其自身的普及率也从 2000 年的 26%增长到了 2008 年的 53%。

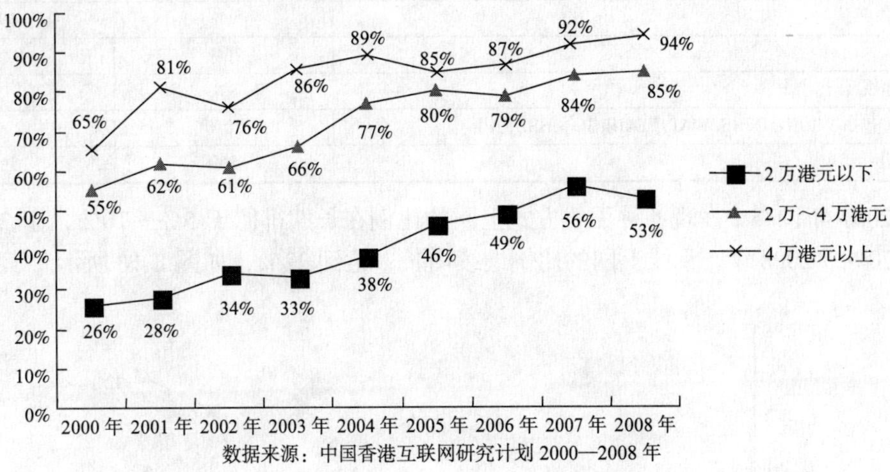

图E.14　不同家庭收入的网民普及率

2．网民使用互联网情况和上网习惯

（1）网民上网的主要地点（多选题），如表 E.8 和图 E.15 所示

表 E.8　网民主要上网地点

家中	单位（非学生）	学校（学生）	网吧、图书馆等公共场所
94%	54%	71%	9%

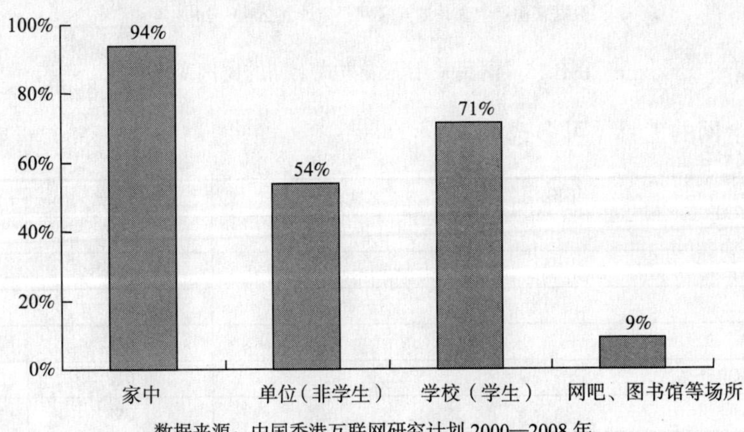

图E.15　网民主要上网地点

（2）网民上网经验

上网经验	比例
■ 2 年或以下	5%
■ 2～4 年	6%
■ 5～7 年	13%
■ 7 年以上	76%

（3）网民连接互联网的方式（可多选）

年份	2007	2008
■ 电话	9%	6%
■ 宽带	76%	82%
■ 有线电视	8%	14%
■ 无线（包括 WLAN, GPRS, WAP, EDGE, 3G，HSDPA）	20%	22%
■ 不知道	5%	5%

在 2007 年调查中发现各种无线方式上网的比例在长期徘徊于 5%～10%，于 2007 年一跃达到 20%。2008 年，无线上网的比例继续增长，达到 22%，如图 E.16 所示。

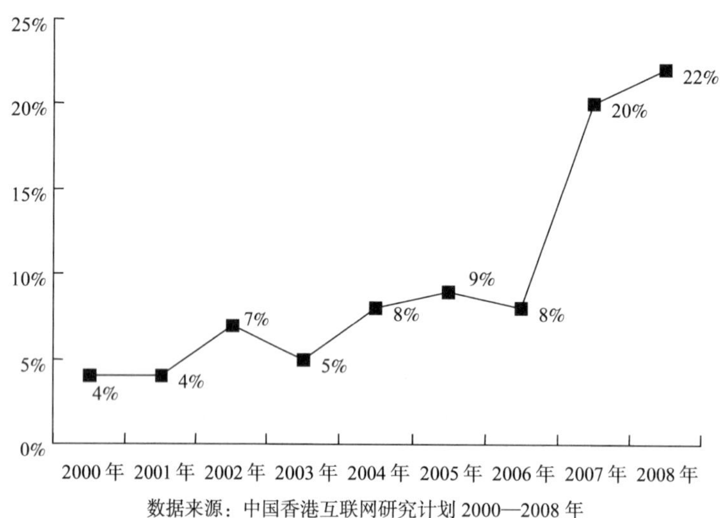

数据来源：中国香港互联网研究计划 2000—2008 年

图E.16 网民采用无线方式上网的比例变化

（4）网民上网的工具（可多选）

年份	2007	2008
■ 桌面电脑	91%	92%
■ 手提电脑	28%	37%
■ 手机	6%	10%
■ PDA 掌上电脑	6%	5%
■ 电视机或其他家电产品	0%	0.2%
■ 其他设备	0%	0.4%

如图 E.17 所示，使用桌面电脑上网的比例在 2007 年和 2008 年都维持在 90%左右，使用 PDA 上网的比例也稳定在 5%左右。使用手提电脑上网的比例继续稳定增加，从 2006 年的 14%，2007 年的 28%提高到 2008 年的 37%，使用手机上网的比例也从 2006 年和 2007 年的 6%增加到了 2008 年的 10%。

（5）网民平均每周上网时间：19 小时

（6）网民通常在什么时间上网（多选题），如表 E.9

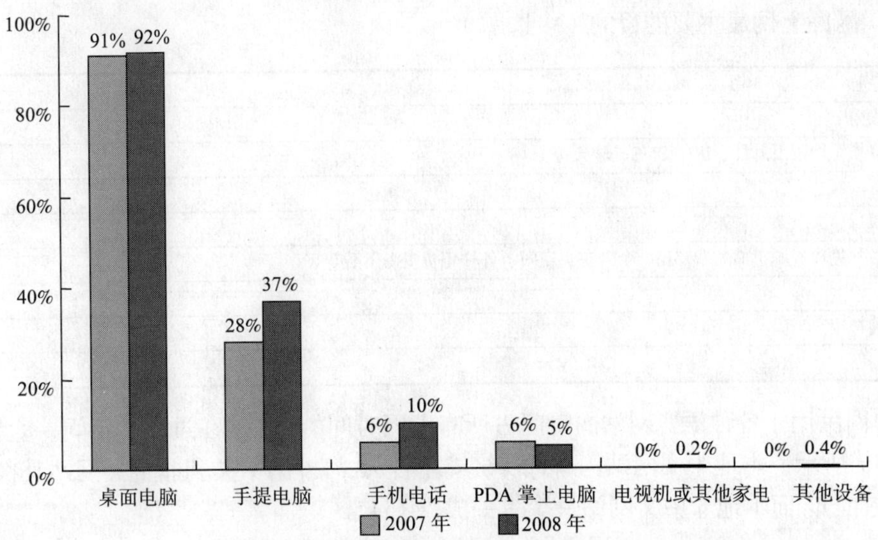

数据来源：中国香港互联网研究计划 2000—2008 年

图E.17　网民上网设备的变化

表 E.9　网民上网时间分布

1 点	2 点	3 点	4 点	5 点	6 点
9%	6%	2%	1%	1%	0%
7 点	8 点	9 点	10 点	11 点	12 点
1%	1%	3%	22%	29%	27%
13 点	14 点	15 点	16 点	17 点	18 点
22%	16%	27%	30%	25%	20%
19 点	20 点	21 点	22 点	23 点	24 点
15%	19%	37%	48%	42%	28%

如图 E.18 所示，中国香港网民每天早晨和下午的上网高峰时间比 2007 年推后一个小时，晚上的上网高峰时间则和 2007 年基本吻合。

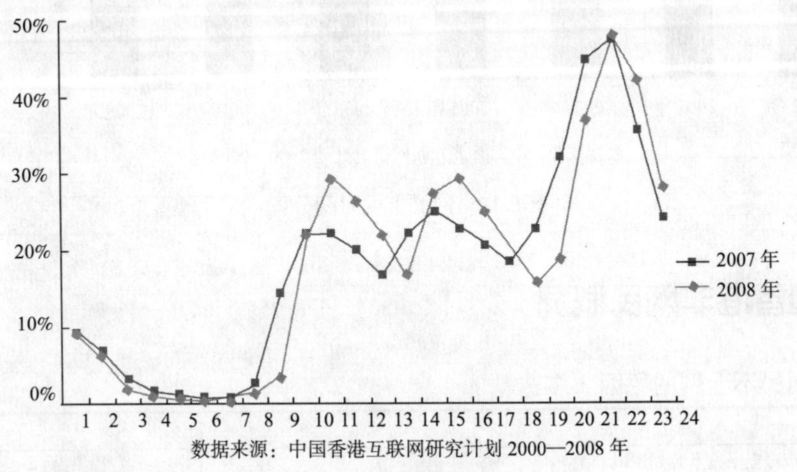

数据来源：中国香港互联网研究计划 2000—2008 年

图E.18　网民每天24小时上网时间分布

（7）网民上网最主要的目的（多选题）

■ 获取信息	85%
■ 休闲娱乐	36%
■ 与人联络（如收发邮件、IM、SMS、聊天等）	31%
■ 学习	9%
■ 网上银行、买股票、付账等	10%
■ 获得各种免费资源（如免费邮箱、个人主页空间、各种免费资源下载等）	6%
■ 交友	1%
■ 网上购物	5%
■ 其他	3%

（8）网民用于各种语言网站的时间占所有上网时间的比例，在过去 9 年间一直相对稳定，如图 E.19 所示，本地中文网站为首选（6 成左右），海外的中文和非中文网站其次（各占六分之一左右），而本地非中文网站最少（一成以下）。

■ 中国香港本地中文网站：	60%
■ 中国香港本地非中文网站：	7%
■ 海外中文网站：	16%
■ 海外非中文网站：	17%

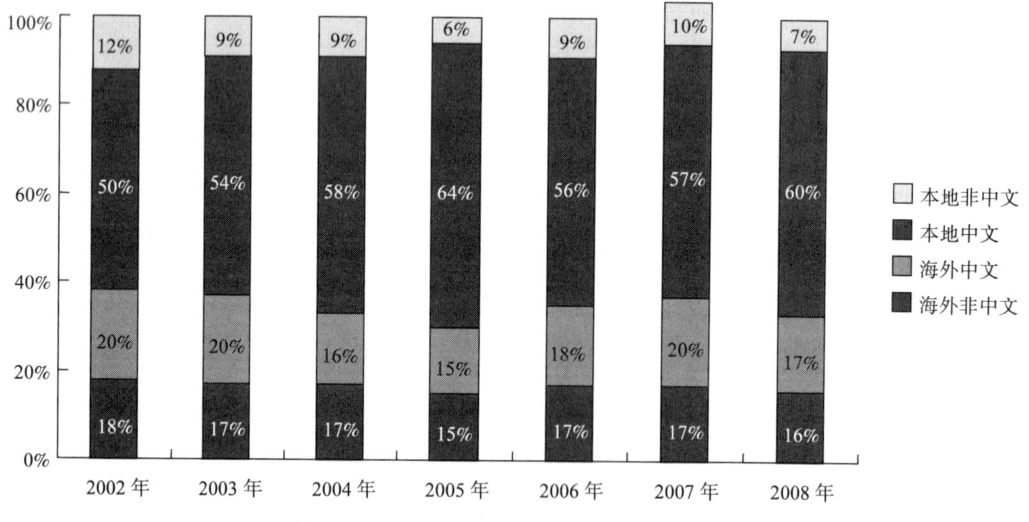

数据来源：中国香港互联网研究计划 2000—2008 年

图E.19 网民上网时间分配

E.3 中国香港非网民概况

（1）非网民不上网的原因（多选题）

缺乏上网技能	
■ 不懂如何上网/对上网技术感到恐惧和困惑	53.4%
■ 语言问题/不懂英文	9.8%

续表

缺乏设施或费用	
■ 无计算机/无电话/电脑不能上网/电脑不够好	14.8%
■ 上网费用太贵	3.6%
■ 传输速率太慢	0.3%
■ 经常断线、网络繁忙、不容易登入	0.2%
缺乏时间或兴趣	
■ 觉得上网没用/无需要	14.4%
■ 无兴趣	12.9%
■ 工作太忙，无上网	9.7%
■ 感兴趣的网站或信息太少	0.0%
其他原因	
■ 年龄太老/小、健康问题	10.9%
■ 其他困难	3.4%
■ 无困难	3.4%
■ 不知道	3.4%
■ 担心网上安全	1.1%
■ 担心孩子受到不好影响	0.6%
■ 担心泄露私隐	0.2%
■ 病毒太多	0.0%

从图 E.20 可以看出，近年来，缺乏上网技能已经成为阻碍非网民使用互联网的最主要原因。

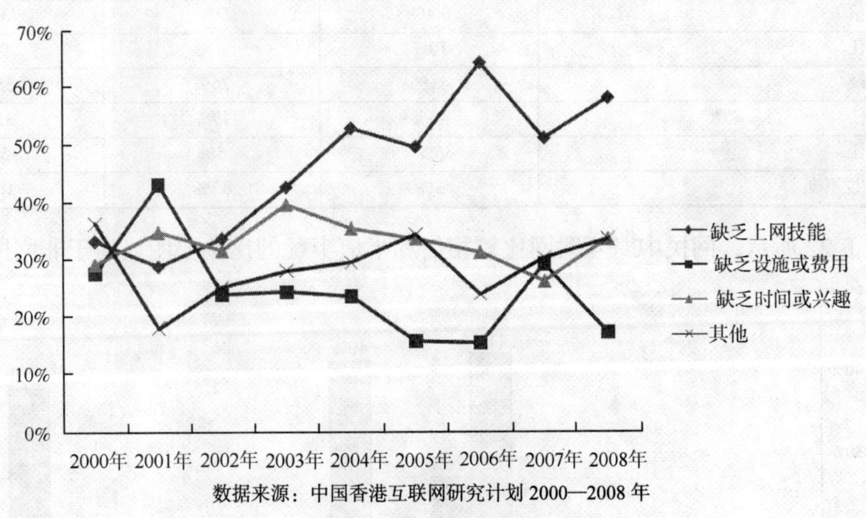

图E.20　非网民不上网的原因

（2）按 WIP（World Internet Project）定义计，中国香港 18～74 岁成年人中的网民比例从 2000 年的 40%，逐年增加到 2001 年的 45%，2002 年的 49%，2003 年的 53%，2004 年的 54%，2005 年的 60%，2006 年的 63%，2007 年的 67%和 2008 年的 69%，平均年增长率为 7.0%；与此同时，非网民（包括曾经上过网但已放弃的“前网民”）的比例从 2000 年的 60%，逐年下降到 2001 年的 55%，2002 年的 51%，2003 年的 47%，2004 年的 46%，2005 年的 40%，2006 年的 37%，2007 年的 33%和 2008 年的 31%，平均年减少率为 7.8%，如图 E.21 所示。

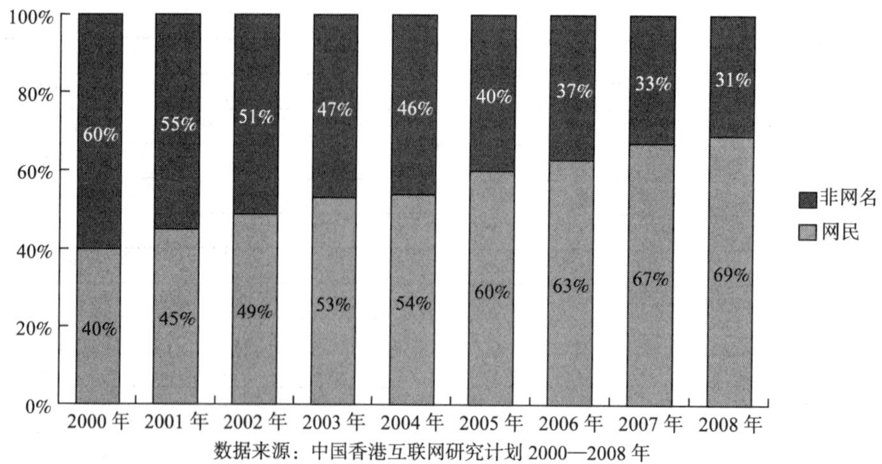

数据来源：中国香港互联网研究计划 2000—2008 年

图E.21　中国香港网民、非网民之比

E.4　网民与非网民对互联网的看法

（1）您是否信任互联网，如表 E.10 所示

表 E.10　2008 年网民和非网民对互联网的信任程度

	网民	非网民	总计
■ 完全不信	0.4%	7%	3%
■ 不太信任	10%	8%	9%
■ 半信半疑	41%	26%	35%
■ 比较信任	40%	17%	31%
■ 完全信任	6%	5%	5%
■ 不知道/说不准	3%	37%	16%

如图 E.22 所示，网民中对互联网比较相信和半信半疑的比例要明显高于非网民。

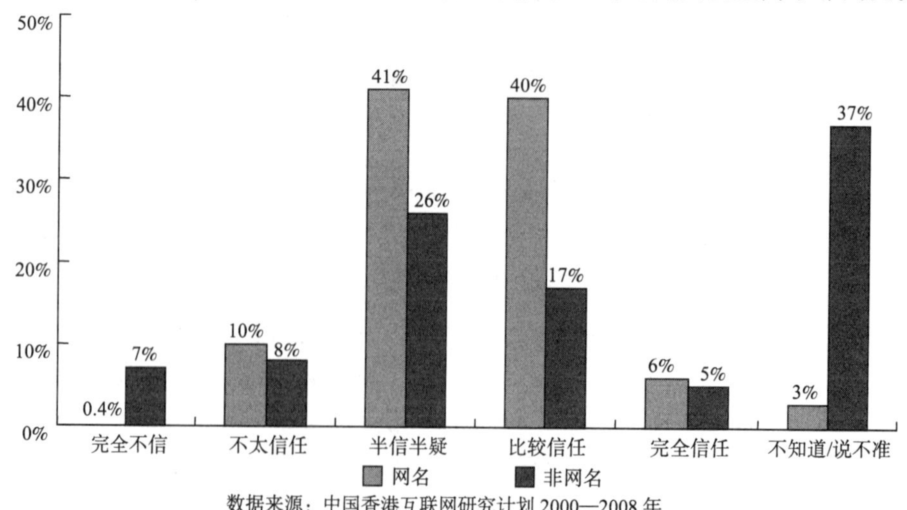

数据来源：中国香港互联网研究计划 2000—2008 年

图E.22　网民与非网民对互联网信任度的比较

（2）互联网在您的生活、工作/学习中有多重要，如表 E.11 所示

表 E.11　2008 年网民和非网民对互联网的重要性评价

	网民	非网民	总计
■ 非常重要	38%	5%	25%
■ 比较重要	39%	13%	29%
■ 无所谓	17%	28%	21%
■ 不太重要	5%	20%	11%
■ 完全不重要	0%	19%	7%
■ 不知道/难讲	0%	15%	6%

如图 E.23 所示，与非网民相比，大部分网民认为互联网对他们的生活或工作来说是重要的。而认为互联网不重要的非网民的比率一直远远高于网民。

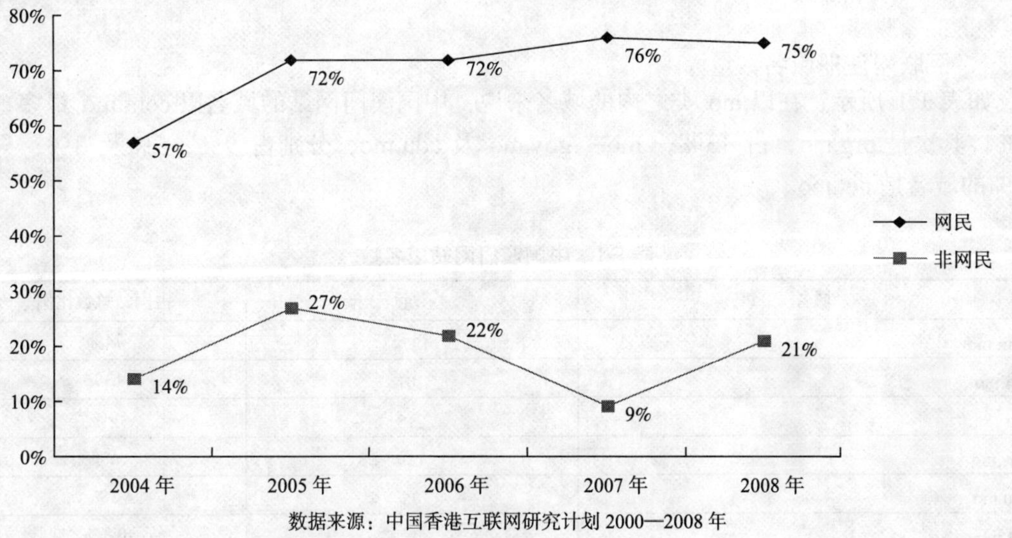

数据来源：中国香港互联网研究计划 2000—2008 年

图E.23　中国香港居民认为互联网在工作和生活中“非常重要”或“比较重要”的比例

（中国香港城市大学　祝建华）

附录 F　2008 年中国澳门特别行政区互联网使用状况统计报告

注：本次调查统计数据截止日期为 2008 年 12 月 14 日。

F.1　中国澳门互联网络发展的宏观概况

1．互联网注册域名数量

如表 F.1 所示，在以.mo 类之内的域名来说，中国澳门网站的域名以.com.mo 最多，占 74%，其次是.org.mo，占 13%，.mo，.gov.mo 及.edu.mo，分别占 9%，6%及 3%，只有 0.3%的域名是.net.mo。

表 F.1　中国澳门网站域名数

域名	数量	占网站总数比例
.com.mo	1774	74%
.org.mo	307	13%
.mo	215	9%
.gov.mo	139	6%
.edu.mo	75	3%
.net.mo	7	0.3%
总计	2517	100%

* 数据来源：中国澳门互联网资讯中心（http://www.monic.net.mo）；数据截至 2008 年 12 月。上述顶级域名.mo 与部分其他的次级域名重复，实际登记的域名总计为 2390 个。

截至 2008 年 12 月，中国澳门每万人拥有的域名数为 43 个，每万网民拥有量为 71 个。

2．家庭上网计算机的连网情况（如表 F.2，表 F.3，表 F.4 和图 F.1 所示）

表 F.2　家庭上网计算机数（2008 年）

家庭总数	上网计算机总数	拨号上网计算机数(1)	宽带上网计算机数(2)
16.7 万	13.6 万	3.7 千	13.2 万
占家庭总数的比例	81%	2%	79%
占上网家庭的比例	100%	3%	97%

注：根据中国澳门统计暨普查局公布之 2007—2008 年间住户总数为 167 187 个，其中可能包含外劳住户数字，因此上述计算之上网计算机数有可能出现高估情况。

（1）及（2）不包括租用专线、无线和手机上网。

表 F.3　家庭上网计算机增长情况

年份	上网计算机占家庭总数	拨号上网计算机占家庭总数	宽带上网计算机占家庭总数
2003	57%	30%	27%
2004	59%	23%	35%
2005	62%	12%	49%
2006	72%	7%	64%
2007	77%	3%	74%
2008	81%	2%	79%

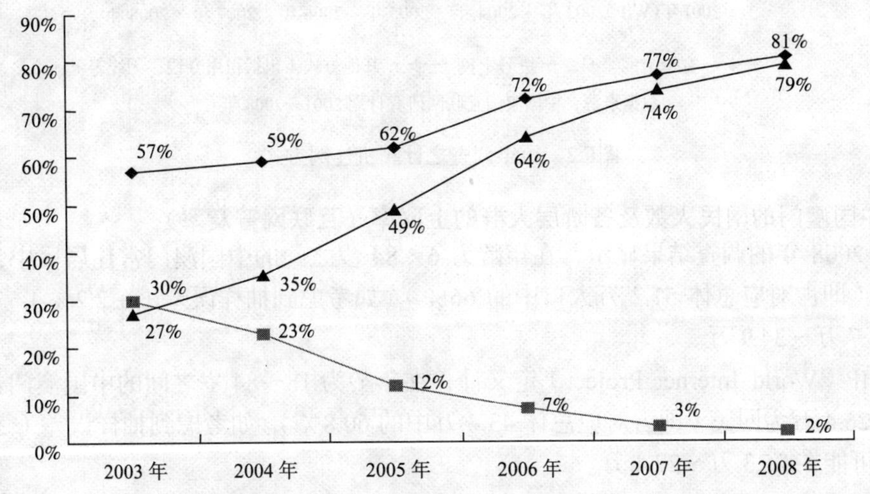

数据来源：中国澳门互联网研究计划 2001—2008 年

图F.1　家庭上网计算机增长情况

表 F.4　历年调查之计算机连网方式 (1)

年份	宽带上网	拨号上网	其他方式（例如租用专线）
2001 (2)	22%	78%	0.0%
2003	47%	51%	1.9%
2004	60%	39%	0.9%
2005	79%	20%	1.0%
2006	89%	10%	0.5%
2007	96%	4%	0.6%
2008	97%	3%	0.1%

注：（1）2002 年没有进行相关调查。

（2）WIP 定义。

在宏观方面，截至 2008 年年底，中国澳门的家庭计算机连网率为 81%，比 2007 年同期上升 4 个百分点。在所有已连网的计算机当中，97%为宽带上网，3%为拨号上网。从 2001 年到 2008 年，宽带上网的家庭计算机比例由 22%上升至 97%，拨号上网的比例则由 78%下降至 3%。因此，宽带上网已经成为家庭计算机最主要的连网方式，如图 F.2 所示。

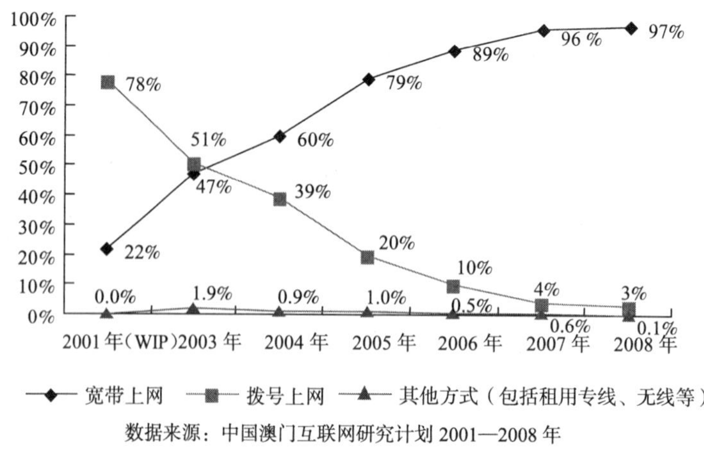

数据来源：中国澳门互联网研究计划 2001—2008 年

图F.2　历年调查之计算机连网方式

3．中国澳门的网民人数及各阶层人群的上网率（互联网普及率）

根据 2008 年的调查结果显示，在年龄为 6～84 岁之间的中国澳门常住居民中，有 33.8 万为网民（即占对应总体 51.2 万人口中的 66%），如考虑到抽样误差（±2.2%），实际网民可能在 32.7 万～34.9 万。

以 WIP（World Internet Project）定义计，在年龄为 18～84 岁之间的中国澳门常住居民中，则有 26.4 万为网民（即占对应总体 43.4 万中的 60.8%），如考虑到抽样误差（±2.4%），实际网民可能在 25.3 万～27.4 万。

表 F.5　网民与非网民的增减情况

年份	网民	曾为网民	非网民	年份	网民	曾为网民	非网民
2001 (1)	33%	15%	52%	2003	40%	10%	51%
2004	46%	8%	46%	2005	53%	7%	40%
2006	55%	7%	38%	2007	64%	3%	33%
2008	66%	1%	33%				

注：(1) WIP 定义。

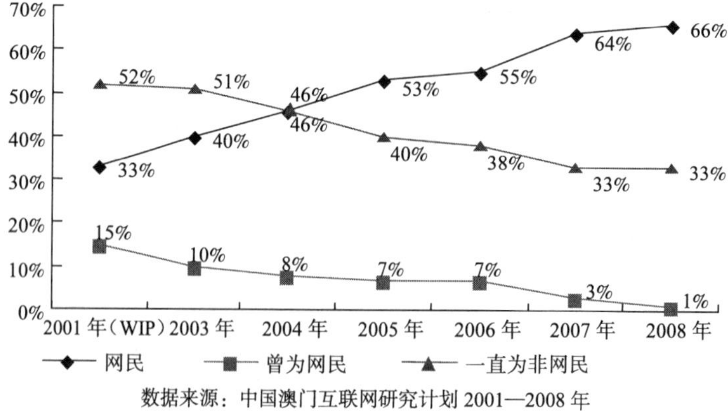

数据来源：中国澳门互联网研究计划 2001—2008 年

图F.3　网民与非网民的增减情况

从历年的调查结果来看（表F.5），中国澳门的互联网普及率持续上升，由2001年的33%上升至2008年的66%，比2007年同期增加两个百分点。

表F.6的上网率数据是根据调查中自称为网民的结果，以及网民的上网年期（1995—2008年）推估出来的逐年变化情况。

表F.6　网民逐年增长趋势

年份	普及率	年份	普及率
1995	3%	1996	4%
1997	6%	1998	10%
1999	16%	2000	25%
2001	33%	2002	36%
2003	40%	2004	46%
2005	53%	2006	55%
2007	64%	2008	66%

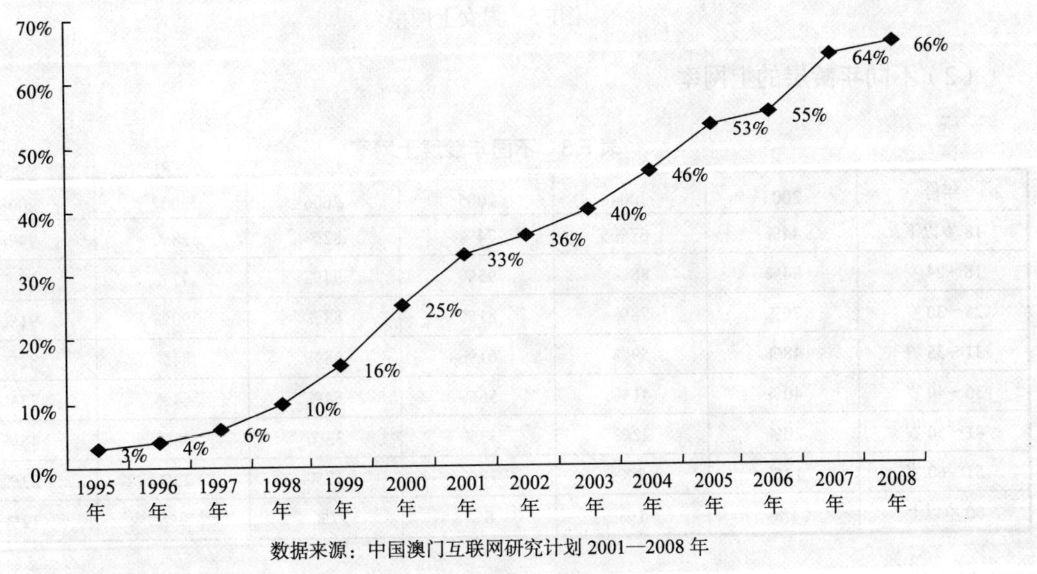

数据来源：中国澳门互联网研究计划2001—2008年

图F.4　网民逐年增长趋势

4．按人口特征统计的上网率

（1）男女上网率

表F.7　男女的网民普及率

年份	2003	2004	2005	2006	2007	2008
男	42%	49%	53%	59%	68%	69%
女	37%	43%	53%	52%	60%	63%

从性别来看（表F.7），除2005年男女的上网比例首次出现一样，皆占同龄总人口的53%，其余各年男性的上网率皆比女性为高，2008年两者相差6个百分点，男性的上网率为69%，

女性为 63%，如图 F.5 所示。

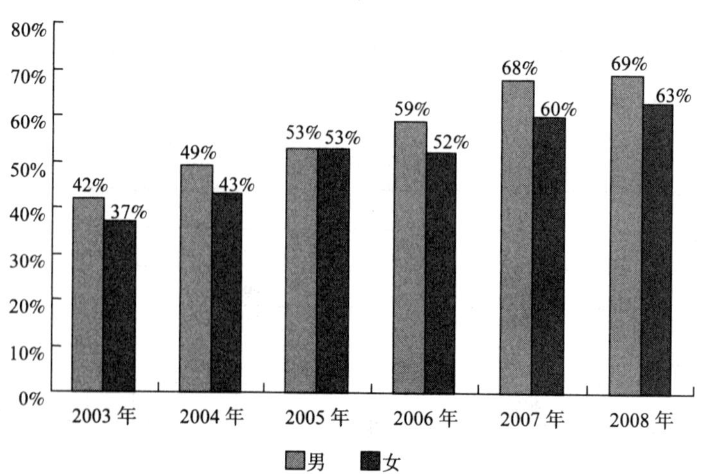

数据来源：中国澳门互联网研究计划 2001—2008 年

图F.5 男女上网率

（2）不同年龄层的上网率

表 F.8 不同年龄层上网率

年份	2003	2004	2005	2006	2007	2008
18 岁以下	44%	67%	74%	82%	88%	94%
18～24 岁	84%	88%	95%	94%	97%	99%
25～30 岁	70%	78%	81%	88%	90%	91%
31～35 岁	48%	59%	61%	68%	84%	82%
36～40 岁	40%	41%	56%	54%	64%	73%
41～50 岁	20%	22%	33%	33%	46%	45%
51～60 岁	14%	9%	18%	17%	23%	23%
60 岁以上	1%	1%	6%	7%	9%	12%

表 F.8 显示，在 2003—2007 年的 5 年中，在不同年龄层的居民中，上网比率基本上呈上升趋势。在 2008 年的调查中发现，除了 31～35 岁和 41～50 岁两个年龄组别的上网率稍微有所下降（都在误差范围之内）及 51～60 岁该年龄组别的上网率维持不变外，其余各个年龄组别的上网率都有所上升，当中 18 岁以下和 36～40 岁的两个年龄组别有较高的增长，同比增幅分别是 6 个百分点和 9 个百分点，老年组（60 岁以上）也有 3 个百分点的增幅，从 9%上升至 12%，18～24 岁年龄层的上网率更达到 99%。综合来说，在所有调查年份中，各年龄组别之间的上网有明显差异。其中除了 18 岁以下的组别外，上网率随着年龄的增加而递减，从 18～24 岁组的 99%下降至 60 岁以上组的 12%，如图 F.6 所示。

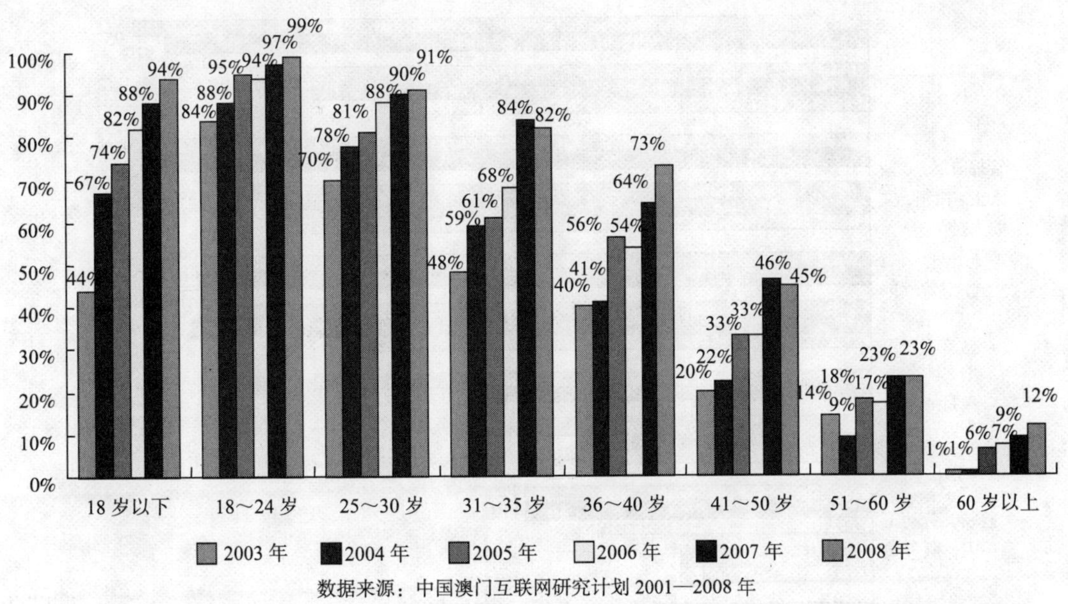

数据来源：中国澳门互联网研究计划2001—2008年

图F.6　不同年龄层的上网率

（3）不同职业的上网率

表F.9　不同职业的上网率

年份	2003	2004	2005	2006	2007	2008
学生	54%	72%	80%	86%	91%	95%
管理阶层，专业人士，白领，文职人员	72%	78%	83%	78%	92%	94%
公务员	68%	88%	81%	89%	87%	86%
自雇人士	36%	32%	52%	43%	52%	72%
蓝领，劳动工人，服务员	22%	25%	27%	34%	45%	44%
失学，退休，无业，家庭主妇	13%	11%	17%	24%	24%	28%
其他	42%	50%	33%	18%	—	67%

2008年的调查结果（表F.9）显示，学生、较高职业者及公务员的上网率显着地比其他阶层的人士高，分别为95%，94%和86%。此外，自雇人士的上网率有显着的增长，同比增幅为20个百分点。历年调查数据显示，从职业来看，学生、管理阶层、专业人士、从事办公室事务以及公务员阶层的人士的上网率比其他阶层明显要高，从事劳力、服务性行业以及没有工作的人群的上网率偏低，如图F.7所示。

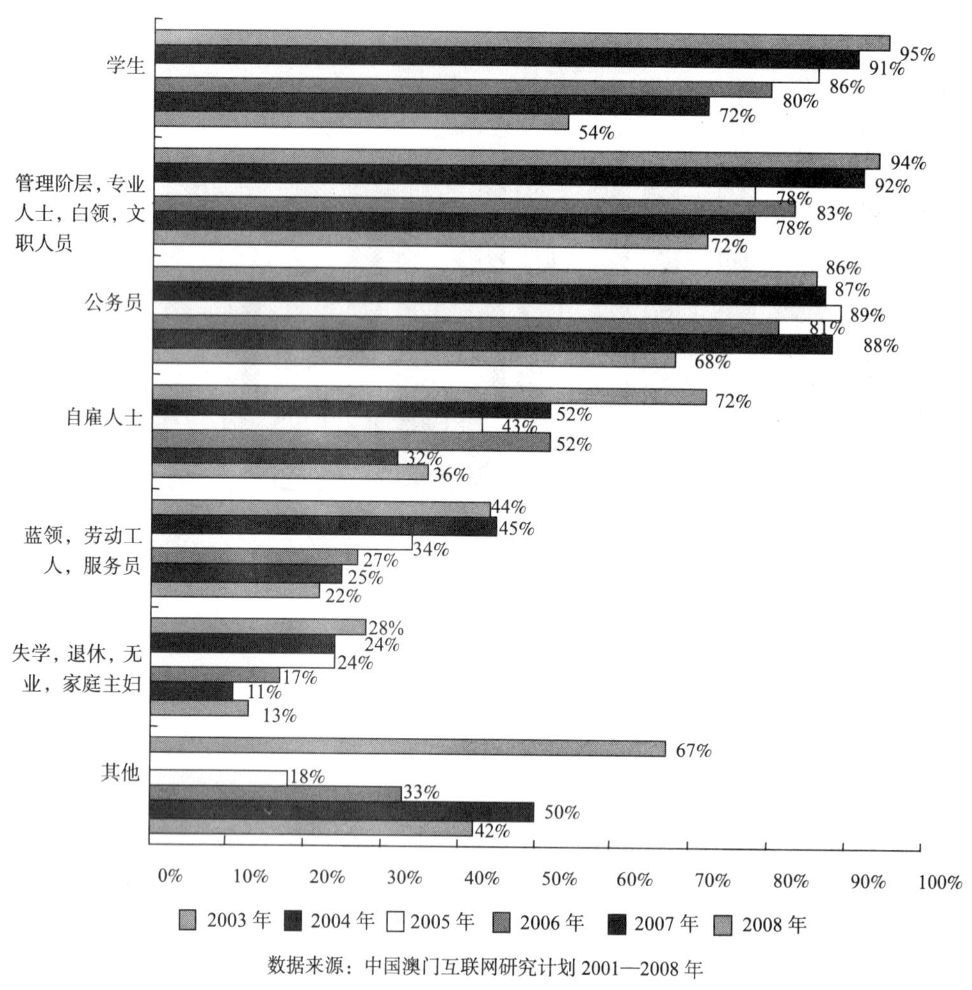

数据来源：中国澳门互联网研究计划 2001—2008 年

图F.7 不同职业的上网率

（4）不同文化程度的上网率

表 F.10 不同文化程度的上网率

年份	2003	2004	2005	2006	2007	2008
高中以下	23%	26%	32%	37%	43%	44%
高中	54%	65%	70%	70%	74%	81%
大专文凭/副学士	80%	90%	80%	85%	98%	86%
大学本科	91%	86%	92%	92%	98%	98%
硕士、博士	88%	100%	94%	100%	97%	98%

表 F.10 显示，在 2008 年，上网率最高的是文化程度较高的人群，大学本科或以上的人士几乎全部都上网。除了大专程度的上网率较去年有所下降外，其余都有所上升或相同，大专程度的上网率为 86%，回落至与 2006 年的上网率相约。高中程度以下的上网率明显相对偏低。历年数据显示，基本上呈现文化程度越高，网民普及率越高之态，如图 F.8 所示。

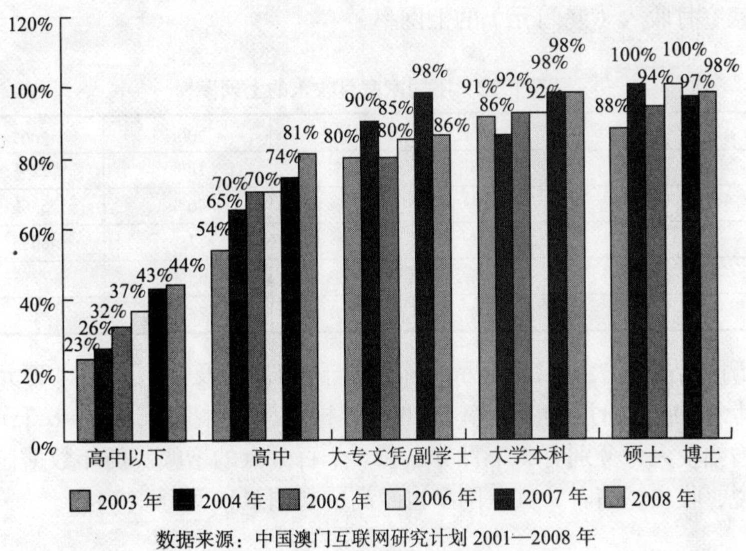

数据来源：中国澳门互联网研究计划 2001—2008 年

图F.8　不同文化程度的上网率

（5）不同婚姻状况的上网率

表 F.11　不同婚姻状况的上网率

年份	2003	2004	2005	2006	2007	2008
已婚	27%	27%	35%	35%	45%	47%
未婚	56%	69%	73%	83%	88%	91%

表 F.11 显示，对于未婚（包括离婚及丧偶）人士而言，上网率要比已婚人士的上网率明显要高，为 91%与 47%。2008 年已婚及未婚人士的上网率与 2007 年相比，两者皆有所增长，分别增长了两个及 3 个百分点，如图 F.9 所示。

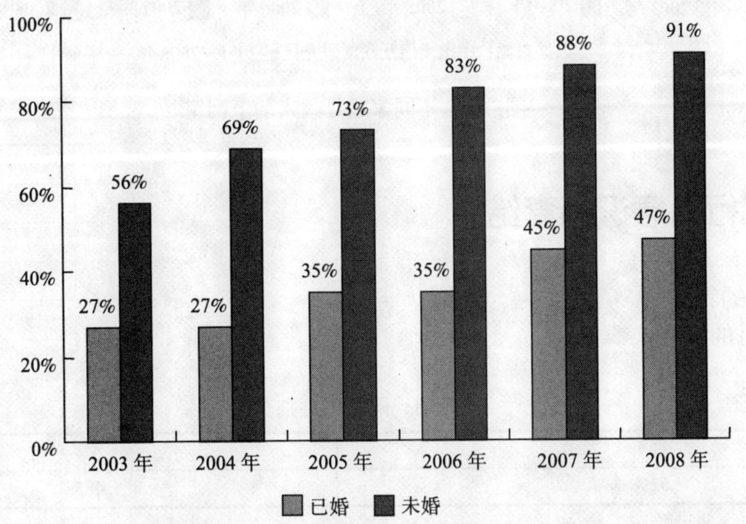

数据来源：中国澳门互联网研究计划 2001—2008 年

图F.9　不同婚姻状况的上网率

（6）不同家庭月收入（澳门元）的上网率

表 F.12　不同家庭月收入的上网率

年份	2003	2004	2005	2006	2007	2008
6 千元以下	20%	14%	21%	18%	22%	29%
6 千～1.2 万元	40%	44%	40%	46%	53%	49%
1.2 万～1.8 万元	54%	55%	66%	57%	60%	61%
1.8 万～2.4 万元	69%	66%	78%	68%	77%	75%
2.4 万元以上	75%	84%	90%	78%	81%	89%

2008 年的调查结果（表 F.12）显示，除了 6 千～1.2 万及 1.8 万～2.4 万元家庭月入阶层的上网率外，其余各收入阶层的上网率与 2007 年相比都有所上升，当中 6 千元以下及 2.4 万元以上阶层的增幅较大，分别有 7 个百分点和 8 个百分点的增幅。历年数据显示，对于不同收入的家庭来说，收入越高者，其上网率也越高，如图 F.10 所示。

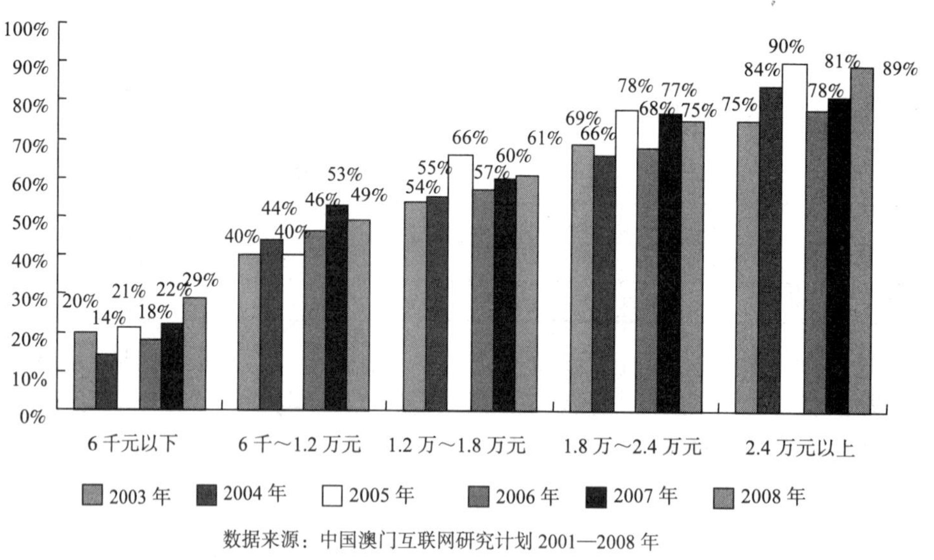

数据来源：中国澳门互联网研究计划 2001—2008 年

图F.10　不同家庭月收入的上网率

F.2　网民行为意识调查结果

1．网民的特征

（1）网民的性别

表 F.13　网民的性别分布

男	女
52%	48%

表 F.13 和图 F.11 显示，在所有网民人口中，男性占 52%，女性占 48%，男性网民明显多于女性网民。

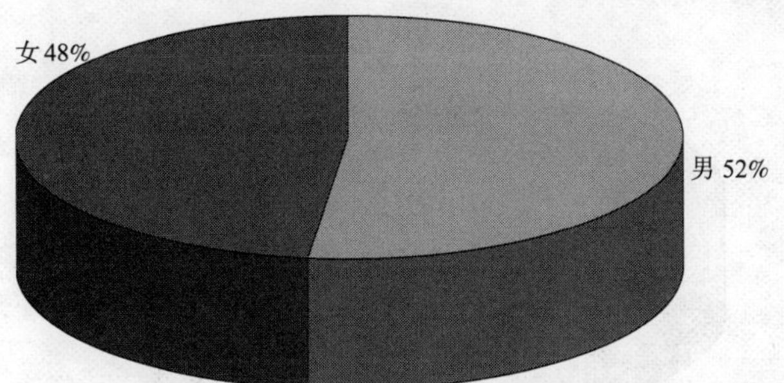

数据来源：中国澳门互联网研究计划 2001—2008 年

图F.11　网民的性别分布

（2）网民的年龄

表 F.14　网民的年龄分布

18 岁以下	18～24 岁	25～30 岁	31～35 岁	36～40 岁	41～50 岁	51～60 岁	60 岁以上
22%	20%	15%	11%	12%	14%	4%	1.6%

表 F.14 和图 F.12 显示，网民中以 18 岁以下及 18～24 岁所占比例较大，两组共占总体的四成二，年龄在 50 岁以上的网民之和占总体约百分之六。

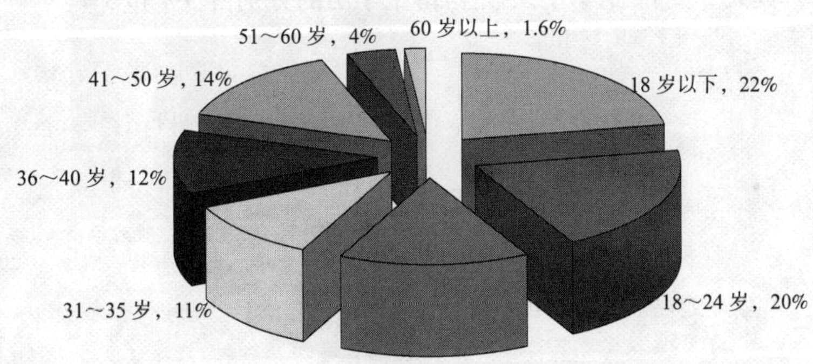

数据来源：中国澳门互联网研究计划 2001—2008 年

图F.12　网民的年龄分布

（3）网民的婚姻状况

表 F.15　网民的婚姻状况

已婚	未婚
40%	60%

表 F.15 和图 F.13 显示，未婚的网民占 60%，已婚的占 40%，未婚网民明显多于已婚网民。

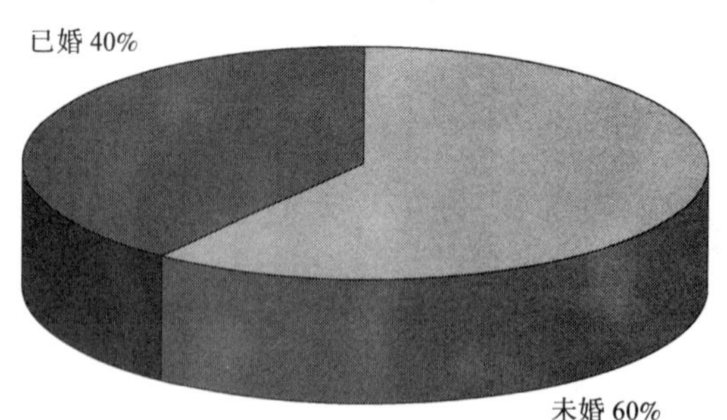

数据来源：中国澳门互联网研究计划 2001—2008 年

图F.13　网民的婚姻状况

（4）网民的文化程度

表 F.16　网民的文化程度分布

高中以下	高中	大专文凭/副学士	大学本科	硕士/博士
34%	32%	5%	27%	3%

表 F.16 和图 F.14 显示，在所有网民中，接近 2/3 的网民具高中或以下文化程度，大学本科的网民占 27%，具大专文凭/副学士及硕士/博士学历的分别占 5%和 3%。

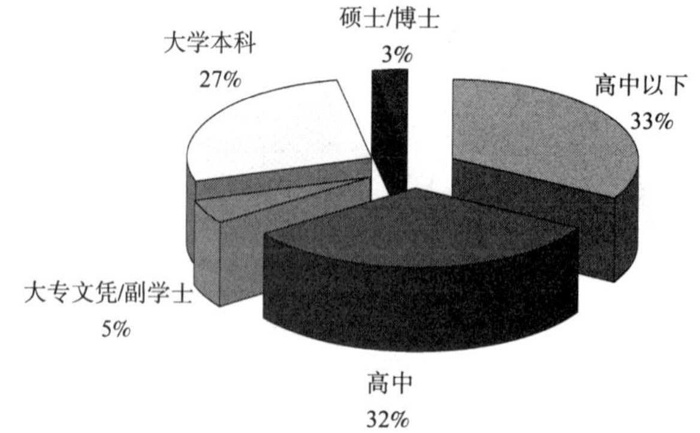

数据来源：中国澳门互联网研究计划 2001—2008 年

图F.14　网民的文化程度分布

（5）网民的职业

表 F.17　网民的职业分布

公务员	管理阶层，专业人士，白领，文职人员	蓝领，劳动工人，服务员	自雇人士	学生	失学、退休、失业、家庭主妇	其他
6%	31%	17%	2%	34%	9%	0.8%

表 F.17 和图 F.15 显示，在所有网民中，以学生及专业/管理/文员等阶层占多数，分别为 34%和 31%，劳动阶层只占 17%。

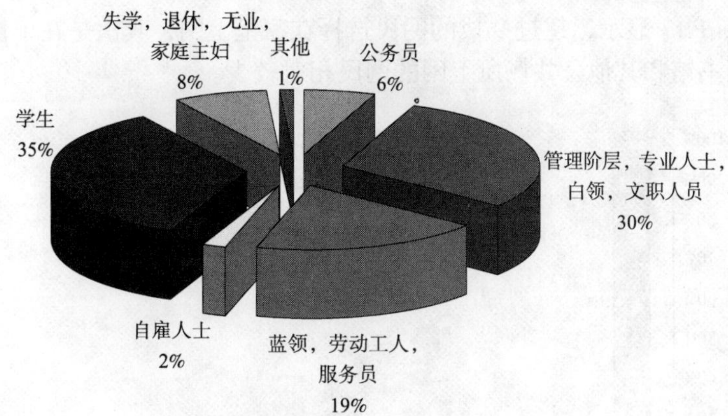

数据来源：中国澳门互联网研究计划 2001—2008 年

图F.15　网民的职业分布

（6）网民的家庭月收入（澳元）

表 F.18　网民的家庭收入分布

6 千元以下	6 千～1.2 万元	1.2 万～1.8 万元	1.8 万～2.4 万元	2.4 万元以上
5%	18%	15%	19%	44%

表 F.18 和图 F.16 显示，低收入家庭所占的比例最少，高收入家庭所占的比例最多，家庭月收入在 6 千澳元以下的网民只占总体的 5%，家庭月收入在 2.4 万澳元以上的网民所占的比例达 44%。其余收入级别的网民所占的比率相对较少，介于 15%至 19%之间，分布较平均。

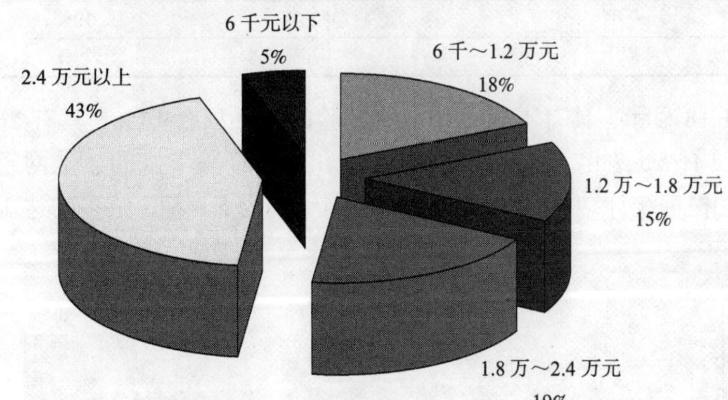

数据来源：中国澳门互联网研究计划 2001—2008 年

图F.16　网民的家庭收入分布

2. 网民的上网习惯

（1）网民上网的主要地点（多选题）

表 F.19　网民上网的主要地点

家中	单位/公司	学校	网吧	公共图书馆	其他公共场所	街上	其他
94%	26%	12%	3%	4%	1%	0.8%	0.7%

表 F.19 和图 F.17 显示，超过 9 成的网民选择在家里上网，其次是在单位/公司和学校，在网吧、公共图书馆和其他公共场所上网的网民相对较少。

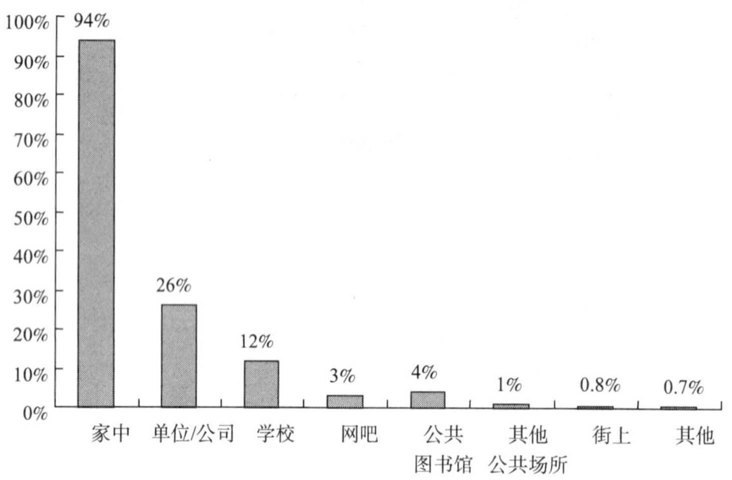

数据来源：中国澳门互联网研究计划 2001—2008 年

图F.17　网民上网地点分布

（2）网民上网经验

表 F.20　上网经验

2 年以下	14%
2～4 年	28%
5～7 年	19%
7 年以上	39%

表 F.20 和图 F.18 显示，具有不到 2 年上网经验的新手只有 14%，具有 2～4 年上网经验的网民达 28%，具有 5～7 年上网经验的有 19%，至于经验丰富的、上网超过 7 年的网民则有 39%。另外，根据统计结果，网民的平均上网年期为 5.8 年，最多的达 15.5 年，最少的则不到一个月。

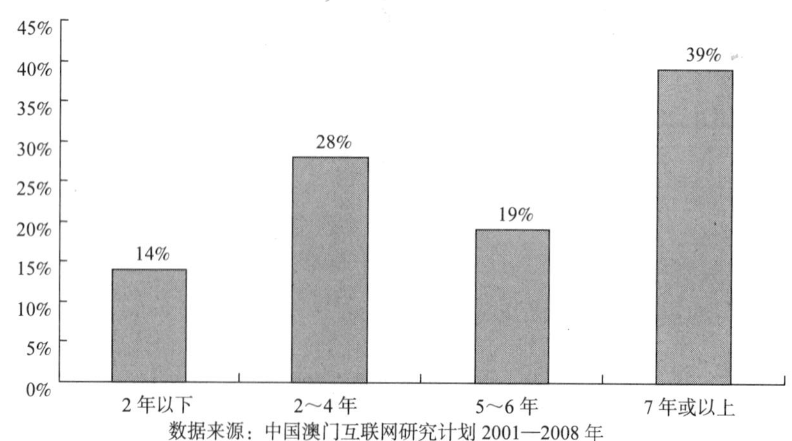

数据来源：中国澳门互联网研究计划 2001—2008 年

图F.18　上网经验

（3）网民连接互联网的方式（多选题）

表 F.21　连网方式

方式	比例
宽带	90%
拨号上网	3%
无线上网一（包括手机 GPRS、HSDPA, WiFi）	9%
无线上网二（在公司/学校/家中自行架设之 WiFi 网络，统称 WLAN）	20%
租用专线	0.8%
其他	0.2%
不知道	6%

如表 F.21 和图 F.19 所示，就网民个人来说，90%表示以宽带方式上网，只有 3%仍然使用拨号上网。在所有网民中，有 9%表示有利用手机或手提电脑通过网络供应商提供的无线网络上网，而透过公司/学校/家中架设之 WiFi 网络上网的网民则有 20%。

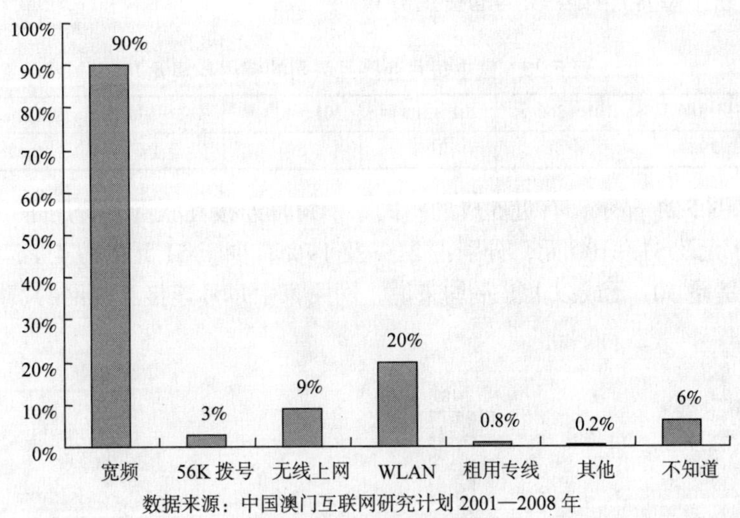

数据来源：中国澳门互联网研究计划 2001—2008 年

图F.19　连网方式

（4）网民上网的工具（多选题）

表 F.22　网民上网的工具

工具	比例
桌上电脑	91%
手提电脑	23%
手提电话	4%
电子手账/掌上电脑 （PDA，Pocket PC, PALM）	1%
其他	0.3%

表 F.22 和图 F.20 显示，有 9 成的网民使用桌上电脑上网，其次是用手提电脑上网，占 23%，用手提电话上网的占 4%，有不足 1.5%的人用电子手账/掌上电脑及其他工具上网。

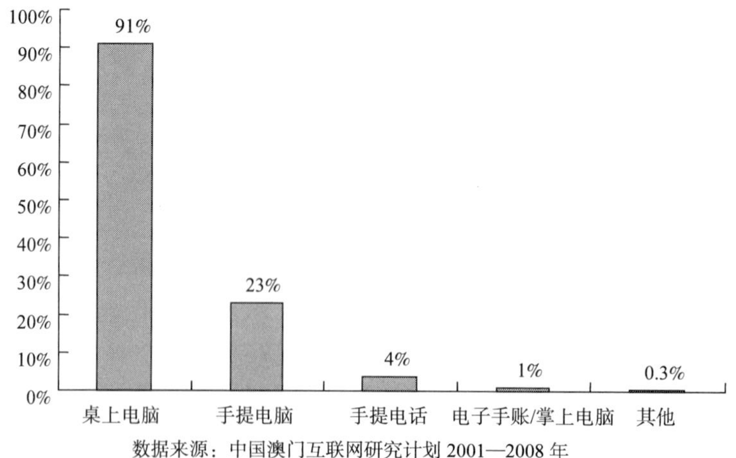

图F.20　网民上网的工具

（5）网民家中每月连接互联网的费用分布

表 F.23　家中每月连接互联网的费用（澳元）

51 元以下	51～100 元	101～200 元	201～300 元	301～400 元	401～500 元	500 元以上	平均数
4%	19%	48%	21%	5%	1.4%	2.0%	192 元

表 F.23 和图 F.21 显示，有近 5 成的网民家中每月连接互联网的费用是 101～200 元，其次是 201～300 元及 51～100 元，分别占 21%及 19%，少于 51 元的占 4%，有不足 9%的网民家中每月网费是 301 元或以上。平均来说，网民家中每月连接互联网的费用是 192 澳元。

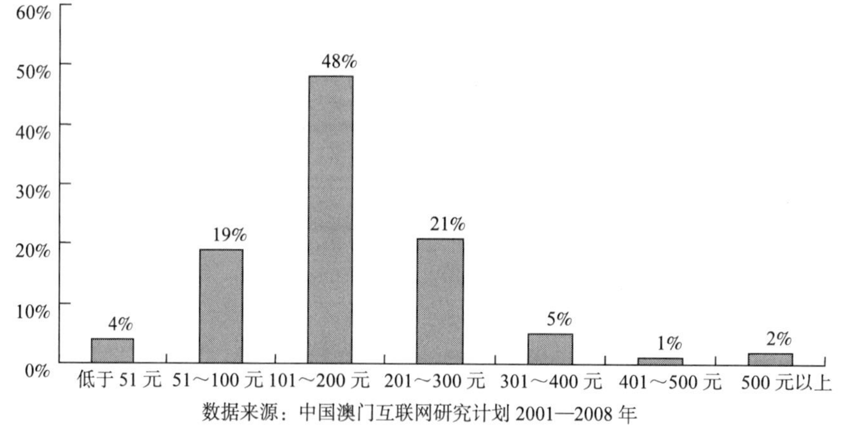

图F.21　家中每月连接互联网的费用

（6）网民个人每月连接互联网的费用分布

表 F.24 和图 F.22 显示，个人每月连接互联网的费用中，分别都有 3 成多的网民个人每月网费是低于 51 元或 101～200 元，其次是 51～100 元及 201～300 元，分别占 16%及 14%，有不足 5%的网民个人每月网费是 301 元或以上。平均来说，网民个人每月连接互联网的费用是 123 澳元。

表 F.24 个人每月连接互联网的费用（澳元）

51 元以下	51～100 元	101～200 元	201～300 元	301～400 元	401～500 元	500 元以上	平均数
34%	16%	32%	14%	3%	0.8%	0.5%	123 元

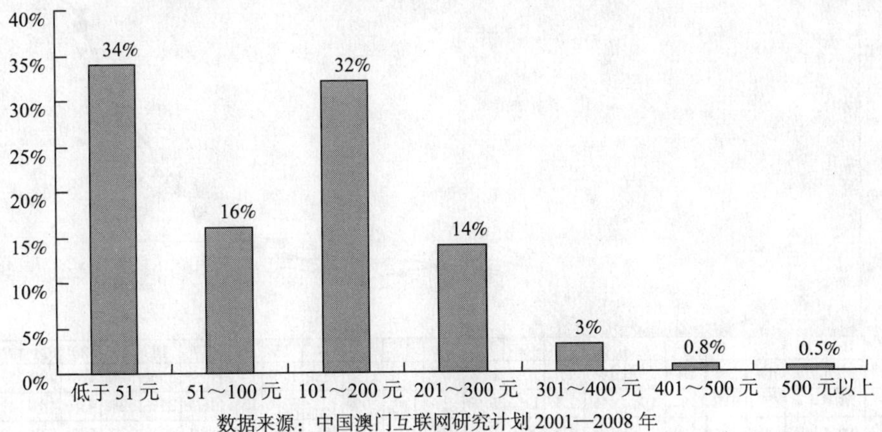

数据来源：中国澳门互联网研究计划 2001—2008 年

图F.22 个人每月连接互联网的费用

（7）网民平均每周上网的时间

表 F.25 网民平均每周上网的时间

所有网民	18.6 小时
6～17 岁网民	19.3 小时
18～84 岁网民	18.5 小时

调查结果显示，网民平均每周上网的时间为 18.6 小时，其中青少年（6～17 岁）的网民平均每周上网 19.3 小时，成人（18～84 岁）的网民平均每周上网 18.5 小时，青少年每周上网的时间比成人较多。

（8）网民平均每周上网天数

调查结果显示，网民平均每周上网 5.5 天。

（9）网民通常在什么时间上网（多选题）

表 F.26 网民的上网时段

1 点	2 点	3 点	4 点	5 点	6 点
9%	7%	4%	2%	1%	1%
7 点	8 点	9 点	10 点	11 点	12 点
1%	2%	10%	11%	10%	11%
13 点	14 点	15 点	16 点	17 点	18 点
11%	11%	11%	14%	17%	25%
19 点	20 点	21 点	22 点	23 点	24 点
31%	45%	49%	51%	40%	28%

调查结果显示，从上午 9 点开始，网民开始逐渐增多，晚上 8 点～10 点为网民上网的高峰期，早上 4 点～8 点则是上网的低潮期，如图 F.23 所示。

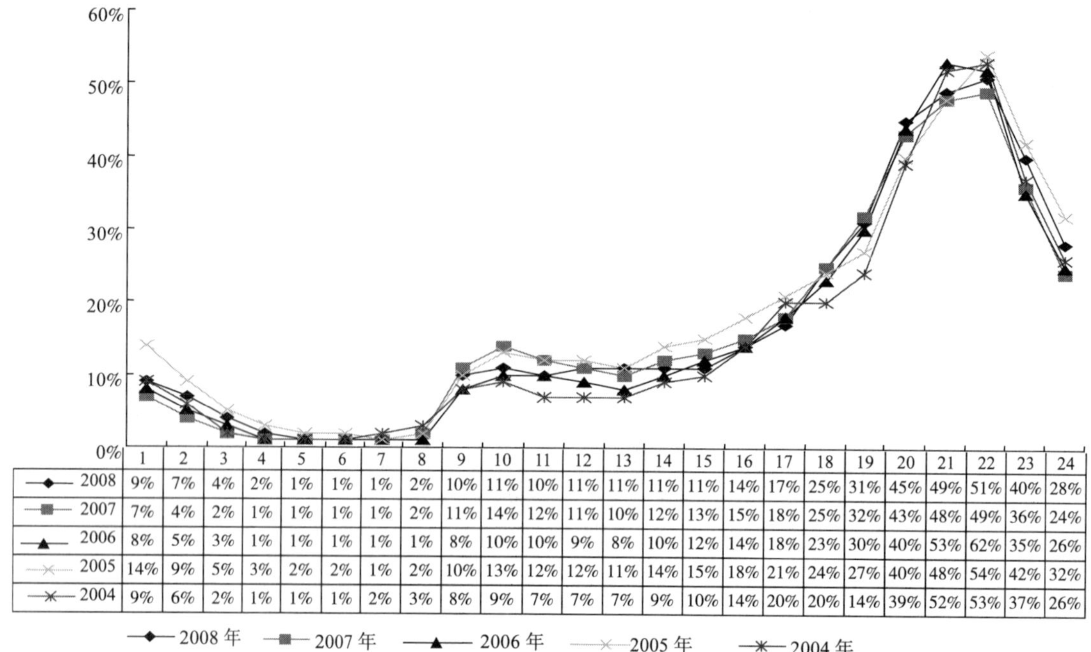

	1	2	3	4	5	6	7	8	9	10	11	12	13	14	15	16	17	18	19	20	21	22	23	24
2008	9%	7%	4%	2%	1%	1%	1%	2%	10%	11%	10%	11%	11%	11%	11%	14%	17%	25%	31%	45%	49%	51%	40%	28%
2007	7%	4%	2%	1%	1%	1%	1%	2%	11%	14%	12%	11%	10%	12%	13%	15%	18%	25%	32%	43%	48%	49%	36%	24%
2006	8%	5%	3%	1%	1%	1%	1%	1%	8%	10%	10%	9%	8%	10%	12%	14%	18%	23%	30%	40%	53%	62%	35%	26%
2005	14%	9%	5%	3%	2%	2%	1%	2%	10%	13%	12%	12%	11%	14%	15%	18%	21%	24%	27%	40%	48%	54%	42%	32%
2004	9%	6%	2%	1%	1%	1%	2%	3%	8%	9%	7%	7%	7%	9%	10%	14%	20%	20%	14%	39%	52%	53%	37%	26%

数据来源：中国澳门互联网研究计划 2001—2008 年

图F.23　网民的上网时段

3. 互联网使用

（1）网民上网最主要的目的（多选题）

表 F.27　网民上网的主要目的

获取资讯	66%
与人沟通	47%
休闲娱乐	40%
网上新闻	40%
教育/学习	13%
下载或上传软件	9%
网上理财	9%
网上社区	8%
个人博客、网页制作、相簿等	8%
网上购物	6%
公共服务	4%
网上求职	3%
网上电话	1%
网上博彩	0.8%
售卖货品或服务	0.7%
其他	6%

表F.27显示，网民上网最主要的目的是透过互联网获取资讯，其次主要是与人沟通、休闲娱乐及阅读新闻，分别占66%，47%，40%和40%。

（2）网上活动

表F.27显示了网民使用互联网的主要目的，以下是网民为不同目的而参与的网上活动的分布情况。网民对于各种网上活动的参与频率，分别表示为每天几次、每天、每周、每月、少于每月一次或从不参与。以下数据呈现的是网民所参与的网上活动的频率中，每月一次至每天几次的合计比率。

A．网上信息

表F.28　网上信息

网上新闻	86%
旅游信息	59%
浏览他人博客	59%
医疗健康信息	51%
看笑话、卡通或其他幽默信息	44%
寻找工作	23%

表F.28显示，网民较常以互联网作为信息的来源，86%的网民表示会看网上新闻，分别都有59%的网民会看旅游信息和浏览他人博客，51%的网民会看医疗健康信息，44%的网民会看笑话、卡通或其他幽默信息，23%的网民会在网上寻找与工作有关的信息如图F.24所示。从表F.29和图F.25可见，看网上新闻的网民中，主要是看本地和中国香港的新闻，分别占77%和67%。

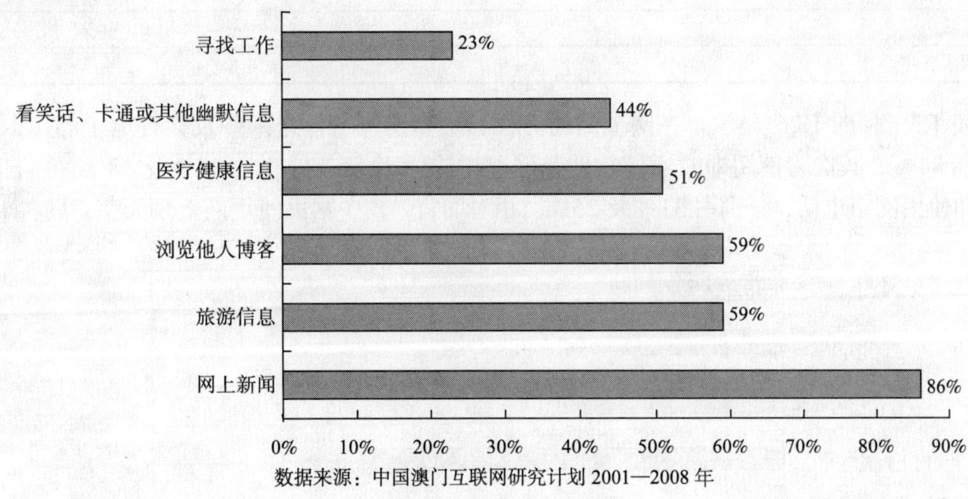

图F.24　网上信息

表F.29　网上新闻的类型

中国澳门地区新闻	77%
中国香港地区新闻	67%
国际新闻	35%
中国内地新闻	25%
中国台湾地区新闻	20%

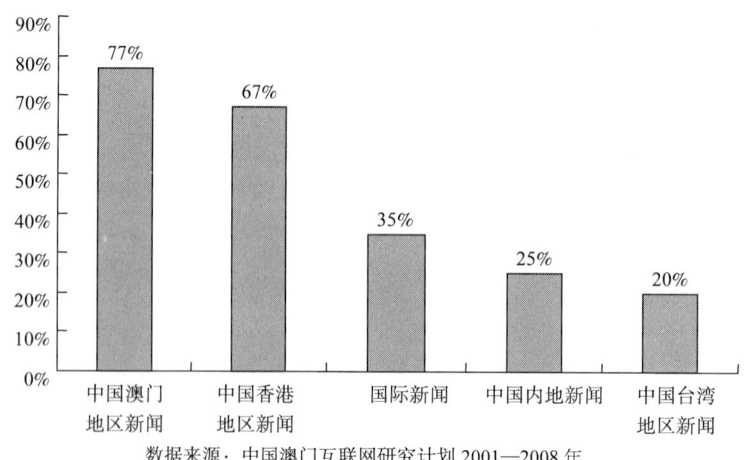

图F.25　网上新闻的类型

B. 网上沟通

表 F.30　网上沟通

传送附件	87%
检查电子邮件	84%
使用即时通信软件	68%
网上讨论区/论坛	58%
写自己的博客	31%
网络电话	25%
网上聊天室	19%

表 F.30 和图 F.26 显示，在网上沟通方面，最多网民会传送附件及检查电子邮件，各占 87%和 84%，其次为使用即时通信软件及网上讨论区/论坛，分别占 68%及 58%，写自己的博客和使用网络电话，分别占 31%及 25%。相对而言，较少网民使用网上聊天室，只占 19%。

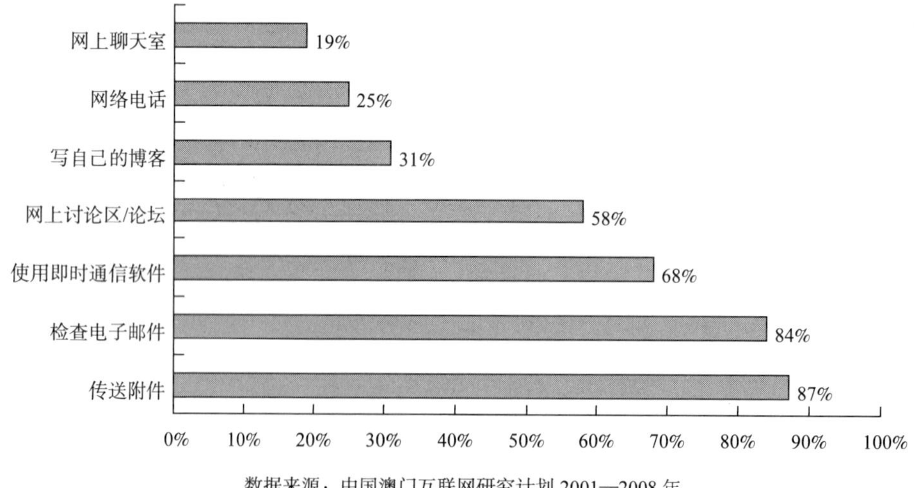

图F.26　网上沟通

C. 网上娱乐

表 F.31　网上娱乐

利用搜索引擎寻找娱乐信息	78%
下载/收听音乐	64%
下载/收看影片	54%
网上游戏	36%
网上电台	21%
网上色情内容的网站	15%
网上赌博	2%

在网上娱乐方面，表 F.31 和图 F.27 显示，利用互联网搜索引擎寻找娱乐信息的网民较多，占 78%，其次是下载/收听音乐及下载/收看影片的网民，分别占 64%和 54%，玩网上游戏、听网上电台的网民，分别占 36%和 21%，浏览网上色情内容网站的网民占 15%，只有 2%的网民表示有在网上赌博。此外，表 F.32 和图 F.28 显示，Yahoo 和谷歌是网民最主要使用的两大搜索引擎，分别占 84%和 67%。

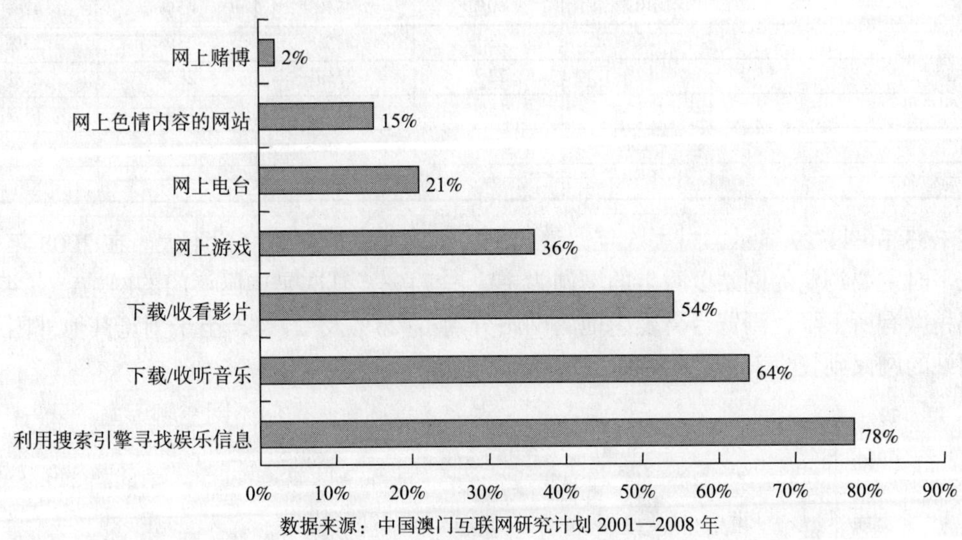

图F.27　网上娱乐

表 F.32　网民主要使用的搜索引擎

Yahoo	84%
谷歌	67%
百度	27%
其他	10%
MSN	9%

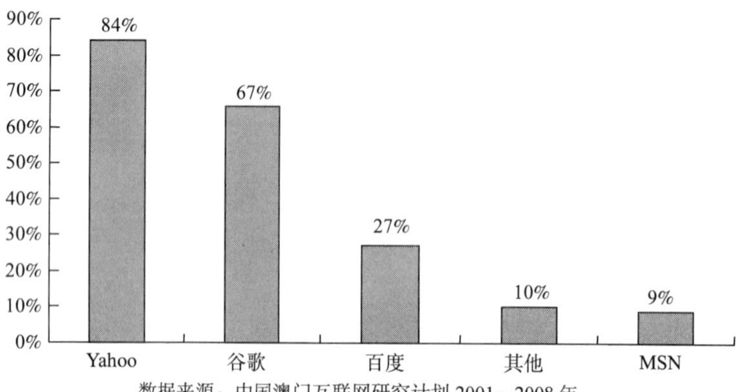

数据来源：中国澳门互联网研究计划 2001—2008 年

图F.28　网民主要使用的搜索引擎

表 F.33　网民平时主要浏览的网站（以地区分）

年份	2004	2005	2006	2007	2008
香港网站	78%	77%	80%	80%	74%
本澳网站	40%	40%	43%	45%	42%
台湾网站	25%	23%	27%	23%	23%
内地网站	17%	22%	25%	26%	27%
外国/海外网站	13%	15%	17%	18%	18%
其他	1%	1%	0.4%	0.5%	1%
不知道/很难说	—	—	5%	3%	7%

表 F.33 和图 F.29 显示，过去 5 年，澳门网民平时浏览的网站变化不大。在 2008 年，澳门网民平时主要浏览的网站以香港的网站为主，占 74%，其次是中国澳门的网站，占 42%，同比都稍微有所下降，浏览台湾及内地的网站分别占 23%及 27%，至于浏览其他外国或海外的网站的网民则较少，只有 18%。

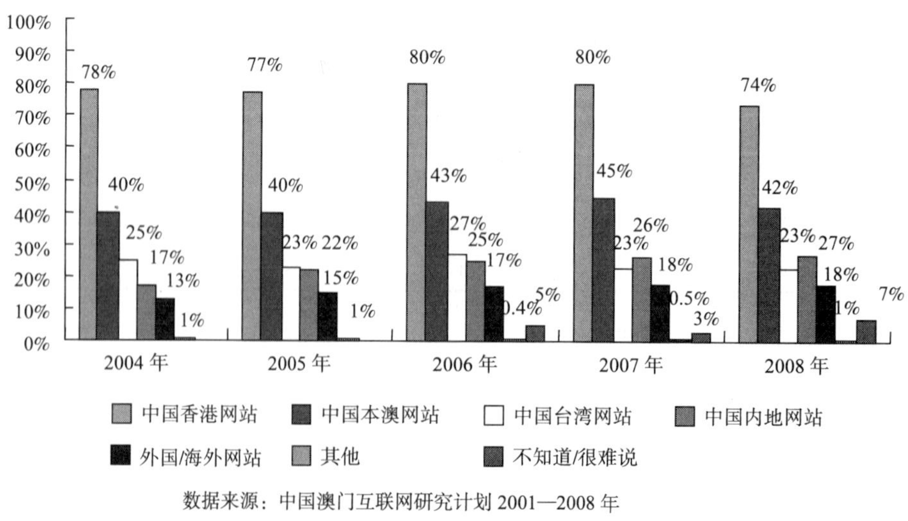

数据来源：中国澳门互联网研究计划 2001—2008 年

图F.29　网民平时主要浏览的网站（以地区分）

D. 网上学习

表F.34 网上学习

查找与学习有关的信息	71%
寻找事实	73%
寻找某字定义	64%
远程学习	4%

表F.34和图F.30显示，71%的网民表示有使用互联网查找与学习有关的信息。网民也会使用互联网寻找事实及寻找某字定义，分别占73%和64%。有使用互联网进行远程学习的网民则较少，只有4%。

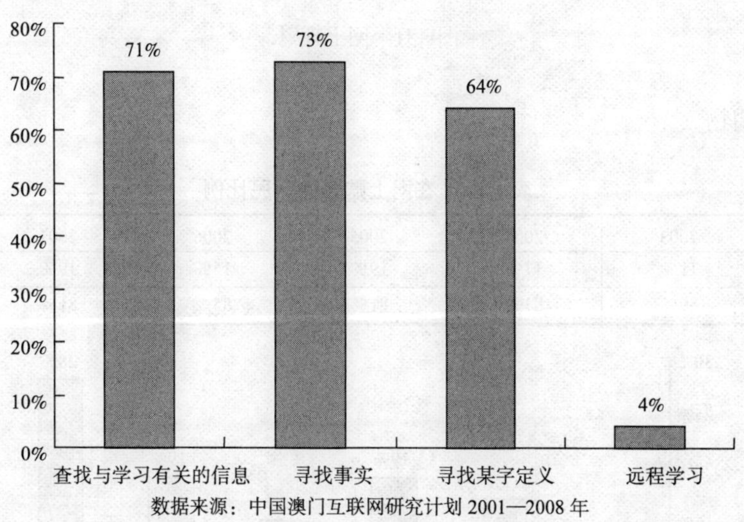

数据来源：中国澳门互联网研究计划2001—2008年

图F.30 网上学习

E. 网上交易

表F.35 网上理财

网上产品信息	61%
网上银行户口服务	31%
网上购物	28%
进行股票/基金买卖	22%
订购旅行产品	21%

表F.35和图F.31显示，61%的网民表示有浏览网上产品信息，31%的网民表示有使用网上银行户口服务，28%的网民表示有在网上购物，22%和21%的网民表示有在互联网进行股票/基金买卖和订购旅行产品。

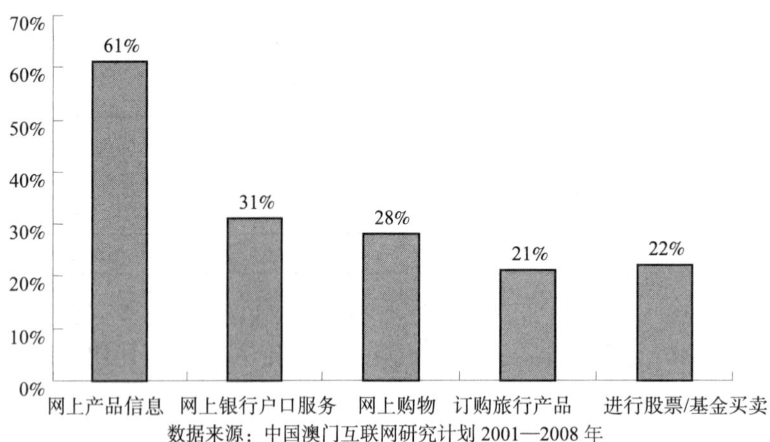

图F.31　网上理财

F．网上购物

表 F.36　在网上购物的网民比例

年份	2003	2004	2005	2006	2007	2008
有	11%	17%	19%	15%	19%	28%
没有	89%	83%	81%	85%	81%	72%

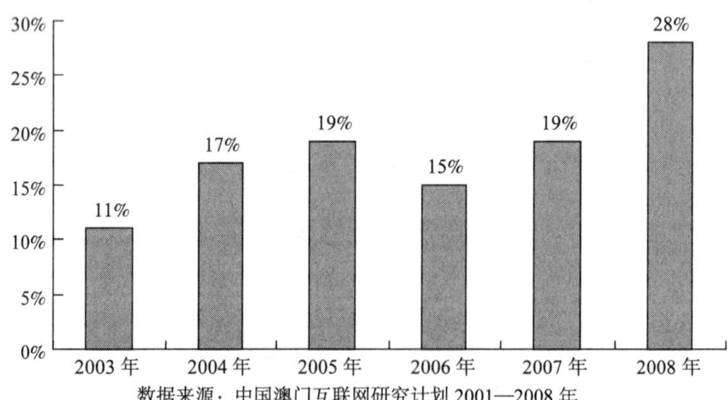

图F.32　网上购物的网民比例

表 F.37　网上购买的物品的种类　（多选）

纺织、服装	52%
电子产品（不包括电脑）	18%
书籍	16%
家居/工艺品	6%
影音档案	5%
电脑（计算机）	4%
食品	1%
其他	24%

表 F.36 和表 F.37 的数据显示，网上购物的网民比率比 2007 年同期大幅增加 9 个百分点，28%的网民有网上购物的经验。纺织品及服装是最多网民购买的物品，占 52%，其次是电子产品（不包括电脑）、书籍、家居或工艺品等，分别占 18%，16%和 6%。

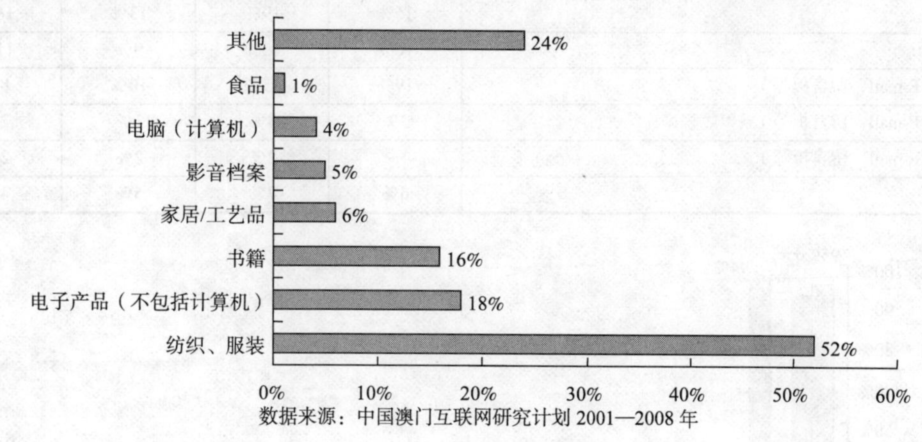

数据来源：中国澳门互联网研究计划 2001—2008 年

图F.33　网上购物的种类

G. 电子政府

表 F.38　网民使用政府网站的频率

年份	2005	2006	2007	2008
每天都上	7%	6%	1%	1%
一星期多次	18%	14%	6%	6%
一个月多次	24%	29%	17%	16%
一年多次	17%	15%	19%	18%
少于每月	—	—	20%	21%
绝少/从不	30%	35%	37%	33%
不知道/很难说	4%	2%	2%	5%

* WIP 定义

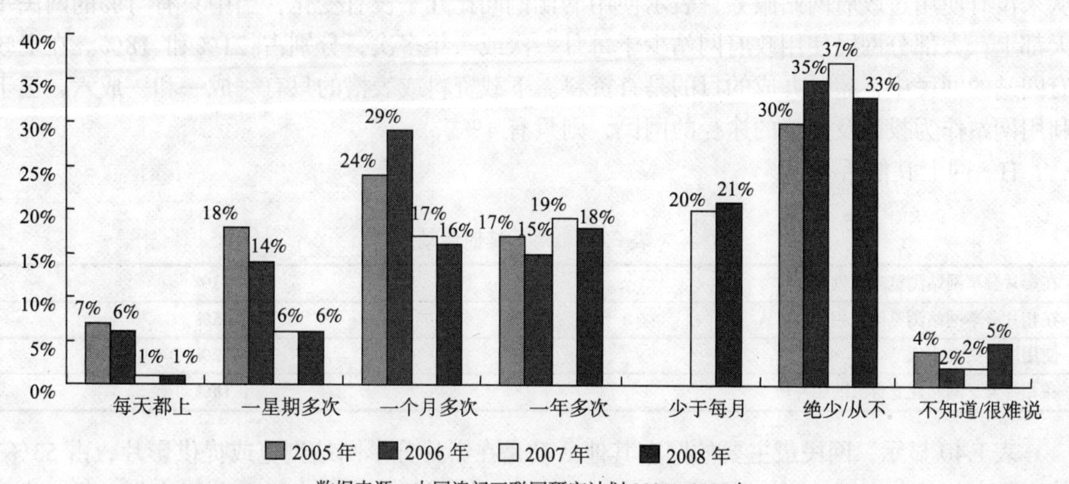

数据来源：中国澳门互联网研究计划 2001—2008 年

图F.34　网民使用政府网站的频率

表 F.39　网民使用政府网站的服务种类（多选）

年份	2005	2006	2007	2008
查资料	95%	92%	93%	94%
下载表格	15%	19%	13%	16%
下载资料	16%	16%	9%	11%
查询（用 E-mail，留言板等）	19%	15%	10%	8%
投诉（用 E-mail，留言板等）	3%	3%	1%	2%
建议（用 E-mail，留言板等）	—	2%	2%	2%
其他	6%	7%	5%	4%

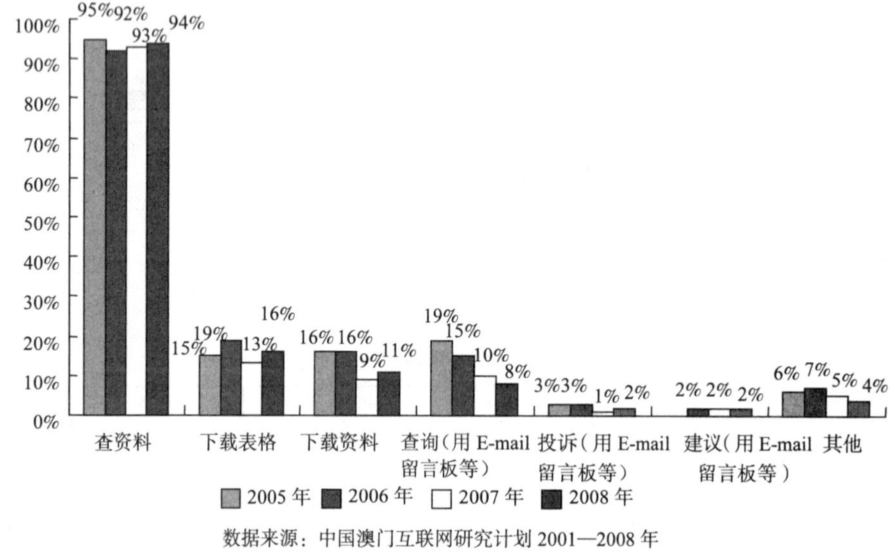

数据来源：中国澳门互联网研究计划 2001—2008 年

图F.35　网民使用政府网站的服务种类

在政府网站的使用方面，表 F.38 和表 F.39 显示，2008 年有逾三成的网民表示绝少或者从来没有使用过政府网站服务，表示使用的比例同比几乎没有变化，当中只有 1%的网民每天都上，大部分网民使用政府网站少于每月一次或一年多次，分别占 21%和 18%。在上政府网站的网民中，超过九成的目的是查资料。下载资料或表格的只有一成一和一成六，至于利用网站作为投诉及建议的途径的网民，则只有 4%。

H．网上其他活动

表 F.40　网上其他活动

在影片分享网站浏览或提供影片	53%
在相片分享网站浏览他人相片	45%
使用网上交友小区	32%
在相片分享网站建立自己的相片簿	18%

表 F.40 显示，网民最主要的网上其他活动是在影片分享网站浏览或提供影片，占 53%，其次是在相片分享网站浏览他人的相片，占 45%，使用网上交友小区及在相片分享网站建立自己的相片簿，分别占 32%和 18%。

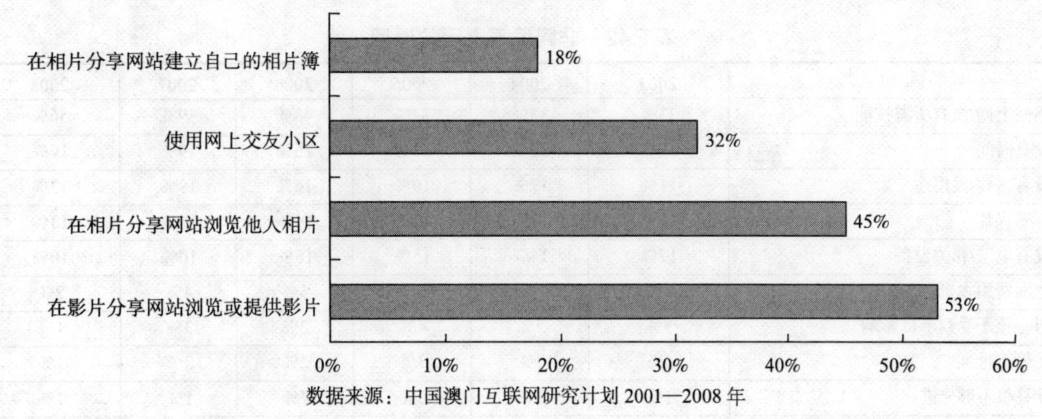

数据来源：中国澳门互联网研究计划 2001—2008 年

图F.36　网上其他活动

I. 网上同步多工作的情况

表 F.41　平时上网时进行多过一种网上活动的情况

年份	2006	2007	2008
没有	31%	33%	31%
有，有时	24%	25%	26%
有，大多数时间	45%	42%	43%

随着互联网的功能越来越多，使得上网时同时进行多种活动的可能性增大。表 F.41 和图 F.37 显示 2008 年的比例同比有轻微上升，有接近七成的网民有时或大多数时间会在网上同时进行超过一种网上活动，其中大多数时间是这样的占 43%。

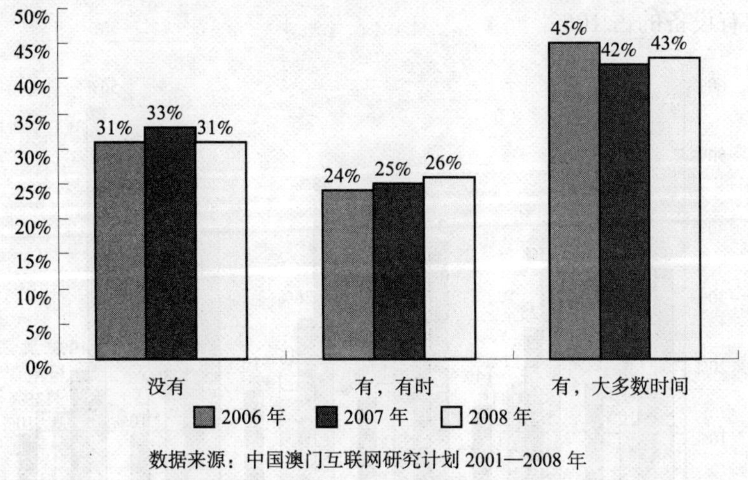

数据来源：中国澳门互联网研究计划 2001—2008 年

图F.37　上网时进行多过一种网上活动的情况

F.3　中国澳门非网民概况

（1）非网民不上网的原因：（多选题）

表 F.42 非网民不上网的原因

年份	2003	2004	2005	2006	2007	2008
不懂上网/没有所需技能	33%	33%	37%	43%	39%	56%
没有时间	17%	25%	20%	26%	19%	19%
没有需要/没用途	11%	17%	19%	16%	19%	13%
不感兴趣	10%	11%	17%	14%	16%	13%
没有电脑/相关设备	17%	14%	15%	16%	10%	10%
上网费用太贵	5%	5%	6%	5%	4%	2%
担心孩子受到不良影响	3%	5%	4%	2%	3%	1%
父母不批准	5%	3%	3%	2%	2%	1%
计算机不够先进	1%	1%	2%	2%	1%	1%
中文信息太少/不懂英文	1%	1%	1%	2%	2%	2%
担心网上安全	0.4%	0.3%	1%	0.4%	0.5%	0.2%
感兴趣的网站或信息太少	0.1%	0.2%	1%	1%	1%	—
传输速率太慢	1%	—	1%	0.3%	0.2%	—
担心泄露隐私	0.1%	—	0.4%	0.2%	0.2%	0.2%
病毒太多	0.1%	—	0.3%	—	1%	1%
想找的东西总是找不着	—	—	0.3%	1%	0%	0.2%
经常断线/不容易连线	—	0.1%	—	0.1%	—	1%
其他	4%	9%	7%	4%	10%	8%
不清楚/没有原因	6%	4%	5%	2%	4%	1%

过去 6 年的调查发现，非网民不上网的主要原因分别都是不懂上网/没有所需技能、没有时间、没有需要/没用途、不感兴趣以及没有电脑/相关设备。在 2008 年，不懂上网或没有所需技能的非网民占 56%，没有时间的占 19%，没有需要/没有用途的占 13%，不感兴趣的占 13%，以及没有设备的占 10%。

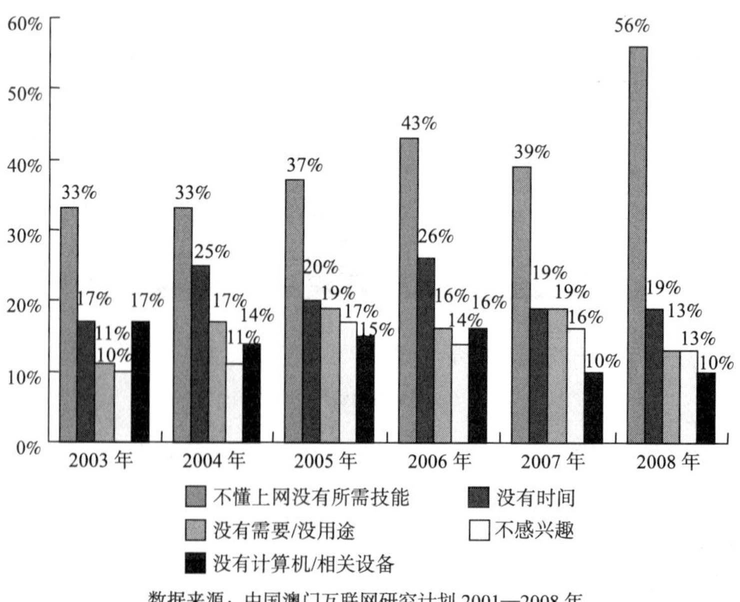

数据来源：中国澳门互联网研究计划 2001—2008 年

图F.38 非网民不上网的5大原因

（2）非网民预期上网时间

表 F.43　非网民预期的上网时间

1个月内	6%
2～3个月内	17%
4～6个月内	11%
7～12个月内	11%
1年以后	5%
不知道/无法预计	7%
根本不打算上网	43%

2008 年的调查发现，在所有非网民中，根本不打算上网的占 43%，有三成多的人表示在半年之内可能会上网，无法预计的有 7%。

（3）非网民因不上网而遇到的经历

表 F.44　非网民的经历

	从不	很少	有时	经常
因为不上网而有过觉得不合潮流的经历	60%	6%	17%	17%
因为不上网而有过有人鼓励您使用互联网的经历	70%	7%	16%	8%
因为不上网而有过被朋友排斥的经历	94%	3%	2%	1%
因为不上网而有过对升学/工作不顺利的经历	88%	3%	6%	3%
因为不上网而有过别人说很难与您联络的经历	96%	1%	2%	1%
因为不上网而有过觉得比别人知道的时事新闻少的经历	68%	6%	14%	12%
因为不上网而有过觉得生活上少了乐趣的经历	75%	6%	12%	7%

2008 年的调查结果显示，对非网民来说，不上网遇到的经历以有时或经常觉得不合潮流、有人鼓励其使用互联网、觉得比别人知道的时事新闻少以及觉得生活上少了乐趣等较多，所占比例由 19%～34%不等。显示部分非网民还是认同互联网所带来的潮流以及对提供信息及娱乐的作用。不过，较少非网民经历过互联网在交友、升学/工作及联系等方面所带来的负作用。

F.4　网民与非网民对互联网的看法

1．互联网的信任度

表 F.45　网民与非网民对互联网的信任度

	网民	非网民	总计
完全不信	1%	3%	2%
不太信任	6%	4%	5%
半信半疑	78%	54%	69%
比较信任	11%	11%	11%
完全信任	1%	1%	1%
不知道/说不准	3%	27%	12%

*14～84 岁

表 F.45 的数据显示，在 2008 年，接近七成的民众对互联网半信半疑。网民信任互联网与不信任互联网的比例与非网民相同。有接近八成的网民对互联网持半信半疑的态度。接近三成的非网民表示对情况不了解，也就是说，有互联网经验的对互联网的信任有比较明确的态度。

2. 网上信息的可靠程度

表 F.46 网民与非网民对网上信息可靠程度的看法

	网民	非网民	总计
所有都不可靠	2%	2%	2%
小部分可靠	16%	14%	15%
一半一半	60%	40%	53%
多数可靠	21%	12%	18%
全部可靠	0.3%	1%	1%
不知道/说不准	2%	32%	13%

*14～84 岁

表 F.46 的数据显示，民众觉得网上信息多数或全部可靠的占 19%，超过一半的人对此采取一半一半的态度。网民中有 21.3%表示多数或全部可靠，非网民中则约只有 13%表示多数或全部可靠。说不准的在网民中占 2%，在非网民中占 32%，显示网民比非网民有较明确的态度。

3. 网上信息是否需要管理和控制

表 F.47 网民与非网民对网上信息管制的态度

	网民	非网民	总计
完全不需要	5%	5%	5%
不太需要	15%	6%	12%
比较需要	53%	31%	45%
非常需要	24%	23%	24%
不知道/说不准	4%	35%	15%

*14～84 岁

表 F.47 的数据显示，中国澳门民众对于管制网上信息方面的态度较为审慎，69%的人认为网上信息需要管制，认为不需要管制网上信息的民众只有一成多。网民认为网上信息需要/不需要管制的比例都较非网民高。在非网民中，有 35%对此表示不知道/说不准，远超过网民中的 4%。

4. 在网上提供个人资料的意愿

表 F.48 网民与非网民对在网上提供个人资料的意愿

	网民	非网民	总计
完全不愿意	44%	53%	47%
不太愿意	43%	25%	36%
比较愿意	10%	3%	8%
非常愿意	0.2%	1%	1%
不知道/很难说	3%	18%	8%

*14～84 岁

5. 在网上提供个人信用卡资料的意愿

表 F.49　网民与非网民对在网上提供个人信用卡资料的意愿

	网民	非网民	总计
完全不愿意	62%	64%	63%
不太愿意	28%	12%	22%
比较愿意	7%	1%	5%
非常愿意	1%	1%	1%
不知道/很难说	3%	22%	10%

*14～84 岁

表 F.48 及表 F.49 的数据显示，绝大部分的民众表示不愿意在网上提供个人身份数据或个人信用卡资料。接近九成的网民表示不愿意在网上提供个人身份资料，九成的网民表示自己不愿意在网上提供个人信用卡资料。无论是愿意还是不愿意，网民的比例都比非网民高。非网民中，有接近两成及两成多对在网上提供个人身份资料或个人信用卡资料没有明确的态度。

6. 互联网对网民的重要性

表 F.50　互联网对网民的重要性评估

	不重要	一般	重要	没意见/不知道
电子邮件的重要性	17%	36%	42%	5%
即时通信（如 MSN Messenger）的重要性	27%	31%	36%	6%
网上讨论区/论坛的重要性	44%	37%	13%	6%
网上新闻的重要性	15%	33%	49%	4%
搜索引擎的重要性	12%	19%	63%	6%
网上分享信息、照片等的重要性	36%	41%	18%	5%
网上游戏的重要性	58%	29%	9%	4%
上下载影音档案的重要性	31%	38%	26%	5%
互联网在生活和“工作”/“学习”中的重要性	11%	31%	54%	4%

* 14～84 岁网民

表 F.50 的数据显示，对于使用互联网的重要性方面，最多网民认同搜索引擎的重要性，占六成多，其次是认同互联网在生活和工作或学习中的重要性以及网上新闻的重要性，分别占五成多和近五成。相对来说，四成的网民认为电子邮件是重要的，值得注意的是，即时通信的重要性获得超过三成半网民的认同。

7. 互联网对网民日常生活的影响

表 F.51　互联网对网民日常生活的影响评估

	大量减少	有些减少	无变化	有些增加	大量增加	不知道/说不准
与家人的联系	1%	15%	79%	2%	0.4%	4%
与朋友（同学/同事）的联系	1%	9%	83%	3%	1%	4%
与有相同政治兴趣的人的联系	0.3%	3%	78%	11%	1%	6%
与有相同习惯/兴趣的人的联系	0.1%	3%	76%	15%	2%	4%
与您有相同专业（背景）的人的联系	0.3%	3%	74%	15%	2%	6%

续表

	大量减少	有些减少	无变化	有些增加	大量增加	不知道/说不准
看电视的时间	5%	25%	65%	2%	0.2%	4%
外出玩或者做运动的时间	2%	15%	77%	2%	0.2%	4%
看报纸的时间	6%	19%	67%	3%	1%	4%
看杂志的时间	3%	15%	77%	1%	0.1%	4%
看书的时间	3%	23%	68%	2%	0.4%	4%
听电台（广播）的时间	3%	9%	80%	2%	1%	5%
睡觉的时间	2%	24%	69%	1%	0.4%	3.3%
在"工作/学习"中，上网令您增加效率还是减少效率?	1%	6%	29%	44%	17%	4%

* 14～84 岁网民

表 F.51 的数据显示，网民认为使用互联网会增加个人与他人的人际交往及社会联系的机会或时间，而使用其他媒介如报纸、杂志、电台等的时间会大量/有些减少，比例由 12%～30%不等，少数网民认为会有所增加，当中受影响最大的，可能是花在看电视的时间。除在工作/学习中，民众明显认为上网能有些或大量增加效率外，在其余各项日常生活的活动中，仍有较大比例的民众认为不会因为上网而有变化。

（中国澳门大学　张荣显）

附录G　2008年中国台湾地区互联网使用状况调查报告

G.1　中国台湾地区互联网用户人数推估

中国台湾地区 12 岁以下的上网人口数共计 163 万人；12 岁以上的网民有 1419 万人；中国台湾全体居民中有 1582 万人曾使用过互联网，互联网用户有逐年增加的趋势，如图 G.1 和图 G.2 所示。

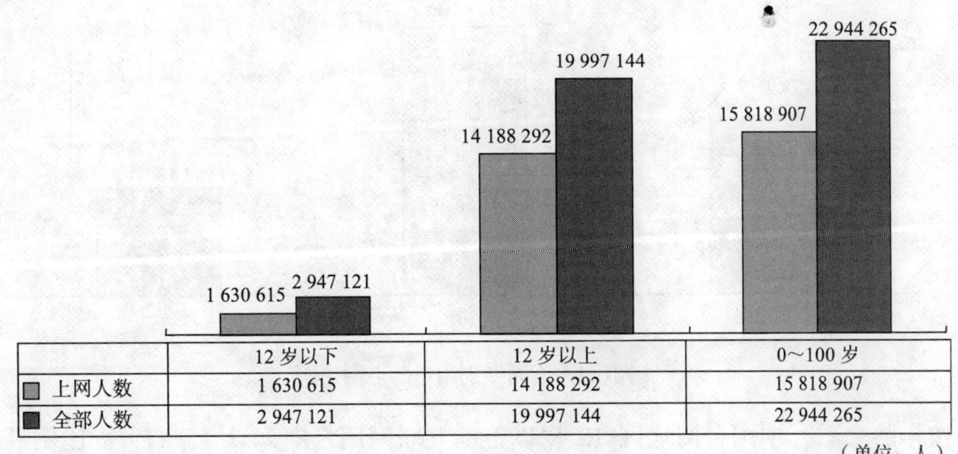

	12 岁以下	12 岁以上	0～100 岁
上网人数	1 630 615	14 188 292	15 818 907
全部人数	2 947 121	19 997 144	22 944 265

（单位：人）

图G.1　中国台湾互联网用户估计

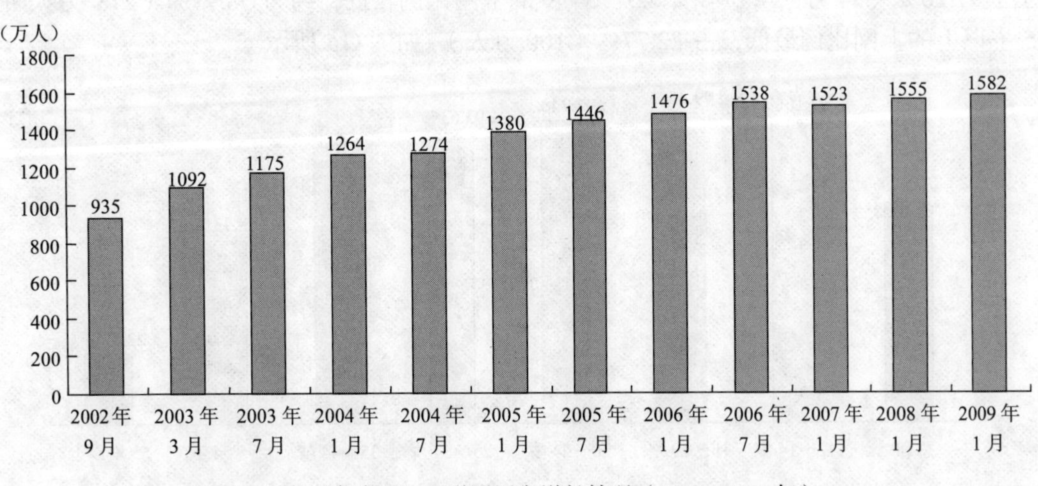

图G.2　中国台湾地区互联网用户增长情况（2002—2009年）

中国台湾地区 12 岁以上的居民有 70.95%（1419 万人）曾经使用过互联网，如图 G.3 所示。

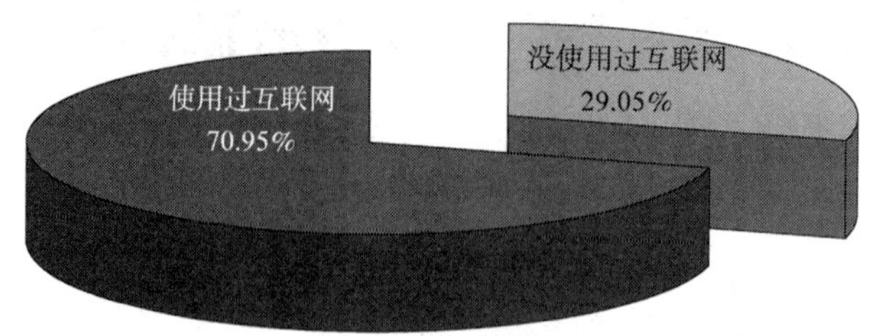

图G.3　12岁以上的用户上网比例

按性别来看，中国台湾地区 12 岁以上的互联网用户中，男性网民占男性居民的比例约占 73.03%（733 万人）)，女性约占 68.86%（686 万人），如图 G.4 所示。

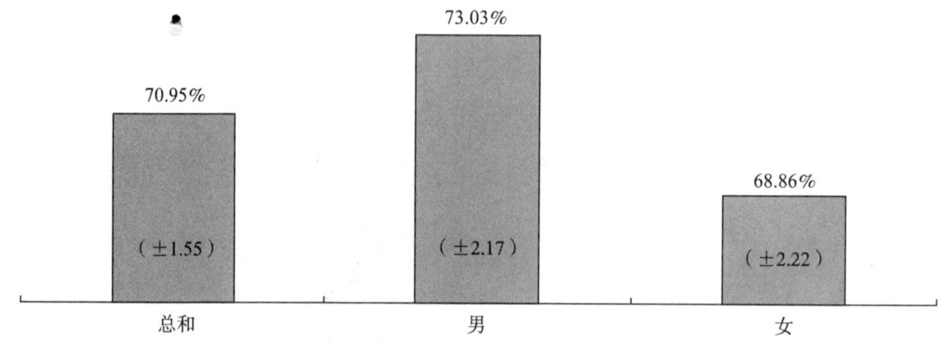

图G.4　不同性别用户的上网比例

按年龄来看，中国台湾地区 12 岁以上的互联网用户中，以 15～19 岁比例最高，占 99.45%（167 万人）；其次为 20～24 岁，约占 97.24%（147 万人）；再次为 12～14 岁，约占 97.16%（94 万人）；其中，45～54 岁的上网比例较低，约为 58.93%（218 万人）；而 55 岁以上的上网比例最低，占 22.77%（100 万人），如图 G.5 所示。

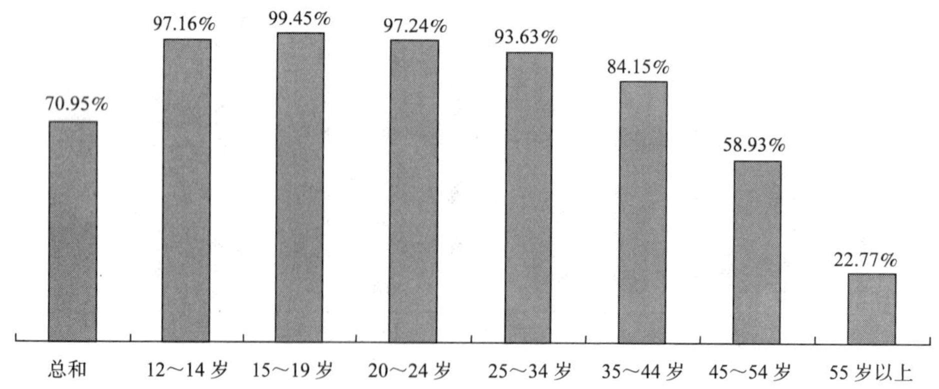

图G.5　不同年龄用户的上网比例

G.2　中国台湾地区宽带用户人数推估

中国台湾地区12岁以上的居民有66.47%（1329万人）曾使用过宽带上网，截至2009年1月，共计有1329万人曾使用过宽带，宽带用户比例有逐年增加的趋势，如图G.6和图G.7所示。

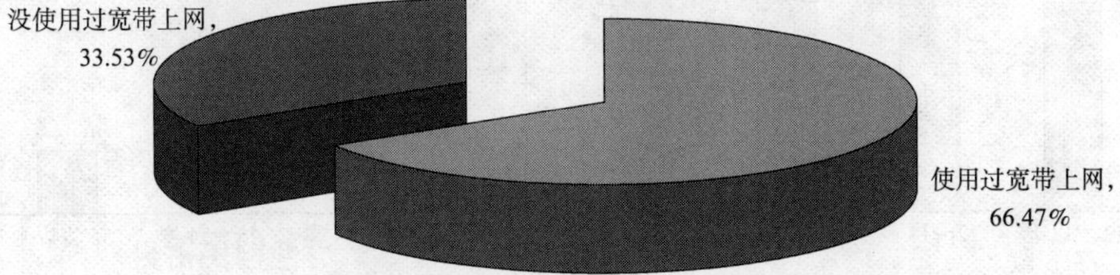

图G.6　中国台湾地区宽带用户比例

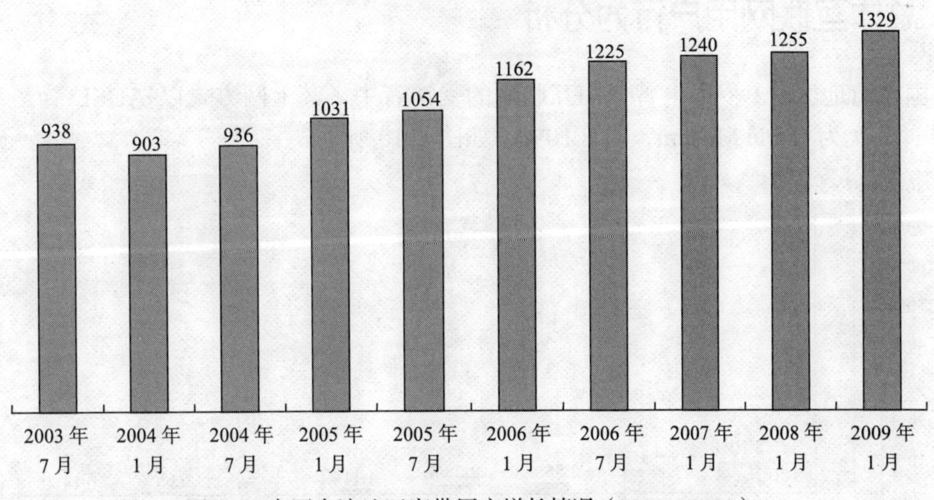

图G.7　中国台湾地区宽带用户增长情况（2003—2009）

按性别来看，中国台湾地区12岁以上的宽带互联网用户中，男性网民约占男性居民的69.48%（697万人），女性占63.44%（632万人），如图G.8所示。

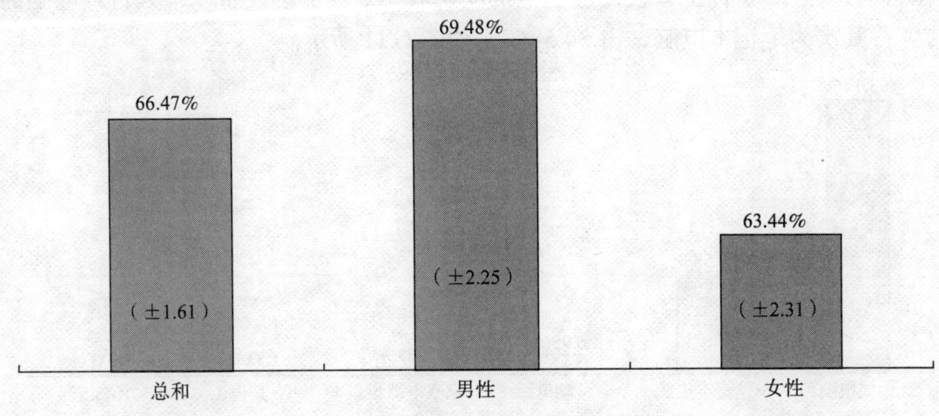

图G.8　不同性别用户的宽带上网比例

按年龄来看，中国台湾地区 12 岁以上的宽带互联网用户中，以 20～24 岁网民的比例最高，占 94.62%（143 万人），其次为 15～19 岁，占 92.78%（156 万人）。而 55 岁以上的上网比例最低，仅占 20.06%（88 万人），如图 G.9 所示。

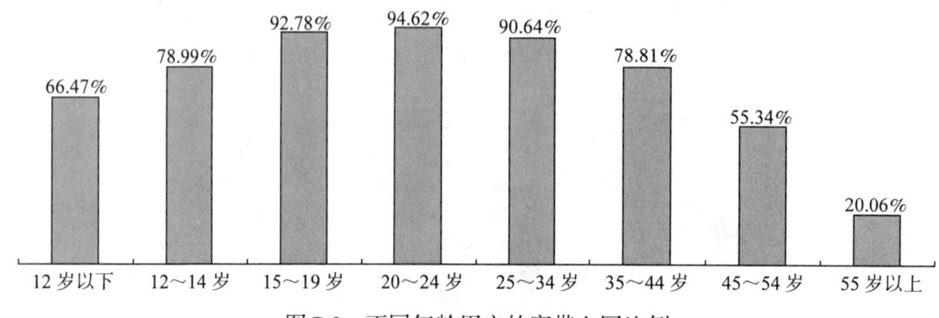

图G.9 不同年龄用户的宽带上网比例

G.3 总体互联网用户行为分析

中国台湾地区 12 岁以上曾使用互联网的受访者中，其上网方式以 ADSL 为最多，占 75.56%；其次为 Cable Modem，占 8.10%，如图 G.10 所示。

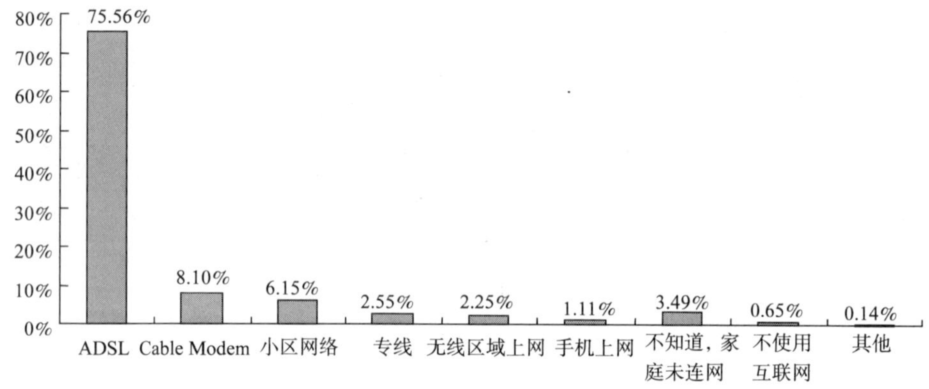

图G.10 网民上网方式选择

中国台湾地区 12 岁以上曾使用互联网的受访者中，其上网设备以个人台式电脑为最多，占 93.17%；其次为笔记本电脑，占 34.58%，如图 G.11 所示。

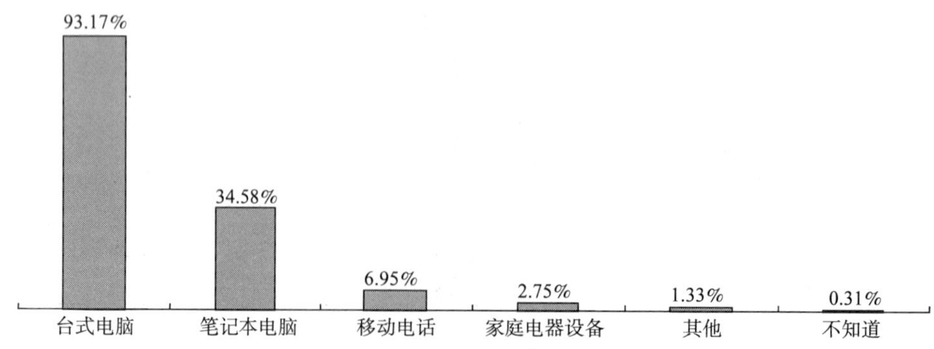

图G.11 互联网用户上网设备选择

就曾使用过互联网的受访者中，中国台湾地区12岁以上用户接触网络的时间以10年以上比例最高，占37.17%；其次为5年以上未满6年，占11.10%；再次为7年以上未满8年，占9.11%，如图G.12所示。

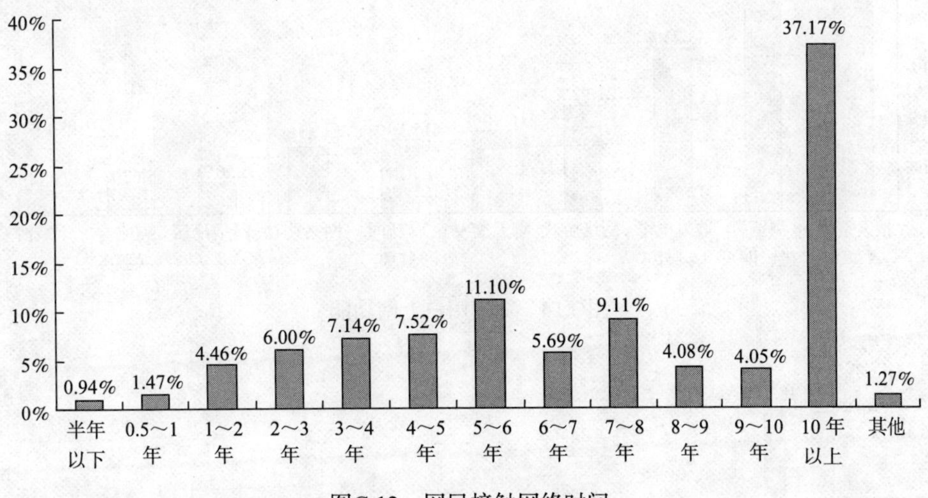

图G.12　网民接触网络时间

G.4　宽带用户行为分析

中国台湾地区12岁以上有使用宽带上网的受访者中，其最常使用宽带上网的地点以“家中”为最多达93.42%；其次为“工作场所”，再次为“学校”，如图G.13所示。

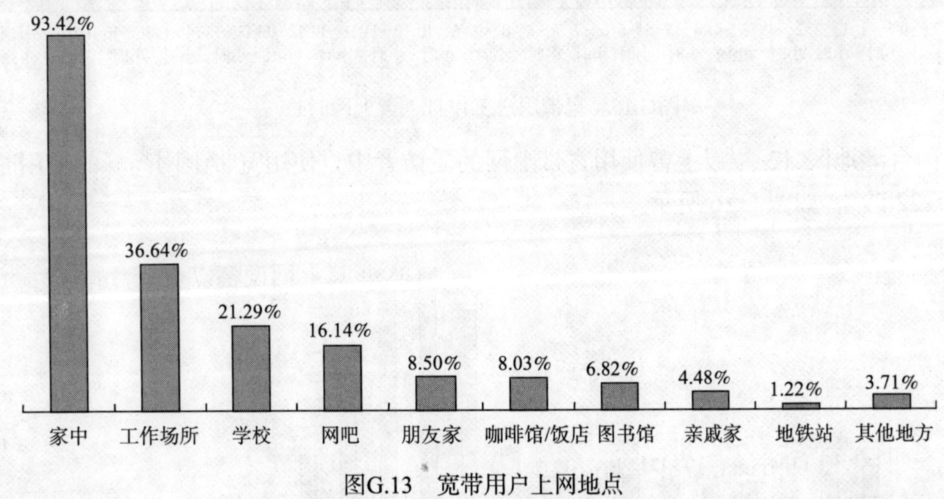

图G.13　宽带用户上网地点

中国台湾地区12岁以上有使用宽带上网的受访者中，其最常使用宽带上网的功能以“搜寻资讯”为最多；其次为“浏览资讯、网页”，再次为“收发电子邮件”，如图G.14所示。

中国台湾地区12岁以上曾使用宽带上网的受访者中，工作日中一天使用宽带的小时数，以“2～3小时”为最多，占18.19%；其次为“1～2小时”，占18.15%；再其次为“0.5～1小时”，占11.20%，如图G.15所示。

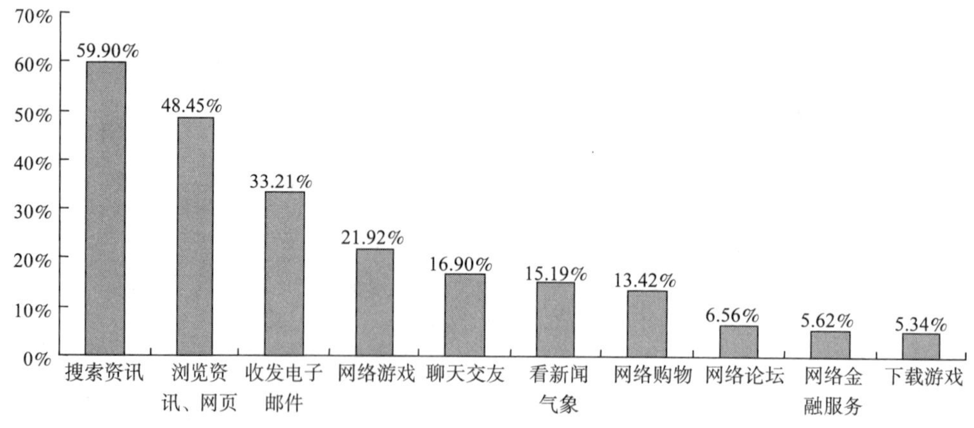

图G.14 宽带用户上网功能

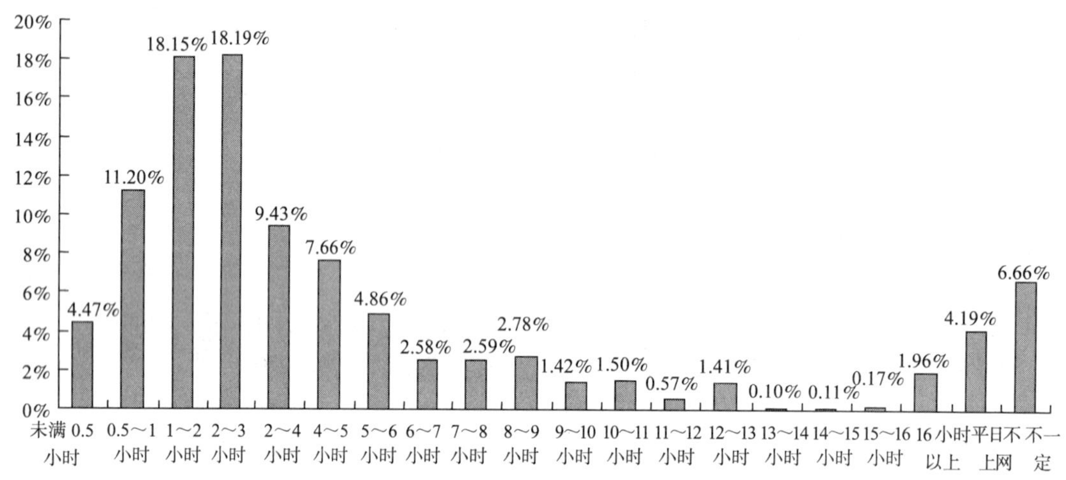

图G.15 宽带用户工作日一天上网时长

中国台湾地区 12 岁以上曾使用宽带上网的受访者中，使用宽带上网高峰的使用时段为“19:00～22:59”，如图 G.16 所示。

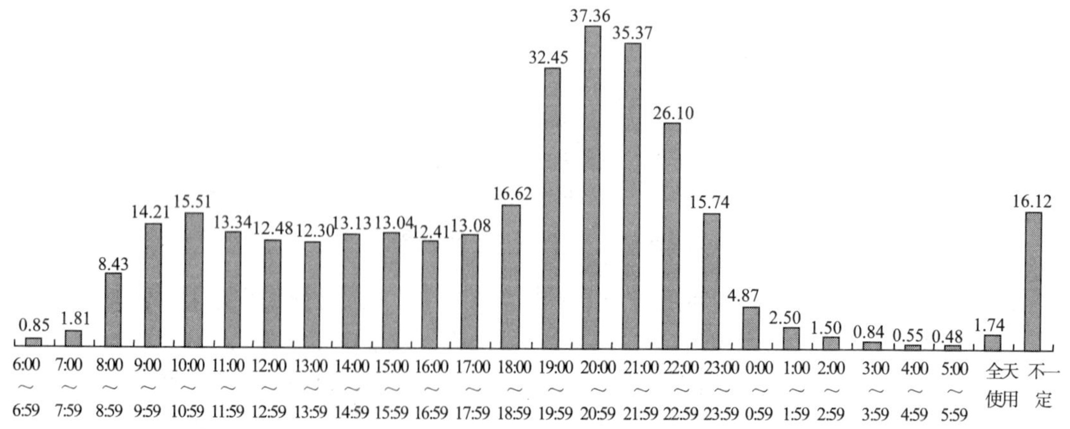

图G.16 宽带用户工作日使用宽带时间分布

中国台湾地区12岁以上曾使用宽带上网的受访者中，节假日中一天使用宽带时长以“2～3小时”最多，占11.69%；其次为“1～2小时”，占11.14%，而“平日不上网”，占16.68%，如图G.17所示。

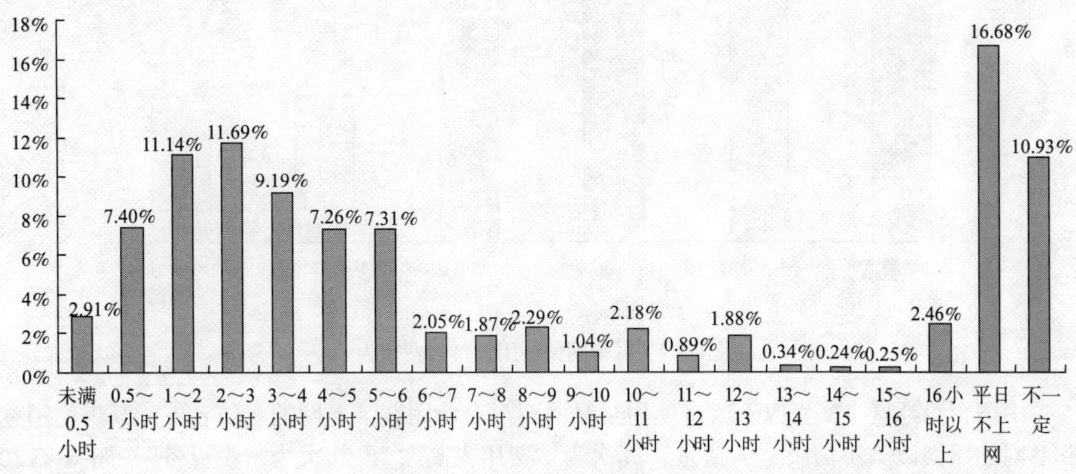

图G.17　宽带用户假日上网时长

中国台湾地区12岁以上曾使用宽带上网的受访者中，其最常使用宽带上网的网站类型以“门户网站”为最多；其次为“搜索引擎”；再次分别为“新闻媒体”、“购物网站”、“游戏网站”及“Blog”，如图G.18所示。

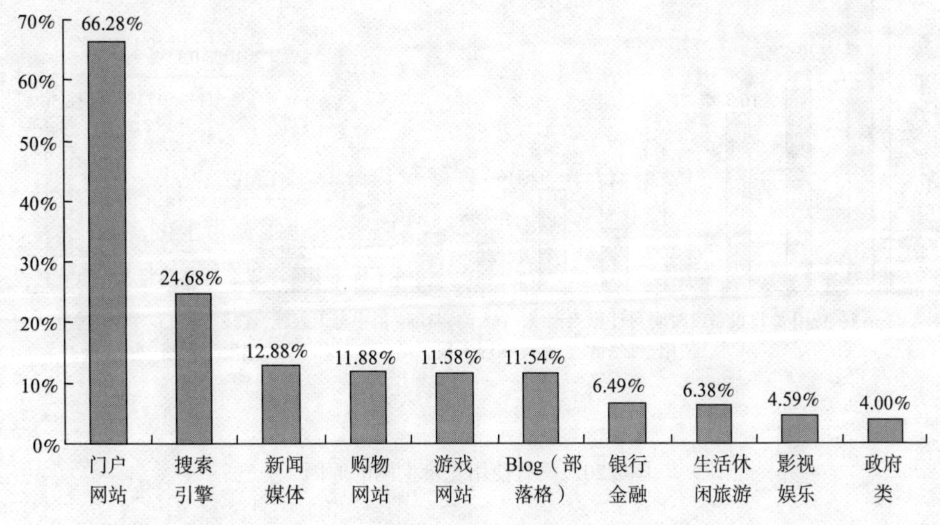

图G.18　宽带用户上网访问的网站类型

中国台湾地区12岁以上曾使用宽带上网的受访者中，其使用宽带付费的行为，以“在线游戏”为最高，占18.66%；其次为“网络音乐”，占15.68%，如图G.19所示。

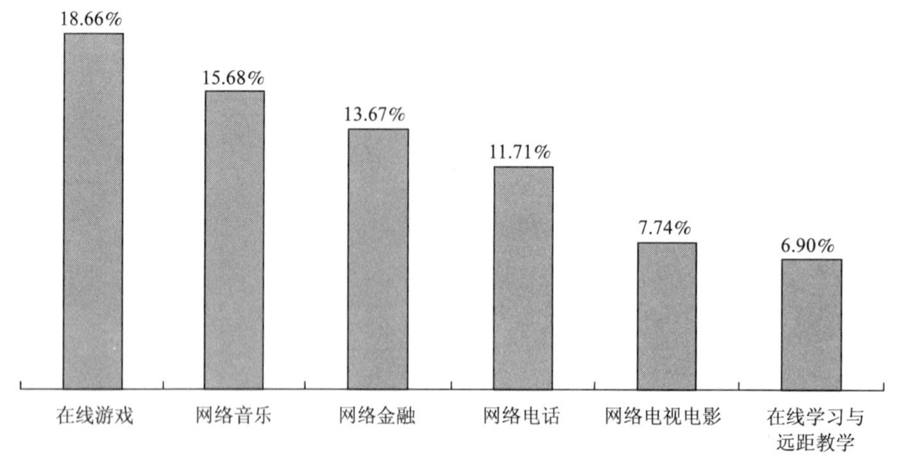

图G.19　宽带网民使用宽带付费行为

中国台湾地区 12 岁以上就有使用互联网而没有使用宽带上网的受访者中，其未使用宽带上网的原因以“不需要”为最多；其次为“费用太高”；再其次为“没设备”，如图 G.20 所示。

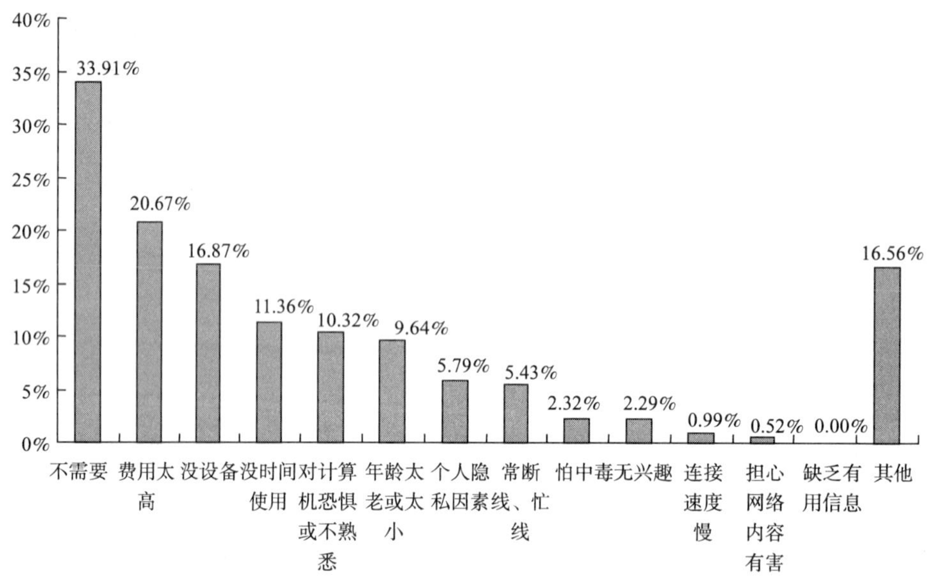

图G.20　没有使用宽带上网的原因

G.5　中国台湾地区家庭使用互联网户数推估

在受访的家庭中，家中可上网的为 75.46%（564 万户），而目前家中不可上网的为 24.54%（184 万户），中国台湾地区可上网家庭数比例呈现稳定趋势，如图 G.21 和图 G.22 所示。

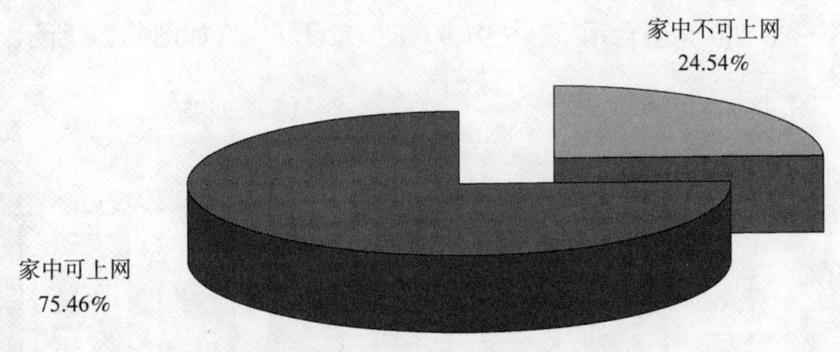

图G.21　中国台湾地区家庭可上网比例

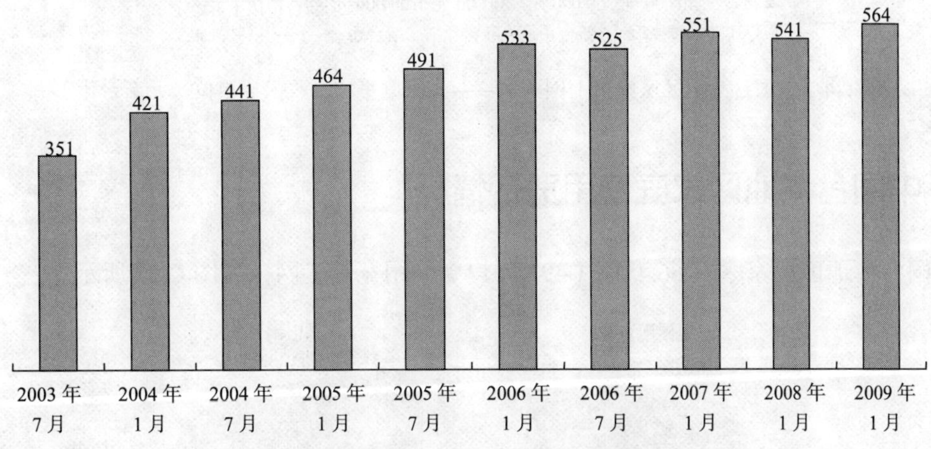

图G.22　中国台湾地区可上网家庭数

中国台湾地区家庭上网比例按经济户长（Economic Head）教育程度来看，以研究所及以上和大学的比例为最高，分别占92.91%（41万户）和92.35%（141万户）；其次为专科，占88.49%（97万户），如图G.23所示。

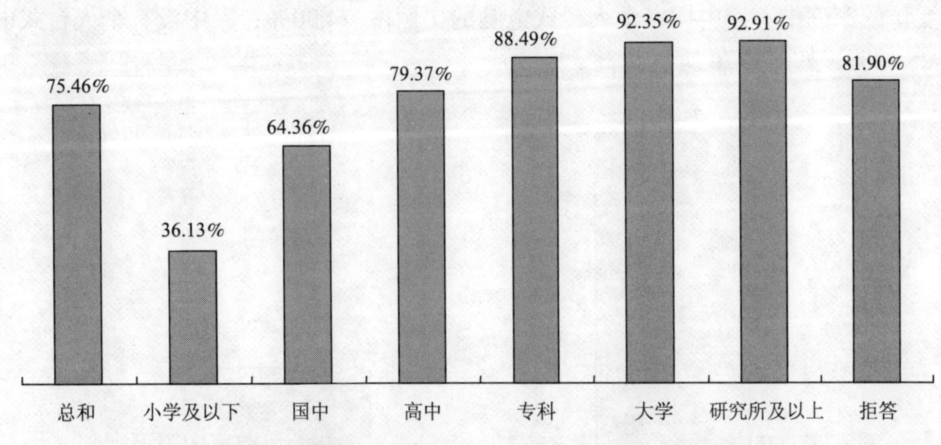

图G.23　中国台湾地区家庭可上网比例——按经济户长教育程度分

中国台湾地区家庭上网比例按家庭平均月收入来看，以“80 001～100 000元新台币”和“100 001元以上新台币”所占比例最高，分别为96.23%（50万户）和95.45%（76万户）；

其次为“60 001～80 000 元新台币”，占 91.97%（72 万户），如图 G.24 所示。

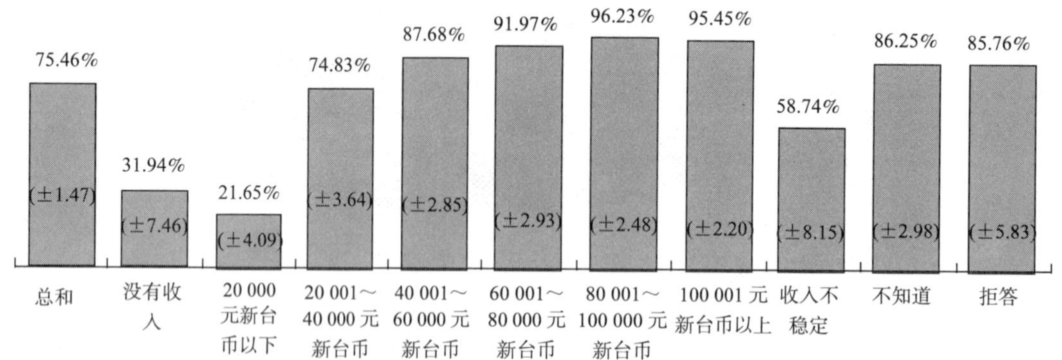

图G.24　中国台湾地区家庭可上网比例——按家庭平均月收入（单位：元新台币）

G.6　中国台湾地区家庭使用宽带情况

中国台湾地区的家庭有 66.41%（497 万户）使用宽带上网，如图 G.25 所示。

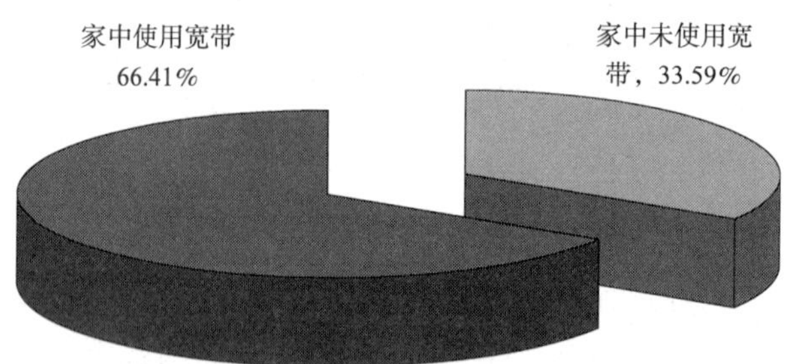

图G.25　中国台湾地区家庭使用带宽情况

在受访的家庭中，家中拥有个人台式电脑的比例占 74.90%；家中没有个人台式电脑的比例占 25.10%，如图 G.26 所示。

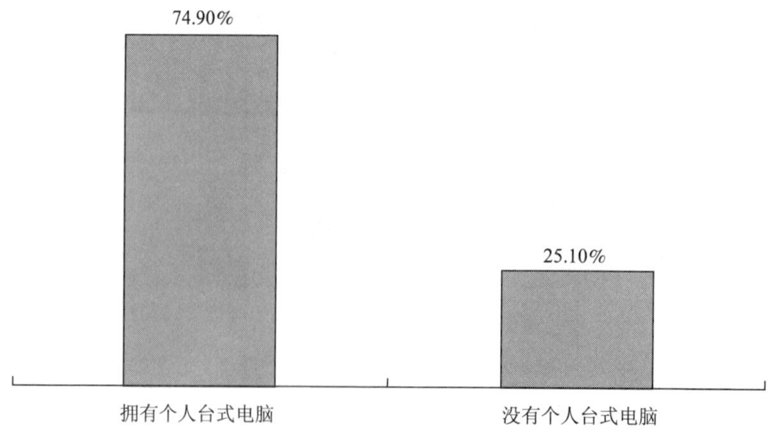

图G.26　中国台湾地区拥有个人台式电脑和没有个人台式电脑的家庭比例

拥有台式电脑的受访家庭中，以拥有 1 台电脑为最多，占 58.95%；其次为拥有 2 台电脑，占 28.50%，如图 G.27 所示。

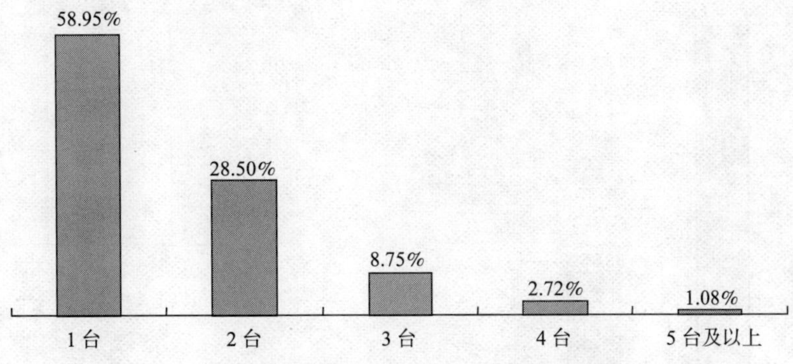

图G.27　中国台湾地区家庭拥有台式电脑数量

在受访的家庭中，家中拥有笔记本电脑的比例占 36.74%；家中没有笔记本电脑的比例占 63.26%，如图 G.28 所示。

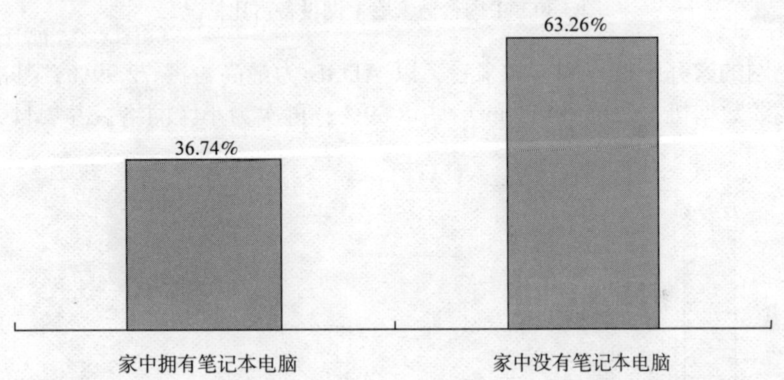

图G.28　拥有笔记本电脑与没有笔记本电脑家庭的百分比

拥有笔记本电脑的受访家庭中，以拥有 1 台笔记本电脑的家庭为最多，占 69.01%；其次为拥有 2 台笔记本电脑，占 24.91%，如图 G.29 所示。

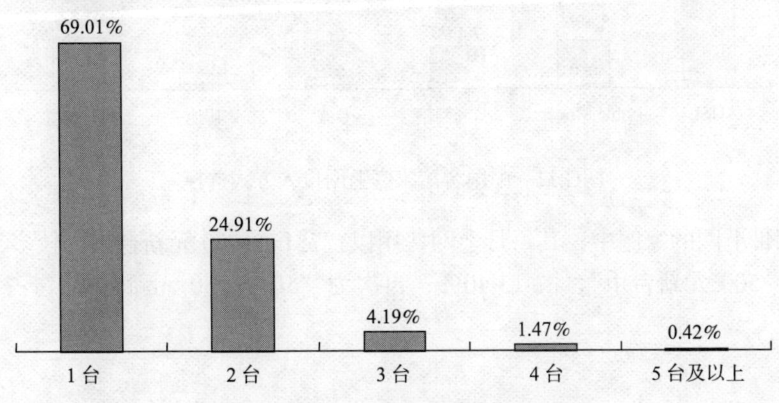

图G.29　中国台湾家庭笔记本电脑的数量

家中可上网的家庭中，主要上网设备以个人台式电脑为比例最高；其次为笔记本电脑，如图 G.30 所示。

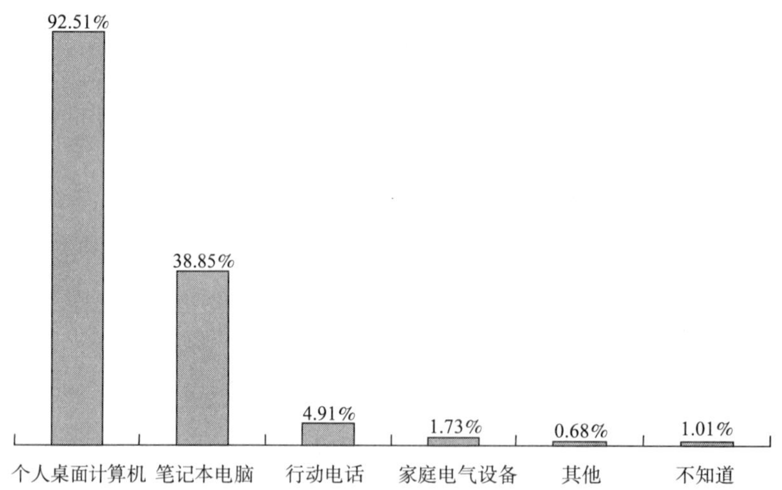

图G.30　中国台湾家庭上网设备占比情况

家中可上网的家庭中按连网方式来看，以 ADSL 为最高，占 72.99%；其次为有线电视电缆线连接线缆数据机（Cable Modem），占 8.69%；再次为小区网络，占 7.44%，如图 G.31 所示。

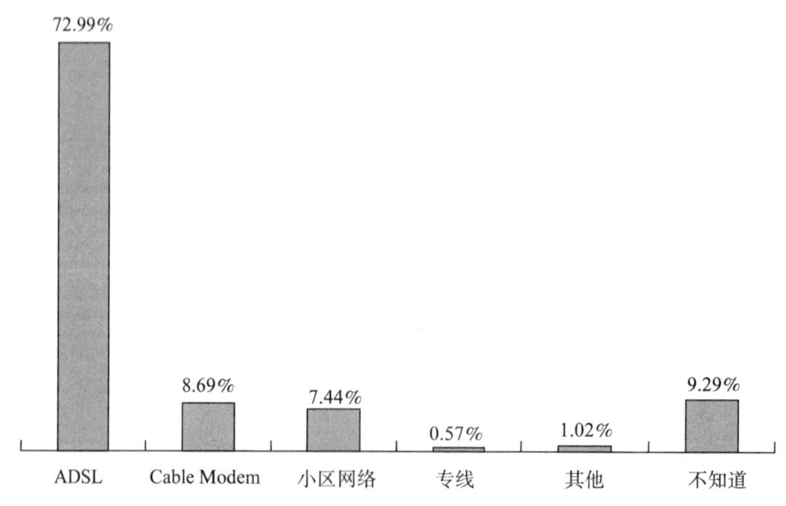

图G.31　中国台湾家庭上网接入方式选择

在使用宽带上网的家庭中，其每月上网费用以“751～1000 元新台币”较多，占 30.41%；其次为“251～500 元新台币”，占 13.40%；再次为“501～750 元新台币”，占 13.20%，如图 G.32 所示。

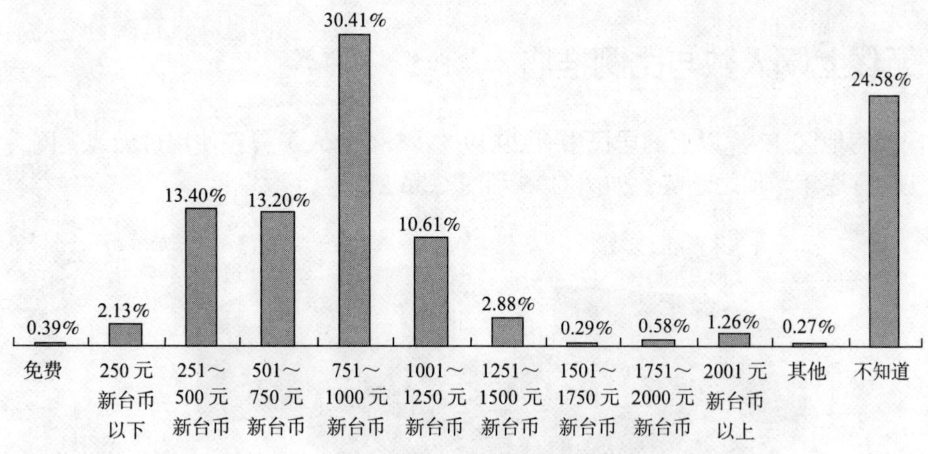

图G.32 家庭每月宽带上网费

在使用互联网但未使用宽带上网的家庭中，未使用宽带上网的最主要原因是“不需要”，其次是“没时间使用”，再次是“费用太高”，如图G.33所示。

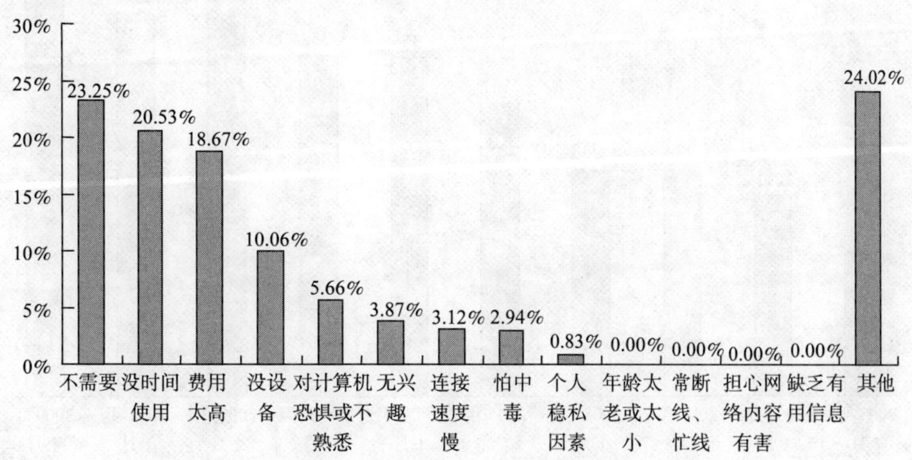

图G.33 中国台湾地区家庭未使用宽带上网的原因

在使用互联网但未使用宽带上网的家庭及目前未使用互联网的家庭中，有7.27%的家庭计划未来半年内使用宽带上网，而有92.73%的家庭没有计划在未来半年内改用宽带上网，如图G.34所示。

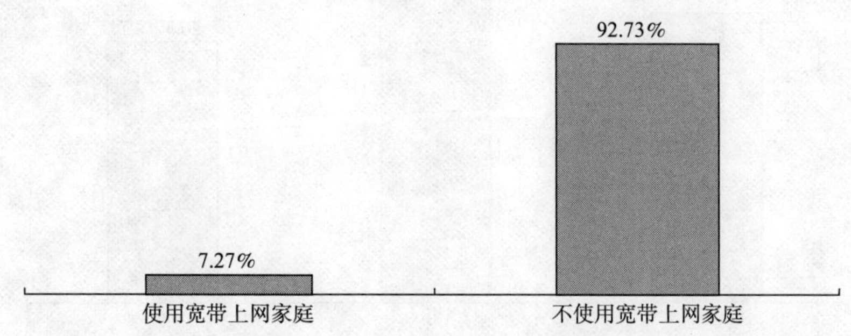

图G.34 中国台湾地区未使用宽带上网家庭未来半年内的使用意愿

G.7　无线上网人数与比例推估

中国台湾地区 12 岁以上的居民中有 29.19%（584 万人）曾经使用过无线上网，无线上网使用比例有逐年增加之趋势，如图 G.35 和图 G.36 所示。

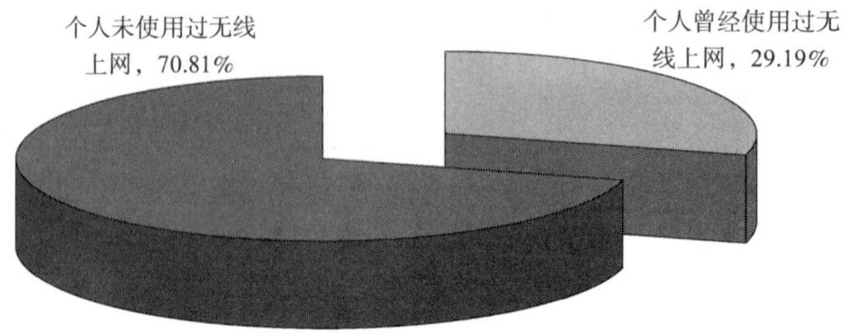

图G.35　中国台湾地区无线上网的比例

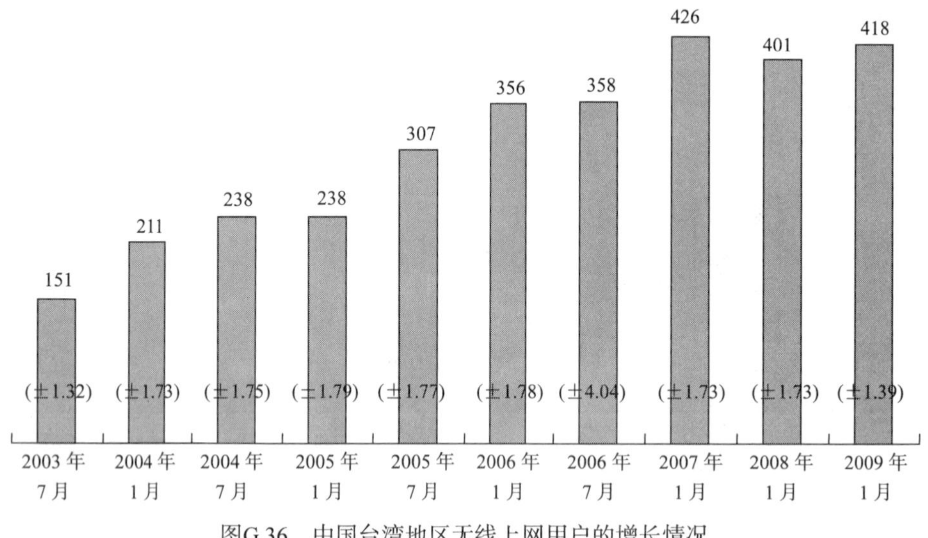

图G.36　中国台湾地区无线上网用户的增长情况

按性别来看，中国台湾地区 12 岁以上的无线上网用户中，男性用户占男性居民的比例为 31.98%（321 万人），女性占 26.37%（263 万人），如图 G.37 所示。

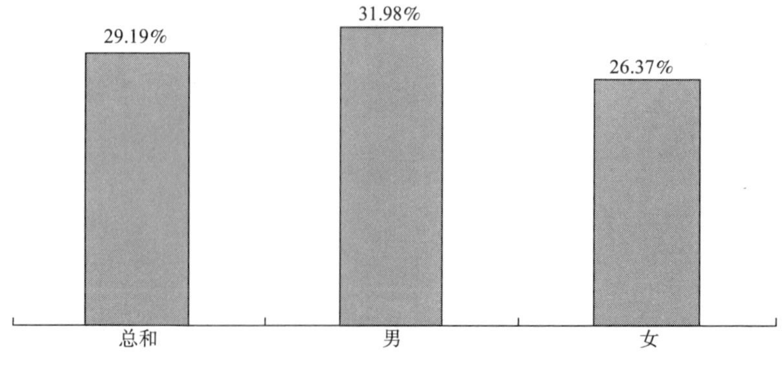

图G.37　不同性别用户的无线上网比例

按年龄来看，中国台湾地区12岁以上的无线上网用户中，以“25～34岁”用户比例最高，占48.98%（205万人）；其次为“15～19岁”和“20～24岁”，分别占44.63%（75万人）和44.14%（67万人）；而“55岁以上”的比例最低，仅有5.15%（23万人），如图G.38图G.49所示。

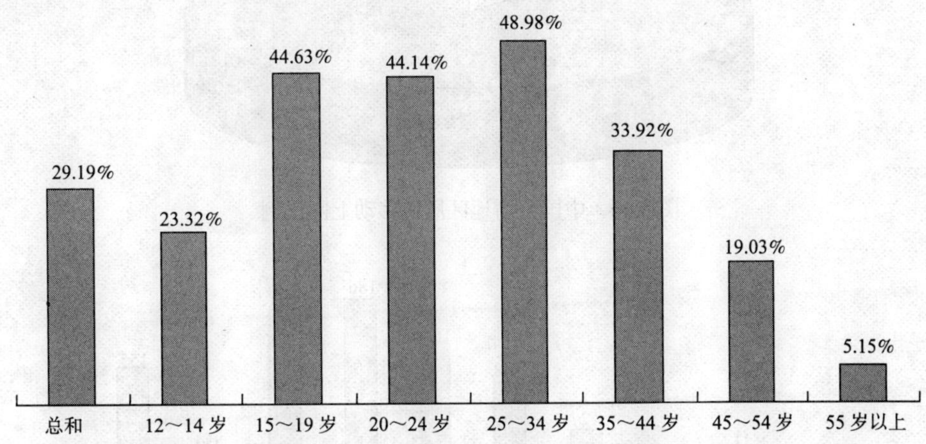

图G.38 不同年龄用户的无线上网比例

在中国台湾地区12岁以上有使用无线上网的居民中，个人每月无线上网费用以“免费”为最多，占36.43%；其次为“不清楚，为家人付费”，占12.70%；再其次为“751～1000元新台币”，占11.71%，如图G.39所示。

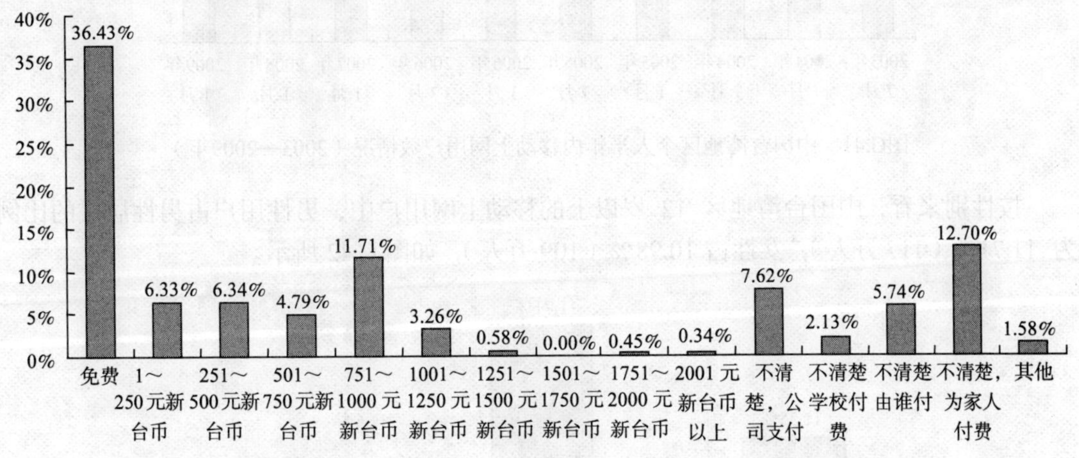

图G.39 个人每月无线上网费

G.8 移动上网用户数估计

中国台湾地区12岁以上的居民有11.35%（227万人）曾经使用过移动上网，有155万人近半年使用过移动上网，近半年移动上网使用比例大致呈现稳定趋势，如图G.40和图G.41所示。

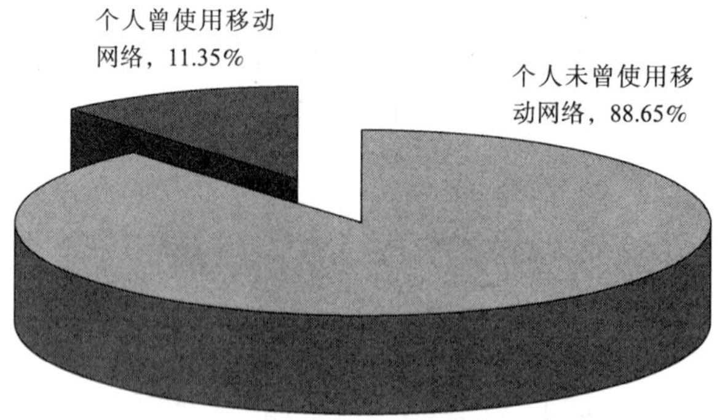

图G.40　中国台湾地区居民移动上网比例

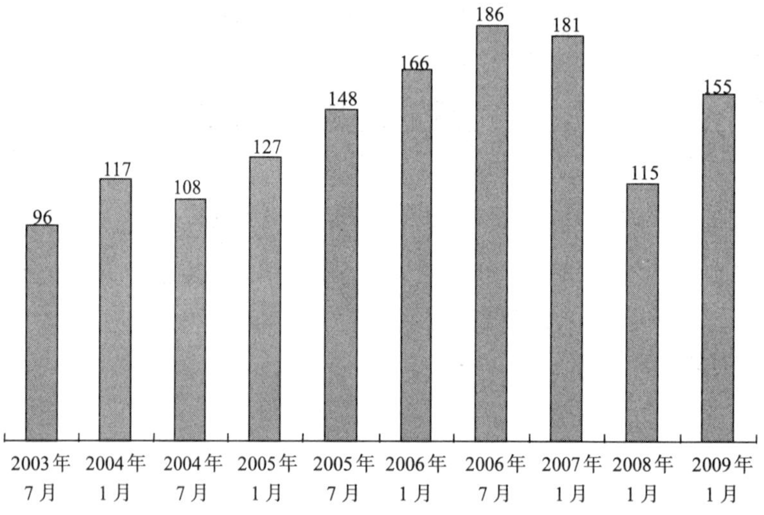

图G.41　中国台湾地区个人半年内移动上网用户数情况（2003—2009年）

按性别来看，中国台湾地区 12 岁以上的移动上网用户中，男性用户占男性居民的比例为 11.71%（117 万人），女性占 10.98%（109 万人），如图 G.42 所示。

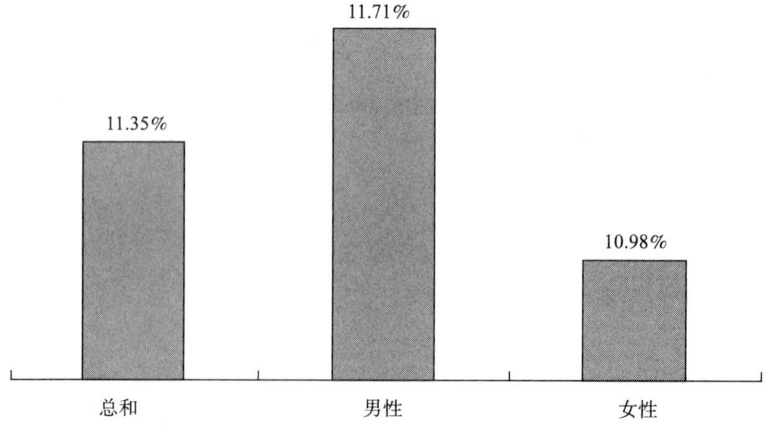

图G.42　中国台湾地区不同性别用户的移动上网比例

按年龄层来看，中国台湾地区12岁以上的移动上网用户中，以“15～19岁”用户比例最高，占20.71%（35万人）；其次为“25～34岁”，约占19.83%（83万人）；而以“55岁以上”的比例最低为1.11%（5万人），如图G.43所示。

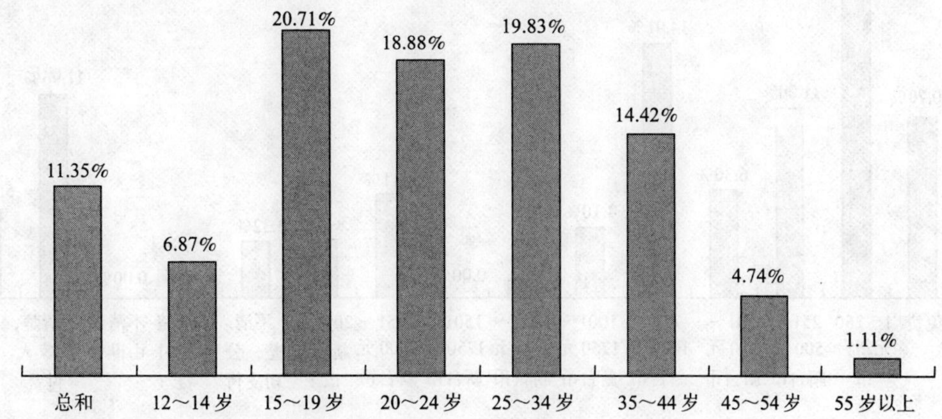

图G.43　中国台湾地区不同年龄用户的移动上网比例

使用移动上网的受访者中，曾使用移动上网的方式以“3.5G”为最多，其次为“3G”，再次为“GPRS”，如图G.44所示。

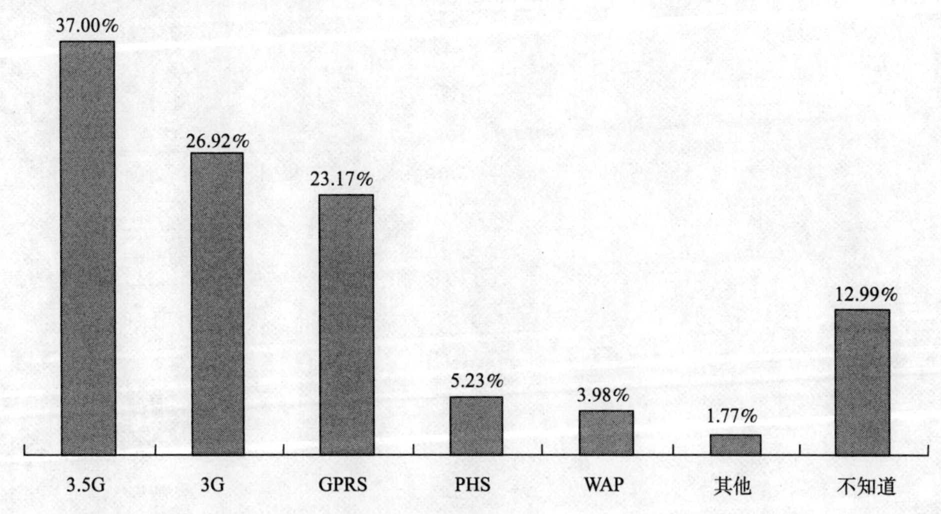

图G.44　中国台湾地区个人使用移动上网方式

使用移动上网的受访者中，其个人每月移动上网费用以“1～250元新台币”为最高，占21.71%；其次为“751～1000元新台币”，占14.91%，如图G.45所示。

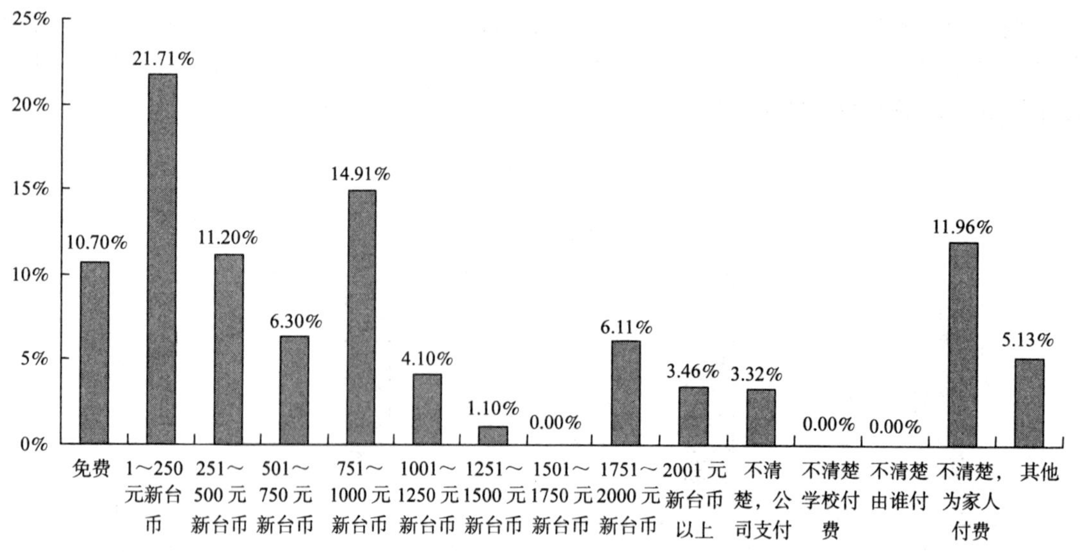

图G.45　移动上网用户每月上网费用

（摘自中国台湾网路资讯中心　TWNIC）

附录 H　本书英文缩写附表

英文缩写	英文全称	中文全称
APCERT	Asia Pacific Computer Emergency Response Team	亚太计算机应急联盟组织
APEC-TEL	Aisa-Pacific Economic Cooperation Telecommunications and Information Working Group	亚太经济合作组织电信与信息工作组
API	Application Programming Interface	应用编程接口
APP	Application	应用程序的入口和出口
ASEAN	Association of Southeast Asian Nations	东南亚国家联盟
ASP	Active Server Page	动态服务器页面
BSA	Business Software Alliance	商业软件联盟
BSP	Blog Service Provider	博客服务提供商
CCTLD	Country Code Top Level Domain	国家和地区顶级域名
CDN	Content Distribution Network	内容分发网络
CGM	Computer Graphic Metafile	计算机图形元文件
CMMB	China Mobile Multimedia Broadcasting	中国移动多媒体广播
CNCERT	National Computer Network Emergency Response Technical Team	国家计算机网络应急技术处理协调中心
CNGI	China's Next Generation Internet	中国下一代互联网工程
CPM	Cost Per One Thousand Impressions	千人成本
CRM	Customer Relationship Management	客户关系管理
DRM	Digital Rights Management	数字版权加密保护技术
DV	Digital Video	数字视频
EPON	Ethernet Passive Optical Networking	以太无源光网络
ERP	Enterprise Resource Planning	企业资源计划
FMCG	Fast Moving Consumer Goods	快速消费品
GP	General Partner	普通合伙人
gTLD	Generic Top Level Domain	通用顶级域名
IaaS	Infrastructure as a Service	基础设施即服务
IANA	Internet Assigned Numbers Authority	互联网号码分配局
ICANN	The Internet Corporation for Assigned Names and Numbers	互联网名称与数字地址分配机构
ICP	Internet Content Provider	网络内容服务商
IDC	Internet Data Center	互联网数据中心
IFPI	International Federation of the Phonographic Industry	国际唱片工业协会
IGA	In-Game Advertising	游戏植入式广告

续表

英文缩写	英文全称	中文全称
IGF	Internet Governance Forum	互联网治理论坛
IIPA	International Intellectual Property Alliance	国际知识产权联盟
IM	Instant Message	即时通信
IPO	Initial Public Offerring	首次公开募股
ISP	Internet Service Provider	互联网服务提供商
ITU	International Telecommunication Union	国际电信联盟
LCMS	Learning Content Management System	学习内容管理系统
LMS	Learning Management System	学习管理系统
LP	Limited Partner	有限合伙人
MPAA	The Motion Picture Association of America	美国电影协会
NAP	Network Access Point	网络接入点
OECD	Organization for Economic Cooperation and Development	经济合作与发展组织
P2P	Point to Point	点对点
PAAS	Platform as a Service	平台作为服务
PE	Private Equity	私募股权投资
PVR	Personal Video Recorder	个人录像机
QoS	Quality of Service	服务质量
RFID	Radio Frequency Identification	射频识别
RIR	Regional Internet Registry	区域互联网注册管理机构
ROI	Return on Investment	投资报酬率
SaaS	Software as a Service	软件即服务
SEC	the US Securities and Exchange Commission	美国证券交易委员会
SMS	Short Messaging Service	短消息服务
SNS	Social Networking Services	社会性网络服务
SP	Service Provider	移动互联网服务内容应用服务的直接提供者
TLD	Top Level Domain	顶级域名
UGC	Users Generate Content	用户生成内容
URL	Uniform Resource Locator	统一资源定位符
UTM	Unified Threat Management	统一威胁管理
VC	Venture Capital	风险投资
VPN	Virtual Private Network	虚拟专用网络
W3C	World Wide Web Consortium	万维网联盟
WAP	Wireless Application Protocol	无线应用协议
WLAN	Wireless Local Area Networks	无线局域网络

反侵权盗版声明

电子工业出版社依法对本作品享有专有出版权。任何未经权利人书面许可，复制、销售或通过信息网络传播本作品的行为；歪曲、篡改、剽窃本作品的行为，均违反《中华人民共和国著作权法》，其行为人应承担相应的民事责任和行政责任，构成犯罪的，将被依法追究刑事责任。

为了维护市场秩序，保护权利人的合法权益，我社将依法查处和打击侵权盗版的单位和个人。欢迎社会各界人士积极举报侵权盗版行为，本社将奖励举报有功人员，并保证举报人的信息不被泄露。

举报电话：（010）88254396；（010）88258888
传　　真：（010）88254397
E-mail:　　dbqq@phei.com.cn
通信地址：北京市万寿路 173 信箱
　　　　　电子工业出版社总编办公室
邮　　编：100036